60种精选甜点，
500个必学诀窍

西式糕点制作大全

（修订本）

日本名师秘方传授，超人气点心保证上手！
详尽的步骤图解，高手升级，新手零失败！

[日]川上文代　著
书锦缘　译

中国民族摄影艺术出版社

前　言

　　本书以介绍西式糕点的做法为主，同时也包括了常见的日式点心及亚洲甜点的做法。

　　书中的每一道糕点都配有每一个制作环节的图片，并有制作时的重点与注意事项的说明。所以，即使常被人们认为"高难度"或"不知如何着手"的糕点，也可以有很高的成功率。

　　除了蛋糕的制作步骤之外，本书中还对制作时容易犯的错误、器具的用法、食材混合方式的差异等进行了说明，即使是初次尝试制作糕点的人也能够不慌不忙地完成。

　　即使失败了，也请不要就此放弃，仔细思考到底是哪里出错了。一定要再接再厉，继续挑战哦！

请记住，"失败是成功之母！"其实，混合或打发方式只要稍有不同，往往就可以产生不同的结果。这就是糕点制作的难处，也是它的乐趣所在。

只要有了这本书，您以前常常在蛋糕店看到或者买到的糕点，现在就可以自己做了！这样一来，当有值得庆祝的事或举办小型宴会时，就可以用亲手制作的糕点款待来客了。同时，本人也衷心地希望，有朝一日各位能够将自家的厨房幻化成绝佳的糕点屋哦！

川上文代

目　录

前言…………………………………… 2

第一章
糕点的基础知识

制作前的准备工作……………………… 10

必备的糕点制作器具…………………… 12

装饰糕点时的必备器具………………… 15

必备的计量工具………………………… 16

如何使用烤箱…………………………… 18

10种基本动作…………………………… 20

基本面团等是用什么做成的?………… 24

基本奶油和酱汁………………………… 30

基本馅料的制作………………………… 34

如何正确使用挤花袋…………………… 36

装饰的技巧……………………………… 38

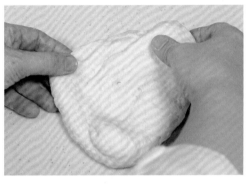

Contents

第二章
西式糕点/蛋糕篇

专栏 糕点的历史 法国糕点的变迁·········· 42

草莓海绵蛋糕（Strawberry Short Cake）········ 43

蛋糕卷（Roll Cake）············· 47

红茶戚风蛋糕（Black Tea Chiffon Cake）····· 51

舒芙蕾奶酪蛋糕（Soufflé Cheese Cake）···· 55

变化样式 奶油奶酪

蛋糕（Rare Cheese Cake）········ 58

变化样式 烤奶酪蛋糕（Baked Cheese Cake）··· 60

泡芙（Cream Puff）········ 63

变化样式 巴黎车轮饼（Paris-brest）········ 66

莓果挞（Berry Tart）········ 69

苹果派（Apple Pie）········ 73

千层派（Mille-Feuille）········ 77

经典巧克力蛋糕

（Gâteaux Chocolate Classique）········ 81

蒙布朗（Mont Blanc）········ 85

变化样式 日式蒙布朗（Mont Blanc）········ 88

糕点制作的诀窍与重点❶
海绵蛋糕的失败范例·············· 46

糕点制作的诀窍与重点❷
水果的处理方式·············· 50

糕点制作的诀窍与重点❸
变化无穷的戚风蛋糕·············· 54

糕点制作的诀窍与重点❹
带点清爽酸味的奶酪·············· 62

糕点制作的诀窍与重点❺
泡芙的失败范例·············· 68

糕点制作的诀窍与重点❻
充分了解粉类·············· 72

糕点制作的诀窍与重点❼
制作派、挞的辅助器具·············· 76

糕点制作的诀窍与重点❽
好的派皮是迈向成功的捷径·············· 80

糕点制作的诀窍与重点❾
巧克力食材学·············· 84

糕点制作的诀窍与重点❿
挤花嘴是决定蛋糕外观的关键因素········ 90

第三章
西式糕点/其他种类篇

专栏　糕点的种类　小甜饼（Petit Fours）　… 92

水果奶油蛋糕（Fruit Butter Cake）………… 93

玛德琳与费南雪（Madeleine & Financier）　… 97

玛芬（Muffin）　……………… 101

3种饼干（3 Cookies）　……………… 105

变化样式　雪球与岩石饼干（Snowball & Rock Cookie）………… 108

马卡龙与达克瓦兹（Macarons & Dacquoise）… 111

千层可丽饼（Mille Crêpe）　………… 115

3种巧克力（3 Chocolates）………… 119

巧克力慕斯与法式奶冻

（Chocolate Mousse & Blanc-Manger）……… 123

提拉米苏（Tiramisu）　………… 127

糖渍水果冰沙（Sherbet）………… 131

变化样式　香草芭菲（Vanilla Parfait）……… 133

卡士达布丁（Custard Pudding）………… 135

变化样式　烤布蕾（Crème Brûlée）………… 138

3种果冻（3 Jellys）………… 141

甜甜圈（Doughnut）………… 145

格子松饼（Waffle）………… 149

草莓芭芭露（Bavarois）………… 153

糕点制作的诀窍与重点⓫
干果与核果篇 ……………………… 96

糕点制作的诀窍与重点⓬
糕点的美味源于油脂 ………………… 100

糕点制作的诀窍与重点⓭
包装创意精典集 …………………… 104

糕点制作的诀窍与重点⓮
最简易的基本饼干面团⓮ …………… 110

糕点制作的诀窍与重点⓯
各国独具特色的蛋白霜 …………… 114

糕点制作的诀窍与重点⓰
做法简单、风味绝佳的果酱 ……… 118

糕点制作的诀窍与重点⓱
巧克力调温 ………………………… 122

糕点制作的诀窍与重点⓲
隔水加热法的优点 ………………… 126

糕点制作的诀窍与重点⓳
让糕点飘散出香气的调味料 ……… 130

糕点制作的诀窍与重点⓴
冰沙与冰淇淋的分类 ……………… 134

糕点制作的诀窍与重点㉑
如何妥善利用剩余的蛋黄和蛋白 … 140

糕点制作的诀窍与重点㉒
吉力丁为什么能产生水嫩的弹力感？ … 144

糕点制作的诀窍与重点㉓
油炸方法的三大法则 ……………… 148

糕点制作的诀窍与重点㉔
如何以风味、形状来分辨砂糖 …… 152

糕点制作的诀窍与重点㉕
如何掌握搅拌器的使用技巧 ……… 156

Contents

第四章
日式糕点篇

专栏　日式糕点的演变　茶道与日式糕点… 158

御萩（Ohagi）‧‧‧‧‧‧‧‧‧‧‧ 159

关西风味樱饼与关东风味

樱饼（Sakuramochi）‧‧‧‧‧‧‧ 163

铜锣烧（Dorayaki）‧‧‧‧‧‧‧‧ 167

大福（Daifuku）‧‧‧‧‧‧‧‧‧‧ 171

水果馅蜜（Anmitsu）‧‧‧‧‧‧‧ 175

甜薯羊羹（Imoyokan）‧‧‧‧‧‧‧ 179

变化样式　水羊羹（Mizuyokan）‧‧‧ 182

团子（糯米丸子）（Dango）‧‧‧‧ 185

甜栗馒头（Kurimanjyu）‧‧‧‧‧‧ 189

长崎蛋糕（Castella）‧‧‧‧‧‧‧ 193

煎饼与霰饼（Senbei & Arare）‧‧‧‧ 197

日式糕点制作的诀窍与重点❶
日式糕点的年历表 ‧‧‧‧‧‧‧‧‧ 162

日式糕点制作的诀窍与重点❷
充分展现日本风情的叶与花‧‧‧‧‧‧ 166

日式糕点制作的诀窍与重点❸
风味不同、原料繁多的日本茶 ‧‧‧‧‧ 170

日式糕点制作的诀窍与重点❹
蒸煮专家——蒸锅的用法 ‧‧‧‧‧‧ 174

日式糕点制作的诀窍与重点❺
制作质感水嫩日式糕点的必备食材‧‧‧‧ 178

日式糕点制作的诀窍与重点❻
可当零食也可用来增添糕点色彩的甜纳豆‧‧‧ 184

日式糕点制作的诀窍与重点❼
可让糕点变得有嚼劲还可以增加浓稠度的
日本粉类‧‧‧‧‧‧‧‧‧‧‧‧ 188

日式糕点制作的诀窍与重点❽
可使糕点膨胀又具有凝固效果的蛋‧‧‧‧ 192

日式糕点制作的诀窍与重点❾
具有地方特色的日式糕点‧‧‧‧‧‧‧ 196

日式糕点制作的诀窍与重点❿
煎饼与霰饼有何不同？‧‧‧‧‧‧‧‧ 200

第五章
异国风情篇

椰奶西米露 …………………………………… 202

芝麻球 ………………………………………… 204

芒果布丁 ……………………………………… 206

杏仁豆腐 ……………………………………… 207

阅读说明

· 本书材料的标示：1杯=200ml，1大勺=15ml，1小勺=5ml。

· 烤箱的性能会根据使用机种的不同而有所差异，所以请配合做法中的烘烤所需时间，适当地调节温度。

· 鸡蛋若无特别标示，请使用M（中型）大小的鸡蛋。黄油请用无盐黄油。

· 各食谱中所记载的所需时间仅供参考。制作时请根据食材的状态或气候等实际情况做适当的调整。

· 食谱中所出现的标记"准"，为"准备作业"之意。"※"为"注意事项"之意。

· 制作的难易度以"★"号来标示。"★"代表"初级"，"★★"代表"中级"，"★★★"代表"高级"。

· 本书中所使用的利口酒如下：
香橙甜酒（法Grand Marnier）、康图酒（法Cointreau）、覆盆子酒（法Crème de Framboise）、咖啡利口酒（法Kahlúa）、椰子利口酒（法Malibu Rum）。

· 食谱中所使用的甜味豆馅有豆粒馅、豆泥馅、白泥馅，也可使用市售的现成品。

第一章
糕点的基础知识

制作前的准备工作

做到一半时，发现黄油不够用；想要隔水加热时，才发现忘了先烧开水；打算进行最后的完成步骤了，却发现面团还要静置1小时。为了防止诸如此类的突发状况，制作前的准备工作就成为迈向成功的首要条件了。简单地说，重点就在于制作开始前，需要在心中预先演练制作步骤的先后顺序及所需时间。

首先要熟读食谱的内容

将步骤的先后顺序牢记于心，就可以完美地掌控好制作的空间、准备及所需时间了。

如果没有在心中预演一遍就急着开始动手制作，往往就会败在意想不到的地方。例如：要先让蛋恢复到室温再用，还是要先搅开了再用？蛋白与蛋黄是否要分开来使用？黄油是否要放置在室温下软化了以后再用？总之，即使是同样的食材，使用时的状态不一样，蛋糕的制作效果也会各不相同。所以制作时请配合食谱的指示，预先做好准备。

纸类也要先切割成适当的大小。

确认事项

- 让材料恢复成某种状态需要多长时间？面团需要静置多久？
- 蛋、黄油、粉类在使用前是否需要预先做什么处理？
- 是否需要先煮沸用来隔水加热的水？是否要确认水温？
- 制作空间是否够宽敞？

烤盘、模型的准备

先在烤盘、模型里铺上纸类或撒上粉类，接下来就是制作面糊或面团等步骤了。

制作糕点时，有时需要在使用的模型内侧涂上黄油，撒上粉类或铺上纸类。由于做好的面糊或面团要立即烘烤，所以事前将这些准备妥当，就能够让整个制作过程变得很顺利。

用毛刷或指尖将黄油薄薄地涂抹上一层。

备齐所需的器具

将所需的器具摆在触手可及的地方，制作时就不会手忙脚乱了。

制作糕点时，有时也需要用到比较特殊的器具，所以最好在一开始就确认是否所有的器具都准备齐全了。如果在制作开始后再准备，就可能会发生正要用的器具手却没有，结果无法使用的情况。此外，在使用器具前，也请先确认是否有污垢或水滴附着在上面。

将材料按照不同的用途预先加以分类，例如是用来制作成面糊，还是黄油等。这是个非常好的办法哦！

将蛋白与蛋黄分开后，要立即用保鲜膜密封好。这样做可以防止蛋液的表面因干燥而起皱。

✿ 事先准确地量好材料的用量

边量边做，往往会造成混乱，导致失败。此外，切勿用目测的方式来量取材料。

制作糕点的材料所需用量本来就有一定的标准，请准确遵照量取。边量边做不仅效率不佳，还会造成蛋白霜塌陷等类似质地恶化的情况。

✿ 事先确认好何时开始预热烤箱

正确地推算好自己的烤箱需要预热多久

烤箱的性能会依机种的不同而有所差异。一般来说，瓦斯烤箱预热约需5分钟，电烤箱约需10分钟。面糊或面团在做好后，就要马上放进烤箱烤，这是很基本的常识。所以，请预先推算好要在什么时候开始预热烤箱。

✿ 将材料的温度维持在适度的室温下

原则上，蛋与黄油都要先恢复成室温再使用。如果室内温度太高，黄油或巧克力就会融化。

如果将刚从冰箱取出还很冰冷的蛋液加入面糊里混合，就会使黄油凝固。此外，如果使用质地还很硬的黄油，就无法与粉类混合均匀。而制作派或挞等时，如果室温高于20℃，黄油就会融化。因此，无论是材料还是室内温度，都要让它保持在适度的状态。

要让蛋的温度恢复到室温时，可以将它浸在37℃左右的温水中。黄油在室温下放置一会儿后，要用手指碰触看看，以确认软硬度，如果到心的部分都变软了，就是最佳的柔软度了。

必备的糕点制作器具

有些器具在烹调菜肴时虽然不经常用到，但是在制作糕点时，却是不可或缺的。而且制作糕点时需要用到很多特殊器具，虽然不必把所有的器具一次性全部准备齐全，但是像秤、量杯、搅拌盆、搅拌器、粉筛、橡皮刮刀，是一定要预先备齐的。

粉筛

用来筛滤低筋粉、泡打粉等粉类的器具。粉筛有好几种，有的是通过摇动把手内侧的摇杆来过筛，有的是手握把手处以左右移动的方式来过筛，还有只要按下开关就可以自动过筛的电动粉筛机。图片中的粉筛是由2片网片构成的，可以很均匀地筛粉。

选择重点

单手就可操作的粉筛最方便。高约15cm的粉筛，大致上就可以一次筛完需过筛的粉了。

搅拌盆

这是几乎所有的糕点在制作时都会用到的器具。不仅在制作面糊或黄油时会用到，冷却、隔水加热以及计量材料的分量时，也是不可或缺的重要器具。

选择重点

耐热性佳，又容易冷却的不锈钢制品。最好备齐大、中、小不同尺寸的搅拌盆数个，尺寸为直径24cm、21cm、18cm、15cm的最为恰当。另外，再准备1个耐热玻璃材质的搅拌盆就更方便了。

搅拌器

混合或打发面糊、黄油时使用的器具。网丝条数较多的较适合用来打发，较少的比较利于混合材质较硬的面糊等。尺寸较小的搅拌器，多半是用来混合少量的液体或粉类。

选择重点

网丝质地坚挺、弯曲成弧形的搅拌器是较佳的选择。同时，请实际用手握柄，确认到底好不好拿。

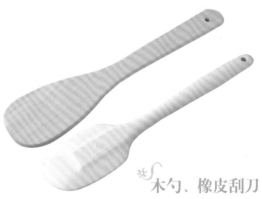

木勺、橡皮刮刀

这两个都是用来混合材料的器具，差别在于橡皮刮刀是用来混合面糊等，而木勺则大多在边加热边混合、熬煮、过滤材料等时使用。此外，用橡皮刮刀可以很轻易地刮除粘在搅拌盆或锅上的面糊、黄油等。

选择重点

橡皮刮刀请选择耐热材质，且柄与前端一体成形的，这样较容易保持干净卫生。前端较宽大的木勺很适合过滤时使用。

刮板

刮板直线的那端用来切割面皮、面团或黄油，曲线的那端可以用来集中搅拌盆里残留的面糊等，其用途广泛，是个非常便利的器具。此外，直线的那端还可以用来将面糊等的表面整平或混合面糊，还可以用来移动材料等。直线的那端呈锯齿状的，称为锯齿刮板。

选择重点

直线与曲线部分切口平滑的较佳。

毛刷

除了可用来涂抹糖浆或蛋液，还可以用来清除水果表面的脏污。使用后要用温水洗净，注意藏在毛层内的污垢也要彻底洗净，然后完全干燥。

选择重点

除一般的软质尼龙毛刷外，还有马毛、山羊毛的，以及不需要担心会掉毛、卫生又耐用的矽利康材质毛刷。毛刷依柔软度或粗细各有不同，请根据用途来选择。

过滤器具

滤网主要用来过滤薯类或栗子，孔径较大的万用网筛用来筛粒子较粗的粉类，圆锥形过滤器则是用来过滤液体。

选择重点

滤网要选择材质较佳、坚固耐用的。过滤器具的种类很多，有的还可以根据不同的用途交换不同孔径的网片来使用。万用网筛应选择附有钩子、可以挂在锅或搅拌盆边缘上的，比较好用。圆锥形过滤器请选择孔径较小的。

温度计

温度计是在巧克力调温或熬煮糖浆等必须准确掌握温度变化状况的制作过程中不可或缺的器具。

选择重点

建议使用一眼就可以看清楚度数的数位温度计。如果可以测量到200℃以上，就可以用于测量高温的油炸食物。图片中的这种温度计，只要先设定好温度，到达此温度时就会发出通知的响声，非常好用。

手提电动搅拌器

它由于可以快速地打发，是制作蛋白霜等时非常重要的器具。不过，为避免打发过度，在打发到一定程度时，要记得调整成低速，并随时仔细观察打发的状况。

选择重点

请注意搅拌器前端的形状。如果是呈弧形弯曲的就没有问题。但是，如果是像图片中有棱角的形状，就很容易产生金属臭，最好尽量避免使用。

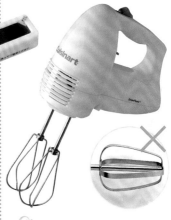

锅

制作泡芙（Cream Puff）、芭芭露（Bavarois）等面糊或奶糊、焦糖酱，或隔水加热时常用的器具。加热牛奶时，先用水蘸湿，就可以在底部形成一层薄膜，避免烧焦粘锅。

选择重点

直径15~21cm的单柄锅比较好用。质地较厚、附有盖子的锅，用途比较广泛，不会在使用时受到诸多的限制。

万用网筛

滤网

圆锥形过滤器

瓦斯喷枪（Burner）

制作烤布蕾（Crème Brûlée）时，可以用来加热表面，让砂糖变焦，呈现出焦褐色。此外，也可以用来加温冷藏过的蛋糕型，让蛋糕更容易脱模。

选择重点

有需充灌瓦斯与直接用分离式瓦斯罐两种，前者用起来比较方便，但是，如果使用频繁，后者会比较适当。

刨削器

用来将奶酪刨成粉或将柑橘皮磨成泥时使用。

选择重点

请选择握柄上有防滑加工、孔径细小、突起的部分很坚硬的刨削器。刨削的孔较多的，就可以很轻易地将水果皮磨成泥。

模型等

烘烤或固定面糊时所使用的器具。使用时请依照各食谱中做法的指示，选择恰当的模型。

烤箱

有瓦斯烤箱、电烤箱两种。用火力来烘烤的是瓦斯烤箱。其他详情请参照18页。

烤盘（参照18页）

长柄勺

将酱汁或液态的面糊等舀入模型里时所使用的器具。虽然也可用一般的汤勺来代替，不过，有注入口的尖头长柄勺，用的时候材料不易漏出来，舀入模型后，面糊等的形状就会比较漂亮。

选择重点

用起来最便利的就是像图片中的这种尖头的长柄勺。一般使用的长柄勺容量为30~90ml。

擀面棍

将派或挞等面团擀开成面皮时必备的器具。材质的种类很多，有塑胶质、木质等。如果用的是木质的擀面棍，用完后一定要用蘸湿的布仔细擦干净，再彻底干燥。

选择重点

不易粘黏面糊等的木质材质是最佳的选择。一般用直径4cm、长40~50cm的尺寸。

喷雾器

为了防止面团等变干燥，用来将水洒上去时所使用的器具。由于可以喷出呈雾状的水汽，所以能够让面团等适度地保湿。

选择重点

有铝质或塑胶质等不同的材质。无论是哪一种材质，只要选择喷雾的水珠细致、不太占空间、可以打开盖子来清洗内部的就没问题。

托盘

可以用来分开存放计量好的材料，或放置烤好的甜点，摊放炒好的馅料、豆馅等，让它们冷却。此外，要将吉力丁片或洋菜用水泡胀时，使用托盘就可以均匀地浸泡，吸收水分。如果是要沥掉油炸物的油，就要先将网架铺放上去。

选择重点

被加热后容易冷却的不锈钢材质或铝质材质的较佳。

纸类

主要用来铺放在模型或烤盘里，或是粉类过筛时使用。备妥制作圆锥形纸袋（Papier Cornet，参照37页）、纸模等所需的石蜡纸（Paraffin），或可以用来吸水的厨房纸巾等，要用时就很方便了。

选择重点

制作糕点所用的纸种类繁多，例如硫酸纸、玻璃纸（Glassing Paper）等，可用于不同的用途。如果是经常制作糕点的人，选择可以反复清洗使用、特殊材质制成的烤盘布比较经济实惠。

装饰糕点时的必备器具

装饰蛋糕时，挤花袋与挤花嘴是必备的器具。但是，旋转台、抹刀等其他器具，在装饰时也非常有用，能够让成品更加完美。所以，就算无法一次性全部备齐，还是可以慢慢地分批购入，准备齐全哦！

抹刀

可以将奶油抹平的专用刀。

蛋糕冷却架

用来放烤好的蛋糕等，让其冷却。由于蛋糕的底部可以接触到空气，所以可以有效地散热。

挤花袋

有两种不同的材质：将氨基甲酸酯树脂镀在聚酯纤维上所制成的材质以及塑胶材质。

蛋糕刀

用来将蛋糕切片或切块时使用。刀刃长约15~35cm的尺寸比较好用。

切片辅助器

做成板子或金属棒状等有助于水平切片的器具。也有像下图中可以将刀刃的前后端卡住，用以辅助切割的便利器具。

旋转台

让您在装饰蛋糕时可以边转动蛋糕边装饰，不需要移动身体就能够把奶油涂抹得很漂亮的器具！

挤花嘴

将奶油或面糊等挤出时所使用的器具，有蒙布朗（Mont Blanc）专用、挤花饼干专用等各种不同大小、不同形状的挤花嘴。

必备的计量工具

虽然材料的计量与糕点制作过程并没有直接的关联性，但是，如果缺少了计量用的器具，就无法制作糕点了。

可以说，尽量正确无误地计量低筋面粉、黄油、砂糖等材料的分量是迈向制作成功的第一步！本书在此提供蛋液的重量作为参考，如果您能够将这些参考数据牢记于心，制作糕点时就会很便利。

计量的器具

量杯

不锈钢制的量杯，耐热性高，使用起来比较安心。也可用耐热玻璃质、内部清楚可见的量杯。

量勺

图片中为大勺、小勺组成一套的量勺，有些还会附上1/2小勺等不同容量的量勺。

刮粉刀

用大勺或小勺计量粉类等后，用来刮落其中多余的粉类等材料。

磅秤

以1g为单位来测量的数位式电子磅秤，用起来最方便。最高可以测量到2~3kg。

蛋液的重量参考表

无论蛋是什么样的大小，蛋黄的重量几乎都差不多，不同的是蛋白的重量。蛋黄的占有比率较高的，是SS大小的蛋。

SS 号	S 号
40g 以上	46g 以上
少于 46g	少于 52g

MS 号	M 号
52g 以上	58g 以上
少于 58g	少于 64g

L 号	LL 号
64g 以上	70g 以上
少于 70g	少于 76g

计量是糕点制作中绝对不能省略又必须踏实做好的一个步骤

用来制作糕点的各种材料都有不同的特定作用，例如"膨胀作用""保湿作用"等。如果材料的比例有所误差，完成的结果就会大不相同。所以切实遵守做法中标示的分量，是制作糕点时的重要法则。例如：砂糖即使只是多放一点点，也可能会导致面糊或面团等质地松弛或容易烧焦；蛋的分量如果不够，就可能无法完全膨胀起来，做好的成品就会口感不佳。

分量的单位标示如果是g（克），就要使用磅秤来测量；若是cc或ml（毫升），就要用量杯来测量。虽然少量时也可使用量勺，不过，原则上材料的计量还是最好尽量养成使用磅秤或量杯的习惯。

❋量杯的用法

1大勺　　　　1/2大勺　　　　1/4大勺

用大勺舀满1勺，再用刮粉刀刮平的状态。　　再用汤勺柄等器具从1大勺中刮落一半后的状态。　　从1/2大勺中再刮落一半后的状态。

刮粉

刮粉指的是从大勺或小勺中刮除多余的粉。如果手边没有专用的刮粉刀，也可用刀刃或汤勺柄来代替。

磅秤的用法❋

测量材料的时候，如果要将材料放入容器中，请记得将数字归零

　　测量材料时可直接放在磅秤上，也可先铺上保鲜膜或纸，再放上去量。如果要放入容器内称量，就要先将搅拌盆、盘子等容器放在磅秤上，把数字归零后，再放进要测量的材料。如果用的是数位式电子磅秤，只要按下按键就可以了。如果是弹簧秤，就要调整转轴以归零。无论使用哪一种，都需要将数字归零。

务必要将数字归零后再称量。

重量参考表（单位：g）

食品名	1小勺	1大勺	1杯
高筋面粉	3	9	110
低筋面粉	3	9	110
白砂糖	3	9	130
细砂糖	4	12	180
牛奶	5	15	200
鲜奶油	5	15	200
沙拉油	4	12	180
黄油	4	12	180
日本片栗粉（太白粉、薯仔粉）	3	9	130
泡打粉	4	12	160
盐	6	18	240
蜂蜜	7	22	290
麦芽糖（又称水饴）	7	22	290
可可粉	2	6	80

※以1小勺=5ml、1大勺=15ml、1杯=200ml的容量为标准时的大概重量。

如何使用烤箱

制作糕点时，如果烧焦了或没熟透，即使是面糊等做得很成功，最后终究是功亏一篑。如果不仔细地确认各种烘烤相关事宜，根据自己烤箱的机能状况做适度的调整，急着打开烤箱放进去就烤，就会导致这样的结果！所以，与其在事后把责任归罪于烤箱不好用，倒不如事前充分了解自己烤箱的特性与特征！

糕点能否成功的决定性因素——烤箱

用烤箱来烘烤糕点时，一定要先预热烤箱。何谓预热？就是在开始烘烤蛋糕等前，先让烤箱内变热。如果预热不足，热度就无法均匀地集中在烤箱内，就不能烤出漂亮的金黄色了。

烤箱主要是由风扇转动来让热风产生循环的。有没有风扇以及风扇的大小，都会影响到热的传导方式。所以，充分地了解自己烤箱的特性是非常重要的。此外，在烘烤的过程中，切勿突然打开烤箱门。只需透过烤箱门观察里面，如果觉得烤得太慢了，可以将温度再调高10~20℃。

烤箱是如何加热的？

瓦斯烤箱与电烤箱的差异在哪里？

电烤箱是通过加热器产生热，而瓦斯烤箱是以瓦斯的火力来产生热风的。用前者烤好后的成品会比较湿润，后者因为烤箱内热得较快，在高温之下可以一下子就烤得香脆。

注意事项

由于瓦斯烤箱是从面糊等的外侧来加热，所以，要特别注意面糊等要放置在烤箱内的什么位置才好。电烤箱因为火候较弱，所以请随时观察状况，适时地调节温度。通常，电烤箱的温度要设定得比瓦斯烤箱还高。

如何选择烤盘

烤盘通常只要用烤箱本身附带的就足够了。但是，像图片中这样凹凸不平的烤盘，如果将面糊等直接放在上面烤，面糊等就可能会流动，而无法均匀地受热。此时，可以准备一块像图中左方的铁板，然后视情况在烤盘内加放铁板，灵活运用。

烘烤的秘诀

食谱中标示的温度不是绝对的

如果按照食谱中的标示还是烤不好，请参考所标示的烘烤时间，在温度上做适度的调节。

烤箱门的开关次数要尽量减少

开关烤箱门时，动作一定要迅速，以免烤箱内的温度下降，预热的温度不足，无法烘烤。

掌握烤箱的特性，再相应调整

烤箱有的是上火比较强，有的是下火比较强，各不相同。建议您先试烤一次，就可以了解自己烤箱的特性了。

无论是瓦斯烤箱还是电烤箱，加热的基本原理是相同的。不过，瓦斯烤箱产生的热度比较强。

确认烤箱的特性

□ 表面烤焦➡上火比较强
可以使用铝箔纸来解决问题

只有表面烤焦，内侧却没有熟，就表示上火比较强。这时可以在要烤的东西上面覆盖铝箔纸，这样要烤的东西表面就不会直接受热，以达到调整温度的作用。

□ 下面粘住➡下火比较强
从烤盘的下方着手解决问题

如果蛋糕底部烤焦粘住了，表示下火较强。如果是2~3层式的烤箱，可以在下层再放1个烤盘；如果不是，也可以在烤盘下面再叠放1个烤盘，借2个烤盘的双层厚度来减弱从底下传来的热度。

□ 半生不熟➡颜色烤得不均匀
要常常移动位置

如果烤得颜色不均，在烤的过程中就要移动位置。但是，做这个动作一定要在已经烤了2/3的时间以后才能进行。另外一点就是，切记开关烤箱门的动作要快一点。

如何确认是否烤好了？

如果糕点烤得不够热，冷却之后可能会塌陷下去。所以，务必要仔细确认过后再从烤箱取出。

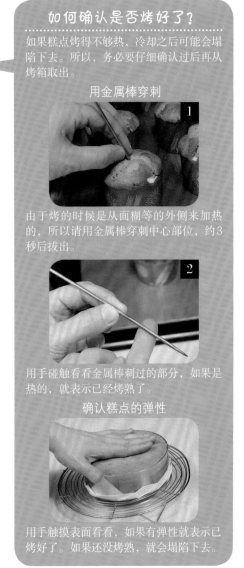

用金属棒穿刺

由于烤的时候是从面糊等的外侧来加热的，所以请用金属棒穿刺中心部位，约3秒后拔出。

用手碰触看看金属棒刺过的部分，如果是热的，就表示已经烤熟了。

确认糕点的弹性

用手触摸表面看看，如果有弹性就表示已烤好了。如果还没烤熟，就会塌陷下去。

哪些容器能够放进烤箱里烤？哪些不可以？

玻璃容器
若是质地很厚、用耐热玻璃制成的就可以，除此之外都不行。

因为不是耐热材质，所以不行

陶器、瓷器
烘烤温度在200℃以下都可以。但是上面有图案着色或冰裂纹的，可能会受损，最好不要使用。

有特殊加工者不行

金属容器
除了少部分用到塑胶材质的金属容器外，其他的都可以。

漆器、塑胶容器
都不可以。塑胶容器会融化变形，漆器则会受损。

10种基本动作

制作过程中常常会需要一些动作，它们都有特殊的目的和作用。即使完全按照食谱的方法去做，因为动作不对，完成的面糊、面团等的状态就会不同。所以，请熟记基本动作，让自己的手艺更上一层！

动作 1 混合

混合打发过的面糊、粉类等时，要以逆时针方向转动搅拌盆

食谱的做法中常见的"像切东西般地混合"，就是指纵向移动橡皮刮刀来混合，用于只是要混合而不要揉的情况。然而，如果是要混合粉类与打发过的材料，例如像海绵蛋糕这样的面糊时，就要横向移动橡皮刮刀来混合。混合的时候，要沿着搅拌盆的圆弧形舀起，再让面糊等在正中央落下，然后再纵向像切东西般地混合。同时，要以逆时针的方向转动搅拌盆。重复这样的步骤，就可以很快地混合好，气泡也不会消失。

搅拌器和橡皮刮刀

一提到"混合"，就会令人联想到这两种器具。究竟这两样东西有什么不同呢？

用橡皮刮刀混合

优点：绵柔的触感不会消失，而且可以混合得很均匀。附着在搅拌盆侧面的面糊等也可以刮得很干净。

缺点：长时间熬煮的话，前端部分就会变形，或锅内的材料就会粘上橡皮的味道。如果碰撞到锅底有角度的地方，也有可能会导致刮损。

用搅拌器混合

优点：一次就可以混合很大范围的面积，因此可以迅速地混合好。此外，可以将鲜奶油、蛋白霜等打发成细致绵柔的程度，是个不可或缺的好帮手。

缺点：如果用搅拌器来混合加入了蛋白霜的面糊等，就会打碎好不容易打发出来的气泡。此外，如果用来混合果冻液，就会打入气泡，要避免使用。

粉类的混合方法

沿着搅拌盆的侧面，像要刮东西般地迅速舀起面糊等。

绕一周后，让面糊等掉落在搅拌盆的正中央，再纵向像切东西般地混合。

小贴士

混合黄油、砂糖等材料时，将整体混合得很均匀是非常重要的。进行混合时，依面糊等的状态或混合的材料不同，要用不同的方式、不同的器具来混合。还有一个重要法则就是，将蛋白霜或打发鲜奶油加入质地较硬的面糊等里混合时，一开始只要加入少量混合好，然后再换成用橡皮刮刀整个混合均匀。

动作2　打发

这个步骤关系到糕点制作最后的成败与否

打发蛋液或鲜奶油所产生的气泡，会影响到蛋糕的蓬松度、口感。如果打发得不够，就可能会膨胀不起来，或变硬。相反地，如果打发得过度，就会变得过于绵软，导致失败。打发时的必备器具是搅拌器或手提电动搅拌器。如果使用的是搅拌器，就要用手腕的力道来打发。

小贴士

打发就是指在搅拌鲜奶油、蛋液的同时将空气也一起打进去的动作。它的作用就是让面糊等膨胀起来或制造出软绵绵的口感。

打发蛋白

按照食谱材料表里的砂糖分量，舀约1小勺，加入蛋白里，打发到形成立体状后，再将剩余的砂糖分成2~3次加入。请勿将砂糖一次全加入，这样做的话气泡就会被破坏了。如果加点盐进去，也有助于打发出很多气泡哦！

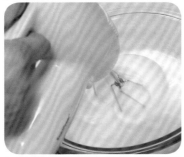

如果使用的是手提电动搅拌器，就可以迅速地打发好。

打发全蛋

将砂糖加入已搅开的蛋液里，一边用约60℃的热水隔水加热，一边打发。这样做可以让砂糖溶解得快，蛋的气泡也能够在很短的时间内就打发好。要特别注意的是，在蛋隔水加热到36℃左右后，就可以停止隔水加热，开始打发。

蛋液如果被加热，就会产生黏性。

动作3　筛粉

食谱中出现的粉类，可以集中一起过筛

粉类一定要先过筛后再用。原则上，粉类可以混在一起过筛。面粉可以用孔径比较小的粉筛来过筛，但是像杏仁粉等颗粒较大的就要用万用网筛来过筛。如果要将面粉与这类的粉一起过筛，也要用万用网筛。

从距离约15cm的高处过筛，让粉类落在纸上。

小贴士

粉类过筛后，就不会有结块，与面糊等混合时质地就会更柔滑均匀。由于粉类内含空气，所以可以让糕点变得有弹性。

动作4　放凉

糕点烤好后，要先放凉

虽然有时糕点在烤好后要趁热吃，但是，大部分的时候还是要先放凉。放凉时，若使用蛋糕冷却架下面就可以散热。如果烤模的底部附着一块铁板等，就要先拆卸下来再放凉，以免热气无法散去。注意，请散热冷却后再脱模。

如果是戚风蛋糕，放凉时就要倒过来放。

小贴士

这样做是为了要让热气、热度散去。此外，进行装饰的时候，如果蛋糕还是热的，鲜奶油也会塌陷哦！

动作 5 擀薄

将质地较硬的面团擀薄

1 刚从冰箱取出的块状面团还很硬，请不要立刻开始擀薄，要先用擀面棍压扁。

2 在上、中、下不同的地方，稍微错开一点点距离地压，等到压成约1cm的厚度时，再开始滚动擀面棍。

注意室内温度，避免黄油融化

　　用擀面棍来回滚动，就可以将面团变成又平又薄的面皮了。如果要在工作台上进行，建议最好使用可以保持在低温状态的大理石台面。如果要在一般的桌子上进行，建议先将装了冰水的托盘等放在桌上冰镇，降低桌子的温度后再进行擀薄，以避免面团融化了。以上无论是哪一种情况，都要在阴凉的室内迅速地进行，并且撒上高筋面粉，以免面团粘在手或器具上。

小贴士

　　将面团折叠、卷起后，先擀成块状。放进冰箱冷藏过的块状面团，要擀薄时是需要技巧的。

如何使力

1 双手的力道要相同。如果其中一手较用力，擀面棍就会斜一边，而无法擀成漂亮的面皮。

2 如果不小心将面皮擀成了椭圆形，可以将擀面棍改成纵向，把突出去的部分擀薄，将面皮延伸的方向改成纵向，来做调整。

动作 6 过滤

可以去除杂质，让液体的质地变得柔滑

　　过滤这道工序，通常在制作布丁、卡士达奶油等液态面糊或奶油时需要用到。过滤，就是让液体流过孔径细小的网，来去除结块或固体物质。如果是香料类或香草荚还留在网上，可以用橡皮刮刀压一压，让风味不至于流失。

使用圆锥形过滤器或万用网筛过滤。

小贴士

　　通过过滤这道工序，可以滤掉蛋壳或蛋系带，让蛋液的质地变得更加柔滑细致。

动作 7 静置

请勿立刻烘烤，要先静置一会儿

　　面团做好，放进烤箱烘烤之前，要先用塑胶袋或保鲜膜包起来，放进冰箱或冷冻库冷藏。这一步骤称为"静置面团"，需用时15分钟至1小时。用保鲜膜包裹时，千万不要留有缝隙，以免面团变干燥。

小贴士

　　用保鲜膜将面团包起来放进冰箱等冷藏，是为了稳定低筋面粉或高筋面粉里所含的面筋，让黄油可以被面团吸收。

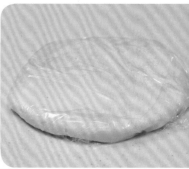

先将面团做成平坦的块状，后面的制作就会比较轻松了。

动作 8 揉和

揉和面团的方法

1 手指弯曲，抓住面团，用手掌的下方按压面团。

2 将面团上面2/3的部分往内侧折叠。

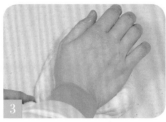

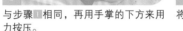

3 与步骤■相同，再用手掌的下方来用力按压。

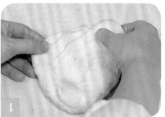

4 将面团转约1/6圈，再重复步骤■～■。

目的就是将面团揉到像耳垂般的柔软度

制作甜甜圈或格子松饼（Waffle）时，要将面团移到工作台上，用手来揉和。基本的揉和方式就是先用手掌下方来按压，然后以逆时针方向转1/6圈，再将上面的2/3部分往下折叠。重复这样的动作，直到质地达到耳垂般的柔软度，而且已经不会粘手，就完成了。为了避免面团粘在工作台或手上，揉和时动作要迅速，如有必要，可以撒上质地柔细的高筋粉来当做手粉。

小贴士

用手来揉和，可以让材料混合得扎实完全。手碰触面团的时间一长，面粉就会粘在手上，所以动作要迅速。

手粉 为了避免面团粘在手、工作台或器具上，可撒些粉在工作台或器具上，我们称之为撒手粉。需注意的是，如果撒得太多，就会有太多粉粘在面团上，烤好的糕点就会变得粉粉的。

 动作 9 隔水加热

要特别注意选择适当的搅拌盆或锅来使用

隔水加热，就是指将搅拌盆搁在煮沸了的水上进行搅拌等动作。此时，如果装着热水的锅或搅拌盆太大了，放在上面用来混合材料的搅拌盆就会有热水渗入的危险。所以，请选择放上去后可以卡住，不留缝隙的锅或搅拌盆来用。此外，热水的温度也根据用途各有不同，所以请视情况，用适当温度的水来隔水加热。

隔水加热，让慢慢而缓和地加热成为可能。

小贴士

由于这是一种间接加热的方式，所以在想要慢慢地加热或边加热边操作的情况下，隔水加热就是一种不可多得的法宝了。

动作 10 过筛

此工序可以让食材的口感更柔滑细腻

材料过筛后，会比只是压碎的质地更为均匀而细致柔滑。需要用到的器具除了滤网、木勺之外，还要准备一块布，用来垫在下面止滑。过筛时，将木勺平放在滤网上，一边按压，一边在网片上呈对角线方向滑动。请不要一次放太多在滤网上，这样会使过筛变得比较难。

过筛时，将左手放上去，用力地按压。

小贴士

这样做，可以让过筛的材料轻易地与其他材料混合均匀，口感也会变得很柔和。一般而言，蒸过的薯类或栗子都需要过筛处理。

基本面团等是用什么做成的？

基本面团大都是用黄油、面粉、蛋液、砂糖做成的，但是，不同种类的面团完成后的味道、形状、口感也各不相同，形成不同的糕点。为什么会有这样的差异呢？原因不仅在于不同的制作方式，材料的分量比例也都会导致不同。

面糊、面团的分类

海绵蛋糕体面糊

分蛋打发面糊（比斯吉面糊Pâte Biscuit）➡ P25
　　└── 戚风面糊 ➡ P29

全蛋打发面糊（海绵面糊Pâte Génoise）➡ P25
　　└── 长崎蛋糕（Castella）面糊 ────

　砂糖的用量比例很高，再加上牛奶、蜂蜜，烤好后就会很湿润。由于使用了全蛋，蛋的风味会非常浓郁。

派和挞的面团

折叠派面团（折叠派皮Pâte Feuilletée）➡ P26
　　└── 速成折叠派皮（Feuilletage Rapide）➡ P26

揉和面团（甜酥面团Pâte Sucrée）➡ P27
　　└── 脆饼派皮（Pâte Brisée）面糊 ────

　不加糖，用低筋面粉、黄油、食盐、蛋黄、冷水做成，是一种没有甜味的挞面团。可以用来做法式咸派（法Quiche）等。

泡芙面糊

泡芙（Pâte à Choux）➡ P27
　　└── 酥脆的泡芙（Pâte à Choux）────

　用牛奶来代替水，用高筋面粉来代替低筋面粉，完成后就会质地坚硬而硬脆，呈现出焦褐色来。

饼干面糊

模型饼干 ➡ P28

冰箱饼干 ➡ P28

挤花饼干 ➡ P28

奶油蛋糕

奶油蛋糕 ➡ P29

海绵蛋糕体面糊 ✿

蛋的打发方式不同，完成后的口感也会有差异

　　海绵蛋糕，因质地松软而得名。一般可分为蛋黄与蛋白分开打发的"分蛋打发"式和蛋黄与蛋白一起打发的"全蛋打发"式，在法国，前者被称为"Pâte Biscuit"，后者被称为"Pâte Génoise"。完成的糕点，"Pâte Biscuit"质地酥脆而轻盈，"Pâte Génoise"则是质地湿润而松软。由于全蛋要打发出气泡较困难，所以，相较之下"Pâte Biscuit"做起来就比较简单。

> ### 比斯吉面糊（Pâte Biscuit）与海绵面糊（Pâte Génoise）可以做成什么样的糕点呢？
>
> #### 比斯吉面糊（法Pâte Biscuit）
> 　　提拉米苏（Tiramisu）、蛋糕卷（Roll Cake）、夏露（Charlotte）、达克瓦兹（Dacquoise）、手指饼干（Finger Biscuit）等。
>
> #### 海绵面糊（法Pâte Génoise）
> 　　海绵蛋糕（Short Cake）、巧克力蛋糕（Chocolate Cake）、质地较湿润的蛋糕卷（Roll Cake）、法式草莓蛋糕（Fraisier）等。

分蛋打发面糊（比斯吉面糊 Pâte Biscuit）的成分比例

　　由于没有油脂的成分，所以口感很清爽。如果混合过度，烤好后的质地就会比较硬。

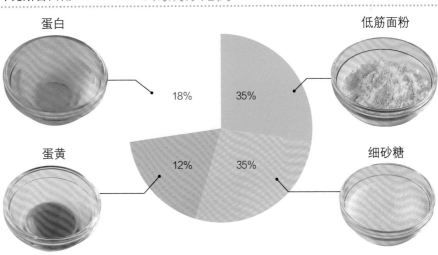

蛋白 18%
蛋黄 12%
低筋面粉 35%
细砂糖 35%

全蛋打发面糊（海绵面糊 Pâte Génoise）的成分比例

　　材料混合好后，再加入融化黄油来增添风味。

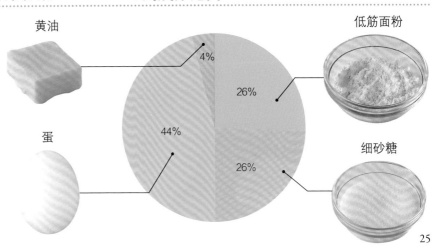

黄油 4%
蛋 44%
低筋面粉 26%
细砂糖 26%

派面团 ❋

断面能够呈现出细致而美丽的层叠状态最为理想

　　派面团除了基本揉和面团（Détrempe）中将黄油与重复折叠的各层混合所做成的折叠派皮（Pâte Feuilletée）之外，还有一种就是用像切东西般的方式混合制作的速成折叠派皮（Feuilletage Rapide）。折叠派皮的特征就是轻盈而质地细致的层次感。而速成折叠派皮做起来比较简单，吃起来口感酥脆。除此之外，虽然还有甜酥面团（Pâte Sucrée）等，在本书中，将其归类到挞面团的范畴里来一并做介绍。

折叠派皮（Pâte Feuilletée）与速成折叠派皮（Feuilletage Rapide）可以做成什么样的糕点呢？

折叠派皮（Pâte Feuilletée）

千层派（Mille- feuille）、叶子派、心形派、小千层蛋糕（Scristain）等。

速成折叠派皮（Feuilletage Rapide）

苹果派（Apple Pie）、南瓜派（Pumpkin Pie）、蓝莓派（Blueberry Pie）、肉派（Meat Pie）、卷边果酱馅饼（Causson）等。

折叠派皮（Pâte Feuilletée）的成分比例

制作这种派皮需要高度的技巧。冷水必须使用在冰箱里冰过的水。

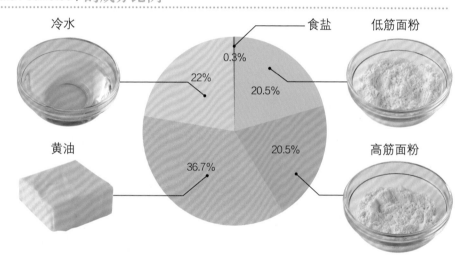

冷水　食盐　低筋面粉
22%　0.3%　20.5%
黄油　20.5%　高筋面粉
36.7%

速成折叠派皮（Feuilletage Rapide）的成分比例

黄油要切块。高筋面粉、低筋面粉与水要先放进冰箱冷藏过。

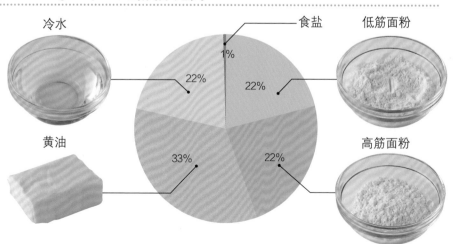

冷水　食盐　低筋面粉
22%　1%　22%
黄油　22%　高筋面粉
33%

挞面团 ✳

做这种面团的重点，就是混合的时候要拿捏适度，才能混合成淡淡的甜味

挞面团有以蛋来代替水的揉和面团（甜酥面团Pâte Sucrée），还有不使用砂糖的基本酥面团（Pâte Brisée）等。无论是哪一种面团，只要是加了粉后揉和得不足，就很容易会龟裂而散掉。然而，如果揉和得过度，就会丧失独特的酥脆口感。总而言之，最重要的就是要做成恰到好处的硬度才行。

甜酥面团（Pâte Sucrée）的成分比例

由于没有加入水，面筋作用较小，口感就比较香酥脆。

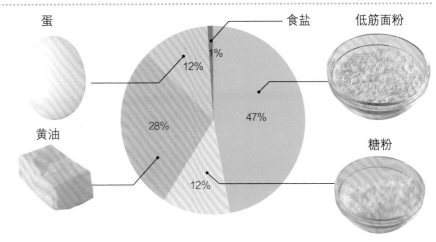

蛋 12%
食盐 1%
低筋面粉 47%
黄油 28%
糖粉 12%

泡芙面糊 ✳

烤好后的外形圆滚滚的，很可爱

泡芙在法文中原为"甘蓝菜"的意思，由于它膨胀圆滚的外形很像甘蓝菜，因而得名。泡芙面糊是唯一一种在放进烤箱里烘烤之前，将加热过并已搅开的蛋液加入面粉里混合的面糊。在糕点中使用最普遍的就是质地柔软的泡芙面糊。如果加入牛奶，也可以烤成酥脆的质地。闪电泡芙（Éclair）、巴黎车轮饼（Paris-brest），都是用这种面糊做成的。

泡芙面糊的成分比例

混合到一定程度后，再一边观察面糊的硬度一边加入蛋液。

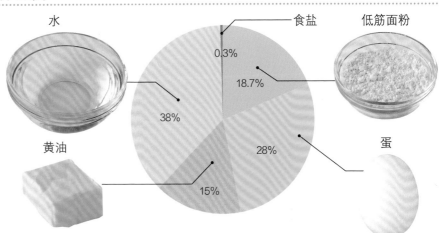

水 38%
食盐 0.3%
低筋面粉 18.7%
黄油 15%
蛋 28%

饼干面糊 ❀

用粉类、黄油、砂糖做成的饼干，种类繁多

可以归类到饼干的糕点数量非常多，在法国被统称为"酥脆小甜饼"（Petit Fours Sec）。在此要为您介绍的是其中最受欢迎的3种饼干面糊的做法。

模型饼干的特征就是粉类用得较多，比较容易集中成团；使用了大量黄油的冰箱饼干，需要放进冰箱冷藏凝固；而挤花饼干则是在挤出挤花袋前不能凝固，挤出后才让它冷却，烘烤。

模型饼干的成分比例

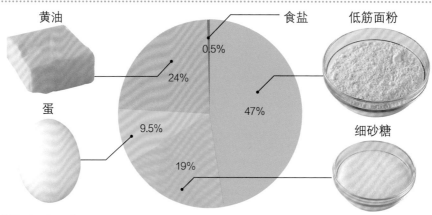

黄油 24%　食盐 0.5%　低筋面粉 47%　蛋 9.5%　细砂糖 19%

冰箱饼干的成分比例

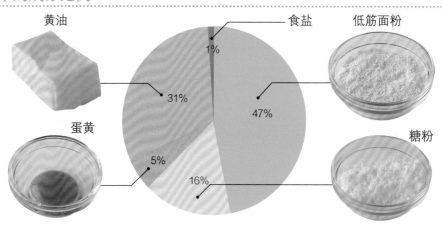

黄油 31%　食盐 1%　低筋面粉 47%　蛋黄 5%　糖粉 16%

挤花饼干的成分比例

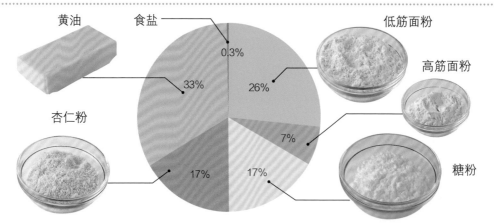

黄油 33%　食盐 0.3%　低筋面粉 26%　高筋面粉 7%　杏仁粉 17%　糖粉 17%

戚风面糊 ✱

完成后质地松软，是海绵蛋糕体面糊的成员之一

戚风面糊是海绵蛋糕体面糊的一种。相较于海绵面糊（Pâte Génoise）或比斯吉面糊（Pâte Biscuit），蛋白的用量比例较高，再加上使用了沙拉油，就可以膨胀成很高的蛋糕。但是，正因为它的质地很松软，较容易塌陷，所以，放凉的时候要倒过来放。制作时，可以再加入香料或果汁变换成各式各样不同的口味。正因为可以享受这样的乐趣，更增添了它的魅力。

戚风蛋糕的成分比例

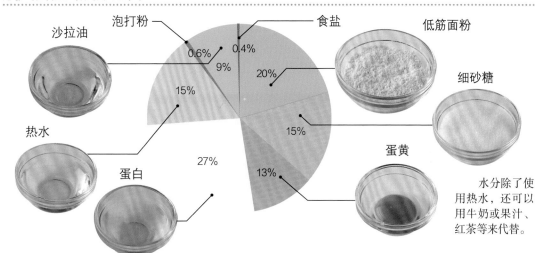

沙拉油　泡打粉　食盐　低筋面粉　细砂糖　热水　蛋白　蛋黄
0.6%　0.4%　9%　20%　15%　15%　27%　13%

水分除了使用热水，还可以用牛奶或果汁、红茶等来代替。

黄油蛋糕 ✱

这种蛋糕的香味非常浓郁

黄油蛋糕与海绵蛋糕相比，质地更加的湿润，味道也更香浓。玛德琳（Madeleine）、费南雪（Financier）、玛芬（Muffin）等，都与奶油蛋糕是同类。其中，还有一种磅蛋糕（Pond Cake），由于是用相同比例分量的黄油、低筋面粉、砂糖、蛋烘烤而成，所以存放的时间比其他种类的蛋糕更久一些。刚烤好时就很美味，再放置2~3天，就会更加入味，更好吃哦！

黄油蛋糕的成分比例

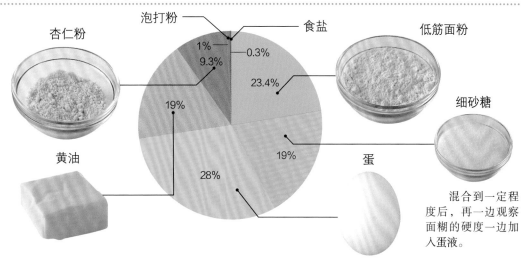

杏仁粉　泡打粉　食盐　低筋面粉　细砂糖　黄油　蛋
1%　9.3%　0.3%　23.4%　19%　19%　28%

混合到一定程度后，再一边观察面糊的硬度一边加入蛋液。

基本黄油和酱汁

只要能够牢记卡士达奶油、打发鲜奶油等常会用到的黄油、酱汁，再与面糊或面团等做搭配，就可以制作出各式各样的糕点了。

打发鲜奶油与不同的食材做搭配，可以制作出更多不同的糕点来，更具多样性！

可用来做装饰或与面糊等混合，用途广泛

打发鲜奶油

如果是装饰用，硬度就要打至八分发；如果是涂抹用，硬度就要打至七分发。

1

将鲜奶油、细砂糖放进隔着冰水冷却的搅拌盆里。

2

用搅拌器以适当的力度搅拌混合，直到起泡沫为止。

> **材料（约350ml的分量）**
> 鲜奶油·················· 250ml
> 细砂糖·················· 25g

失败范例

如果混合过度，就会产生分离现象。此时，再加入少量的鲜奶油或牛奶或许还可以补救，恢复原状。

打至六分发

质地浓稠，缓慢落下的状态。

打至七分发

用搅拌器舀起时，气泡所形成的立体角会垂下的硬度。

打至八分发

附着在搅拌器上的立体角会挺直竖立。

打至九分发

搅拌器上会附着大量的气泡。

打发鲜奶油的多样性

只需加入鲜奶油里，就可以变化出各种不同的风味来！

重要法则

粉末要先用热水溶解，再加入到已打发的鲜奶油里。固体材料则是一开始就要加入鲜奶油里，一起打发。

打发鲜奶油 + 柳橙汁

熬煮后，加入到打至六分发的鲜奶油里，一起打发。

打发鲜奶油 + 豆馅

加入到鲜奶油里，用搅拌器混合，再打发。

打发鲜奶油 + 抹茶

用热水溶解，再加入到打至六分发的鲜奶油里混合打发。

打发鲜奶油 + 即溶咖啡粉

先用热水溶解，再加入到打至六分发的鲜奶油里打发。

如果做好后看起来很有光泽，就表示做得很成功！

卡士达奶油

Crème Pâtissière，原意为"糕点师傅的奶油"，是一种味道非常柔和的黄油。

香草荚对半纵切，打开，用刀子取出香草籽。将牛奶、香草荚、香草籽放进锅内加热。※锅在使用前务必要先过水沾湿，以免烧焦。

将蛋黄、细砂糖放进搅拌盆里，用搅拌器像要刮东西般地混合，等到变白后，再加入低筋面粉，继续用搅拌器大幅度地移动混合。

材料（约325g的分量）
牛奶……………………… 250ml
香草荚…………………… 1/4支
蛋黄……………… 3个（约60g）
细砂糖…………………… 75g
低筋面粉………………… 25g

一边将加热过的牛奶一点点地加入，一边用搅拌器像要让材料溶解般地混合。※如果将牛奶全部一次加入，就会很容易结块，要特别小心！

等到3混合好后，就边过滤边倒回锅内。※倒回锅内时，要同时用橡皮刮刀按压残留在圆锥形过滤器上的香草荚，香草籽一定要滤掉。

用中火加热，用搅拌器迅速地混合，避免产生结块。

失败范例

卡士达奶油如果加热过度或混合得不足，就会变得像炒蛋一样，看起来干燥而松散。

等加热到开始浓稠时，就将火候调弱，用橡皮刮刀一边刮下粘在锅内侧或底部的黄油，一边加热。

> 由于会从底部开始变浓，要特别留意，避免烧焦。

> 还早得很呢！

等到变得浓稠后，再度将火调弱，边混合，边加热约1分钟。

> 要加热到像这样的浓度。

移到搅拌盆里，用保鲜膜密封。由于它很容易变质，所以，要用装了冰水的搅拌盆从上下夹住，让它迅速冷却。然后再用橡皮刮刀搅开，加入利口酒。

融合了蛋黄与牛奶的风味，令人垂涎欲滴！

英式酱汁

这是一种卡士达风味的酱汁，可以用来做法式奶冻（法Blanc-Manger）或冰淇淋。

材料（约320g的分量）	
蛋黄⋯⋯⋯ 3个（约60g）	香草荚⋯⋯⋯ 1/4支
细砂糖⋯⋯⋯ 50g	牛奶⋯⋯⋯ 250ml

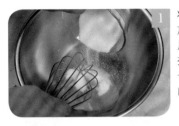

1　将蛋黄、细砂糖放进搅拌盆里，用搅拌器像要摩擦搅拌盆般地混合。将香草荚里的籽刮出，备用。

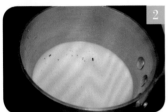

2　锅先用水沾湿一下，以防锅底烧焦。将牛奶倒入锅内，加入香草荚及籽，用大火加热。

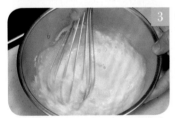

3　边将加热过的2一点点地倒入搅拌盆里，边混合。全倒入后，用搅拌器迅速混合。

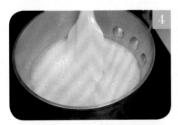

4　将3倒入锅内，用中火加热。然后，边用橡皮刮刀整锅混合，边加热到83℃~84℃为止，再开火。

5　加热到所指定的温度后，就用圆锥形过滤器过滤到搅拌盆里，立即隔冰水降温，迅速冷却。

浓缩了杏仁的芳香，风味绝佳！

杏仁奶油

核果独特而天然的甘甜味，令人意犹未尽，与派、挞可以说是绝配！

材料（约120g的分量）	
黄油（室温）⋯ 30g	蛋液（室温）⋯ 30g
细砂糖⋯⋯⋯ 30g	杏仁粉⋯⋯⋯ 30g

1　将放置在室温下已软化的黄油放进搅拌盆里，用搅拌器搅拌成膏状。再加入一点细砂糖，继续混合。

2　混合好后，再加点细砂糖，用搅拌器混合。将细砂糖分2~3次加入，每次都混合到完全溶解为止。

3　混合到变白后，将搅开的蛋液中约1/3量加入混合。混合好后，再将剩余的蛋液分2次一边加入一边混合。

4　然后，与细砂糖相同，将杏仁粉分2~3次加入，充分混合到质地柔软滑顺，就成功了。

失败范例

蛋液如果是冰冷的，与黄油混合后就会产生分离现象。此时可以边隔水加热边混合，就会从周围开始软化，恢复原状，得到补救。

这是用黄油与蛋液做成的奶油霜

✳ 3种奶油霜（Buttercream）

奶油霜有3种，差异就在于蛋液的状态。

这是种香味浓郁的奶油霜，特别适合在有剩余蛋黄时制作。

蛋黄糖浆式奶油霜

材料（约200ml的分量）
蛋黄…………2个（约40g）
水……………………………30ml
细砂糖……………………60g
黄油（室温）…………120g

❶ 将蛋黄放进搅拌盆里，用手提电动搅拌器打发。
❷ 依次将水、细砂糖放进锅内，用中火加热到115℃~117℃后，再边加入❶里边混合。
❸ 继续混合到质地变白，开始变得浓稠时，就放置在室温下冷却。※如果一直维持在热的状态，黄油就会融化。
❹ 黄油放置在室温下软化后，分2~3次加入，混合到质地变得柔滑为止。

混合到可以在液态的蛋黄上写字为止。

务必使用完全软化了的黄油。

入口即化的奶油霜

英式酱汁奶油霜

材料（约400g的分量）
蛋黄…2个（40g）

| 细砂糖…… | 100g | 牛奶……… | 125g |
| 香草荚…… | 1/6支 | 黄油……… | 200g |

❶ 参考32页，制作英式酱汁，再隔着冰水降到常温。
❷ 黄油放置在室温下软化，再用搅拌器搅拌。然后将少量的❶加入混合。
❸ 混合好后，再将剩余的部分一点点地加入混合，重复同样的动作，直到完全混合好为止。

这种奶油霜口感绵柔，在常温下可保存4~5天

奶油霜

材料（约250g的分量）

蛋白………	约4/3个（40g）	细砂糖……	60g
细砂糖（制作蛋白霜用）…	5g	黄油（室温）	
水	20ml		150g

❶ 打发蛋白、细砂糖，制作蛋白霜。
❷ 依次将水、细砂糖放进锅内，用中火加热到115℃~117℃，然后，边加入❶里，边用手提电动搅拌器混合到可以形成立体状态为止。
❸ 黄油软化后，放进搅拌盆里，用搅拌器搅拌。
❹ 将❷舀一勺到❸里，用橡皮刮刀混合。混合均匀后，再将剩余的部分也加入，混合到质地变得柔滑为止。

先加入少量的蛋白霜，混合均匀。

混合到质地变得柔滑，就完成了。

基本馅料的制作

豆馅，在日式糕点中可以说是和西式糕点中的黄油同样重要。虽然市场上随时可以买到，但自制豆馅的美味绝对更上一层！豆粒馅，只要把经过预先处理的红豆与砂糖一起熬煮，即可完成。但是，豆泥馅的制作可就相当费神了。无论是何种豆馅，都可以冷冻保存，所以在有空的时候一次做好，存放备用准没错！

制作豆粒馅与豆泥馅的首要程序
红豆的预先处理

1

剔除掉有虫眼儿等有瑕疵的红豆

将红豆放进装了水的搅拌盆里，洗净，再用大量的水以大火加热。

2

沸腾后再加热10分钟

沸腾后，加入约1杯的水，再继续加热10分钟。

3

冲水5分钟

倒入网筛，用水持续冲洗约5分钟，去除浮沫、涩味。

4

沸腾后再煮60分钟

将红豆与大量的水用大火加热，沸腾后调为小火，继续煮60分钟。

5

用手指可以捻碎，就OK了

中途如果水变少了，就再加热水进去，以免红豆接触到空气。

只要和砂糖一起煮就好，非常简单哦！
豆粒馅

材料（约700g）			
红豆…………	225g	麦芽糖…………	7g
白砂糖…………	280g	食盐…………	少许

1

将麦芽糖、半量的白砂糖加入已经完成预先处理的红豆锅内。

2

用大火加热，到看得到红豆时，再把剩余的白砂糖加入，调成比中火稍弱的火候来加热。

3

加入食盐，边混合边加热到水分蒸干为止。

4

加热到用橡皮刮刀混合，当橡皮刮刀前端的形状可以残留在红豆上的硬度时，就完成了。

豆泥馅完成时，质地柔滑而细致。

豆泥馅

材料（约500g）

红豆…………… 225g　　　　细砂糖………… 225g

1
已经完成预先处理的红豆用网筛过筛，将汤汁与红豆分开。

> 完成过筛后，再用少许的汤汁，将残留在网筛的红豆粒冲入下面的搅拌盆内。

2
将一个较大的搅拌盆放在网筛下，将留在的网筛上的红豆一点点地压碎过筛。

3
全部过筛后，再将已过筛的豆馅（未加砂糖的豆馅）与汤汁分开。

4
边过滤汤汁，边倒入另一个搅拌盆里，再与未加砂糖的豆馅混合。然后，注入大量的水。

5
静置片刻，等到豆馅沉淀后，倒掉上层较清澈的水，再次注入清水。重复2次这样的动作。

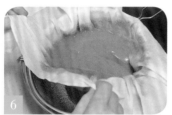

6
将白麻布等罩在网筛上，把5倒入。然后，撩起布的上端，倒掉多余的水分。

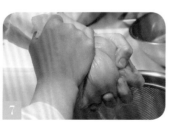

7
将布束起来，两手用力拧过后，将豆馅倒入锅内，加入细砂糖。

> 在锅内，用橡皮刮刀堆成山状看看，如果不会塌陷下来，就是煮好了。

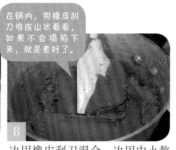

8
边用橡皮刮刀混合，边用中火熬煮，到膨胀起来为止。

白泥馅的甜味，清淡而高雅。

白泥馅

材料（约600g）

白花豆… 300g　小苏打… 1/2小勺

白砂糖… 300g

白花豆的预先处理

白花豆用4~5倍的水浸泡一晚。

1
白花豆与大量的水，加上小苏打，用大火加热。沸腾10分钟后，将汤汁倒掉，换成清水。

2
用大火加热。沸腾后，将火调小，煮约40分钟，用网筛按压过滤。

3
将2与白砂糖放进锅内，用小火熬煮到混合时可以留下痕迹的硬度为止。

如何正确使用挤花袋

要特别留意的是，如果挤花袋装得太满了，就很容易从上面挤漏出来哦！在还不习惯使用时，很难挤得漂亮。不过，只要多用几次，就会比较熟练，逐渐上手了。挤花袋与挤花嘴除了常用于挤奶油之外，也被用来将面糊等挤到烤盘上。

用法 1 装上挤花嘴

| 将挤花嘴放进去 | ➡ | 往前推 | ➡ | 拧一下，固定住 |

先确认一下挤花袋的内侧有没有脏污，然后打开挤花袋的袋口，将挤花嘴往前端部分抛，让它套入。

用手指一边捏一边将挤花嘴往前推，让它从前端的孔突出，固定。

从挤花嘴上方拧一下挤花袋，再将挤花袋塞进挤花嘴里。这样做，黄油或面糊等就不会从前端渗漏出去了。

用法 2 装入奶油或面糊等

竖着放，固定好

利用量杯或马克杯将挤花袋套入，袋口往外折，备用。这样做可以让奶油或面糊等容易填装进去。

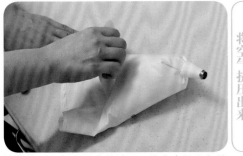

将空气挤压出来

填装好后，用刮板往前端压，将多余的空气挤出去。

用法 3 挤花

拿法

拧一下袋口，用右手的大拇指与食指夹住，挤花嘴用左手的大拇指与食指夹住，将前端拧起来的部分往前拉。

挤花的技巧

用右手慢慢地将奶油或面糊等挤出来，左手只要支撑着前端即可。挤完后，除了右手的大拇指与食指之外，其他的手指就可以放松，不需用力了。

细致作业的好帮手
圆锥形纸袋的做法

1
裁剪石蜡纸

先裁成长方形（长宽的长度约为2∶3），再沿着对角线对折，裁剪出三角形的纸样。

2
从边缘开始卷

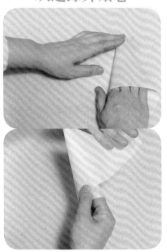

将90°角的部分放在靠自己这边，将右上端的角往靠自己的方向卷过来，让尖端落在离自己较远的斜边中央处，卷成圆锥形。

3
将填入口处的纸往内折

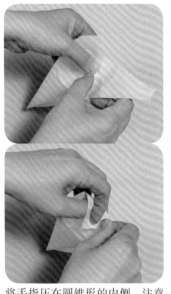

将手指压在圆锥形的内侧，注意不要产生缝隙地卷到底后，先将上面突出的一角往内侧折，再将另一个突出的角也一样折入。在折的时候要小心，不要让圆锥走样变形了。

4
填充纸袋

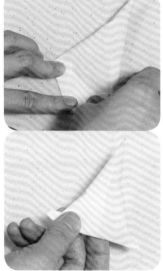

用汤勺等装到约6分满。装好后，将袋口往内侧折。再将左右两侧各斜折一道后，为了防止空气跑进去，再从中央往内侧折。最后，将前端切掉一点，作为挤出口。

用圆锥形纸袋来制作糖衣

糖衣是由糖粉与蛋白混合而成的。用这样的方式来绘图，就可以做出更可爱的糕点了哦！

糖衣的做法

混合200~250g的糖粉与20g的蛋白，等到砂糖溶解后，再加入少许的柠檬汁。色素粉用少量的水溶解后，加入混合。想要黑色的话，可以使用可可粉。

如果是要用来画线，大概就是这样的硬度。

舀起来看看，落下时大概要形成上图显示的硬度。如果是用来涂抹在糕点表面，就要再加入少量的水。

先挤到手指上看看

先挤些到手指上，确认一下硬度。用自己惯用的手来挤，将另一只手放在工作台上，用手指支撑着圆锥形纸袋。

Q 前端凝固了怎么办？

切口附近的糖衣凝固了，就无法继续画了。

A 就用指尖捻一下吧！

凝固的部分用指尖捻一下，就会被手的热度融化，恢复原状了。切切勿用剪刀剪，因为这样孔就会变大，而无法再画细的线条了。

只要混合黄色与红色色粉，就可以调成橘色了。

装饰的技巧

制作蛋糕的最后一道工序，就是装饰。这正是展现您的品位的重要时刻！

即使是打发鲜奶油与草莓这样简单的组合，不同的外观给人的印象也可能大不相同。

重点就在于整体的调和感。所以，最后请再确认会不会使用了太多的奶油，还是其他的装饰太多了？

基本的装饰

重点1

先用抹刀等器具画上成等分的放射状记号，让装饰可以很整齐地对称。

重点2

将1个小型圆状切模摆在蛋糕的正中央，让胡桃落在里面，就成为一个圆形了。

重点3

要拿起蛋糕时，先将抹刀伸入蛋糕下面，撬开缝隙，再将左手伸进去。装饰侧面时，就用左手捧着蛋糕的底部。

如果奶油先涂抹上了底层，最后就可以很漂亮地完成

整个蛋糕外表都要用奶油涂层的话，先在表面涂抹上薄薄的一层奶油做底，放进冰箱冷藏，就不会有在涂抹奶油时海绵体的碎屑会粘在奶油上的问题了。这样一来，最后就可以涂抹得很漂亮。涂抹奶油时，要轻轻地握住抹刀的柄，并用食指支撑着，平行移动涂抹。如果有奶油粘在抹刀上，就利用搅拌盆的边缘刮落。装饰时的基本原则，就是要先思考完成后要切成几等份后再进行。如果最后再加上镜面果胶或浇淋上糖浆，看起来就更加高贵华丽了。

浸透

就是指将冷却的糖浆与洋酒混合后，用毛刷涂抹在海绵蛋糕的切面上，渗透入味之意。这样做，可以适度地滋润蛋糕，更能增添风味喔！加上绘图，就可以做出更可爱的糕点了喔！

糖浆的做法

依次将水、细砂糖放进锅内，用中火熬煮，边晃动锅，边让糖溶解。等到完全溶解后，从炉火移开，放凉。

各种装饰变化 ✳

华丽的糖艺装饰

将100g的砂糖、25ml的水加热到约150℃，变成麦牙糖状，再用叉子舀，用来缠绕搅拌器。

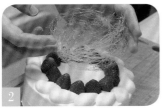

用手捧着的糖艺装饰整理成圆形，再摆到蛋糕上。

用可可粉与糖粉营造出典雅的气息

先在厚纸上描绘出可爱的圆形，再用刀子切割。切割掉的部分就成为要装饰的圆形了。

将纸型平举在距离蛋糕约5mm的上方，将糖粉、可可粉撒到蛋糕上。

将水果装饰成立体状

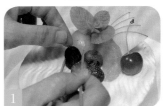

先用锯齿形刮板轻轻地刮过，在表面上做出纹路来。再用水果装饰成立体状，并留意颜色不要重复了。

用毛刷将镜面果胶涂抹在水果表面，上光，让水果看起来亮丽有光泽。

不妨巧用市售品来做装饰

用起来既简便，完成后又有职业级的水准！利用市面上销售的成品，只要多下一点功夫，做好的糕点就会大大地改观喔！

糖类

加工成星星、花等形状的砂糖，常被用来装饰冰淇淋或巧克力。

巧克力针

就是针状的巧克力。色彩丰富的彩色巧克力针，可在想营造出热闹的气氛时使用。

银珠

在粒状的砂糖等表面镀上一层银色而成。用它来做装饰可以给人一种高雅的印象。

装饰笔

内藏的管子里装着巧克力，可以用来写字或绘图。要先用热水将巧克力软化后再使用。

❋ 酱汁的装饰法

只要多下点功夫，就可以将甜点变得很华丽喔！

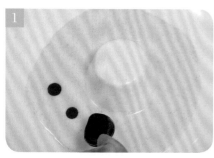

用汤勺将草莓泥以点状滴在酱汁上。点与点之间要留间隔，滴几滴上去。

用竹扦从最左侧的点开始，一口气划到右侧去，让点与点从中央串连好，做出花纹来。

❋ 自制表层用装饰

利用剩余的食材就可以马上做好的自制表层用装饰

巧克力层

用蔬果挖球器来刨削巧克力块平坦的部分。如果没有蔬果挖球器，也可用切割模或汤勺来代替。

糕饼屑
(Cake Crumb)

将一块海绵蛋糕放在滤网里，压碎。除了可以用来装饰蛋糕，还可以用来吸收苹果派的水分喔！

切开圆形蛋糕的技巧

切的时候要尽量让第一块的大小、表面的装饰都很均等。如果很难切得均匀，也可以先取下装饰，等蛋糕装到盘中时，再添上去即可。

重点

同时确认一下装饰草莓、打发鲜奶油的用量是否均等。

切时不要一下子就切下去。首先，用抹刀均等地在蛋糕上轻划，做出放射状记号来。

沿着记号线，将刀子从蛋糕的中央划入，同时用手压着草莓。如果用刀直接从线的另一头切下去，蛋糕就会整个陷下去。

将刀子从记号上切入，上下移动切到底。等刀子碰到底部后，边将蛋糕完全切开，边拔出刀子。

也可以使用蛋糕铲喔！

要盛装到容器上时，先将切下的蛋糕放在抹刀上，然后用刀子在蛋糕下面往上抬一下，让蛋糕滑到盘子上。

第二章
西式糕点/蛋糕篇

糕点的历史

法国糕点的变迁

在长期的历史变迁中，欧洲各国的著名糕点逐渐汇集到了法国

所谓的"法国糕点"，除了当地的传统糕点之外，还有很多是从国外传到法国来的。

中世纪时的糕点味道以朴实单纯为主流。随着十字军东征的影响，各式各样含有砂糖的食材也随之传入。

进入文艺复兴时期后，法国开始积极地展现其国力，国际婚姻也开始兴盛起来。其中，对饮食文化影响最大的就是法国亨利二世（Henri II de France）与意大利的凯瑟琳·德·梅第奇（Catherine de Medicis）的联姻。凯瑟琳·德·梅第奇是位非常著名的美食家，嫁到法国的同时也将优秀的糕点师傅一起带到法国来了。据说冰淇淋的雏形之所以会传入法国，就是因为她的关系。

到了波旁王朝，法国国内社会安定，宫廷文化盛行。在此阶段，甜美的西式糕点也就随之不断地被创作出来。

在法国革命后，原来专属于贵族的糕点才与庶民更为贴近。这是因为革命后，专职于贵族的糕点师傅纷纷失业，开始在平民地区开店营业而形成。

教会主导的糕点制作
中世纪

糕点制作以可以使用烤炉的修道院或教会为主。当时所制作的糕点正是格子松饼（Waffle）的前身，混合面粉、蛋等，再用铁板烘烤而成，人们把它称之为"Oublie"。

格子松饼的始祖，可以追溯到中世纪时代。

法式糕点的核心时期
波旁王朝

在亨利四世的统治之下，无论是料理或糕点的文化都欣欣向荣，蓬勃发展。据说，可颂（法Croissant，又称羊角或夸颂面包）就是由奥地利的玛丽·安托瓦内特嫁给法皇路易十六时所传入的。

诞生于洛林大区（Lorraine）的玛德琳（Madeleine）。

新饮食文化的诞生
文艺复兴

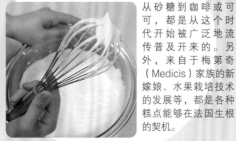

从砂糖到咖啡或可可，都是从这个时代开始被广泛地流传普及开来的。另外，来自梅第奇（Medicis）家族的新嫁娘、水果栽培技术的发展等，都是各种糕点能够在法国生根的契机。

打发鲜奶油也是在这个时代诞生的。

天才料理师的出现
19世纪以后

天才料理师马利·安东尼·卡莱梅，曾创作了闪电泡芙（法Éclair）等许多脍炙人口的糕点。此外，1891年，他为了纪念在巴黎举办的第一届自行车赛，在巴黎的糕点店创作了闻名的巴黎车轮饼。

名字来源于自行车大赛与赛程名称的巴黎车轮饼。

Strawberry Short Cake

草莓海绵蛋糕

这是最容易学会、最简单、最基本的蛋糕。

草莓海绵蛋糕

材料（直径15cm）

海绵体蛋糕的材料

蛋（室温）………	2个（约100g）
细砂糖、低筋面粉………	各60g
黄油………	10g

打发鲜奶油的材料

鲜奶油………	250ml
细砂糖………	25g
草莓………	约20颗（320g）
开心果（糕点用）………	适量
脆糖杏仁粒（法Craquelin） ………	适量

脆糖杏仁粒的材料

Ⓐ	水	20ml
	细砂糖	50g
	杏仁碎粒	30g
Ⓑ	糖浆（水：砂糖＝3：1，参照38页）………	50ml
	樱桃白兰地（德Kirsch）…	25ml

必备器具

锅、搅拌盆、搅拌器、手提电动搅拌器、木勺、橡皮刮刀、粉筛、烤箱、烤盘、烤盘纸、厨房纸巾、蛋糕刀、刀子、砧板、毛刷、抹刀、蛋糕、冷却架、旋转台、挤花袋、挤花嘴（直径1cm）、铁棒2支（厚约1.5cm）、温度计、布或软木塞板、塑胶袋

使用的模型

直径15cm、高4.5cm的圆形中空模

所需时间
100分钟

难易度
★★★

01 将纸垫在中空模下，配合模的形状往上折。将隔水加热用的水煮沸，低筋面粉过筛到纸上。

02 制作海绵蛋糕体面糊。将蛋打到搅拌盆里，慢慢搅开。然后加入细砂糖，边用60℃的水隔水加热，边混合。

03 等加热到36℃左右就停止隔水加热，倾斜搅拌盆，用搅拌器快速打发。开始预热烤箱到180℃。

04 打发到混合液滴下可形成蝴蝶结的状态时，就改用低速，让质地变得有光泽。※即将牙签立着也不会倒下的硬度。

05 黄油隔水加热融化黄油。※黄油如果没有趁热使用，就很难扩散混合。

06 将面粉半量加入，用刮刀画圆般地舀起面糊，再倒回去混合。同时将搅拌盆以逆时针方向每次转动1/6圈，重复这样的动作。

07 等差不多混合好后，将剩余的半量面粉加入。用相同的方式混合到完全看不到粉末，直至表面光泽。※共混合30~40次。

08 将05的融化黄油趁热先倒到橡皮刮刀上，作为缓冲，再让它流到面糊的整个表面，然后迅速地混合。

09 将01的中空模放在烤盘上，把面糊倒入。※加入黄油后，会造成气泡消失，所以动作一定要迅速。

10 从距离约10cm的高度，往布或软木塞板上敲3~4次。然后，用180℃的烤箱烤约25分钟。

11　混合鲜奶油、细砂糖，打发到7分（参照30页），再放进冰箱冷藏。※为了防止涂抹时会起泡，打发时请不要打得太浓稠了。

12　切碎开心果。草莓用毛刷清理过后，将其中3个对半纵切，其余的全切成5mm的薄片，排列在厨房纸巾上。

13　制作脆糖杏仁粒。将Ⓐ放进锅内，用中火加热，溶解细砂糖。等到开始变浓，约115℃时，就将杏仁碎粒加入混合。

14　用木勺混合到变成褐色后，摊放在烤盘纸上。冷却后，装入塑胶袋里，用锅的底部等来压碎。

15　将蛋糕从烤箱取出。用手碰触表面看看，如果柔软有弹性，就表示已经烤好了。

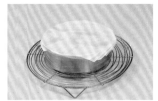

16　连同模一起翻面，底部朝上放在架上冷却。※翻过面来放，表面就会变平，热气会留在蛋糕里，让质地保持湿润。

17　将底部的纸撕除，刀子插入中空模里，沿着侧面移动，让蛋糕脱模。铁棒放在蛋糕两侧，切成厚度均等的3个圆片。

18　将17的其中1片放在旋转台上，用毛刷将1/3量的Ⓑ涂抹在切面上，再用刮刀将打至七分发的鲜奶油舀到上面。

19　用抹刀抹开成薄层，再将草莓薄片排列上去。※切勿将草莓放在正中央部分，以免切开蛋糕的时候草莓会陷落。

20　涂抹打发鲜奶油，量要多到可以溢出边缘，把缝隙填满。用抹刀抹匀后，将另一片蛋糕叠上去，再重复从步骤18开始的动作。

21　叠上最后1片蛋糕，涂抹，再抹上薄层鲜奶油，边转动转台，边将侧面溢出的鲜奶油均匀地抹在侧面。放进冰箱冷藏10分钟。

22　从冰箱取出，把鲜奶油舀到上面，用抹刀左右移动，轻轻地抹匀，同时转动转台，让鲜奶油均匀地盖住整个蛋糕。

23　涂抹侧面时，要将抹刀垂直竖立，并转动旋转台，像要把侧面做成屏障把上面圈住般地涂抹。

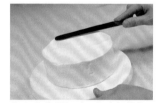

24　将突出的鲜奶油，往内侧抹匀，并小心不要压垮了边缘90°角。用抹刀在表面做出放射状6~8等份的记号。

25　将剩余的鲜奶油打发到8分（参照30页），用挤花袋挤到蛋糕表面上，再用开心果、脆糖杏仁粒装饰。

海绵蛋糕的失败范例

海绵蛋糕虽说做起来很简单，却也很难做得好。成功的秘诀就在于此！

失败范例❶
质地坚硬，不够蓬松

确认事项

充分打发到颜色变白，就可以了！

原因 打发不足与混合过度

打发不足。还有，如果全蛋隔水加热过度，就会无法膨胀。加入粉后，如果用揉和般的方式混合，就会变硬。所以，混合时一定要从底部翻起再倒下般地混合。

失败范例❷
塌陷

原因 可能是半生不熟

如果在还没烤好时就从烤箱取出，冷却后，就会塌陷下去。请确认制作步骤15。

失败范例❸
粉类成结块

原因 低筋面粉没有先过筛

低筋面粉如果没有先过筛，大的颗粒就会留着，即使是混合完毕，结块也不会消失。请确认制作步骤01。

失败范例❹
质地粗糙

原因 打发过度和混合不足

打发蛋液时，打入了过多的气泡导致的。也可能是低筋面粉的混合方式不佳的原因。请确认制作步骤07。

失败范例❺
表面起皱

原因 侧面贴着纸导致的

如果中空模内侧也铺上纸，海绵蛋糕就会跟着纸收缩，因而变皱，此时就不能涂抹奶油了。请确认制作步骤01。

不要畏惧失败，要反复练习，勇于挑战！

海绵蛋糕膨胀的原理，就在于蛋的打发。打发过的蛋液含有大量的气泡，加热后气泡就会膨胀，因而能够烘烤出蓬松的蛋糕来。

将砂糖加入蛋黄里打发后，颜色会变白，体积会增加，还要打发到可以流成蝴蝶结状的硬度（舀起来再流下时，可以写字的硬度）。虽然一开始要用约60℃的水隔水加热，如果加热太久，蛋黄就会产生黏性，降低了产生气泡的能力。所以，切记当蛋液加热到36℃左右时，就要停止隔水加热了。

此外，加入低筋面粉后，要用橡皮刮刀混合到完全看不到粉末为止。混合时要小心，不要把气泡压碎了。除此之外，由于烤的时候太过大意，虽然有膨胀起来，最后却又塌陷下去；或低筋面粉没有先过筛而导致结块等，失败的原因很多。所以，请务必事先确认好烤箱是否已充分预热过、纸的铺法是否正确等，让失败的可能性降到最低。

Roll Cake
蛋糕卷

色彩艳丽诱人的水果，美味包藏在蛋糕里喔！

蛋糕卷

材料（22cm长的蛋糕卷1个）

海绵蛋糕体面糊的材料

蛋	2个（约100g）
细砂糖	30g
细砂糖（蛋白霜用）	30g
低筋面粉	60g
糖粉	适量
柳橙	1个（200g）
香蕉	1/2根（70g）
奇异果	1/2个（50g）
蓝莓	14颗（20g）
覆盆子	11颗（20g）
草莓	3颗（约35g）
糖浆（水：砂糖＝3：1，参照38页）	25ml
康图酒（法Cointreau）	10ml
鲜奶油	60ml

卡士达奶油的材料

牛奶	160ml
香草荚	1/4支
蛋黄	2个（约40g）
细砂糖	45g
低筋面粉	15g

必备器具

锅、搅拌盆、搅拌器、橡皮刮刀、擀面棍、粉筛、圆锥形过滤器、茶滤网、原子笔、尺子、烤箱、烤盘、烤盘纸、厨房纸巾、蛋糕刀、刀子、工作台或砧板、毛刷、抹刀、挤花袋、挤花嘴（直径1cm，圆形）、橡皮筋

所需时间
90分钟

难易度
★★☆

01 烤盘纸上画边长25cm的正方形，烤盘的四个角涂抹上黄油（未列入材料表），将烤盘纸翻面贴上。面粉过筛。

02 制作海绵蛋糕体。分开蛋白与蛋黄。将蛋黄、细砂糖放进搅拌盆里，用搅拌器像摩擦东西般地混合到变白。

03 参考114页，用蛋白、细砂糖制作蛋白霜。开始预热烤箱到190℃。

04 舀1勺蛋白霜放到02的搅拌盆里，用搅拌器混合后，再将剩余的部分也加入，用橡皮刮刀从底部往上翻地混合。

05 将两者稍微混合成像大理石纹般的状态后，再把已过筛的低筋面粉全部加入。

06 用刮刀画圆般地舀起面糊，再倒回混合。将搅拌盆以逆时针方向每次转1/6圈，迅速地重复动作，以免气泡消失。

07 等到面粉混合好后，放入已装好挤花嘴的挤花袋内。※如果混合到出现光泽的程度，质地就会过稀了。

08 配合步骤01里画上的四角框，将面糊以斜向挤出。※若还有剩余，也可以在纸旁的空间挤成棒状，当装饰用。

09 用茶滤网将糖粉撒到表面。过1分钟，等到糖粉被吸收后，再撒1次。然后，用烤箱以190℃烤约10分钟。

10 沿着果肉，将柳橙的外皮切下。再从柳橙的内膜入刀，切下果肉，再切成1.5cm的块状。

11 将奇异果、香蕉、草莓也切成1.5cm的块状，放在厨房纸巾上沥干。※香蕉要先洒上柠檬汁（未列入材料表）。

12 混合糖浆与康图酒备用。

13 参考31页，制作卡士达奶油。鲜奶油打发到10分（参照30页），再加入已稍微搅过的卡士达奶油里混合。

14 等到09烤成金黄色后，就连同铺在底下的烤盘纸，从烤盘上移开，放凉。

15 冷却后，连同烤盘纸一起翻面，再小心地一点点将纸往上翻，撕除。

16 维持翻面的状态，移到砧板上，将右端斜着切掉。※最后蛋糕卷到这端时就不会参差不齐，而且可以卷得很漂亮。

17 将面皮维持翻面的状态，移到另一块烤盘纸上。然后，用毛刷将12涂抹在整个表面。在要开始卷起的地方，用刀切4道。

18 将奶油舀到上面，用抹刀抹匀。※边缘与斜切过的部分要涂薄一点，以免卷起后奶油会挤漏出来。

19 将步骤17里用刀切过4道的部分放置在靠近自己这边。将切过的水果一排排地摆上去。※最后留下约5cm的空间，不要摆满了。

20 用烤盘纸代替竹帘子（用来卷寿司的器具）将蛋糕卷起来。※用擀面棍抵在纸上一起卷就可以支撑着纸，比较容易卷。

21 卷的时候不要有缝隙。卷完后，用尺子从上按压烤盘纸，让卷完的地方贴得更密实。

22 让蛋糕就这样被烤盘纸包着，用橡皮筋套住固定，将卷完的终端朝下，放进冰箱，冷藏约10分钟。

23 拿掉烤盘纸，两端各切下约1cm的厚度。※切片时，要将刀子大幅度地前后移动，切成约4cm的厚片。

失败范例

如果面糊的质地过稀，挤出后就会流动，无法固定成形

加入粉后，如果混合到出现光泽，就犯了一个严重的错误。因为这样会导致面糊挤出后在烤盘上流动，无法固定。烤好后也会因质地过硬无法卷起。此外，制作时也要注意切勿让它过于干燥或烘烤过度。

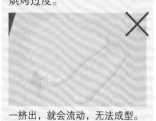

一挤出，就会流动，无法成型。

糕点制作的诀窍与重点❷
水果的处理方式
用色彩丰富的水果来装点蛋糕

草莓	香蕉	奇异果
用毛刷清理	用柠檬汁浸渍	捏住芯，扭转
⬇	⬇	⬇
就不会损及原有的香味	就不会变色	就可以漂亮地取下

一颗颗地小心清理，去污。

柠檬的酸味可以防止香蕉变黑。

先用刀划，再用手扭就可以取下。

柳橙、蜜柑、葡萄柚

连同内膜一起切下

⬇

要巧用果汁，不要浪费

皮用水浸泡

⬇

可以去苦味

1 先切除头尾，将刀子从外侧的白皮切入，沿着果肉去皮，切成圆形。

3 将刀子从薄膜与果肉之间切入，如果要把外皮当做容器用，就不用先去芯，最后再切除即可。

如果要使用皮，就要先用刷子将表面的蜡彻底刷干净，再用水浸泡，去苦味。然后，再用大量的水煮2~3次，去涩味。

水果既可以是主角，也可以是配角，是制作糕点时不可或缺的食材

　　水果可以用来装饰蛋糕，也可以与奶油混合，是制作糕点时不可或缺的材料。果肉可以直接拿来用，也可以加工成泥状或糊状等，用法繁多，不胜枚举。

　　然而，水果依其水分含量与形状的不同，处理方式也不相同。例如，像草莓这种不用去皮的水果，就严禁水洗，因为水洗后会使它的香味流失，表面也会沾了水而变软，导致变形。此外，柑橘类的水果，果肉都被内膜隔开着，所以在去除外皮后，还要将果肉从内膜取出，再切块。还有，各食谱中所需的水果部分不尽相同，可能会用到的有果肉、果汁、果皮等，请遵循食谱中的标示来切割处理。

　　如果要切的是比较小型的水果，建议您使用刀刃长约12cm的专用小刀，比较好拿，用起来很便利。另外，像可以漂亮地去芯的果实去芯器或可以将果肉挖成圆形取出的蔬果挖球器等都是非常便利的器具，可以多加利用哦！

Black Tea Chiffon Cake

红茶戚风蛋糕

这是一种外观朴实、质地细致而味美的蛋糕。

红茶戚风蛋糕

材料（直径17cm、高8cm）

热红茶	
… 70ml（茶叶：热水 = 3g：100ml）	
低筋面粉	90g
泡打粉	2/3小勺
食盐	1撮
茶叶（伯爵茶）	3g
蛋黄	3个（约60g）
白兰地	10ml
沙拉油	40ml
蛋白	约4个（125g）
细砂糖	70g

焦糖香醍（Chantilly）的材料

水	20ml
细砂糖	40g
鲜奶油	100ml

必备器具

锅、搅拌盆、搅拌器、橡皮刮刀、万用网筛、烤箱、烤盘、烤盘纸、抹刀、布

使用的模型

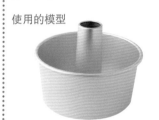

直径17cm、高8cm的戚风模

所需时间
90分钟

难易度
★★★

01 将100ml的热水倒入3g的茶叶里，冲泡成较浓的红茶。然后，只使用其中的70ml。

02 将泡打粉、食盐、茶叶加入低筋面粉里混合，再用万用网筛过筛到纸上。※如果使用孔径太小的粉筛，茶叶就会塞住，无法过筛。

03 将蛋黄放进搅拌盆里，用搅拌器搅开。再加入白兰地混合。开始预热烤箱到170℃。

04 将沙拉油倒入01的红茶里混合，再倒入装着蛋黄的搅拌盆里。※倒入时要同时混合，以避免油水分离的情况产生。

05 参照114页，用蛋白与细砂糖制作蛋白霜。

06 用搅拌器将蛋白霜舀一些放到04的搅拌盆里，小心地混合。注意不要压碎了气泡。

07 大致混合好后，再将剩余的蛋白霜也舀进去，用橡皮刮刀从底部往上翻般地稍微混合。

08 将02里已过筛的粉类分成2次加入，用橡皮刮刀像画圆般地从底部翻起混合，一直反复到出现光泽为止。

09 倒入戚风模里。※如果在模内涂抹上黄油或撒上粉，倒扣、冷却后，蛋糕就会掉下来，所以切记要避免。

10 从距离约10cm的高度将戚风模往布上敲3~4次，让空气跑出来，消除缝隙。然后放进烤箱，烤约40分钟。

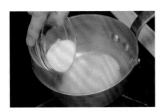

11 制作焦糖香醍。依次将水、细砂糖放进锅内。※如果先将砂糖放进去，水就会溅起来。

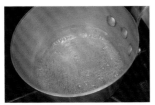

12 用大火加热溶解砂糖，等到沸腾发出声音时就晃动锅，让锅内的温度均匀一致。

13 等到锅内开始变成褐色，散发出香味时就开火，将鲜奶油倒入。※由于沸腾的时候会冒出气泡，所以请使用较大的锅。

14 然后，改用小火加热，用橡皮刮刀从底下翻起混合。等到焦糖融化后，再移到搅拌盆里。

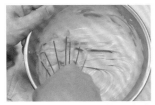

15 将14的搅拌盆放在装了冰水的搅拌盆上降温，用搅拌器打发到7分（参照30页），再放进冰箱冷藏。

16 烤好后取出。用手碰触表面，如果感觉有弹性，就是烤好了。※也可以用金属棒刺穿看看，如果刺过的地方是熟的，就可以了。

17 蛋糕连同戚风模倒过来，放凉。※如果没有倒过来放，蛋糕表面就会塌陷下去。

18 冷却后，将抹刀伸入戚风模内侧边缘绕一圈。然后用手压着外围的圆筒，另一手将中央提起。

19 再将抹刀伸入中央圆筒的周边，绕一圈。底部也要用抹刀平行地划过。

20 再倒过来，脱模。然后，切成放射状的蛋糕块，吃起来比较方便。最后，再添上焦糖香醍。

失败范例

切开后，可以看到海绵体里有大的缝隙

蛋糕里有大的缝隙，是因为面糊里有空气跑进去了。因此，将面糊倒入戚风模后，要在工作台垫块布或软木塞板，把戚风模放在上面敲，让空气跑出来。而且，不要只敲1次，要敲3~4次，才能让空气完全跑出来。此外，在蛋白霜全部加入后一定要用橡皮刮刀，边转动搅拌盆边混合，到出现光泽为止。如果用的是搅拌器，气泡就会消失，而烤成质地坚硬的蛋糕。

如果没有确实做好放气的动作，烤好后的蛋糕就会出现大缝隙！

脱模后，蛋糕的表面凹凸不平

由于戚风模的形状与其他蛋糕模不同，因此脱模时就需要一些技巧。将刀子或抹刀伸进蛋糕与戚风模之间时，如果没有留意伸入的角度，就很容易把蛋糕的表面弄得凹凸不平。所以，做这个动作时要将刀子或抹刀一直非常小心地贴着戚风模来移动。另外，千万不要急躁，要一点点地移动刀子或抹刀，这样就可以将失败率降到最低了。

即使烤得很漂亮，脱模时没做好就会功亏一篑！

糕点制作的诀窍与重点❸
变化无穷的戚风蛋糕

先牢记基本做法与制作法则，再在原味戚风蛋糕的基础上变化出各种不同的样式来！

基本面糊

热水	70ml
低筋面粉	90g
泡打粉	2/3小勺
食盐	1撮
蛋黄	3个（约60g）
沙拉油	40ml
蛋白	约4个（125g）
细砂糖	70g

＋

粉
·杏仁粉
·可可粉等

加入多少量的粉，就要减少相同量的低筋面粉。

液体
·果汁类
·茶等

用来替换基本面糊里的热水用量。

固体
·核果类
·巧克力碎片等

如果是水分含量少的材料，基本面糊的材料用量就保持原状，不用做任何变动调整。

＋固 巧克力
 —

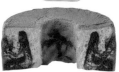

材料与做法
A(低筋面粉…90g、泡打粉…2/3小勺、食盐…1撮)B(牛奶…70ml、蛋黄…60g、沙拉油…40ml、朗姆酒…10ml)C(蛋白…125g、细砂糖…70g)巧克力…30g
❶巧克力隔水加热融化。
❷再与B混合，然后将用C做成的蛋白霜加入。
❸A的粉类过筛后，加入❷里混合，再按2：1分成两份，其中较少的部分加入❶里混合，然后交错地倒入戚风模里，放进烤箱烤。

重点

最后，用筷子搅出花纹来。

＋液固 糖渍橙皮
 —

材料与做法
A（低筋面粉…90g、泡打粉…2/3小勺、食盐1撮）B（蛋黄…60g、沙拉油…40ml、香橙甜酒…10ml）C（蛋白…125g、细砂糖…70g）糖渍橙皮…30g、柳橙汁…160ml
❶先将柳橙汁熬煮成70ml，与B混合，再将糖渍橙皮放进去。
❷用C来制作蛋白霜，再与❶混合。
❸再将已过筛的A加入混合，放进烤箱烤。

重点

柳橙汁要先熬煮过，再与B混合。

＋粉固 抹茶

材料与做法
A（低筋面粉…80g、抹茶粉…8g、泡打粉…2/3小勺、食盐1撮）B（牛奶…80ml、蛋黄…60g、沙拉油…40ml）C（蛋白…125g、细砂糖…70g）甜纳豆…60g
❶混合A，一起过筛。
❷将B放进搅拌盆里混合，甜纳豆用热水浸泡，沥干后，也放进搅拌盆里。
❸用C制作蛋白霜，加入❷里混合，再将❶加入混合，放进烤箱烤。

重点

甜纳豆的水分要彻底沥干。

戚风蛋糕无论是西式、日式或其他风味，都可依个人的喜好变化创造出不同的样式来

戚风蛋糕对添加食材的限制不多，可以变化出样式繁多、千变万化的蛋糕来。只要牢记制作的基本法则，就可以选择各式各样的材料进行搭配制作了。

如果添加的是粉类，就要减少基本用量中的低筋面粉量。原则上，最多可以替换10%的低筋面粉量。也就是说，100g的低筋面粉中，最多有10g是可以用其他的食材来替换的。

如果是要用蜂蜜来代替砂糖，水分就要减少约3成，以此作为调节。例如：如果要加入90g的蜂蜜，水分就要减少30g。但是，如果是枫糖浆，因为很稀，要是加入90g，水分就要减少得比3成还多一点，大约要减少40g的水分。

如果是液体的话，只要直接用来代替热水的用量即可。核果类或芝麻等，再加入基本的分量即可，不需做任何调整，这是最容易也最值得一试的！不过，如果添加的是水分比较多或比较重的食材，蛋糕里就很容易产生大的缝隙。所以，像水果这样的食材，请先加热后再使用。

Soufflé Cheese Cake

舒芙蕾奶酪蛋糕

绵柔的口感，取决于蛋白霜的成败！

舒芙蕾奶酪蛋糕

材料（直径18cm）

海绵蛋糕体的材料

蛋	2个（约100g）
细砂糖	60g
低筋面粉	60g
黄油	10g

奶油奶酪（Cream Cheese，室温）	250g
细砂糖	50g
蛋	3个（约150g）
柠檬汁	15ml
鲜奶油（※）	40ml
玉米粉	25g
细砂糖（蛋白霜用）	50g

※最好使用乳脂含量45%的鲜奶油。

必备器具

锅、搅拌盆、托盘、搅拌器、手提电动搅拌器、橡皮刮刀、刮板、钉书机、圆形中空模（直径18cm）、烤盘、烤箱、烤盘纸、蛋糕刀、抹刀、蛋糕冷却架、铁棒2支（厚约1cm）、布

使用的模型

直径18cm的海绵蛋糕模

所需时间 **150**分钟

难易度 ★★☆

01 参考44页，制作直径18cm的海绵体蛋糕，再切成1cm厚的圆片。※如果在蛋糕完全切开前，边切边旋转海绵体蛋糕，蛋糕就不会切破了。

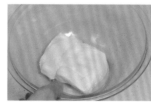

02 将奶油奶酪放置在室温下软化。开始预热烤箱到150℃。分开蛋黄与蛋白，蛋黄恢复成室温。

03 用手指在海绵蛋糕模的内侧涂抹上薄薄一层的黄油（未列入材料表）。

04 将烤盘纸铺在03的侧面与底部。侧面用钉书机钉好固定。※侧面的纸宽度应高出模型约3cm。

05 将1片切下的海绵体圆片放进模型内。

06 将软化的奶油奶酪放进搅拌盆里，用搅拌器混合到质地变得柔滑为止。

07 加入细砂糖，用搅拌器像摩擦般地混合。

08 等到细砂糖溶解后，再将已搅开的蛋黄一边一点点地加入，一边用搅拌器混合。

09 一边用搅拌器混合08，一边加入柠檬汁、鲜奶油混合。※依次加入质地较硬的食材，搅拌混合。

10 以相同的方式将玉米粉加入，用搅拌器整个混合均匀。

11　参考114页，用蛋白与细砂糖制作蛋白霜。准备隔水加热用的热水，煮沸。

12　用橡皮刮刀舀些蛋白霜，加入10的搅拌盆里，再用橡皮刮刀混合到质地变得绵柔为止。

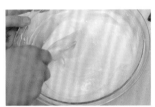

13　将剩余的蛋白霜也加入。边用橡皮刮刀从搅拌盆的底部像翻起一样地混合，同时要小心，不要压碎了气泡。

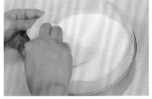

14　混合均匀后，倒入海绵蛋糕模里，再用刮板将表面整平。

15　用双手拿着模型，从高约10cm的地方往垫在台上的布敲3~4次，让空气跑出来。

16　将模型放在托盘里，再把煮沸的水倒入托盘内，约到托盘一半的高度。然后放进烤箱，以150℃的温度烤约40分钟。

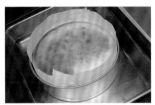

17　等烤到蛋糕内部熟透，表面开始呈现金黄色时，将烤箱温度调到200℃，再烤约5分钟。到表面开始变成褐色时，从烤箱取出。

18　趁热将抹刀伸入烤盘纸与蛋糕之间，同时小心不要碰坏了蛋糕。

19　用手抓住烤盘纸的两边，慢慢地往上拉。※如果不趁热抽掉烤盘纸，蛋糕边缘就会软掉了。

20　散热后就放进冰箱冷藏。然后，在蛋糕冷却架上倒扣，取出蛋糕，再翻面，盛到盘中。

失败范例

缺乏舒芙蕾独特的绵柔感

将蛋白霜加入面糊后，要用橡皮刮刀轻柔地混合。如果使用搅拌器就会破坏好不容易才完成的蛋白霜，用烤箱烤的时候也无法膨胀成漂亮的形状。

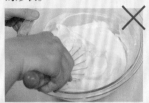

如果气泡被压碎了，质地就不会蓬松柔软。

烤好后的蛋糕表面凹凸不平

不要以为将面糊倒入海绵蛋糕模后就可以了哦！倒入后，要用刮板将面糊的表面整平。这样一来，烤好后的蛋糕表面就会很平坦，而且会呈现出漂亮的黄褐色来。

面糊的表面不平坦，就无法烤得漂亮好看。

蛋糕的周边粗糙不平整，外观难看。

舒芙蕾奶酪蛋糕口感绵柔，魅力无限，也正因此它的质地非常的脆弱。所以，烤好后，在抽掉烤盘纸时，如果动作急躁粗鲁，蛋糕的侧面就会变得粗糙不平整。

抽离烤盘纸时，千万要小心！

奶油奶酪蛋糕（Rare Cheese Cake）

材料（直径15cm）

果仁巧克力饼干	100g	蓝莓	12颗（约17g）
黄油	40g	开心果（制作糕点用）	
奶油奶酪（Cream Cheese，室温）	250g		4颗
细砂糖	75g	**糖煮柠檬皮材料**	
原味酸奶	180g	柠檬皮	1/2个的分量
柠檬汁	10ml	Ⓐ 水	100ml
鲜奶油	120ml	细砂糖	12g
吉力丁片	5g	**打发鲜奶油的材料**	
覆盆子	12颗（约21g）	鲜奶油	50ml
		细砂糖	5g

必备器具

锅、搅拌盆、搅拌器、橡皮刮刀、擀面棍、底部铁板、刀子、砧板、挤花袋、挤花嘴（直径1cm、圆形）、竹扦2支、瓦斯喷枪（Burner）、布、塑胶袋

使用的模型
直径15cm的圆形中空模

所需时间 **160**分钟　　难易度 ★

01 将果仁巧克力饼干装进塑胶袋里，用擀面棍打碎。黄油隔水加热融化。奶油奶酪放置在室温下软化。

02 将融化黄油倒入01的塑胶袋里。从塑胶袋外面用手指揉搓整个袋子，让黄油与饼干混合。

03 将圆形中空模叠在底部铁板上，再把打碎的饼干平铺在底部。放进冰箱冷藏约20分钟。

04 用搅拌器将奶油奶酪混合到质地柔滑，再加入半量的细砂糖，像摩擦般地混合。将吉力丁片一片片地放进冰水里浸泡。

09 与吉力丁混合好后，再倒回06的搅拌盆里。※如果将吉力丁一下子全部加入冰冷的黄油里，就会有一部分因此凝固。

14 制作糖煮柠檬皮。将柠檬皮切成1mm宽的细丝，入锅，注入可以完全盖住的水，用大火加热。沸腾后，将热水倒掉。

05 等细砂糖溶解后，加入剩余的半量，用同样的方式混合。原味酸奶也是分成2次加入，用大动作来混合，然后加入柠檬汁。

10 用搅拌器将吉力丁混合均匀。

15 用同样的方式，重复加热2~3次，去涩味。将柠檬皮放回锅内，加入Ⓐ，用大火加热到沸腾，改用中火加热。待水分蒸干，并放凉。

06 在搅拌盆下垫块布，一边混合，一边将鲜奶油一点点地加入。※混合时，先加入质地较硬的材料，这非常重要。

11 将03的圆形中空模从冰箱取出，再将10倒入，约到模型的一半高度。

16 将开心果切成厚1mm的薄片。

07 吉力丁浸泡约10分钟后，将水分拧干，放进其他的搅拌盆里，用80℃的热水隔水加热融化。

12 用刮刀将表面整平，再将覆盆子与蓝莓上下左右对称地排列上，用手指按压。再将剩余的奶油倒入。

17 等到13凝固后，从冰箱取出。用瓦斯喷枪加热，或用热毛巾贴着模型的周围加温，再将模型慢慢地往上提，脱模。

08 等到吉力丁融化后，停止隔水加热。然后将少量的06加入装着吉力丁的搅拌盆里，用橡皮刮刀混合。

13 将模型连同底部铁板从距离10cm的高度，往铺在台上的布敲3~4次，让空气跑出来。再放入冰箱冷藏凝固2小时。

18 制作打至八分发的打发鲜奶油（参照30页），在蛋糕表面挤成格子状。用15与开心果做装饰。

烤奶酪蛋糕（Baked Cheese Cake）

材料（直径18cm）

奶油奶酪（Cream Cheese，室温）…250g

酸奶油（Sour Cream）……………200g

细砂糖…………120g

蛋（室温）

…………3个（约150g）

鲜奶油…………150ml

葡萄干（洋酒浸渍）

…………45g

低筋面粉…………25g

胚芽饼干的材料

黄油（室温）………30g

细砂糖、蛋………各12g

小麦胚芽…………15g

低筋面粉…………35g

高筋面粉（当做手粉用）…………适量

必备器具

搅拌盆／搅拌器／橡皮刮刀／擀面棍／粉筛／圆形中空模（直径15cm）／底部铁板或平盘／烤箱／烤盘／烤盘纸／毛刷／刷子／布／保鲜膜

使用的模型
直径18cm的海绵蛋糕模

所需时间 **170**分钟　　难易度 ★☆☆

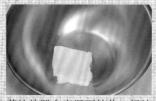

01　黄油放置在室温下软化。奶油奶酪也一样，放置在室温下软化。

02　制作胚芽饼干。将黄油放入搅拌盆里，加入半量细砂糖，用搅拌器像摩擦东西般混合。溶解后，将剩余的糖加入混合。

03　等到颜色变白后，将半量已搅开的蛋液加入，用搅拌器混合。混合好后，再将剩余的半量蛋液也加入混合。

11　趁热将面糊装入已装上圆形挤花嘴的挤花袋内。

12　用刮板将面糊往挤花袋的前端压，让空气跑出来。

13　将烤盘纸铺在烤盘上，挤入面糊。※左手拿着挤花嘴，用右手挤压。挤的时候要将挤花袋直立，挤成直径约5cm的圆形即可。

14　由于烤的时候会膨胀起来，所以挤的时候要留间隔，共挤16个。

15　用喷雾器喷水，让表面湿润。※如果喷上水，烤的时候水分就会立刻蒸发，面糊表面就可以烤得很香脆。

16　用烤箱以200℃烤约8分钟后，再降成180℃烤约20分钟。※请不要在中途打开烤箱门，以免冷空气跑入导致面糊萎缩。

17　参照31页，制作卡士达奶油，再装入已装上圆形或泡芙专用挤花嘴的挤花袋内。

18　参照30页，混合鲜奶油、细砂糖，打发到7分，再装入已装上星形挤花嘴的挤花袋内。

19　等泡芙烤到做法中的指定时间后，透过烤箱门往里观察，如果泡芙的裂纹深处已烤成黄褐色就可以取出了。

20　冷却后，用刀子在泡芙上面约1／3的地方平行切开。

21　将卡士达奶油挤到下面那块的切口上，打发鲜奶油挤到上面那块的切口上。

22　将上面那块叠放上去。

23　还有个方法，不用将泡芙切开就可以从泡芙底部将卡士达奶油挤进去，即用筷子先刺一个洞，从这个洞将奶油挤进去。

24　也可以用泡芙专用的挤花嘴，直接将奶油挤进去。

25　等到泡芙的奶油全部填充好后，排列好，用茶滤网将糖粉整个撒上去。

巴黎车轮饼（Paris-brest）

材料（直径21cm）

水、牛奶…………… 各80g
黄油……………………… 70g
食盐……………………… 1撮
低筋面粉……………… 100g
蛋（室温）…… 2～3个
(100～150g)
杏仁碎粒………… 3大勺
糖粉………………… 适量

帕林内奶油的材料
蛋黄……… 2个（约40g）
细砂糖………………… 100g
香草英……………… 1/6支
牛奶…………………… 125g
黄油…………………… 200g
帕林内(Praline，又称"果仁糖"）糊 ………… 75g

必备器具

锅、搅拌盆、搅拌器、刮板、木勺、橡皮刮刀、粉筛、过滤器、茶滤网、原子笔、烤箱、烤盘、烤盘纸、蛋糕刀、毛刷、挤花袋、挤花嘴（直径1cm，圆形、星形）、温度计

使用的模型
直径18cm的圆形中空模

所需时间 120分钟　**难易度 ★★**

01 先将圆形中空模放在烤盘纸上，用原子笔沿着模型画一个圆。另外再同样画一个，用于烤盘上。

02 在烤盘四个角涂抹上黄油（非列入材料部分），再将01翻面贴上去。将圆形挤花嘴装到挤花袋上，开始预热烤箱到200℃。

03 将水、牛奶、黄油、食盐放进单柄锅里加热。※低筋面粉过筛到其他的纸上。

04 转动锅，加热到中央也沸腾就关火。※如果沸腾后黄油还没有完全融化，要先关火，等到黄油完全融化后再进行下一个步骤。

05 将已过筛的低筋面粉一次倒入锅内，用木勺混合。等到大的粉末结块都消失后，用中火加热到锅底形成薄膜为止。

06 与64页的做法相同，加入搅开的蛋液，制作泡芙面糊。

07 趁热将泡芙面糊装入挤花袋内，用刮板将面糊往前端压，让空气跑出。然后，挤到画在烤盘纸上圆形的内侧里。

08 圆形的外侧也要挤一圈。

09 在2圈的中间（正好是烤盘纸上用笔画的圆圈上），也挤上一圈面糊，变成2层。

10 在另一个要放在烤盘上的圆的线上，也挤出1圈。※剩余的面糊，也可以挤到烤盘还空着的地方上。

11 将搅开的蛋液用毛刷涂抹在09上，撒上杏仁碎粒。※蛋液使用制作泡芙时所剩下的部分。

12 将蛋液用毛刷也涂抹在10上。两者都用烤箱，以200℃烤约8分钟。

13 等烤到膨胀起来后，将温度调到170℃再烤约30分钟。透过烤箱门观察，若裂纹深处烤成褐色即可取出。

14 制作帕林内奶油。参照33页，制作英式酱汁的奶油霜，与帕林内糊混合后，再装入挤花袋里。

15 烤好后的圆面圈，完全冷却后用蛋糕刀将其中2层的那个水平横切成一半。※如果没有先让它冷却，黄油就会融化了。

16 将14挤到上面，再把10的圆面圈叠放上去。

17 再挤1层帕林内奶油上去。

18 将圆面团的上半部叠上去，用茶滤网由上往下将糖粉撒上去。

糕点制作的诀窍与重点 ❺
泡芙的失败范例

制作成功的泡芙应该外观蓬松，内部带有空洞，表面带着漂亮的裂纹。

失败范例 ❶
膨胀不起来

原因 蛋液加得太多了

蛋液如果加得太多，面糊就会变得比较软。因此，虽然烤的时候一开始会膨胀起来，但马上会变软萎缩。另外，面糊如果变凉了也膨胀不起来。

确认事项

必须将面糊混合到可以形成三角形般的硬度为止。

失败范例 ❷
萎缩塌陷

原因 烤的过程中打开过烤箱

烤的时候如果打开过烤箱，由于泡芙面糊里还残留着水分，就会缩小下陷。因此，在泡芙烤到表面的裂纹变成褐色之前，千万不要打开烤箱！

确认事项

注意表面裂纹是否已变成褐色了！

失败范例 ❸
既小又硬

原因 蛋液用得太少了

泡芙面糊是靠蛋液来膨胀起来的。蛋液如果加得太多了，就会失败；太少了，也不行。请确认步骤10的做法。

失败范例 ❹
内部无法形成空洞

原因 面糊加热不足

沸腾，加入低筋面粉后，是否已经确实加热到锅底形成薄膜为止了呢？请确认步骤05的做法。

失败范例 ❺
扁平

原因 加热过度

将低筋面粉加入锅内后，如果加热过度就会导致分离现象的产生。火候太大，也可能会造成结块。请确认步骤05的做法。

确实掌握好适度的用量与烘烤温度，是迈向成功的第一步！

制作泡芙时，蛋液用得太多或太少都不行；加热过度或不足，也会膨胀不起来。总之，泡芙面糊是非常敏感脆弱的。这其实与它的内部空洞、外部膨胀的特性有关。

将低筋面粉加入液体里，加热后，低筋面粉里的面筋（gluten）就会变成糊状，我们称之为"糊化"，与蛋一样，是让面糊膨胀起来的要素。因此，加热时的火候就有举足轻重的影响力了。面糊如果冷掉了，糊化的面筋就会变质，所以务必要趁热进行作业。

放进烤箱后，一旦面糊膨胀起来，就要调降烤箱的温度。即使表面看起来好像已经烤好了，裂纹的部分如果还没烤好就取出，就会导致泡芙萎缩。因此，一定要让泡芙里的水分完全蒸发才行。烤的过程中如果打开烤箱，泡芙会萎缩，也是因为这个道理。此外，如果烤箱预热不足就无法让泡芙一下子膨胀起来，这也是导致失败的原因之一。

莓果挞

Berry Tart

酥脆的挞配上酸酸甜甜的莓果，可以说是绝佳组合！

莓果挞

材料（直径 18cm）

挞面糊的材料

黄油（室温）	60g
糖粉、蛋	各25g
食盐	1撮
低筋面粉	100g

高筋面粉（用来做手粉）	适量

杏仁奶油的材料

黄油、细砂糖、蛋、杏仁粉	各30g

草莓奶油的材料

草莓	2～3颗（30g）
鲜奶油	100ml
细砂糖	10g
覆盆子奶油	10ml

草莓	100g
覆盆子	18颗（约50g）
蓝莓	19颗（约27g）
薄荷	少许

镜面果胶的材料

杏桃果酱	2大勺
水	15ml

必备器具

锅、搅拌盆、搅拌器、橡皮刮刀、刮板、擀面棍、叉子、粉筛、滤网、烤箱、烤盘、烤盘纸、剪刀、刀子、砧板、毛刷、刷子、蛋糕冷却架、挤花袋、挤花嘴（直径1cm，圆形）、耐热皿、派的镇石、塑胶袋、保鲜膜

使用的模型

直径18cm的挞模

所需时间 200分钟

难易度 ★★☆

01 制作挞面糊。将已放置在室温下软化的黄油放进搅拌盆里，用搅拌器混合到质地变得柔滑。然后加入糖粉、食盐，像摩擦般地混合。

02 混合到变白后，加入约半量已搅开的蛋液，用搅拌器混合。然后再加入剩余的蛋液混合。

03 将低筋面粉边过筛，边加入02里，用橡皮刮刀从底部翻起般地混合。等到变得湿润后，就轻压混合。

04 等到表面变得质地柔滑后，再用橡皮刮刀在搅拌盆里将面糊整理成圆团状。

05 在04上撒上手粉，用手压平。然后用保鲜膜包起来，放置冰箱内的蔬果保鲜室1小时。

06 撤除保鲜膜，放在已撒过手粉的工作台上，用擀面棍按压般地擀薄。※ 如果冷藏过度了，黄油就会凝固，而导致擀薄时面皮会断裂。

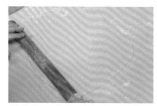

07 擀成约一半的厚度时，就将擀面棍前后滚动，小心地继续擀薄。同时，要将面皮不断地转个90°，擀成圆形。

08 擀到厚约3mm，比挞模还大一圈的大小时，就用刷子将手粉扫掉，用擀面棍卷起，移到挞模上放好。

09 将面皮套入挞模里，紧贴在挞模里，不要留有缝隙。凸出挞模的部分，留下约2cm的宽度，用剪刀将多余的部分剪掉。

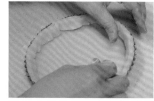

10 将09凸出挞模的部分往挞模的内侧折。

11　用左手按压往里折的面皮，让它
紧贴在侧面，用右手大拇指指
腹将上面整平。再按压侧面的面
皮，让它比挞模凸出高2~3mm。

12　用叉子在底部的面皮刺上许多
孔，以免烤的时候膨胀起来。
然后，连同挞模一起装入塑胶
袋里，放进冰箱静置约30分钟。

13　从冰箱取出，将烤盘纸铺在挞
上，再放上镇石，放进烤箱以
180℃烘烤。※镇石也可以用
过期的豆子等来代替。

14　烤约15分钟后，将镇石移开，
再烤10分钟。参照32页，制
作杏仁奶油备用。

15　将14从烤箱取出，然后把杏
仁奶油平铺在挞里。将烤箱的
温度调降到170℃。

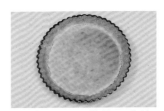

16　用烤箱以170℃烤约20分钟。
烤好后，放在蛋糕冷却架上，
放凉。

17　制作草莓奶油。将容器放在滤
网下。草莓去蒂，用毛刷清理
干净后，放在滤网上，用刮板
压碎过滤。

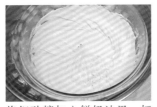

18　将细砂糖加入鲜奶油里，打
到7分（参照30页）。然后，
将17与覆盆子奶油加入，用
搅拌器混合。

19　将用来装饰表面的草莓纵切成
6等份。用毛刷将覆盆子表面
的脏污清理干净。蓝莓用水洗
净。

20　将草莓奶油装入已装好挤花嘴
的挤花袋内，挤到已冷却的挞
里，呈漩涡状。

21　将草莓、覆盆子、蓝莓排列在
表面上，做装饰。

22　制作镜面果胶。将水、杏桃果
酱放进锅内，一边混合，一边
加热融化。然后用毛刷涂抹到
21装饰用的水果上。

23　用薄荷做装饰。将挞与挞模放
在倒扣的耐热皿上面，放开手，
让外框脱离。然后将刀子伸入
底部，让挞与模底分开。

失败范例

挞面糊产生龟裂

加入低筋面粉后，如果混合
得不足，就无法将面糊集中
整合起来，导致龟裂。反之，
如果混合过度，烤好后就会
太硬，必须特别小心。

如果还残留着低筋面粉，就表示
还没混合好。

充分了解粉类

在此要向各位介绍的除了糕点制作中的最基本食材——面粉之外，还有糕点食谱中常见的其他粉类喔！

低筋面粉

原料为软质小麦，蛋白质含量为8%~8.5%，是面粉中最不具黏性的。

用法
可以让完成的糕点质地蓬松柔软，广泛用于各种各样的糕点制作上。

高筋面粉

原料为硬质小麦，蛋白质含量为11%~13%，是面粉中最具黏性的。

用法
除了可以用来制作面包或派，还可以当做手粉用。

玉米粉

以玉米为原料做成的含淀粉粉类。若与面粉一起用，可以调节面筋（gluten）的黏性。

用法
以面糊等混合，可以轻易地让糕点做出来更漂亮，也可以用来做勾芡。

膨胀剂
有助于蛋糕膨胀的粉

有助于面糊等膨胀的粉统称为膨胀剂，例如泡打粉等。图中所示是在日本常用于蒸式糕点的酵母粉（Yeast Powder），也是膨胀剂的一种。

酵母粉具有让糕点均匀地向纵横方向膨胀的作用。

全麦粉

以未精制的小麦为原料制成的粉。由于含有外皮、胚芽的成分，所以具有独特的香味。

用法
加入蛋糕或饼干里可以增添风味。

杏仁粉

将杏仁磨成粉制成，具有特殊的浓郁风味。

用法
加入面糊等，会散发出淡淡的杏仁香。

糕点的主要材料——面粉，与辅助面粉的其他粉类

面粉是制作糕点时最基本的材料，大致上可分为低筋面粉、中筋面粉、高筋面粉3种。最常用来制作糕点的是低筋面粉与高筋面粉。

虽然这两种面粉看上去十分相似，但应该使用低筋面粉时，却不能用高筋面粉来代替。面粉是依照它的原料，也就是小麦里的蛋白质含量来分类的。小麦里所含的蛋白质与水混合后，就会变成被称为面筋的网状物质。这就是撑起面糊等的真正主要物质。面筋越多，面糊等的支撑力也就越强，所以，海绵蛋糕体面糊就得使用低筋面粉，而面包就应使用高筋面粉。总之，不同的糕点，使用不同的面粉。

此外，玉米粉可以轻易地让糕点完成得更漂亮，杏仁粉等可以让糕点更具风味。一般不会单纯地使用这些粉来制作面糊等，但有时会根据情况，用来代替一部分的低筋面粉。

Apple Pie

苹果派

让人沉浸在怀旧氛围中的美式苹果派。

苹果派

材料（直径18cm）

速成折叠派皮的材料

低筋面粉、高筋面粉（※）……	各75g
食盐…………………	1撮
黄油（※）…………	110g
冷水（※）…………	75ml

蛋（涂抹用）………… 适量

苹果馅的材料

苹果………2个（约400g）
黄油…………………	20g
白砂糖…………………	50g
朗姆酒…………………	20ml
肉桂粉…………………	1/4小勺
糕饼屑(Cake Crumb,参照40页)
或面包粉…………………	40g

镜面果胶的材料

杏桃果酱…………………	2大勺
水…………………	15ml

※放进冰箱冷藏备用。

必备器具

锅、托盘、橡皮刮刀、刮板、擀面棍、粉筛、网筛、尺子、烤箱、烤盘、平底锅、刀子、砧板、滚轮刀、毛刷、刷子、保鲜膜

使用的模型

直径18cm的派模

所需时间 150分钟

难易度
★★★

01 制作速成折叠派皮。黄油切成2cm的块状。混合冰过的低筋面粉、高筋面粉、食盐，过筛到工作台上，再将切好的黄油放上去。

02 用2块刮板像要舀起般地混合。

03 像要做成堤坝一样地将粉与黄油摊开成甜甜圈的形状，把冷水倒入中央空旷的部分。

04 用2块刮板将水分均匀地与粉、黄油混合好。※混合时尽量不要压碎黄油。

05 混合好后，集中在一起用手掌压平，再用刮板从中间分成2等份，叠起来，再用手掌压碎。

06 将步骤05反复进行约5次，直到单手抓起一端可以撑上约3秒钟的硬度为止。

07 用保鲜膜紧紧地包起来，放进冰箱静置30分钟。

08 制作苹果馅。苹果纵切成4等份，去皮，再切成厚约8mm的厚片。

09 黄油入锅，用大火加热到气泡消失，变成褐色，再将苹果与白砂糖放入。※由于苹果会出水，所以从头到尾都要用大火加热。

10 用橡皮刮刀混合，让苹果沾满白砂糖。然后，将苹果摊开来，让水分蒸干。

11 等苹果块熬煮到变成褐色后，就洒上朗姆酒。等到酒精蒸发后，加入肉桂粉。

16 将面皮旋转90°，再重复1次13~15的步骤。

21 用刀子将突出派模外的面皮切除。

12 再加入糕饼屑或面包粉混合，让糕饼屑或面包粉吸收水分，然后摊放在托盘上冷却。

17 将面皮旋转90°，擀成3mm厚的正方形。放在平坦的器具上，用保鲜膜包起来，放入冰箱冷藏约10分钟。

22 再用切成带状的面皮沿着派模边缘围成一圈，再用毛刷涂抹上蛋液。

13 将面皮从冰箱取出，放在已撒上手粉（未列入材料表）的工作台上，用擀面棍在中央、上、下各处慢慢地移动与按压。

18 将面皮从冰箱取出，用刀子沿着派模的外围切割。开始预热烤箱到220℃。

23 放进烤箱烤15分钟后，将温度调降成180℃，再烤约20分钟。将杏桃果酱放进水里加热融化，制作成镜面果胶，趁热涂抹上去。

14 用擀面棍将面皮擀成15cm×60cm的大小，用刷子扫除多余的粉，将下面的1/4往中间折。

19 将切割下来的派皮铺在派模里，苹果馅平铺在上，用毛刷将搅开的蛋液涂抹在边缘。※苹果馅要填满整个派模内。

失败范例

覆盖在上面的派与苹果馅之间出现缝隙

如果苹果馅填塞得不够多，切割的时候派就会散掉。这样就不好吃了。所以，苹果馅一定要放多一点，直到与派模一样的高度为止！

苹果馅放得太少，看起来就会没有分量。

15 将上面的1/4也往中间折，然后用擀面棍在中间压成凹槽。以此为内折线，再将面皮对折成正方形。

20 用车轮刀将18剩余的派皮裁切成带状，交错地放在派的表面上，做成网状。

制作派、挞的辅助器具

以下是各式各样用起来非常便利的制作派的器具。建议您不妨慢慢地收集齐全！

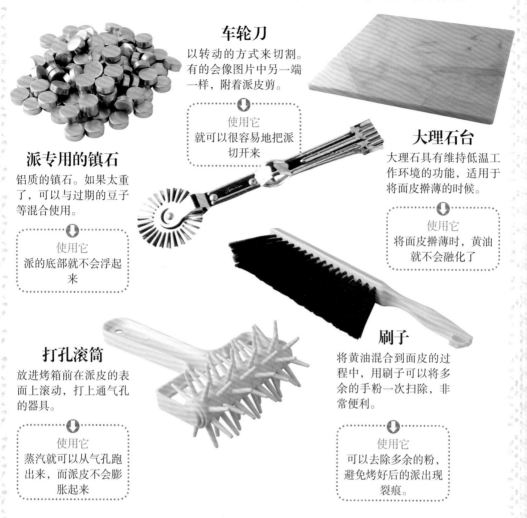

车轮刀

以转动的方式来切割。有的会像图片中另一端一样，附着派皮剪。

使用它
就可以很容易地把派切开来

大理石台

大理石具有维持低温工作环境的功能，适用于将面皮擀薄的时候。

使用它
将面皮擀薄时，黄油就不会融化了

派专用的镇石

铝质的镇石。如果太重了，可以与过期的豆子等混合使用。

使用它
派的底部就不会浮起来

刷子

将黄油混合到面皮的过程中，用刷子可以将多余的手粉一次扫除，非常便利。

使用它
可以去除多余的粉，避免烤好后的派出现裂痕。

打孔滚筒

放进烤箱前在派皮的表面上滚动，打上通气孔的器具。

使用它
蒸汽就可以从气孔跑出来，而派皮不会膨胀起来

专为派所设计的便利器具

在所有制作糕点的器具中，有几样是制作派专用的道具。这是因为在派的整个制作过程中，并不像其他大多数的糕点一样，只要混合好、再烘烤就行了。例如：折叠派皮是用基本揉和面团（Détrempe），反复地将黄油揉和进去制成的，在整个过程中，如果黄油融化了或面团龟裂了，麻烦就大了。因此就特别需要能够让作业顺利进行的便利器具。

然而，这并不代表如果没有这些器具，就无法制作派了。假如没有打孔滚筒，用叉子来打洞也行；没有车轮刀，用刀子来切割也未尝不可；如果是在凉爽的室内，就算没有大理石台，也可以将砧板先冰过，再用来擀面皮。

不过，这些因应特殊需求而制作出来的器具，用起来还是比较方便顺手。所以，如果您的目标是将自己的手艺设定在更精进更专业的水平，建议您不妨花些时间将这些器具全部备齐！

Mille-Feuille
千层派

层层相叠的千层派，状似千片叶子，果真名副其实。

千层派

材料（约6人份）

基本揉和面团（Détrempe）的材料

低筋面粉、高筋面粉（※）…… ……………………… 各65g	
黄油（室温）……………15g	
食盐………………… 少许	
冷水（※）………… 70ml	
黄油（※）…………………100g	
糖粉………………… 适量	

卡士达奶油的材料

牛奶…………………250ml	
香草荚………………1/6支	
蛋黄……… 3个（约60g）	
细砂糖………………75g	
低筋面粉……………25g	
康图酒………………15ml	
鲜奶油………………150ml	

※放进冰箱冷藏备用。

必备器具

锅、搅拌盆、搅拌器、橡皮刮刀、刮板、擀面棍、粉筛、圆锥形过滤器、茶滤网、尺子、烤箱、烤盘、刀子、砧板、蛋糕刀、打孔滚筒、刷子、挤花袋、挤花嘴（直径1cm，圆形）、干燥剂、竹扦、布、密闭容器、保鲜膜

这里所使用的面团均为折叠派皮（参照26页）。

所需时间
350分钟

难易度
★★★

01 制作基本揉和面团。将低粉与高筋面粉过筛到搅拌盆里，加入黄油、食盐，用指尖轻轻混合。

02 将冷水加入01里，用叉子混合。※ 在移到工作台前先用叉子混合过，就可以避免手上粘到面糊了。

03 大致混合好后，用刮板移到已撒上手粉（未列入材料表）的工作台上，再用刮板来集中面糊，用手掌揉和。

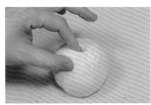

04 等到面团的质地变得柔顺后，稍微捏捏看，确认硬度。如果已经像是耳垂般的柔软度，就揉成圆团。

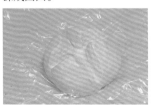

05 用刀子在面团上划个十字，约到一半的深度。再装入塑胶袋，放进冰箱静置1小时。

06 用保鲜膜将冰黄油上下包起来，放在布上，用擀面棍敲打。※ 如果使用的是块状黄油就可以延展得很漂亮。

07 不断地一边将黄油旋转90°角一边敲打黄油，到变成厚约1cm、边长12cm的正方形为止。在使用前，先放进冰箱冷藏。

08 将05的面团从冰箱取出，放在已撒上手粉（未列入材料表）的工作台上，从十字切口的地方翻开呈四角形，再用手指压平。

09 将手粉撒在面皮上，滚动擀面棍，擀成大约边长24cm的正方形。

10 将07的黄油放在擀开的面皮上，把四个角往中央折，包住黄油，让空气不会跑进去。

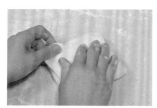

11　盖的时候，要将面皮边缘往里拉，让它盖紧。※要将黄油完全包好，整理成均匀的厚度。

12　用擀面棍将面皮压成手指般的厚度。※在中间、上、下各处一边移动一边按压。

13　翻面，再继续用擀面棍用力压成一半的厚度，做成均匀而平坦的面皮。

14　翻面，再压成一半的厚度。如果空气跑进去了，就用竹扦穿刺让空气跑出来。

15　等面皮延展到一定程度后，前后滚动擀面棍，将面皮擀薄。※面皮的边缘要从正上方往下按压，小心地擀。

16　如果面皮变成椭圆形，就用擀面棍纵向滚动，将突出部分的面皮擀薄，再把擀面棍恢复成横向，让面皮再度呈长方形。

17　用刷子将多余的粉扫除，用擀面棍在面皮的上下、两面擀薄。等到面皮变成15cm×45cm的长方形时，折成3折，变成正方形。

18　再旋转90°角，用同样的方式，擀薄成约45cm的长度，折成3折后，用保鲜膜包好，放进冰箱静置1小时。

19　重复12~18的步骤2次，每次都旋转90°，共重复6次折成3折的动作。※用手指在面皮上做记号，以记录已经做多少次了。

20　配合40cm×30cm的烤盘大小，将面皮擀薄，用刀子切除突出部分的面皮，再用打孔滚筒打洞。

21　放进冰箱静置15分钟。此时开始预热烤箱到200℃。然后，把面皮放进烤箱烤10分钟，再调降温度到180℃，烤10分钟。

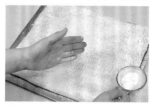

22　将面皮从烤箱取出，翻面，用茶滤网撒上糖粉。烤箱预热到210℃，再烤约7分钟，让面团表面呈现光泽。

23　烤好后放凉，再切成3cm×9cm的长方形，与干燥剂一起放进密闭容器里。※用蛋糕刀一点点地前后移动切开。

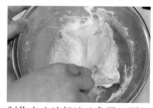

24　制作卡士达奶油（参照31页）。做好后，加入康图酒，与打发10分的打发鲜奶油（参照30页）混合，再装入挤花袋里。

25　用派将24夹起来。再依个人喜好，添加打发奶油、草莓、糖粉来做装饰。※要吃的时候，再组合起来。

好的派皮是迈向成功的捷径

确实掌握制作派时的复杂程序，就可以成功跨出一大步了！

派的制作流程

折叠派皮

揉和面团

⬇

静置

⬇

擀成正方形

⬇

黄油敲薄

用面皮包起来

⬇

擀薄

⬇ ⎱重复

折成3折

派的层次计算的范例：
（3折）^{6}
= 729层

翻面

请将手的碰触减到最低

如果用手来翻面，捏过的部分就会被拉长，而手的热度也会让黄油融化。正确的翻面方式，是用擀面棍从面皮的中间撑起，再翻面。

尽量不要用手碰触。

失败范例

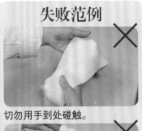

切勿用手到处碰触。

如果从面皮的边缘撑起，就会滑落。

擀薄

边缘部分要缓慢小心地擀薄

如果将擀面棍一路滚动到边缘，黄油就会被挤出来。所以，在边缘部分要用擀面棍轻压，小心擀薄。

在两端约5cm的边缘，一点点地擀薄。

折叠

做上记号来记录次数

为了记住折叠的次数，每次要冷藏时就用手指在面皮的边缘做记号（2次就做2个记号，4次就做4个记号）。

由于一直反复做同样的动作，就很难记得清楚了。

黄油的状态维持是一大重点，所以请不要在温暖的地方制作

折叠派皮是将黄油包裹其中再做出层次来的。它是借由烤箱的热度让黄油融化，被面皮吸收，让空气跑进层与层之间的缝隙，从而制作出细腻的口感。

制作派时，室温维持在20℃以下，预留宽阔的制作空间，冰凉的擀面棍及工作台是绝对要在事前就确认完成且预备齐全的要素。

除此之外，还有多项准则是制作派时需特别留意的：①使用新鲜的黄油；②随时扫除手粉；③切勿用手到处触摸面皮。

例如①，已经放很久的黄油，风味不佳，应避免使用。此外，如果黄油冷藏过度，就无法在揉和时与面皮一起延展，所以要特别留意。

至于②，是因为如果粉还留在面皮上，烤的时候层次间就会错开，导致龟裂。所以，在面皮擀薄，将面皮的1/3折起后，就要用刷子或毛刷将上面的手粉扫除。另外，如果用手触摸面皮，手的热度就会让黄油融化。所以，也请确实遵守③的准则。

Gâteaux Chocolate Classique
经典巧克力蛋糕

这种巧克力蛋糕味道浓郁柔和，备受人们的欢迎和喜爱。

经典巧克力蛋糕

材料（直径18cm）

半糖巧克力（Semi-sweet Chocolate）	120g
黄油	60g
低筋面粉	20g
可可粉	30g
蛋黄（室温）	3个（约60g）
细砂糖	50g
鲜奶油	50ml
蛋白	3个（约90g）
细砂糖（蛋白霜用）	50g
糖粉	适量

必备器具

锅、搅拌盆、搅拌器、橡皮刮刀、刮板、茶滤网、烤箱、烤盘、烤盘纸、出刃刀、砧板、蛋糕冷却架、金属棒、温度计、布

使用的模型

直径18cm的海绵蛋糕模

所需时间
100分钟

难易度
★★☆

01 将巧克力切成5mm的块状。※在砧板上铺烤盘纸就不会弄脏，也可以轻松将巧克力移到搅拌盆。准备隔水加热用的热水，煮沸。

02 将切过的巧克力放进搅拌盆里，再加入黄油。

03 用约50℃的热水隔水加热02，放着让巧克力与黄油自己融化。※若热水温度太高，不仅会风味差，加蛋进去时蛋也会跟着被加热。

04 将低筋面粉与可可粉放进其他容器里混合。※先将两者混合后再过筛，就可以混合得很均匀。

05 低筋面粉与可可粉过筛到纸上。

06 用指尖将黄油（未列入材料表）薄薄地涂抹在海绵蛋糕模的内侧，让纸粘住，不会滑动。

07 配合海绵蛋糕模的大小，裁剪烤盘纸，再粘贴在模的底部与侧面。开始预热烤箱到170℃。

08 等到03的巧克力与黄油融化后，就停止隔水加热。然后将已搅开的蛋黄加入，用搅拌器混合。

09 蛋黄混合好后，再加入半量的细砂糖，用搅拌器混合。等到细砂糖溶解后，再将剩余的半量也加入混合。

10 将鲜奶油加入，用搅拌器混合到质地变得柔滑为止。

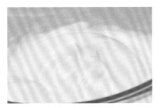

11 参照114页，打发蛋白与细砂糖，制作蛋白霜。

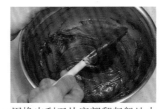

16 用橡皮刮刀从底部翻起般地小心混合，同时注意不要压碎了蛋白霜的气泡。

21 趁热，用手将侧面的纸撕除。

12 用橡皮刮刀舀一些蛋白霜到10的搅拌盆里，再用搅拌器混合均匀。

17 整个混合均匀后，倒入已铺好烤盘纸的海绵蛋糕模里。

22 放在冷却架上放凉。冷却后，用茶滤网将糖粉撒满整个蛋糕表面。※烤好后过了一会儿，如果中央会陷下去，就表示做得很成功哦！

13 再将已过筛的低筋面粉与可可粉一次全部加入。

18 用刮板将表面整平，再用双手拿起来，从距离约10cm的高度敲打铺在工作台上的布3~4次，让空气跑出来。

失败范例

从蛋糕的断面可以看到孔洞

黄油与巧克力一定要融化后再使用。如果在黄油还没完全融化时就开始制作，因为还残留着黄油块，蛋糕就会出现孔洞。即使等得不耐烦，用搅拌器来混合也无法使坚硬的黄油融化的。所以，建议您还是耐心地等待它自己完全融化吧！

14 用橡皮刮刀从底部翻起般地混合。※将粉类加入之前，先舀1勺蛋白霜混合，就可以让粉类更容易混合均匀。

19 放进165℃的烤箱烤约40分钟。

耐心地等待它自己融化吧！

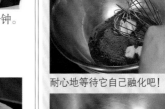

15 混合到完全看不到粉末后，再将剩余的蛋白霜全部加入。

20 用金属棒刺入蛋糕中间3秒钟并观察，如果刺下去的地方是热的，表示已经好了。此时就可以用手抓住侧面的纸，将蛋糕从模里取出来。

一定要等到黄油完全融化后再使用。

巧克力食材学

我们耳熟能详的巧克力，其实种类非常多。

巧克力的分类

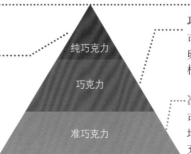

纯巧克力

可可奶油含量18％以上，除了卵磷脂，未添加任何其他的乳化剂。考维曲巧克力（Chocolate de Couverture，又被称为"调温巧克力"）就是被归为这个种类。

巧克力

可可奶油含量18％以上，除卵磷脂之外，也含有其他的植物油和其他的乳化剂。

准巧克力

可可奶油含量3％以上，以增加其他油脂的含量，来补充它的浓度与醇味。

可可块（Pâte de Cacao）

将去掉胚芽的可可豆磨碎而成。可可奶油含50%~55%，由于不含砂糖，所以一点都不甜。

呈药丸状的可可块，根本不需要切，用起来非常方便。

巧克力加工品

将可可块去除可可奶油后磨碎成的可可粉等，还有不需要调温、用来浇淋在糕点外层的涂层巧克力（Coating Chocolate），都是巧克力加工品。

考维曲巧克力（Chocolate de Couverture）

仅由可可块、可可奶油、砂糖做成的优质巧克力，一般都会有可可含量等国际规格标示，受到严格的品质管控。

甜巧克力

原料为可可块、可可奶油、砂糖、香草、卵磷脂（乳化剂）。为糕点材料中最受欢迎的一种。

牛奶巧克力

甜巧克力，加上奶粉等牛奶成分而制成的巧克力。与甜巧克力相较，味道较为温和。

白巧克力

呈现白色，主要是因为不含可可块这种可可的固体成分，由可可奶油、砂糖、奶粉所制成，风味柔和。

最适合用来制作糕点的考维曲巧克力

一般而言，巧克力是将去皮和去胚芽后的可可豆磨碎而成的可可块与从可可块抽出的脂肪（可可奶油）为原料所制成的。

其中被归为纯巧克力中的考维曲巧克力，就是制作糕点用的巧克力。

考维曲巧克力的特征就是可可奶油含量非常高，约为40％。由于它入口即化，所以非常适合用来制作糕点。然而，这种巧克力在用来制作糕点前必须经过"调温"（参照122页）的温度调节程序才可以使用。

国际上虽然针对考维曲巧克力的材料与含量比例等都有严格的规格来管控，然而在有的国家却没有明确的规格，即使是可可奶油含量低的巧克力，也可能被当做考维曲巧克力来销售。所以，在购买时务必要确认可可奶油的含量，不足的部分就用市售的可可奶油来补足吧！

Mont Blanc

蒙布朗

这是一种用栗子糊与蛋白霜制成的正统糕点！

蒙布朗

材料（6个的分量）

海绵蛋糕体的材料

蛋（室温）……	2个（约100g）
细砂糖、低筋面粉……	各60g
黄油……	10g

蛋白……	约1.7个（50g）
水……	30ml
细砂糖……	100g
低筋面粉……	适量
栗子糊……	200g
黄油（室温）……	60g
白兰地……	20ml
鲜奶油……	60ml
糖煮栗子（带外皮）……	11个
糖浆（水：砂糖＝3：1，参照38页）、 朗姆酒……	各10ml

打发鲜奶油的材料

鲜奶油……	100ml
细砂糖……	10g

必备器具

锅、搅拌盆、搅拌器、手提电动搅拌器、橡皮刮刀、刮板、圆形中空模（直径15cm）、烤箱、烤盘、烤盘纸、蛋糕刀、刀子、砧板、挤花袋、挤花嘴（直径1cm的圆形、单侧呈锯齿状）、铁棒2支（厚约1cm）、温度计、手套

使用的模型

直径5cm的圆形中空模

所需时间 **230**分钟

难易度 ★★☆

01 参照44页，用直径15cm的圆形中空模制作海绵蛋糕体，先用蛋糕刀切成1cm的厚度，再用直径5cm的圆形中空模切割。

02 参照114页，用蛋白、水、细砂糖制作意式蛋白霜。开始预热烤箱到100℃。

03 蛋白霜混合到可以形成立体状后，装入装好了圆形挤花嘴的挤花袋内，并压挤出挤花袋里面的空气。

04 将烤盘纸铺到烤盘上。用直径5cm的圆形中空模沾上低筋面粉，在烤盘纸上印上记号。

05 将03的意式蛋白霜挤到圆形记号里，挤成约小一圈的大小。

06 共挤出6个圆盘形，6个约2cm高的山形，放进100℃的烤箱烤约2小时（干烤）。※如果还有多余的蛋白霜，就多挤几个。

07 将栗子糊倒到工作台上，用刮板由外往里拖，压碎混合到变软。

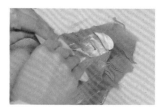

08 黄油先放置室温下软化，再一点点地加入到07里，用刮板以同样的方式混合到黄油完全混合均匀为止。

09 黄油与栗子糊混合好后就移到搅拌盆里，将白兰地一点点地加入混合。

10 在其他的搅拌盆里用搅拌器打发鲜奶油到6分（到与09差不多的硬度）。

11　将09加入到鲜奶油的搅拌盆里。※如果两者的硬度相同，就可以一次全部加入混合。

12　用橡皮刮刀以舀起再倒回的方式混合。混合好后，就装入已经装好蒙布朗挤花嘴的挤花袋内，放进冰箱冷藏备用。

13　预留6颗糖煮栗子，用来放在蛋糕的表面做装饰，其余全切成5mm的块状。

14　戴上手套，以免烫伤。触摸06，如果已经烤得硬硬脆脆的，就将整个烤盘从烤箱取出，放凉。

15　参照30页，制作打发到7分的打发鲜奶油，再装入已经装好圆形挤花嘴的挤花袋内。

16　将切成小圆形的海绵蛋糕排列放好，混合糖浆与朗姆酒后，涂抹上去。再将打发鲜奶油挤到每个蛋糕的中间，约直径1cm的大小。

17　将14的圆盘形蛋白霜叠在海绵蛋糕上。要吃的时候再组合起来，蛋白霜才会酥脆好吃。

18　将打发鲜奶油挤到17的中间，放上糖煮栗子切块，再挤些打发鲜奶油上去，填补缝隙。

19　将14的山形蛋白霜放在打发鲜奶油上。

20　挤上栗子奶油。由下往上，一排排地挤出来，最后再将糖煮栗子放上去，依个人喜好，撒上糖粉。

失败范例

蛋白霜冷却后变得皱皱的

"Mont Blanc"在法文中就是白山之意，因此，用来当做底座的蛋白霜不能烤成黄褐色，而必须用低温来慢慢烤。这称为"干烤"。由于不能让它烤出颜色来，所以很难判断是否已经烤好了。不过，如果没有完全烤熟，冷却后，它的表面就会出现皱纹、萎缩。所以，建议您戴上手套，用手触摸看看，确认是否已烤好。再翻过来看看，如果底部不是软软的，就表示已经烤好了。

还没烤好就取出，就会看起来绵绵软软的。

蛋白霜打发得不够漂亮

意式蛋白霜与瑞士蛋白霜常被用来作为蛋糕的底座或装饰。这两种蛋白霜如果使用的是新鲜的蛋，就会很难打发。所以，用已经放在冰箱1个星期以上、韧性不是很强的蛋白最理想。此外，打发时如果有杂质混入其中，就很难打出气泡来。所以，务必要使用干净的搅拌盆与搅拌器来打发。另外，瑞士蛋白霜如果打发的量很少，就很难打出气泡来，所以还是用意式蛋白霜来制作蒙布朗吧！

如果使用新鲜的蛋，再怎么打发，还是黏黏稠稠的。

日式蒙布朗（Mont Blanc）

材料（6个的分量）

蛋（室温）………… 2个（约100g）
细砂糖、低筋面粉……… 各60g
牛奶……………………… 10ml
Ⓐ 糖浆（水：砂糖＝3：1，参照38页）、朗姆酒 …… 各15ml
糖煮栗子………………………50g
糖煮栗子（摆在上面做装饰用）6个
糖煮栗子的糖浆………… 50ml

抹茶奶油的材料

鲜奶油……………………… 200ml
Ⓑ 抹茶粉………………… 5g
热水……………………… 15ml
细砂糖……………………… 20g

蒙布朗奶油的材料

糖煮栗子………………… 200g
Ⓒ 麦芽糖（又称水饴）……50g
水…………………………… 150ml

必备器具

锅、搅拌盆、搅拌器、手提电动搅拌器、橡皮刮刀、刮板、擀面棍、粉筛、尺子、钉书机、烤箱、烤盘、烤盘纸、剪刀、蛋糕刀、刀子、砧板、毛刷、挤花袋、挤花嘴（直径1cm的圆形、蒙布朗挤花嘴）、电动搅拌机、布、橡皮筋

所需时间	难易度
120分钟	★★☆

01 裁剪烤盘纸的四角，用钉书机固定，做成25cm×35cm的纸模型。加热两份要用来隔水加热的水。再热牛奶，并将低筋面粉过筛。

02 将蛋打入搅拌盆里，用手提电动搅拌器稍微搅开，再加入细砂糖，稍加混合。开始预热烤箱到190℃。

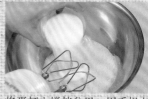

03 一边用60℃的热水隔水加热02，一边用手提电动搅拌器以高速混合。等到加热至37℃左右的温度时，就停止隔水加热。

Fruit Butter Cake

水果奶油蛋糕

请选择自己喜欢的干果来制作。

水果奶油蛋糕

材料（高7cm、长18cm）

杏仁粉	50g
低筋面粉	125g
泡打粉	5/4小勺
发酵黄油（室温）	100g
Ⓐ 细砂糖	100g
食盐	1撮
蛋（室温）	3个（约150g）
麦芽干（洋酒浸渍）	90g
糖渍水果（挑选自己喜欢的种类）	60g
糖浆（水∶砂糖＝3∶1，参照38页）、朗姆酒	各25ml

镜面果胶的材料

杏桃果酱	2大勺
水	15ml

必备器具

锅、搅拌盆、搅拌器、橡皮刮刀、粉筛、万用网筛、原子笔、烤箱、烤盘、烤盘纸、剪刀、刀子、毛刷、金属棒、布、保鲜膜

使用的模型

高7cm、长18cm的磅蛋糕模

所需时间
110分钟

难易度
★ ☆ ☆

01 杏仁粉用万用网筛过筛。低筋面粉与泡打粉混合后，用粉筛过筛。

02 配合磅蛋糕模的大小裁剪烤盘纸，让烤盘纸在铺进模内后四边的长度都可以伸出蛋糕模。

03 将磅蛋糕模放在裁好的烤盘纸中间，配合底部的大小用原子笔在纸上做记号。

04 沿着03的记号，将纸往内折，做出内折线。然后，用剪刀如图片所示，在四角的地方剪开。

05 用手指在磅蛋糕模的内侧涂抹上薄薄一层黄油（未列入材料表），再将04的烤盘纸铺进模内。

06 发酵黄油放置在室温下软化，再用搅拌器混合。然后，将Ⓐ一点点地加入，混合到变白。开始预热烤箱到170℃。

07 等到06变白后，将1/3量已搅开的蛋液加入，用搅拌器混合。混合好后，再将蛋液剩余量的1/2加入混合。

08 如果黄油产生油脂分离现象，就将已过筛的杏仁粉加入混合，让它稳定。然后再将剩余的蛋液加入，用搅拌器混合。

09 将已过筛的低筋面粉与泡打粉一次全部加入搅拌盆里，用橡皮刮刀大幅度地从底部翻起般地混合。

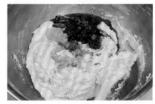

10 等混合到完全看不到粉末了，就将葡萄干、糖渍水果与浸渍汁一起加入。

11 用橡皮刮刀从底部翻起般地整个混合均匀，直到出现光泽后，倒入05的磅蛋糕模里。

16 混合糖浆与朗姆酒。

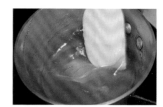

21 边加热，边用橡皮刮刀混合到质地变得滑顺。等到开始变浓稠后，就从炉火上移开。

12 用橡皮刮刀将表面整平。※如果没有整平，烤好后蛋糕的形状就会歪斜。

17 将蛋糕从烤箱取出。用金属棒插入中间3秒钟拔出，如果金属棒变热了，表示已经烤好了。

22 蛋糕冷却后，用毛刷将镜面果胶涂抹在表面，让蛋糕呈现光泽。

13 用两手抬起磅蛋糕模，从距离约10cm的高度往铺在工作台的布上敲3~4次，让多余的空气跑出来。

18 用手抓住伸出磅蛋糕模的烤盘纸，提起，将蛋糕从模中取出。

失败范例

蛋糕在烤的时候溢出模型外

铺在磅蛋糕模里的烤盘纸，侧面一定要比模的高度还长。如果太短了，蛋糕就会溢出模外。

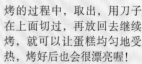

还有个缺点，就是不容易脱模。

14 将磅蛋糕模放在烤盘上，放进170℃的烤箱烤约15分钟。

19 趁热将纸撕除。用毛刷将16敲打般涂在蛋糕表面。再用纸包起，用保鲜膜覆盖放凉。※放置2~3日，就会非常入味。

上面烤硬或烤焦了

烤的过程中，取出，用刀子在上面切过，再放回去继续烤，就可以让蛋糕均匀地受热，烤好后也会很漂亮喔！

15 烤了15分钟后，从烤箱取出，用刀子在蛋糕的中央纵切一道，再放进烤箱烤30分钟。

20 制作镜面果胶。将杏桃果酱与水放进锅内，用中火加热。

如果没有用刀切过，形状就会不好看。

干果与核果篇

挑选适合的干果，给糕点烘焙增添更多乐趣！

A	B	C
D	E	F
G	H	I

Ⓐ 葡萄干：具有浓郁的甜味，种类繁多。
Ⓑ 杏桃：想要增添酸甜味时使用。
Ⓒ 当归：市面销售的当归有些是用款冬以砂糖淹渍而成的。
Ⓓ 椰子丝：除了切成丝之外，还有粉末的也可以使用。
Ⓔ 腰果：口感柔软。
Ⓕ 榛果：加热后会变得更香。糊状的榛果糊也可以使用。
Ⓖ 开心果：去硬壳，剥除薄膜，就可以放在糕点表面上做装饰了。
Ⓗ 核桃：脂肪含量高，口感扎实而独特。
Ⓘ 杏仁：形状、种类繁多。

巧妙利用干果与核果，就可以让简单的蛋糕增添风味噢！

核果，指的是被坚硬的壳包住的坚果类；干果，指的是干燥过的水果。核果具有浓郁的芳香与嚼劲，干果则具有酸味或甜味。

核果类中，有些种类在市场上以各式各样不同的形状销售。例如：如果是完整颗粒，可以用来做巧克力；如果是带着薄皮或粉末状的，就比较适合与面糊等混合。所以，请依照不同的目的，选择不同的形状或状态的核果。此外，非粉末状的核果类，在加入面糊等之前先用烤箱烤约10分钟，就会更加芳香！

干果与新鲜水果相比，不含多余的水分，所以可以直接与面糊等混合。另外，用洋酒浸渍过的干果，连同浸渍汁也一起使用，风味就会更上一层！还有，像葡萄干或杏桃等混合而成的混合干果，可以同时品尝到各种不同的口味，用起来也非常方便！

Madeleine & Financier
玛德琳与费南雪

用焦黄油让它的味道更加芳香！

玛德琳

材料（12个的分量）

高筋面粉	适量
黄油	90g
低筋面粉	75g
泡打粉	3/4小勺
蛋（室温）	2个（100g）
细砂糖	50g
蜂蜜	60g

必备器具

深锅、搅拌盆、搅拌器、粉筛、烤箱、烤盘、烤盘纸、毛刷、挤花袋、挤花嘴（直径1cm、圆形）

使用的模型

玛德琳模

所需时间
40分钟

难易度
★☆☆

01 用毛刷在模内涂抹黄油（未列入材料），放进冰箱冷藏约10分钟。再涂抹一次黄油，撒上高粉，放进冰箱冷藏10分钟。

02 将黄油放进深锅内，用大火加热融化。准备冰水。

03 黄油加热到冒出气泡，又消失后，立刻连同锅整个隔冰水冷却。※目的是为了让黄油保持在最芳香的状态，不会再变色。

04 混合低筋面粉与泡打粉，一起过筛到烤盘纸上。开始预热烤箱到200℃。

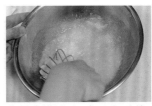

05 将蛋液搅开后，加入细砂糖，用搅拌器摩擦般地混合。再将蜂蜜加入，并加入04一起混合。

06 等到03的黄油冷却，加入05的搅拌盆里混合。※在这样的状态下，放进冰箱冷藏半天，烤的时候就会膨胀得更漂亮。

07 将面糊装入已装好挤花嘴的挤花袋内，挤到模里，到约八分满的程度，再放到烤盘上，用200℃的烤箱烤约8分钟。

08 烤约8分钟，表面膨胀起来后，将烤箱温度调到170℃，再烤约7分钟。然后趁热将模型倒扣，敲打工作台，让玛德琳掉落。

失败范例

烤好后的玛德琳放置一会儿后就萎缩了。

如果过早地从烤箱取出，内部的面糊还没有完全烤好，糕点表面就会陷下去。此外，如果装入模内的面糊太多了，就会从模内溢出，也要特别留意！

塌陷或扭曲，都是一大失败！

费南雪

材料（15个的分量）

杏仁粉·····················50g
低筋面粉···················50g
黄油······················125g
蛋白（室温）···约4个（125g）
细砂糖·····················125g
蜂蜜·······················25g

必备器具

深锅、搅拌盆、搅拌器、粉筛、万用网筛、烤箱、烤盘、烤盘纸、毛刷、蛋糕冷却架、挤花袋、挤花嘴（直径1cm、圆形）、手套

使用的模型

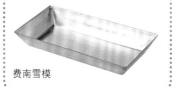

费南雪模

01　用毛刷在模内涂抹上黄油（未列入材料），放进冰箱冷藏约10分钟。然后再涂抹一次黄油，再放进冰箱冷藏10分钟。

02　杏仁粉的颗粒比较大，用万用网筛过筛到烤盘纸上。低筋面粉用粉筛过筛到其他的纸上。

03　与玛德琳相同，将黄油放进锅内，用大火加热融化，制成焦黄油，再隔冰水冷却。开始预热烤箱到190℃。

04　将蛋白、细砂糖、蜂蜜放进搅拌盆里，用搅拌器混合。然后，再将02的杏仁粉与低筋面粉加入混合。

05　等混合到看不到粉末后，将03加入，用搅拌器小心地混合。
※混合时如果太用力，就会产生气泡。

06　将05的面糊装入已装好挤花嘴的挤花袋内，把费南雪模紧密地排列在烤盘上，挤到约八分满的程度。

07　面糊都挤到模内后，再将模型分开放，间隔2~3cm地排列在烤盘上，放进190℃的烤箱烤约15分钟。

08　烤好后，将模型一个地从烤盘上取出，戴上手套，将模型倒扣，让费南雪脱模。然后放在蛋糕冷却架上冷却。

失败范例

将面糊挤到费南雪模里时，无法顺利完成

由于费南雪面糊的质地比较稀，如果没有先将模型紧密地排列好，就会滴出模外。挤出面糊时的要诀，就是当挤完一个模型后，要立刻将挤花嘴朝上。

挤的时候如果模型分散地放在烤盘上，就很难顺利进行了！

糕点制作的诀窍与重点⑫
糕点的美味源于油脂

制作糕点时，浓度与风味俱佳的黄油或其他的油脂，都是不可或缺的重要材料！

起酥油（无盐）
固体的植物油。加入面糊等里可以让糕点烤得酥脆，也可加热融化，当做炸油来使用。

沙拉油
精制度高的植物油，常用来制作长崎蛋糕或戚风蛋糕。与黄油相比较，不够浓郁芳香。

黄油
由从牛奶分离出的脂肪成分所制成。有无盐与添加约2%盐量的两种。

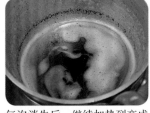

焦黄油

融化黄油

气泡消失后，继续加热到变成褐色的黄油。用来制作糕点可以增添芳香。

隔水加热融化的黄油。加入海绵蛋糕里可以增添风味。

糕点用的植物黄油
以植物油为原料制成的植物黄油。最近开始有了糕点专用的无盐产品，虽然味道无法与一般黄油相比，但它的优点是价格低廉、胆固醇低。

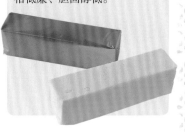

油脂是制作糕点的重要食材之一

黄油是制作糕点的主要材料之一。因为蛋糕的弹性与柔软度都是靠油脂而来的。

蛋糕等的主要成分来源，就是面粉里含有的网状物质——面筋。脂肪粒子进入网状物质里后，就可以产生弹性。在所有的油脂类物质中，黄油还扮演着为糕点增添风味的重要角色。

油脂类除了黄油之外，还有沙拉油、起酥油、植物黄油等许多种类。使用沙拉油虽然会使糕点的风味稍稍减弱，却可以让其他材料的原味更加凸显出来。如果将少许的起酥油加入面糊等里，就可以轻易地让糕点烤得完美。加入植物黄油，虽然风味差了一点，但胆固醇低的特性则是它独具的魅力。

然而，在油脂的使用率中，黄油还是高居第一。由于黄油在融化后无法回复原状，还容易氧化，所以一定要保存在5℃以下的环境中。如果需要长期保存，就放进冷冻库冷藏吧！

Muffin

玛芬

只要熟记基本的面糊做法，就可以变化出各式各样的种类来！

巧克力香蕉玛芬

材料（8个的分量）
发酵黄油（室温）·············· 100g
白砂糖··························· 100g
食盐······························· 1撮
蜂蜜······························· 40g
蛋（室温）·········· 2个（约100g）
低筋面粉························· 200g
泡打粉··························· 2小勺
牛奶····························· 100ml
半糖巧克力（Semi-sweet
Choclate）····················· 40g
香蕉······················· 1根（160g）

必备器具
搅拌盆、搅拌器、橡皮刮刀、
粉筛、烤箱、烤盘、烤盘纸、
出刃刀、砧板、挤花袋、秤、
金属棒、夹子

使用的模型

直径6cm、高4.5cm的纸质玛芬模

所需时间
60分钟

难易度
★☆☆

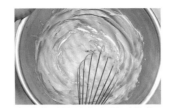

01 发酵黄油放置在室温下软化，再放进搅拌盆里搅开。将蛋液放进其他的容器里搅开。开始预热烤箱到190℃。

02 一边将白砂糖分成2~3次加入黄油的搅拌盆里，一边用搅拌器摩擦般地混合。

03 等到02变白后，加入食盐，用搅拌器混合后，再加入蜂蜜混合。

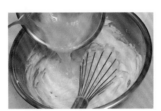

04 将半量搅开的蛋液也加入混合。※如果将蛋液一次全部加入，面糊就会分离，质地不均匀。

05 混合低筋面粉与泡打粉，过筛到摊开的纸上，再将其中的半量加入04里，用搅拌器混合。

06 将半量的牛奶加入，用搅拌器混合。※将粉类与牛奶一点点、交替地加入，就可以整体混合得很均匀。

07 将粉类与牛奶再分成2次交替加入混合，用搅拌器混合到质地柔滑为止。

08 将烤盘纸铺在砧板上，在纸上将巧克力切成5mm的块状。香蕉也切成5mm的块状。将两者加入07里，用刮刀混合。

09 将面糊装入挤花袋里。※将面糊装入时，用夹子夹住挤花袋口，作业起来就会很方便。

10 在每个玛芬模里挤出约90g，放进190℃的烤箱烤25分钟。然后用金属棒插进中间，如果是热的，就可以了。

蓝莓玛芬与糖渍橙皮玛芬

材料（16个的分量）

发酵黄油（室温）············200g
白砂糖···················200g
食盐·····················1撮
蜂蜜·····················80g
蛋（室温）·········4个（约200g）
低筋面粉··················400g
泡打粉··················4小勺
牛奶····················200ml
奶油奶酪·················100g
蓝莓果酱·················100g
糖渍橙皮·················100g
酥粒的材料
　黄油（室温）·············15g
　白砂糖·················15g
　低筋面粉················30g

必备器具

搅拌盆、搅拌器、橡皮刮刀、粉筛、烤箱、烤盘、烤盘纸、刀子、砧板、挤花袋、秤、金属棒、夹子

使用的模型

直径6cm、高4.5cm的纸质玛芬模

所需时间
70分钟

难易度
★☆☆

01 与巧克力香蕉玛芬相同的步骤，制作面糊。开始预热烤箱到190℃。

02 奶油奶酪用刀子切成1cm的块状。

03 将面糊分成两半。把蓝莓果酱加入其中的一半里，用橡皮刮刀混合，再装入挤花袋里。
※记得用夹子夹住挤花袋口。

04 挤一些面糊到玛芬模里，将奶油奶酪均匀地摆上去，再将剩余的面糊挤上去。放进190℃的烤箱烤约25分钟。

05 制作酥粒。将软化的黄油放进搅拌盆里，加入白砂糖，用搅拌器混合。

06 变白后，将已过筛的低筋面粉加入，用橡皮刮刀像切东西一样地混合。等到质地变得松散后，放进冰箱冷藏10分钟。

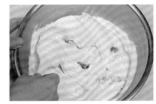

07 将糖渍橙皮加入剩余半量的面糊里，用橡皮刮刀混合。然后，与挤出约75g的量到每个玛芬模里。

08 将放进冰箱冷藏过的酥粒撒在上面，放进190℃的烤箱中烤约25分钟，再用金属棒插进中间，确认是否已烤好了。

失败范例

搅开的蛋液无法与面糊完全混合

如果将蛋液一次性全部加入，面糊就会出现分离现象。出现这样的情况时，加入约1大勺的低筋面粉，用搅拌器一点点地混合，就可以让它恢复原状了。

就算发生分离现象，也不要惊慌！

包装创意精典集

只要稍微下点功夫，就可以让糕点展现出令人意想不到的高贵感。

用花边纸装点出女性娇柔的气氛

系上缎带后就很可爱了。不过，如果下面再垫上花边纸，就可以增添年轻女性的柔媚感。

香料也可以成为装饰的焦点

八角或肉桂等香料也可以变成极佳的花饰！只要将铁丝弯成U字形，就可以固定好了。

用茶礼盒的竹篮来盛装就更完美了

如果您见到用可爱竹篮盛装着的茶礼盒，就留着当做送礼时用吧！只要再添上糕点，就可以营造出时髦而专业的感觉了。

装入瓶中，可谓一举两得的做法

米果、饼干等可以装入密封罐里，再放入干燥剂，作为礼物送人。外观看起来既可爱，还可以作为保存用的容器，非常讨人喜欢。

利用巧克力空盒与麻绳的组合来包装

木质空盒再配上麻绳，感觉简单而朴素。若是与日式糕点做搭配，会有意想不到的效果哦！

只需利用随身可见的物品，就可以变身成精美的包装了！

很多时候，糕点是为了特定的人而特意制作的。也正因此，好不容易才成功完成的糕点，当然也要包装得漂漂亮亮的再送出去。如何包装似乎很难，其实利用家中已有的东西或低价就可购入的物品，也可以将糕点包装得非常精美！

比如，将用手揉搓过的烤盘纸再铺到空盒底，即使是原本看起来一点质感都没有的盒子，也会给人一种柔和的印象！此外，饼干等装入瓶内后，再用绘有图案的布巾包起来，就会让人觉得非常新奇、特别。

在一般商品店就可以买到的篮子或铁网篮，只要多加利用，就可以变成绝佳的创意！

包装时最常用到的就是透明玻璃纸了。尤其是将蛋糕切开分送朋友时，如果没有用玻璃纸卷好，就会散开了。

所以，如果平常随时留意，把结实的空盒子或漂亮的空罐子留下来，需要包装时，这些就可以成为宝贵而实用的材料了！

3 Cookies
3种饼干

学做饼干，就从下面精选的3种饼干开始吧！

挤花饼干

冰箱饼干

模型饼干

模型饼干

材料（约20个的分量）
黄油（室温）……………………100g
细砂糖……………………………80g
蛋（室温）………………………40g
丁香、食盐…………………各1撮
肉桂粉…………………………1/4小匙
低筋面粉………………………200g
高筋面粉（做手粉用）……适量

必备器具
搅拌盆、搅拌器、橡皮刮刀、擀面棍、粉筛、尺子、烤箱、烤盘、烤盘纸、刀子、蛋糕冷却架、金属棒、胶带、塑胶袋

使用的模型

饼干模

所需时间 **100**分钟　难易度　★☆☆

01 参照110页，用黄油、细砂糖、搅开的蛋液、丁香、食盐、肉桂粉、低筋面粉制作面糊。

02 用刀子切开塑胶袋。参照110页的做法，将面团擀成20cm×25cm的长方形，再放进冰箱冷藏30分钟。

03 将手粉撒在工作台上，高筋面粉撒在饼干模内。然后将面皮放在台上，用饼干模切割。开始预热烤箱到170℃。

04 边缘部分若使用金属棒，就可以让面皮漂亮地脱模。待整块面皮都切割后，将剩余的部分集中擀薄，用同样的方式切割。

05 将烤盘纸铺在烤盘上，把切割下来的面皮排列上去，用170℃的烤箱烤约15分钟。等烤到变成金黄色，放在架上冷却。

06 参照37页，用糖霜做装饰，也很可爱哦！

冰箱饼干

材料（约28个的分量）
黄油（室温）……………………120g
糖粉………………………………60g
蛋黄（室温）………1个（约20g）
食盐………………………………1撮
低筋面粉（原味面糊用）……90g
低筋面粉（可可面糊用）……80g
可可粉……………………………10g

必备器具
搅拌盆、搅拌器、橡皮刮刀、擀面棍、粉筛、尺子、烤箱、烤盘、烤盘纸、刀子、秤、胶带、塑胶袋

所需时间 **120**分钟　难易度　★☆☆

01 参照110页，用黄油、糖粉、蛋黄、食盐制作面糊。然后用秤来称重，分成两半，在其中一半加入已过筛的低筋面粉混合。

02 混合可可粉与低筋面粉过筛，然后加入另一半的面糊里，用橡皮刮刀混合。

03 准备塑胶袋，用刀子切开。将01的面皮放上去，参照110页的做法，擀成15cm×25cm的长方形。

04 可可面皮也同样擀薄，擀成15cm×25cm的长方形，分别放进冰箱冷藏30分钟。

05 将可可面皮放在工作台上，打开塑胶袋。再将原味面皮叠在上面，离自己较远的那端要留出约1cm的空隙。

06 提起铺在底下的塑胶袋，由里往外卷。※开始卷时要用指尖压紧，卷完后再用尺子顶住，按压。

07 放进冰箱静置30分钟。然后切成7~8mm厚的切片，排列在铺了烤盘纸的烤盘上，用180℃的烤箱烤约15分钟。

挤花饼干

材料（约20个的分量）

低筋面粉	160g
高筋面粉	40g
Ⓐ 糖粉	100g
杏仁粉	100g
食盐	1撮
黄油（室温）	200g

李子奶油霜的材料

黄油（室温）	40g
李子	2个（30g）
蜂蜜	22g

必备器具

搅拌盆、搅拌器、橡皮刮刀、万用网筛、烤箱、烤盘、烤盘纸、刀子、砧板、挤花袋、挤花嘴（直径1cm的星形、单侧呈锯齿状）、抹刀

所需时间 100分钟 **难易度 ★★☆**

01 一边将Ⓐ放进万用网筛里，一边用搅拌器混合，过筛到搅拌盆里。开始预热烤箱到170℃。

02 黄油放置在室温下软化，再放进其他搅拌盆里，用搅拌器搅开。然后将01加入，用橡皮刮刀从底部翻起般混合均匀。

03 待混合到看不到粉末后，将半量装入已装好星形挤花嘴的挤花袋内，挤到铺在烤盘的烤盘纸上，每个约直径2cm的大小。

04 将剩余的半量装入已装好挤花嘴的挤花袋内，挤出长度5cm的长方形。※以上两者挤出时，每个之间要间隔1~3cm的距离。

05 将挤出后的面糊放进冰箱冷藏15分钟后，用170℃的烤箱烤约15分钟。

06 制作李子奶油霜。黄油先放置在室温下软化，再将切成5mm块状的李子加入混合，最后加入蜂蜜混合。

07 等到04烤好，冷却后，就用抹刀将李子奶油霜舀上去放好，再用另一块夹住。

雪球与岩石饼干（Snowball & Rock Cookie）

雪球的材料（20个的分量）

胡桃	25g
黄油（室温）	60g
糖粉	15g
食盐	1撮
低筋面粉	80g

岩石饼干的材料（20个的分量）

迷迭香叶	1大勺
腰果	40g
黄油（室温）	60g
糖粉	40g
蛋黄（室温）	1个（约20g）
蜂蜜	22g
低筋面粉	110g
泡打粉	1/2 小勺
柠檬皮	1/2个的分量

必备器具

搅拌盆、托盘、搅拌器、橡皮刮刀、擀面棍、粉筛、茶滤网、烤箱、烤盘、烤盘纸、刀子、砧板、秤、磨泥器、汤勺、塑胶袋、保鲜膜

所需时间 **90**分钟/**40**分钟　难易度 ★☆☆

※雪球与岩石饼干。

01 制作雪球。将烤盘纸铺在烤盘上，再把胡桃摊放上去，用170℃的烤箱烘烤10分钟。然后装入塑胶袋里，用擀面棍敲成细碎状。

02 黄油放置在室温下软化后，放进搅拌盆里，用搅拌器稍微混合后，再加入糖粉、食盐，混合到颜色变白。

03 将已冷却的01的胡桃加入，用橡皮刮刀混合。

04 将低筋面粉过筛到03的搅拌盆里，用橡皮刮刀从底部翻起般混合。

09 烤到指定的时间后，从烤箱取出，趁热蘸满糖粉（非列入材料表部分）。冷却后，再用茶滤网将糖粉（未列入材料表）过筛，撒上去。

14 混合低筋面粉与泡打粉。然后一边过筛，一边加入13里，再加入切碎的迷迭香叶。

05 等到看不到粉末后，就用保鲜膜将搅拌盆整个封起来，放进冰箱静置30分钟。

10 制作岩石饼干。将迷迭香叶切碎。

15 柠檬皮一边磨泥一边加入。※由于柠檬皮白色的部分会苦，所以磨泥时要扩大范围，只磨表面薄薄的一层。

06 将面团从冰箱取出，用秤先测量总重，再分成20等份（每份约10g）。开始预热烤箱到170℃。

11 腰果用170℃的烤箱烤约10分钟，再用刀子切成块状。让烤箱维持在170℃的状态，备用。

16 继续加入烤过的腰果，用橡皮刮刀稍加混合。※如果混合过度了就会变硬。

07 手掌蘸些低筋面粉（未列入材料表），将均分的面团搓圆。

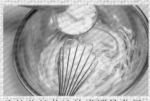

12 将软化的黄油放进搅拌盆里，用搅拌器搅开，再加入糖粉，用搅拌器摩擦般地混合。

17 一边用两支汤勺整理好形状，一边排列在铺了烤盘纸的烤盘上，每个间隔约3cm。

08 将烤盘纸铺在烤盘上，把小面团间隔约3cm排列上去，用170℃的烤箱烤约25分钟，并留意不要烤到变色。

13 等到颜色变白后，就加入蛋黄，用搅拌器混合后再加入蜂蜜混合。

18 用170℃的烤箱烤约15分钟。※如果不需要立即食用，可以等到冷却后与干燥剂一起装入密闭容器中保存。

最简易的基本饼干面团

饼干的种类丰富，就从最简单的面团开始着手吧！

① 粉类过筛

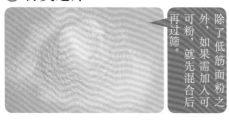

除了低筋面粉之外，如果需加入可可粉，就先混合后再过筛。

② 混合黄油与砂糖

使用搅拌器像摩擦一般地混合，空气就会跑进去，让质地变得蓬松柔软。

③ 颜色变白后

将搅开的蛋液（蛋黄）分2～3次加入混合。

如果要再加入香料、食盐、巧克力片或核果等，请参考以下的步骤。

④ 加入已过筛的粉类

用橡皮刮刀简单地混合即可，切勿揉和。

擀薄后，接下来就轻松了　　**静置冷藏面皮**

面皮要放进冰箱静置一次。如左图所示，先用塑胶袋包起来再擀薄，接下来就很轻松了。

将面团放在打开的塑胶袋里，用手压平（右图）。用塑胶袋将面团包起来，用胶带固定好，再用擀面棍擀薄成长方形（左图）。

制作基本饼干的诀窍——如何使用极少的材料就可以立刻完成呢？

饼干其实种类繁多，不胜枚举。在此为大家介绍的面团做法，就是模型饼干与冰箱饼干两种都可通用的。这样的面糊用来制作模型或冰箱饼干，既可再加入果酱或香草类植物，还可以变化成各种不同的形状，可塑性非常高。总之，记住它的做法，绝对不会有损失！

此外，黄油的混合方式决定了饼干烤好后是否足够酥脆。所以，打发黄油时要大幅度地移动搅拌器，让空气跑进去，这样烤好后的饼干口感就会酥脆。混合时，如果黄油还是很硬，就无法顺利混合。所以，无论是要制作哪一种面团，都一定要先将黄油放置在室温下，软化后再使用。

另外，由于饼干质地较薄，容易烤焦，所以要特别注意烤箱的温度。如果烤的时候发现烤的颜色不均，就要将面团换个方向或位置，以免烤焦了。

Macarons & Dacquoise

马卡龙与达克瓦兹

蛋白霜糕点的魅力，就在于它独特的口感！

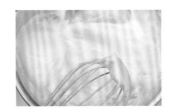

马卡龙

材料（各20个的分量）

香草味面糊的材料

	蛋白	约4/3个（40g）
Ⓐ	食盐	1撮
	细砂糖	12g
Ⓑ	杏仁粉	50g
	糖粉	70g
	色素粉（红）	少许

抹茶味面糊的材料

与Ⓐ相同

	杏仁粉	50g
Ⓒ	抹茶粉	4g
	糖粉	75g

可可味面糊的材料

与Ⓐ相同

	杏仁粉	50g
Ⓓ	可可粉	4g
	糖粉	75g

馅料的材料

	果巧克力	30g
Ⓔ	抹茶粉	4g
	鲜奶油	30ml
	白巧克力	70g
	覆盆子果酱	3大勺

必备器具

锅、搅拌盆、搅拌器、橡皮刮刀、万用网筛、烤箱、烤盘、烤盘纸、出刃刀、砧板、挤花袋、挤花嘴（直径1cm、圆形）

所需时间
100分钟

难易度
★★☆

01 参照114页，用Ⓐ制作蛋白霜。抹茶味、可可味用的蛋白霜也用同样的方式制作。

02 制作香草味面糊。混合Ⓑ，用万用网筛过筛，加入01的蛋白霜里，用橡皮刮刀像切东西般地从底部翻起混合。

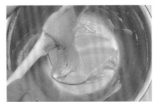

03 用少量的水（未列入材料）溶解色素粉，加入02的面糊，用刮刀混合。等出现光泽时装入挤花袋内，压出多余的空气。

04 制作抹茶味面糊。混合Ⓒ，用万用网筛过筛，加入蛋白霜里，再用与02相同的方式混合。然后，装入装好挤花嘴的挤花袋内。

05 制作可可味面糊。用万用网筛将Ⓓ过筛，再用与04相同的方式制作。

06 把以上3种面糊都挤到烤盘上，每个直径约2cm。※面糊很快就会散开来，所以挤的时候记得要间隔2~3cm。

07 放置30分钟，让它干燥。等到用手指触摸表面面糊不会粘手了，就将2个烤盘叠在一起，用150℃的烤箱烤15分钟。

08 烤的时候如果马卡龙的底部膨胀起来了，就将烤箱的温度调低10℃，继续烤。烤好后，从烤箱取出，放凉。

09 隔热水加热融化榛果巧克力。将Ⓔ放进锅内加热溶解，开火，加入切碎的白巧克力，让它融化。

10 可可味的圆饼用榛果巧克力、抹茶味的用09的抹茶巧克力、香草味的用果酱来做夹心的馅料。

达克瓦兹

材料（20个的分量）

杏仁粉	150g
糖粉	80g
蛋白	约7个（200g）
食盐	1撮
细砂糖	30g

摩卡奶油的材料

蛋黄	2个（约40g）
水	30ml
细砂糖	60g
黄油	120g
即溶咖啡粉	3g
咖啡利口酒（KAHLÚA）	15ml

必备器具

锅、搅拌盆、托盘、搅拌器、手提电动搅拌器、橡皮刮刀、刮板、万用网筛、茶滤网、烤箱、烤盘、烤盘纸、挤花袋、挤花嘴（直径1cm、圆形）、温度计

使用的模型

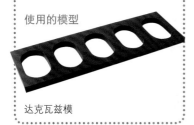

达克瓦兹模

所需时间
80分钟

难易度
★★

01 将杏仁粉与糖粉放进万用网筛，一边用搅拌器混合，一边过筛到烤盘纸上。

02 将01已过筛的粉类混合均匀。※由于后面的蛋白霜只要像切东西般地稍微混合，所以，要先将粉类混合均匀。

03 参照114页，用蛋白、食盐、细砂糖制作蛋白霜。开始预热烤箱到160℃。

04 将02加入蛋白霜里，用刮刀混合，装入已装好挤花嘴的挤花袋内。※混合到质地让人感觉膨胀凸起的状态为止。

05 用水沾湿达克瓦兹模，放在铺了烤盘纸的烤盘上。

06 将面糊挤到模里，用刮板将表面整平。挤完一列之后，将模型迅速提起，过一下水，再用同样的方式挤面糊。

07 如果没有达克瓦兹模可用，也可以直接挤到烤盘纸上，注意要挤成圆形。

08 用茶滤网将糖粉（未列入材料）撒到07上。放置1分钟，让糖粉吸收，再筛一次糖粉上去，用160℃的烤箱烤约20分钟。

09 参照33页，制作蛋黄糖浆式奶油霜。即溶咖啡粉用同量的热水（未列入材料表）溶解后，再加入混合。咖啡利口酒也加入混合。

10 达克瓦兹烤好后，排列在托盘等容器上，放凉，再将09的摩卡奶油挤上去，用另一块夹住。

糕点制作的诀窍与重点⑮
各国独具特色的蛋白霜

蛋白＋砂糖的蛋白霜，有以下3种做法。

最受欢迎的 法式蛋白霜	简单迅速的 瑞士蛋白霜	气泡丰富的 意式蛋白霜

将蛋白与少量的细砂糖放进搅拌盆里，用搅拌器左右移动地搅拌。	将砂糖加入蛋白里，一边用50℃的热水隔水加热，让砂糖溶解，一边用手提电动搅拌器以高速混合。	依次将水、细砂糖放进锅内，用中火加热到115℃~117℃。

等到可以形成立体状后，再将剩余的细砂糖分成2次加入混合，直到可以竖起角状时就完成了。	等到温度升到37℃左右时，就停止隔水加热，用同样的方式混合到可以形成立体状、质地细致为止。	将蛋白放进搅拌盆里打发，再加入01，用手提电动搅拌器或搅拌器，混合到可以形成立体状为止。
立刻要用的情况下适用，适用于所有的蛋糕制作	想要烤得酥脆时适用，做装饰时也适用	加入慕斯里时适用，加入奶油霜里时适用

蛋白霜是将蛋白搅拌成绵柔的质地后制成的

　　将砂糖加入蛋白里打发所形成的物质，被称为"蛋白霜"。

　　最常见于糕点食谱中的蛋白霜，就是先打发蛋白后再加入砂糖一起打发的法式蛋白霜。除此之外，还有瑞士与意式两种。这两种是在边加热边打发的状态下完成的，所以气泡比较持久，烤好后口感很酥脆。

　　打发出持久气泡的秘诀，就在于搅拌器的移动方式。即一开始的时候要左右移动来搅开，

等搅开到一个程度后，就将搅拌器改成纵向移动。此时，手肘不要动，要运用腕力，使劲地混合。如果将砂糖一次全部加入混合，蛋白就会变得松散。所以混合到可以形成立体状后，就要一点点地加入混合才行。

　　还有，建议您使用已保存了约2周的蛋白，这样比较容易打发出气泡来。如果没有，可以使用已先冷冻过、再用常温解冻的蛋白。

Mille Crêpe

千层可丽饼

制作千层可丽饼的诀窍，就是要一块块地烤到芳香。

千层可丽饼

材料（直径15cm）

蛋（室温）………	约6/5个（60g）
细砂糖……………	20g
盐…………………	1撮
低筋面粉…………	60g
黄油………………	10g
牛奶………………	180ml
柳橙奶油的材料	
柳橙汁…………	200ml
鲜奶油…………	200ml
细砂糖…………	20g
香橙甜酒………	15ml
草莓………………	5颗（80g）
奇异果……………	1/2个（50g）
柳橙………………	1/4个（50g）
香蕉………………	1根（150g）
草莓果酱（参照118页）……	3大勺
糖粉………………	适量

必备器具

锅、搅拌盆、搅拌器、橡皮刮刀、长柄勺、圆锥形过滤器、茶滤网、竹筛、可丽饼锅、石蜡纸、厨房纸巾、刀子、砧板、抹刀、旋转台、量杯、瓦斯喷枪、布、保鲜膜

使用的模型

直径15cm的圆形中空模

所需时间
100分钟

难易度
★★

01 先将蛋、细砂糖、食盐放进搅拌盆里，用搅拌器混合，再加入低筋面粉，用搅拌器充分混合。

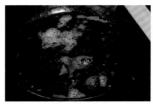

02 将黄油放进可丽饼锅里，用大火加热到泡沫消失，变成褐色为止。准备湿布备用。

03 将02放在湿布上，放置数秒冷却，再一边倒入01的搅拌盆里，一边用搅拌器混合。

04 将牛奶一点点地加入，用搅拌器把沉在底部的粉充分混合。※如果牛奶比黄油先加入，黄油就会变冷，表面就会凝固。

05 一边用过滤器过滤，一边倒入量杯里。※将面糊装入有注入口的容器里，到最后要将面糊倒入锅内时就很方便了。

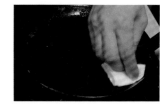

06 用厨房纸巾稍微擦拭02使用过的可丽饼锅，让锅内剩余的黄油均匀地分布在整个锅内。

07 用大火加热可丽饼锅，热了之后再调降成中火。

08 用长柄勺舀约30ml的面糊，倒入整个可丽饼锅内。如果出现缺口，要立刻前后摇晃锅，让面糊均匀地散开来。

09 一点点地移动可丽饼锅，让面糊均匀地受热。等到面糊的边缘变成褐色后，用抹刀将边缘翻起，用手指捏住。

10 一边用手指捏紧，一边迅速地从距离自己较远的一侧由外往内翻面。

11 5秒钟后，翻面放在翻过面的竹筛上。※要在1分钟之内就做好。

16 混合好后，将15倒入装着剩余打发鲜奶油的搅拌盆里，加入香橙甜酒，用橡皮刮刀混合。

12 在煎的过程中如果可丽饼锅的温度过高，就放在湿布上，让它冷却。总共要煎约15块。

17 水果切成约5mm的切片，用厨房纸巾吸水沥干。用石蜡纸做圆锥形纸袋（参照37页），把草莓果酱装进去。

13 用大火加热柳橙汁，熬煮到变成50ml后，就移到搅拌盆里放凉。※深度变成1/4时，就可以了。

18 先放1块可丽饼，将16涂抹上去，再放上水果挤果酱，再叠上1块可丽饼。重复这样的动作。4种水果要轮流放上。

14 将鲜奶油与细砂糖放进其他搅拌盆里混合，底下一边隔着冰水冷却，一边打发到9分（参照30页）。

19 盖上最后1块后，整个翻过来放在摊开的保鲜膜上，连同保鲜膜一起装入15cm的圆形中空模里，放入冰箱冷藏20~30分钟。

15 将少量14的打发鲜奶油加到熬煮好的柳橙汁里混合。

20 脱模，剥除保鲜膜，用茶滤网将糖粉撒在表面上，再用瓦斯喷枪加热，烤出焦褐色。

失败范例

可丽饼无法顺利地翻面

将面糊倒入可丽饼锅内后，如果没有立刻晃锅，让面糊均匀地在锅内散开，就会导致厚度不均匀。另外，太早翻面，也会导致可丽饼折断或破裂。所以，一定要在可丽饼边缘都煎成褐色时再翻面，不能在只有一部分变褐色时就翻面。总之，翻面时切勿过于急躁。

眼看就快要煎好了，边缘却出现了缺角。

等到边缘都变成褐色时再翻面吧！

无法煎成漂亮的焦褐色

先滴一点面糊在可丽饼锅内，如果发出"哧"的声音，就是最适合开始煎可丽饼的温度了。如果锅过热，面糊就会烧焦。此时可以将可丽饼锅放在湿布上，让它冷却。如果觉得可丽饼有可能会粘在锅上，可以用厨房纸巾来蘸沙拉油，先在整个可丽饼锅内薄薄地涂抹一层，这也是个很好的方法喔！

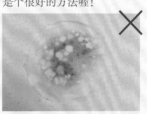

如果煎成了斑纹状，就表示锅的温度有问题。

做法简单、风味绝佳的果酱

虽然做起来有点费时，步骤却很简单。所以，不妨亲手做做看！

草莓果酱
材料 草莓·········500g
细砂糖·······250g
柠檬汁·······25ml
柳橙鲜榨汁·····50ml

奇异果酱
材料 奇异果·······500g
细砂糖·······150g
柠檬汁·······25ml

橘子果酱
材料 夏蜜柑·······900g
细砂糖·······250g
水··········600ml

苹果酱
材料 苹果·········800g
细砂糖·······250g 利口酒····75ml
柠檬汁·····25ml 肉桂棒····1支

无论是哪一种水果，基本的做法都一样

奇异果、草莓等水果要用细砂糖淹渍，放置3小时，让水果出水。

将材料放进锅内，一边撇去浮沫，一边加热约1小时，直到变成恰当的浓度为止。

制作橘子果酱时，需要用到籽与皮

蜜柑切成6等份的月牙形，剥皮，将皮切成细长条状，再参照50页，去涩味，与鲜榨汁、已煮过的籽与薄皮一起熬煮。

籽、薄皮与600ml的水一起加热约15分钟，再过滤。

用水果熬煮成的果酱甜度极高，很适合长期保存

水果的果实或皮里，含有一种称为"果胶"的物质。这种物质与砂糖一起加热后，就会变得浓稠。果酱就是利用这个原理制成的食品。

制作柑橘类果酱时，要将果胶含量丰富的薄皮、籽也加入一起熬煮。此外，水分较多的水果在煮之前要先蘸满砂糖，放置一段时间，让水分容易析出。由于酸味可以让果胶发挥更多的效用，所以有时也会加入柠檬汁。

另外，因为需要长时间熬煮含酸量较多的物质，所以最好使用厚的珐琅锅。草莓因为容易变黑，最好使用在短时间内就可以煮好的宽口锅。

果酱如果密闭存放，就可保存半年。如果是要装入瓶子里，就要先将瓶子与盖子放进沸水中浸15分钟，再倒放在干净的布上，让水沥干。切勿用手触摸瓶子，请用干净的钳子等来夹住瓶子。

3 Chocolates
3种巧克力

制作巧克力最重要的就是控制好温度。

杏仁巧克力

叶子巧克力

松露

叶子巧克力与松露

材料（约30个的分量）

考维曲巧克力............600g
甜巧克力............150g
鲜奶油............90ml
朗姆酒............10ml

必备器具

锅、搅拌盆、托盘、橡皮刮刀、出刃刀、砧板、烤盘纸、挤花袋、挤花嘴（直径1cm、圆形）、温度计、巧克力叉、保鲜膜

使用的模型

塑胶质叶形巧克力模

所需时间
120分钟

难易度
★★★

120

01 参照122页"巧克力调温"。其中的150g倒入巧克力模里，放进冰箱冷藏。

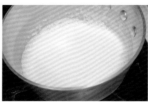

02 将烤盘纸铺在砧板上，避免弄脏砧板，再用出刃刀将甜巧克力切成5mm的块状。鲜奶油放进锅内，用大火加热。

03 等到鲜奶油沸腾关火，加入切块的甜巧克力。※夏季时，可以将巧克力放进搅拌，把煮沸的鲜奶油倒入即可。

04 等到甜巧克力慢慢融化了，用橡皮刮刀混合，再移到搅拌盆里，加入朗姆酒，用橡皮刮刀混合。

05 用保鲜膜将搅拌盆密封好，放进冰箱的保鲜室约30分钟，冷藏到可以挤花的硬度为止。

06 将05装入已装好挤花嘴的挤花袋里。托盘翻面，铺上烤盘纸，将巧克力挤上。※如果还是很软，就再放入冰箱冷藏。

07 用冰水来降低手温，将06［即甘纳许（Ganache）］搓圆。

08 用剩余的01来蘸满07的表面，再用巧克力叉舀巧克力，稍微抖一下，让多余的巧克力掉落在上面。干燥后再依个人喜好用金箔等做装饰。

失败范例

巧克力的表面浮出一层白膜！

即所谓的霜斑现象，就是脂肪因温度过高而分离，浮出表面后呈现的状态。主要原因可能是室内的温度过高，或在火源的附近进行作业等。

虽然外观看起来也很美味！

杏仁巧克力

材料（约70颗的分量）

杏仁	100g
考维曲巧克力	40g
水	10ml
细砂糖	30g
黄油	5g
可可粉	适量

必备器具

锅、搅拌盆、木勺、橡皮刮刀、叉子、万用网筛、烤箱、烤盘、烤盘纸、温度计、量勺

所需时间
80分钟

难易度
★ ☆ ☆

01 杏仁用烤箱以170℃烤约10分钟。参照122页"巧克力调温"。

02 依次将水、细砂糖放进锅内，用大火~中火加热，同时用温度计测量，加温到115℃。

03 达到115℃后，将烤过的杏仁加入，用木勺混合。

04 让杏仁的表面蘸满糖，但要小心，不要把杏仁弄破了。※从底部开始混合，温度就会下降，从而容易结晶。

05 杏仁周围的糖状物质会变白结晶，附着在杏仁的表面上，所以继续混合即可。

06 等到杏仁开始呈现光泽，变成焦糖色后，关火，加入黄油，用木勺混合。

07 将烤盘纸铺在烤盘上，把锅内的杏仁放在上面，用2支叉子把粘在一起的杏仁一个个地分开摊放，冷却。

08 冷却后再移到搅拌盆里，加入约1大勺已调温的考维曲巧克力，用橡皮刮刀混合到表面变干为止。

09 重复3~4次08，让杏仁蘸满巧克力。※如果杏仁的温度太高巧克力就会融化，要特别小心！

10 将可可粉放进其他搅拌盆里，蘸满09的表面，再用万用网筛把多余的可可粉抖落。

巧克力调温

调温，是考维曲巧克力必须进行的一个前置作业。所以，不要略掉这个步骤哦！

调温的方法

恒温法

这是一种维持在30℃的温度中搅拌，让巧克力结晶的方式。工厂一般都是采用这个方式。

升温法

先让巧克力冷却，再让温度升高的做法，有以下3种：

水冷法

将已融化的巧克力放进搅拌盆里，再隔冰水降温的做法。

大理石法

将已融化的巧克力摊放在大理石上降温的做法。

薄片法

将切块的巧克力加入已融化的巧克力以降温的做法。

甜巧克力的调温法
（水冷法）

温度的标准，根据巧克力的种类有所不同			
	甜巧克力	牛奶巧克力	白巧克力
融化温度（℃）	45~50	45	43
下降温度（℃）	27~29	27~29	26~28
作业温度（℃）	30~32	29~30	28~29

切块的巧克力隔水加热。

以45℃~50℃的温度来融化

巧克力的温度升高到45℃~50℃后，就停止隔水加热，以防继续升温。

用来隔水加热的水为50℃

确认调温的状况

用汤用汤勺背面蘸上调温过的巧克力。干了以后，如果看起来像右图这样尚未凝固，可能会粘手，就是失败了。

让温度下降到27℃~29℃

一边用橡皮刮刀混合，一边隔冷水让温度下降到27℃~29℃。即使只是相差1℃，也会导致失败！

用来隔水加热的水温为34℃

无论是哪一种作业，温度应维持在30℃~32℃

再次隔水加热，让温度升高到30℃~32℃。再隔着34℃的热水，让温度维持不变。

如何成功地融化巧克力？

巧克力调温是指一边调节温度，一边融化考维曲巧克力的意思。

可可奶油具有几个熔点不同的结晶型。因此，如果只是让它融化，就无法漂亮地结晶，最后口感变成沙沙的。用加温来分解粒子，就可以在不破坏风味的状况下均匀地结晶，呈现出漂亮的光泽来。

巧克力调温的温度，可以分成3个变化阶段。首先是巧克力的融化温度，然后是下降温度，最后是作业温度。无论是在哪个阶段，如果温度超过50℃就会失败，须特别注意。一旦加温到了作业温度，就要用隔水加热的方式，让温度维持在一定的状态。

隔水加热时，请使用与盛装巧克力的搅拌盆同样大小的锅或搅拌盆，作业时，水蒸气或热水才不会跑进巧克力里。此外，器具上的污垢或水滴也是导致调温失败的原因之一，所以请务必使用干净而且干燥的器具。

Chocolate Mousse & Blanc-Manger

巧克力慕斯与法式奶冻

鲜奶油打发的程度是成功的关键。

巧克力慕斯

材料（4人份）

甜巧克力（※）···········120g
蛋黄·······················2个（约40g）
糖浆（水：砂糖=2：1，参照38
页）·························45ml
白兰地·····················15ml
鲜奶油·····················180ml

※可可含量58%者为佳。

必备器具

锅、搅拌盆、搅拌器、橡皮刮刀、
烤盘纸、出刃刀、砧板、温度计、
手套、布

使用的模型

陶质马克杯

所需时间
100分钟

难易度
★★★

01 将烤盘纸铺在砧板上，以免弄脏砧板，用刀将甜巧克力切成约5mm块状。放进搅拌盆里，用约50℃的热水隔水加热融化。

02 将蛋黄、糖浆放进搅拌盆里，用80℃以上的热水隔水加热，同时打发。※同时转动搅拌盆，能够更均匀地加热。

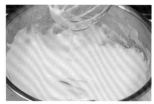

03 等到蛋黄加热到开始变黏稠时，就要停止隔水加热。※用搅拌器舀起时，可以形成立体状般的硬度。

04 将装着蛋黄的搅拌盆隔着冰水降温，一边用搅拌器混合一边散热。等降到室温时，就加入白兰地混合。

05 等到01的甜巧克力完全融化后，就加入04的搅拌盆里。

06 用橡皮刮刀从底部翻起般地混合05。※如果蛋黄没有完全加热，此时质地就会变得很黏。

07 一边隔着冰水冷却，一边将鲜奶油打发到6~7分（参照30页）※打发到与06差不多的硬度。若打发过度，就会产生分离现象。

08 将少量的打发鲜奶油加入06里混合，再将剩余的鲜奶油也加入混合。如果将鲜奶油全部一次性加入，巧克力就会凝固。

09 用橡皮刮刀将08从底部翻起般地仔细混合均匀后，再移到马克杯里。

10 在布上敲一敲，让空气跑出来。然后放进冰箱冷藏1小时，再依个人的喜好用巧克力屑（参照40页）做装饰。

✿

Tiramisu

提拉米苏

撒上的可可粉变湿润后，吃起来最美味!

提拉米苏

材料（直径18cm×28cm的容器、
1个的分量）

蛋	2个（约100g）
细砂糖	30g
低筋面粉	60g
细砂糖（蛋白霜用）	30g
糖粉	适量
蛋	2个（约100g）
细砂糖	15g
意大利马萨拉酒（Marsala）	30ml
麦斯卡波内奶酪（Mascarpone Cheese）	150g
鲜奶油	60ml
细砂糖（蛋白霜用）	15g

咖啡糖浆的材料

意式浓咖啡	70ml
咖啡利口酒（Kahlúa）、意大利马萨拉酒	各20ml
可可粉、意式浓缩咖啡豆的粉末	各适量

必备器具

锅、搅拌盆、托盘、搅拌器、橡皮刮刀、粉筛、茶滤网、烤箱、烤盘、烤盘纸、毛刷、挤花袋、挤花嘴（直径1cm、圆形）、温度计、布、保鲜膜

使用的模型

直径18cm×28cm的焗烤盘

※没有意大利马萨拉酒时，可以用甜味白葡萄酒代替。另外，再滴上2~3滴白兰地会更加美味。

所需时间
240分钟

难易度
★★☆

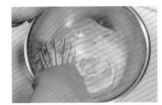

01 制作手指饼干。将蛋分开成蛋黄与蛋白，蛋黄与细砂糖用搅拌器像摩擦般地混合到变白。

02 将低筋面粉过筛到烤盘纸上。开始预热烤箱到190℃。将挤花嘴装到挤花袋上。

03 参考114页，将01的蛋白与细砂糖打发成蛋白霜。

04 用橡皮刮刀将少量蛋白霜舀到装着蛋黄的搅拌盆里混合。再将剩余的蛋白霜加入，从底部翻起般地混合。

05 等到蛋白霜与蛋黄混合成大理石纹状时，就将02已过筛的低筋面粉加入。

06 用刮刀像划圆似地舀起再倒回，混合面糊，同时以逆时针方向一点点地转动搅拌盆。※切勿混合到出现光泽。

07 混合时动作要大，尽量减少混合的次数。等到低筋面粉稍微混合好后，就装入已装好挤花嘴的挤花袋内。

08 挤到铺了烤盘纸的烤盘上，挤成5cm长的棒状。再用茶滤网撒上糖粉。※左手只要支撑着挤花嘴的部分即可。

09 过了1分钟，待糖粉吸收后再筛1次糖粉，用190℃的烤箱烤约10分钟。将水煮沸，准备隔水加热用约80℃的热水。

10 将蛋分开成蛋黄与蛋白，蛋黄与细砂糖放进搅拌盆里，用搅拌器混合后再加入马萨拉酒混合。

11 一边用80℃以上的热水加热10，一边打发。等到蛋黄被加热，开始变得黏稠时，就隔冰水冷却。

16 用橡皮刮刀舀少量的14加入到13里混合。混合好后，再将剩余的部分也加入混合。蛋白霜也用同样的方式混合。

21 用茶滤网从上面将可可粉撒满整个表面。

12 等待11冷却期间，同时制作咖啡糖浆。将咖啡利口酒、意大利马萨拉酒加入已冷却的意式浓咖啡里，用搅拌器混合。

17 手指饼干烤好后，放凉，排列在托盘上，用咖啡糖浆涂满表面。然后翻面，将底面也涂满。

22 用茶滤网将意式浓缩咖啡豆的粉末撒上去，再把焗烤盘的边缘擦拭干净。

13 将半量的11加入麦斯卡波内奶酪里，用搅拌器混合。混合好后，再将剩余的11也加入混合。

18 将半量的手指饼干装入焗烤盘内。

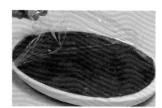

23 用保鲜膜密封好，放进冰箱冷藏2~3小时，等到可可粉变得湿润后，就可以吃了。

14 鲜奶油一边隔冰水降温，一边打发到8分（参照30页）。※打发成与13相同的硬度。

19 用半量16的奶油填满，并用橡皮刮刀抹平。

失败范例
手指饼干无法烤好
蛋黄与蛋白分别打发的比斯吉面糊加了粉后，只要稍加混合即可，如果混合过度，烤好后就会变硬。

混合到出现光泽是错误的做法。

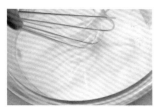

15 参照114页，用10的蛋白与细砂糖制作蛋白霜。

20 再将剩余的手指饼干铺上去，抹上奶油。在布上敲3~4次，让空气跑出来。

让糕点飘散出香气的调味料

虽然都是洋酒，不同的制造商出产的酒在香味上也会有微妙的差异。所以，请多多比较选择！

白兰地

将果实酒等蒸馏后，历经贮藏成熟所制成。价格是根据新酒与老酒的比率而定的。

适用的糕点

奶油蛋糕等烘烤的糕点或巧克力糕点等。

樱桃白兰地

用发酵的樱桃汁制成的一种白兰地。

适用的糕点

所有的蛋糕。也很适合用在糖浆、卡士达奶油的制作上。

朗姆酒

原料为甘蔗，除了黑朗姆酒之外，还有白朗姆酒、金色朗姆酒。

适用的糕点

使用了栗子或巧克力的糕点。

咖啡利口酒

原料为咖啡豆，浓缩了咖啡浓郁的芳香与风味。

适用的糕点

提拉米苏等咖啡口味的蛋糕。

橘子利口酒

用橘子的皮、花等来增添风味的利口酒，最有名的就是康图酒。

适用的糕点

使用了橘子、夏蜜柑等橘类的蛋糕。

覆盆子利口酒

原料为木莓的果实，具有莓类特有的清爽香气。

适用的糕点

使用莓类制成的酱汁、奶油、蛋糕。

糕点常用的调味料——各式各样的香草

最常见的做法就是纵向剖开香草荚，刮下里面的籽，连同香草荚与牛奶等一起加热，煮出风味来。香草精、香草油是用提炼出香草的香味成分所制成的产品。

香草精　香草油　香草荚

选购可以让糕点增添风味的洋酒时，最好选择小瓶装的！

洋酒的种类繁多，到底使用哪一种比较好，的确很令人烦恼。

原则上，选择与糕点材料和相同种类的利口酒准没错。若是使用了水果的糕点，就搭配添加同样水果味的利口酒，这是最简单不过的法则。另外，若是将白兰地或朗姆酒加入巧克力等具有浓浓甜味的材料里，会让糕点的香味更上一层。

建议您先备齐多种约40ml容量小瓶装的调味洋酒，然后再仔细确认香味，作为日后选购的参考。

提炼香味后制成的香精或油也是增添风味时不可或缺的重要调味料。最有名的就是香草油与香草精了，它们都具有去除蛋黄腥味的功效，所以常用于使用了蛋的糕点制作上。

香草精的香味在加热后就会消失，所以，如果是已冷却凝固的糕点就用香草精，其他的就使用香草油。请视情况分开使用。

糖渍水果冰沙

淋上大量糖煮水果汤汁后再享用，风味绝佳！

糖渍水果冰沙

材料（4人份）

糖煮水果（Compote）的材料

无花果······2个

红酒	300ml
柠檬皮	少许
Ⓐ 樱桃白兰地	20ml
细砂糖	120g
香草荚	1/4支

牛奶冰沙的材料

牛奶······250ml

麦芽糖（水饴）······22g

Ⓑ 细砂糖	60g
脱脂牛奶	20g

水果冰沙的材料

水果（草莓、香蕉、柳橙等）···

250g

柳橙汁	200ml
Ⓒ 蜂蜜	30g
康图酒	15ml

必备器具

锅、搅拌盆、搅拌器、橡皮刮刀、石蜡纸、剪刀、刀子、砧板、冰淇淋机、竹扦、布、电动搅拌机、保鲜膜

所需时间
90分钟

难易度
★☆☆

※未含糖煮水果静置入味所需时间。

132

01 制作糖煮水果。切除无花果的头尾。

02 将Ⓐ放进锅内，用大火加热，并用橡皮刮刀混合一下。

03 用剪刀将石蜡纸裁剪成比锅的直径稍大的正方形，折8折，使之成为放射状，再配合锅的半径裁剪掉纸的边缘。

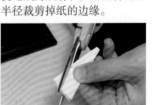

04 用剪刀在尖端与侧面折线的地方裁剪出气孔，使中间与其他地方都有孔可以用来透气。

05 等到汤汁开始沸腾后将无花果放进去，用石蜡纸覆盖，再用小火煮10分钟。

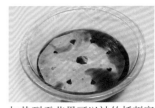

06 加热到无花果可以被竹扦刺穿时就关火，移到搅拌盆里，盖上纸盖。散热后，用保鲜膜密封，放进冰箱冷藏一晚。

07 制作牛奶冰沙。先用水蘸湿锅，再将牛奶与麦芽糖放进锅内，用大火加热到沸腾，再关火。

08 将布垫在搅拌盆下，把Ⓑ放进搅拌盆里，一边用搅拌器混合，一边将07一点点地加入。然后隔冰水冷却，再放进冰淇淋机里搅拌。

09 制作水果冰沙。水果切块后，与Ⓒ一起放进电动搅拌机里搅拌。

10 确认过味道后，放进冰淇淋机里搅拌。※如果不够甜，可以加入砂糖（未列入材料表）一起搅拌。

变化样式
香草芭菲 (Vanilla Parfait)

材料（11cm×15cm）

香草荚	······················	1/4支
Ⓐ 蛋黄	·············	2个（约40g）
细砂糖	···················	65g
水	·······················	25ml
香草精	················	2～3滴
鲜奶油	···················	230ml

必备器具

锅、搅拌盆、搅拌器、橡皮刮刀、刀子、砧板、温度计、布、保鲜膜

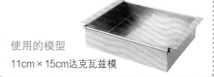

使用的模型

11cm×15cm达克瓦兹模

所需时间
150分钟

难易度
★☆☆

01　香草荚纵向剖开，刮下籽。将香草籽放进搅拌盆里，用搅拌器混合Ⓐ。煮沸用来隔水加热的水。

02　将材料表中的水加入01里混合，一边用80℃以上的热水隔水加热7～8分钟，一边打发到变得黏稠。

03　隔冰水冷却02，再加入香草精。将鲜奶油放进其他的搅拌盆里，打发到9分（参照30页）。

04　等到03散热后，加入少量的打发鲜奶油混合。混合好后，再将剩余的部分也加入混合。

05　倒入活动式方模或托盘等容器内，在布上敲3～4次，让空气跑出来。然后用保鲜膜密封，放进冷冻库冷冻约2小时。

06　将活动式方模的移动架提起，从模内移出，再用刀子切成个人喜好的大小，盛到容器中。

冰沙与冰淇淋的分类

冰沙和冰淇淋是以冷冻的方法制成的糕点。您比较喜欢清爽口味还是浓重口味的呢?

柔滑的口感

材料与做法

❶牛奶(250ml)与鲜奶油(75ml)放进锅内,把已刮出籽的香草荚(1/4支)与籽放进去,一起加热。❷将蛋黄(3个)与细砂糖(75g)放进搅拌盆里混合后,再将①加入混合,倒回锅内。❸从锅底开始混合,变浓稠后过滤,散热,放进冰淇淋机里搅拌。

使用的模型

可以使用活动式方模或托盘,让它凝固后再切开来吃,也可以使用耐热皿或布丁模等,分成1人份来冷藏凝固。

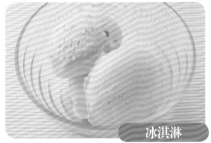

冰淇淋

芭菲

需要搅拌 ←———————————→ **冷藏即可**

冰沙

果汁冻冰

冰淇淋机

用来将混合好的液体一边搅拌一边冷却凝固的机器。只要拥有1台,就可以尝试更多不同的做法了!

沙沙的口感

材料与做法

将糖煮水果的汤汁或果汁薄薄地摊在托盘里,放进冷冻库冷藏2~3小时,中途要搅拌混合3~4次。凝固后,用叉子刮,做成冻雨状。

看起来一样软绵绵的甜点,其实是完全不同的东西喔!

用冷冻库来冰冻而成的甜点,大致可分成4个种类。一边混合空气进去一边冷冻的冰沙与冰淇淋,还有偶尔搅拌混合成的果汁冻冰,以及只要冷冻就可以完成的芭菲,其中需要用到机器的是冰沙与冰淇淋。

冰沙的主要材料为果汁或果泥,所以一般是不含脂肪成分的。因此,吃起来口感清爽,含

糖量也低。相比之下,冰淇淋由于使用了鲜奶油、蛋,就有了浓郁香醇的口味。

果汁冻冰则是将糖浆加入果汁或葡萄酒里制成的。吃起来沙沙的,无论是材料或做法,都是最简单的一种。芭菲的质地浓稠柔滑,入口即化。由于混合了打发鲜奶油,即使只是经过冷冻,质地也可以变得松软绵柔。

Custard Pudding

卡士达布丁

无论是蒸还是烤都很美味的卡士达布丁，从古到今，人气一直不减！

卡士达布丁

材料（直径18cm）

焦糖酱的材料

水	30ml
细砂糖	70g
香草荚	1/4支
牛奶	450ml
蛋（室温）	5/2个（约125g）
蛋黄（室温）	2个（约40g）
细砂糖	100g
香草油	2～3滴
香橙甜酒	10ml

必备器具

锅、托盘、搅拌盆、搅拌器、橡皮刮刀、圆锥形过滤器、烤箱、烤盘、厨房纸巾、刀子、砧板、抹刀、锡箔纸、汤勺或瓦斯喷枪、布

使用的模型

直径18cm的圆模

所需时间
120分钟

难易度
★★☆

01 制作焦糖酱。依次将水、细砂糖放进锅内，用大火加热。

02 加热到沸腾发出声音后，将火调小，继续加热，直到变成褐色，开始冒烟就关火。※利用余热继续加热到个人喜好的程度。

03 将焦糖酱倒入圆模里。

04 将圆模放在装了冰水的托盘内，让焦糖酱冷却凝固。

05 将香草荚纵向剖开，用刀锋左右移动，刮下香草籽。

06 准备另一个锅，用水稍微蘸湿，将香草荚、香草籽、牛奶放进锅内，用大火加热到快要沸腾时就关火。

07 将全蛋与蛋黄放进搅拌盆里，用搅拌器搅开。

08 再加入细砂糖，用搅拌器像摩擦般地混合到变白，并留意不要打发出气泡来。

09 在08的搅拌盆下垫块布，一边将06一点点地加入一边混合。※如果没有一边加入一边混合，蛋就会被加热变熟。

10 滴入香草油，再加入香橙甜酒，用橡皮刮刀混合。开始预热烤箱到160℃。

11 等焦糖凝固后，用圆锥形过滤器将10边过滤边倒入圆模里。
※残留在过滤器上的香草荚也要用刮刀压一下，让风味不致流失。

12 表面上的气泡用汤勺舀掉，或用瓦斯喷枪的火弄破。※如果有气泡残留在上面口感就会变差。将隔水加热用的水烧开。

13 将厨房纸巾铺在托盘内，把圆模放在上面。※由于圆模的导热性很好，如果下面没有用厨房纸巾垫着，底部就会出现空洞。

14 将沸水倒入托盘中，到托盘一半的高度。※请注意，如果倒入的沸水太少，还没烤好时水就会完全蒸干了。

15 用锡箔纸覆盖在上面，用160℃的烤箱隔水加热烤50分钟。

16 从烤箱取出，稍微摇晃一下圆模，如果表面不会动，就这样放着让它冷却。冷却后，用抹刀插入，沿着模的内壁绕一圈。

17 将盘子盖在上面。连同圆模一起翻过面来。

18 等到焦糖酱从圆模的缝隙流出来后，迅速脱模。

19 如果圆模内还残留着焦糖酱，就加入30ml的水（未列入材料表），连同圆模一起用小火加热。

20 加热时，要同时用橡皮刮刀混合19的底部。等加热到开始冒泡、变浓稠时，就让它冷却，最后再淋在布丁上。

试试看吧!

布丁不仅可以用烤箱烤，还可以用蒸锅来蒸哦!

先制作焦糖酱，用30ml的水调节浓度后，倒入耐热皿里，然后放在盛着冰水的托盘里让它冷却凝固。再调制布丁液，倒入耐热皿里，约九分满。

用瓦斯喷枪来消除表面的气泡，放进已冒着蒸汽的蒸锅里约45分钟后，再改用小火来蒸。如果火候太强了，就会出现空洞，请小心。

失败范例
表面上出现许多小坑洞!

布丁如果一下子用强大的火力来加热，表面或断面就会出现很多小坑洞。这被称为空洞，是蒸蛋糕店中最常见的失败。原因除了加热温度过高之外，还有液体没有先过滤、烤前未消除表面的气泡等，都是在制作时需要特别留意的。

请覆盖上铝箔纸，以避免图片中的状况发生。

烤布蕾（Crème Brûlée）

材料（4个的分量）

香草荚	1/4支
蛋黄（室温）	4个（约80g）
细砂糖	30g
鲜奶油（室温）	200ml
牛奶（室温）	100ml
香草油	2～3滴
白兰地或香橙甜酒	10ml
红糖或细砂糖与栗糖的混合物	适量

必备器具

搅拌盆、托盘、搅拌器、橡皮刮刀、圆锥形过滤器、万用网筛、烤箱、烤盘、刀子、砧板、量杯、汤勺或瓦斯喷枪

使用的模型
直径约15cm的焗烤盘

所需时间 **60**分钟 ｜ 难易度 ★

01 纵向剖开香草荚。开始预热烤箱到160℃。将隔水加热用的水烧开备用。

02 将刀锋在已剖开的香草荚上左右移动，刮下香草籽。

03 将蛋黄、香草荚、香草籽放进搅拌盆里用搅拌器混合。

04 再加入细砂糖，用搅拌器像摩擦般地混合，并注意不要打发出气泡来。

09 用橡皮刮刀将残留在圆锥形过滤器上的香草荚压一压，让风味不致流失。

14 冷却后，用万用网筛一边过筛一边将红糖撒上去。※也可以用细砂糖与粟糖的混合物来代替红糖。

05 等到细砂糖溶解后，就加入常温的鲜奶油与牛奶混合。※如果鲜奶油与牛奶太冰凉了，烤的时间就会被拉长，所以要特别小心。

10 将耐热的焗烤盘排列在托盘上，再从量杯将已过滤的液体倒入，每个装入约100ml。

15 要将红糖撒满整个表面。※如果撒得不够多、不够均匀，表面就无法烤得漂亮。

06 将香草油滴到05里，以去除蛋的腥味。

11 如果量杯底部沉淀着香草籽，就用橡皮刮刀刮出，均等地放进焗烤盘里。

16 打开瓦斯炉，用火烤汤勺的背面数秒钟。

07 再加入白兰地或香橙甜酒，整体混合均匀。

12 将沸水注入托盘内约一半的高度，再放进160℃的烤箱烤约14分钟。※注入的沸水如果太少，还没烤好前水就会蒸发完了。

17 用烤热的汤勺背面去碰触撒上红糖的地方，把糖烤成焦褐色。

08 一边用圆锥形过滤器过滤07，一边倒入量杯里。※由于量杯上有刻度，因此可以等量地分装到容器中。

13 将整个托盘从烤箱取出。稍微晃动一下焗烤盘，如果表面不会动就可以隔冰水冷却了。

18 也可以用瓦斯喷枪，从距离约15cm的地方用火加热表面，烤成焦褐色。砂糖如果变成焦糖状，就完成了。

如何妥善利用剩余的蛋黄和蛋白

请用正确的方式来保存剩余的蛋黄与蛋白，并善加利用。

> **蛋白** 蛋白可长期保存。冷冻之后可保存约3个月。

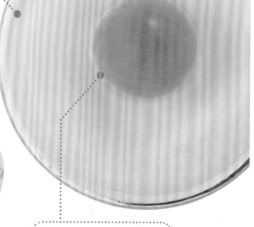

[活用食谱]

榛果蛋白霜

材料 蛋白……2个（约60g）、细砂糖……90g、水……15ml、榛果……60g

做法 参照114页，用蛋白、细砂糖、水制作意式蛋白霜，加入切碎的榛果，再装入已装好直径1cm圆形挤花嘴的挤花袋内，在铺有烤盘纸的烤盘上挤出圆球状，用90℃的烤箱烤3小时。烤好后留在烤箱内冷却、干燥。

> **蛋黄** 蛋黄比较脆弱，要立即使用。

[活用食谱]

柠檬奶油

材料 蛋黄……5个（约100g）、细砂糖……70g、水……140ml、柠檬汁……40ml、利口酒……20ml

做法 将蛋黄、细砂糖、水、柠檬汁、利口酒放进搅拌盆里充分混合，再用圆锥形过滤器过滤。然后倒入耐热皿或马克杯等里，一边隔水加热一边混合，注意不要让它产生结块。凝固后，让它散热，再放进冰箱冷藏。

如果有剩余的面皮等

可以加以保存
还未烤的派皮面团或饼干面团，可以用保鲜膜密封起来，冷却保存。先擀平再冷藏，下次要用的时候就很方便了。保存期限约为1个月。

也可以烘烤
如果还有剩余的面糊，可以挤到烤盘还空着的地方。烤好后蘸上果酱或黄油，就成为美味的糕点了！

如果有剩余的蛋黄或蛋白，就好好地利用吧！

制作糕点的很多时候只需用到蛋白或蛋黄的其中一种而已，这样一来，另一部分就会剩下。

蛋黄比较脆弱，容易变质，即使冷冻了，解冻后，组织也无法恢复原状，呈现出松散的状态。所以，如果有剩余的蛋黄，最好当天就使用，除了可以用在菜肴上，也可以用来制作卡士达奶油、布丁或冰淇淋等需要用到蛋黄的糕点。

蛋白与蛋黄相比，相对容易保存，建议您可以考虑存放。而且，放置2~3周的蛋白很容易打发出气泡来，非常适合用来制作蛋白霜。冷冻保存时，请使用拉链保鲜袋。如果常常需要用到，也可冷藏保存。

剩余的派皮，可以进行4次对3折的动作后，放进冷冻库保存。使用的前一天让它自然解冻，使用当天继续完成剩余的2次折3折的动作，再使用即可。

3 Jellys

3种果冻

用不同的盛装方式创造出不同的感觉来！

咖啡冻   葡萄酒果冻   葡萄柚冻

葡萄柚冻

材料（2人份）

葡萄柚	1个（300g）
葡萄柚汁	约200ml
利口酒	40ml
细砂糖	12g
八角	1个
肉桂棒	1支
吉力丁片	6g

必备器具

锅、锅盖、搅拌盆、橡皮刮刀、长柄勺、圆锥形过滤器、万用网筛、刀子、砧板、量杯、汤勺

使用的模型

葡萄酒杯

所需时间
90分钟

难易度
★

01 葡萄柚对半横切，将汤勺伸入果皮与果肉之间把果肉挖下来。※留在皮中央连接果肉的白筋，用刀子切除。

02 削掉果肉外侧的白皮，将刀子切入瓣与瓣之间取出果肉，放到容器中。压榨残留的白筋，将榨出的果汁也装入容器中。

03 将万用网筛架在量杯上，把02的葡萄柚倒入，分开果肉与果汁。

04 用葡萄柚汁把果汁的量补足到200ml。吉力丁片用冰水浸泡10分钟，泡胀。

05 将04与利口酒、细砂糖、八角、肉桂棒一起放进锅内，用大火加热。

06 沸腾后，关火，盖上锅盖5~10分钟，再将锅盖移到葡萄柚汁上，让香味能够传过去。※确认味道如何，如果很香，就可以了。

07 吉力丁拧干水分后，加入06里，用橡皮刮刀混合融化。然后，一边用圆锥形过滤器过滤，一边倒入搅拌盆里。※肉桂与八角留着做装饰。

08 将07的搅拌盆一边隔水冷却，一边用橡皮刮刀慢慢地混合到变稠。※尽量不要用打发的方式，以免产生气泡。

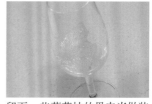

09 留下一些葡萄柚的果肉当做装饰用，先放进葡萄酒杯里。※葡萄柚的皮也可以留下来当做容器使用。

10 等到08冷却，变得稍微有点浓稠时，就用长柄勺舀入09的葡萄酒杯里，放进冰箱约1小时，冷藏凝固。

葡萄酒果冻

材料（4人份）

红葡萄酒果冻的材料

红葡萄酒	150ml
水	150ml
细砂糖	50g
吉力丁片	7g
水果（草莓、蓝莓等）	60g

白葡萄酒果冻的材料

白葡萄酒	150ml
水	150ml
细砂糖	50g
吉力丁片	7g
薄荷	少许

必备器具

锅、搅拌盆、深7~8cm的托盘等、橡皮刮刀、长柄勺、刀子、砧板、汤勺、橡皮筋

使用的模型

葡萄酒杯

所需时间
120分钟

难易度
★

01 制作红葡萄酒果冻。将红酒、水、细砂糖放进锅内，用大火加热。吉力丁片用冰水浸泡10分钟，泡胀。

02 在即将沸腾前关火，吉力丁片拧干后，加入混合。然后倒入搅拌盆里，隔冰水冷却。白葡萄酒果冻也以同样的方法制作。

03 薄荷切丝后，放进白葡萄酒冻的搅拌盆里。水果切成一口可以吃掉的大小。

04 等到02完全冷却、变浓时，就从冰水中移开。※如果冰凉过度了，搅拌盆里的果冻就会凝固。

05 让葡萄酒杯倾斜放稳，将红葡萄酒果冻与水果放进杯中冷藏，再将白葡萄酒果冻也放进去，让它凝固。

咖啡冻

材料（4人份）

刚煮好的热咖啡…500ml／细砂糖…75g／吉力丁片…15g／细砂糖（打发鲜奶油用）、即溶咖啡粉…各5g／鲜奶油…50ml／Ⓐ{糖浆（水：砂糖=1：2，参照38页）…30ml，咖啡利口酒…10ml}

必备器具

锅、搅拌盆、托盘、搅拌器、橡皮刮刀、刮板、刀子、砧板、挤花袋、挤花嘴（直径1cm、星形）、保鲜膜

做法

❶细砂糖、泡胀的吉力丁片放进刚煮好的热咖啡里，用橡皮刮刀混合。

❷等到吉力丁片融化后，倒入托盘里，下面隔冰水冷却。散热后，用保鲜膜密封好，放进冰箱20~30分钟冷藏凝固。

❸即溶咖啡粉用同量的热水（未列入材料表）溶解，与细砂糖一起加入鲜奶油里，打发到9分（参照30页），放进冰箱冷藏。

❹等到②凝固好后，倒扣在砧板上，取出咖啡冻。

❺切成1cm的块状后，放进搅拌盆里；再加入混合好的Ⓐ。然后用来装饰容器，挤上③。

加入吉力丁后，用橡皮刮刀混合。

倒出咖啡冻时要先用刮板来刮出缝隙。

吉力丁为什么能产生水嫩的弹力感?

吉力丁是由胶质制成、用起来非常便利的凝固剂。

吉力丁的种类和特征

吉力丁有2种,即吉力丁粉与吉力丁片。吉力丁片的特征就是易溶于水。

吉力丁粉

恢复方式

一般用4~5倍的水来泡胀,如果食谱的做法上有明确标示,就请依照指示来做。将粉撒入水中,放置10分钟即可。

吉力丁片

恢复方式

将吉力丁片放进冰水中浸泡约10分钟,再用手拧一下,再放进搅拌盆里用隔水加热的方式来融化,也可直接用热的液体来融化。

使用吉力丁时,需要配合不同种类的水果做适度的调整。

吉力丁是蛋白质的一种

由于有些水果含有酵素,具有分解蛋白质的功能,所以,如果将吉力丁加入新鲜的水果里,就无法凝固了。

奇异果或木瓜
由于含有丰富的酵素,所以要加热到约60℃时再加入。

香蕉
由于质地浓稠,所以要尽量减少吉力丁的用量。

吉力丁是冷藏凝固而制成的果冻或芭芭露(Bavarois)的必备品!

吉力丁是以从动物的皮或骨里抽出的胶质为原料制成的,具有加热会融化、冷却会凝固的特性。吉力丁不需要花很长的时间就可以恢复,用起来很方便。不过,在使用上有几点需要特别注意的地方。

直接加入锅内时,一定要先关火。因为,如果在继续加热的状态下,温度就会过度上升,吉力丁的凝固力就会被减弱。此外,如果融化前没有先用水浸泡恢复,加入液体后就无法均匀地

融化。此时,如果浸泡的是温水的就会融化了。所以浸泡时一定要准备冰水。另外,用手拧干后,如果就这样放着不用,也会融掉。所以,如果没有打算立刻使用,请继续浸泡在冰水里,放进冰箱备用。

使用大量的吉力丁虽然可以让糕点的质地变得结实而不易散掉,却也会让口感变差。所以,冬季时的用量要尽量比夏季时少,根据不同的季节在用量上做适度的调整。

Doughnut
甜甜圈

在这儿可以学习到用基本面团与柔软面糊两种不同方式做出的甜甜圈哦！

甜甜圈

材料（12个的分量）

低筋面粉	200g
泡打粉	2小勺
黄油（室温）	40g
蛋（室温）	40g
细砂糖	30g
牛奶	50ml
食盐	1撮
炸油	适量

肉桂糖的材料

Ⓐ	细砂糖	100g
	肉桂粉	2小勺

必备器具

油炸锅、搅拌盆、托盘、叉子、粉筛、捞油网、平网、温度计、秤、塑胶袋

所需时间
90分钟

难易度
★☆☆

01 混合低粉与泡打粉，一起过筛到搅拌盆里，再加入放置在室温下软化的黄油、搅开的蛋液、细砂糖、牛奶、食盐。

02 用叉子混合01。※由于里面有很多粉类，用叉子比用搅拌器或橡皮刮刀更容易混合。

03 混合好后，将面糊移到工作台，揉和到质地变得滑顺。※用手掌用力压，再将面团转1/6圈，将上方2/3的部分往下折。重复。

04 等到面团变得不会粘手、表面柔滑有光泽时，就揉和成圆球状。

05 用秤量过后，分成12等份。先压平，做出凹槽，再往内侧折，做成圆形，放置在已撒上手粉（未列入材料表）的托盘内。

06 将托盘整个装入塑胶袋内，以防干燥。放进冰箱冷藏约30分钟。※由于面团容易收缩，一定要先冷藏过再油炸。

07 从冰箱取出，用食指穿过中间打洞。再用两根手指将洞撑开，排列在已撒上手粉（未列入材料）的工作台上，约15分钟。

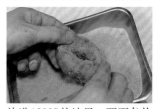

08 放进180℃的油里，两面各炸2~3分钟，再捞起排列在平网上，沥油。混合Ⓐ，制作肉桂糖，趁热沾满甜甜圈。

失败范例

炸好后，洞不见了！

油炸时面团会膨胀起来，洞如果太小就会缩小不见了。所以，洞一定要开得比炸好时还大。此外，打油后如果没有先静置片刻再油炸，面包圈就会缩小喔！

塑形时要把油炸后的膨胀度也考虑在内。

法兰奇可罗

材料（12个的分量）

黄油（室温）·················30g
细砂糖··················20g
食盐···················1撮
低筋面粉················200g
泡打粉··················1大勺
蛋（室温）·········1个（约50g）
牛奶··················140ml
炸油···················适量

草莓打发鲜奶油的材料

鲜奶油·················100ml
草莓果酱（参照118页）····3大勺
翻糖··················100g
糖浆（水：砂糖=1：1，参照38页）
·····················15ml

必备器具

油炸锅、锅、搅拌盆、搅拌器、
橡皮刮刀、粉筛、捞油网、平网、
烤盘或托盘、烤盘纸、挤花袋、
挤花嘴（直径1cm、星形）、毛刷、
温度计、布、塑胶袋

所需时间
70分钟

难易度
★★

01 将已放置在室温下软化的黄油放进搅拌盆里，用搅拌器搅开。然后一边混合一边加入细砂糖、食盐。

02 混合低筋面粉与泡打粉，过筛到01的搅拌盆里。用搅拌器稍加混合。

03 在中央做出凹槽，将蛋放入，加入半量的牛奶，用搅拌器从中间混合。等面糊开始凝固后再将剩余的牛奶加入混合。

04 用搅拌器混合03，直到完全看不到粉末为止。然后将搅拌盆整个装入塑胶袋内，放进冰箱冷藏约10分钟。

05 将烤盘纸裁剪成边长5cm的正方形，排列在涂抹了炸油的托盘背面或烤盘上。

06 将面糊从冰箱取出，装入已装好挤花嘴的挤花袋内，压出袋内多余的空气。挤到05上，做成圆形。

07 将06与烤盘纸一起放进180℃的油里炸。2~3分钟后翻面，将两面都炸成金黄色，捞起放在网上沥油。※烤盘纸会自然脱落。

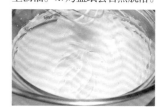

08 制作草莓打发鲜奶油。将草莓果酱加入鲜奶油里混合，搅拌盆底部一边隔冰水冷却，一边打发到可以形成立体状为止。

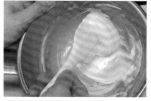

09 用手揉搓翻糖，加入搅拌盆里，再将糖浆一点点地加入，用橡皮刮刀混合。然后盖上湿布，用40℃热水隔水加热备用。

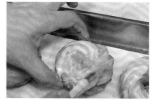

10 用毛刷将09涂抹在炸好的07表面，再添上草莓打发鲜奶油。

油炸方法的三大法则

糕点的制作方式不止有烘烤或冷藏，还有油炸！

法则❶
油量

如果是要油炸像吉事棒（Churros）这样的长条形糕点时，就得使用广口锅了。

加入油时，深度必须比油炸物的厚度多2倍以上。如果油量太少了，就会炸得不均匀或发生油温急速上升的问题。

法则❷
油温

温度		用途
160℃	低温	芝麻团子（Dango）、冲绳甜甜圈（Sata Andagi）等
180℃	中温	甜甜圈等几乎所有的糕点
190℃～200℃	高温	想一下子就炸得酥脆或需要油炸第二次的糕点

几乎所有的糕点都是用180℃的油温来油炸。当油加热到适当的温度后，就要尽量维持在相同的温度，随时注意调整火候的大小。

法则❸
一次的油炸量

一次放入的油炸物的量最好占大约一半油的表面积的程度。如果一次放太多，除了油炸的时间会变久之外，油的温度也会下降。而且由于油炸物的量比较多，起锅时也得花更多的时间，炸好后就会颜色不均。所以，即使需要花更长的时间才能全部炸完，还是一点点地分批炸比较好。炸的时候要随时捞出油渣。

除了沙拉油，也可使用其他油类

用起酥油来油炸的话，即使冷却后也不会丧失酥脆的口感。用的时候要先加热固体的起酥油，等到它完全变成液体后再使用。

切勿使用老油！如果能够炸得酥脆，就成功了！

想要成功地做好油炸糕点，就必须先了解基本的油炸准则。其中，最重要的一点就是油的品质。由于油炸时糕点会粘上油里的味道或香气，所以制作糕点时务必要使用新鲜的油来炸。

首先，将大量的油倒入深度足够的锅内，用中火加热。不同的糕点，应用不同的油温来炸。如果手边没有温度计可用，可先把一些面包粉放进油锅里看看，如果只是沉到锅底就是低温，如果先沉下去又马上浮出表面就是中温，如果没有下沉，就这样炸到变色，就是高温。当油温已达到适当的温度时，要继续维持在相同的温度，将两面都炸成金黄色。此时，如果边搅动油边炸就可以炸得均匀，而且很快就可以炸好。

炸好后，要将油完全沥干，让炸好的糕点质地酥脆。如果是需要再撒上砂糖或香料等的糕点，冷却后就很难附着上去，所以一定要趁热进行。

Waffle

格子松饼

内部松软、外壳脆硬的格子松饼，烤好后马上就要吃哦！

格子松饼
（比利时布鲁塞尔风味）

材料（4块的分量）

牛奶	200ml
速溶干酵母	3g
低筋面粉	150g
蛋	2个（约100g）
细砂糖	20g
盐	2g
香草油	2～3滴
黄油	60g

必备器具

锅、搅拌盆、搅拌器、长柄勺、粉筛、格子松饼模、毛刷、温度计、保鲜膜、橡皮筋

01 将牛奶放进锅内加热到37℃，再移到搅拌盆里，加入速溶干酵母，用搅拌器稍加混合。黄油隔水加热融化。

02 低筋面粉过筛到另一个搅拌盆里，再加入蛋、细砂糖、食盐、香草油，用搅拌器混合。

03 将少量01的牛奶加入02的搅拌盆里，用搅拌器混合。混合好后，再将剩余的牛奶也加入混合。

04 将融化的黄油加入，用搅拌器混合，用保鲜膜密封，再用橡皮筋圈好。放置在温度约35℃的地方1小时，让它发酵。

05 面糊的表面出现气泡，说明已经发酵好了。

06 格子松饼模以闭合着的状态加热，将两面都加温。变熟后打开，用毛刷把黄油（非列入材料表部分）涂满模内。

07 先放一点面糊进去，如果发出"啾"的声音，表示温度足够热了，就可以用长柄勺各舀70ml的面糊进去，再合上格子松饼模。

08 同时挪动烤的地方，使它受热均匀，用中火将两面各烤2~3分钟。烤好后趁热盛到盘中，再依个人喜好添上水果或巧克力酱。

失败范例
打开格子松饼模后，面糊粘在模内！

如果格子松饼模预热不够，面糊就会粘在模内。所以，在开始烤前要加热1~2分钟，让模的温度升高。此外，如果模内的黄油没有抹匀，也会导致面糊粘在模内。

如果烤好后松饼无法自动脱落，就表示要重做了。

所需时间 **100**分钟

难易度 ★★

格子松饼
（比利时列日风味）

材料（8块的分量）

高筋面粉	80g
低筋面粉	50g
可可粉	20g
牛奶	40ml
速溶干酵母	3g
黄油（室温）	75g
蛋（室温）	1个（约50g）
蜂蜜	20g
食盐	1撮
松饼糖（白色大颗粒状，又称珍珠糖）或白粗糖	50g

必备器具

锅、搅拌盆、搅拌器、刮板、叉子、粉筛、格子松饼模、毛刷、温度计、秤、保鲜膜、橡皮筋

所需时间
120分钟

难易度
★★★

01　混合高筋面粉、低筋面粉、可可粉，过筛到搅拌盆里。

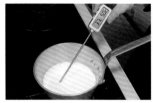

02　将牛奶放进锅内，加热到37℃，再移到其他的搅拌盆里，加入速溶干酵母稍加混合。

03　将放置在室温下软化的黄油、蛋、蜂蜜、食盐放进01的搅拌盆里。

04　再将02加入，用叉子混合。等完全看不到粉末后，用橡皮刮刀舀到已撒上手粉（非列入材料表部分）的工作台上。

05　用刮板来集中成团。※用手掌向下方按压，将面团转1/6圈，把上面的2/3部分往下折。重复同样的动作。

06　等到变得不粘手后，放进搅拌盆里，用保鲜膜密封，再用橡皮筋从边缘圈好，以免空气进入，让面团变干。

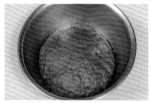

07　放置在约30℃温暖的地方约1小时，让它发酵。如果膨胀成2倍大，就表示已经发酵好了。

08　将松饼糖或白粗糖加入，用刮板像切东西般地混合。然后称重，分成8等份，搓圆。

09　与格子松饼的做法相同，先预热格子松饼模，用毛刷涂抹上黄油（非列入材料表部分），再将圆面团放到模内，合起。

10　同时挪动格子松饼模，使它受热均匀，用中火将两面各烤2~3分钟。

如何以风味、形状来分辨砂糖

虽然砂糖的味道都是甜的，但如果使用的砂糖不同，制作出的糕点的风味就会各不相同。

白砂糖

白砂糖是食糖中质量最好的一种。其颗粒为结晶状，均匀，颜色洁白。它含有转化糖液与水分，所以甜度很高，质地湿润。烹调中常用。

松饼糖（或称珍珠糖）

将细砂糖凝固成粒状而制成的糖，又称为珍珠糖。与格子松饼面糊混合，可以产生独特的硬脆口感。

三温糖（日本的特产糖）

制作白砂糖等过程中剩余的糖液经过多次加热后制成的褐色砂糖，又叫黄砂糖。水分的含量比白砂糖多。想让味道浓一点时，常使用三温糖。可用红糖代替。

黑砂糖

原料为甘蔗，具有独特的风味。含有大量的矿物质，是一种健康食物，备受欢迎。如果是块状的黑砂糖，就要先削下再使用。

细砂糖

结晶小、纯度高的粗白糖的一种。细砂糖具有清爽的甜味，常被用来制作糕点。此外，因为它的颗粒小，很容易溶解，所以也特别适合用来制作糕点。

糖粉

将细砂糖的颗粒磨碎后制成的糖，吃起来沙沙的感觉。很容易溶解，常被加入水分较少的面糊里，也可在最后撒在糕点上做装饰用。

砂糖不仅是味道甜而已，还具有其他意想不到的功能。

砂糖类是以甘蔗等含有的蔗糖为原料制成的食材。

砂糖类依其所用的材料、制造方式或颗粒大小等不同，被分成各式各样不同的种类，再加上其浓度大小或香味的强弱，风味也各不相同。由于颗粒较少的砂糖比较容易溶解，所以水分含量较少的面糊，就比较适合使用这样的砂糖。

砂糖类的主要作用就是增添甜味。然而，它的功能却不止于此。例如：果酱或糖渍水果这类食品，如果加入大量的砂糖，就可以大大地延长其保存时间。

此外，砂糖还具有让食物的表面烤成焦褐色，或由于本身的水分含量高而可以发挥保湿、防止面糊过度干燥的功效。还有，由于砂糖被加热后，会变成像糖浆般的状态，利用这样的特性就可以制作烤布蕾、焦糖或糖工艺等甜点。

Bavarois

草莓芭芭露

添上莓果酱汁，看起来就更华丽了！

草莓芭芭露

材料（6个）

牛奶·····················150ml
草莓···············8颗（120g）
蛋黄···············2个（40g）
细砂糖···················40g
吉力丁片···················3g
鲜奶油···················50ml

莓果酱汁的材料

Ⓐ | 糖浆（水：砂糖＝3：1，参照
38页）···············75ml
柠檬汁···················10ml
草莓···············6颗（100g）

覆盆子酒···················15ml
蓝莓、覆盆子、草莓·······各适量

必备器具

锅、搅拌盆、托盘、搅拌器、橡皮刮刀、长柄勺、圆锥形过滤器、刀子、砧板、毛刷、温度计、布、电动搅拌机

使用的模型

芭芭露模

所需时间
70分钟

难易度
★

01 先用水把锅沾湿，再将牛奶倒进锅内，用大火加热，在沸腾前关火。※先把锅蘸湿，锅底就不易形成薄膜而烧焦了。

02 用毛刷清除草莓表面的脏污，用刀子去蒂。吉力丁片用冰水浸泡备用。

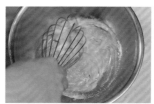

03 将蛋黄与细砂糖放进搅拌盆里，用搅拌器像摩擦般地混合。

04 将布垫在03的搅拌盆下，一边将01中已热过的牛奶一点点地倒入，一边用搅拌器充分混合。

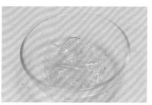

05 吉力丁片用冰水浸泡10分钟后，用手拧一下，把水沥干。

06 将搅拌器里的材料倒回用来加热牛奶的锅内，用大火加热。

07 一边用温度计测量温度，一边用橡皮刮刀像画8字般地混合。※锅底与锅壁侧面部分也要全部混合到。

08 等到气泡消失、质地变浓稠、温度升至83℃时，关火。※要达到用橡皮刮刀舀起，手指在橡皮刮刀上划过后可以留下痕迹的浓度。

09 将05的吉力丁加入锅内，用橡皮刮刀混合。※趁热将吉力丁加入比较容易融化。

10 将120g的草莓放进电动搅拌机里。

11　再将09也倒入电动搅拌机里，搅拌到质地变得柔滑为止。

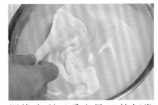

16　用橡皮刮刀舀少量15的打发鲜奶油到14里混合。混合好后，再将剩余的打发鲜奶油也加入混合。

21　将凝固的芭芭露从模中取出。首先将模型浸在热水里。※要浸到几乎和模型一样的高度，才可以漂亮地脱模。

12　一边用圆锥形过滤器过滤11，一边倒入下面隔着冰水的搅拌盆里。※如果想要保留草莓籽具有的颗粒口感，就不用过滤了。

17　将芭芭露模浸到冰水里，蘸湿。※这样做，芭芭露冷却凝固后就可以很轻易地脱模了。

22　右手做出像要拿酒杯的手势，倒拿着芭芭露模，用手腕的力道抖动一下，让芭芭露掉落在手中。

13　用橡皮刮刀从12的底部开始混合，让质地变得更浓稠。

18　用长柄勺将16舀进芭芭露模里，到几乎整个填满的程度。然后排列在装了冰水的托盘里约20分钟，冷却凝固。

23　将芭芭露放到盘中，淋上莓果酱汁，再用蓝莓、覆盆子以及纵切成4等份的草莓做装饰。

14　等到用橡皮刮刀刮过搅拌盆，可以看到底部的浓度时，就可以从冰水上移开了。

19　制作莓果酱汁。将Ⓐ放进电动搅拌机里，搅拌到质地变得柔滑后，再倒到搅拌盆里。

失败范例

无论怎么抖动模型，芭芭露都无法掉下来。

如果模型与手指间没有留有空间，手腕抖动时空气跑不进去，芭芭露就无法脱模了。此外，千万不要忘了在使用前要先将芭芭露模内部蘸湿喔！

手指如果紧密贴着模型，芭芭露就不会掉出来。

15　将鲜奶油放进搅拌盆里，底部隔着冰水打发到9分（参照30页）。

20　将覆盆子酒加入混合。

糕点制作的诀窍与重点㉕
如何掌握搅拌器的使用技巧

只要多下点功夫，就可以大大地提高作业效率喔！

混合质地较硬的材料

打发

混合质地较软的材料

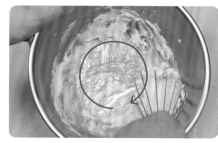
像摩擦般地混合

与面糊等混合时的准则

+鲜奶油

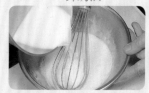

若是要与面糊等一起混合，就要将鲜奶油打发到相同的硬度。

+蛋白霜

先用少量的蛋白霜加入混合好后，再将剩余的部分全部加入混合。

+熟牛奶

一边将牛奶一点点地加入一边混合。如果全部一次加入，就会产生结块。

搅拌器既可以用来混合，还可以用来打发，是制作糕点时的必备器具。

搅拌器是用来混合面糊或黄油的器具，在制作糕点的过程中一定会用到。虽然用法很简单，还是得按照不同的面糊状态或制作目的采用不同的握法或移动方式。

打发时不要太用力，让搅拌器沿着搅拌盆的侧面大幅度地绕圈，以这样的方式来移动。此时，身体要维持直立的状态，让搅拌盆稍微倾斜，就可以轻易地打发好。

混合质地较硬的材料或浓度较高的黄油

时，就要握紧搅拌器，以竖着的方式来混合。相反的，混合质地较柔软的材料时，就要用大拇指与食指轻轻地夹住搅拌器的握柄，不要用力地混合。如果面糊等的质地变硬了，就要改变搅拌器的拿法。反之亦然。

选择搅拌器时，要先比较一下搅拌器的长度与搭配使用的搅拌盆的直径。搅拌器的长度比搅拌盆的直径长，用起来就比较方便，打发的效率也会更高。

第四章
日式糕点篇

茶道与日式糕点

茶与糕点之间互相影响，不断演化发展，它们的关系是密切而完美的

日式糕点原本的作用是用来代替正餐，或作为供奉神佛的祭品。后来，由于15世纪后半期日本东山文化的兴起，茶道受到极大的推崇，与茶一起享用的日式糕点就这样诞生了。之后，糕点就与茶相辅相成，共同发展，在日本江户时代自成一统。

用来与茶搭配享用的糕点主要为面类、羹（咸味的熟食）、馒头。这些都是在中国宋代时传到日本的糕点，人们称之为"点心"。

羹，是与"水团（面粉丸子汤）"相似的食物，为羊羹的前身。中国宋朝时人们是用肉来做材料，但日本由于受到佛教的影响，则是以薯类或红豆来代替。后来，为了要与茶搭配，就不再用汤来煮食了。

馒头，原本也是用兽肉来当做馅料，基于与羹相同的理由，后来就演变成包着豆馅的糕点了。

当时除了点心之外，还有专指水果的甜点，介于甜点与点心之间的"茶子"这样的分类。到了现代，生糕点（日：生果子）、半生糕点（日：半生果子）、干燥糕点（日：干果子）已成为最普遍的分类方式了。

羊羹、馒头是日式糕点的始祖

羊羹与馒头同样都是因为被当做茶点来食用而被广泛传开来的最原始糕点。两者在日本各地都各自发展出无数的糕点食谱来。

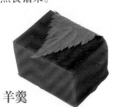

羊羹

原本为蒸煮的食物。到了日本江户时代，演变成了将豆馅揉和凝固后制成的甜点。

馒头

日本各地发展出无数种类的馒头，至今已演变成为一种非常大众的糕点了。

日式糕点的主要分类

生糕点

- **糯米类**
  主要原料为米，有御萩、大福等。

- **蒸煮类**
  外郎、柚饼子、轻羹等。

- **烧烤类**
  铜锣烧、长崎蛋糕、关东风味樱饼。

- **凝固类**
  将洋菜、砂糖、豆馅混合后，倒入容器中凝固而成的甜点。

- **揉和类**
  揉和日本白玉粉等制成的甜点。

- **油炸类**
  油炸面团等制成的甜点，有豆馅甜甜圈等。

半生糕点

- **豆馅类**
  用白色的外皮包着豆馅的石衣。

- **组合类**
  将半成品加工组合而成的糕点，有最中、鹿子等。

- **烧烤类**
  揉和砂糖与蛋黄后烘烤而成的桃山等。

- **凝固类**
  做法与生糕点（日：生果子）相同，但是保存期限比较长。

- **揉和类**
  边加热边揉和所制成的如求肥饴。

干燥糕点

- **木盒塑型类**
  塞入木盒内来塑型的糕点，有落雁等。

- **包馅木盒塑型类**
  在木盒塑型类的糕点里包豆馅等而制成的糕点。

- **包覆类**
  用糖等将豆子等食材粘贴在一起而制成的糕点，有粔妆等。

- **烧烤类**
  烤好干燥后制成的糕点，有Bolo等。

- **饴类**
  主要原料为砂糖或麦芽糖，例如平糖等。

御萩

自古以来，御萩就是日本作为祭拜逝者供品的一种传统甜点。

御萩

材料（18个的分量）

糯米·····················220g
水········约260ml（与洗的米同量）
芝麻馅的材料
黑芝麻·····················50g
Ⓐ ⎰ 日本上白糖（类似白砂糖）···
⎱·····················36g
清酒·····················15g
酱油·····················9g
黄豆粉的材料
⎰ 黄豆粉、日本上白糖····各18g
⎱ 食盐·····················少许
豆粒馅（参照34页）·······300g
豆泥馅（参照35页）·······180g

必备器具

厚的锅、锅盖、搅拌盆、托盘、搅拌器、橡皮刮刀、饭勺、竹筛、秤、扇子、研钵、杵

所需时间
90分钟

难易度
★★☆

01 将糯米放进装了水的搅拌盆里混合，倒到竹筛上，重复约10次。倒回搅拌盆里，用双手轻轻搓米，注入水，洗米，重复4~5次。

02 将糯米倒到竹筛上晾30分钟，再倒入质地较厚的锅里，注入与糯米同量的水。

03 盖上锅盖，用大火加热。等沸腾冒出很多蒸汽时就调成小火，继续加热10分钟。关火后再闷10分钟。

04 糯米煮好后，摊放在托盘内。※如果水分很多，请尽量使用较大的托盘。

05 用饭勺按压摊开，混合，再用扇子扇风冷却。※依个人喜好，决定要压碎到什么程度。

06 制作芝麻馅。将黑芝麻放进锅内，烤的同时晃动锅，烤到散发出香味。

07 将烤香的黑芝麻移到研钵里，用杵研磨。研磨时一手抓着杵的上面，另一手握着杵的下面转圈，用这样的方式来研磨。

08 将Ⓐ加入07的研钵里，用橡皮刮刀混合，再倒入托盘内备用。

09 将黄豆粉放进搅拌盆里，加入日本上白糖、食盐，用搅拌器混合，再倒入与08不同的另一个托盘内。

10 等到05的糯米冷却后，取其中的20g。

11　用水蘸湿手，将10的糯米放在手掌上搓成椭圆形，总共做6个。

12　剩余的糯米称重，分成12等份，做成圆盘形。

13　将豆粒馅分别塑形成20g的椭圆形6个、30g的圆盘形6个。豆泥馅则分成6等份，搓成椭圆形。

14　将椭圆形的糯米团放在13的圆盘形豆粒馅上。

15　用指尖小心地把豆粒馅拉宽，将糯米团不留缝隙地包好。共做6个。

16　先将圆盘形的糯米放在手上，再把1个13的椭圆形豆粒馅放上去。

17　用指尖小心地把糯米拉宽，将豆粒馅不留缝隙地包好。

18　将17放在黑芝麻馅的托盘里，边摩擦边让17的表面蘸满黑芝麻馅。剩余的5个也用同样的方式完成。

19　用剩余的圆盘形糯米把13的椭圆形豆泥馅包好。

20　将19放在黄豆粉的托盘里，边摩擦边让19的表面蘸满黄豆粉。剩余的5个也用同样的方式完成。

失败范例

馅料或糯米很粘手

煮糯米时，如果水放太多了，煮好后就会很粘手而难以塑形。所以，煮好后请用扇子扇风，让水分蒸干。如果这样做了还是很粘手，就用保鲜膜包起来进行塑形吧！如果是馅料粘手，就用加热的方式让水分蒸干。

糯米的水分太多就会粘手。

冷冻过的豆馅容易粘手。

从糯米的缝隙可以看得到里面的豆馅

如果看得到豆馅，就表示那个地方没有蘸满黑芝麻馅或黄豆粉。制作的时候要先将糯米摊平，再把豆馅放上去，用指尖小心地拉宽糯米。此时，如果豆馅体积太大或糯米太少都无法包得漂亮。此外，如果是看得到包在里面的糯米，糯米可能会变干燥。所以，用豆粒馅或豆泥馅来包时，也请用同样的方式小心地包好。

如果没有包好，外观也会不佳。

日式糕点制作的诀窍与重点❶
日式糕点的年历表
在日本很普遍、平日常可吃到的日式糕点其实都有特殊的意义喔!

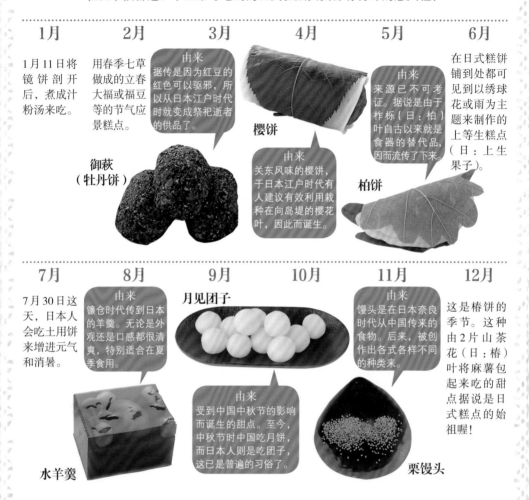

1月
1月11日将镜饼剖开后,煮成汁粉汤来吃。

2月
用春季七草做成的立春大福或福豆等的节气应景糕点。

3月
由来 据传是因为红豆的红色可以驱邪,所以从日本江户时代时就变成祭祀逝者的供品了。

御萩（牡丹饼）

4月
由来 关东风味的樱饼,于日本江户时代有人建议有效利用栽种在向岛堤的樱花叶,因此而诞生。

樱饼

5月
由来 来源已不可考证。据说是由于柞栎(日:柏)叶自古以来就是食器的替代品,因而流传了下来。

柏饼

6月
在日式糕饼铺到处都可见到以绣球花或雨为主题来制作的上等生糕点(日:上生果子)。

7月
7月30日这天,日本人会吃土用饼来增进元气和消暑。

8月
由来 镰仓时代传到日本的羊羹。无论是外观还是口感都很清爽,特别适合在夏季食用。

水羊羹

9月
月见团子

由来 受到中国中秋节的影响而诞生的甜点。至今,中秋节时中国吃月饼,而日本人则是吃团子,这已是普遍的习俗了。

10月

11月
由来 馒头是在日本奈良时代从中国传来的食物。后来,被创作出各式各样不同的种类来。

栗馒头

12月
这是椿饼的季节。这种由2片山茶花(日:椿)叶将麻薯包起来吃的甜点据说是日式糕点的始祖喔!

日式糕点可以让人享受四季变化的乐趣,魅力无限。

日式糕点,例如樱饼、柏饼、月见团子等,大都与季节有关。

日本由于四季分明,饮食文化就特别重视与季节变换的关系,这已成为一种根深蒂固的观念。因此,日式糕点中,常常依照不同的季节来变换使用的食材,以感受季节变化的气氛,春季是樱花,夏季是梅花,秋季是栗子,冬季是山茶花。另外,利用在糕点上塑型或装饰的方式来表现出季节特征的上等生糕点(日:上生果子)也非常盛行,广受喜爱。

此外,像御萩或团子,这些为了对应一年

中不同的节庆而被当做供品或应景食物的糕点也不在少数。这是因为日式糕点在早期是被用来供奉神佛,而后才传开来的。当然,这些日式糕点在现代已经没有季节的限制,已变成一年到头都能吃得到的食物了。

如果想在自家享受制作日式糕点的乐趣,不妨在盛装到容器里时多下点功夫,有利于展现出最佳的品味来。建议您通过添加叶片、坚果或果实,选择具有质感的容器,来享受季节变换的乐趣吧!

Sakuramochi
关西风味樱饼与关东风味樱饼

用道明寺粉做成的关西风味樱饼与用薄皮将豆馅包起来做成的关东风味樱饼，各具特色。

樱饼（关西风味）

材料（10个的分量）

日本道明寺粉（类似糯米粉）……	
……	150g
水……	180g
盐渍樱叶……	10片
豆泥馅（参照35页）……	200g
日本上白糖（类似白砂糖）……	40g
食盐……	1撮
色素粉（红）……	少许

必备器具

搅拌盆、托盘、橡皮刮刀、刮板、竹筛、耐热容器、微波炉、厨房纸巾、秤、白麻布、保鲜膜

所需时间 **120**分钟

难易度 ★★☆

01 将道明寺粉用水洗一下，倒到竹筛上沥干，再倒入耐热容器里。将材料表上的水倒入，静置1小时。※开始蒸之前，让它吸收水分。

02 去除盐渍樱叶的咸味。如果很咸就用水浸泡1小时，如果不太咸就用水冲一下即可。无论哪一种情况，都要用厨房纸巾擦干水分。

03 豆泥馅测重，分成10等份。在手掌上搓圆后，放到托盘里。如果不需要立刻使用，就用白麻布或保鲜膜盖上，防止干燥。

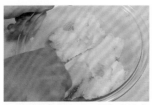

04 道明寺粉放置1小时后，用橡皮刮刀像切东西般地稍加混合，再用保鲜膜密封好，用500W的微波炉加热5分钟。

05 加热到膨胀起来后，就加入日本上白糖、食盐、已用少量的水（未列入材料表）溶解好的色素粉，用橡皮刮刀像切东西般地混合。

06 如果道明寺粉还很硬，混合后再次用微波炉加热1~2分钟。用白麻布盖住，静放冷却。

07 等到06冷却后，放到工作台上，用两手集中，滚成棒状。然后测重，从边缘开始切成10等份。

08 手用水蘸湿，取1个07放在手掌上，压平成直径约8cm的圆盘状。然后将03分成10等份的豆泥馅团，放1个上去。

09 用指尖小心地将道明寺粉拉宽，将豆泥馅包起来，再次用水把手蘸湿，整理成椭圆形。

10 做好的部分先排列在竹筛上，注意不要粘在一起了。然后用02的樱叶，将叶脉的那面朝上放，从叶尖往叶柄的方向卷到底，包起来。

樱饼（关东风味）

材料（12个的分量）

日本白玉粉（类似元宵粉）……25g
水……………………………约160ml
低筋面粉……………………100g
日本上白糖…………………35g
盐渍樱叶……………………12片
色素粉（红）…………………少许
豆粒馅（参照34页）…………300g

必备器具

搅拌盆、搅拌器、橡皮刮刀、圆锥形过滤器、特氟龙加工平底锅、厨房纸巾、抹刀、竹扦或竹筛盘、秤、白麻布、汤勺、布

01 将白玉粉放进搅拌盆里混合，确认硬度，视情况将水一点点地加入混合。※将水加到混合成柔滑的质地为止。

02 将低筋面粉与上白糖放进另一个搅拌盆里，轻轻混合。与樱饼相同，将樱叶去咸味，用厨房纸巾擦干。

03 在02的搅拌盆下垫块布，一边将01的白玉粉一点点地加入，一边用搅拌器混合。

04 混合均匀后，一边用圆锥形过滤器过滤，一边倒入其他搅拌盆里，然后测重，分成2等份。

05 用少量的水（未列入材料表）溶解色素粉，加一点到04其中1等份的搅拌盆里，用橡皮刮刀混合。

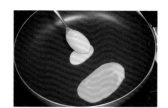

06 加热平底锅。等锅热后就调成小火。用汤勺将05的面糊舀进锅内，再用汤勺的背面抹开成薄薄的椭圆形。

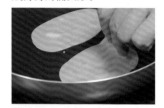

07 等待约30秒钟，如果面皮的表面是干燥的，就用抹刀小心铲离锅面，再用手指捏住，翻面，烤约10秒。

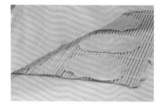

08 将烤好的面皮放在摊平的竹帘或翻面的竹筛盘等上面，盖上白麻布，冷却。剩余部分的面糊也用同样方式做好。

09 将豆粒馅分成12等份，揉成椭圆形。

10 用烤好的面皮将豆粒馅卷起来，再用擦干的樱叶以与关西风味樱饼同样的方式卷起来。

所需时间
60分钟

难易度
★★★

充分展现日本风情的叶与花

用来装饰日式糕点的材料中，叶片或花等天然的东西最适合！

栎栎（日：柏）叶

由于栎栎在新芽儿冒出来后，老的叶片就会掉落，因而被认为是子孙繁衍的象征。常被用来制作柏饼或红豆饭（Okowa）。

竹叶（日：笹）

除了用来包笹团子（Sasadango，一种竹叶包的圆粽子，里面是糯米和红豆沙馅）之外，铺在盘子上还可以营造出风雅的气氛。市场上销售的以真空包装居多。开封后请冷冻保存。

樱花与芥子籽

最普遍的就是盐渍樱花，常被放在馒头或大福的中间做装饰。芥子籽很香，常被撒在糕点表面，也常与面糊等混合，让糕点吃起来有颗粒感。

樱叶

制作樱饼时不可缺少的樱叶，主要使用的都是伊豆的大岛樱叶。请选择较小而柔软的叶片来使用。

善用干燥品或盐渍品，让待客之道更上一层。

只要把叶片或花铺在盘上或放在旁边做点缀，就可以增添一些日本的风情。在日式糕点当中，也有像樱饼、柏饼或茅卷（Chimaki，即粽子）这样必须用叶片卷起来才能完成的糕点。

最近，市场上有了干燥品或盐渍品销售，所以就不用受季节的限制，一年四季都可以很容易地取得了。不过，干燥的竹叶就要像右边的图示那样进行处理，盐渍樱花或叶片也需先用水浸泡约1小时以去除咸味等，使用前就要先做一些必要的处理了。

叶片的预备处理

市场上有干燥过的竹叶销售。使用前，请先用热水煮7~8分钟，让它复原。如果想去除涩味，可以用水浸泡1~2日，在这期间要不时地换水。

Dorayaki

铜锣烧

通过变换夹心的鲜奶油或馅料，可以让它变得更多样化哦！

铜锣烧

材料（直径6cm、共12个的分量）

蛋·····················2个（约100g）

A
- 蜂蜜·····················15g
- 酱油、甜料酒·········各4g

沙拉油·····················12g

牛奶·····················60g

B
- 低筋面粉·················50g
- 泡打粉·················1/2小勺

C
- 低筋面粉·················50g
- 泡打粉·················1/2小勺
- 抹茶粉·················2g

日本上白糖·················60g

豆泥馅（参照35页）·········180g

豆馅打发鲜奶油的材料

鲜奶油·····················50ml

豆粒馅（参照34页）·········100g

必备器具

搅拌盆、托盘、搅拌器、橡皮刮刀、煎铲、粉筛、网架、特氟龙加工平底锅或双面铁板烧机、烤盘纸、秤、汤勺、布、塑胶袋

所需时间
80分钟

难易度
★★★

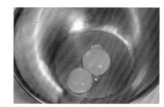

01 将蛋分开成蛋黄与蛋白，分别放进不同的搅拌盆里备用。

02 将Ⓐ放进蛋黄的搅拌盆里，用搅拌器混合。在搅拌盆下垫块布，一边加入沙拉油，一边迅速地混合。

03 将牛奶加入02的搅拌盆里，用搅拌器混合。

04 测重后分成2等份。※其中一份用来做成原味面糊，另一份用来做成抹茶味面糊。

05 混合Ⓑ，过筛到烤盘纸上。

06 混合Ⓒ，过筛到与05不同的烤盘纸上。

07 将05加到04其中1等份的搅拌盆里，用搅拌器混合。

08 将06加到04的另一个搅拌盆里，同样用搅拌器混合。

09 参照114页，用01的蛋白与上白糖制作蛋白霜。

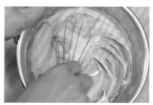

10 将蛋白霜也分成2等份。用搅拌器舀少量的蛋白霜到原味面糊的搅拌盆里混合。

11 混合好后，将剩余的蛋白霜也加入原味面糊的搅拌盆里，用橡皮刮刀从底部翻起般地混合。

12 抹茶味面糊的搅拌盆也与10~11相同，加入蛋白霜，用橡皮刮刀从底部翻起般地混合。

13 加热平底锅，等锅热后就调成小火。用汤勺将面糊舀入，抹开成直径5cm的圆形。最好同时使用2~3个平底锅来煎。

14 等到面糊的表面开始冒出小孔时翻面。※ 如果有粘锅的情况发生，就涂抹上薄层沙拉油（非列入材料表部分）。

15 煎了约2分钟，背面也煎成黄褐色后就从锅内取出。※也可使用双面铁板烧机，一次就可煎好了。

16 将面糊全部煎好。排列在网架上，用塑胶袋覆盖，以免变干燥。 ※ 如果火候太强就会烧焦，所以请用小火来煎。

17 制作豆馅打发鲜奶油。将豆粒馅加入鲜奶油里。

18 将17一边隔冰水冷却，一边用搅拌器打发到可以形成立体状为止。

19 等到16冷却后，就将豆泥馅舀到原味的面饼上，用另一块夹起来。

20 抹茶味面饼则用18的豆馅打发鲜奶油来做夹心。

试试看吧！

加入糯米粉的话，面糊的黏性会更佳！

材料（6个的分量）

蛋黄……………………1个（约20g）	
⒜ 蜂蜜……………………… 13g	
酱油、甜料酒 …… 各2g	
沙拉油………………………… 6g	
牛奶…………………………… 30g	
⒝ 低筋面粉…………… 10g	
糯米粉……………… 15g	
泡打粉……………… 2g	
黑砂糖………………………… 30g	
豆泥馅（参照35页）…… 180g	

豆馅打发鲜奶油的材料

蛋白……………………1个（约30g）	
豆粒馅（参照34页）…… 180g	
糖煮栗子…………………… 6个	

① 与168页相同，将蛋黄、⒜、沙拉油、牛奶放进搅拌盆里混合。混合⒝，过筛后也加入搅拌盆里，用搅拌器混合。参照114页，在其他搅拌盆里打发蛋白与黑砂糖，制作蛋白霜。

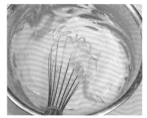

把②的蛋白霜放到搅拌盆里，用橡皮刮刀混合。混合好后，将剩余的蛋白霜也加入，从底部翻起般地混合。糖煮栗子切成1cm的块状。用与169页相同的方式煎。冷却后，用豆粒馅、糖煮栗子做夹心。

风味不同、原料繁多的日本茶

日本茶根据茶叶的状态、原料的不同，口味也各不相同。请依个人的喜好，选择适合的日本茶来与日式糕点做搭配吧！

煎茶

采摘新芽，蒸菁而成的茶。颜色鲜艳的品质较佳。

荞麦茶

用荞麦籽烘焙而成的茶，具有荞麦独特的芳香，带着淡淡的甘甜味。

抹茶

绿茶的新叶蒸菁后，磨成粉制成的茶。有时也被用来与面糊或黄油混合，制作日式糕点。

烘焙茶

绿茶或番茶经炒菁，散发出香味制成的茶。外观为茶褐色，口感清爽。

正确的煎茶冲泡方式

1 烫壶、烫杯

先将沸水注入茶壶与茶杯中，烫壶、烫杯。然后倒掉茶壶中的热水，将茶叶放进去，等到茶杯的热水降温至约70℃~80℃时，再倒掉热水，倒茶进去。

2 浓度要均等

盖上壶盖，等1~2分钟后，倒入茶杯里约八分满的程度。如果有2个以上的茶杯，则将茶一点点地轮流倒入每个杯中，让各杯里的茶浓度均匀。

黑豆茶

将黑豆磨碎后烘焙而成的茶，被认为对健康有益。

玄米茶

烘焙后的糙米（日：玄米）与煎茶混合而成的茶，具有与仙贝（Senbei）类似的香味。

日式糕点的最佳搭档，当然是日本茶啦！

日本茶中可以归类到绿茶的有玉露、抹茶、煎茶、番茶、烘焙茶等。

玉露是用栽种在较阴暗处的茶叶新芽制成的，是一种味道非常甘醇、香气浓郁的上等茶叶。抹茶也是用相同的新芽磨成粉所制成，气味同样芳芳。煎茶则是用栽种在日照处的茶叶新芽所制成的。而在秋季时，从同样的茶树采摘下的茶叶制成的茶称为番茶。番茶、煎茶经过烘焙后，就成了烘焙茶。

日本茶的冲泡适宜水温各不相同，分别如下：煎茶为70℃~80℃，玉露为50℃~60℃，番茶、烘焙茶、玄米茶为沸水。抹茶则是注入约90℃的热水，再用茶刷在茶杯里打泡。1人份的茶叶用量煎茶约为2g，番茶、烘焙茶、玄米茶为3g，玉露为3~4g，抹茶约2茶勺。

一般而言，与日式糕点最为搭配的是玉露或抹茶。不过在自家饮用时，就无需拘泥于特定种类的茶，依个人喜好来选择即可。最近，市面上也出现了荞麦茶、黑豆茶等，不妨尝试一下！

Daifuku

大福

柔软的外皮与包裹的豆馅、水果，成为最佳组合！

大福

材料（15个的分量）
红豌豆（干燥）·················50g
小苏打·······················少许
皮的材料
　糯米粉·····················300g
　日本上白糖（类似白砂糖）···27g
　食盐·······················1撮
　水······················约225ml
杏桃糖浆的材料
　糖浆（水：砂糖＝2：1，参照
　38页）·····················50ml
　杏桃酒····················10ml
杏桃（干燥）············10个（60g）
日本片栗粉（类似太白粉，在此当
做手粉用）···················适量
豆泥馅（参照35页）········约325g
草莓····················5个（80g）
白泥馅（参照35页）········约125g

必备器具

锅、搅拌盆、托盘、竹筛、蒸锅、
微波炉、刀子、砧板、秤、布、
白麻布、保鲜膜

所需时间
120分钟

难易度
★★☆

※未含浸泡红豌豆所需时间。

172

01 将红豌豆放进搅拌盆里，注入大量的水（未列入材料表），加入小苏打，静置一晚，再用水洗。

02 将01移到锅内，注入淹没红豌豆的水（未列入材料表），用大火加热。沸腾后调成小火，继续煮约40分钟后，放到竹筛上沥干。

03 制作大福的皮。将糯米粉、上白糖、食盐放进搅拌盆里，注意面糊的硬度，视情况将材料表中的水一点点地加入。

04 用指尖先将03搅拌盆里的水与粉类稍加混合后，再用手掌像抓东西般地揉和整体。

05 等揉和到像耳垂般的硬度时，就可以了。※用手捏捏看，如果还很硬就加入少量的水，视情况再稍微揉和一下。

06 用手将05剥开成约4cm宽的块状，压平。

07 准备蒸锅。在底部铺上白麻布，把06放入，不要重叠。用布将蒸锅的盖子包起来，盖上用大火蒸约20分钟。

08 混合糖浆与杏桃酒，制作杏桃糖浆。然后将杏桃放进去，淹渍约10分钟入味。

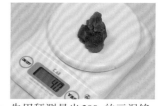

09 先用秤测量出200g的豆泥馅，再分成5等份。

10 测量草莓的重量，再测量剩余的豆泥馅（约25g），与草莓凑成总重40g，用来包草莓。

11 测量白泥馅（约25g）的重量，要与2片杏桃加起来共40g。然后将白泥馅搓圆，用2片杏桃夹起来。

12 等07蒸好后，用手用力拧干白麻布，摊开在工作台上，让蒸好的皮的部分摊在上面。将片栗粉撒在托盘里备用。

13 由于温度很高，所以请用铺在下面的白麻布从04边翻起边揉和。※揉和后，空气会跑进去，让风味变得更佳。

14 等揉和到整团的质地变得柔滑后，移到已撒上片栗粉的托盘里，让整个糯米团表面蘸满片栗粉。

15 先称重，再分成15等份。然后用手指捏边缘，拉成圆盘状。※此步骤要趁热进行。

16 将皮捏成约直径7cm后，把水煮过的红豌豆（1／5量）摆上去，再用手指轻轻压入皮内。

17 将09的豆泥馅放上去，从下面将皮拉开包起来。共做5个。※手指要不时地蘸上片栗粉，但不宜太多，否则不容易包起来。

18 进行当中如果皮冷却了，就用保鲜膜密封，放进微波炉加热约10秒。

19 剩余的皮也与15相同，捏成圆盘状后把10摆上，小心地将皮拉开包好。总共做5个。※包的时候要将草莓的尖端朝下放。

20 剩余的皮也与15相同，捏成圆盘状后把11摆上去，同样包好。总共做5个。

失败范例

包馅时，皮破了。

用手指拉开皮时，如果皮的表面不平滑，包馅时皮就会破掉。所以，将皮拉开时一定要小心，尽量让表面平滑。不过，皮如果冷却了就会逐渐变得很难拉开，所以进行这个步骤时动作一定要快。顺利完成这个步骤的秘诀就是，务必要用两手的手指将皮捏开。而且，在捏的时候要不断地放在工作台上，用手指将表面整平。

勉强拉开皮，就会破掉。

皮的表面过于干燥，出现龟裂。

如果将拉开的皮放置太久，变干了表面就会出现龟裂。这样一来不仅是外观与口感都不好，还会变得难以拉开而无法顺利地包馅。所以，将一块皮拉开后一定要立刻用来包馅。已变干燥的皮，只要排列在盘子等容器中，用保鲜膜密封好，放进微波炉加热就行了。但是，如果加热过度皮就会变得瘫软无力，所以加热时要随时注意皮的状态。加热所需时间大约是10秒钟。

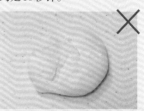

皮拉开后，要立刻用来包馅。

蒸煮专家——蒸锅的用法

蒸锅是以温和缓慢的方式来加热的，制作糕点时最好多加利用。

用布包住锅盖

用布将锅盖包住，锅盖与锅间就会有缝隙，蒸汽就可以跑出来了。这样做也可以防止锅盖上的水滴落到锅内。

Q 为何要铺上白麻布？

A 为了防止粘连。

直接将材料放进去时，如果没有铺上蘸湿的白麻布，就会粘连。铺上白麻布，取出时也会很方便！

没有蒸锅怎么办？

可以在表面洒上水，用保鲜膜密封，放进微波炉加热约5分钟。蒸得好的最大诀窍就是，在蒸的过程中要记得加以混合。还有个方法，就是在锅内放些水，将平盘叠在碗上，再把要蒸的食材放在盘上。

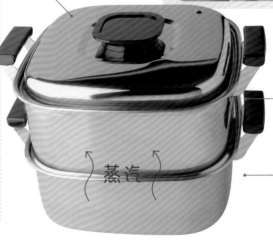

蒸汽

上层与中层是用来放需要蒸的食材。排列食材时，中间要尽量留些间隔。

下层是用来放水的。水量大约八分满的程度最佳。

蒸锅可以让食材的质地变得膨松而湿润！

蒸煮，就是指利用水蒸气的能量来加热食材之意，它的特点就是温度绝对不会超过100℃，可以慢慢地加热，必要的水分不至于流失。也正因此，不会损及味道或营养，这也是使用蒸锅的一大优点。日式糕点中，蒸锅常被用来蒸薯类，制作糯米糕或馒头，蒸煮糯米等，使用频率非常高。

需要蒸煮食材时，大都会使用蒸锅。蒸锅一般为2层或3层构造的锅，下层用来放水，上层与中层用来放食材。将食材放进去的最佳时机就

是锅内变热、已经冒出很多蒸汽之时。如果不是在这时候放进去，蒸好后的食材就会含有过多的水分。

如果没有蒸锅，也可以用微波炉来代替。这时就要特别注意水分是否过度流失了，因为使用微波炉时水分容易蒸干，从而让食材过度干燥。因此，必须在表面洒上水等，并将加热时间设定得短一些，随时注意情况，决定是否要再加热久一点。

Anmitsu

水果馅蜜

吃起来既有弹性，又有嚼劲，可以享受到各种不同口感的乐趣！

水果馅蜜

材料（4人份）

条状洋菜（日：寒天）……………
……………………1条（约8g）
红豌豆（干燥）………………22g
水………………………………600ml

求肥饴（Gyuhiame）的材料
- 糯米粉…………………………50g
- 水………………………………45ml
- 色素粉（红）………………少许
- 日本上白糖（类似白砂糖）…80g

日本片栗粉（类似太白粉，在此用来当做手粉）……………适量

黑蜜的材料
- 水………………………………40ml
- 黑砂糖………………………80g

个人喜好的水果（柳橙、杏桃、草莓、巨峰葡萄等）……………适量

打发鲜奶油的材料
- 鲜奶油…………………………40ml
- 细砂糖…………………………4g

豆料馅（参照34页）…………80g

必备器具

锅、搅拌盆、托盘、搅拌器、橡皮刮刀、木勺、刮板、长柄勺、圆锥形过滤器、刀子、砧板、挤花袋、挤花嘴（直径1cm、星形）、汤勺、冰淇淋勺

所需时间 100分钟

难易度 ★☆☆

※未含浸泡条状洋菜、红豌豆所需时间。

01 将条状洋菜用大量的水浸泡一晚。红豌豆用水浸泡一晚后，参照172页水煮。

02 将材料表中的水放进锅内，洋菜用手拧过后，撕碎加入。用大火加热到沸腾，再调成小火，边混合边加热融化。

03 如果出现浮沫，就用勺捞掉。沸腾后1~2分钟洋菜完全融化，就用圆锥形过滤器过滤倒入托盘里。

04 如有气泡浮出表面，就用汤勺捞掉。散热后，放进冰箱约1小时，冷藏凝固。※若没有捞掉气泡，气泡就会一起凝固了。

05 制作求肥饴。将糯米粉与水放进搅拌盆里，用橡皮刮刀从底部翻起般地混合。

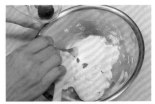

06 先用少量的水（未列入材料）溶解色素粉，边留意颜色的变化边混合。※由于水煮过后颜色会变淡，所以可将颜色染得深一点。

07 用橡皮刮刀混合到整个颜色均匀。

08 用大火将锅内的水加热到沸腾后，再一边把07撕成4~5cm的块状，一边放进锅内。全部放进去后，调成小火。

09 等到求肥饴浮出水面后，再继续加热5分钟。然后倒掉热水。

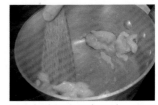

10 用木勺将锅内的求肥饴一边压在锅底，一边翻动混合。等到质地变得柔滑后，调成小火继续加热。

11　等到已加入半量过滤的番薯后，加入上白糖，用刮刀从底部开始混合。※加入上白糖后，水分就会析出来，变得容易混合。

12　将剩余半量的番薯也像10一样加入混合。

13　将已放置在室温下软化的黄油放进锅内，用橡皮刮刀从底部开始混合。

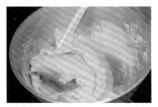

14　加入食盐，用橡皮刮刀稍加混合后，关火。

15　活动式方模用水蘸湿后，将14倒入。※先用水蘸湿，后面就可以轻易地脱模了。

16　用橡皮刮刀将15的表面整平。※如果这时没有整平，凝固后仍是不平坦的状态。

17　用保鲜膜紧贴着表面密封好，放进冰箱冷藏凝固1~2小时。※如果保鲜膜没有贴着表面，就会有水滴落下。

18　等到17凝固后，从冰箱取出，撕除保鲜膜，用两手提起活动式方模的两端，从模中取出。

19　一边用手将活动式方模的两端往左右拉，一边翻过面来，让甜薯羊羹脱模。

20　用刀子切成适度的大小。

失败范例

无法顺利过滤番薯

使用滤网是需要技巧的。首先，切勿将木勺竖着拿。因为这样一来，木勺接触到番薯的面积就会很小，而需要花更长的时间来完成，而且也有可能会弄坏滤网。另外，如果一次放太多番薯在滤网上，也会很难过滤。

这样做会把滤网的孔径撑大。

一次只过滤2~3片最为恰当。

用微波炉蒸过的番薯变得很干燥

番薯用微波炉蒸过后，水分被蒸干了因而变硬。由于番薯的纤维很多，在这样的状态下用孔径细小的滤网过滤，就需要用很大力气。比较之下，如果使用的是蒸锅，就可以让番薯含有适度水分，蒸好时会膨胀起来，过滤后也不会减损它的松软口感。

虽然微波炉用起来很方便，还是尽量避免使用吧！

水羊羹（Mizuyokan）

材料（11cm × 15cm）

琥珀羹的材料

条状洋菜… 1/4条（约2g）
混合甜纳豆………… 2大勺
水……………… 130ml
麦芽糖（水饴）…………5g
细砂糖…………… 50g

水……………… 180ml
豆泥馅（参照35页）
……………… 180g
日本上白糖……… 40g
食盐……………… 1撮

水羊羹的材料

条状洋菜… 1/2条（约4g）

必备器具

锅、搅拌盆、托盘、搅拌器、橡皮刮刀、长柄勺、圆锥形过滤器、厨房纸巾、刀子、砧板、温度计、量杯

使用的模型
11cm×15cm的活动式方模

所需时间 **120分钟**　　难易度 ★★☆

※未含浸泡条状洋菜所需时间。

01 条状洋菜用大量的水浸泡一晚。※条状洋菜要分成琥珀羹用与水羊羹用的两份，分别浸泡。

02 制作琥珀羹。用水稍加清洗混合甜纳豆，将表面的砂糖冲洗掉，再用厨房纸巾擦干水分。

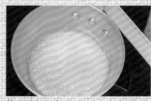

03 将材料表中的水舀2小勺放进锅内，再加入麦芽糖、细砂糖，用大火加热。

04 边摇晃锅边加热到变成褐色，关火。然后加入剩余的水，用小火加热。

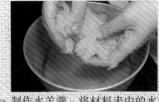

09 制作水羊羹。将材料表中的水放进锅内，用手拧干水羊羹用的条状洋菜，边撕成块边放进锅内。

14 将搅拌盆底的水冷却到约50℃。※如果冷却过度，混合液就会在搅拌盆内凝固，请特别小心！

05 用手拧干琥珀羹用的条状洋菜，边撕成块边放进锅内。轮流用搅拌器与橡皮刮刀混合2~3分钟。

10 用大火加热，同时轮流用搅拌器与刮刀混合。沸腾后调成小火，继续加热2~3分钟，并混合到洋菜融化。

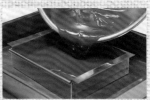

15 等到08的琥珀羹凝固后，将14倒进去，放进冰箱冷藏凝固约1小时。

06 等到洋菜完全融化后，用圆锥形过滤器，边过滤边倒入搅拌盆里。

11 等到洋菜完全融化后，调成中火，再加入豆泥馅，一边用长柄勺捞掉浮沫，一边用橡皮刮刀混合。

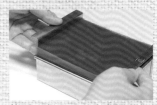

16 等到15凝固后，从冰箱取出，用两手抓着活动式方模的两端，迅速地往上提起。

07 将06的搅拌盆隔冰水冷却。※以竖着的刮刀当中心点，不要让气泡跑进去，旋转搅拌盆来制造对流就可以很快地冷却。

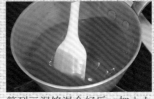

12 等到豆泥馅混合好后，加入上白糖、食盐，用橡皮刮刀从底部混合，以防止烧焦。

17 用手将两端往左右稍微拉开，让水羊羹与模之间产生缝隙，然后翻面，脱模。

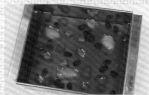

08 用水蘸湿活动式方模，再将07倒入，把甜纳豆放入，让它们浮在表面。方模下放装了冰水的托盘来冷却凝固。

13 等到上白糖溶解后，一边用圆锥形过滤器过滤，一边倒入搅拌盆里。

18 用刀子切成6等份。

日式糕点制作的诀窍与重点❻
可当零食也可用来增添糕点色彩的甜纳豆

如果觉得糕点做得不够吸引人，甜纳豆就是个好的选择！因为它用起来既方便又美味！

主要的甜纳豆

红豆

颗粒小，质地柔软，有着令人回味无穷的口感。咬下去后，甜甜的味道会慢慢地散发开来。

白花豆

这是一种常被用来制作白泥馅的大颗粒豆子。吃起来口感松松软软的。

青豌豆

这是用具有独特风味的青豌豆制成的。淡绿的颜色，看起来鲜艳而美丽。

金时豆

这是一种红褐色的菜豆，圆滚而柔软，是甜纳豆之王。

做起来很简单，值得尝试看看哦！
自制甜纳豆

甜纳豆做起来虽然很花时间，却也很简单。可以挑选自己喜爱的豆类来做，这正是它最吸引人的地方！

材料

个人喜好的豆类（白花豆、印度红提豆、红豆、青豌豆、黑豆等）…100g、日本上白糖…150g、细砂糖…适量

※豆类要先用水浸泡一晚。

1

豆子水煮约50分钟。将1/3量的上白糖、200ml的水、煮好的豆子放进锅内，加热到一沸腾就关火，静置30分钟。

2

再次加入1/3量的上白糖，继续加热豆子。煮好后将水分沥干，摊放2~3日。完全干燥后，再用细砂糖蘸满豆子。

甜纳豆是一种只要用豆子与砂糖就可以制作，既便利又简单的日式甜点。

日本江户时代位于东京日本桥的某家日式糕点铺，以"即使是庶民，也可以轻易地购买享用的甜点"为构想，所制作出来的日式甜点就是甜纳豆。虽然与其他的日式糕点比较起来历史并不算长，但由于它的原料只有豆类与砂糖，做法简单，味道自然，就传遍了日本全国各地，成为一种非常普遍的日式甜点。

至于作为材料的豆类，并没有特定的限制。最初开始销售的甜纳豆是用豇豆来做的，发展至今，还可见到用印度红提豆（Rajma）、金时豆、红豆、黑白斑豆（PintoBean）做成的甜纳豆，种类非常多。此外，在日本用栗子或番薯等豆类以外的食材，以同样的方式制成的食物，也被称之为甜纳豆。

甜纳豆常被用来放在透明的水羊羹里，或装饰在蛋糕的表面，扮演着增添鲜艳色彩的重要角色。另外，红豆或青豌豆的甜纳豆如果加水熬煮，就可以变成可以塑形的豆馅了。

虽说甜纳豆到处都可以买得到，价格也很便宜，在家中自制却别有一番乐趣。您不妨选择自己喜欢的豆类，试做看看吧！

Dango

团子（糯米丸子）

这是只要经过揉和、水煮就可以轻易完成的日式甜点哦！

团子

材料（9串的分量）

日本白玉粉（类似糯米粉）、日本上
新粉（类似蓬莱米粉）········各150g
温水（37℃左右）············约270ml
艾草粉·························1小勺

毛豆馅的材料
- 毛豆·····················100g
- 日本上白糖················25g

团子酱的材料
- 水······················150ml
- 酱油·····················50g
- 日本上白糖················25g
- 甜料酒····················80g
- 日本片栗粉（类似太白粉）···13g

芝麻馅的材料
- 黑芝麻····················30g
- 团子酱（参照上述所需材料）···
  ························90g

必备器具

锅、搅拌盆、托盘、橡皮刮刀、
网状捞勺、竹筛盘、烤鱼网、
秤、扇子、白麻布、研钵、杵、
竹扦

所需时间
60分钟

难易度
★★★

01 将白玉粉与上新粉放到搅拌盆里混合。

02 将材料表中的温水一点点地加入用手混合。※请仔细注意粉的湿润程度，视情况加入适量的温水，不用将270ml全加入。

03 混合，揉和到像耳垂般的硬度就可以了。如果太硬了就再加些温水进去。

04 用手像抓东西般地用力揉搓03，直到完全看不到粉末为止。

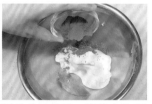

05 测量总重量后，将其中的1/3量放进其他搅拌盆里，再加入艾草粉。

06 将1小勺的温水（未列入材料表）加入05的搅拌盆里混合，制作艾草团子。

07 揉和到温水与艾草粉完全混合好为止。※用手掌搓圆看看，如果表面没有起皱，就是理想的硬度了。

08 一边测量重量，一边捏下每块13~14g重的分量，用手掌搓成直径约3cm的圆球。

09 白团子也是一样，捏下每块13~14g重的分量，用手掌搓成直径约3cm的圆球。

10 用锅将水煮沸，在沸腾的状态中煮白团子6~7分钟。准备好冰水。

11 等到白团子全部浮出水面后，用网状捞勺捞起，放进冰水中，再排列在已铺了白麻布的托盘上。艾草团子也以相同的方法进行。

12 制作毛豆馅。毛豆用盐水煮过后捞起，扇风冷却。剥除毛豆的薄皮。※水煮所需时间，新鲜毛豆为7~8分钟，冷冻毛豆约为2分钟。

13 将毛豆放进研钵里，用杵上下移动地压碎。然后加入上白糖，用橡皮刮刀混合。

14 制作团子酱。将水、酱油、上白糖、甜料酒、片栗粉放进锅内，先用橡皮刮刀混合溶解，再用中火加热。

15 一边用橡皮刮刀从锅底开始混合，一边加热到呈现出透明感，既有光泽又浓稠时就可以关火了。

16 制作芝麻馅。将黑芝麻放进锅内，用中火烤7~8分钟，到散热发出香味为止。然后放进研钵里，用杵磨成粉。

17 将15团子酱中的90g加到装着芝麻粉的研钵里，用杵混合。

18 将煮好并已冷却的团子用竹扦穿起来，每串穿4个。

19 将白团子中的半量放在烤鱼网上，表面烤出焦褐色为止。

20 烤出焦褐色的团子蘸上团子酱，艾草团子蘸上芝麻馅，剩余的团子全蘸上毛豆馅。

失败范例

吃的时候发现中央是硬的。

团子如果煮得不够久，里面还是生的，煮好后就会变硬，残留粉末。团子如果完全煮熟透了，就会自动浮出水面。

如果不确定到底煮熟了没有，可以剥一个看看。

煮过头了，表面变得稠稠的。

刚煮好的团子一定要立刻放进冰水里，让它收缩。如果一直放在热水里，表面就会融化。万一发生这样的状况就无法挽救了，请特别小心！

团子膨胀过度，口感也会变差。

团子酱煮到结块了！

团子酱的材料放锅内后，要先混合再加热。如果没有先混合均匀，不仅会产生结块，在加热的过程中也会变硬。

如果加热过度，水分就会蒸干。

可让糕点变得有嚼劲还可以增加浓稠度的日本粉类

日式糕点使用的粉类是以植物的根茎或米等原料制成的。

葛粉

原料为从葛根所取得的淀粉。加热后会变成透明的糊状。

用法： 葛饼、葛切等。以让它吸收水分的方式来使用。

白玉粉（类似糯米粉）

洗过的糯米用水浸润，加水研磨、脱水、干燥而成，所以颗粒很细小。

用法： 用来制作团子，可以让口感变得柔滑。

上新粉（类似蓬莱米粉）

将粳米研磨后制成的粉。加热揉和后，会有麻薯般的口感。

用法： 柏饼、茅卷（Chimaki，即日式粽子）。可与白玉粉混合，制作团子。

蕨粉（类似地瓜粉）

原料为从蕨中取得的淀粉。加热后会变成糊状，黏性比葛粉大。

用法： 制作蕨饼的主要材料。由于生产量低，所以价格较高。

道明寺粉（类似元宵粉）

蒸过的糯米干燥后，磨成粉所制成。使用时要先用水浸泡约1小时。

用法： 除了可以用来制作关西风味樱饼，还可以当做油炸物的皮的材料。

饼粉（即糯米粉）

糯米洗过后，经脱水、研磨、干燥而成。与白玉粉相比，由于制作过程较少，价格也比较低。

用法： 与铜锣烧的面糊混合可以增加黏性。

日式糕点的独特口感，就是源自于它的材料中的粉类。

制作日式糕点时，以米为原料或从植物的茎等取得的淀粉制成的粉类，都是经常用到的食材。至于面粉类，即使要用也仅限于面筋含量较少的低筋面粉。

大多数的日式糕点都具有"嚼劲""滑嫩"的特殊口感。对于西式糕点而言，粉类的功用在于它是支撑起糕点的骨架。然而日式糕点使用的粉类，则是要制造出这种日式糕点所具有的特殊口感。

用米做原料的粉类，主要使用的是糯米与粳米。虽然用同样的米制成的粉，依照制作方法或颗粒大小被分类成许多不同名称的粉，然而无论是哪一种，都是让日式糕点具有嚼劲所不可或缺的食材。

另外，淀粉类的粉，特征就是加热后可以增加浓稠度。葛饼等就是利用这样的特性来让口感变得滑嫩的日式甜点。不过，由于这类的粉产量不多，价格较高，所以市场上销售的，还是以番薯等原料制成的产品居多。

Kurimanjyu

甜栗馒头

材料有芥子籽与蛋黄，外观看起来酷似栗子！

甜栗馒头

材料（12个的分量）

皮的材料

低筋面粉·················· 125g
小苏打、酵母粉（参照72页）···
············· 各1/4小勺
蛋（室温）······· 1个（约50g）
细砂糖·····················65g
麦芽糖（水饴）、蜂蜜··· 各5g

上光用蛋液的材料

甜料酒··················· 2g
即溶咖啡粉··········· 1/4小勺
蛋黄··········· 1/2个（约10g）

糖煮栗子·········· 12个（120g）
白泥馅（参照35页）····· 240g
日本片栗粉（类似太白粉，在此用来做手粉）、芥子籽···· 各适量

必备器具

搅拌盆、托盘、搅拌器、橡皮刮刀、刮板、粉筛、烤箱、烤盘、烤盘纸、微波炉、刀子、砧板、毛刷、秤、白麻布、汤勺、布、保鲜膜

所需时间
110分钟

难易度
★★

01 制作皮的面糊。混合低筋面粉、小苏打、酵母粉，一起过筛到搅拌盆里。

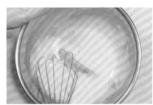

02 将蛋、细砂糖、麦芽糖、蜂蜜放到其他搅拌盆里，用搅拌器像摩擦般地混合。

03 等到细砂糖溶解后，就加入01已过筛的粉类。

04 竖着拿橡皮刮刀，像切东西般地混合到完全看不到粉末为止。

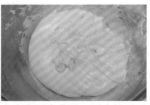

05 白麻布用水蘸湿，用力拧干后盖在04上，就这样静置30分钟发酵。

06 制作上光用蛋液。甜料酒用微波炉加热10分钟，再用来溶解即溶咖啡粉。

07 将06加入蛋黄里混合。由于蛋黄容易变干燥，如果不需要立即使用，请用保鲜膜密封好，备用。

08 测量糖煮栗子的重量，再将边缘切掉薄薄的一层，把每个栗子的重量都统一成10g。

09 白泥馅一边测重，一边分成各20g的12等份。

10 用手掌将分成12等份的白泥馅搓成圆球状。

11 先用指尖将圆球状的白泥馅做成约5mm厚的圆盘状，再将08的糖煮栗子包起来。

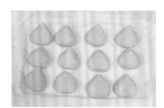

12 用指尖整理成栗子的形状，排列在已用力拧干的湿白麻布上。开始预热烤箱到180℃。将片栗粉撒在托盘上。

13 将已静置30分钟的05的面团放在撒了片栗粉（未列入材料表）的托盘上。撒上片栗粉后，面团就不会太粘手了。

14 一边测量13一边用刮板切成12等份。

15 将所有分好的14用手掌搓圆，再做成约5mm厚的圆盘状。

16 将12一个个地放在圆盘状的面皮上，包好。※一边用指尖小心地将面皮拉开成均匀的厚度，一边包起来。

17 用指尖整理成栗子的形状。※不要捏出角来，要尽量捏得圆一点，顶点要朝上。

18 烤盘铺上烤盘纸，将17排列在上面，用毛刷将上光用的蛋液涂抹上。※要连侧面整个涂抹，不要只涂上面，让蛋液自然流下去。

19 用汤勺将芥子籽撒在下方1/3的地方。※用毛刷扫除掉落在烤盘上多余的芥子籽。

20 用180℃的烤箱烤15分钟。等到整个都烤出颜色，就完成了。

失败范例

未将即溶咖啡粉加入蛋液里混合

如果只在表面上涂抹蛋液，虽然可以显现出光泽来，但由于颜色太浅，看起来就不像栗子。在本食谱中加的是即溶咖啡，不过您也可以用深色酱油试试看！

颜色不够深，就不像栗子了。

烤好后，表面看得到蛋液流下去的痕迹。

涂抹在表面上的蛋液不能太少，但是，如果只在一个地方涂抹很多，烤的时候就会往下流。所以，一定要薄薄地涂抹上去，而且每一处都要涂抹均匀。

这就是涂抹了太多的关系。

不管怎么塑形，看起来都不像栗子！

如果在上面与侧面之间做出角度来，就会怎么看都不像栗子。请捏成从侧面的角度看过去上面的部分是呈圆形的。此外，包在里面的栗子形状也会影响到最后整个外观，所以切栗子的时候，也要特别留意。

左边是塑形成功的例子，右边是失败的例子。

可使糕点膨胀又具有凝固效果的蛋

蛋具有各种各样的作用，无论是在西式糕点还是日式糕点的制作领域，都是用得极频繁的食材！

蛋的3大特性

乳化性

蛋黄具有连结水分与油脂等不同性质食材的特性。它是依靠将油脂分解成细小粒子的作用来让不同性质的食材相互混合。

用途
打发成蛋白霜，与面糊等混合，就可以起到让糕点质地变得蓬松柔软的作用了。

热凝固性

加热后会凝固的特性。蛋白在60℃以上会变成胶冻状，到75℃~80℃就会凝固；蛋黄到65℃~70℃就会凝固。所以请注意这些温度差异，加热时适度调节。

用途
不使用任何粉类，而是利用蛋的这种加热后会凝固的特性，可以制作布丁或茶碗蒸等。

起泡性

主要是蛋白所具有的特性。如果用力迅速地搅拌混合，空气容易跑进去，就会打发成含气量高而质地绵柔的蛋白霜了。但是，如果加入了蛋黄就很难产生气泡。

用途
可以防止黄油或沙拉油产生分离现象。制作奶油蛋糕、长崎蛋糕时就会利用到这样的特性。

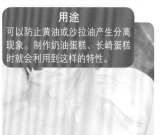

除此之外，蛋还有下列特性：
- 上光
- 代替黏着剂等

蛋黄加热后会呈现出光泽，所以可以用来上光。蛋白则具有黏结性。

如何巧妙分开蛋黄与蛋白？

分开蛋黄与蛋白时，不要直接用手触摸，而是利用弹壳来分蛋。

1 将蛋在工作台上敲一下，让裂缝朝上，再用两手的大拇指剥开蛋壳。

2 将蛋壳分成两半，将蛋黄移到其中一边的蛋壳上，让蛋白流下去。

蛋的使用频率非常高，所以，判断它的新鲜度就成了一件十分重要的事。

　　蛋一定要选择新鲜的使用，才能够将它的特性发挥到极致。要判断蛋的新鲜度时，只要把它放进食盐水里就可以立刻分晓。如果是新鲜的蛋，就会直接沉到底；如果是稍微不新鲜的，虽然也会沉到底，却会直立起来。虽说在制作蛋白霜时，使用已存放过一段时间的蛋白，打发的效果会比较好，但是，这只适用于蛋白与蛋黄原本就已分开保存的情况。

　　将蛋液加入搅拌盆里时，要一个个地分别打到不同的容器里，这样一来，即使其中有一个坏掉了，也不用全部重来。蛋黄如果看起来平坦而起皱，就表示已经不新鲜了。此外，分开蛋黄与蛋白时，切勿用手去触摸，以免蛋液容易变质。

分辨蛋的新鲜度

右边是新鲜的蛋，左边是稍微不新鲜的蛋。很不新鲜的蛋，会浮到水面上。建议您尽量不要使用已经存放很久的蛋。

Castella

长崎蛋糕

这是一种发源于葡萄牙与西班牙，最后在日本发扬光大的糕点。

长崎蛋糕

材料（边长为21cm的正方形）

高筋面粉	110g
牛奶、沙拉油	各30ml
酱油	6g
蛋（室温）	3个（约150g）
蛋黄（室温）	2个（约40g）
日本上白糖	80g
食盐	1撮
蜂蜜	60g
香草油	2～3滴
粗红糖	34g

必备器具

锅、搅拌盆、搅拌器、手提电动搅拌器、橡皮刮刀、粉筛、钉书机、尺子、烤箱、烤盘、烤盘纸、刀子、蛋糕刀、剪刀、砧板、温度计、布或软木塞板

使用的模型

边长为21cm的正方形中空模

所需时间
90分钟

难易度
★★☆

01 准备一张边长约30cm的正方形烤盘纸，将正方形中空模叠在上面，在四边折出内折线来。

02 用剪刀在4个角的折线上剪一下，让纸容易折起来。

03 将中空模放在纸的中央，把纸的四边往上折起，用钉书机钉好，固定住。

04 将高筋面粉过筛到其他的纸上。煮沸2锅水，准备约60℃的水用作隔水加热。开始预热烤箱到160℃。

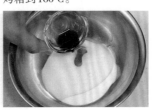

05 将牛奶、沙拉油、酱油放进其他搅拌盆里。

06 用约60℃的热水隔水加热05的搅拌盆，到温度升高到约37℃为止。※先加温过，与面糊混合时就很容易了。

07 将蛋、蛋黄、上白糖、食盐放进其他搅拌盆里。

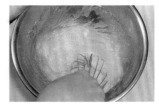

08 用搅拌器像摩擦般地混合。

09 再加入蜂蜜与香草油，先用手提电动搅拌器以低速混合，同时隔着60℃的热水加热，改以高速来混合。

10 等到面糊加温到37℃左右时，停止隔水加热，用手提电动搅拌器以高速继续混合。

11 等到舀起面糊后流下时可形成蝴蝶结般的痕迹，就改用低速，让面糊的质地变得更均匀柔细。

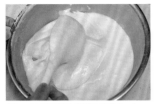

12 将04已过筛的高筋面粉加入11里，用刮刀混合。※混合时，像画圆般舀起面糊再倒回去，同时逆时针转动搅拌盆，不断重复。

13 将已加温好的06倒入12的搅拌盆里。※倒入时，要先用橡皮刮刀接着，当做缓冲，均匀地倒满整个表面。

14 将06完全加入后，要用橡皮刮刀迅速地从底部翻起般地混合。

15 将粗红糖撒在03的中空模底部。

16 将14的面糊倒入中空模内，再将模连同烤盘举起，从距离约10cm的高度往放在工作台上的布或软木塞板上敲3~4次，让空气跑出来。

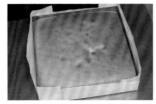

17 用160℃的烤箱烤30分钟。烤到表面变成黄褐色后，取出。

18 用烤盘纸覆盖，以防干燥，静置冷却。

19 冷却后，翻面，将底部的纸小心而一点点地撕除。然后再将刀子伸入，沿着模的内侧转一圈，让蛋糕脱模。

20 用砧板贴着蛋糕的底面一起翻面，让烤的时候朝上的那面还是朝上，然后用蛋糕刀将四边的边缘约1cm的部分切掉。

失败范例

长崎蛋糕的表面变得很干燥！

烤好后正在静置冷却的长崎蛋糕，如果表面上没有盖上任何东西，就会变干燥。所以，一定要记得盖上布或纸，让蛋糕冷却后，蒸汽还能留在里面，质地变得湿润，这样可以避免干燥。

最好将长崎蛋糕整个覆盖起来。

长崎蛋糕冷却后，中间凹陷下去，还有面糊流下去的痕迹。

如果冷却后，蛋糕的中间陆续出现凹陷的情况，就表示打发不足。所以，务必要打发到可以形成蝴蝶结的状态为止。另外，制作时如果用低筋面粉来代替高筋面粉，也会发生这种凹陷的情况。

如果打发不足，蛋糕的表面就会凹陷。

蛋糕表面出现很多皱纹。

如果将烤盘纸铺在中空模的内侧，烤好后的蛋糕表面、侧面就会变得柔软无力，也可能会出现烤好后的蛋糕比中空模还小的情况。

一定要将纸铺在模型的外侧！

具有地方特色的日式糕点

在此将为各位介绍的是日本各地因地方传说或民俗而闻名的地方特色糕点！

长崎县
长崎蛋糕

由葡萄牙人传入的糕点之一。还有一种说法是说它由西班牙传入日本。

京都府
八桥

关于它的起源有诸多传说。其中一种说法是，它是为了纪念日本江户时代初期非常活跃的作曲家八桥检校而创作出来的。

福岛县
柚饼子

用柚子风味的皮来包馅的一种甜点。日本的东北部也有包着胡桃的柚饼子，也很闻名！

冲绳县
冲绳甜甜圈

这是一种类似甜甜圈的油炸糕点。在冲绳当地的语言中，"Sata"为砂糖，"Anda"是油，"Agi"则是油炸之意。

爱知县
外郎

关于它的起源有诸多不同的说法。而它的名称则是源自于远渡重洋、从中国元朝来到日本的人物的官名。

东京都
粔妆

虽然日本各地都有这种糕点，不过在东京最常见的是以米、麦芽糖(水饴)、砂糖制成的。下图为著名的浅草雷门"雷粔妆"。

日本的传统糕点经过历史的传承，留存在各地，成为各个地方的代表名产。

在日本各地，都有被称为"名产"的糕点。其中，有的是自古以来即在当地生根流传下来的糕点；有的则是源自外国，经过长久的历史，经过当地的糕饼师傅不断地改良之后，终于成为具有当地色彩的土产。

长崎的名产长崎蛋糕就是个很好的例子。据说在16世纪由葡萄牙人传入时，它的形状像一般的海绵蛋糕一样。但是，到了长崎之后，历经制法和材料上的变化，就成了现在的味道与外观了。

另外一个例子，就是同样的糕点在不同的地区而变化出不同的样式来。例如粔妆在东京一般都是像"雷粔妆"这样质地有点柔软的，在大阪却是以"栗粔妆"或"岩粔妆"这样吃起来较硬的粔妆为主。此外，用柚子制作的柚饼子，在石川县是用柚子的外皮包在外面的圆形"丸柚饼子"，在福岛县则是突出四个角的"生柚饼子"，各自充满地域特有的色彩。

煎饼与霰饼

如果有剩余的白饭或白年糕，一定要试做一下哦！

煎饼

材料（约25块的分量）

白饭	3合（约420g）
樱虾、青海苔	各3大勺
炸油	适量
食盐	适量
酱油	适量

必备器具

搅拌盆、饭勺、擀面棍、网筛、捞油网、烤箱、烤盘、烤盘纸、油炸锅、微波炉、刀子、蛋糕冷却架、毛刷、温度计、研钵、杵、塑胶袋

使用的模型

直径5.5cm的圆切模

所需时间 **100**分钟

难易度 ★★★

198

01 准备热白饭。※可以现煮，也可以将剩余的白饭用微波炉加热。

02 将樱虾放进研钵里，用杵磨碎。※用手掌抓着杵的上面，另一手握着下面，像画图般地研磨。

03 测量白饭的总重量，分成3等份。将02的樱虾加入其中的一份，用饭勺像切东西般地混合。

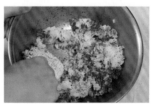

04 将青海苔加入另一份白饭里，用03相同的方式混合。※余下一份白饭用做原味，不需加入任何东西。开始预热烤箱到130℃。

05 用刀子割开塑胶袋，将03夹在塑胶袋的两层之间。先用手压平，再用擀面棍擀成3mm的厚度。剩余的2等份的白饭，也同样处理。

06 圆切模用水蘸湿后，用来切割05，放进130℃的烤箱烤15分钟。整个切割一遍后，将剩余的部分集中，擀薄后继续切割。

07 烤15分钟后将烤盘取出，一片片地翻面后再烤15分钟。烤好后，就这样留在烤箱内30分钟，烤干。

08 将07放进170℃~180℃的油里炸5~6分钟，直到表面变得酥脆。炸好后用捞油网捞起。

09 放进网筛里沥油，撒上食盐。※撒上食盐后，摇晃网筛3~4次，让食盐均匀地粘在煎饼的表面。

10 将原味煎饼排列在蛋糕冷却架等器具上面，趁热用毛刷涂抹上酱油。

霰饼

材料（约70个的分量）

日本切饼（Kirimochi，类似白年糕）·	90g
炸油·	适量
食盐·	适量
黑胡椒·	适量
咖喱粉·	适量
美乃滋（蛋黄沙拉酱）·	适量
酱油·	适量

必备器具

搅拌盆、橡皮刮刀、网筛、竹筛盘、捞油网、烤箱、烤盘、烤盘纸、油炸锅、刀子、砧板、温度计

所需时间
60分钟（※）

难易度
★☆☆

※未含日本切饼干燥所需时间。

01　将切饼切成3~5mm厚、约1cm×2cm的长方形。

02　将切饼摊放在竹筛盘上，放置在通风良好的地方曝晒2~3天，去除水分。※这样在油炸时就可以膨胀得很漂亮了。

03　将02的半量放进180℃的热油里炸5~6分钟。※炸的时候同时用捞油网搅动，就可以炸得很均匀了。

04　等切饼炸到膨胀起来变成黄褐色时，就用捞油网捞起，将油沥干。开始预热烤箱到220℃。

05　将04放进网筛里，趁热撒上食盐、黑胡椒或咖喱粉。※摇晃网筛，均匀地调味。

06　如果要用美乃滋来调味，就先在搅拌盆里混合美乃滋与食盐，再将04放进去，用橡皮刮刀混合，让表面蘸满美乃滋。

07　将02剩余的半量摊放在烤盘上，用220℃的烤箱烤25分钟。※烤15分钟后，移动一下烤盘的位置就可以均匀地受热了。

08　从烤箱取出后放进搅拌盆里，趁热蘸满酱油，再摊放在烤盘纸上冷却干燥。

失败范例

油炸后，膨胀出圆泡来

油炸时会膨胀起来是因为切饼不够干燥，导致多余的空气跑进去而膨胀起来。所以，油炸前务必要先将切饼放在通风良好的地方2~3天，让它完全干燥。

一定要花时间让它完全干燥！

煎饼与霰饼有何不同？

在特别的日子里要做的糕点很多时，煎饼与霰饼是那种不会让你受挫、可以轻松完成的点心。

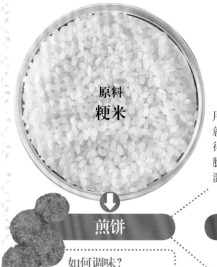

原料
粳米

原料
糯米

用烤的方式，水分就会立刻蒸发，烤得酥脆。比较偏好脆硬的人可以用低温慢慢地烘烤。

烘烤

烹调方式

油炸

煎饼

昔欠饼、霰饼

干燥而轻盈，还会带着油脂的香醇风味。不过注意不要炸太久了。

如何调味？

混合入味

·青海苔、味噌、芝麻
·大蒜、奶酪等

如何调味？

如果是粉末，就用撒的方式

·七味、胡椒、咖喱粉
·柚子胡椒等

烤前先与白饭混合，用饭勺均匀拌和入味。

如果是液体，一定要趁热蘸到表面上！

如果是酱油或酱汁、美乃滋等，就要先放进搅拌盆里，再蘸上液体调味。也可用毛刷来涂抹。

趁还很烫的时候移到搅拌盆里，撒上粉末后混合均匀。

很多材料都可以撒或涂抹在表面，可依个人喜好多多尝试！

　　煎饼与霰饼的不同在于它们是由不同的原料做成的。用粳米做成的是煎饼，用糯米做成的是霰饼，而比霰饼还大的就是昔欠饼。由于它们都是利用剩余的白饭或切饼等随处可得的食材就可以制作，做法也很简单，所以很适合在家中自制，当做零食来吃。

　　无论是以上的哪一种都可以依照个人喜好来调味。用食盐或酱油来调味是最简单的方式，完成后也很美味。不过，如果能够发挥创意，尝试用其他人想不到的食材来调味，就更能体验自制的乐趣了！建议您先做一些原味的，然后再尝试使用其他食材，例如常见的七味唐辛子（即七味和辣椒混合的调味料）、咖喱粉，还有大家所熟悉的粗糖、香料类、中华料理的调味料等来调味。

　　另外，制作霰饼或昔欠饼时，如果油炸前切饼不够干燥，就无法炸得脆脆的。虽然干燥需要2~3天，有点耗时，但如果经过日晒干燥后，就可以保存2~3年了。如果正月时有剩余的切饼和镜饼，就趁还没发霉前，赶快让它干燥，再收起来存放吧！

第五章
异国风情篇

椰奶西米露

西谷米煮得好不好是成败的关键！

01 将材料表中的水、细砂糖、淡奶、鲜奶油放进锅内，用橡皮刮刀混合。

02 再加入椰奶混合。

03 一边用橡皮刮刀混合，一边用大火加热。※这样加热可以消除罐头的金属臭。

04 等到完全沸腾、细砂糖都溶解后移到搅拌盆里，隔冰水冷却。散热后放进冰箱冷藏。

05 锅内放大量的水，加热到沸腾后把西谷米放进去。

材料（6人份）

水	150ml
细砂糖	80g
淡奶（蒸馏过的牛奶）	20ml
鲜奶油	30ml
椰奶（罐头）	300ml
西谷米（直径3mm）	30g
荔枝	3个（60g）
水果（草莓、柳蒫等）、薄荷	各适量
香草冰淇淋	80g

必备器具

锅、搅拌盆、橡皮刮刀、长柄勺、网筛、刀子、砧板、汤勺、冰淇淋勺

所需时间 **70分钟**　难易度 ★★☆

06 用汤勺搅一圈混合，然后加热15~20分钟。

07 加热时，将温度调整在让热水一直在滚、保持对流的状态，如果热水减少了，就加些热水。

08 过20分钟后，用汤勺舀起一些看看，如果周围已变成半透明了就放进冰水里浸泡。

09 冷却后，如果白色的芯也变成透明，表示煮好了。※如果芯还是白的，需回锅再煮一下。

10 将锅内的西谷米倒入网筛中，沥掉热水。

11 将西谷米倒入冰水中，放进冰箱冷藏。※如果放在温暖的地方就会融化了。

12 荔枝不要剥皮，用刀子切入，碰到籽后绕着籽转一圈切开。

13 左右扭一下，将左右两半分开，把果肉从皮中取出，用手指取出籽。

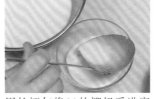

14 用长柄勺将04的椰奶舀进容器中。

15 再将已沥干的西谷米、荔枝、切好的水果、香草冰淇淋、薄荷放入容器中。

失败范例
水煮西谷米时黏在一起了！

煮西谷米时，一定要等到水沸腾后再把西谷米放进去煮。而且要让热水维持在一直在滚，产生对流的状态，让西谷米可以在水中翻腾。如果热水的温度过低，西谷米就会沉到锅底而黏在一起，水也会变稠而无法煮熟。所以，在煮的过程中如果水变少了，一定要再加热水进去。此时加入的水如果温度太低了，锅内的温度也会跟着下降。

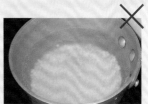

煮的时候，不能让西谷米沉在锅底。

什么是西谷米？

西谷米外观圆润，富有弹性，产于南洋群岛一带，是取棕榈科植物莎木的木髓部，经过粉碎、筛浆过滤、反复漂洗、沉淀晒干至半干燥时，摇成细粒，再行晒干而制成的。西谷米有颗粒的黑西谷米等，不同大小，不同颜色，种类丰富。水煮所需时间大约如下：直径3mm为15分钟，直径5mm为40分钟，直径8mm为1小时。

水煮所需时间依西谷米的颗粒大小而定。

芝麻球

炸的时候要用低温慢慢地油炸！

材料（约18个的分量）

澄粉	50g
热水（约100℃）	50ml
白砂糖	50g
猪油	2小勺
糯米粉	120g
水	100～140ml

内馅的材料

豆泥馅	160g
黑芝麻糊、猪油	各1大勺
研磨白芝麻、炸油	各适量

必备器具

锅、搅拌盆、托盘、橡皮刮刀、油捞网、油炸锅、温度计、量杯、秤、喷雾器、布

所需时间	难易度
100分钟	★★★

01　将澄粉放进搅拌盆里。

02　将热水倒入搅拌盆里，用橡皮刮刀混合。※如果热水的温度太低，面糊就会变得水水的。

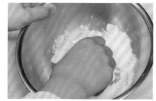

03　等到澄粉吸收水分后加入白砂糖，用手像抓东西般地混合，揉和。

04　再将猪油加入，与03一样用手混合，揉和。

05　将糯米粉与材料表中的水100ml加入搅拌盆里。

06 用手大动作地揉和，将整体混合均匀。

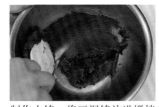

11 制作内馅。将豆泥馅放进搅拌盆里，加入黑芝麻糊，用橡皮刮刀混合。

16 用手掌将15搓圆。先测量09的总重量，再分成18等份，同样搓圆。

07 将面糊集中在一起看看，如果质地很松散，就视情况酌量将剩余40ml的水加入。

12 等11混合到变软后，就加入已软化的猪油，用橡皮刮刀将其混合均匀。

17 将搓圆的小圆面团拿在手上，先拉展成3mm厚度的面皮，再将内馅摆上去。

08 继续揉和。然后捏成圆形看看，如果可以塑形，就OK了。

13 将12移到锅中，边用中火加热边用橡皮刮刀拌和，让水分蒸干。

18 用面皮从内馅的下面包起来，再整理好形状。※包的时候要把内馅放在正中间。

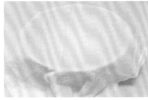

09 布蘸湿，用力拧干后盖在搅拌盆上，然后静置30分钟。※静置一会儿后水分就会完全被吸收了。

14 等到混合过的形状可以留在刮刀上的硬度，就可以关火。分成几等份放在托盘等器具上冷却。

19 用喷雾器将芝麻球的表面喷湿。将研磨白芝麻撒在托盘上，让芝麻球在上面滚，表面蘸满芝麻。

10 将用来制作内馅的猪油放置在室温下软化。

15 等到内馅冷却后，先将其集中成团，再用手揉和。然后测量总重量，分成18等份。

20 用160℃~170℃的低温慢慢地油炸5~6分钟，再把油沥干。※温度太高的话芝麻就会烧焦。

芒果布丁

这是一种让您可以充分品味芒果浓郁香甜味的甜点！

材料（4人份）
芒果·····················3/2个（160g）
吉力丁片·····················6g
热水（约60℃）·············160ml
细砂糖、淡奶（蒸馏过的牛奶）
··························各80g
淡奶酱汁
　淡奶、牛奶·············各30ml
　糖浆（水：砂糖＝1：2，参
　照38页）·················50ml

必备器具
搅拌盆、橡皮刮刀、搅拌器、
长柄勺、刀子、砧板、汤勺、
电动搅拌机

使用的模型

塑胶杯

所需时间 **90**分钟　难易度 ★★★

01　芒果沿着籽将两面的果肉切下来，剥掉果皮，将其中60g切成1cm的块状，其余切成长条状。

03　将长条状的芒果、细砂糖、淡奶、02放进电动搅拌机里，搅拌到质地柔滑为止。

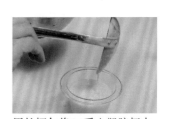

05　用长柄勺将04舀入塑胶杯中，放进冰箱冷藏凝固约1小时。

02　吉力丁片用冰水浸泡约10分钟后拧干，放进搅拌盆里，注入热水，用刮刀混合。底下隔着冰水，散热。

04　将03倒入搅拌盆里，底下隔着冰水，同时用橡皮刮刀混合到变浓稠，再将01切成1cm块状的芒果加入。

06　先用搅拌器混合淡奶酱汁的材料，再浇到05上。最后，如果有的话，可以再用芒果、薄荷做装饰。

目 录

壹 美丽中国

第1章 苍山翠林　　秦岭青山不负人　　　　　　　　　4

上饶：这里的林长有看头　　　　11

浙江：树在心中　　　　　　　　17

国家植物园：扩容增效整合记　　24

第2章 蔚蓝之海　　温州：从填海造堤，到破堤通海　32

青岛猛"浒"十五载　　　　　　39

建"海洋牧场"，三亚十年磨一剑　45

秦皇岛：精准治理造就美丽海湾　52

第3章 大江大河　　以法之名，守护长江　　　　　60

怒江昨与今　　　　　　　　　　65

岳阳：守护好一江碧水　　　　　72

甜城治"沱"记　　　　　　　　79

桂林：百里漓江如画来　　　　　86

第4章 湖光潋滟　　大湖归来　　　　　　　　　　94

洱海之变故事多　　　　　　　100

巢湖治理"辨"与"变"　　　　107

鄱阳湖变　　　　　　　　　　114

让太湖更美　　　　　　　　　121

第 5 章　在水一方　　"世遗名片"诞生记　　128

盘锦：绿苇红滩锦绣画卷　　134

海珠湿地蜕变记　　141

南昌：打造"湿地之城"　　148

第 6 章　万物和谐　　吉祥鸟，从秦岭飞向世界　　156

秦直道，豹出没　　163

西双版纳：为象安家　　169

大熊猫国家公园：不止保护大熊猫　　176

孙卫邦：搭建"植物 ICU"　　183

新疆有个"河狸公主"　　190

贰　众志成城

第 7 章　协同治理　　"绿肥黄瘦"内蒙古　　198

海南有个国家公园　　203

"螺蛳壳"里造千园　　212

天津治海录　　218

为了大河再奔涌　　224

黑龙江：守护"耕地中的大熊猫"　　236

重庆：推进绿色发展，打造"美丽经济"　　242

这十年：蓝天保卫战稳步向前　　248

万类"浙"里竞自由　　254

第 8 章　主动作为　　厦门：市民当"湖长"　　262

成都：探索超大城市治水之道　　266

武汉：湿地花城，快意江湖　　271

南宁有绿金　　277

杭州治水综合施策 283

银川：塞上真江南 289

广州：花开四季的"美丽密码" 296

太原：一泓清水画锦绣 302

兰州：一座城与母亲河的故事 308

第 9 章　重点攻坚

战榆林："硬仗"70 年 316

马鞍山"祛疤"记 324

淮北破局 330

"敢死队"在延庆 336

绿染古城，大同大不同 342

钦州：白海豚与大工业同在 349

宜兴：绿水青山算得清 355

宜昌：长江水清，江豚逐浪 360

叁　久久为功

第 10 章　湿地保护，
　　　　　北京新实践

北京湿地：城、殇、变 368

水从哪里来 383

南海子"变奏曲" 390

小微湿地：社区之宝 396

要保护，不要"保护性破坏" 403

第 11 章　北京：迈向
　　　　　生物多样性之都

葳蕤北京 生机盎然 416

双河大街 1 号喜与忧 425

世界"最孤单"的葡萄 432

奥森公园实践 439

维系共同体需要"惠益分享" 446

北京之变 452

第 12 章　国家公园，　　绿色华章，大美家园　　　　　　　　460
　　　　　　非凡十年　　　虎啸山林，豹走青川　　　　　　　465

　　　　　　　　　　　　　武夷山：园绿茶更香　　　　　　　472

　　　　　　　　　　　　　保护中华祖脉　　　　　　　　　　478

　　　　　　　　　　　　　特许经营，昂赛试验　　　　　　　483

　　　　　　　　　　　　　为了人民福祉而保护　　　　　　　489

第 13 章　高质量建设　　　中国林产业，迈向高质量　　　　　498
　　　　　　森林"四库"　　伊春：激活林下经济　　　　　　503

　　　　　　　　　　　　　淳安：在林海中挖出"第二个千岛湖"　509

　　　　　　　　　　　　　中国竹，千亿大产业　　　　　　　516

　　　　　　　　　　　　　"经营好绿色的城市，不会吃亏"　522

第 14 章　"双碳"承诺　　碳中和，谨防"灰犀牛""黑天鹅"　530

　　　　　　　　　　　　　深圳"双碳"先手棋　　　　　　　535

　　　　　　　　　　　　　碳交易中心落户上海有深意　　　541

　　　　　　　　　　　　　低碳生活应是美好生活　　　　　546

编者按

生态兴则文明兴。

在习近平生态文明思想指引下，"绿色"正成为中国高质量发展的鲜明底色，从南到北、从东到西，各地砥砺奋进，奏出一曲曲"绿色交响乐章"。

讲好中国故事、传播好中国声音，是主流媒体的重要职责和使命。作为瞭望周刊社旗下的媒体机构，《瞭望东方周刊》专注城市研究和传播，以"深耕幸福之道，读懂城人之美"为己任，将生态文明列为五大重点关注领域之一，开辟了常设栏目"绿水青山"，长期报道各地治理案例，持续推出调研专题报道。

本书精选了 80 篇稿件，是近 3 年来《瞭望东方周刊》在生态文明领域的报道合集。在这些报道中，可领略到祖国的山河壮美、勃勃生机，能见证到各地因地制宜、攻坚克难，更能体会到绿色、宜居环境给广大城乡居民带来的获得感和幸福感。上述调研报道依托于新华社各地分社，以及《瞭望东方周刊》编辑记者。他们深入一线、践行四力，获取鲜活素材，触摸时代脉搏，记录下了中国大地上的绿色之歌和时代风采。

在一幕幕"绿色蝶变"背后，是思想理念的提升进步，是国家战略的贯彻落实，更体现着"绣花功夫"般的精细治理。"蝶变"离不开政府的巨大投入，离不开科技的创新助力，离不开城市治理者的倾情付出……历史性成就传递着共同的声音：人民城市人民建，人民城市为人民。

青山行不尽，绿水去何长。

新时代十年，"绿水青山就是金山银山"理念已深入人心，美丽中国建设正如火如荼，愈发精彩。《瞭望东方周刊》将继续履行主流媒体的责任担当，登高望远，为大美中国鼓与呼。

谨以此书献给《瞭望东方周刊》创刊 20 周年！

本书编写组

2023 年 10 月 31 日

美丽中国

我们要推进美丽中国建设，坚持山水林田湖草沙一体化保护和系统治理，统筹产业结构调整、污染治理、生态保护、应对气候变化，协同推进降碳、减污、扩绿、增长，推进生态优先、节约集约、绿色低碳发展。

——2022年10月16日，习近平在中国共产党第二十次全国代表大会上的报告

第 1 章
蒼山翠林

秦岭青山不负人

文 /《瞭望东方周刊》记者姜辰蓉 编辑高雪梅

如何保护好占地约 40 万平方公里、占我国国土面积约 4% 的秦岭山脉，
是秦岭生态保护者不断思考的问题。

第十四届全运会虽已落幕，但千年古都西安的街头，全运会吉祥物"朱朱""熊熊""羚羚"和"金金"的卡通形象仍随处可见。这四个憨态可掬的吉祥物，以"秦岭四宝"朱鹮、大熊猫、羚牛和金丝猴为创意原型。随着这场盛会，"秦岭四宝"栖息的秦岭也备受大众关注。

中华大地，名山大川何其之多，但秦岭却极为独特。秦岭和合南北、泽被天下，

是我国的中央水塔，也是中华民族的祖脉和中华文化的重要象征，属于国家"两屏三带"生态安全战略格局重要组成部分，在我国自然生态环境中具有重要地位。

如何保护好占地约 40 万平方公里、占我国国土面积约 4% 的秦岭山脉，是秦岭生态保护者们不断思考的问题。

山野衍生灵

秦，原本是一个国家，一个时代的名字。2200 多年前，秦人将一座山全部纳入了自己的版图。至汉代，人们用"秦"命名这座山，这就是秦岭。

秦岭山脉全长约 1600 公里，地跨青、甘、陕、豫、鄂、川、渝六省一市，是我国生态安全的重要屏障。秦岭区域是国家南水北调中线工程重要水源涵养区，承担了南水北调中线工程 70% 的输水量；森林覆盖率超过 70% 以上，是大熊猫等许多珍稀野生动物的栖息地。

陕西省林业局局长党双忍介绍，中国国家地理坐标的基准点，即中国大地原点，在西安以北 40 公里处的泾阳县永乐镇北流村。摊开中国地图，最靠近中国大地原点的大山，就是东西走向、恢弘巨丽的大秦岭。也就是说，秦岭是中国地理上的"中

秦岭西安至宁陕段秋景（刘潇／摄）

央之山"。

陕西省林业局数据显示，秦岭种子植物 197 科，1007 属，3446 种，分别占全国同类总科数的 65.23%、总属数的 33.79%、总种数的 14.04%。秦岭野生植物资源极为丰富，有华杉、连香树、山白树、金线槭等 26 种国家重点保护珍稀植物，民间有"秦岭无闲草"之说。

多样化植物造化了多样化动物。秦岭脊椎动物 82 科 642 种，其中兽类 142 种，鸟类 338 种，国家 Ⅰ、Ⅱ 级重点保护野生动物 80 种，最为有名的是朱鹮、大熊猫、羚牛和金丝猴，被称为"秦岭四宝"。

位于秦岭腹地的陕西省佛坪县三官庙，溪水潺潺，树木参天，竹林密集，生存着以大熊猫为主的许多野生动物。保护人员说，三官庙是大熊猫活动密集区域，这里不仅山势平缓，便于熊猫活动、觅食，还分布着大大小小的石洞，其中有很多是熊猫产仔育幼的洞穴。

这里是大熊猫野外遇见率最高的地区。有时候山路转个弯，就能和熊猫"不期而遇"。"每年都会遇到熊猫很多次。熊猫不会主动攻击人，也不怎么怕人。"在村民唐毕秀看来，这里的熊猫很温顺。

唐毕秀家所在的村子，位于三官庙保护站周围。这些年为了保护大熊猫栖息地，祖祖辈辈住在这里的村民们迁往新的居住地，仅剩下了几户村民。

村民们介绍，多年前，山里的人有猎枪，但后来随着保护区的建立，猎枪都被收走了，加上不断的宣传教育，现在偷猎野生动物的情况越来越少。"保护区内野生动物很常见，村民们都不会伤害他们，发现受伤、生病的，还会主动联系保护站。"佛坪县岳坝镇大古坪村村民何文龙说。

唐毕秀说，一些村民现在几乎是保护站的"编外职工"，他们熟悉地形，常和工作人员一起巡山，给科研人员们当向导，或是用马帮运送物资，成为野生大熊猫保护的重要力量。

陕西省林业部门的监测显示，截至目前，陕西"秦岭四宝"中，大熊猫种群超过 367 只，野外种群由多年前的 273 只增加到 345 只，栖息地面积 540 多万亩。羚牛和金丝猴数量也持续增长，分别达到 4000 只和 5000 只。曾经濒临灭绝的"东方宝石"朱鹮，更是由 1981 年的 7 只发展到目前的 7000 余只，从秦岭腹地飞向黄土高原，从陕西洋县飞向世界各地，成为全球鸟类保护的典范。

在秦岭地区，林麝、金钱豹也不断"添丁进口"。林麝种群近 2 万只，栖息地面积达 4800 余万亩；销声匿迹多年的金钱豹不仅再次出现，数量也在不断增加。

密织保护网

2018 年，在中央派驻工作组的指导下，秦岭北麓西安境内违建别墅专项整治基本实现了政治上查清、整治上彻底、长远上规范的预期目标。陕西省对秦岭违建问题坚持紧盯不放，持续巩固拓展专项整治成效。秦岭迎来"史上最严"保护。

2018 年 7 月陕西省委印发《关于全面加强秦岭生态环境保护的决定》，2019 年 9 月陕西省人大修订通过了《陕西省秦岭生态环境保护条例》，陕西省政府印发了《秦岭生态环境保护的行动方案》，修编了《陕西省秦岭生态环境保护总体规划》和 8 个省级专项规划，涉秦岭市、县印发实施了保护规划，基本形成全省秦岭保护"1+N"规划体系。并出台《秦岭重点保护区、一般保护区产业准入清单》，严把项目准入关口。

2021 年 8 月 20 日，陕西秦岭大熊猫研究中心，工作人员帮助大熊猫丫丫为幼仔哺乳（张博文／摄）

秦岭羚牛在森林中"漫步"（陶明／摄）

陕西佛坪县熊猫谷内的秦岭金丝猴（刘潇／摄）

移民搬迁、退耕还林、天然林保护、生态修复等一系列生态工程，在秦岭区域不断实施。在陆续建设秦岭国家植物园、大熊猫国家公园之后，2021 年 10 月，秦岭国家公园创建获正式批复。秦岭保护"重磅加码"，秦岭核心资源将得到原真性和完整性保护。

积极推进矿权退出，涉及秦岭重点保护区以上的 169 个矿权完成退出；稳步推进小水电站整治，已累计拆除 298 座、退出 81 座、整改 56 座。在加大常态化执法检查力度的同时，组织开展联合执法检查、交叉检查、明察暗访。

作为秦岭主体所在地的陕西省，还探索出一套"人力保护"与"科技保护"相结合的"智慧"模式，取得了良好成效。

陕西连续 3 年对涉秦岭 6 市和省级有关部门进行年度目标责任考核，落实自然资源资产离任审计和生态环境损害责任终身追究制度。建立起秦岭生态环境保护信息化网格化监管平台，配备网格员 6404 名。

同时，创新保护手段，依托生态大数据，筹建"数字秦岭"，充分运用物联网、大数据、云计算等先进技术手段，建立起天地空人网一体、上下协同、跨部门信息共享的"智慧大脑"，在生态环境立体监测、防火防汛应急管理指挥分析、病虫害防治、生物多样性保护以及日常巡护管理等方面发挥了重要作用。

秦岭西安段有 48 个大的峪口，其中西安市长安区有 10 个主要进山通道。作为西安市的后花园，秦岭北麓一直是西安市民假日休闲的首选地。经粗略统计，旺季周末两天，一般能接待游客六七十万人，产生垃圾 900 多吨，需要一周才能清扫干净。

为合理引导和管控游客，西安市秦岭沿线县区设立了 15 个保护站，通过智慧管控系统 24 小时管护，并结合地面调查、热感应、遥感监测、无人机等高科技手段，

2020 年 5 月 26 日，陕西省洋县溢水镇老庄村朱鹮

形成一体化的动态监测网络。

在长安区秦岭子午峪保护总站，记者看到，"智慧大脑"监控指挥室的屏幕上，进山游客信息、车辆信息、道路实时情况等一览无余。工作人员介绍，通过监控画面，如果发现违规乱挖植物、危险涉水、乱扔垃圾、林区燃火等情况，可以实时在监控室喊话提醒，或派附近巡查人员及时制止。"智慧大脑"与人力防控相结合，让秦岭生态保护面貌焕然一新。

人不负青山

秦岭主体在陕西境内，其中段被称为终南山，终南山距离西安市中心仅30余公里。风清日朗时节，居于市中心，近看，是"长安大道连狭斜"的都市繁华；远眺，是"白云回望合，青霭入看无"的淡然出世。这时就不难理解，为何从古至今，终南山的"隐逸文化"绵延不绝。

终南山中不仅有隐士，还有不少村落，村民们世居于此。陕西省西安市鄠邑区白龙沟村，就是这样一个村子。白龙沟村坐落在终南山脚下，因附近山沟中一块巨型白石横跨山溪之上，形似白龙汲水而得名。

在白龙沟村，原本占地5亩、建在终南山缓坡上的12栋别墅，2018年被拆除了。白龙沟村党支部副书记李树林说，与这5亩地的经历一样，白龙沟村人走过很长时间的穷路，也走过牺牲生态赚钱的弯路。直到秦岭违建别墅整治，才让白龙沟人真正警省。

在李树林的讲述中，白龙沟村30多年的发展之路逐渐呈现……

白龙沟村的几千亩耕地中，旱地占多数。20世纪80年代之前，人们以种地为生，靠天吃饭。"主要种的是小麦、玉米，很多地浇不上水，每亩地产量也就500来斤，勉强糊口。"李树林说。

20世纪80年代，随着中国的经济改革率先在农村突破，许多地方开始富起来。白龙沟人的心思也开始活动。

几年后，村里终于成功引进一家砖厂，村子东面秦岭缓坡上有一块属于村集体的荒地，被用于建厂、取土。砖厂建好后，上空冒起了烟，村里的许多壮劳力都在农闲时节到厂里打工，补贴家用。

"砖厂办了十来年，红火了一阵，但天天烟熏火燎。"2000年，老板撤走不干，砖厂成了烂摊子。人们记忆中的荒坡也变了样：山体因烧砖取土，后退了许多米，大片裸露的断面仿佛丑陋的伤疤；车辆的碾压、煤渣的渗透，让原本覆满青草的地面成了瓦砾垃圾堆。长年高温烧砖改变了土质，土地一直无法耕种。面对这个烂摊子，村里没钱也无力改造。

时间跨过 2000 年，不少地产开发商看中了秦岭的优美环境，纷纷在秦岭北麓圈地建别墅。这股热风甚至刮到了离城区 40 多公里的白龙沟村。"2010 年左右，有开发商找到村里说，想包这块地。村里人合计了下，觉得也是好事。"李树林说。一些村民还存在念想：城里人来我们这里住，说不定能带动村里经济发展。

但之后许多人却后悔了。别墅 2012 年动工，断断续续建了好几年，一直没封顶，预想中的城里人没有来，未完工的别墅和多年前因取土被挖断的山坡一起，成了白龙沟村人的难言心病。那些别墅位置高，正对着村里的主道，与背后的青山、连绵的果园和排排的农居格格不入。

2018 年，在党中央直接领导下，陕西省秦岭北麓西安境内展开违建别墅专项整治行动。此次整治中，秦岭北麓西安境内共依法拆除 1185 栋违建别墅，白龙沟村还未封顶的 12 栋违建别墅也在其中。很快，别墅不见了，建筑垃圾也被移走，5 亩地被修整成了齐整的耕地。

走在田埂上，李树林感觉眼眶酸涩，过去很多没想明白的事，这下子都想明白了。"过去就想挣快钱，不过穷日子。但地卖了、生态破坏了，村里还是没有真正富起来。我们祖祖辈辈都住在秦岭山下，怎么能靠破坏这山过上好日子？"

近年来，白龙沟村的山坡上和山脚下，陆续种植了许多桃、杏、猕猴桃等果树。在当地政府和村委会的带动下，许多村民沉下心来侍弄果园，白龙沟村的果园面积不断增加，水果品质也不断提高，做得好的人家每亩地每年收入都能上万元。

昔时，"云横秦岭家何在"，大山是发展的阻隔，致富的障碍。如今，出门见青山，往来皆亲友。"有乡愁有乡亲，这日子谁还能说不美？"李树林说着笑开怀。

"人不负青山，青山定不负人"，这已成为许多秦岭山村的共识。果蔬等绿色产业在秦岭山下蓬勃发展。终南风光、田园秀景，吸引了不少游客前来游玩。水果采摘、乡村旅游，正在成为这里的新业态。

"当好秦岭生态卫士，让秦岭的美景永驻、青山常在、绿水长流"，是人们共同的期盼。

（本文首发于 2021 年 11 月 11 日，总第 842 期）

上饶：这里的林长有看头

文 /《瞭望东方周刊》记者郭强、熊家林　编辑高雪梅

从 2018 年起，上饶在全市全面推行林长制，努力以"林长之制"推动"森林之治"。

地处赣东北的上饶市素有"上乘富饶、生态之都"的美称，是江西省林业大市，也是国家森林城市，森林覆盖率稳定在 60% 以上，境内拥有三清山、武夷山、龟峰等世界自然遗产和世界地质公园。

上饶所在的江西是首批三个国家生态文明试验区之一，也是全国较早开始探索实施林长制的省份之一。从 2018 年起，上饶在全市全面推行林长制，通过常态化巡林、网格化管理、目标化考核等，使林长制不成为"挂名制"而是"责任制"，同时做好管绿护山、增绿添彩、点绿成金等"绿文章"，努力以"林长之制"推动"森林之治"。

不是"挂名制"而是"责任制"

春节前，余洪雷和以往每个季度一样，拿着"四单一函"和护林员一起走入林间巡林。

他是上饶市玉山县县长，也是当地县级副总林长。所谓"四单一函"就是责任区域森林资源清单、主要问题清单、工作提示单、问题整改反馈单及督办函，让林长巡林前有问题督导，巡林后有问题整改反馈，提高巡林质量。

"没想到县长能定期和我们护林员一起巡林，他还夸我把周边林地保护得很好

夕阳下的江西省玉山县风景

嘞！"玉山县四股桥乡山塘村护林员方和先说。

从2018年起，上饶全面推行林长制，全面建成覆盖市、县、乡、村的四级林长组织体系，目前共确定市级林长15名、县级林长203名、乡级林长2069名、村级林长3981名，明确了各自的责任区域。

"林长制不是挂名制而是责任制。"上饶市林业局林长办负责人刘苗苗说，以前保护发展森林资源是林业部门的责任，实行林长制后，各级党政领导成为责任主体，改变了林业部门"单打独斗"的局面。

记者了解到，江西省建立林长制目标考核体系，将考核结果作为党政领导干部考核、奖惩和使用的重要参考，上饶市也将林长制考核纳入各级政府年终考核考评内容，并要求市级林长巡林每半年1次，县级林长巡林每季度1次，乡镇（街道）林长巡林每月1次，村级林长常态化巡林。

"我每个月都会去片区巡林一次，同时定期向县级林长办汇报片区内的情况，这时刻提醒我要绷紧这根弦，扛起森林资源保护发展的责任。"上饶市万年县裴梅镇党委书记、乡级林长陈长泉说。

据统计，2018年以来，上饶市市级林长和县级林长累计到各自的责任区域开展林长制专题调研或督导等巡林活动超过 1000 次。

守护青山，责任落到人头上，管护则需落到山头上。在推行林长制的同时，上饶通过加大资金投入、整合各种护林相关岗位，形成一支稳定的专职护林员队伍，将全市 2077 万亩林地划为 3018 个网格，交由 3018 位专职护林员，进行网格化管护。

万年县裴梅镇荷桥村村支书、村级林长邵波春说，以前村里有不少护林相关的岗位，比如森林防火员，到了清明冬至等需重点防火的季节便戴上红袖章上山巡林，一般都是按天结工资的临时人员；公益林护林员成为帮助贫困户脱贫的公益性岗位，平均年龄超过 60 岁。

"整合岗位、提高待遇以后，我们护林员队伍更稳定了，责任意识更强了。"荷桥村专职护林员程国爱说，如今村里专职护林员队伍平均年龄 50 多岁，他们每天要巡护 2 小时、3 公里以上，每个月至少巡护 15 天，工资中 70% 为基本工资，30% 为绩效考核，表现越好工资就会更高，大伙巡林积极性高了不少。

管好林的前提，是管好护林员。上饶市以卫星卫片为底图，全面实行网格化管理，同时搭建了 App 信息化管理平台和护林员巡护管理系统，真正做到山有人管、树有人护、责有人担。

"护林员曹中书，网格号 47 号，护林面积 5890 亩，今日巡林 3.5 小时。"在上饶市万年县林长制大数据智慧平台，只见大屏幕上辖区护林员的信息一目了然，甚至他们的巡护路线都实时显示出来。

"护林员开启'林长通'App 后，系统每 15 秒会刷新一次定位，以点连线描绘出实时巡护路线。"万年县林业局林长办主任张丽君说，护林员反馈的各类上报事件也会在大数据智慧平台进行汇总，并分发给相关部门处理。她打开"林长通"App，随机选择 2021 年三季度上报的事件台账，其上显示 9 月份共上报事件 139 起，包括病虫害 45 起、森林火情 52 起、乱砍滥伐 18 起等，都已经处理完毕。

从市级林长、县级林长、乡级林长、村级林长到专职护林员，上饶市层层压实保护发展森林资源的责任，若落实不到位则会被倒查追责。

2021 年，上饶市广信区尊桥乡东田村挖山毁林建养殖场，护林员未及时上报，当地通过倒查对相关责任人进行了严肃追责，其中，对乡级林长进行约谈提醒，对乡级副林长进行诫勉谈话，对村级林长给予停职处理，对生态护林员给予解聘。刘苗苗说，2021 年，上饶市共辞退履职不到位护林员 52 名，追责问责 106 人。

以"林长之制"推动"森林之治"

实施林长制后，森林资源保护发展的责任主体变了，森林资源保护发展的状况也随之改变。记者在上饶采访发现，各级林长通过做好管绿护山、增绿添彩、点绿成金等"绿文章"，以"林长之制"推动"森林之治"。

"我巡林时发现了一棵病树，砍好后交到疫木公司处理。"上饶市玉山县张岭村护林员肖宽任虽然只有初中文化，但他通过语音转文字功能，在"林长通"App上很方便就能上传信息并拍照记录。

上饶通过以卫星图片为基础的常态化森林督查和"林长通"App信息化监督管理平台，推动森林资源保护管理落到山头地块，每季度对卫星图片进行比较分析，结合采伐、火烧、营造林、项目建设等数据，提前发现疑似非法图斑，及时整改恢复，使森林资源得到有效保护。

江西上饶万年裴梅镇护林员蒋长城在巡林（曹中有/摄）

2021年，上饶市弋阳县龟峰景区金钟顶的落叶因雷击起火，护林员危幸在"林长通"App上传相关信息后，相关部门工作人员迅速赶到现场，仅用30分钟就把火扑灭。危幸说，如今，检察、公安、应急等与林业保护发展相关的14个部门成为林长制协作单位，发现问题通过"林长通"App将信息分发到相关部门，大大提高管护效率。

据统计，实施林长制以来，上饶市森林督查问题图斑数量从2018年1009个下降到2020年541个，森林火灾发生率与前五年同比下降45.8%，国家重点保护野生动植物物种保护率达到了95%以上。

冬季，上饶市德兴市德兴铜矿4号库飞来了数百只白天鹅在湖面林间起舞嬉戏，这是以前难以请到的"生态旅客"。

拥有亚洲最大露天铜矿的德兴市是我国重要有色金属工业基地,有 1800 多年的矿业开采冶炼历史,废弃矿区面积较大。然而,废弃矿山的生态修复是一个系统工程,靠单一部门牵头推进难度重重。

实施林长制以来,德兴市由市委书记担任总林长,下设分级林长,林业、自然资源、交通、水利等部门都被调动起来形成合力。截至 2021 年,当地投入 7000 余万元完成 319 个老窿硐和 43 个废弃矿山综合治理。

推行林长制,一个重要任务是把森林资源总量做大、质量做优。上饶以林长制为抓手,在重点区域开展绿化、美化、彩化、珍贵化建设,使全市活立木蓄积量、林地保有量、森林保有量逐年增长。

记者采访发现,林长制还成为上饶依托绿色生态优势,发展打通"两山"转化通道的重要助力,目前全市共组建林业专业合作社 679 家,入社林农 13.5 万户。

走进上饶市玉山县下塘乡新塘村,只见漫山遍野的苍翠香榧随风轻轻摆动枝条,涌动起伏的绿色波浪。"以前我们守着绿水青山却不晓得怎么变现,如今我们不仅有 760 亩香榧基地,春蜜桃、杨梅种植也提上了日程。"新塘村村支书、村级林长罗来椿说。

上饶还依托绿色生态优势,发展全域生态旅游,目前全市有 3 个 5A 级景区、34 个 4A 级景区,数量位居全国设区市第一,在江西率先实现"县县拥有 4A 景区"。

上饶市广信区罗桥街道办樟村村引进旅游开发公司开发建设拈花湾旅游景区,让林地和荒滩升级成为"花海",以花卉苗木景观为卖点,集餐饮、观光、户外运动、游乐场等业态于一体,平均每季度仅门票收入就达到近 200 万元,带动 223 户 581 名脱贫户增收。

"如今在'花海'里做事,每个月工资有 4000 多元,不比以前在外地工厂务工赚得少。"樟村村村民郭大熊为照顾家人回乡发展,如今在拈花湾旅游景区工作,在家门口就吃上了"生态饭"。

从"全面建立"到"全面见效"

河长守护绿水,林长守护青山。作为生态文明建设的重要制度之一,我国提出全面推行林长制,确保到今年 6 月全面建立林长制。一些基层干部结合先行探索认为,在推行林长制过程中,需在体制机制、部门协作、资金保障等方面进一步深化探索,加快推动林长制从"全面建立"到"全面见效"。

一是以党政领导负责制为核心，破解发展与保护失衡问题。江西省林业局二级巡视员倪修平说，随着各地加快发展，用地需求越来越多，侵占林地现象时有发生。以往，地方发展的责任主体是地方党委政府，而林地保护主要靠林业部门。如今，林长制的推行让地方党政领导成为林地保护的责任主体，在一定程度上缓解了地方发展与林地保护失衡问题，但在推行过程中必须完善林长巡林、部门协作、信息通报、督察督办、考核评价等配套制度，将以党政领导负责制为核心的责任制落到实处，防止林长制成为"挂名制"，责任虚化。

二是加强对各级林长培训指导，提升保护发展森林资源的能力。一些基层林业部门干部表示，许多林长并非林草系统或相关专业出身，加强对各级林长的系统性专业培训指导非常重要。如上饶制作了包括"四单一函"在内的林长巡林手册，如责任区域森林资源清单让林长对责任区域内森林资源家底和增减情况做到心中有数，主要问题清单告诉林长责任区域内存在的问题，工作提示清单告诉林长哪些工作需要推动等，不断提升林长履职能力。

三是加大资金投入，打造一支稳定的基层林业管护队伍。刘苗苗说，多数地方统筹现有公益林和天然林管护补助、村级森林防火补助等资金，用于护林员基本的薪酬保障，但一些没有公益林、天保林护林员或生态护林员的行政村管护经费落实困难，护林员薪酬低，影响了工作积极性，希望在进一步加大投入的基础上，逐步将专职护林员队伍打造成集森林资源管护员、应急事件处置员、政策法律宣传员、林业技术推广员、森林资源调查员等于一体的基层林业管护队伍。

四是推广"林长＋产业"模式，进一步激发"两山"转化潜力。记者在采访中发现，上饶一些地方通过"林长＋产业"模式，推动林长制从注重森林资源保护管理向森林资源保护和发展并重转变，发展期茶叶、油茶、雷竹等产业群，让乡村振兴找到了富民新业态。

部分基层林业人员认为，当前一些地区森林经营水平不高，林地生产潜能未充分发挥，表现为：规模以上林产品加工企业发展不足，资源加工利用转化升值不够；林权流转机制不活，林地权属分布碎片化严重，资源变资产、资产变资金难度大，林农林企林权融资难、变现难；森林生态系统服务功能价值长期被忽略，生态产品价值实现机制尚未形成等，建议在推行林长制中借鉴"林长＋产业"模式，进一步激发"两山"转化潜力，让更多绿水青山变为金山银山。

（本文首发于 2022 年 2 月 17 日，总第 849 期）

浙江：树在心中

文 /《瞭望东方周刊》记者方问禹　编辑高雪梅

在浙江大地，无论城市或乡村，用心守护古树名木，正在成为全民的共识和行动。

在浙江天目山国家级自然保护区开山老殿下方，海拔 960 米处的悬崖峭壁上，生长着一株中生代孑遗植物天目山野银杏，树龄约 12000 年，树高 29 米，平均冠幅 17 米。

它是历经沧桑而幸存的"活化石"，以"古"称绝，其基部世世代代萌发出 22 枝小植枝，已经"五世同堂"。

守村头、藏深山、隐古刹，古树名木是"活文物"，一语不发，道尽千年。

乡愁记忆

驮尖山脚下，8 棵红豆杉守望着一个古老村落——温州市瓯海区泽雅镇坑源村。村里老小都知道，大概在 700 多年前，有黄姓人家从福建莆田迁居于此，16 岁的黄岩贵种下了这些红豆杉。

在莆田老家，黄岩贵是财主家的长工，他与财主的女儿互生情愫，但由于身份差距，两人难以修成正果。离开莆田时，他在平日幽会的红豆杉树下挖了 8 棵苗。当一行人决定在坑源村定居时，他把树苗种在了村口。

到如今黄姓村民繁衍至第 27 代，这 8 棵"青水树"已经长成参天大树，平均树高 21 米、胸径 4.5 米、冠幅 13 米。

在浙江天目山国家级自然保护区开山老殿下方，海拔 960 米处的悬崖峭壁上，生长着一株中生代孑遗植物天目山野银杏，树龄约 12000 年（张国平/摄）

  这段历史也让坑源村人对红豆杉情有独钟。站在村口眺望，300 多亩、80 多万棵红豆杉树已经成林，簇拥在民居周围和丘陵山坡地里。也因为这段故事，不少游客慕名赶到"红豆杉第一村"，在古树群下流连忘返。

  与凄婉的红豆杉恋情相比，在 170 公里之外的浙江松阳县杨家堂村村口，一对"夫妻树"显得更加圆满。这是两棵连着根脉的古樟树，已经有 1200 多年历史。

  从古树下走进杨家堂村，能看见 20 多幢土木结构的清代建筑依山而建，坐落于斜坡之上，整个村落上下屋高低落差约 2 至 3 米，伸展高层 200 米，马头墙错落有致、连绵成片，是松阳县典型的阶梯式传统村落，被称为"江南的布达拉宫"。

  古树林立的杨家堂村，村落全部由红泥墙垒砌，巷弄由块石铺就。根据"五龙抢珠"地形设计，位于对面山、屏风山、祖坟山、大山脚、上山头五座大山合拢形成的坡地中，五龙社庙正好位于山脉末端，形成五龙欲抢之势，镇守全村安宁。

  一棵树、一座庙、一口井，构成了中国传统乡村的典型意象。它们寄托着人们吉祥、富足、长寿、安康的祈求，承载了中国人千百年来的乡愁记忆和文化印记，更是游子记得住乡愁、找得到回家路的最好标识。

  相较日渐颓败的古庙、古井，与岁月同寿的树木更显弥足珍贵，越老越有韵味。

  瑞安市湖岭镇贾岙村口，一棵树龄超过 1000 年的银杏树至今生机勃勃，每年初冬时一身金黄。这棵高 25 米、胸围 7.3 米、平均冠幅 30 米的古树植于唐朝，是浙江省境内现今存活最久的银杏之一。

村民何喜年说，村里老一辈人喜欢在这棵树上挂红绸带，写下朴素的心愿，如今不少年轻人同样相信古树有"神灵"，结婚时在树下双双祈愿百年好合。

道尽千年

浙江天台县国清寺内住着一枝梅花，因其由隋代高僧、天台宗五祖章安灌顶大师手植，故被称之为隋梅。据考证，隋梅距今已有约 1400 年历史，是国内三株最古老的梅树之一。

梅花素以高洁、素雅而深受喜爱。古往今来的文人墨客来天台山游览，总以一睹隋梅英姿为快，并竞相撰文吟咏。邓拓《题梅》诗说：剪取东风第一枝，半帘疏影坐题诗。不须脂粉绿颜色，最忆天台相见时。

古树是指经依法认定、树龄 100 年以上的树木；名木是指经依法认定的稀有珍贵树木和具有历史价值、重要纪念意义的树木。

古树不仅以其年代久远、景观独特见长，也因其蕴含的丰富历史意义而受到广泛关注。它们是活的历史，联接着过去、现在和未来。其中一些历尽世事变迁及岁月洗礼，在跨朝历代中成为"名木"，化作社会历史不可分割的一部分。

在绍兴市延安路的路中央，一棵树冠宽度达到 20 米的古树，几乎盖住了整条马路。大树荫下，来往车辆川流不息。

这棵香樟树已经 1045 岁了。在古城绍兴，现存有古树名木 92597 株，其中一级古树（树龄在 500 年以上）4002 株、二级古树（树龄在 300 年以上 500 年以下）25516 株、三级古树（树龄在 100 年以上 300 年以下）63076 株，名木 3 株。

"我们看到的这棵树，和陆游当年看到的那棵是一样的。"已是耄耋之年的周诗湘、韩宗意夫妇，上世纪 80 年代开始就住在"大树下"。退休前曾担任语文老师的周诗湘说，这方水土很养人，他的家庭在这里生根发芽，如今已经孕育出了第四代。

1972 年美国总统尼克松访华时，周总理陪他在杭州种下了一棵象征中美友谊的红杉树。当年，杭州城还唱起《红杉树》歌曲，以树喻情，祝愿中美关系恢复后友谊长存。

事实上，人们对古树名木的偏爱，除了感性元素，还来源于生物科学。这些繁盛成百上千年的生命体，随季相变幻色彩斑斓，是森林资源中的瑰宝，蕴含着极其珍贵的生态价值。

有"植物活化石"之称的百山祖冷杉，生长于海拔1700多米的浙江丽水市庆元县山区，是中国特有的古老孑遗植物。该树1963年被发现，1976年定名，1987年被世界自然保护联盟公布为世界最濒危的12种植物之一。

百山祖冷杉原生树仅存三株，被认为是第四纪冰川期冷杉从高纬度的北方向南方迁移的结果，对研究中国东南沿海冰川地质、古气候和植物区系演替等具有重要科学价值。

一树一策

百山祖冷杉自然有性繁殖能力极差，据观测，平均5至6年才开花结果一次，种子自然萌发率极低，也导致其常规人工无性繁殖困难。

2022年2月8日，浙江省台州市天台县国清寺千年隋梅花姿正俏，喜迎客来

丽水市庆元县百山祖管理处介绍，为了这三棵"活化石"的生息繁衍，当地进行了长年累月的科研探索，付出了大量艰辛的劳动。

1977至1986年，以百山祖冷杉发现者、教授级高级工程师吴鸣翔为代表的林业工作者，先后采用异砧嫁接、扦插等多种方式嫁接试验。如今，保存下来的14株嫁接树已开"花"结"果"。

有"浙南林海"之称的丽水，古树名木资源占据了浙江全省近五分之一。当地正奋力打造浙江大花园最美核心区，聚力实现高质量绿色发展，古树名木保护工作也被赋予了新要求：在实现资源保护的同时，更要求站在发展潮头看保护，推动古树名木蕴含巨大价值的转化，让古树焕新颜。

在浙江大地，无论城市或乡村，用心守护古树名木，正在成为全民的共识和行动。

嘉兴市按古树保护级别并结合古树所在地保护工作现状，实施三级"树长"制，由政府四套班子分管领导担任一级古树"树长"，相关部门为工作联系部门，所属区、镇（街道）负责人担任二、三级古树"树长"，按照"一树一策"要求履行"树长"和联系部门职责，建立巡查日志。

在嘉兴市秀洲区新塍镇康和桥村，86 岁的老人景来生前些年多次拒绝他人高价收购自家屋后 120 多年树龄的古朴树，近年来又担心自己年岁已高无力照看，决定将它无偿捐赠给政府。

宁波市现有古树名木 6300 多株，其中一级古树（500 年以上）585 株、二级古树（300 年 – 499 年）999 株、三级古树（100 年 – 299 年）4744 株，名木 8 株。全市有古树群 99 处，群状古树 2993 株。

2018 年 11 月，宁波发布古树名木认养项目，吸引不少企业和市民积极参与。其中指定类认养为一级（500 年以上）古树名木，每株每年认养费用是 5000 元，一次性认养 10 年；非指定类则是出资认养在全市范围内各级古树名木（100 年以上），费用为 200 元。结对成功后，指定类古树将由县级以上古树名木行政主管部门、认养方、被认养方签订三方认养协议，颁发认养证书。

"能认养这棵千年树王金钱松，我感到非常幸运与荣幸。"宁波市民王剑勤出资 5 万元参与古树认养，他坦言这是非常值得去做的事：既是为自己，为子孙后代，也是为环境、为家园，更为宁波这座东方文明之都的保护和建设添砖加瓦。

记者了解到，2017 年宁波启动古树名木普查登记，建立了古树名木数据库。市民用手机扫描铭牌上的二维码，即可获得这株古树的地理定位、生物学特性、历史传说、生长情况以及保护认养信息。

2014 年，绍兴市新昌县率先与中国人民保险公司会商设计了保险额度、赔付对象、赔偿限额等内容的古树名木公众责任险，每年投入约 5 万元，全年累计最高可赔偿 60 万元。

手中有招

心中有树，手中有招。当前浙江省着力推进高质量发展进程中，对古树名木的关注和保护，已经形成较为完善的制度支持。

——为古树名木换上"新一代身份证"。2019 年 7 月，通过全省上下三年来的

2021年4月19日，杭州第二绕城高速西复线次坞服务区的3棵树龄在100年以上的古树

共同努力，历经技术培训、外业调查、内业整理和质量检查四个阶段，浙江省新一轮古树名木普查圆满完成。

据统计，浙江全省现有古树名木27.5万株，比2012年增加5.7万株；其中香榧居首位，共有82579株，占全省古树名木总数量的30.04%；其次为樟树、枫香、苦槠、马尾松、榧树和银杏，数量均超过1万株。

这轮普查全面摸清了浙江省古树名木资源状况，反映出古树数量多、种类多以及古树群多三大特点，具有独特的森林景观和历史积淀。存活的古树中，国家一级保护有13408株，二级保护有50545株，三级保护有210829株；名木147株。此外，在3637个古树群中，有古树（含名木）168250株，占总数量的61.20%；散生古树106679株，占38.80%。

——救助保护技术日趋成熟。随着树龄增加，生理机能逐渐下降，加之人为因素、自然条件或病虫害的侵入，古树名木往往会出现枝干折断、伤口溃疡等情况。这些原因造成的伤口未能及时处理，长期外露的木质部会因雨水浸渍、病菌侵染而逐渐腐烂，形成树洞，严重时造成树干中空，降低树干坚固性，从而缩短树木寿命。

《瞭望东方周刊》记者了解到，排除妨碍、土壤通气、水肥管理、围栏保护、病虫防治等成熟举措，已经在浙江各地保护古树名木的实践中得以普遍应用。

在保护实践中，浙江逐渐形成了通过仔细走访评估古树生长历史、立地环境、生长势，"考古"手法探索古树原根茎生长、次生根萌发，解剖方法剖析地下土层结构、土壤干湿度、涵水位等一整套成熟保护技术。

——保护制度基本建立完善。2016 年 10 月浙江出台《浙江省古树名木保护五年行动方案（2016 年—2020 年）》的中长期规划，以采取加强制度建设等四项保障措施来完成全面保护等十项主要任务。2017 年 6 月，浙江出台《浙江省古树名木保护办法》，以政府规章的形式，为全省古树名木撑起了法律的"保护伞"。

2018 年 6 月、9 月，浙江省林业厅、浙江省住建厅联合出台《浙江省古树名木认养办法》和《浙江省古树名木认定办法》，在古树名木认养形式、认定程序等方面作出了明确规定。此外，《浙江省古树名木健康诊断技术规程》《浙江省古树名木保护技术规程》也相继建立。

浙江省林业厅表示，这些规章制度、技术规程的陆续出台，填补了浙江省古树名木保护政策制度、技术规范等方面的空白，还初步形成了政府主导，乡镇部门联动、社会各界齐抓共管古树名木保护的新机制。

（本文首发于 2022 年 4 月 14 日，总第 853 期）

国家植物园：扩容增效整合记

文 /《瞭望东方周刊》记者王剑英、杨淑君　编辑高雪梅

南北两园扩容增效整合一年,效果如何? 作为位于大国首都的国家植物园,如何发挥示范引领作用?
过程中遇到何种挑战,又如何破解?

　　4 月的北京，香山脚下，国家植物园北园内，一年一度的桃花节将京城最美桃色
如约奉上，碧桃园里，红白碧桃、绛桃、寿星桃等 70 个品种、万余株桃花盛开，装
点出一方桃花世界。

　　入园前，很多游客在刻有"国家植物园"五个大字的一块巨石前拍照留念。而
一年前，这里刻着的还是"北京植物园"。

　　2022 年 4 月 18 日，国家植物园正式揭牌，这是我国第一个国家植物园，由中科
院植物研究所与北京市植物园整合而成，总规划面积近 600 公顷。中科院植物研究
所在马路南边，北京市植物园在马路北边，两家单位仅相隔一条香山路，因而也被
分别称为"南园"和"北园"。

　　扩容增效整合一年，效果如何? 作为位于大国首都的国家植物园，如何发挥示
范引领作用? 过程中遇到何种挑战，又如何破解? 日前，《瞭望东方周刊》探访了国
家植物园。

变化，惊喜

　　在国家植物园售票处，市民周女士花 10 元钱买了一张入园通票，她打算先逛面
积相对小些的南园，再逛北园。她来过北园很多次，这里景色优美，除了看各色花草、

国家植物园湖区

著名的大温室，还能沿着樱桃沟的溪涧漫步，游览卧佛寺、曹雪芹纪念馆等多处历史文化景点，年游客量达 350 万人次。而南园，周女士却是第一次游览。

南园过去也对公众开放，不过它更像一个略带神秘感的科研大院，很多游客此前甚至不知道这里也可以买票参观。但在植物学界，中科院植物研究所大名鼎鼎，历史可追溯到 1928 年，拥有包括 4 名院士在内的全国顶尖植物科研团队，以及亚洲最大的植物标本馆。其温室的镇馆之宝是一棵菩提树，系 1954 年印度总理尼赫鲁访华时赠送给中国的国礼。

周女士很高兴，因为两园整合又"解锁"了一个新的好去处。

整合之后，2022 年南园游客量是往年的 2.5 倍。

除了人气更旺，南园还有很多大变化。

南园牵头重组了植物生物多样性与特色经济作物全国重点实验室。该实验室整合了中科院两所三园（中科院植物研究所、昆明植物研究所、华南植物园、武汉植物园和西双版纳植物园）的核心力量来组建，聚焦于植物多样性研究、保护和科学利用中的重大科技问题，为我国生态文明建设、植物资源安全保障和农业转型发展

2022 年 10 月 11 日，北京，国家植物园南园举行"蕨代风华"蕨类植物专题展

提供科技支撑。此外，植物种质资源研究中心、珍稀植物迁地保护基础设施建设等重要项目亦在申报之中。

"发挥南园在科研方面的优势，助力推进国家植物园建设。"国家植物园（南园）执行主任孙国峰告诉《瞭望东方周刊》。

在植物标本收集方面，南园也加快了脚步，目前标本量已达 301 万份，相比一年前增加了 21 万份。

在北园，同样有惊喜。

"根据规划，樱桃沟后山近 300 公顷的山林将被划入国家植物园，成为原生植物保育区。"国家植物园管委会主任贺然告诉《瞭望东方周刊》，这片山林让整个植物园扩容约一倍，海拔最高可达约 600 米，远超原来的 200 多米，意味着可将许多亚高山植物引种入园保育，弥补此前这方面的短板。

北园温室也将升级扩容。北园大温室一直赫赫有名，开放于 2000 年，是当时亚洲最大的现代化单体展览温室，建筑面积达 9800 平方米，收集展示植物 6000 余种。借力国家植物园建设东风，北园将打造五洲温室群，收集五大洲的代表性植物，总展览面积增至 2.2 万平方米，收集展示植物超过 2 万种。

北园还将建设国家植物种质资源库，计划收集、保护种子、试管苗、DNA 等植物离体资源 7 万种。该项目将补齐国家植物园核心功能，成为国家战略植物资源的储备、研究平台，为国家生物安全提供重要保障。

融合，借力

南北两园各有优势。北园优势在于植物的迁地保护和科普展示，讲究广度与大众性。南园优势在于植物科研，讲究深度与专业性。双园整合之后，各自发挥优势，互相借力，取得了良好成效。

国家植物园内现设有一套植物科普牌示系统，名为"寻子遗赏花木"。通过扫描二维码，游客可获得推荐路线和相关介绍，自主欣赏中国特有珍稀子遗植物，探索特色植物深层次知识，具有较强的互动性和参与性。

这是自挂牌以来，南北两园首度精心合作的科普项目，共设置 4 条路线，其中南园 1 条、北园 3 条，于挂牌当天正式投入使用。

2022 年秋季，"蕨代风华"蕨类植物专题展在南北两园同时开展，除了展出 100 余种蕨类活体植株，还展示了具有代表性的科研标本、化石标本、艺术标本、最新研究成果及文创产品等。原计划展期 60 天，由于受到公众欢迎，延期至 80 天。其间还举办了多场蕨类植物博物画绘制和标本制作活动，以及学术论坛和科普讲座，现场观展人数达 5 万余人。

对此，游客纷纷点赞，认为"展览兼顾科学性与趣味性，十分好看"。

"这个展览结合了南园强大的科研力量和北园精致亲民的科普体验。"国家植物园（北园）科普馆副馆长陈红岩告诉《瞭望东方周刊》，"否则单凭任何一方，很难达到这么好的效果。"

此前，南北园也曾有过相关合作。比如，北园多年的品牌活动"专家带您识花草"，会邀请南园专家为观众授课讲解。南园开展科普进校园项目时，往往会邀请北园专家讨论如何将活动设计得生动有趣。

但上述合作往往限于部门乃至个人层面，而"寻子遗赏花木"和"蕨代风华"展览是倾两园之力、自上而下达成的深度融合项目。

"以后，这种深度融合的项目会越来越多、越来越丰富。"陈红岩说，双园合作的珍稀濒危保护植物展等多个项目正在探讨之中。

陈红岩团队经常会参与面向青少年的深度科普项目，需借助专业仪器设施。比如，给孩子们讲解植物的分子分类、分析植物基因间的进化关系时，需用到 DNA 基因片段扩增仪。借力双园整合，她对进一步借助、利用南园的专业实验室资源充满期待。

孙国峰表示："南园科研实力雄厚，可从科研支撑、人才培养等方面给予北园助力，包括共享科研仪器平台、大数据平台及共同申报重大科研项目等。北园植物种类丰富，在园艺展示、科普、开放等方面具有优势，可从植物多样性、科普、传播等方面为南园助力。双方优势的有机融合，将使国家植物园的主体功能更加完善。"

引领，对标

中国现有两家国家植物园，即位于北京的国家植物园和位于广州的华南国家植物园。双方在兰科植物的收集方面均有深厚积淀。2023年春节，一场主题为"幽兰迎雪至，玉兔踏春来"的兰花展同时在这两家植物园举办。

这是国家植物园设立以来首度联袂举办花展，通过采用统一的设计和宣传方案，国家植物园品牌优势和植保实力得以"牛刀小试"。未来，双方将扩展功能，进行更深入合作。

中国有近200个植物园，除了两个"国字头"植物园要开展多样合作，还需和地区植物园加强交流与合作，起到引领示范作用。

3月下旬，中国植物园学术年会在广州召开，主题为"生态文明背景下的国家植物园体系建设"，全国80多家植物园及相关机构、400多人参加现场会议。国家植物园派出15名专家参会并发表学术报告，主题涉及国家植物园选址、外来入侵植物研究、野外活植物采集技术等，为国家植物园体系建设建言献策。

2022年8月，在云南举办的洱海论坛上，中科院植物研究所副所长冯晓娟分享了国家植物园在推进全球生态文明建设方面的贡献和实践。洱海论坛是联合国《生物多样性公约》缔约方大会第十五次会议（COP15）重大主场外交的配套外宣活动，来自近30个国家的驻华使节、国际组织代表等参会。

2022年11月，在武汉举办的国际湿地公约大会论坛上，贺然以《守护"在河之洲"，国家植物园的使命与担当》为题，阐述国家植物园将为世界湿地植物多样性保护和永续发展贡献力量。

目前，北园正在着手两个国际范的项目：一是筹备主办年内在京召开的北半球植物多样性保护与利用国际研讨会；二是申办2024年第20届国际植物学大会的植物园论坛。

北半球植物多样性保护与利用国际研讨会预期邀请世界各国，尤其是北半球地区（涵盖欧亚大陆和北美洲地区）相关专家研究、探讨行业话题，号召各国积极承担对植物多样性保护的责任和义务。国际植物学大会则是全球植物科学领域规模最大、水平最高的学术会议，每六年举办一次。

邱园是英国皇家植物园，历史超过 260 年，面积 120 公顷，现收藏植物超过 3 万种，拥有闻名遐迩的温室，并设有标本馆、图书馆和千年种子库。其也是世界闻名的科研机构，其丰富的收藏以及针对全世界植物多样性、可持续发展等方面的贡献使之享誉国际，2003 年被联合国认定为世界文化遗产。

"国家植物园规划的很多内容，比如物种收集量、标本收集量、科研科普、设施建设等，都在对标邱园。"贺然说，"目前，我们和邱园确实还存在差距，但将来我们一定会成为世界一流的植物园。"

挑战，未来

增效整合也面临挑战。最大的挑战在于，南园隶属于中科院系统，北园隶属于北京市公园管理系统，此前各自独立发展了数十年，人员编制和资金渠道也不同。截至目前，国家植物园还不是独立的法人机构，即没有实质性的主体机构。

历史问题的解决不可能一蹴而就。为推进两园有机整合，自挂牌以来已建立了

2022 年 5 月 7 日，北京，国家植物园南园进入蝟实花期，一条开满蝟实和流苏花的小径成为网红打卡点

三重沟通协调机制，包括由国家林业和草原局、住房和城乡建设部、中国科学院和北京市共建的四方协调机制，统筹协调解决重大问题；由中国科学院和北京市政府共同成立国家植物园理事会，研究解决国家植物园建设、运行、管理中的问题；南北两园成立的管委会，协调解决运行管理中的具体问题。

2023 年初，国家植物园就建设方案及规划等问题召开专家论证会，对国家植物园体系建设、体制机制、人才队伍和保障措施等提出建议。

"目前，南北园正在平稳有序推进共商、共建、共管、共享的管理模式。"孙国峰表示，"南北园都期待未来能实现深度融合。"

在规划层面，南北园已构建了可持续发展的新格局，包括统一标准、统一建设、统一标识、统一运行等方面。

2022 年揭牌当天，南北园共设置了 3 个会场举行仪式。在主会场的孙国峰心潮起伏："国家植物园从提议到落地历经近 70 年，几代科学家的夙愿终于得偿，不容易啊！"仪式原计划邀请当年写信的 10 位科学家中尚健在的两位老人阎振茏、王文中莅临主会场，由于身体原因，两人均未能出席。2022 年底，阎振茏逝世。

在分会场的陈红岩也感动落泪。那天为北园门前巨石揭开红布的有 3 人：76 岁的老园长张佐双、40 岁的现任园长贺然和 37 岁的青年兰花专家王苗苗。他们代表着植物园建设继往开来、代代传承。

贺然表示："我们既是历史的见证者、创造者，也是传承者。我们要具备更广阔的国际视野和胸怀格局，也要承担更重的历史责任，为建设中国特色、世界一流、万物和谐的国家植物园而努力奋斗。"

（本文首发于 2023 年 4 月 20 日，总第 879 期）

第 2 章
蔚蓝之海

温州：从填海造堤，到破堤通海

文 /《瞭望东方周刊》记者魏一骏　编辑高雪梅

从当年的填海造堤、连陆通海，到如今破堤通海、为鱼"让路"，
这其中折射出基础设施之变、发展理念之变。

"一大早，热闹喜庆的气氛从温州市区一直延伸到了洞头全岛，绵延 68 公里。驾车行来，一路上红幅频现，到处是成群的百姓，开心的笑脸。跨海长堤的两头，沿线乡村的老老少少几乎全部出动前来观看通车一刻，被大人抱在怀里的孩子也手举着小彩旗，嘴里叫着'小轿车、大客车'……"这是 2006 年 4 月 30 日，浙江当地媒体在头版新闻报道描述温州半岛工程建成通车典礼的现场情景。因为一条长约14.5 公里的灵霓大堤让洞头从海岛变成半岛，温州发展也由"瓯江时代"向"东海时代"跨越。

14 余载时光飞逝，2020 年 12 月 28 日，多台挖机隆隆，在这条曾承载当地人连陆通海梦想的大堤上"开了口"，破堤通海工程的目的只有一个：恢复海洋生态。

从当年的填海造堤、连陆通海，到如今破堤通海、为鱼"让路"，这其中折射出基础设施之变、发展理念之变。海岛洞头正立足新发展阶段，努力探索一条适合海岛"绿水青山"向"金山银山"的转化路径。

填海建堤：天堑变通途

洞头位于浙江东南沿海，是全国 14 个海岛区（县）之一，拥有大小岛屿 302 个，被誉为"百岛洞头"。"海外桃源别有天，此间小住亦神仙"，在清代诗人王步霄

2021 年 1 月 19 日，温州市洞头区霓屿街道近海处，密密的紫菜养殖竹竿（魏一骏／摄）

的笔下，洞头之美仿佛人间仙境。

然而一直以来，洞头与大陆隔海相望，是一座孤岛。船，是洞头人通向外面世界的唯一交通工具。

在 58 岁的洞头区霓屿街道下社村村民陈时福印象中，从小开始船型经历过数次变化。"最早的帆船必须要依靠风力和涨退潮，才能在洞头和大陆瓯江口之间往返，来回差不多要花上 8 个小时，而且遇到恶劣天气不得不停航。"

即使后来有了柴油发动机船，出行还是得看"老天脸色"。"那时候，造桥连陆，推动地方经济发展，是洞头最为迫切的头等大事。"霓屿街道退休教师黄忠波说。

海也同样阻碍了温州城市发展空间的东延。在地理条件上，温州土地资源匮乏，无论向南、北、西延伸都遭遇天然阻断的困扰，唯有主动向东扩展，才能为当地发展提供空间要素支撑。

建设一条跨海连岛的大堤，迫在眉睫。

2003 年，温州半岛工程就此开启。这是一项连岛兴港、围涂造地的综合性国土整治开发工程，依托瓯江口外的岛屿和滩涂等自然资源优势规划建设，由温州浅滩工程、洞头五岛相连工程、灵昆大桥等组成。

其中，最为核心的枢纽性工程之一，就是一条长达 14.5 公里的跨海大堤——灵霓大堤，这也是当时国内最长的跨海大堤。

因为长度长，建设难度大，灵霓大堤的投资额达到 7 亿元。这对当时还是一个孤岛的洞头来说，无疑是天文数字。

"当时家家户户都出了一份力，有钱的捐钱，没钱的把自家的砖头、水泥捐了出来，一些老人变卖自己的金戒指捐资，甚至有人自告奋勇参与建设。"陈时福还清楚地记得，当时自己也捐了 26 元。

凭借着对连岛的渴望，洞头人举所有人之力，共同完成了资金的筹建工作。经过 3 年的不懈努力，2006 年，在温州"十一五"开局之年，灵霓大堤建成通车。与温州相距约 33 海里

的洞头岛从此和温州本土相连，洞头人连岛梦想终于凤愿得偿。

洞头区蓝色海湾整治项目领导小组办公室主任李昌达说，通车典礼当天，洞头就签来了 10.17 亿元的引资大单，从此，洞头临港产业蓬勃发展，旅游行业生机勃勃。

大堤建成也标志着温州由"滨江城市"向"滨海城市"迈进，由"瓯江时代"向"东海时代"跨越。相关数据显示，半岛工程的围涂造地，将使温州城市发展空间东延60 公里，新增包括洞头诸岛在内的 200 多平方公里面积，足以使温州城市面积扩展两倍。

破堤通海：为鱼"让路"

站在岛上高处望向近海，不少海湾竖立着密密的紫菜养殖竹竿。在洞头霓屿街道，紫菜养殖成为许多村民的主要经济收入来源，洞头也有着"浙江紫菜之乡"的称号。

陈时福所在的下社村，位于霓屿岛北侧。从 18 岁开始，他就开始从事紫菜养殖业，并逐渐扩大养殖规模，成为当地养殖大户。然而，灵霓大堤建成后，他的喜悦还没

温州洞头大桥

有持续多久，困扰他的"怪事"也开始慢慢显现。

灵霓大堤将霓屿岛分隔成了南北养殖区。以往，两块区域的紫菜收成相差无几，但渐渐地，陈时福发现，到了每年 9 月的紫菜育苗期，自家的紫菜经常出现烂苗、死苗，甚至绝收的情况。

同样的情况在北侧养殖区不断发生。疑惑的陈时福将紫菜苗分别养在南北两侧海域，进行对比实验，结果发现问题就出在海水上。

紫菜育苗一般在 9 月汛期，上游暴雨导致瓯江的大量淡水冲入北侧海域，而大堤的阻隔导致南北海水不通，北侧海域盐度突然降低，而紫菜育苗最为重要的，正是这高盐度的海水环境。"那时候用手捧起海水一尝，都能发现盐度明显差别。"陈时福说。

北侧海域紫菜养殖受到巨大影响，包括陈时福在内的一批养殖户无可奈何，不得不改迁外海作业或转移到南侧养殖区育苗。紫菜苗的来回转移，让陈时福每年养殖成本增加了数万元。

大堤对海域生态的影响不止于此。

原本，瓯江流域生活着凤鲚、鲈鱼、鳗鲡等洄游性海洋生物，由于灵霓大堤的阻隔及经年累月的泥沙淤积，它们的洄游受阻，必须绕道才能继续往南游，洄游距离增加了至少 30 海里。

"这多出的 30 海里几乎是一趟'生死之旅'。"李昌达说，"因各处海水环境各不相同，许多洄游性海洋生物在路上，因无法适应环境的改变而死亡，而且越游向外海，它们还将面对更多的天敌，存活率进一步降低。"

根据当地的海洋生物多样性检测结果显示，该片海域的生物品种数量近年来持续减少。

随着 2018 年 330 国道建成连向洞头，这条双向四车道的宽敞大道，使双向两车道的灵霓大堤的交通作用日渐下降。洞头决定将"破堤通海"纳入蓝色海湾二期整治项目中，通过拆除灵霓大堤霓屿侧坝头 247 米，并建设 200 多米宽的生态海沟，打通鱼虾类洄游通道，恢复海域生态。

2020 年 4 月开始，洞头启动大堤埋设的供水管道、供电光缆迁移等前期工程，于当年 12 月 28 日正式启动破堤通海工程。记者近日在施工现场看到，挖掘机等机械正在抓紧作业，南北两侧海水已经穿过一条窄窄的水道汇通。

蓝色海湾：整岛修复中

全长 14.5 公里的灵霓大堤为何只开一个 200 多米的"口子"？

温州市洞头交通发展股份有限公司规划工程科副科长郑金矛告诉记者，与灵霓大堤平行走向的 330 国道，仅有靠霓屿街道一侧的 200 多米是以架桥的方式建造，底部是镂空的，其余部分也同样为实心路基。换句话说，即便将灵霓大堤全部拆除，仍有 330 国道的路基阻隔。

"事实上，只拆除 247 米，另一个考虑是为了后续的尽快恢复。"李昌达说，灵霓大堤堤头拆除后，并不会就此退出历史舞台，而是将重建堤头 60 米，并新建 187 米桥梁连接原有道路，恢复其通行功能。

李昌达等受访者坦言，近年来，我国部分海域海洋生态环境正面临严峻挑战，近岸海域污染、滨海湿地缩减、自然岸线减少、海岛岛体受损等问题不断出现。曾经，"重发展、轻环境"的做法让人们得到了教训。2016 年，国家开始大力整治修复海洋生态，范围以海湾为重点，拓展至其毗邻海域和其他受损区域。

2016 年，温州成为全国首批 18 个"蓝色海湾"试点城市之一。温州市蓝色海湾整治行动位于洞头区，项目以整岛修复原则，提升海湾生态环境质量和功能为核心，开展海洋环境综合整治、沙滩整治修复、海洋生态廊道建设 3 大工程 69 个子项目建设，通过系列综合整治，全方位修复和改善景观，恢复生态功能、提升防灾减灾能力。

"破堤通海只是这片海域生态修复的第一步。"李昌达介绍，总投资达 4.51 亿元温州蓝色海湾生态建设二期工程还包括"生态海堤、十里湿地、退养还海"等系列生态化修复工程，促进当地海洋生态文明建设及海洋经济健康发展。

"生态海堤"项目，将对堤坝、护岸实行生态化改造，建设"堤前"湿地带、"堤身"结构带、"堤后"缓冲带，工程总长 15.5 公里，构建一条滨海绿色生态走廊，带来"一路一风景"的生态新景象。

根据打造"十里湿地"相关规划，当地将在霓屿岛西北面及灵霓大堤种植红树林和柽柳，总面积 79.7 公顷，形成"十里湿地"生态修复效果，既树起一道生态健康的绿色保护屏障，又能与湿地渔农业、休闲旅游业相结合，发展湿地生态经济，让当地渔民以全新的方式"靠海吃海"。

传统粗放型渔业养殖对海洋水质造成不小影响，洞头区推进"退养还海"，在三盘港清淤疏浚 153 万立方米，清理传统木质小网箱，适度引导发展改良环保型、抗风浪 PVC 休闲渔场，推动传统渔业向都市休闲渔业转型发展。

金山银山：蝶变成网红

松软的沙滩、融合传统与现代的老街巷、温馨适意的渔家民宿……汇集多种"网红打卡地"元素的海边渔村，每年吸引着各地游客慕名前来。

"2017 年东岙沙滩修复之后，村里的房价涨了 10 倍。"61 岁的林振平曾在洞头区东屏街道东岙村担任村干部三十多年，村里一路走来的点滴变化，他看在眼里、记在心中。

"近年来，东岙村最大的改变，来自沙滩的修复，它让东岙村的旅游'淡季不淡、旺季更旺'。"林振平说，沙滩的修复突显了东岙村的地理优势，村子坐北朝南，几乎所有的房屋都离沙滩很近，沙滩、海鲜、民宿里的渔家生活体验，让东岙村持续受到外地游客的欢迎。

据统计，该村集体经济收入由 2015 年的 12 万元提高到 2020 年的 182 万元，村民人均收入达到了 2 万多元，大部分便是来自旅游业。2017 年至今，东岙村先后入选 2019 年中国美丽休闲乡村名单、获评浙江省 3A 级景区村庄。

东岙村的蝶变是这个东部海岛转变理念，绿色发展的缩影。当地依托自然优势，提升改造沿海村居，沉睡的凸垄底、人烟稀少的百迭村、偏远的金岙村摇身一变，成了特色村、网红村，产生了惊人的"美丽经济"。

据统计，洞头的经济总量平均每 5 年翻一番，2019 年实现地区生产总值 107.8 亿元，同比增长 8.8%；全年接待国内外游客 714 万人次，旅游总收入超 40 亿元。

在温州市生态环境局洞头分局副局长林加锋看来，护好"绿水青山"是转化"金山银山"必不可少的基础条件。在大力推进入海排污口等整治行动的同时，当地在制度上不断创新，在制定湾滩长制管理指标体系后，洞头全区 68 个湾滩范围推行，已形成常态化管理奖优罚劣的竞赛模式。

多举措推动下，海岛花园景色更加靓丽。2020 年，洞头区环境空气质量优良率 97.2%，同比上升 1.3%，PM2.5、PM10、二氧化氮、臭氧等主要污染物均有不同程度下降。

"通过吸引社会资本参与海洋生态保护修复，既能减轻地方财政压力，又可以发挥企业经营管理灵活等优势，加快推动项目实施，推动传统产业转型升级。"李昌达说，截至目前，已实施 7 个 PPP 项目，带动社会总投资近 50 亿元。此外，收到各类社会资本意向投资 5 件，其中已有 3 件达成合作协议，参与资金合计近 1 亿元。

"如今的洞头，不仅城市能级、交通体系、人居环境等方面不断完善，更是将'黄沙变黄金''景区游变全域游''撒渔网变产业网'，走出了乡村振兴的新路径，努力绘就'海上花园'的新图景。"洞头区委书记林霞说。

（本文首发于 2021 年 3 月 18 日，总第 825 期）

青岛猛"浒"十五载

文 /《瞭望东方周刊》记者王凯　编辑高雪梅

自 2007 年始，每年夏天浒苔绿潮总是如期而至，"大海秒变草原"成为这座城市的难言之痛。

2021 年 7 月，山东沿海连续第十五年遭受浒苔灾害影响。

监测显示，本次黄海海域浒苔灾害规模创历史最大值。作为受灾核心区，青岛市浒苔灾害处置压力巨大，"山东青岛遭遇最大规模浒苔侵袭"一度成为微博热搜话题，阅读量超 2 亿次。

"这是'呼伦贝尔大草原青岛分原'。"网民"瞅我的大眼睛"在微博中写道。

自 2007 年始，每年夏天浒苔绿潮总是如期而至，肆虐聚集的浒苔不仅威胁其他海洋动植物生存，而且严重影响沿海渔业和旅游业发展，"大海秒变草原"成为这座城市的难言之痛。

谈"浒"色变

红瓦、绿树、碧海、蓝天……青岛的夏日，原本应是碧海中的畅游无阻、沙滩上的欢声笑语，但浒苔的到来却破坏了这份美好与浪漫。

5 月 17 日，在苏北浅滩附近海域，卫星首次发现成规模漂浮浒苔绿潮。此后，浒苔绿潮逐渐蔓延至山东沿海，至 6 月下旬，浒苔绿潮分布和覆盖面积达到峰值，分别为 61898 平方公里和 1746 平方公里。其中，覆盖面积是往年最大值的 2.4 倍，成为近年来黄海最大规模的浒苔灾害。

2021 年 7 月 17 日，一些游客在因浒苔严重而暂时关闭的青岛第六海水浴场附近（李紫恒 / 摄）

青岛，连续 15 年成为浒苔绿潮灾害的主要"亲历者"。

在青岛西海岸新区一处沙滩上，成片浒苔已经登陆。沙滩上，大量浒苔几乎让市民无处下脚；海面上，如草原一般的厚厚浒苔随水波上下浮动，数十艘工作船正在紧张地打捞。

本刊记者在青岛团岛湾看到，近岸处漂浮着大片浒苔，一些浒苔被海浪击打后残留在岸上，游船的缆绳上挂满絮状浒苔。岸边石坝被浒苔层层包裹，在高温下散发出阵阵腥臭，路过的居民和游客纷纷掩鼻快行。

位于青岛栈桥附近的八大峡广场浒苔集中处置点，打捞上岸的巨量浒苔堆成一座座小山，工人们正在用专业机器对其进行初步挤水、打包，等待后续处理。

持续多年的浒苔灾害让许多青岛人谈"浒"色变。

作为土生土长的青岛人，李亮最关注的就是家门口的这片海。浒苔，是他十多年来的"心事"。

李亮说，2007 年夏天，在海里游泳时就能看到成片的浒苔覆盖在海面。政府每天组织上百艘渔船出海打捞，还通过媒体向社会呼吁，邀请市民加入打捞浒苔的志愿者队伍。

"印象最深的是奥运会那年，浒苔让大家捏了把汗。"李亮说，由于青岛是2008 年北京奥运会帆船项目举办城市，海洋环境的好坏直接决定了帆船项目能否成功举办。"直到国家下大力气整治浒苔，帆船项目顺利举行，大家才松了口气"。

"没想到，今年'浒苔君'仿佛憋了个'大招'，突然大爆发。"李亮无奈地说。

据国家海洋局发布的《中国海洋灾害公报》显示，2008 年 5 月至 8 月，黄海海域爆发的浒苔灾害造成直接经济损失 13.22 亿元，2009 年发生的浒苔灾害给山东省造成的直接经济损失达 6.41 亿元。

全面布控

按照植物分类学，浒苔是绿藻门的一种大型海藻，属于石莼属藻类，无毒，可食用。浒苔藻体呈鲜绿色或淡绿色，由单层细胞组成管状分枝体，易于漂浮生长。

中国科学院海洋研究所研究员孙松介绍，在特定情况下，浒苔一旦形成规模便会"遮海蔽日"，对海洋生态系统产生影响。尤其是当浒苔聚集到岸边之后，很快就会死亡腐烂，带来次生灾害，严重危害海水环境，对海洋渔业和海水养殖等造成威胁。

肆虐的浒苔还会侵犯沙滩，破坏休闲娱乐场所的美观，导致一些滨海休闲项目无法正常开展，对当地旅游业造成明显影响。

青岛市海洋与渔业行政执法支队支队长张永举介绍，青岛市海域今年浒苔覆盖面积是去年的 9 倍。6 月 18 日，青岛市发布海洋大型藻类灾害橙色预警，并启动Ⅱ级应急响应。

为全面应对浒苔绿潮灾害，青岛市按照"近岸防御、突出重点、由近及远、先急后缓"的原则，采取卫星遥感、直升机、海上巡航、近岸监控、浒苔追踪器等多种手段，加大监测预报和信息综合研判，根据浒苔动态分布情况，及时调整海上拦截力量，优化近岸拦截网布设，全力实施海上阻截。

张永举说，青岛市在海上设置了三道防线，以最大能力减少浒苔上岸率，"经过全面布控、有效处置，我们完全有信心把浒苔灾害影响降至最低"。

本刊记者在青岛市八大峡广场附近看到，海上一道道浒苔拦截网由近及远一字排开，海面上已经难见大规模成片浒苔，残留的浒苔被拦截在防线之外。岸边吊车、挖掘机全部上阵，近岸的浒苔被及时打捞上来后，卸到早已等候在旁的货车上。装满浒苔的货车接连不断开往广场上的浒苔处置点，进行集中处置利用。

"我们从早到晚一整天都待在船上打捞浒苔。"参与海上打捞浒苔的渔民张恩丰（化名）说，浒苔暴发时正赶上休渔期，他的船每天可以打捞浒苔数十吨。

截至 7 月中下旬，青岛市累计派出浒苔打捞船 1.5 万余艘次，打捞清理浒苔 114 万余吨。

如此巨大的浒苔数量，远远超出青岛的处置能力。对此，青岛加强协调研究，并组织专家多次论证，最终推出"从大海里来，到大海中去"方案，即：先用生物菌剂对浒苔进行降解、腐熟、除臭等处理，再把处理后的浒苔运送到离海岸大约 50 海里的海区分散投放。

青岛市环境监测部门的监测结果显示，将浒苔沉降处理后，青岛近海海水各项水质指标均没有异常。

形势严峻

浒苔连续 15 年袭扰我国黄海海域，说明我国近海生态环境安全形势依然严峻。

生态环境部海洋生态环境司副司长张志峰在例行新闻发布会上表示，黄海浒苔的发生发展是一个复杂的系统性过程。浒苔的爆发可能与海区水文动力基础环境条件、浒苔藻种种源、海水富营养化等多种因素有关，形成机制十分复杂。

张志峰说，黄海浒苔连续多年爆发且年际间出现反复，反映我国近海生态环境长期受到高强度人为活动、气候变化等多重因素影响，海洋生态环境改善还未从"量变"转为"质变"，从根本上解决黄海浒苔问题仍然需要持续发力、久久为功。

针对今年最大规模浒苔来袭，上海海洋大学教授何培民认为，可能和今年异常气候有关。在今年异常风场和往复流共同作用下，部分浒苔在江苏辐射沙洲至射阳区域滞留时间明显增长。

"辐射沙洲海域高营养盐和高浊度的特点适合浒苔的快速生长，浒苔日生长率可以高达 30% 以上。浒苔藻体在该海域形成循环生长增殖，造成该区域浒苔源源不断地向外输出。"何培民说。

此外，今年 4 月底源头区——苏北辐射沙洲紫菜养殖区出现大风、雷暴等极端天气，最高风力达到 14 级，并伴有冰雹，造成养殖企业筏架垮塌较多，对正常的浒苔绿潮防控工作带来一定的干扰，导致浒苔绿藻不可避免入海，形成绿潮爆发重要的初始来源。

2021 年 7 月 6 日，工作人员正在岸边清理浒苔（王凯 / 摄）

中国科学院海洋研究所专家表示，连续 15 年袭扰山东沿海的大量浒苔主要来自苏北浅滩海域，这与其独特的环境特征和当地大量养殖筏架有关。科研人员发现养殖筏架为浒苔生长提供了大量的附着基，对浒苔数量增多具有促进和放大作用。

然而，科研人员对浒苔大规模爆发的根本原因尚不清楚，对其是否为外来物种、是否为变种等关键问题还未完全掌握。

"这并不影响对浒苔灾害进行有效防控，因为已经掌握浒苔的发源地、漂浮路径和生长规律。正如全球正在应对的新冠病毒，尽管一直在溯源，但并不影响防控。"孙松说。

据了解，一些部委、机构对黄海浒苔绿潮成因开展过大量研究，山东、江苏两省也分别投入大量人力物力财力，组织打捞处置，但仍未能从根本上解决问题。

有基层干部和专家指出，山东、江苏两省对浒苔协作治理意识还有待提高。一套系统、全面的浒苔研究和治理机制尚未建立，应着力从长远和根本上解决浒苔问题。

源头治理

孙松等专家认为，浒苔灾害应首先从源头上加强治理和控制，通过源头治理，减弱甚至遏制浒苔灾害后续的发展，减轻沿岸受灾城市的损失。

本刊记者了解到，为防控浒苔绿潮灾害，自然资源部和江苏省自 2019 年起，在苏北辐射沙洲海域开展浒苔绿潮防控试验，积极探索源头治理。

据自然资源部东海监测中心副主任纪焕红介绍，今年为减轻黄海浒苔影响，江苏省南通和盐城两市做出了巨大努力，共取缔非法紫菜养殖面积 6 万余亩，压减海洋生态保护区养殖面积 9 万余亩，拆除养殖筏架 2 万余台，苏北浅滩海域养殖筏架数量同比下降 37.4%。

纪焕红说，今年江苏省还完成了全部三次除藻作业，并在紫菜养殖区试点了多种防藻新工艺新材料，拟在下一养殖季全面推广使用。

多位受访专家认为，浒苔绿潮灾害防治是一项长期系统工程，筏架附着绿藻落滩入海仍是防控的薄弱环节。每年应在源头区定期开展除藻作业，全面推进防藻新材料新工艺，采取治标治本、双管齐下的措施，开展浒苔绿潮前置拦截和打捞，并进一步在苏北辐射沙洲海域开展精细化监测调查。

中国科学院海洋研究所相关专家表示，有关部门除了要加强海洋领域基础研究以外，关键应加强省际科研、信息、技术等方面的密切合作，齐心协力、联防联控，同时强化自上而下的协调安排，形成"全国一盘棋"共同应对大型海洋生态灾害。

此外，舆论普遍呼吁，有关部门应将浒苔变废为宝，探索其高附加值利用措施。

目前，青岛已对浒苔高附加值利用形成了标准化的科学流程，对打捞的浒苔脱水、压缩后，进行工厂化处置，以浒苔为原料制成多种海藻有机肥，具有较好的应用价值。

本刊记者从政府部门及部分企业了解到，浒苔高附加值利用虽然能做到，但浒苔属季节性灾害，企业每年只能满负荷运行一两个月，其余时间则没有原料来源。因此，只能依靠实力强、综合性强、业务种类多的企业来处理，但其处理成本又非常高昂。

浒苔变废为宝，尚有漫漫长路。

（本文首发于 2021 年 9 月 30 日，总第 839 期）

建"海洋牧场"，三亚十年磨一剑

文 /《瞭望东方周刊》记者柳昌林、陈凯姿、杨冠宇　编辑高雪梅

三亚蜈支洲岛"海洋牧场"里生活着数百个海洋生物物种，这座保护海洋生物多样性的
"诺亚方舟"已悄悄启航。

想象一下，在蔚蓝的水下搭建一座"城堡"，珊瑚、藻类丛生，鱼虾、贝类聚集。你
潜入水下，像在辽阔的草原上赶着成群的牛羊一样"放牧"海洋生物，这是一种怎样的体验？

在海南三亚，人们梦想中的"海洋牧场"被搬进了现实。当地通过投放人工鱼礁、
移植珊瑚、修复海洋环境等，在蜈支洲岛海域建成了我国首个热带海洋牧场。目前，
三亚蜈支洲岛海洋牧场里生活着数百个海洋生物物种，这座保护海洋生物多样性的
"诺亚方舟"已悄悄启航。

三方共建

"海洋牧场"，就是在海底给鱼儿们"盖房子"，将各种形状不一的水泥框架、
旧铁船等人工鱼礁进行定点投放，为珊瑚、海藻的生长提供附着点，吸引各类鱼、虾、
蟹、贝等海洋生物前来觅食、栖息和繁殖。

蜈支洲岛位于三亚海棠湾内，呈不规则的蝴蝶状，周边水域海水最高能见度近
27 米，风光旖旎。这个国家 5A 级景区一度被誉为旅游"金饭碗"。

"鱼太多了，一根咸菜都能钓上来一大筐。"三亚蜈支洲岛旅游区副总裁丁峰回忆
当年的情景满是感慨，2000 年开业以来，旅游区仅垂钓项目就吸引了源源不断的"流量"。

然而，由于周边渔民长期过度捕捞和海域生态环境恶化，2008 年后的吊钩放入

2021 年 4 月 1 日，工作人员在海南三亚蜈支洲岛海域投放人工鱼礁（张丽芸／摄）

海中久不见动静，让旅游区的管理者们感到压力骤然在肩，只能忍痛割爱，全面停钓。

"我们四处'寻方问药'。"丁峰还记得，那时只要有能改善海洋环境的方案，旅游区都会打听和研究。2010 年左右，国家农业部门提出建设"海洋牧场"，蜈支洲岛旅游区当即决定邀请专家、集中投资，按下海洋牧场规划启动键。

但在一望无际的大海里建牧场，难倒了一个个门外汉，即便研究热带海洋保护的专家们也直摇头，包括大家力荐的海南大学海洋学院教授王爱民。

用王爱民的话来说，让一个研究水产养殖的来设计牧场，有点赶鸭子上架。但谁也想不到，他却全程参与了蜈支洲岛海洋牧场建设，成了跨界科学家。

"最开始是一知半解，甚至连人工鱼礁都没见过。"2011 年，王爱民的投礁试验在质疑声中跌跌撞撞开始：设计了圆台形、三角形的混凝土鱼礁，各制作 100 个，装船后往海上运，再找几个点位卸下。

负责现场操作的潜水员们，见大学教授天天往水里扔混凝土块，忍不住大笑："这个石头块是用来炸水花的吗？"

那时，渔业知识渊博的王爱民心里确实没底。

好在海洋牧场的建设，并不是旅游区和教授的孤军奋战。自 2012 年以来，省市相关部门相继支持上千万元资金，在蜈支洲岛海域投下大量人工鱼礁和废旧船只，海藻和珊瑚也渐渐附着其上生长。

2015 年，第一批国家级海洋牧场示范区建设开启。王爱民眼看着之前投下的鱼礁渐渐有了"声响"，信心也越来越足。他正式扛起重任，成为海洋牧场团队负责人，积极组织团队开展海洋牧场关键技术攻关，后来还进入了农业农村部第一批海洋牧场建设专家咨询委员会。

除了常规投礁，在王爱民的牵头指导下，海南大学美术与设计学院师生们设计了不同的"景观鱼礁"和雕塑进行投放，"海底村落""海底博物馆"若隐若现，潜水爱好者流连忘返，海洋牧场的基础也打得更加牢靠。

"我们当时的规划是从 2010 年到 2020 年，用十年时间建成海洋牧场。"三亚市农业农村局渔政监督科科长陈精渊说，作为蜈支洲岛海洋牧场的"业主单位"，三亚市农业部门和"设计方"王爱民团队、"执行方"蜈支洲岛旅游区一起，为了"梦想中的牧场"，举三方之力，努力达成"十年约定"。

水下长城

为了推进海洋环境保护和海洋牧场建设，蜈支洲岛旅游区早早成立了海洋部，潜水教练王丰国成为负责人，顺理成章接手了人工鱼礁投放现场执行人的角色。

在他看来，建设海洋牧场的难度，无异于在水下垒砌一座长城。

"入选示范区的门槛很高，要求投放 3 万空立方米人工鱼礁，而三亚近海都是陡坡，底子先天不足。"王丰国说。

王丰国从 2010 年开始协助王爱民搞科研，交情不浅。但教授画出的海洋牧场"大饼"，他听得云里雾里，很难不提出疑问："那些水泥架子能把鱼吸引过来吗？"

鱼礁投放，并不像往水里丢石子儿那么简单。从码头装船，运到海上，再把礁体一个个投入水里。海底地形、地质要提前勘探，投放点位也要求精确，否则砂质一松动，鱼礁就会"失踪"，到头来功亏一篑。

一个大型人工鱼礁的重量超过 10 吨。王丰国和海洋部成员负责投放前"挂钩"和下水后"解钩"。这个看似平常的工作，实则暗藏巨大风险。有几次起吊的时候，锚链突然崩断，甩飞出去，差点击打到工作人员。在投放报废渔船后，他们又得潜入二十多米的水下，用钢丝和混凝土块稳固船体。

现场投放时，王丰国还要提前设置定位浮标。船到了，根据浮标下锚，人也跟着下水，一整天都泡在海里。有时候，船锚卡在鱼礁里，潜水员解锚时容易困在礁体中，一旦氧气耗尽就会危及生命。有船长说，王丰国就是"引航员"和"水下GPS"，他不来，船不敢抛锚。

更难的是投放后的运维。鱼礁多了，海洋生态系统慢慢恢复，鱼多起来了，也引来大量渔民前来抓捕。

"他们选择在晚上打开灯光围捕，渔船乌泱泱蜂拥而至，像大军压境。"王丰国说，渔网经常会挂在或粘连在珊瑚上，一拖拽，好不容易成活的珊瑚就会破坏殆尽。"我们没有执法权，只能警告、驱赶、报执法部门，可嗓子喊破了也没人理会"。

渔民有时甚至在投礁现场下网。王丰国既愤怒又无奈，不得不带上助手，下水割掉和清理残留在礁体上的渔网。钻进鱼礁割网，很容易被藤壶刮伤，如果身体或装备被渔网缠住，最坏的情况就是连求救信号也发不出来。这几年，王丰国团队清理的渔网达10多万米。

珊瑚的天敌除了渔网，还有啃食它们的海星和螺类。每个季度，王丰国都要和其他人冒着风浪下潜清理这些捕食者，有时候从20多米的水下上浮后，会感到头痛瞌睡，每年都要去医院做减压处理。

"我身上的伤痕已经多得数不清了。"王丰国说，被烈日晒、海胆刺、水母蜇，已然家常便饭。有一次，一只两米多长的水母，挂在了他的头颈上，脸和嘴唇瞬间红肿，伤痕三个月后才消失。

短短几年，王丰国身边的人已经换了三批。"大多数人因为吃不消选择离开，只有我一个人坚持到现在。"

"方舟"初成

在王丰国的电脑里，有一份记录蜈支洲岛海域2011年至2019年生物资源恢复情况的视频。从"海底荒漠"到"密林丛生"的过程，他介绍起来如数家珍。

2019年，蜈支洲岛海洋牧场申报获得通过，正式进入第五批国家级海洋牧场示范区名单。

"在运维过程中，我们会定时下水进行巡检、观测、拍摄和记录，摸清鱼类资源情况。"王爱民觉得，海洋牧场生态系统是在"误打误撞"中恢复起来的。比如，一开始设计的是分散投放鱼礁，因为人力不足，堆在一起没人动，结果反而显示这

2021 年 9 月 14 日，工作人员在海南三亚蜈支洲岛海域清理缠绕在珊瑚上的渔网和绳子（杨冠宇 / 摄）

种"偷懒"的方式更能吸引鱼类栖息。

作为项目执行的总负责人，丁峰认为"坚持的事总会有回报"：一共投下去几万立方米的人工鱼礁，包括 21 艘渔船；人工培育珊瑚苗成活率在 80% 以上，其中有一半以上被免费提供到三亚近海域开展珊瑚礁修复；每三个月就要到水下录一次视频，每年将视频素材进行比对，直到海洋生态恢复到适合珊瑚附着生长的条件……

2021 年 6 月 21 日，蜈支洲岛海域进行最后一次人工鱼礁投放，50 个方形、球形礁体，在吊机的操作下纷纷下水。风涌浪急的施工现场，陈精渊默默攥起拳头："这意味着示范区的投礁工作全部完成。"

"城堡"搭建完成，鱼类找到了躲避天敌和赖以生存的栖息之所。

从藻类、藤壶、小型贝类、珊瑚到鱼类，王丰国的笔记本上，写满了各种海洋生物的名字。当潜下水后，他惊奇地发现了颜色绚烂的海蛞蝓在鱼礁上舞动；他拍到了罕见的大法螺产卵画面；他还明显感觉到，巨型石斑的数量在成倍增加。从海军退伍的他，有种完成使命的自豪感。

现在，蜈支洲岛海域鱼类在 2011 年数量基础上提升至少 5 到 10 倍，仅珊瑚就有

120 多种，出乎了所有人的预料。一次内部座谈会上，有专家当场质疑这些数据的真实性，而当一本本记录册、一张张照片被相互传阅后，全场掌声雷动。

"海洋牧场基本建成，蜈支洲岛也走出了一条与时俱进的环保之路。"陈精渊说。

在蜈支洲岛，生活垃圾 100% 回收或下岛处理；游客被"智慧景区"系统错峰分流，最大限度减少环境承载压力；"无纸化入园""无纸化办公"成为常态。

丁峰感慨，蜈支洲岛海洋牧场的建设，不但让海洋生物集聚，也让游客对环保产生共鸣。岛上减少提供洗发水、沐浴露等日化洗涤产品；游客潜水时不能触摸珊瑚；观光车全部使用电能驱动；每年开展海洋垃圾清理活动……

"投放鱼礁 7.26 万空立方米的海洋牧场，正在成为一座拯救生物多样性的'方舟'。"20 年前，丁峰在影视资料中见过蜈支洲岛海域的"海狼风暴"，他希望这样的鱼群，再次在不久的将来出现。

未来牧场

蜈支洲岛海洋牧场的定位是"休闲型海洋牧场"。陈精渊介绍说，这意味着不能大规模捕捞鱼类资源，但可以适度开发旅游项目，探索生态和经济效益双赢的路径。

"如果只是单纯的大投入、大保护，把资源封锁起来，几年之后海洋牧场就难

2021 年 5 月 24 日，海南三亚蜈支洲岛海域海洋牧场中的细纹凤鳚（杨冠宇/摄）

以为继，不可持续。"丁峰说，旅游区想到了两全其美的办法，就是将保护和开发紧密结合起来。

在蜈支洲岛海域，生态保护投入真金白银，市场开发却慎之又慎，严之又严。"水下漫步"，不能踩踏珊瑚和鱼礁；海钓严格控制数量；潜水时鼓励游客体验珊瑚种植。

近年来，蜈支洲岛海域每年潜水人次达 38 万，几乎是国内其他景区潜水人次总和。"这就是海洋牧场带来的效应，保护和经营，谁也离不开谁。"王爱民说。

谈到建设经验，丁峰认为是"不急于求回报"。10 年来，蜈支洲岛海洋牧场以成熟的景区为依托，因地制宜进行改造，而不是盲目追热点，一哄而上。因此，在大部分时间里几乎没有营收。同时，有建设就得有管理，专业的管理机构，常态化的巡视护理，缺一不可。

"海洋牧场建设永远是进行时。"王爱民谈到，尽管蜈支洲岛海洋牧场正在朝着规划的方向发展，但还是存在瓶颈和短板。比如，现行法律对渔民的约束性不强；由于政策问题，没有更多的企业加入到海洋牧场建设大军中来，以至于部分正在筹建的公益性海洋牧场出现"无规划、无人员、无管理"的情况。

深蓝色是海洋，被黄色方框和红色文字标注的是正在规划的海洋牧场。在陈精渊的办公室里，这张《三亚市海洋牧场分布图》显得格外醒目。

"'十四五'期间，海南岛周边规划了 31 个海洋牧场海域，从现在开始就需要精打细算。"王爱民说，最终目标是要将海洋牧场群打造成生态环境优质、生态系统健康、渔业和旅游文化资源丰富的"未来牧场"。

7 月 1 日，王爱民光荣退休。闲不下来的他继续以顾问身份支持海洋牧场的研究工作，希望在蜈支洲岛探索出能在海南乃至全国推广的经验。

"未来的蜈支洲岛海域可以建成一个碳汇型海洋牧场，需要抓紧研究增汇技术。"王爱民说，我国是世界上贝类养殖最多的国家，贝类具有明显的生物固碳作用。随着今年海南国际蓝碳研究中心和海南国际碳排放权交易中心相继挂牌和获批设立，海南海洋牧场的"蓝碳规划"也纳入了议程。

"我的计划是现在重点开展经济贝类增汇技术和碳汇计量标准研究。"王爱民说，"当然，希望以后还能多潜几次水，特别是带领年轻学生们在蜈支洲岛海域继续探索海洋奥秘，让他们传承并完善海洋牧场这部巨大的作品。"

（本文首发于 2022 年 7 月 21 日，总第 860 期）

秦皇岛：精准治理造就美丽海湾

文 /《瞭望东方周刊》记者王剑英　编辑高雪梅

秦皇岛将全市海域划分为秦皇岛北部湾、秦皇岛港湾、秦皇岛湾、滦河口共 4 个海湾单元，
因地制宜地开展"一湾一策"差异化治理，分梯次建设美丽海湾。

夏至之后，京津冀开启连续高温模式，多地气温冲上 40℃，被称为京津冀后花园的秦皇岛却气候宜人，一湾碧海令人神往。

秦皇岛是我国环渤海的重要海滨旅游城市，依海而生、向海而兴，拥有 1805 平方公里的海域和 184.88 公里的海岸线。多年来，秦皇岛精心呵护海洋生态，国内首部关于海水浴场管理的地方性法规就诞生于此。

《"十四五"海洋生态环境保护规划》提出，以改善海洋生态环境质量为核心，以美丽海湾建设为工作主线，统筹推进湾区陆海污染防治、生态保护修复、亲海环境整治等。

秦皇岛将全市海域划分为秦皇岛北部湾、秦皇岛港湾、秦皇岛湾、滦河口共 4 个海湾单元，因地制宜地开展"一湾一策"差异化治理，分梯次建设美丽海湾。

5 分钟反应圈

在秦皇岛的 4 个湾区中，秦皇岛湾是美丽海湾建设的领头羊。其海域面积约 617 平方公里，海岸线长约 68 公里，金梦海湾、北戴河是它的两张金名片。

6 月，金梦海湾的海水浴场上，游客们三五成群，有的在水里畅游，有的在堆沙堡，有的躺在遮阳伞下闭目养神，还有人在放风筝。沙滩柔软细腻，海浪有节奏地

北戴河区东海岸

拍打着海滩。

金梦海湾旅游度假区面积约 4.6 平方公里，海岸线 4.2 公里，拥有环渤海最大的开放式海水浴场；建有海誓、海韵、海悦、海情、海景等多个海洋风情广场，建设了连接北戴河的万米亲海木栈道，吸引了香格里拉、海碧台、兴龙香玺海等一批文旅项目入驻，被誉为城市的第二中心。

《瞭望东方周刊》记者随机采访了沙滩上的几名游客，"干净、卫生"是金梦海湾给他们留下的深刻印象。沙滩上每隔 20 余米便立有一个帐篷式样的蓝色垃圾桶，穿着橙色马甲的保洁员的身影不时闪现。

"对于垃圾清理，我们建立了 5 分钟反应圈——垃圾被丢在地上，要求 5 分钟之内收拾掉。"金梦海湾管委会副主任梁军告诉《瞭望东方周刊》。

金梦海湾管委会成立于 2012 年，是全市唯一一个专为滨海旅游度假区设置的管委会，保障浴场环境卫生是其主要职责之一。

梁军介绍，金梦海湾海水浴场沙滩面积约 40 万平方米，旅游高峰期配置的保洁员达 200 人。

在海滩边，不少移动摊位售卖着海螺、贝壳风铃、风筝之类的小物件，摊主多为五六十岁的本地人。她们既是这片海滩的义务巡查员，也是保洁力量的外围补充。

"以前这一片是渔民们养鱼、打渔的地方，每天都有一股浓烈的鱼腥味，环境脏乱差。"王阿姨告诉《瞭望东方周刊》，"这些年最大的变化就是变得特别干净，我们出摊都会把周围的卫生盯好。环境整洁了，别说游客，我们自己瞅着也舒畅。"

保洁员张立兴正在海滩出勤，一手拿着垃圾夹，一手拎着装垃圾的网兜。他告诉《瞭望东方周刊》，保洁员从早上6时出勤，分两班轮值，到晚上10时左右游客基本散去才能结束一天的工作。

张立兴的网兜里有七八个烟头。"烟头埋在沙子里，不容易被发现、不好捡。希望游客尽量将烟头扔进垃圾桶。"他的话音未落，一个五六岁的小女孩走过来，将手里捏着的零食包装袋放入他身旁的垃圾桶里。

筛沙车是助力环境卫生的好帮手。这是一种大型机械设备，可以快速筛滤出沙滩内的碎石沙砾、烟头杂物、白色垃圾等。金梦海湾自2014年引进筛沙车，让铁锹加滤网的筛沙方式成为历史。

"以前是人工筛沙，筛一遍得1个多月。现在一天就够了。"梁军说，在旅游旺季，需要每周筛沙1—2遍，淡季每半个月筛1遍。

据介绍，2022年旅游旺季期间，为保障海面及重点浴场沙滩的环境整洁，秦皇岛累计出动巡查及保洁人员2.6万人次，出动车辆4365辆次，清理岸滩垃圾2425吨、海藻5282吨。

陆海一体治理

在金梦海湾的一处沙滩附近，立着一间小屋，门口牌子上写着"海洋生态预警在线监测系统：前道西监测站"。前道西是一条河的名字，此处是它的入海河口，河水在沙滩上冲刷出一条四五米宽的河道，汩汩流入大海。

河水中有一个带着太阳能电池板的漂浮物，秦皇岛市海洋和渔业局海港分局执法二中队队长侯桂林告诉《瞭望东方周刊》：这是水质监测浮标，不受天气影响，每4小时自动取样、自动化验一次，可自动将数据发送到监测平台，供后方技术人员读取数据，"一旦发现异常，就及时处理"。

秦皇岛共有17个入海河口，2020年全部实现了在线监测。

海洋污染中80%以上为陆源污染，陆源污染的80%又源自河流。基于这一数据，秦皇岛制定了"治海先治河、治河先治水、治水先治污、治污先治源、根本在治人"的思路，构建起陆海一体化治理体系。

北戴河鸽子窝公园

"提升海洋环境，治海是标，治河是本。"秦皇岛市海洋和渔业局副局长曹现锋告诉《瞭望东方周刊》，"这方面，市生态环境部门承担了很重的任务。"

近年来，秦皇岛持续开展铁腕治污，紧盯入海河流沿线村庄纳污坑塘、黑臭水体、污水垃圾收集处理等重点治理区域，农村改厕累计 37.7 万座，畜禽养殖废弃物综合处理率达到 91% 以上，目前正在开展入海排口排查整治。

6 月 12 日，秦皇岛召开水环境治理工作新闻发布会，公布的监测数据显示，2023 年 1 月—5 月，全市 15 个国考、省考断面水质达标率 100%，水质优良比例 92.3%；13 条主要入海河流水质达标率 100%。

除了陆源污染，还有来自海洋的挑战，比如赤潮。赤潮是在特定的环境条件下，海水中某些浮游植物、原生动物或细菌暴发性增殖或高度聚集，引起水体变色的一种有害生态现象，给海洋环境和游客亲海造成影响。

河北省地质矿产勘查开发局第八地质大队是秦皇岛市海域治理的技术支撑单位，该大队海洋环境中心主任刘会欣告诉《瞭望东方周刊》，为了应对近岸海域偶发的小规模赤潮，团队在秦皇岛海域的重要海水浴场外围设置了三道监测防线，共计 20 多个点位。三道防线距离浴场的距离分别约 800 米、5 海里和 10 海里，开展旅游旺季预警监测。

大型水母防治也是一项辛苦的工作。旅游旺季是大型水母活跃的季节，为减少对游客的蜇伤，工作人员会在早上 5 时多出海，拦截和捕捞靠近浴场的大型水母，增强公众亲海安全感。

"在游客享受美丽的、舒适的海湾风景背后，很多工作人员在默默辛苦付出。"秦皇岛市海洋和渔业局北戴河分局工作人员赵洪梁感叹。

北戴河模式

美丽海湾是建设美丽中国的重要载体。2022 年，秦皇岛湾北戴河段获评全国首批美丽海湾优秀案例。当年全国共上报 39 个案例，最终有 4 个案例获得这一荣誉。

秦皇岛湾北戴河段是秦皇岛湾的核心区域，拥有"沙软潮平、红顶素墙、海鸟啁啾"的优美滨海生态景观。这里是中外闻名的消暑度假胜地和观鸟天堂，全国共有 1491 种鸟类，这里已发现逾 410 种，年接待游客量超 600 万人次。

"秦皇岛在海域治理方面历来严格，北戴河是严中之严。" 赵洪梁告诉《瞭望东方周刊》，北戴河分局的海域巡查团队，每天巡查"至少三次"。此外，各海水浴场也要负责各自的海域范围，每日将管理情况通过微信群汇报给北戴河分局。

平水桥海水浴场位于北戴河疗养度假区的中心地带，占地 90 余亩，海岸线 800 米。这里沙滩明净，绿地宽阔，公园内有张学良与赵一荻的雕塑，自然风光与历史人文融为一体。

国家海洋环境监测中心的监测周报显示，2022 年下半年，平水桥浴场共有 14 次接受海水水质抽查监测，14 次的监测结果均为"优"。

据介绍，2020 年以来，秦皇岛近岸海域海水水质优良比例 100%，北戴河主要海水浴场均保持在一类海水水质。

"水清滩净、鱼鸥翔集、人海和谐"是美丽海湾建设的目标导向。

为达到"水清滩净"，北戴河大力实施岸滩整治，创新海滩养护和岸线整治的"北戴河模式"，近年来累计修复岸线 26.4 千米、增加沙滩 79 公顷、修复湿地 600 公顷，有效减缓了沙质岸线侵蚀和湿地退化趋势，恢复了重要海滩和滨海湿地生态服务功能。

为助力"鱼鸥翔集"，划定北戴河国家级湿地公园和海洋公园 1 万余公顷，保护自然生态系统及生物多样性，经过综合整治和生态修复，河流和近岸海域鱼类、鸟类、藻类以及沿岸动植物和谐共生。北戴河国家级湿地公园成为国际四大观鸟胜

秦皇岛市民在金梦海湾浴场捡 拾杂物（王毓国/摄）

地之一。

为实现"人海和谐"，北戴河取缔所有开放式海水浴场进场收费，实行沙滩垃圾定期清洁和集中处理，沙滩浴场保洁实现常态化，浴场经营管理、设施维护和防溺亡工作实现规范化，滨海浴场体验品质明显提升。

全域美丽海湾

2021 年暑期，金梦海湾接受了一次风暴潮的考验。风暴潮被称为海洋灾害之首，是由于强烈大气扰动（如台风）引起的潮位猛涨现象，来势猛、强度大、破坏力强，还会引发海域附近河流的水位暴涨。

风暴潮导致大量上游垃圾被冲入金梦海湾沿岸，为尽快还游客一个良好的亲海环境，秦皇岛市政府动员机关干部协助清理垃圾，要求两天之内全部清理干净。

侯桂林回忆："全海港区动员了 1200 名机关干部，能动用的快艇、设施、人员几乎都上了，在两天内完成了任务。这种速度和成效当时连我们自己都有点不敢相信。"

这得益于海域治理常态化机制的建立。

曹现锋介绍，在秦皇岛，陆源污染治理、沙滩修复、岸线修复、减灾防灾、联防联动等海域治理相关工作，都已形成常态化，"滨海环境治理一天都不能歇、不能停"。

梁军对此深有同感。他说，金梦海湾管委会的工作都是日常琐碎事，但只有把日常工作做到细致、完善，才能承受旅游旺季巨大客流的考验。这里负责日常巡查的工作人员，需要将诸如"木栈道的钉子松了"之类的隐患拍照、汇报，并消除在萌芽状态，每天微信步数超过2万步。"台上一分钟，台下十年功，功夫在日常。"

渤海三面环陆，属于半封闭的内海，相比东海、南海等开放式海域，其海水自净能力较弱，对污染的承受能力相对更低，生态系统更为敏感，为秦皇岛的海域治理带来了更多挑战。

"秦皇岛的目标是全域美丽海湾。我们努力争取在'十四五'规划末，4个湾区全部获得美丽海湾的认定。"曹现锋说，"自己要给自己加压。"

（本文首发于 2023 年 7 月 13 日，总第 885 期）

第 3 章
大江大河

以法之名，守护长江

——专访江苏长江经济带研究院院长成长春

文/《瞭望东方周刊》记者万宏蕾　编辑顾佳赟

对"生态优先"，不能孤立地去理解，而应与"绿色发展"作整体理解。

　　《中华人民共和国长江保护法》已于 2021 年 3 月 1 日起正式施行。作为我国第一部流域法律，长江保护法以推进共抓大保护、不搞大开发，提高长江流域生态环境保护的整体性和系统性为立法思路，以生态优先、绿色发展为立法原则，以实现长江经济带高质量发展为立法目标，在立法理念和立法内容等方面均有重大创新与突破。

2020 年 12 月 31 日，执法船队在重庆江北嘴执法船舶码头整装待发（唐奕/摄）

近日，江苏长江经济带研究院院长成长春教授接受本刊记者独家专访，深度解读长江保护法将为保护长江母亲河提供哪些保障，以及未来如何实现长江流域经济发展和环境保护协同推进等问题。

确立开创性制度

《瞭望东方周刊》：作为我国第一部流域法律，长江保护法如何解决长江治理的"老大难"问题？确立了哪些开创性制度？

成长春：长江保护法首次建立了生态流量保障制度，以解决长江流域一些地方人与自然争水，生态流量难以保障，河湖生态系统萎缩、退化等问题。主要包括，建立生态流量标准、提出生态流量指标；将生态水量纳入工程日常运行调度规程。保护法明确规定了"保证河湖基本生态用水需求，保障枯水期和鱼类产卵期生态流量、重要湖泊的水量和水位，保障长江河口咸淡水平衡"这四个方面的目标，为生态流量管理提供了法律支撑。

比如，长江保护法第五十三条规定，长江流域重点水域实行严格捕捞管理。在长江流域水生生物保护区全面禁止生产性捕捞；在国家规定的期限内，长江干流和重要支流、大型通江湖泊、长江河口规定区域等重点水域全面禁止天然渔业资源的生产性捕捞。严厉查处电鱼、毒鱼、炸鱼等破坏渔业资源和生态环境的捕捞行为。这一重要条文，对于保护珍贵的长江鱼类资源，以及长江十年禁渔计划的实施提供了法律保障。

另外，长江保护法开创性地提出"建立长江流域协调机制"的解决方案，以解决政出多门这一长期困扰我国流域治理的突出问题。国家建立长江流域协调机制，统一指导、统筹协调长江保护工作，审议长江保护重大政策、重大规划，协调跨地区跨部门重大事项，督促检查长江保护重要工作的落实情况。从制度设计的层面来看，统筹长江流域协调机制，打破多头管理壁垒，是长江保护法一项极其重要的制度安排。

《瞭望东方周刊》：长江保护法是对政府责任要求颇多，共有 62 条有关政府的责任规定，占法律条文总数的 65%。这是出于什么考虑？

成长春：为大保护立规矩，为高质量发展增动能。总体而言，长江保护法的贯彻落实，政府是关键，各方有责任。在行政法的基础理论中，强调政府职权"法无明文规定不可为"，因此长江保护法的规定有效解决了政府职权中存在的职能不明、职权交叉等问题，明确了长江流域地方政府及其职能部门在长江保护方面的主要责任。

各级政府，应当按照中央统筹、省负总责、市县抓落实的要求，依法加强长江流域生态环境保护与修复，促进资源合理高效利用，推进长江流域绿色、高质量发展。

重在细化落实

《瞭望东方周刊》：长江保护法的颁布实施是一个积极良好的开端，但要充分实现其立法价值、发挥其立法功能，还有哪些重点和难点？

成长春：长江保护法的制定标志着长江进入依法治理、流域系统治理的轨道，是统一长江保护与发展，立法、执法、司法与守法的关键步骤、重大基础性步骤。

我认为当前长江保护法实施的重点是做好以下四点：新立、修改、废止、解释。

推进相关配套制度的建设和落地，及时制定出台配套规定。比如，从宏观层面讲，对于国家流域协调机制，长江保护法规定了该机制的基本功能及协调事项，而对于该机制的组织及运行，除了专家咨询委员会的设立外并没有涉及。该机制关系到长江保护与发展的重大决策、重大规划、重大事项与重要工作，后续需要进一步明确。从微观层面讲，长江保护法第五十三条规定了对长江流域重点水域的严格捕捞管理制度，而对长江流域其他水域禁捕、限捕管理办法授权由县级以上地方人民政府制定。这些都属于"新立"工作。

长江流域管理制度政出多门，非常繁杂，也需要及时开展相关法规、规章和规范性文件的清理工作，做好配套法规、规章、规划、计划、方案、标准、名录等文件的及时修改及废止。

实施中还会涉及一些对长江保护法法条、规范本身的解释、适用规则问题。比如，长江保护法规定了"禁止在长江干支流岸线一公里范围内新建、扩建化工园区和化工项目"，同时进一步规定支流分为"一级支流、二级支流等"。那么，这里的"等"就要做出明确界定。

长江保护法的颁布实施是一个开始，还需要同时做好相关制定、修改、废止、解释，这是今后较长时期长江保护法实施中的重大问题。

另外一个比较突出的难点在于相关政府具体职责的落实。长江保护法界定各级各类行政主体的责任涉及 15 个具体产业，18 种具体水生生物名称，5 个重点湖泊，应该说确定了一个较为完备的相关政府职责体系。但在实施过程中怎样把这些职责落实到位，仍存在一定困难。

一方面，是职责本身的综合与难度。比如我们都知道长江保护法不但是一部生态环境的保护法，也是一部绿色发展的促进法。那么，如何在保护的前提下实现绿色发展？这就是一个很考验地方政府智慧与能力的命题。

另一方面，是长江保护法中对任务、职责规定明确，但对承担主体的规定还存在语焉不详的地方。比如，长江保护法中有 58 处提到了有关部门，这里大部分是确定了主管部门的，"有关部门"起到的是配合协助实施的部门，不再明确列举不影响具体实施；但也有少数没有明确由谁牵头、由谁负责，只列明了职责，比如第十五条规定了对长江流域历史文化名城名镇名村、文化遗产的保护工作，但具体由谁采取措施没有提到，如此就可能让部门之间发生推诿。所以解决这个问题的关键，还是要回到具体的配套规定上来。

保护与发展相辅相成

《瞭望东方周刊》：随着长江保护法出台，长江流域 10 年禁渔令也开启。据估计，禁渔令涉及沿江 10 个省市的近 28 万渔民。在必须保障民生的背景下，如何实现长江流域经济发展和环境保护协同推进？

成长春：长江流域重点水域已经进入了十年禁渔期新阶段，防范和打击非法捕捞已经成为管理重点，在取得重大成绩的同时，一些渔民的生计问题也浮上水面。关于两者之间的关系，应该从以下几点去理解。

首先，要意识到十年禁渔的国家行动深得民心。许多人发现，近年来长江部分水域已经达到"无鱼可捕"的境地，从长远看来，这不仅损害了流域人民的整体利益，对渔民个体也没有好处。试想，等到真正长江无鱼时，渔民的长远生计又将归于何处？从这个角度观察，十年禁渔充分实现了长江生态保护和长远民生保障的平衡。

其次，要认识到，长远视角的观察不能代替现实的关怀。对渔民的当下生计而言，需要立刻采取一切必要的措施。事实上，长江保护法第五十三条就出了清晰的指引。该条款在规定国家对长江流域重点水域实行严格捕捞管理的基础上，在第三款规定，长江流域县级以上地方人民政府应当按照国家有关规定做好长江流域重点水域退捕渔民的补偿、转产和社会保障工作。

例如，常州市实施"全覆盖、全天候、全时段"三全防控，全市建档立卡渔船 876 艘，建档立卡渔民 1342 人，其中已退捕渔民 478 人，待退捕渔民 864 人。2019-2020 年全市退捕补偿和人员安置投入资金约 3.2 亿元，就业率达 83%，养老保险参保率 85%，医疗保险参保率 93%。这充分说明了长江保护法不仅是环境保护法、绿色发展促进法，也是一部民生保障法。只要各级人民政府认真践行长江保护法精神，

增殖放流船在长江口水域投放鱼苗（张建松/摄）

就一定能够实现司法向前和护航民生的双赢局面。

至于如何在保障民生、保护生态的背景下进行长江流域的绿色开发，其核心就是"在发展中保护，在保护中发展"。

具体而言，应该做到如下几点：正确认识生态环境保护与经济发展的辩证统一关系；持续强化生态环境系统保护修复，夯实绿色发展基础；加快建立生态产品价值实现机制，引导形成环境保护和经济发展协调推进的新模式，构建绿水青山转化为金山银山的政策体系。

总之，在长江保护法实施过程中，对"生态优先"，不能孤立地去理解，而应与"绿色发展"作整体理解。生态优先，不意味着为了保护而停止发展，应当实现经济发展与环境保护的协调推进。

另外，长江保护法的成功实施，将为更多的流域保护专法出台，用法律的屏障守护中国的大江大河提供经验。作为我国第一部针对一个流域的专门法律，其立法理念、制度设计和立法工作经验对其他流域立法具有重要的借鉴意义。据全国人大环资委相关负责人介绍，目前黄河保护立法已经纳入全国人大常委会今年的立法计划，国务院有关部门正抓紧进行起草工作。黄河保护立法将坚持生态优先、绿色发展的战略定位，把保护和修复生态环境摆在首要位置。

（本文首发于 2021 年 4 月 15 日，总第 827 期）

怒江昨与今

文 / 汪永晨　编辑高雪梅

"怒江是重要的生态廊道、自然风景长廊及多元和谐的民族文化走廊，一定要把它保护好。"

除了自己的家乡，要去 20 次的地方，有什么神奇的魔力？

世界遗产评委会专家说，世界上极少数地区，由于独特的地理位置和地形、地貌条件，高度集中地反映了地球多姿多彩的景观和生物生态类型，因而从科学、美学和珍爱呵护人类未来的角度，具有突出的世界价值。

位于云南省西北部的"三江并流"地区，由于其超凡的自然品质和突出的科学、美学价值，正是这样的地区之一。

这一地区占我国国土面积不到 0.4％，却拥有全国 20％以上的高等植物和全国 25％的动物种数，名列中国 17 个生物多样性"关键地区"第一位，也是世界生物多样性最丰富的区域之一。

这样的地方，当然值得反复去。

瑰丽又脆弱

"三江并流"是指金沙江、澜沧江和怒江，三条"江水并流而不交汇"的奇特自然地理景观。

2003 年，"三江并流"被联合国教科文组织列入《世界遗产名录》时，教科文组织的官员评价："在我考察和评价过的 183 个世界遗产地中，'三江并流'无疑是可以列入前 5 位的。在生态多样性和地貌多样性方面，其他任何山地地区都很难

怒江第一湾

找到能和这一地区相媲美的区域。"

"三江并流"区域还是一部反映地球历史的大书，这里有着丰富的岩石类型、复杂的地质构造、多样的地形地貌，不仅展示着正在进行的各种内外力地质作用，而且蕴藏着众多地球演化的秘密，是解读自古至今许多重大地质事件的关键地区。

在怒江边，泥石流多发。2005年那次怒江行遇上了大泥石流，我们被挟在两大股泥石流中间，生死瞬间，幸好当地人把我们带出了险地。

横断山研究会会长杨勇介绍，青藏高原几大地质活动断裂构造体系在流域内重叠交叉，这些断裂带新构造运动强烈，曾经发生过众多的地震以及次生地质灾害，是我国甚至世界上地质灾害最发育和最密集的地区之一。

此前，怒江曾规划建设十三级电站。当时，要把怒江得天独厚的水能资源变为电，主要是因为怒江地区太穷，开发水电后预期收益会有上千亿，这对一个贫困地区来说很有吸引力。

2007年，中国水利水电科学研究院刘树坤教授提出："怒江是重要的生态廊道、自然风景长廊及多元和谐的民族文化走廊，一定要把它保护好。"

刘树坤认为，如果在这样原始自然的大江里开发水电，这些价值将大打折扣。怒江这么独特，而且至今还保留着原汁原味的大江，为什么我们就不顾其独特，而要让它混同于一般呢？

这里独特的人文景观，同样值得珍视。

从 2004 年到 2021 年，我到访怒江 20 次，在怒江边，我曾经访问过两个年轻人。一位告诉我，傈僳族人居住的大山、大江边，自然生态和文化传统保存得还很完整。这里有傈僳族最传统的"沙滩埋情人"民俗、澡塘会、"过刀山跳火海"、射弩、剽牛祭天……从古到今，傈僳族人大节小节都是在江边的沙坝上举行。

"我们这里的人把冬天的怒江形容成女人，漂亮、温柔。把夏天的怒江形容成男人，强悍、勇猛。如果开发了大型水电站，水平面就要上升，沙滩就要被淹没，高山平湖水的颜色还能有冬夏之分吗？剽牛、射弩这样的活动，不在沙滩上进行，就没有了原来的感觉和味道。"

这位傈僳族的年轻人还说，不希望以后自己的子孙，在被问到大江原本是什么样子时，只能翻看相册指着照片，告诉家乡的大江是什么样，湍急的河流是什么样，沙滩又是什么样。

另一位年轻人也着急地说："如果我们搬去别的地方，祖祖辈辈的东西就没有了。"

"自然资本"重估与变现

扶贫，对当时的怒江人来说，当然刻不容缓。

为了给中国留下一条自然流淌的大江。高层多次批示要求，对这类引起社会高度关注，且有环保方面不同意见的大型水电工程，应慎重研究、科学决策。

2006 年，民间环保组织"绿家园"志愿者发起"江河十年行"，旨在关注、记录中国西南横断山脉的六条大江：岷江、大渡河、雅砻江、金沙江、澜沧江、怒江，及沿江百姓的生存状况。

2011 年，"江河十年行"在怒江第一湾丙中洛镇甲生村李战友家访问时，一不留神，这位六十多岁的老人就爬到树上，给我们摘柿子。他告诉我们：家里种的水果都是自己吃，不卖；他们家 6 口人，围着火塘吃饭，靠种地维持家里开销；女婿郭富龙在外面打工，却经常连工钱也拿不回来。

虽然被称为大美怒江，可 80 多户的甲生村，在"江河十年行"从 2006 年到 2015 年去的十年里，全村只有两户可以接待游客。

怒江边的溜索

1997 年，澳大利亚经济学家康斯坦首次提出"全球生态系统服务价值和自然资本"的学说。康斯坦认为，如果按照自然资本价值来估算，这些价值不光是永续的，而且远远超过我们人类自创的价值。

那么，如果用自然资本来测算，怒江价值多少？

2015 年，"江河十年行"的最后一年，在怒江边上，得知怒江将建国家公园的消息后，76 岁的刘树坤很是欣慰："很庆幸还有怒江这样一条大江，保持自己的自然原貌。"

这一年，我们重访甲生村。李战友去世了，他的女儿李春花告诉我们，现在家里有 12 头猪，6 头牛。1 头牛能卖三千多元。家里还种了很多小树，和别人卖树不一样，他们卖树不讲价，只强调买树的人要负责把树种活，种好。

2019 年底，怒江美丽公路全线通车试运行，这是怒江历史上首条真正意义上的出山通途、民生大道，被网友誉为"最美自驾公路"。

2021 年 3 月去怒江前，我打电话给春花。她说，家里 20 个人都能够住得下。我有点半信半疑。过去她家有三间客房，但因不能洗澡基本没有什么生意。现在 20 人都能住了吗？

3 月 23 日，在写有"佳客来"的三层楼前，春花和她的丈夫郭富龙出来迎接我们。

"这是你家新盖的楼？"我问。

春花回答，楼是去年盖好的，现在家里有 12 间客房，能住 24 个人呢。以前我们没有在春花家吃过饭，而如今，她家餐厅每天都要摆上四五大桌。

在春花家住了四天，客房几乎都被我们一行人包了，可从早到晚，每顿都有其他客人前来就餐。一桌少则三四百元，多则七八百，一只鸡能卖到 200 元，餐厅一天可以净赚 1500 多元。

前两年，郭富龙花十七八万买了辆东风卡车，两年就还完了贷款。郭富龙说，跑运输平均一天可以净挣五六百。这几天他拉来一车小石子，铺在自家的院子里，院子还撒了草籽，他准备再支起几把阳伞，有客人来时，可以坐在院子里欣赏大山大江的风景。"这是城里人喜欢的，也是怒江边特有的"。

我问郭富龙，听说修路占了你家池塘、牛圈，补偿还满意吗？

他表示满意，一亩地赔偿 7 万多，核桃树最大的一棵赔偿了六七千，小的几十块。包括池塘、牛圈、树，一共补偿了 40 多万。

"5 年前路修好后，游客就越来越多了。"郭富龙说，为接待游客，他家用补偿的 40 多万，又贷款 25 万，一共花了一百万元盖了这栋三层楼。"现在每天都有游客来问有没有空房，一个标准间 150-200 元，都不用拉客竞争。"

如今村子里一半的人家都开了农家乐，没有开农家乐的，帮忙洗被单、收拾房子，都有得挣。"帮我家做饭的表姐阿兰，一个月也能挣 4000 多元，表姐没想到自己这辈子一个月还能挣那么多钱。"春花说。

丙中洛的旅游一年中没有淡旺季之分。2021 年从 2 月底开始，天天爆满。在春花看来，她家的经济状况在全村 86 户人家里也就是中等水平。

"江河十年行"以前来甲生村时，还在刘吉安家住过。那时他家有一栋二层小木楼，可以住十几个人。现在他家又盖了一栋三层楼，刘吉安很肯定地说，一年挣三四十万没有问题。

我问郭富龙，如今还有什么发愁的事吗？

他说没有。春花则说，女儿去年考了 500 多分，因为没有被自己喜欢的专业录取，决定复考一年。"今年志愿一定要报好，希望能考上自己喜欢的专业。"谈到即将大学毕业的儿子，郭富龙说："他们的路怎么走，由他们自己决定，我们不管。"

巧的是，在春花家遇见一位唱歌跳舞弹弦的老人，竟然是我们 2005 年第一次到甲生村时认识的甲生村小学的和顺才校长，当时志愿者资助了村小 20 多名学生。和校长告诉我们，他的学生现在已经有十多位考上了大学。

精准扶贫铺出一条路

认识扎西格荣很偶然，因为我们的车进不了独龙江大峡谷，临时找来了三辆面包车，扎西格荣是我们从丙中洛镇甲生村找来的司机。

1990 年出生的扎西，四五岁时就为自己家和邻居家放 20 头牛，牛春天送上山，到了秋天，牛认识回家的路可以自己回来。放暑假的两个月，他上两次山，给牛喂些盐和玉米面，这期间他在山上挖草药，一次挖的草药能卖 100 多块钱。

18 岁时，扎西来到南京、安徽打工，他说那个时候的梦想是攒够了钱，给家里盖一个用空心砖建的房。

当兜里有了 6 万块钱，扎西回家了。他先买了一辆拖拉机拉货，赚了钱又贷款买了一辆大卡车到西藏拉货。在青藏高原开大货车，好几次后轮掉到悬崖边上，同伴用大石头才把车垫了回来。

扎西的逻辑是：运气好，每次都能逢凶化吉。

花了两年时间，扎西还完了大卡车的贷款，正赶上精准扶贫要在家门口修路。可他们家在山坡上，修路修不到的算上他家一共有 6 户。

扎西认为路决定着他们未来的命运，他一家一家协调，一次又一次找乡领导。最终政府多花了 100 多万，路从他们 6 户人家的门口经过。

路修到了家门口，扎西也办起了农家旅舍。去年疫情防控期间游客少了，今年看着一天比一天多的游客，扎西算计着，一年挣个 30 万是有希望的。

因生活所迫扎西读书不多，但是他的妻子却是云南大学法律专业毕业的大学生，在贡山县城当检察官，"我爱人正想再努努力考研究生呢。"扎西很是自豪。

当初的梦想实现了，而且远远超出了他的想象。扎西说："每想到这事，心里都是美美的。"

我问扎西，如果当年要修大坝，你希望修吗？他回答得很快："当然不希望。如果修了坝，我们去哪儿生活？我们能干什么？我们这儿的生态会不会被破坏？江还能那么绿吗？"

在扎西看来，正因为家门口这条大江被保护了下来，正因为政府在这里建了国家公园，正因为扶贫，他们才这么快富了起来。

这些年，政府为一些住在山上的人家在江边修了房子。扎西有一个朋友，原来住在滑坡地带，政府动员搬迁，在县城给他们一家 11 口人分了 5 间房。"要是没有政府，他们家永远也住不上县城的大房子。"扎西说。

"我们感谢政府为我们的生活带来了这么大的变化，也希望自己的家乡环境不被污染，大江不被破坏。"在车上，这句话扎西反复说了好几遍。

我们的车开在美丽的，神秘的独龙江畔时，扎西给我们唱起了山歌。他说："我们唱的歌，都是歌唱母亲，歌唱大自然的。我们歌唱大自然的树，大自然的花和大自然的江河水。"

我想，以后想念怒江，一定会常常想到扎西。

据怒江州国民经济和社会发展统计公报显示，2009 年，怒江州全年接待国内外游客 141.37 万人次，旅游业总收入 6.64 亿元。2019 年，全州全年接待国内外游客 477 万人次，旅游业总收入 68.75 亿元，10 年，10 倍。

（本文首发于 2021 年 5 月 13 日，总第 829 期）

岳阳：守护好一江碧水

文 /《瞭望东方周刊》记者史卫燕　编辑高雪梅

近年来，在新发展理念的指引下，岳阳在水环境污染治理和水生态恢复改善方面积极探索。

八百里洞庭，凭岳阳壮阔。

北枕长江，南纳四水，洞庭入长江处，即是拥江抱湖之城湖南省岳阳市。岳阳是集名水、名楼、名山、名文于一体的历史文化名城，诗云"洞庭天下水，岳阳天下楼"。

近年来，在新发展理念的指引下，岳阳牢记"守护好一江碧水"的殷殷嘱托，在水环境污染治理和水生态恢复改善方面积极探索。

八百里洞庭美如画。在这幅山水长卷里，山青水阔，江河奔流。

江湖名城

洞庭湖地处长江中游，是我国第二大淡水湖泊，也是长江流域最重要的集水湖盆与调洪湖泊。

根据自然形态，洞庭湖分成东洞庭湖、南洞庭湖、西洞庭湖。岳阳市拥抱的水域主要位于东洞庭湖，它是洞庭湖湖泊群落中最大的天然季节性湖泊，约占洞庭湖总水面的一半。

岳阳境内江河纵横，湖泊密布，有大小湖泊165处、280多条大小河流。东、南、西、北四个方向分别有新墙河、汨罗江、湘江、资江、沅江、澧水、松滋河、虎渡河、藕池河九条大中型江河注入洞庭湖，形成以洞庭湖为中心的辐射状水系。其中，前六条被称为"南水"，后三条被称为"北水"，南北两水在洞庭湖"九九归一"，

洞庭湖畔的岳阳楼

于城陵矶三江口汇入长江。

"老百姓俗称'九龙闹洞庭',可见岳阳的水资源优势是十分明显的。"岳阳市市长李挚告诉《瞭望东方周刊》。

作为国际重要湿地所在地,岳阳境内野生动物资源丰富,是众多野生动物的乐园。有国家Ⅰ级保护动物云豹、麋鹿、东方白鹳、中华秋沙鸭、江豚等共 13 种,国家Ⅱ级保护动物灰鹤等 34 种。

江与湖中流淌的不仅有水,还有文化。

气蒸云梦泽,波撼岳阳城。近千年前,宋代政治家、文学家范仲淹在《岳阳楼记》中曾经这样描绘洞庭湖:衔远山,吞长江,浩浩汤汤,横无际涯⋯⋯沙鸥翔集,锦鳞游泳,岸芷汀兰,郁郁青青。

岳阳楼矗立于岳阳市洞庭北路古西门城头,海拔 54.3 米,临八百里洞庭,瞰万里长江,气势雄伟。

肇自汉晋,岳阳楼距今已经 1800 多年,传承至今历经了军事楼—城门楼—观赏楼的演变。东汉建安十九年(公元 214 年),东吴孙权派大将鲁肃率军驻守巴丘,鲁肃为操练水军,在洞庭湖边的城头上建了检阅水军的阅军楼,这便是岳阳楼的前身。

唐开元四年(公元 716 年),中书令张说谪守岳阳,扩建阅军楼,后改名岳阳楼。

岳阳山水的清秀雄奇引来无数骚人墨客，张九龄、孟浩然、李白、贾至、杜甫、韩愈、刘禹锡、白居易、李商隐等纷至沓来，登天下楼、赏天下水，岳阳楼声誉鹊起、名扬四海。

岳阳楼兴于唐，盛于宋。北宋范仲淹写下千古名篇《岳阳楼记》，全文气势磅礴、字字珠玑。文中"先忧后乐"的核心思想，饱含了中国传统知识分子忧国忧民和以天下为己任的情怀，从此楼以文名、文以楼传，文楼并重于天下。

岳阳之美，美在诗歌流韵、翰墨余香。迁客骚人，多会于此。汨罗江畔屈子行吟，八百里洞庭激荡着李白的汪洋恣肆、杜甫的沉郁悲壮、孟浩然的雄浑豪放、刘禹锡的隽永悠扬。

据第三次全国文物普查统计，岳阳有不可移动文物点 1670 处，其中岳阳楼、岳阳文庙、张谷英村古建筑群、屈子祠、湘阴文庙、左文襄公祠等 22 处为全国重点文物保护单位。

探索守护之道

岳阳市拥有 163 公里长江岸线和洞庭湖大部分水面，是洞庭湖生态保护与治理的重要战场。

近年来，岳阳从"关、退、整、建、禁、问"六字着手，持续探索改善水环境。

关闭，为了减少污染源。

长江与洞庭湖交汇处附近有一处江湾，它既是行洪道，也是长江江豚的活动区。2002 年开始，一条条砂石生产线在此建起，大片的土地裸露，从卫星图上看就像一个偌大的"伤疤"，人们称之为华龙码头。

近年来，岳阳开展长江岸线专项整治、洞庭湖生态环境综合治理。半年多时间里，取缔了长江沿线等地 155 处非法砂石码头，并进行高质量复绿。如今的华龙码头，草长莺飞、白鹭翩跹，绝迹多年的江豚在江中嬉戏。人们给它换了一个诗意的名字——江豚湾。

退出，为了重新出发。

岳阳是湖南唯一拥有长江干流岸线的城市，石油化工产业是岳阳第一主导产业。多年来，一批化工企业进驻岳阳，形成了"化工围江"之势。长江大保护中，岳阳的化工产业何去何从？

岳阳市洞庭湖生态经济区建设协调办公室专职副主任刘畅介绍，2021 年当地沿江化工企业关停 15 家，腾退土地 1007 亩。

整治，为了改善人居环境。

东风湖，与洞庭湖仅一堤之隔，曾经汇集周边上千个排污口，是岳阳中心城区最大的黑臭水体。污染源进入湖内，破坏毗邻的洞庭湖水质，江湖相连，也威胁长江生态环境。

2018 年，中国三峡集团与岳阳市人民政府签订《共抓长江大保护 共建绿色发展示范区合作框架协议》，明确以岳阳城镇污水治理为切入点，共同推进岳阳市长江经济带绿色发展示范区建设。如今，曾经有名的"污水盆"已是清波荡漾。随着东风湖环境的改善，一些为了躲避恶劣环境而迁至他处的居民又搬回来了。

建设，构筑"城市的良心"。

通过加强地下管网建设，岳阳着力解决"雨季看海"的隐患和污水源头收集问题。岳阳市住建部门介绍，2021 年较 2019 年相比，岳阳中心城区生活污水集中收集率由57% 提高至 70%，污水处理厂实际消减污染物总量显著提升了 40%。随着生态环境逐步修复，岳阳市 2021 年 6 月获得首批全国系统化全域推进海绵城市建设示范城市荣誉称号。

禁捕，为了水清鱼丰。

岳阳所辖洞庭湖水域宽广，是经济鱼类和珍稀水生动物非常重要的产卵场、索饵场、越冬场和洄游通道，有"淡水鱼类种质资源基因库"的美誉。

"作为名副其实的鱼米之乡，岳阳有 13538 艘渔船，禁渔任务重。我们通过建立健全网格化制度，压实乡镇属地责任，重点加强非法捕捞多发高发水域和时段的执法监管，对批发、销售、消费环节加大监管。"岳阳市农业农村局局长黎朝晖说。

农业农村部门数据显示，2021 年监测到洞庭湖区域鱼类为 136 种。20 多年未见的鳡鱼重现东洞庭湖，渔业资源有恢复性增长。观测到的洞庭湖区域长江江豚种群的幼豚占比提高，种群数量稳步增加。

问责，为了筑牢保护网。

为从法律制度层面强化对保护绿水青山的刚性约束，岳阳市先后出台《岳阳市城市规划区山体水体保护条例》《岳阳市东洞庭湖国家级自然保护区条例》等 4 部生态环保类地方性法规，实施环境保护工作责任规定和责任追究办法，将绿色发展指标考核纳入全市年终绩效考核范畴。

多管齐下，多措治污。岳阳这座江湖名城多年形成的生活污水直排、黑臭水体、养殖污染、化工围江、造纸污染、违规采砂、侵占岸线、矮围网围等问题正在逐步解决。

岳阳东洞庭湖麋鹿和鸟类救治避难中心拍摄的麋鹿和飞鸟（陈思汗/摄）

人与自然和谐共生

2022年1月，生态环境部表示，"十四五"期间将以长江流域为重点探索开展水生态考核试点，重点出台长江流域水生态考核办法及实施细则。

千百年来，洞庭湖是沿岸民众丰饶生活的保障，也是野生动物自在栖息的乐园，在长江流域水生态环境保护中地位重要。

然而，洞庭湖也曾"黯然失色"。20世纪80年代，洞庭湖鱼类有120多种，银色鱼鳞与金色湖面交相辉映，浮光跃金。随着无序采砂破坏湖滩、江岸，大吨位的船舶航行、停泊挤占鱼类洄游的通道，"电鱼""迷魂阵"等灭绝式捕捞方式广泛使用，洞庭湖渔业资源持续减少。

近年来，岳阳各界着力构建人与自然和谐共生的局面。

25年前，何东顺在岳阳市洞庭水面上的渔船中呱呱坠地，是一位"渔三代"。爷爷就在洞庭湖打鱼为生，传给父亲何大明。何大明人高马大，是天生捕鱼的好手，年轻时在洞庭湖远近闻名。

"小时候，湖底是茂盛的水草，还有小动物在水里游泳。夜里，成群的鸟儿飞过，能把天上的月亮遮住。"何东顺说,后来,洞庭湖清澈的湖水开始变黄,鱼儿明显少了,各种鸟也不来了,江豚也变得不常见。

怀着对洞庭湖的深厚感情,何大明和何东顺陆续投入江豚保护工作。2020 年开始,包括洞庭湖在内的长江流域重点水域分类分阶段实行渔业禁捕,渔民们逐步转产转业上岸。相当一部分上岸渔民加入"护鱼员"队伍,何大明的队伍里也增添了几名由"捕鱼人"转型的"护鱼人"。

盛夏时节,八百里洞庭一碧万顷,浅浅掠过湖面的各色鸟儿勾勒出水天之间最灵动的一笔。

被称为"洞庭鹰"的付锦维是岳阳市华容县的环保志愿者。十多年前,付锦维受雇于洞庭湖里的老板,在其修建的私人矮围里帮忙收鱼。付锦维发现,捕完鱼后,矮围老板竟继续毒害在矮围里觅食的候鸟,数不清的候鸟被船拖车载,拉走卖钱。

他的心被刺痛,决定给迁徙的候鸟"保驾护航"。扛上望远镜,背上装着护鸟工具、方便面、水壶、酒精炉等的十多公斤大包,他几乎每天都要徒步数十公里。

越是保护鸟类,付锦维越是反思渔民和自然的关系——随着生态环境的恶化,渔业资源减少,非法捕捞愈发普遍,鱼少了、鸟少了,生态系统陷入恶性循环。

"这样下去,肯定山穷水尽。保护自然,就是保护我们的子孙后代。"付锦维开始发动更多的渔民加入保护的队伍。付锦维和志同道合的渔民一起成立湖南省环保志愿服务联合会华容县护鸟营,他被推选为营长。

宽广的洞庭湖面上水天一色,横无际涯,几位野生动物保护专家正在船上用望远镜寻找"神兽"麋鹿的身影。

"由于现在滩洲上芦苇茂盛,有的长到了四五米高,要在芦苇荡中摸清麋鹿数量并不容易。"岳阳东洞庭湖国家级自然保护区副总工程师、东洞庭湖麋鹿保护协会成员宋玉成说,他是此次麋鹿调查巡护小分队的负责人。自 2009 年读博期间第一次在洞庭湖看到麋鹿起,他就决定帮助麋鹿在此安家。

据东洞庭湖国家级自然保护区管理局等的跟踪观察,2021 年,洞庭湖的种群数量已由以前的不到 10 头发展到 200 多头,成为国内最大的麋鹿自然野化种群;洞庭湖越冬候鸟超过 28.8 万只,比 2015 年翻了一倍;洞庭湖的长江江豚数量已稳定在120 多头,江豚活动的区域向上游拓展。

"候鸟的欢歌""江豚的微笑""麋鹿的倩影"成为岳阳新名片,万物和谐美丽家园正在形成。

探索高质量发展之道

转变传统落后的发展路径，贯彻新发展理念，构建新发展格局，让全社会打破"靠水吃水"的观念和惯性，是岳阳实现高质量发展的必由之路。

改变观念，需从关键环节入手。

2022年6月13日，岳阳市委机关报《岳阳日报》登载三份工作检讨书，引发关注。检讨书上署名的3人分别是岳阳市湘阴县县长、岳阳经济技术开发区分管环保工作的副区长、汨罗市生态环境保护委员会办公室主任，检讨针对的是他们所在县市区5月份污染防治攻坚战工作存在的问题。

30天的攻坚鏖战后，7月14日，岳阳市6月环保考核排名中，湘阴县通过一个月的立行立改，排名从倒数第一一跃排名前列，完成了一次"逆袭"，再次引发关注。

据介绍，为推动高质量发展，岳阳市委从2022年5月开始对污染防治攻坚战进行"一月一考核、一月一排名、一月一约谈"。

岳阳市委书记曹普华表示，要全力守护好生态环境，将把约谈制度持续下去，用最严格的考核制度来约束领导干部，为打好污染防治攻坚战提供坚强的组织保障。

拆除违规生猪养殖场；依法取缔非法入江入河入湖排污口；对工业排污企业24小时全程监管；工厂有机废气处理设施升级改造……湘阴县的改造，是向高质量发展转变迈出的步伐。

事实上，不仅在湘阴县，发展方式大转变正发生在岳阳各地。

在岳阳经开区，通过"腾笼换鸟"，一批低效闲置的"散乱污"企业置换出园。同时，严拒高耗能涉污企业入园，逐步探索一条生态优先、绿色发展的新路。

截至目前，岳阳全市已完成环洞庭湖35家造纸企业98万吨制产能退出，取缔石灰土窑50座，关停转产搬迁15家沿江化工企业，腾退土地1007亩。

2021年，岳阳境内长江断面水质稳定达到Ⅱ类，洞庭湖水质综合评价接近地表水Ⅲ类，县级及以上城市集中式饮用水水源水质优良比例100%。

"水资源是岳阳最大的优势，也是最大的压力。我们将坚持不懈、持之以恒，坚决守护好一江碧水。"李挚表示。

（本文首发于2022年9月1日，总第863期）

甜城治"沱"记

文 /《瞭望东方周刊》记者王剑英　编辑高雪梅

内江，位于四川盆地东南部，距离成都约 170 公里，素有"川南咽喉""成渝之心"之称，
是四川省唯一将沱江作为饮用水水源的城市。

　　4 月 18 日，四川省内江市迎来一场酣畅淋漓的春雨，穿城而过的沱江水位上涨，整个城市氤氲着润泽之气。下午 5 时，游泳爱好者刘正明来到位于市中心的沱江边，一头扎进水中，尽情畅游。他保持每天去沱江游泳的习惯已经十年，见证了这条河近年来的巨大变化。

　　"以前沱江污染严重，河水面上有很多漂浮物甚至小动物的尸体，会闻到明显的腥臭味。游泳上岸后如果不及时冲洗，就会浑身瘙痒。"刘正明告诉《瞭望东方周刊》，"这几年水变清了，下河的人越来越多。"

　　内江，位于四川盆地东南部，距离成都约 170 公里，素有"川南咽喉""成渝之心"之称，有 2000 多年建城史，古称汉安。巴蜀首个科举状元范崇凯、知名国画家张大千、新闻工作者范长江等均是内江人。

　　内江因"一水环抱九十余里而邑居其中"的独特地貌得名。"一水"即指沱江，全长 638 公里的沱江在内江境内留下了 154.5 公里的身段。全市 95.7% 的国土面积均属于沱江流域，它也是四川省唯一将沱江作为饮用水水源的城市。

　　"沱江是内江人民的生命之河，沱江的污染曾是我们的切肤之痛。"内江市生态环境局局长谢媛丽告诉《瞭望东方周刊》，近年来，内江负重奋起，推动沱江水环境质量持续改善。

内江大自然湿地公园内，人们在惬意休闲

再生水利用

晚饭后，26岁的肖祥羽如往常般下楼散步，出门五六分钟便来到谢家河海绵公园，周边不少居民已经在此休闲、运动。

公园紧挨着新建的内江市体育中心、档案馆、文化馆、博物馆等公共场所，周边建有多个大型居民区。公园内绿树成荫，公园下却藏着一座占地31亩的再生水厂。

这里是内江市城市新区的中心地带。肖祥羽2020年入住时，对于家门口要建设再生水厂，他和周边居民曾相当忐忑、焦虑，甚至联合起来找社区要说法。2021年，谢家河再生水厂建成运营，海绵公园对外开放，肖祥羽心里的石头落了地——公园内闻不到异味，环境优美超乎预期，他的焦虑变成了欢喜。

谢家河再生水厂运营方四川水汇生态环境治理有限公司总经理王贵强告诉《瞭望东方周刊》，该厂就近对谢家河片区的生活污水进行收集，处理规模为1万立方米/天，目前负荷为70%—80%，水质达标，污水经处理后回用于周边公共建筑冲厕、道路冲洗、绿地浇灌和河道生态补水。未来，谢家河再生水厂处理规模将提升到3万立方米/天。

谢家河再生水厂是内江第一个实现水资源回收利用的水厂，也是川南地区第一个地埋式再生水厂。它的诞生是内江治理城市黑臭水体的重要举措。

2016年，内江共有11条城市黑臭水体，其中7条为轻度黑臭，4条为重度黑臭，在四川省 21 个市（州）中，水体黑臭严重程度排第二。2018 年，内江入选全国首批"城市黑臭水体治理示范城市"，该项目由财政部、住房和城乡建设部、生态环境部联合组织评审。

谢家河曾是一条重度黑臭河，它是沱江的一级支流，一度污水横流，漂浮物遍布，水质常年处于劣五类和五类，成为沿线居民之痛。

通过治理，现在谢家河的水质稳定在四类，河道两岸新建了五星水库甜蜜花园、清溪湿地公园等数处城市公园，呈现水清岸绿、鱼翔浅底的景象。

谢媛丽告诉《瞭望东方周刊》，内江在治理黑臭水体时，尤为注重将治水和美化环境相结合，"每治理一条黑臭水体，就形成一条带状公园，把市民曾绕道走的地方，变成他们喜欢去的地方"。

现在，11 条黑臭水体均得到有效治理，新建谢家河、小青龙河等沿线绿廊绿道、湿地公园共计 39 处，形成连接城乡的 11 个带状（湖状）生态公园。为此，内江共完成截污干管建设 75 余公里，建成污水处理设施 11 座，清理河道淤泥 12.5 万立方米，关停一大批沿线畜禽养殖场，清理了沿线的垃圾堆放点。

2022 年底，生态环境部、水利部等四部门公布"2022 年区域再生水循环利用试点城市"名单，在全国 19 个试点城市中，内江是四川省唯一入选的城市。

我国水资源短缺、水污染问题突出，城镇污水排放量一年约 750 亿立方米，再生水利用量仅 100 多亿立方米，利用潜力巨大。"我们希望，和其他缺水城市一起，在再生水利用方面蹚出一条道路来。"谢媛丽说。

建百里绿道

"甜城绿道"是内江巩固城市黑臭水体治理成效、拓展治理范围的升级版项目。甜城是内江的别称，历史上这里盛产甘蔗，制糖业发达。

站在绿道建设示意图前，内江市住房和城乡建设局副局长朱宇告诉《瞭望东方周刊》，沱江干流在内江市城区段长约 50 公里，目前，北起花园滩大桥、南至榉木铁桥，全长 30 公里的河道两岸绿道已经建成，宽度为 50 米—200 米。加上 11 个带状（湖状）生态公园，内江市已经形成 100 公里长的绿道体系，沿江绿地总面积 6000 亩，水域总面积 7000 亩，还串联起圣水寺、吕祖庙等多处人文景观。

大自然湿地公园便属于甜城绿道体系，它位于城区南部的市中区，以沱江为脉，枕山面水，2022 年初对游人开放。公园占地面积 568 亩，与塔山公园、大梁山郊野

市民在谢家河海绵公园休闲散步，他们脚下就是谢家河再生水厂

湿地公园串联成一条完整的城市生态链，形成 12.3 公里的环江绿道。

这里生态与人文景观交融，既有蓝花楹大道、红枫林等美景，也有南丰世家、解放渡等历史人文地标，备受市民青睐。

在甜城绿道项目中，沿沱江干流的滨江绿道，均打造了堤顶道路、二马道、亲水步道三级绿道体系，形成多层次绿色空间。二马道为彩绘防滑路面，耐候性佳且颜值高。水岸交驳处尽量采用自然过渡式，保护原有植被。沿岸配备了公厕、停车场、运动场和露营地。

朱宇介绍，在由绿道串联的滨江生态景观带里，人们可徒步、骑行、游泳、垂钓、读书、露营、品茗，"成为市民的游览地、健身场、音乐厅、文化馆，游客的目的地、度假区"。

"内江在治水时，首要考虑是人水和谐，要的是长治久清，满足老百姓对美好生活的需求。"谢媛丽说。

内江下一步规划是，到 2025 年，甜城绿道总长度达到 200 公里，将中心城区打造成为"城水相映、城绿互融、城在园中、城以文兴"的滨水宜居公园城市。

对于内江水环境的变化，肖祥羽笑称"除了不能直接喝，别的都挺好"。

前些年，刘正明每次去游泳时，总会用 5 升矿泉水瓶装上自来水带去河边，游泳后冲洗全身。现在，他常去的河段每隔数百米就建有一个公厕，里面配置淋浴间，"拎着自来水去游泳的历史一去不返了"。

大家的事

内江治"沱"，有哪些心得？

"首先是机制。生态环境保护不是环境部门一家的事，是大家的事。"谢媛丽说。

谢媛丽是内江人，2015 年底任生态环境局局长，上任后首抓的一件大事便是推动建立各部门齐抓共管的机制。

"除了生态环境局，农业农村局应该承担哪些职责？住建局、发改委、城管委等各部门又应该做些什么？把任务分解下去。"谢媛丽介绍，经过一段时间沟通、磨合，各部门从不理解到形成共识。

2016 年，内江成立生态环境保护委员会，由市委书记和市长任双主任；内江市委召开七届二次全会，专门作出决定，将沱江流域综合治理定位为关系到子子孙孙生存与发展的"世代工程"。

建立了机制，达成了共识，但真抓实干需要砸进真金白银。

谢媛丽介绍，从 2016 年至 2022 年，内江累计投入治水资金 186 亿元，其中政府投入 120 亿元，引入社会资本 66 亿元。

"这几年，除了治水，内江没有哪个公共事业项目投入这么多政府资金。"谢媛丽说，"内江治水的决心和魄力确实很大。"

最大的治水项目名为"沱江流域水环境综合治理"工程，属 PPP 模式，资金额达 62 亿元，包含 132 个子项目。谢家河流域水环境整治工程便是其中一个子项目，总投资 5.8 亿元。

治水不是某个部门一家的事，对于沱江流域而言，也不是某一个城市的事，需要上下游齐心协力，联防联治。

2018 年，四川省组织沱江全流域 10 个城市签订《沱江流域横向生态保护补偿协议》，以补偿资金为"筹码"，以水质达标和改善为考核标准，让保护者得偿、受益者补偿、损害者赔偿。

谢媛丽解释道：10 个城市每年上交资金共 5 亿元，各城市额度不一，内江为每年 5000 万元。四川省按同等比例匹配。内江的上游城市为资阳，假若从资阳境内流出的沱江水质为三类，而从内江流出的水质低于三类，那么内江的 5000 万元将被扣除，按幅度补偿给资阳。反之亦然。"这个机制把上下游城市的积极性都调动起来，实质性推动了沱江治理。"

几年间，内江因这一机制被"奖"过也被"罚"过。2022年，因水质大幅改善，内江获得9500万元的横向生态补偿资金。

四川省生态环境厅向《瞭望东方周刊》提供的资料显示：截至2022年底，四川省共计安排中央、省级专项资金21.53亿元作为沱江流域横向生态保护补偿奖励资金，大力助推了沱江流域水环境质量提升。

至2021年，四川省已在赤水河、长江、黄河、沱江、岷江、嘉陵江、安宁河等流域建立起流域横向生态保护补偿机制，实现21个市（州）全覆盖。

生态助力经济

"如果五星为最高，那么对内江而言，治理沱江的重要指数是五星，难度指数则是四星半。"谢媛丽说。

作为全国108个严重缺水城市之一，内江的多年人均水资源量为483立方米，仅为全国的25%和四川省的16%。

除了水资源量不足，过往的工业污染也为内江带来沉重负担。

这里是中国的老工业基地，白糖、白酒、白纸奠定了内江"三白"的工业基础，建成于1956年的内江糖厂是我国第一座自行设计、制造、安装的现代化糖厂。

内江在20世纪的工业布局，基本都是沿江设厂，工厂排放污染严重。谢媛丽印象中，20世纪90年代，内江糖厂排污口流出的都是冒着泡沫的黑色污水，沱江边堆满了甘蔗渣。

2016年，内江的地表水国考、省考断面无一达标。2022年，全市12个地表水国考、省考断面首次实现全面达标，其中5个断面水质达到二类，沱江干流出境断面水质首次达到二类，水环境质量创近20年来最好水平。

现在，这座城市正在转型升级，借力成渝地区双城经济圈建设，推动高质量发展，力争到2027年，绿色低碳产业产值占规模工业总产值的比重达60%。

内江糖厂早已关停，高大的烟囱默然伫立在沱江边。厂区旧址周边，挖掘机正在施工，修建滨江绿化景观。

和内江糖厂隔江相望的，正是大自然湿地公园。几年前，这里还是一片农场。在规划之初，公园周边便预留了90亩的商业用地。

内江市市中区住房和城乡建设局局长张超告诉《瞭望东方周刊》，借力公园良好的生态环境，不仅促进了周边房地产业的发展，还在附近打造了一个 4 平方公里的新经济产业园，欲吸引外地新经济企业和年轻创业者入驻。

张超表示："在滨水公园城市的规划路径里，内江一直在积极探索'公园＋商业'新模式，把内江的生态资源、文化资源转化为实际的商业价值。"

"内江的切肤之痛已经基本治好。"谢媛丽说，"但和四川省许多城市相比，我们的水生态质量仍有差距，水质反弹压力也不小。未来目标是将沱江水质稳定在二类，我们还得继续努力。"

（本文首发于 2023 年 5 月 18 日，总第 881 期）

桂林：百里漓江如画来

文 /《瞭望东方周刊》记者卢羡婷　编辑高雪梅

今日漓江，自然生态、文化、旅游深度融合，"山水甲天下"的金字招牌越擦越亮。

"当年带头搬走，有人说我是'傻瓜'。但我心里清楚，漓江不是我家的，是国家的，是世界的。"看着眼前变美的洲岛，伏龙洲原住民黄岗感慨万千。

伏龙洲是桂林漓江城市段的一个小岛，曾经因鱼餐馆闻名，岛上原有居民23户130多人，几乎家家户户都开鱼餐馆。过去岛上排污设施不完善，油污直排漓江，有的居民甚至连剩饭剩菜都往江里倒，对漓江生态环境造成严重破坏。

从2015年开始，桂林市对伏龙洲进行生态修复改造，拆除岛上全部鱼餐馆，外迁安置岛民。如今，伏龙洲已变身生态公园，面积近80亩的小岛绿树成荫、鸟语花香。

黄岗一家6口从伏龙洲搬进位于市区的商品房，儿子儿媳在城里找到了稳定的工作。黄岗和许多原住民一样，常常回到伏龙洲散步。"漓江生态越来越好，对国内外游客吸引力越来越大，作为土生土长的桂林人，我特别自豪。"黄岗说。

伏龙洲生态之变是漓江生态环境改善的一个缩影，也是近年来桂林市坚持生态立市、绿色发展，切实践行"绿水青山就是金山银山"理念的生动写照。今日漓江，自然生态、文化、旅游深度融合，"山水甲天下"的金字招牌越擦越亮。

一江清水

夏日漓江，风光旖旎。

漓江两岸

泛舟江上，但见白鹭嬉戏、鱼翔浅底，两岸清风林里、翠竹婆娑，一栋栋桂北特色民居掩映其间，勾勒出一幅幅人与自然和谐共生的美丽画卷。

位于广西桂林的漓江流域是珠江水系的重要水源涵养地，是我国南方生态屏障的重要组成部分，担负着维系区域生态安全的重要功能，直接关系到西江下游广西大部分区域及珠江下游粤港澳地区的饮用水安全。

漓江也是桂林山水的精华，是一张独一无二、享誉世界的"中国旅游名片"。"要像守护生命一样守护漓江、像爱护眼睛一样爱护桂林山水。"桂林市长李楚说。

漓江发源于"华南第一峰"猫儿山，全长214公里，流域总面积1.2万平方公里，承载着约350万人口。过去，漓江流域乱建、乱挖、乱养、乱经营现象多，卫生环境差，流域内一度鱼餐馆盛行，禽畜养殖污水直排问题严重，漓江风景名胜区内采石场就有18家……

经济发展不能以破坏生态环境为代价。近年来，桂林市以壮士断腕的决心，掀起了一场漓江生态保卫战，强力推进漓江山水"治乱、治水、治山、治本"，关停漓江两岸全部采石场，捣毁河道内全部非法采砂窝点，拆除漓江沿岸各类违建8万余平方米，关停漓江沿岸养殖场1120余家……

位于桂林市雁山区大埠乡黎家村的暗崴采石场，曾因过度开采导致山体残破，堵塞了当地的地下消水洞，造成 150 余亩耕地在汛期严重内涝。2014 年，暗崴采石场被关停；2019 年，当地投入 200 多万元对其进行生态修复。

日前，本刊记者沿着山间小路来到暗崴采石场旧址，只见裸露的山体已经复绿，山脚下的洼地形成一湾清潭。山谷间凉风习习，鸟鸣婉转，偶见村民于此歇脚纳凉。

黎家村党支部书记、村委会主任邓志贵说，从前村民生态保护意识不强，以为遍地是山，挖一点不算什么，生态被破坏了才回过神来。现在，村民专心种植柑橘和中草药，或是从事旅游业，乡村游等产业已经发展起来。

如今的漓江沿岸，人们的生产生活方式愈加生态环保。采石、挖砂等工业项目难觅踪影，禁养区、限养区划分有序，禁伐、禁采、禁渔以及卫生等条款写进村规民约。漓江流域森林覆盖率超过 80%，干流水质常年保持 Ⅱ 类标准，城市污水集中处理率提升到 99% 以上，城市建成区黑臭水体消除比例保持 100%。

多方联动

近年来，桂林市深入践行"绿水青山就是金山银山"理念，将漓江生态环境保护提升到前所未有的高度。

过去漓江管理工作涉及 20 多个部门，缺乏高效统一的管理机构和体系，存在条块分割、多头执法等管理问题。桂林本着"统一管理、统一经营、统筹各方利益"的原则，成立桂林漓江风景名胜区工作委员会、管理委员会，统筹推进漓江流域保护、利用、管理工作，各相关县（区）、乡（镇）均设立各司其职的漓管机构和执法队伍。

"漓江管理体制改革深入推进，创新形成治理合力，从根本上解决漓江管理条块分割、职责分散、多头执法等难题。"漓江风景名胜区管理委员会常务副主任朱名武说。

在漓江风景名胜区管理委员会的数字漓江 5G 可视化指挥大厅里，秀美漓江的相关情况，均在数字漓江 5G 融合生态保护利用综合平台的掌控中。平台利用大数据分析，对漓江风景名胜区各核心景点的实时客流量、游客趋势、游船和排筏的开航情况等实行精准管控。

通过卫星遥感、无人机、5G 视频、水质水量及生物多样性自动监测，桂林构建起"天空地水"一体化保护体系，漓江保护实现"状态全可视、事件全可控、业务全可管"。

法律篱笆同样越扎越紧。自 2012 年出台第一部地方综合性生态环境保护法规《广

2022 年 4 月 10 日，伏龙洲原居民黄岗（右）带着儿子、孙子重回改造后的伏龙洲游玩（周华／摄）

西壮族自治区漓江流域生态环境保护条例》以来，广西壮族自治区、桂林市先后颁布了《桂林市漓江风景名胜区管理条例》《桂林市喀斯特景观资源可持续利用条例》等一系列保护漓江生态环境的文件。

"立法有效推动漓江生态治理机制从行政管控迈向全域法治化保护，以范围更宽、更严格的管控措施为漓江流域生态保驾护航。"桂林市人大常委会法制工作委员会主任徐强说。

2021 年以来，桂林市积极构建"行政执法、司法联动、纪检监察、法规管控"法治保护体系，漓江风景名胜区所有开发建设活动均实行市委、市政府审批。

桂林市与广西壮族自治区法检两院、生态环境厅共同签署《建立漓江流域生态环境司法保障服务联动机制框架协议》，进一步加强漓江流域生态环境行政执法与刑事司法衔接，建立漓江生态环境司法保障服务联动中心、漓江司法保护大数据联动执法中心，执法司法高效联动，严惩破坏生态环境违法犯罪。

2022 年，桂林市将每年 4 月 25 日定为"漓江保护日"，并成立桂林市公安局生态环境保护分局，与原有的桂林市公安局漓江风景名胜区分局形成互补，构建起公安"市、县、乡、村"四级生态环境保护监管执法工作新机制，全市共配备专职生态警察213人、生态辅警1684人，四级联动、重拳打击破坏生态环境违法犯罪行为。

巫晓曦是漓江分局漓江派出所民警，从警10多年来一直奋斗在保护漓江生态环境、维护桂林旅游市场秩序、保护群众生命安全的第一战线。"百里漓江是我们的战场，如今漓江流域几乎看不到破坏生态环境的现象。"巫晓曦说。

依托"一村一辅警"工作机制，桂林将漓江流域综合治理、普法宣传动员等工作触角延伸至"最后一公里"，全方位织密漓江流域生态防护网。

2023年，第2个"漓江保护日"到来，桂林市启动"数字漓江——智慧执法司法"创建工作，全力打造智慧执法司法新模式，为漓江生态保护和绿色发展注入新的动能。

"漓江生态环境保护是一项系统工程，执法司法在其中既是第一道防线，也是最后的底线。"桂林市委常委、政法委书记周卉说，"数字漓江——智慧执法司法"将进一步提升漓江流域生态治理的整体水平。

在漓江流域，生态环境治理行动持续展开，从干流延伸至支流，全方位推进漓

环卫工人在漓江广西桂林市阳朔县兴坪段打捞漂浮物（周华/摄）

江山水林田湖草一体治理，全面提升漓江品质。

绿色发展

"心想唱歌就唱歌咧，心想打鱼脚下河，你拿竹竿我拿网，随你撑到那条河……"

一叶竹筏摇曳在漓江支流遇龙河上，悠扬的歌声掠过水面，穿过河畔凤尾竹，回荡在巍巍青山之间。李保生在这里做了 20 多年筏工，也唱了 20 多年的山歌。山歌唱出青山叠嶂之美，也唱出漓江人家生活之变。

过去漓江之上竹筏纵横，筏工漫天要价、无序竞争，游客体验感不好，有时甚至发生意外。而今，漓江竹筏由景区公司统一管理，筏工持证上岗，收入稳定。

作为漓江流域的居民，李保生深刻体会到"绿水青山就是金山银山"带来的获得感、幸福感。"遇龙河的风景不仅让游客沉醉，同时也养活了我们好多人，大家不用出远门打工，在家门口就能吃上旅游饭。"

2016 年 1 月，遇龙河景区旅游发展有限公司完成遇龙河数千条竹筏的全部收购，实现了遇龙河竹筏漂游的统一经营、统一管理、统筹利益分配的新格局。

公司副总经理赖玉芬说，遇龙河旅游提档升级后，旅游秩序更好了，游客满意度高了，当地村民收入也增加了，景区每年拿出 10% 的营业收入，作为沿河村民的分红，"景区辐射带动周边群众走上共同富裕之路"。

漓江两岸群众从变美的环境中，日益感受到生态"颜值"的价值。遇龙河畔有一个远近闻名的"网红村"——阳朔镇鸡窝渡村。灰瓦白墙、屋舍俨然、花团锦簇、游人如织。难以想象，3 年前，这里还是污水横流、畜禽乱窜，许多游客到了村口转身就走。

"大环境变好了，我们才能发展旅游。"鸡窝渡村村民徐文通说。2019 年 7 月，阳朔县对沿河部分村屯开展"五拆五清五建"环境综合整治。徐文通率先响应，拆除了自家栏圈，村民们在他带动下也纷纷行动起来，仅仅 3 个月，鸡窝渡村变了样。

当地党委政府鼓励村民参与旅游开发，同时引入外地投资者修建特色度假民宿酒店，现在村里高端民宿酒店有 10 多家。村民有的自己开民宿、开农家乐，有的到景区公司、民宿酒店工作，日子越过越红火。

2022 年初，广西首艘新能源五星级游船"桂林旅游号"正式开航，打破漓江游船传统 4 小时"走马观花"模式，将漓江沿岸一系列乡村体验、民俗风情体验等周边旅游产品串联起来，让游客"住在漓江上，游戏山水间"。

2023 年 4 月 25 日，首批纯电动力游览排筏在阳朔县杨堤码头顺利启航，标志着漓江旅游正式迈向新能源时代，加快形成漓江绿色低碳的旅游方式和生活方式。

在扎实推进漓江生态科学保护过程中，桂林不断丰富漓江旅游产品。主打山水游的阳朔，滑翔伞、热气球等新兴运动项目成为新宠；草莓音乐节、电竞音乐嘉年华、动漫 cosplay 等连番登场，为桂林打造年轻、时尚的新形象……

人不负青山，青山定不负人。桂林正加快打造世界级旅游城市，努力创造宜业、宜居、宜乐、宜游的良好环境。漓江之畔，一幅水更清、山更绿、城更美、人民更幸福的画卷徐徐展开。

（本文首发于 2023 年 6 月 1 日，总第 882 期）

第 4 章
湖光潋滟

大湖归来

文 /《瞭望东方周刊》记者李琳海　编辑高雪梅

从面积持续缩小被担忧会成为"第二个罗布泊"，到水位连涨，大湖"王者归来"，
青海湖"水—鸟—鱼"生态系统不断向好发展。

青海湖是我国最大内陆咸水湖，是世界高原内陆湖泊的典型代表，是水鸟重要繁殖地和迁徙的主要节点，是我国西部重要的水源涵养地，是维系青藏高原生态安全的重要水体，是阻止西部荒漠化向东蔓延的重要屏障，被称为我国西部"气候调节器""空气加湿器"和青藏高原物种基因库。

近年来，从青海湖无鳞裸鲤（又称湟鱼）资源濒临枯竭到"鱼翔浅底"，从旗舰物种普氏原羚濒临灭绝到种群不断扩大，从面积持续缩小被担忧会成为"第二个罗布泊"，到水位连涨，大湖"王者归来"。通过统一规划、保护、管理和利用，青海湖"水—鸟—鱼"生态系统不断向好发展，为青海湖流域绿色保护注入强大动力。

四步跳跃

清晨，太阳泛着红晕从青海湖二郎剑景区湖面"跳出"。

随着水天相接的湖面逐步明亮，远处的云朵染上了一丝色彩，细细粼粼的波纹，层层叠叠展现在晨曦的旖旎中。

这片叫湖的海，成为无数摄影师和画家的素材。

今年6月，习近平总书记考察青海。他来到青海省海北藏族自治州刚察县青海湖仙女湾，沿木栈道步行察看。习近平强调，青海湖生态保护和环境治理取得的成效来之不易，要倍加珍惜，不断巩固拓展。

2020 年 7 月 10 日，青海湖风光（张宏详 / 摄）

青海湖自然保护区成立于 1975 年，是青海省建立的第一个保护区。青海湖保护之路见证了中国生态文明发展历程。

——1956-1978 年，初步发展。

1956 年，我国建立了第一个自然保护区——广东鼎湖山自然保护。此后，先后在浙江、海南、云南、吉林等地陆续建立自然保护区。

这一时期，青海湖自然保护区进行了基础设施建设，初步建立了相对稳定的管理机构和人员队伍，保护管理步入正常轨道。

——1979-1999 年，完善发展。

这是我国改革开放发展的重要时期，随着经济社会的发展，青海湖自然保护区建设力度逐年加大，保护区建设发展体制机制得到完善和提升。

作为水禽重要栖息地，1992 年，青海湖鸟岛被列入国际重要湿地名录。1997 年，国务院批准青海湖建立国家级自然保护区。

——2000-2011 年，变革发展。

进入新世纪，国家及青海省大力实施自然保护区生态奖补、生态保护补偿等政策，开展国家级自然保护区管理能力建设、湿地保护恢复等工程，保护区发展进入到变革发展阶段。

大力实施生态保护工程项目，加大同科研机构合作，注重野生鸟类禽流感防控研究，保护区由侧重物种单一性保护转变为对栖息地及青海湖整体生态系统保护。

——2012 年至今为青海湖生态文明建设新时期。

党的十八大以来，我国生态保护按下"快进键"，青海省生态文明建设也进入新时期。

2019 年 6 月，国家林草局和青海省政府共同启动了以国家公园为主体的自然保护地体系示范省建设，明确提出编制青海湖国家公园总体规划，青海湖保护管理工作由管护型向管理型转变并逐步走向规范化和制度化轨道，青海湖生态效益和社会效益日益显现。

鱼鸟天堂

每年 5 月至 7 月，青海省海北州刚察县沙柳河内，成千上万尾湟鱼逆流而上，在青海湖补给河流湍急的水势下，逆流而上，产卵繁衍，形成"半河清水半河鱼"的湟鱼洄游奇观，吸引了众多游客。

作为湟鱼的重要产卵通道，沙柳河、布哈河、黑马河、泉吉河等河流从 5 月底开始就出现湟鱼洄游迹象，一段不寻常的生命之旅随之开启。

湟鱼，是青海湖特有的珍贵鱼类，被列入《中国物种红色名录》。从 2002 年到 2020 年，青海湖湟鱼的资源量增加了近 38 倍。

"这是近年来青海湖水域生态环境改善的重要成果之一，对维系青海湖流域'水—鸟—鱼'生态链的安全至关重要。"青海湖国家级自然保护区管理局局长何玉邦说。

2021 年 1 月 1 日起，青海省政府又开始实施第六次封湖育鱼，期限为十年，青海湖湟鱼资源得到更系统保护。

刚察县泉吉乡新泉村，以前是有名的"打渔村"，53 岁的郭永忠从小就跟着父辈们一起打鱼为生。

"那时我们穿着用橡皮制成的水衣，开着拖拉机去附近水域捕鱼，每次都满载而归，能打个几百斤。"郭永忠说，"布哈河断流时，鱼特别多。一段时间内毫无节制的捕捞，导致青海湖湟鱼资源量急剧下降。"

如今，"打渔村"成为历史，刚察县依托青海湖打造"鱼鸟天堂"的旅游名片吸引着众多游客慕名而来。

每年夏季，在青海湖鸟岛、沙岛等地，成群结队的水鸟在水面游弋，发出阵阵鸣叫。

青海湖水鸟种类有 95 种，占青藏高原水鸟种类的七成，约占全国水鸟种类的三分之一。每年在青海湖繁殖的斑头雁、棕头鸥、渔鸥、普通鸬鹚繁殖种群达到全球繁殖种群的三成。

海北州海晏县甘子河乡达玉村的藏族牧民尖木措说："小时候青海湖周边风沙特别大，经过系统治理，青海湖周边湿地面积不断扩大，风沙天气越来越少。现在我是一名生态管护员，平日会做捡垃圾、保护鸟类等工作。"

去年，尖木措和保护区工作人员一道，为因湖水上涨而失去鸟巢的大天鹅筑了 6 个人工鸟巢。

生态向好

由于近些年青海湖水位的上涨，青海湖二郎剑景区码头附近也增加了不少栈道供游客通行。

近 15 年来，青海湖水体面积及水位呈递增趋势。2020 年，青海湖水位达到 3196.62 米，与 2004 年相比上升 3.65 米；水体面积达 4588.81 平方公里，与 2004 年相比扩大 344.31 平方公里，恢复至上世纪 60 年代的水平。

工程性措施助力青海湖保护。何玉邦介绍，2008 年，青海省启动实施为期 10 年的《青海湖流域生态环境保护与综合治理规划》，项目总投资 15.67 亿元，主要实施了人工增雨、湿地保护、退化草地治理、沙漠化土地治理、河道整治、陆生生物多样性保护、青海湖裸鲤保护与恢复、青海湖国家级自然保护区能力建设等工程。

青海湖周边地区现有沙化土地 170.7 万亩、占区域土地总面积的 11.7%。"十三五"以来，青海省林业和草原局持续加大沙漠化土地治理力度，青海湖周边地区累计完成沙化土地治理 50 余万亩。

海北州海晏县 315 国道旁，是克图国家级防沙治沙综合示范区。一场大雨后，沙地上种植的乌柳、青海云杉郁郁葱葱，与远处的沙岛形成鲜明对比。克图治沙点被大片绿色覆盖，确保了青藏铁路和国道安全运行。

克图治沙点位于青海湖东北岸，与青海湖的直线距离约 2 公里，属湖滨沙地。

上世纪五六十年代起，受自然及人为因素影响，克图沙区每年以十几米的速度向东北蔓延，沙区外围草地大面积沙化退化，原生植被逐年减少，河流出现季节性断流，青海湖水位不断下降。

"每年春冬季节，呼啸的寒风夹杂着黄沙，给当地群众生产生活造成严重影响。

2020年12月17日，青海海北刚察县哈尔盖镇的草原上拍摄的普氏原羚（张宏祥/摄）

沙漠化的不断蔓延严重威胁青海湖和青海的生态安全。"海晏县林业站站长马文虎说。

为控制沙漠化，恢复沙区植被，上世纪80年代起，海晏县对克图及周边6万亩沙区实行了长年禁牧封育和工程治理。通过采取"以封为主、封造结合"方法，减少沙地流动，该县沙漠化土地面积由上世纪80年代初的148.6万亩减少到现在的99.3万亩，年均减少1.2万亩。

青海湖是极度濒危动物普氏原羚的唯一栖息地。随着保护力度不断增强，环青海湖地区普氏原羚数量由2004年的257只增加到了2020年的2700余只。

青海湖国家级自然保护区管理局青海湖南岸保护站站长吴永林说，今年7月3日到8月5日，该保护站共繁育幼羚14只。

秋风吹过，半米高的牧草轻轻摇曳，生性胆小的小羊在草丛间嬉戏奔跑。随着吴永林的呼唤声，几只被他像孩子一样喂大的普氏原羚向他跑来，围绕着他撒欢跳跃，亲昵无比。

多年的陪伴养护让这些珍稀野生动物与他没有距离感，他曾亲自为4只难产的母羊接生。

如今，"高原蓝宝石"青海湖展现出动人的自然之美，显示青海湖周边生态环境不断向好，生物多样性日益丰富。

国家公园

把青藏高原打造成为全国乃至国际生态文明新高地的实践中，青海始终把保护好生态环境作为"国之大者"，全方位落实好国家生态战略，切实承担好保护生态环境、保护三江源、保护"中华水塔"的重大使命，让绿水青山成为青海的优势和骄傲，造福人民、泽被子孙。

作为国家 5A 级景区，国家级自然保护区，青海湖如何在保护和发展中取得平衡，政府在不断探索。

2017 年，青海湖鸟岛景点关闭，只保留科普宣教基地及水鸟监测设施。在另一个被关闭的景区沙岛，景区内栈道、观景平台等 46 处旅游设施已被全部拆除，景区内的沙滩摩托、滑沙等项目已被禁止，现在沙山上已长出绿色植被。

几年前，来自中科院计算机网络信息中心的工程师杨涛成为中科院在青海湖地区野外站负责人，在青海湖工作的经历让他亲眼目睹了生态变化。

"从人来人往的热闹景象到现在大片鸟类在鸟岛筑巢繁殖，青海湖鸟岛恢复了她最初美丽的模样。"杨涛说。

目前，青海省政府印发《青海省贯彻落实〈关于建立以国家公园为主体的自然保护地体系的指导意见〉的实施方案》和《青海建立以国家公园为主体的自然保护地体系示范省建设三年行动计划（2020—2022 年）》，明确提出规划建设青海湖国家公园。

今年 5 月初，《青海湖国家公园总体规划》正式通过国家级专家权威论证。

专家表示，青海湖是大美青海的重要名片，是国家公园建设的重要组成部分，在全省自然保护地体系建设中具有重要地位。

与此同时，政府将以国家公园建设为契机，努力推动青海湖生态治理体系和治理能力现代化。"国家公园建设是美丽中国皇冠上的明珠，希望未来的青海湖能实现生态系统的完整保护，规划不留败笔，保护不留死角，让青海湖成为大美青海的靓丽名片。"何玉邦说。

（本文首发于 2021 年 9 月 2 日，总第 837 期）

洱海之变故事多

文 /《瞭望东方周刊》记者王长山、丁怡全、王明玉 编辑高雪梅

曾因污染而黯然失色的高原明珠洱海被擦亮，迎来复苏时刻。苍山洱海迷人的山水画卷徐徐展开，
成为无数人的诗和远方。

曾经，面对严峻的水体污染，云南开启了抢救性保护治理洱海工作，退塘还湖、退耕还林、退房还湿，禁磷、禁白、禁牧；现在，坚持全民、科学、系统、依法治湖和绿色发展，洱海保护治理及流域转型发展成效不断巩固。

曾经，洱海暴发全湖性蓝藻，水质急剧下降，保护治理工作警铃阵阵；现在，湖水清清，波浪声声，洱海水环境质量总体稳定，2020 年和 2021 年实现水质为优，治理工作取得阶段性成效。

近年来，围绕洱海保护治理工作在水质环境、治理理念、发展方式等方面都发生了极大变化。曾因污染而黯然失色的高原明珠洱海被擦亮，迎来复苏时刻，迷人的山水画卷正徐徐展开。

云南省大理市古生村村貌与洱海风光（胡超／摄）

这里是诗和远方

今年 53 岁的杨晓雪是全国人大代表，云南省生态环境厅驻大理州生态环境监测站副总工程师。1991 年大学毕业后，杨晓雪回到监测站工作，与洱海保护结缘。三十多年来，她像医生一样为洱海"把脉问诊"，守护着这面大湖。

洱海湖泊面积 252 平方公里，蓄水量 29.59 亿立方米，是云南第二大高原淡水湖，也是大理人的"母亲湖"。在这里，看得见山，望得见水，是群众心中永远的乡愁。20 世纪 80 年代，洱海水质较好。但随着洱海流域经济发展、人口聚集和生产生活方式变化，洱海由贫营养湖泊向中营养湖泊再到富营养湖泊演变，水质急剧下降。

1996 年，洱海暴发全湖性蓝藻，水质堪忧。"洱海水面被一层绿色的藻类覆盖，走到水边，气味刺鼻。"杨晓雪心目中，这已不是儿时清澈见底的洱海，母亲湖生病了。她和同事奔走在洱海边，全部水样取得花上一整天，回来后连夜分析测试。

面对严峻形势，当地政府采取了一系列洱海保护举措，实施取消网箱养鱼、取消机动船的"双取消"措施，开展退鱼塘还湖、退耕还林、退房屋还湿地的"三退三还"工作……但保护治理没有赶上污染负荷加重的速度，洱海水质处在波动下滑阶段。2015 年底，水质走低的趋势仍没有被彻底遏制。

"洱海病得不轻，再不采取断然措施恐怕就来不及了。"杨晓雪忧心忡忡。2016 年 11 月，洱海治理攻坚战全面启动，这让杨晓雪看到希望。随之而来的是洱海水质监测频率提高，监测站工作量激增。"能让洱海水质好一点的话，再苦再累都值得。"杨晓雪语气坚定。

经过不懈努力，洱海保护治理成效明显。2021 年未发生规模化藻类水华，生态环境部公布的洱海水质评价结果连续两年实现水质为优。"洱海保护治理取得阶段性成效，从抢救性治理阶段转入保护性治理和生态修复阶段。"大理州委书记杨国宗说，洱海水环境综合整治入选中央生态环境保护督察整改见成效典型案例，全州上下必须提高政治站位、时刻保持清醒，洱海保护治理需久久为功、持续发力。

2018 年当选全国人大代表的杨晓雪深知"良好的生态环境，是最普惠的民生福祉"，她见证着洱海水质变好，也发挥专业优势推进洱海保护工作。"给洱海拍照不需要技术，怎么拍都美。"现在，漫步洱海边，杨晓雪时不时会拍上几张洱海照片，洱海之美让她自豪。

湖里碧波荡漾，岸边草地林地绿意盎然，环湖的湿地、滩涂恢复了"野态"……目前，环洱海而建、全长 129 公里的生态廊道全线贯通，其中洱海西岸的 46 公里段成为大理新的"网红打卡地",游人漫步生态廊道,一步一景,趣味横生,仿若入画。

以前,这里却是另一个模样:生态廊道原址上布满沿湖而建的民房。大理镇才村村民陈建雄感叹:"房子直接建到水边,天然湖岸线遭到破坏,不仅风景全无,污水还直排洱海,造成污染。"

现在,洱海流域筑起了一道"绿色"防线。"系列举措中,生态廊道令我印象格外深刻。"工程指挥部工作人员赵婷说,生态廊道着力将洱海湖滨带恢复到天然状态,大大削减了入湖污染负荷。

洱海生态廊道的美丽景色被 25 岁的大理女孩施雨一一摄入手机,并编成短视频在朋友圈里展示,惊艳了远方的朋友。"我从小就看爷爷拿着相机拍洱海,后来爸爸也跟着爷爷拍洱海,我呢,耳濡目染,也学会了摄影。不同的是,我用手机拍,短视频居多。"谈起一家三代人聚焦洱海的事,施雨如数家珍。

施雨的爷爷施作模今年 85 岁,第一张洱海小普陀照片拍摄于 20 世纪 60 年代,近年来他在熟练使用数码相机后,又拍摄了近万张洱海照片。"这里就是诗和远方!洱海的明天会更好!"施作模说。

这里留山水乡愁

苍山不墨千秋画,洱海无弦万古琴。大理市湾桥镇古生村村民何利成泡上一壶香茗,坐在客栈小院里的桌旁,眼前是碧波荡漾的湖水。院里的梨树开满白色的花朵,微风拂面,清香阵阵,三三两两的花瓣在身旁飘落。

与洱海一步之隔,2012 年,何利成将自家的白族民居改造成客栈。游客纷至沓来,体验苍洱秀色,也给一家人带来收益。"毕竟,靠水吃水嘛,哪想到会污染它。"何利成一脸腼腆。

让村民们没想到的是,明珠一样的母亲湖在眼前变暗:随着大理城市建设不断推进,加之一年上千万人次的旅游流动人口,远远超出洱海环境承载能力,水质急速下降,1996 年和 2003 年,洱海两次暴发全湖性蓝藻。"山清水秀才有乡愁,污水秃山人都不来。"何利成和湖畔的村民们看着洱海生"病",心焦不已。

时不我待。各种"重拳"举措陆续推出,砸向污染"病灶"。2016 年 11 月,云南开启抢救性保护工作,从环湖截污、生态搬迁、农业面源污染防治、河道治理等多个方面着手,全面打响洱海治理攻坚战。

2017 年,一纸"最严治理令"为洱海流域 2400 多家餐饮和民宿按下"暂停键",

2022年3月25日，何利成在"五彩油菜花"田中察看作物生长情况（丁怡全／摄）

何利成家的客栈被关停一年多。2018年，根据洱海保护的需要，何利成家将房子整体后退7米，院子一侧的耳房部分拆除。

"我觉得值！如果洱海被污染了，损失无法估量。"何利成说。现在，采取环保措施的客栈一滴污水也流不到洱海里，这令他很自豪也很心安。

"前些年，村民环保意识很差，无序建房多，垃圾随手乱扔，污水直排洱海。"提起过往，湾桥镇古生村党支部书记何桥坤直摇头。他说："不能让洱海毁在我们这代人手里。"

构建"户保洁、村收集、镇清运"的垃圾收集清运长效机制；实施村落污水收集管网扩面建设，实现到户收集全覆盖，集中收集处理庭院污水……何桥坤说，村里还新建多塘系统、蓝藻处理池，有效净化农田尾水。

现如今，洱海流域群众的环保意识不断增强。古生村村民李德昌一有时间就会到洱海的河滩上走走。"只要有时间，我都会打扫滩地上的生活垃圾，打捞近岸的死亡水生植物和水藻。"李德昌说，目前他还是义务的生态环保宣传员，给旅客讲保护环境的重要性，在洱海边守护乡愁。

像古生村一样，洱海保护各项举措扎实有效实施。面朝洱海，风情浓郁，景色秀美。众多游客来古生村的农家小院，心头萦绕着浓浓的乡愁。"我们有责任保护好这片绿水青山，让子孙后代也能享受到。"何利成说。

保护与发展同行，近年来，大理州积极探索"绿水青山就是金山银山"转化路径，持续巩固"三禁四推"（即禁止销售使用含氮磷化肥和高毒高残留农药、禁止种植以大蒜为主的大水大肥农作物，大力推行有机肥替代化肥、病虫害绿色防控、农作物绿色生态种植和畜禽标准化及渔业生态健康养殖）成果，加快推进洱海流域农业面源污染治理及产业转型发展。

何利成也找到了"新工作"。2021 年，他向云南农垦集团有限责任公司承包下古生村村口的 580 余亩土地，在公司的指导下轮种水稻和油菜，生产古生村"洱海留香"生态米、绿色菜籽油等农产品。

"无论是大春的水稻，还是小春的油菜，种植全流程都严格遵守洱海保护、生态种植的要求，不用化肥，不施用高毒高残留农药。"何利成说，绿色生态种植模式有效降低了农业面源污染，同时让农产品有了更高的价值。

何利成还在朋友圈里给生态米打起广告，一公斤生态米 16 元，来自全国各地的订单源源不断。根据统计部门数据，近几年，洱海流域化肥农药使用量呈逐年下降趋势。

"保护优先、绿色发展"和"洱海清、大理兴"的生态文明理念已深入人心，"洱海治理是我们每一个人的事，要留住乡愁。"李德昌说，

这里推绿色治湖

乱放成堆、臭气熏天、脏水横流……几年前，洱海周边十多万头牛每天产生的粪便，颇让当地政府和老百姓头疼。一年产生的牛粪，除一部分还田外，大量被乱堆放在村民房屋旁、河边、路边，影响村容村貌和环境，还对洱海造成污染。

如今，一套从养殖场到牛粪收集站、牛粪加工厂再到田间地头的牛粪处理机制让牛粪被加工成有机肥，成为村民眼中的"宝贝"。

大理市上关镇漏邑村的村民苏建益养了 50 多头奶牛。每隔一天，他都会往上关牛粪收集站跑一趟，把牛粪送过去销售。每吨牛粪能卖 80 元，一个月下来，仅卖牛粪就能挣 4000 多元。

像苏建益一样，洱海流域众多的养牛户告别了为牛粪处置犯愁的日子，不但有牛奶收入，还有了特别的"牛粪收入"。云南顺丰洱海环保科技股份有限公司董事长钟顺和说，为保护洱海出一把力，公司走上了做有机肥料的道路。

农户拿实惠，企业获原料，洱海得治理。"牛粪大王"钟顺和变粪为宝，苍山洱海间"点粪成金"的做法被大家津津乐道，成为洱海治理的一项生态举措。

钟顺和也在古生村流转了 200 亩农田，大春种水稻，小春种油菜，使用有机肥种植。

"绿色种植，要取得有机模式认证，现在我们生产的一公斤稻米可以卖36元。"钟顺和说，群众实现绿色发展，洱海才能越来越好。

2021年，洱海流域新增海西片区土地流转2.36万亩，建成高标准农田9.47万亩，收集处理畜禽粪污16.08万吨，"农业面源污染治理'种养旅结合'分区防控模式"入选全国《农业面源污染治理典型案例》。

大理还加快流域种植和养殖业结构调整，实施绿色生态种植30万亩，奶牛存栏从10万头减少到3万头，大理市创建为国家农业绿色发展先行区。

"加快旅游业转型升级，抢抓大滇西旅游环线建设机遇，以智慧景区、特色小镇等建设为抓手，大理市成功创建为国家全域旅游示范区。"杨国宗说，加快生物医药和大健康产业培植，2020年中草药种植面积约56万亩，总产量超10万吨。

目前，按照坚持系统治湖、科学治湖、依法治湖、全民治湖的理念，当地围绕绿色发展，全力擦亮这颗高原明珠：

——"十三五"期间，大理州累计投入资金315亿元，对洱海进行系统治理、综合治理，是"十二五"期间的7.5倍；完成环湖1806户生态搬迁户的住房拆除任务，腾退近岸土地面积约1029亩。

——科学治湖持续深化，科技支撑作用发挥更加充分。古生村科技小院有序推进，数字洱海监管服务平台2.0版本上线运行，智能感知、数据共享、分析预警、监管服务等功能不断完善。

——依法治湖持续深化，法治保障长效机制日益健全。出台《洱海保护管理条例实施办法》和规范农村个人建房、餐饮客栈经营、船舶管理等配套政策，依法科学划定洱海一、二、三级保护区，洱海湖区及一、二级保护区界桩、标识布设工作全面完成。

……

杨国宗说，当前洱海保护精准治理及流域转型发展正处于历史性转折的关键节点，要以"等不得"的紧迫感、"慢不得"的危机感、"坐不住"的责任感，抓实抓细洱海保护精准治理及流域转型发展各项工作。持续巩固洱海水质稳定向好成果，全力推动洱海水质、水环境、水生态"三位一体"同步改善。

（本文首发于2022年4月28日，总第854期）

巢湖治理"辨"与"变"

文 /《瞭望东方周刊》记者水金辰、刘美子、刘晓宇　编辑高雪梅

"大湖治理是一项世界性难题，巢湖作为'山水工程'中唯一一个入选的湖泊型流域治理项目，
样本意义重大。"

大湖名城，创新高地。

当长三角城市群副中心城市、安徽省会合肥打出这句城市标语时，巢湖已经成
为其城市气质的一部分。

长湖三百里，四望豁江天。

中国五大淡水湖之一、昔日诗人笔下的湖光潋滟，在上世纪末却成为全国"三
河三湖"重点防治对象之一。

2011 年，根据国务院批复，安徽省撤销地级巢湖市，并对部分行政区划调整，
巢湖自此成为合肥的内湖。党的十八大以来，作为权责清晰明确的治理主体，合肥
打响了长达十年的巢湖综合治理攻坚战。

四源同治，环巢湖十大湿地建设，入选国家首批山水林田湖草沙一体化保护和
修复十大工程（下称"山水工程"）……一项项工作铁腕推进，国考断面年度水质
达标率由 2012 年的 27.3% 提高到 2020 年的 100%。

2020 年 8 月，习近平总书记考察安徽时强调，一定要把巢湖治理好，把生态湿
地保护好，让巢湖成为合肥最好的名片。

站在治巢新起点上，如何做好城湖共生这张答卷？建设美丽中国，建设美好安徽，
"最好的名片"如何打造？巢湖治理，在思辨中思变，在探索中前行。

如今的南淝河两岸已闻不到臭味，人们可以在河边散步（刘晓宇／摄）

向"绿"求"生"

巢湖流域位于安徽省中部，历史上与长江自然连通，植物繁茂，素有"鱼米之乡"的美称。上世纪 60 年代起，为抗御江洪倒灌、蓄水灌溉、发展航运，建成了巢湖闸和裕溪闸等控湖工程，巢湖逐渐变成半封闭湖泊，十万多亩湿地消失，生物多样性明显减少。

上世纪 90 年代以来，经济的发展、城市的扩张、人口的激增，让巢湖污染排放总量与河湖环境容量不相适应的矛盾日益突出，水体污染日趋恶化，蓝藻水华频频暴发。经污染源追溯分析，2015 年至 2016 年巢湖闸上支流的入河污水排放量近 5 亿立方米。2015 年国家重点流域水污染防治考核中，巢湖流域考核断面达标比例仅为50%。

城市与湖泊的生态平衡被打破，环境变化与压力一度让合肥难扛重负。彼时，穿城而过的南淝河长期处于重污染状态，干流监测断面水质均为劣 V 类。合肥市瑶海区胜利路街道凤凰桥社区党委书记罗蒙回忆，以前每天路过南淝河，都是捏着鼻子通过。巢湖研究院院长朱青直言，"当时巢湖的污染负荷有一半来自南淝河。"自"九五"期间起，巢湖被列入全国"三河三湖"治理重点。

从富饶之湖，到生态之殇，向"绿"求"生"成为巢湖流域发展必须迈出的一步。

治湖先治河，治河先治污，治污先治源。合肥市委市政府清晰地认识到，巢湖污染，问题在湖里，根子在岸上。巢湖综合治理实施碧水工程，聚焦"四源同治"，点线面结合、内外源统筹，再造"一湖清泉水"。

董铺水库坝下四公里处的开放式公园地下，隐藏着合肥清溪净水厂的净水车间。这座全地埋式设计的污水处理厂每天处理周边 72.4 平方公里范围的城市污水，处理后的尾水汇入南淝河。厂长助理王坤介绍说，污水处理厂通过提标升级，经三级十步的处理工艺，利用反硝化滤池技术，将水质提升到了准 IV 类标准。像这样的污水处理厂，南淝河沿线已建起 8 座，每日可处理城市污水 155.5 万吨。

消除农业面源污染也在行动。巢湖市烔炀镇 1800 多亩农业面源污染综合治理示范区地处巢湖一级保护区内。"绿肥"紫云英已经被旋耕机深翻在土壤中，等待滋养新一季的秧苗。农田内外沟渠交错，睡莲、菖蒲等挺水植物、沉水植物争相生长。

过量使用化肥，尾水直排烔炀河，这里曾是巢湖农业面源污染重灾区之一。巢湖市农业环保站站长徐宏军介绍，2020 年起，他们按照"源头减量控制，中间生态拦截，末端降解净化"的治理思路，通过化肥农药减量替代，建设生态拦截型沟渠与人工湿地净化相串联的系统，形成了农业面源污染治理闭环。

截至目前，合肥建成 25 座城市污水处理厂，日处理量达 292 万吨，巢湖一级保护区内已流转土地 12 万亩推广水稻绿色种植，实现化肥农药使用负增长，建成藻水

2021 年 11 月 12 日，航拍安徽省合肥市瑶海区南淝河初期雨水治理下沉式绿地工程（解琛 / 摄）

分离站5座、蓝藻深井处理装置3座。

巢湖综合治理交出成绩单：2012年以来，在巢湖流域经济、城镇人口快速增长的压力下，2020年、2021年巢湖国控断面年度水质考核全面达标。安徽省巢湖管理局数据显示：巢湖全湖平均水质由2015年劣V类转为Ⅳ类，2020年一度好转为Ⅲ类，创1979年有监测记录以来最好水平；2021年基本做到沿湖蓝藻不聚集、无异味；平均每年通过裕溪河流入长江的水量约40亿立方米，近些年入江前的国控断面水质稳定保持Ⅱ类，为长江生态保护作出贡献。

长江、巢湖十年禁渔后，肥西县严店乡余玉能彻底告别"渔民"身份，成为蓝藻站的捕捞工，每日巡湖、护湖，见证着水清鱼还的变化。巢湖实行五级河（湖）长工作体系，罗蒙也有了"河长"的新身份，每日巡河从任务变成了习惯。

"经济发展，合肥GDP破万亿元，巢湖污染不增反减。事实证明，经济发展与环境保护是可以同时发力、并行不悖、共生共荣的。"合肥市政府副秘书长高斌友说。

共生之道

远古时代，相传有巢氏选择在巢湖流域"构木为巢"，或与水息息相关。而水与湿地，同生命，互相依。

巢湖北岸，肥东县长临河镇西北部，一块植被丰茂的湿地形如巨龟，翘首伸向巢湖水域。穿行其中，草肥水美，河汊纵横；极目远眺，生态绿岛星罗棋布，绿水交融。2020年汛期，巢湖遭遇了150年未遇的历史高水位。这块占地27.6平方公里的十八联圩生态湿地蓄洪区，承接了1.3亿立方米的巢湖洪水。

"人不给水出路，水就难给人活路。"这是自然的启示，也是人水共生的相处之道。十八联圩曾是巢湖近岸的自然蓄洪湿地，上世纪60年代起，因不断围湖造田，湿地生态功能遭到严重破坏，自然蓄洪功能丧失。2016年汛期的破堤，洪水被堵圩内3个月之久，经济损失达1亿多元。

作为一个千万级人口的省会城市，再没有比安澜一方更重要。2016年，当地政府决定实施"退居退渔"工程。一年间，1.2万人搬出圩区，3500亩鱼塘水面清退。

合肥十八联圩生态建设管理有限公司副总经理李家政曾是肥东县长临渔场场长。据他回忆，那时一亩鱼塘平均每年投入1.5吨饲料，鱼塘尾水直排巢湖，到停产前，这里的水体透明度已不足20公分，底泥氮磷污染严重，内湖水大部分为劣V类水。"退还是不退，矛盾肯定有。但是面对生态污染、水淹之痛的现实，最后大家想通了。"

巢湖半岛湿地里的东方白鹳（钱茂松 / 摄）

李家政说。2018 年，"退居退渔"工作顺利完成，十八联圩湿地修复项目启动。

湿地中央，33 座百亩见方的"生态渗滤岛"像散落银盘的绿珠。这些岛正是圩区 533 口鱼塘高污染的底泥堆积而成。"生态渗滤岛"通过工程桩将底泥固定，再种植水杉、乌桕等乔灌木和水生植物根系逐步吸收氮磷元素，同时也为各类生物提供栖息地。

目前，十八联圩生态湿地已成为国内较大的近自然人工湿地，发挥着健康湿地生态系统、南淝河部分水量旁路水质净化、超标准洪水前置库三大主要功效作用，全部建成后，将实现年净化入巢湖污染水量近 3 亿立方米。

鸟被称为"湿地的精灵"，巢湖生物多样性调查鸟类项目负责人虞磊告诉记者，冬季鸟类栖息地、夏季鸟类繁殖地、猛禽主要迁徙通道是鸟类友好型湿地的三个重要标志，更是生态环境向好的重要指征。2006 年以前，巢湖流域鸟类种群只有 170 多种，巢湖生物多样性调查启动半年来，调查小组已经在这里观测到白腹隼雕、鹗等十几种猛禽，"鸟类大熊猫"东方白鹳、极危鸟类黄胸鹀等珍稀鸟种从"稀客"变成"常客""住客"。

何曾蓄笔砚，景物自成诗。如今的巢水之滨，林依水畔，水在林中，飞鸟云集，鱼翔浅底的生动景象处处可见。总面积达 100 平方公里的环湖十大湿地已建成 9 个，累计修复恢复湿地6.2万亩，湿地资源记录的植物数量由2013年的211种升至275种，沿岸有记录的鸟类总数已达381种。

"与国内其他大湖治理相比，巢湖治理起步迟、基础差、投入较少。目前虽已达到水质变好临界点，生态稳定趋好的拐点，但生态巢湖、健康巢湖建设任重道远。"朱青认为，要做好"城湖共生"这张答卷，就要探索从水域为主向水陆统筹转变、从水质达标向有鱼有草转变，从注重巢湖治理向保护长江转变，才能让人儿、鸟儿、鱼儿都高兴。

路向何方

2021年6月，巢湖流域治理入选国家首批"山水工程"。巢湖流域"山水工程"围绕"一湖两带八区"流域生态格局，促进生态系统休养生息，增强生态系统自我修复能力。

"大湖治理是一项世界性难题，巢湖作为'山水工程'中唯一一个入选的湖泊型流域治理项目，样本意义重大。"合肥市副市长何逢阳表示，站在治巢十年新起点，合肥需要以"山水工程"为统领，从生态系统完整性和流域系统性出发，系统实施碧水、安澜、生态修复、绿色发展、富民共享"五大工程"，让巢湖成为合肥最好的名片。

十五里河，贯穿合肥经济最活跃区域的巢湖一级支流，如今国考断面水质已经达到Ⅲ类。五年以前，十五里河水质因连续两年处于劣Ⅴ类，被安徽省生态环境厅流域限批，城市发展一度受阻。

这片汇水面积133.2平方公里的十五里河流域，是合肥探索"流域治理模式"的"试验区"，也是巢湖流域"山水工程"37项子项目之一。

合肥市区阊水路上，初期雨水调蓄工程建设正酣。未来十五里河流域城市初期雨水混杂着路面尘土，经管网进入6座这样的调蓄池，通过净化排入河道，作为生态基流助力恢复河道生态。

"十五里河流域治理将水环境治理与经济社会发展规划等协同考虑、分步实施，通过对污染源存量与增量按行业精细分类研究，开展相应产业政策研究课题，这样的流域治理创新思路在全国并不多见。"上海市政六院水务与环境分院副院长鲍竹兵说。此外，十五里河工程举措完工后将鼓励公众参与河流共治，增强居民节水意识，促进污水减排。

"现代治理需要政府、市场、社会三方共同参与，政府不能单打独斗。"何逢阳说，围绕巢湖治理，近期合肥正在谋划开放更多应用场景让社会资本参与。

八百里巢湖风光旖旎、泛波荡漾。2022 年"五一"假期，154 公里环巢湖观光大道上车水马龙，夕阳余晖吸引不少游客驻足拍照。

"湖泊兼具休闲、审美和生态功能，我们希望通过治理、保护与修复，让生态产品价值得到展现，为老百姓提供一个良好的生产生活空间。"高斌友说。

巢湖综合治理是一项长期复杂艰巨的工程。蓝藻，这个起源于 30 亿年前的单细胞生物，是不少合肥市民衡量巢湖水质好坏的一项重要显性指征。在塘西河藻水分离港工作的孟荣荣说，"目前巢湖湖体水质得到很大好转，2021 年蓝藻水华首次发生的时间比前五年平均首发时间推迟了 30 天，但蓝藻水华发生仍具有不确定性，这与水体的氮磷浓度、生态系统受损状况，以及温度、风速、水动力等气象水文条件都有关。"

城湖共生，人水和谐，这条路还很长。擦亮巢湖这张名片，需要久久为功。等不得，也急不得。

（本文首发于 2022 年 5 月 26 日，总第 856 期）

鄱阳湖变

文 /《瞭望东方周刊》记者陈毓珊　编辑高雪梅

在江西，全力守护一湖清水成为社会共识，我国最大淡水湖鄱阳湖颜值不断刷新。

初夏入鄱阳湖，湖面金光活泼跳跃，湖洲内外水天一色，清风伴来叽喳啼鸣。

我国第一大淡水湖鄱阳湖因其调蓄径流、净化环境、繁衍万物的综合机能，被誉为"长江双肾"之一，不仅润泽广袤肥沃的鄱阳湖平原，也是国际重要湿地和候鸟栖息地。

随着长江经济带发展战略确立，紧盯"共抓大保护、不搞大开发"指挥棒，与长江紧密相连的鄱阳湖，生态系统的服务功能不断提升。

银鳞跃、鸟纷飞、碧波涌、人上岸，鄱阳湖生物多样性保护成效显著，一幅唯美的生态画卷正徐徐铺开。

渔之变：从竭泽而渔到鱼翔浅底

在烟波浩渺的鄱阳湖永修松门山水域，几只江豚在水中畅快嬉戏，不时从湖面交错跃出，在空中划出一道道美丽的弧线。

作为长江唯一的大型旗舰物种，被称为"水中大熊猫"的江豚，是流域生态环境的"指标生物"。在鄱阳湖安家的江豚，几乎占长江流域江豚总数的一半。昔日，由于人类在湖区活动频繁，江豚的生存环境一度恶化，尤其是过度捕捞和对江豚觅食地的侵占，直接影响到种群的生存和繁衍。

转机，来自长江和鄱阳湖流域实施"十年禁渔"政策，渔船回收切割、渔民收

2022 年 3 月 2 日，江西九江，鄱阳湖都昌水域的赤麻鸭

网上岸，鄱阳湖地区水生态和渔业资源得到了明显改善，处于濒危状态的江豚数量出现回升态势。

2016 年，曾经是一名职业渔民的王第友"洗脚上岸"，成为鄱阳湖上的一名生态巡护员。"几乎每天都要下湖巡护，工作主要是观察江豚和候鸟、清理湖面垃圾、举报非法捕捞和非法采砂。"2018 年 11 月，王第友注册成立九江市微笑天使江豚保护中心，组建巡护队，如今 6 名队员均为"洗脚上岸"的渔民。"大家逐渐明白，保护鄱阳湖是我们渔民的使命。"王第友说。

"这段时间见到江豚的频率明显增多了。"王第友说，以前非法捕捞的工具经常误伤江豚，禁捕后，江豚受伤的现象很少见了。

近年来，江西成立水生生物保护救助中心，吸纳了 2000 多名志愿者，组建起 203 支护渔队，形成较为完整的江豚巡护救助网络，定期开展长江江豚专项监测、巡护、救助。近三年，江西已累计帮助 7 头搁浅遇险江豚重回鄱阳湖。

不仅是江豚，如今越来越多鄱阳湖"老居民"也正在回归。

20 世纪 90 年代初，国家渔业部门曾进行普查，当时湖区鱼类共有 158 种。此后近二十年间，鄱阳湖鱼类减少了 30 余种。鲥鱼、胭脂鱼等濒临灭绝，四大家鱼也越来越少。

2020 年 6 月，九江市水产科研人员在鄱阳湖火焰山水域一次性发现上百条刀鱼群体，这是近十年来首次发现大规模刀鱼群体；2021 年 4 月，江西省水科所专家在鄱阳湖都昌松门山水域例行监测时，发现一尾长 23 厘米、重 47.4 克的鳡，近乎绝迹的鱼种再现湖中；2021 年 5 月，科研人员在长江湖口水域科研监测到一条胭脂鱼，体重达 6.75 公斤，这是长江江西段监测到的最大规格胭脂鱼……

生物多样性持续恢复，银鳞雀跃、穿梭游弋的情景得以重现。鄱阳湖，正成为名副其实的生态宝地。

鸟之变：从只可远观到咫尺相见

每年秋末冬初，白鹤都会飞越数千公里，从遥远的西伯利亚来到鄱阳湖越冬。

作为国际重要湿地、亚洲最大的越冬候鸟栖息地，每年抵达鄱阳湖越冬的候鸟数量有数十万只，全球 98% 的白鹤、80% 以上的东方白鹳、70% 以上的白枕鹤在这里度过漫漫冬日。

这两年，江西省余干县插旗洲的村民都会预留 1000 亩稻田不予收割，作为鸟群的口粮，这个位于鄱阳湖畔的"候鸟食堂"热闹异常，鸟啼声不绝于耳。

为让候鸟安心栖息，湖区群众甚至将鸡鸭圈养，不让家禽与白鹤争食。而就在几年前，当地人还在为如何驱赶鸟儿，保护农业收成而烦恼。

放鞭炮、敲锣、鸣笛、砸铁门、扎稻草人……每当候鸟靠近，稻田边就响起各类震耳欲聋的声音。外人以为村庄在庆贺丰收，村里人却道自己在保卫丰收。候鸟曾是插旗洲最不受欢迎的不速之客。

"白鹤生性机警，在一个地方被惊扰过，就再也不会去。"北京林业大学鹤类保护专家郭玉民说。

为了破解湖区"人鸟争食"矛盾，江西连续 8 年实施鄱阳湖湿地生态效益补偿项目，累计投入补偿资金 1.87 亿元，按照"谁保护、谁受益，谁受损、补偿谁"的原则，对因保护湿地和候鸟而遭受农作物损失的群众进行补偿，受益人达 37.06 万人次。

2021 年 12 月，江西省生态文明建设领导小组办公室印发《深入推进鄱阳湖生态保护补偿机制建设实施方案》，明确提出建立以鄱阳湖区为核心、涵盖全流域的生态保护补偿机制，下一步将向湖区县（市、区）加大在生态补偿资金、重大公益性项目、绿色金融等领域的支持力度。

为给候鸟营造良好的环境，依湖而兴的江西不仅留出稻田、藕田等供候鸟觅食，还完善候鸟救助机制，由保护区、公安部门、卫生部门共同制定的候鸟救助联动勤务机制正在推开，越来越多的力量加入到保护候鸟的行动中。

在江西鄱阳湖国家级自然保护区管理局吴城保护管理站，有一家专门为候鸟开设的"疗养院"。"疗养院"负责人、鄱阳湖保护区吴城站站长舒国雷介绍，这个模仿鄱阳湖自然生境打造的小微湿地，是保护区的候鸟救助中心，目的是为候鸟越冬保驾护航。

一些候鸟因伤病脱离鸟群大部队，"疗养院"会根据候鸟饮食习惯为它们量身定制"病号餐"，比如稻谷与玉米的套餐是为雁鸭准备，鱼和虾则是东方白鹳的标配。

从栖息地环境改善，到救助条件提升，在鄱阳湖，越冬候鸟的"医、食、住、行"愈发周到。

"鸟儿胆大了。"提起候鸟栖息地变化，鄱阳湖国家湿地公园党工委书记刘新喜感触很深，原来候鸟多在深湖觅食，这些年觅食地范围不断扩大，田间、池塘也能见到它们的身影。"候鸟与人类的距离拉近，因为它们感受到了人类的善意。"

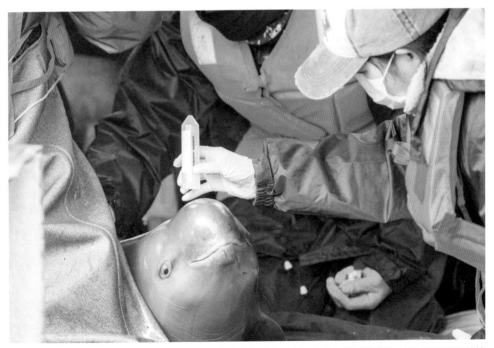

中科院水生生物研究所工作人员在鄱阳湖都昌水域对江豚进行体检

水之变：从靠水吃水到岸绿水美

生态优先、绿色发展道路不光靠民间自觉，制度更是持续增进生态福祉的保障。

江西在践行绿色发展、加强生态保护的过程中久久为功。20 世纪 80 年代，600 多名专家对鄱阳湖流域进行多学科综合考察，提出把三面环山、一面临江、覆盖全省辖区面积 97% 的鄱阳湖流域视为整体，以"治湖必须治江、治江必须治山、治山必须治穷"为治理理念推进"山江湖工程"，打造出一个"绿色生态江西"的雏形。

党的十八大以来，江西切实加强生态系统保护与修复生态文明建设，坚持"山水林田湖生命共同体"理念，深入实施重要生态系统保护和修复重大工程，开展国土绿化、森林质量提升、生物多样性保护等行动，坚持把长江九江段与江西的赣江、抚河、信江、修河、饶河五条河流以及鄱阳湖作为一个整体，全面加强水污染治理、水生态修复和水资源保护，统筹推进"五河两岸一湖一江"全流域治理，形成覆盖上下游、干支流、左右岸和水陆面的流域生态环境保护格局。

清风拂过南潦河，鄱湖支流亦是碧波荡漾。作为河段长，奉新县赤岸镇党委书记易德明要定期巡视自己的责任段。漫步河边，易德明感叹，5 年前，潦河不少河段还是 V 类水质，鱼虾难生，如今这里已达到 III 类水质。

治水是个系统工程，过去九龙治水，权责不清，河长制的建立打破了这一局面。易德明介绍，河长制实施后，河道范围内的养殖基地、采砂场、化工厂等逐步退出，仅河道采砂场就拆掉了 50 多家。

不仅有河长制，在生态文明体制改革中，江西还建立了覆盖省、市、县、乡、村的五级林长制、湖长制，设立了赣江流域生态环境监管机构，省级环保督察实现设区市全覆盖，形成同心共护生态的强大合力。

为保护鄱阳湖湿地，江西省出台《湿地保护修复制度实施方案》，鄱阳湖国家重要湿地被划入生态保护红线范围，构建起完整的湿地生态空间保护体系。

红线不仅要划定，更要监管并举。江西通过建设鄱阳湖湿地生态系统监测预警平台，实现了对湿地、空气、土壤和水环境以及生物活动等多项指标的综合监管和预警。"十三五"期间，鄱阳湖区域全面实施湿地占补平衡政策，恢复治理湿地 7.5 万亩，退耕还湿 2000 亩，湿地总量和质量保持稳定。

2018 年以来，江西全省累计完成流域生态综合治理项目总投资超 889.44 亿元，711 个村自主创建为水生态文明村。2021 年，全省国考断面水质优良比例达 95.5%，县级及以上城市集中式饮用水水源地水质达标率达 100%，国控、省控和县界断面全面消灭了 V 类及劣 V 类水体，水土流失面积和强度持续下降，鄱阳湖水质得到大幅改善。

人之变：从与湖争利到和谐共生

为了让鄱阳湖的候鸟"医食"无忧，76 岁的候鸟医生李春如依然奔走着。2013 年，李春如创办的候鸟医院在江西都昌县挂牌成立。候鸟不仅有了"专有食堂"，还上了"医保"。

"大伙逐渐意识到生态保护的重要性，受伤的候鸟日渐减少。"李春如说，与往年候鸟医院挤满"患者"，鸟鸣声声不同，今年候鸟医院格外冷清。

"病房"由满到空，说明在湖区百姓的观念中已将生态保护前置。

近年来，鄱阳湖区，越来越多群众自发加入生态保护队伍，他们救治病伤候鸟、巡查非法捕捞、开展生态保护宣传。

今年 67 岁的插旗洲村民张富根靠 200 多亩稻田获得了 20 多万元补贴。他告诉记者，把稻子留给候鸟，获得了补偿款，人和鸟矛盾解决之后，他想为保护候鸟作一点贡献。因此，他参加县里组织的应聘选拔，从"面朝黄土背朝天"的农民，成为"面朝蓝天观候鸟"的护鸟员。

鄱阳湖区日益向好的湿地生态系统和生物多样性，恰好印证了江西在山水上做文章、在生态上下功夫的生态文明理念。

随着经济社会的发展以及生态环保理念深入人心，绿水青山变现，坚守绿色发展共识的湖区百姓迎来绿与利的双赢。毕业后在江西工作的导游安凯祥，近年迎来职业转型，在国际导游的名牌上，贴上了职业"鸟导"的标签。

鄱阳湖在国际上知名度不断提升，专门慕名前来观鸟的外国游客随之日益增多。截至目前，安凯祥已带领超过 2000 位各国鸟类爱好者和科研人员旅游观鸟。

"不少外国游客表示很羡慕，鄱阳湖连白鹤这类珍稀候鸟都有这么多！他们回去后撰写的观鸟报告又成为免费的生态广告。"安凯祥语气中洋溢着自豪，他说，背鸟类专有名词、了解候鸟习性已成为当地导游圈拓展业务的新风尚，职业"鸟导"市场方兴未艾，甚至有的老乡都能说几个带着乡音的外语词汇。

候鸟经济不仅催生出诸多新业态，有的传统营生也在"生态+"的加持下绽放出新活力。

位于鄱阳湖核心区的九江市永修县吴城镇，无数游客因鸟而来，作为镇里首批

14 名"观鸟向导"之一，57 岁的黄义界成了大忙人。

世代在湖上捕鱼为生，黄义界对湖区鸟儿习性极为熟悉，清楚哪里才是最佳观鸟点。"原来白天捕鱼，晚上渔船停靠在浅水区域，人就睡在船上，周边鸟儿啄食鸣叫，经常吵得大半夜睡不着觉"。

吴城镇镇长闵瑞介绍，作为中国首批国家生态文明试验区的腹地，随着长江十年禁渔政策的实施，当地吸引各方投资 12 亿元建设候鸟观光小镇，开启从靠湖吃饭到靠生态颜值发展的转型之路。

数据显示，刚刚过去的一年，累计有 80 多万名游客涌进小镇，相比四年前翻了四番。全镇 400 多户、1500 多名和黄义界一样的上岸渔民，通过餐饮、住宿等分享白鹤带给小镇的人气红利。

统筹流域自然、经济和社会等各要素，系统保护和进一步改善鄱阳湖流域生态环境，在江西，全力守护一湖清水成为社会共识，我国最大淡水湖颜值不断刷新。

（本文首发于 2022 年 6 月 9 日，总第 857 期）

让太湖更美

文 /《瞭望东方周刊》特约撰稿许海燕、记者周丽娜 编辑陈融雪

太湖的功能定位是"长三角高质量发展的重要生态支撑""长三角区域水安全保障重要载体""全国湖泊治理的标杆"。

"太湖无锡水域水质 15 年以来首次达到 Ⅲ 类标准，各项水质指标均创 2007 年以来最好水平。"近日，江苏省无锡市生态环境局宣布上半年"成绩单"。

2022 年 6 月，经国务院同意，国家发展改革委联合自然资源部等六部门印发《太湖流域水环境综合治理总体方案》（以下简称《总体方案》），充分肯定了太湖流域水环境综合治理成绩，认为自 2008 年以来，在流域经济总量增长 2 倍多、人口增加近 2000 万的背景下，太湖流域水环境综合治理成效显著，入湖污染物总量大幅削减，水环境质量稳中有升，连续 14 年实现确保饮用水安全、确保太湖水体不发生大面积水质黑臭的"两个确保"目标。

重现一湖清水

盛夏，江苏省无锡市贡湖湾湿地保护区，鸟语花香、水草摇曳。

贡湖湾水面与太湖直接相连，其水质是太湖水的"晴雨表"。"以前贡湖湾湿地可不是这样，这里有 165 个大大小小的鱼塘，沿太湖有很多卖湖鲜的渔船，乱糟糟的；现在保护区成了旅游胜地。"无锡湿地生态科普馆馆长陆亚琪感慨道。

"这个岛不允许人上去，这是留给动植物的天堂。"在无锡湿地生态科普馆，陆亚琪指着沙盘说，城市湿地要兼顾人和动植物的需求，在贡湖湾湿地项目设计之初，就注重留白，观光的木栈道特意与岛屿留有距离。

无锡太湖仙岛

在无锡，沿太湖走访，处处是公园，满眼绿意。无锡大溪港湿地公园拥有7.8公里的太湖岸线，草木葱茏，候鸟栖息。2022年夏天，无锡观鸟达人苏涛在大溪港湿地拍摄到国家一级保护野生动物黄嘴白鹭，这也是无锡首次拍摄到黄嘴白鹭。随着太湖水质的改善，飞抵而来的鸟类品种不断增多，大溪港湿地共记录到150种鸟类，占江苏省鸟类总数的33.6%。

从无锡来到东太湖苏州湾，同样是碧波万顷，水天一色。

近些年，太湖一直在"变"，苏州市吴江区水务局基建处主任蒋建荣感触很深。2008年，国务院太湖流域综合治理重点项目——东太湖综合整治工程全面启动，蒋建荣调至东太湖综合整治建设指挥部工作。"当时，东太湖全是密密麻麻的围网养殖场和围垦种田，湖水黑乎乎，散发着腥臭味。中间航道只有10米宽，真是临湖不见湖。"2008年开始，东太湖实施退渔还湖、退垦还湖、生态清淤、堤岸修复，如今重现一湖清水。

滆湖位于太湖上游，是太湖一道重要的生态屏障。在滆湖（武进）退田还湖二期工程的启动区，湖面波光粼粼，水中小鱼悠游。"这里原来都是鱼塘、农田、看护房等，现在全部退田还湖。"武进区水利局水利管理科科员万乐平介绍，滆湖（武进）退田还湖二期暨近岸带水生态修复工程一共退田还湖20平方公里，启动区0.8平方公里的水生态修复全部完成。2022年继续开工实施高新、嘉泽片区2.4平方公里的退田还湖。

全力投入

2007 年太湖蓝藻暴发，成为江苏在率先发展路上的"痛"。随后，江苏坚持把太湖治理作为生态文明建设标志性工程，坚决打好太湖治理攻坚战。

2007 年以来，江苏省级财政累计投入治太专项资金 320 亿元，带动各级财政和社会投资超过 2000 亿元，共实施 7000 多个重点工程，有力推动了流域水质改善。"舍得'金山银山'，方能换回'绿水青山'。"江苏省生态环境厅太湖处处长刘朝阳说。

数据是最好的佐证。2021 年，在流域经济保持较快增长的情况下，太湖湖体水质达Ⅳ类，总磷和总氮浓度较 2007 年分别下降 42.6% 和 60.9%。

回望过去，这 15 年，太湖治理主要是抓住了这五个"关键"：

坚决扛起政治责任。高位部署推进，江苏省主要领导高度重视太湖治理，多次赴太湖一线调研，对太湖治理多次作出要求，省长担任省太湖水污染防治委员会主任。

坚守"两个确保"底线。修订《江苏省太湖蓝藻暴发应急预案》，将太湖安全度夏应急防控启动时间提前 1 个月至 3 月 1 日，为蓝藻防控赢得主动。确保供水安全，以太湖为水源的城市全面实现双源供水，太湖流域 50 个自来水厂实现深度处理工艺全覆盖。

坚持外源内源共治。把太湖流域排污口排查整治作为"牛鼻子"，对 163 条骨干河道、106 个湖泊开展排查，发现排污口 2.14 万个，"一口一策"整治。内源治理上，2007 年以来累计清淤 4300 万立方米，打捞蓝藻 2100 万吨。

坚定绿色发展理念。从根子上压降污染物总量，大力推动太湖流域化工钢铁煤电行业优化布局转型升级。"十三五"期间，依法关停取缔"散乱污"企业 4.1 万家，关闭退出化工企业 1673 家，太湖一级保护区基本建成无化区。

加强区域水环境治理联防联控。与相邻省市联合制定《长三角跨省突发水污染事件联防联控合作协议》。江苏省将太浦河作为"水环境安全缓冲体系"建设试点，细化信息通报、应急值守以及联合调查机制。

为了让母亲湖重现活力，江苏不断创新机制：

从 2008 年开始，太湖流域实行河长制，环湖地区的市长、县（区）长都担任过入湖河流的河长；出台了全国第一个湖泊治理的地方法规《江苏省太湖水污染防治条例》；江苏省政府成立了太湖水污染防治专家委员会，为太湖治理综合决策提供技术支撑；出台了《江苏省太湖流域水环境综合治理专项资金管理办法》，明确2020—2022年，太湖15条主要入湖河流及上游3条汇水通道中，每新增1条河流达到国家和省控制性目标要求，一次性奖励1000万元。

万人治太

15年来，江苏动员了5个市、28个区县，直接从事治太工作的在万人以上。

无锡是太湖治理的主战场。江苏15条主要出入湖河道有13条在无锡，无锡的清淤量占全省70%，蓝藻打捞量更是占全省的90%。"15年治太，太湖无锡水域水质今年上半年跃升至Ⅲ类，我们做到了！"无锡市生态环境局太湖处处长罗清吉说，总磷指标达到Ⅲ类，意味着太湖水生态再上一个台阶。

今年47岁的罗清吉，从事太湖治理工作已超20年。2007年太湖蓝藻暴发时，他连续值加班50多天。"每年太湖安全度夏期间，都是最忙的时候，有时候就住单位，家人开玩笑说'你要常回家看看'。"20年来，罗清吉成了无锡水系的"活地图"，他跑遍了全市的河、湖、荡、汊，全市5635条河流、35个湖泊和19座水库的面积、长度、宽度、流向、流量、水位等数据都在他的心中。最近5年，他绕太湖跑了10多万公里，每次司机听说他去看现场都得给汽车加满油。

2022年5月26日，工作人员在太湖生态清淤二轮二期工程清淤现场忙碌

面对蓝藻水华污染，准确全面的藻类数据库是监测的关键。张军毅是江苏省无锡环境监测中心生态监测科科长，10 年来，他整理了 32.1 万张太湖流域藻类形态学图片，为监测积累了宝贵数据。"2020 年夏天，我们加大对太湖蓝藻的监测频次，每天至少有 15 个样本的藻类手工加密分析工作，每个样本要 3 个小时，人手紧张，大家疲惫不堪，但效果是明显的。"张军毅说，在建立藻类形态数据库基础上，团队成功研发出"藻类人工智能分析系统"，系统可将每个样本分析时间从 3 小时缩短到 10 分钟，目前该系统已经在江苏多地应用。

2021 年 6 月 8 日，首届长三角区域水生生物增殖放流活动现场（黄宗治/摄）

太湖之变，中科院南京地理与湖泊研究所研究员秦伯强也是见证者之一。他在无锡大浮吴塘门定点研究治太已有 20 多年，他带领团队提出的湖泊富营养化控制对策和湖泊生态系统退化的恢复途径，成为目前国家治理湖泊富营养化的主导理论。

"从 2007 年至今，太湖水质实现了稳中向好，非常不易。"秦伯强说，仅以污水处理为例，江苏太湖流域的城市污水接管率达到 95% 以上，2008 年，江苏太湖流域的污水处理能力只有 300 多万吨 / 天，而现在是 800 多万吨 / 天。

仍需久久为功

精心呵护下，一度蒙尘的太湖，如今越来越靓丽，越来越"年轻"。但是，太湖生态环境质量根本好转的"拐点"仍未到来。

太湖流域人口众多、产业密集，污染排放总量仍然大于环境容量，减排之路依然任重道远；湖体藻型生境尚未根本改变，发生大面积蓝藻聚集甚至湖泛的可能性依然存在。对照《总体方案》对太湖的功能定位——"长三角高质量发展的重要生态支撑""长三角区域水安全保障重要载体""全国湖泊治理的标杆"，太湖治理仍然艰巨。

"浅水湖泊治理是世界性难题。"秦伯强表示，太湖是浅水型湖泊，平均水深不足两米，一旦有风浪搅动，很容易将底泥中的磷污染物释放出来，蓝藻水华与原本底泥中的磷污染物产生互动导致蓝藻暴发。蓝藻主要生长在湖面上，需要光合作用，如果太湖水深是十几米以上，那么即便湖水中有同样多的磷，也很难暴发蓝藻水华。湖泊治理非一日之功，日本霞浦湖也是浅水型湖泊，治理30多年方见成效，因此太湖治理需要久久为功。

《总体方案》提出，到2025年，入河湖污染物大幅削减，总磷等主要污染物浓度总体下降。到2035年，太湖流域污染物排放得到有效控制，基本实现入湖污染负荷与太湖水环境容量之间的动态平衡。

对此，秦伯强认为，太湖每年入水的总氮、总磷等指标，总量仍然超过太湖自身消纳能力，经济发展的同时给太湖的外源负荷依然居高不下。目前，虽然太湖流域的污水处理厂采用了比较高的一级A排放标准，但排放出来的水中氮、磷浓度仍然远高于太湖水体的氮、磷浓度。太湖流域经济发达，建议先行先试污水处理厂的进一步提标改造。此外，农村面源污染面广量大，收集处理难，需建设更多的生态湿地来减少入湖污染物。

"太湖治理是一个长期、艰巨、复杂的过程。"刘朝阳表示，下一步，江苏将认真贯彻《总体方案》，落实长江经济带发展、长三角一体化发展战略和新一轮太湖治理的各项举措，坚持控源截污不动摇，紧盯上游地区不放松，狠抓应急防控不懈怠，扎实推进太湖治理工作，推动流域水质持续改善、生态持续好转。

（本文首发于2022年9月15日，总第864期）

第 5 章
在水一方

"世遗名片"诞生记

文 / 《瞭望东方周刊》记者骆晓昀 编辑顾佳赟

得到这张名片，经历了颇多曲折。

2019年7月5日下午，中国黄（渤）海候鸟栖息地（第一期）（以下简称"黄渤海湿地"）在阿塞拜疆巴库举行的世界遗产大会上获准列入世界遗产名录。

黄渤海湿地成功列入《世界遗产名录》，不仅成为中国首个滨海湿地类世界自然遗产，还填补了江苏自然遗产空白。

申遗成功一周年之际，盐城市举行了盐城黄海湿地世界遗产证书揭幕仪式暨淮河生态经济带生态环保专委会成立大会，共同研究探讨生态保护与湿地修复的方向路径。

盐城市委书记戴源此前在接受新华社专访时表示：我们捧回了一张国际生态"金名片"。近日，戴源再次强调：盐城要擦亮金招牌，做让人人倾心的美丽生态；坚持以生态彰显特色，坚定走好绿色跨越之路；持续放大"世遗"效应，当好生态典范。

然而，盐城得到这张名片的过程颇多曲折。

绿水青山成共识

2020年7月5日，联合国教科文组织代表给盐城市颁发了世界遗产证书。这是一张用金色相框装裱的生态"金名片"，见证了盐城始终坚持以生态立市理念引领高质量发展的决心与成就。

"我们用了近3年的时间，完成了一般申遗项目8年左右才能实现的目标。去

鸟中大熊猫勺嘴鹬，全球 500 只左右，每年有一半在盐城条子泥觅食换羽（李东明／摄）

年的今天，我和申遗团队在阿塞拜疆参加第 43 届世界遗产大会，也亲身经历了申遗的艰辛与成功的喜悦。"盐城市长曹路宝在当日感慨地回忆起盐城的申遗历程。

事实上，在市长口中那 3 年的背后，盐城付出了长远卓绝的努力。

上世纪八九十年代，盐城先后建立国家级珍禽自然保护区、麋鹿国家级自然保护区两个国家级自然保护区。

此后，盐城湿地珍禽国家级自然保护区先后加入联合国教科文组织人与生物圈保护区网络、东亚－澳大利西亚迁徙涉禽保护区网络、国际重要湿地 3 个国际公约组织，成为中国最大的滨海湿地类型保护区。

进入新世纪第一个十年，中国城市开始面对共同的新抉择，怎样发展？如何升级？保护和开发这对矛盾，怎样实现平衡和统一，成为城市领导者终日寻解的难题。

彼时，盐城拥有得天独厚的自然资源，但面对经济发展的压力，内部必然出现不同见解。

"2012 年前后，盐城面临的问题是城市如何发展如何转型，尤其在城市国际形象方面，如何提高城市知名度。"盐城市自然资源和规划局调研员、市申遗办主任吴其江告诉本刊记者。

在吴其江看来，当时盐城湿地保护区遇到的是前所未有的难题。

《中华人民共和国自然保护区条例》（以下简称《条例》），由国务院于 1994 年 10 月 9 日发布。2017 年 10 月 7 日，第 687 号国务院令对《条例》进行了修改。

老版本的《条例》对整个生态保护系统采取统一标准，而事实上森林、农业、地质、湿地等类型的生态，都各有其自身不同的特点。

以湿地生态为例，它属于动态变化的生态系统，其保护要求与原《条例》一些规定存在冲突。这种情况下，如何找到可持续的保护思路，是当年盐城面临的重大问题。

"盐城各级部门系统学习了习近平生态文明思想。深刻认识到，滨海湿地是千年来自然留给盐城的财富，落实通过自然遗产申报，打造盐城国际化名片，成为了大家的共识。"吴其江说。

曹路宝在世遗证书授予会上坦言，当时盐城放弃了已得到国家依法批准的条子泥、高泥和东沙区域 100 万亩滩涂的围垦计划，将这些区域作为鸟类的栖息地，严格保护起来，"付出的经济代价可想而知，但这样做得到了国际社会的广泛认可。"

万里长征第一步

2016 年 12 月，盐城成立由时任代市长戴源任组长的申遗工作领导小组，正式开启申遗工作。2017 年 2 月，联合国教科文组织世界遗产中心将中国渤海 - 黄海海岸带（自然遗产）列入世界遗产预备清单。

世界遗产包括文化遗产、自然遗产、文化与自然遗产和文化景观四类。其中，世界自然遗产是人与自然和谐共生的国际公认典范，凡提名列入《世界遗产名录》的自然遗产项目，必须符合下列一项或几项标准方可获得批准：

构成代表地球演化史中重要阶段的突出例证；构成代表进行中的生态和生物的进化过程和陆地、水生、海岸、海洋生态系统和动植物社区发展的突出例证；独特、稀有或绝妙的自然现象、地貌或具有罕见自然美的地带；尚存的珍稀或濒危动植物种的栖息地。

按照《世界遗产公约操作指南》规程，遗产申报通常需要经历 4 个阶段：列入预备清单阶段、申请预审阶段、正式申报阶段、世界遗产大会审核表决阶段。

盐城的申遗，刚刚踏上万里长征第一步。

2017 年 3 月，盐城专门聘请北京大学、复旦大学、北京林业大学等高校专家成立申遗技术支撑团队，经过国内专家团队综合科考以及国际专家现场评估，认定盐城珍禽保护区射阳河口以南至东台条子泥区域具有突出的价值和独立的完整性，从此启动申报文本编制。

吴其江告诉本刊记者："过去中国申报的自然遗产基本多以森林生态系统为主，滨海湿地申报对于中国也是首例，此外，由于盐城申遗牵涉到候鸟迁徙区域的划定，因此申报材料的准备尤为复杂。"

世界遗产申报有三个核心要素：第一是 OUV 价值（申遗地突出普遍价值）；第二是自然遗产的边界认定，功能区的涵盖范围是否全面；第三则是申遗地保护管理的系统计划。

对于盐城滨海湿地边界及价值的认定，当时在国内学术界中意见并不统一。

"在进行综合科考的时候，国内就有两派声音争执。有些专家认为，鸟类的飞行无法控制，行动边界就无法划分和确认。学术争议甚至持续到 2018 年的 5 月，当时联合国教科文组织世界遗产中心已经签收了中国黄（渤）海候鸟栖息地（第一期）正式申报文本。"吴其江说。

一波三折

2017 年 12 月，黄（渤）海湿地可持续发展与世界自然遗产 2017 盐城国际研讨会议在盐城举行。会议规模约 300 人，其中联合国教科文组织世界遗产中心、世界自然保护联盟、世界鸟盟等国际组织和有关国家嘉宾 50 多人。

此次会议上，与会专家围绕黄（渤）海湿地突出普遍价值（OUV）展开充分研讨，就"黄渤海湿地是全球最大的潮间带湿地，拥有独特的辐射沙脊群""盐城市沿海滩涂是珍稀鸟类迁徙、繁衍必经之地"达成广泛的国际共识。

"国内学术引发争议后，我们开始借助高科技手段，比如给候鸟安装追踪器等，最终完成了保护区划分的关键工作。"吴其江说。

2018 年 4 月，国务院正式同意盐城黄海湿地项目作为 2019 年国家申报世界自然遗产项目，至此盐城黄海湿地与浙江良渚古城遗址一起列入 2019 年中国申报世界遗产项目。

中国黄（渤）海候鸟栖息地（第一期）申报范围包括江苏盐城湿地珍禽国家级自然保护区射阳河以南区域，江苏省大丰麋鹿国家级自然保护区全境以及东台条子泥和高泥区域。

看似尘埃落定，但谁也没有料到，对于盐城申遗，还有一道"国际难关"需要涉险。

尽管盐城湿地具有诸多优势和独特性，但在世界遗产委员会审议阶段，世界自然保护联盟针对中国黄（渤）海候鸟栖息地（第一期）给予推迟列入的咨询建议。

申遗评估结论分为四档：建议列入、补充材料、推迟列入、建议不列入。当时盐城得到的回复是第三档评估。

"我永远记得那一天，2019 年 5 月 15 日，心都凉了。一般来说，第三档评估意见就意味着盐城至少在短期内无法成功申报了。"吴其江说。

经过多方了解和与国际社会的沟通，盐城发现得到这一评估结论并非是其"自身素质不过硬"的原因。

中国"滨海湿地"属于世界自然遗产的系列申报，16 个申报点涵盖三省两直辖市。尽管只有两个申报点位于盐城，但当地保护区面积占到总申报面积的 46%，并且隶属盐城的两个申报点，在候鸟迁徙路径中拥有关键价值。

"世界自然保护联盟希望中国的 16 个申报点同时申报，因此才给出第三档评估。"吴其江说，"我们就此提出了申诉意见，国际生态界和我们自己都坚信盐城滨海湿地拥有无可替代的重要价值，只有将盐城湿地保护起来，才能更有效地推动后续申报。"

生态外交的胜利

2020 年 1 月 9 日，英国皇家鸟类保护协会首席政策官、盐城黄海湿地研究院特聘顾问尼古拉·萨瑟兰荣获"江苏友谊奖"。该奖项用于表彰在江苏经济建设和社会发展事业中做出突出贡献的外国专家，是江苏为外国专家设立的最高奖励。

正是这位萨瑟兰女士为推动盐城黄海湿地成功申遗做出了杰出贡献。当她得知盐城获得第三档评估意见后，鉴于其对盐城申报工作的了解和肯定，立即采取行动。不利形势下，尼古拉·萨瑟兰号召发起联名倡议，有力声援了盐城申遗。

当时，她仅用一周时间就发动了国际候鸟和湿地保护领域的 62 个国际组织和专家，签署联名倡议并发送至 21 个世界遗产大会理事国代表团、联合国教科文组织世界遗产中心、世界自然保护联盟，明确表示支持中国盐城候鸟栖息地列入世界遗产名录。

"联名信的强大说服力在大会理事国审议环节释放了重要影响力，为盐城黄海湿地最终由推迟列入成功变更为推荐列入，为成功申遗发挥重要效用。"吴其江说。

在申遗大会上，萨瑟兰女士代表国际鸟盟，作为唯一的非政府组织代表在世界遗产委员会审议最后环节公开发言，呼吁国际关注盐城湿地，并高度肯定盐城湿地保护的成果。

此外，吴其江还专程赴巴黎，与澳大利亚驻联合国教科文组织代表沟通。

在国际社会中澳大利亚向来保持保守严谨的形象，"这位代表此前就从昆士兰

2019 年 7 月 5 日，阿塞拜疆巴库，世界遗产大会现场

大学的专家口中了解到，近年来澳大利亚多种鸟类数量下降较为明显，如果盐城滨海湿地得不到有力保护，候鸟迁徙的回路将被彻底破坏，澳大利亚的鸟类种群将陷入险境。"吴其江说，"我告诉他，城市需要发展源动力，如果现在盐城湿地不保护，面临的可能就是如何开发的争论了。"

这次沟通，改变了澳大利亚原本的立场，直接支持盐城申遗项目。最终，由该代表提出的修正案得到世界遗产组织 21 个委员国中 18 个国家签字认可。

2019 年 6 月 30 日，第 43 届世界遗产大会在阿塞拜疆巴库开幕。7 月 5 日，联合国教科文组织世界遗产委员会正式审议通过将中国黄（渤）海候鸟栖息地（第一期）列入《世界遗产名录》，盐城黄海湿地成为中国第 54 处世界遗产、江苏乃至长三角地区首项世界自然遗产，成为中国第一块滨海湿地类型自然遗产、全球第二块潮间带湿地遗产。

从评估为推迟列入，到获得国际声援，再至修正案得到广泛认可，不过短短一个多月的时间，对吴其江、对盐城却是失落、紧张、不安、欣喜参杂的日日夜夜。

在国内官方申遗团队看来，盐城申遗成功是中国生态外交的一次胜利，是中国人与自然融合理念的胜利。

绿色生态，"世遗名片"，让盐城成为一座充满战略机遇的城市。

（本文首发于 2020 年 10 月 29 日，总第 815 期）

盘锦：绿苇红滩锦绣画卷

文/《瞭望东方周刊》记者于力、武江民　编辑高雪梅

20年过去,盘锦大地上"锦绣"繁多,绿苇红滩、稻浪金风,海鸟归巢,构成一幅绚烂多彩的生态画卷。

初冬时分,辽宁盘锦,火红的碱蓬草一团团,一簇簇,抱成团,连成片,由近及远舒展开来。微风穿过芦苇的寂静,戏水的鸟群在惬意地展翅、滑翔。

盘锦地处辽河入海口,河海相融,水天洁净,拥有2496平方公里的湿地,300余种鸟类在此栖息、繁衍。2022年,盘锦成功入选国际湿地城市。

2002年,盘锦首次提出生态建市,把湿地留在身边,让候鸟有家可归,全力推进经济发展"向绿而行"。20年过去,盘锦大地上"锦绣"繁多,绿苇红滩、稻浪金风,海鸟归巢,构成一幅绚烂多彩的生态画卷。

把湿地留在身边

秋日,红海滩国家风景廊道上,游客三两成群,闲游漫步。远处,被碱蓬草染红的沿海滩涂接连成片,浩瀚的大海与之相拥,留下一道银白色的弧线。

曾几何时,这里的湿地并非完全安然无恙,也面临"失地"风险。8万亩滩涂变成养殖场,人的口袋鼓起来,碱蓬草却不见了,城市和湿地走在发展的两极。

21世纪初,这种矛盾愈发尖锐。天然植被大面积损毁,鸟类栖息和觅食的面积

辽宁省盘锦市红海滩风光

大量缩减，部分滩涂的残饵、残药、化肥和排泄废物接连成片，如同湿地发出的哀号，亟待救援。

转机发生在 2002 年，盘锦提出"生态立市"发展战略，编制并严格执行湿地保护规划，划建了各类自然保护地，把湿地"关起来"，管起来。

南小河湿地是世界珍稀鸟类黑嘴鸥的主要栖息地之一。2004 年起，盘锦在这里建设了 9100 亩全封闭管理的繁殖地，最大限度减少人类对水鸟栖息、繁殖的干扰，并定期展开环境巡查、鸟类观测、保护救助，让湿地成了鸟的乐园。

20 余年间，盘锦市已经完成《盘锦市生态保护红线划定方案》，从点到面，将包括保护区和重要湿地在内的，共计 1091.7 平方公里划入生态保护红线范围。

为湿地划定红线是第一步，最难的还在于保护，如何让被伤害的湿地修复如初。

2015 年前后，盘锦陆续开始实施"退耕还湿""退养还湿"工程，推动过程中为了保证养殖户的利益，盘锦市实施"一户一策"，对到期退出的养殖户补偿一定的转产费，对生活困难群体给予精准救助。

截至 2021 年，盘锦实现 598 户养殖业户全部退出，恢复湿地 8.59 万亩，恢复自然岸线 15.77 公里，造就了全国最大的"退养还湿"单体工程。

盘锦还积极组织实施碱蓬草修复工程，联手专业科研院所，开展红海滩湿地修复试验研究，加大碱蓬草修复工程投入力度。

功到自然成。在红海滩国家风景廊道，红海滩的面积 2018 年只有 2000 亩，2022 年就达到了 2.2 万亩，4 年间增加了 10 倍。

如今，保护湿地已经成为盘锦城市发展的共识。在辽河油田，2019 年起陆续关停自然保护区核心区内的生产设施。

在市区，当地"引湿入城"，利用城市中自然和人工形成的沟渠、坑塘、河流水系，推进城市湿地水系连通与利用，建设了 80 余处城中湿地。

穿行于城市街道，随处可见郁郁葱葱的树，清澈的湖水交错分布，飞鸟来往、树木成林。人们在此闲坐垂钓，露营小憩，在忙碌的城市生活中寻找一方宁静。

生态好了，当地旅游经济也迎来红利期。红海滩国际马拉松赛、动力伞大赛、帆船拉力赛等一系列活动吸引国内外游客纷至沓来。2021 年，盘锦市共接待游客 2989 万人次、旅游总收入 220 亿元，分别同比增长 27.6%、15.1%。

位于盘锦的辽宁省鹤类种源繁育基地拍摄的丹顶鹤（杨青/摄）

鸟儿为什么这样多

傍晚，辽河口国家级自然保护区鹤类繁育保护站，一群人工饲养的丹顶鹤在原地张翅、停留、踱步，准备试飞。

"它们在判断风向。"赵仕伟站在一侧，静静地观察着丹顶鹤的一举一动。在作响的风中，一只只丹顶鹤就地疾行，风势灌满了羽毛，振翅高飞，最终消失在天边。

50 岁的赵仕伟已经在保护站工作了 29 年。1997 年起，为了照顾幼鹤，他常常不分昼夜，很少回家，婚礼是在鹤站办的，蜜月也是在鹤站度过的，一年在单位得住 200 多天。在他的努力下，已经有数十只人工饲养的丹顶鹤被放归自然。

在赵仕伟看来，郁郁葱葱的芦苇，红似彩霞的海滩是盘锦湿地的底色，真正更让人动容的是这块土地上栖息、迁徙的各类野生动物，它们冬去春来，不知疲倦，见证着这片土地的蜕变。

黑嘴鸥是世界濒危鸟类之一。长期以来，由于筑堤造田，渔业捕捞等，湿地大量流失，黑嘴鸥种群数量逐年减少。20 世纪 90 年代初，全球黑嘴鸥可观测到的数量仅有 2000 余只，盘锦是最大的繁殖地，种群数量也只有 1200 只左右，长此以往黑嘴鸥将面临灭绝的风险。

1991 年，当地媒体人刘德天自发组织起黑嘴鸥动物保护协会，开始为保护黑嘴鸥四处奔走。2010 年，一家企业准备在 30 万亩滩涂上开发海参养殖场，刘德天依靠盘锦市环保部门阻止了这一行为；为了让黑嘴鸥吃得好，保护协会组成专家团队技术攻关，孵化出黑嘴鸥的食物沙蚕苗。

为保护黑嘴鸥，盘锦市政府从 1993 年就专门安排 410 万元试验性地建设了人工繁殖岛，2004 年成立南小河管理站，建设总面积为 9100 亩的繁殖区，逐步升级对黑嘴鸥的保护。

30 多年来，呵护黑嘴鸥已成为盘锦广大市民的自觉行动，目前黑嘴鸥保护协会有 4 万多名会员，有的市民一直主动关注、救治受伤的黑嘴鸥；有的企业把自家办公室发展为黑嘴鸥环保教育基地；有的志愿者自发到滩涂清理海洋垃圾……

如今，黑嘴鸥的数量从 20 世纪 90 年代的千余只增长到目前上万只，每年春天都飞到这里，自由地觅食、嬉戏、休整、繁殖。

在辽宁盘锦，栖息着各类野生动物 477 种，国家重点保护野生动物 78 种，是东亚—澳大利西亚鸟类迁徙通道中的重要停歇地、越冬地和繁殖地。在这里，关于人与动物共同守护的故事每天都在上演。

在盘山县三道沟海域附近，每年有 100 多只斑海豹在此休养栖息。为了守护斑海豹，当地在这里设立了保护站，渔民也主动让出了自己的部分作业区域，供斑海豹休憩。

"2021 年，我们共救助了 7 头斑海豹，其中有 3 头斑海豹具备独立生存能力，已被放归大海。"盘锦市农业综合行政执法队渔政执法大队大队长王晓波说，最近几年，前来三道沟海域附近栖息的斑海豹越来越多，2022 年保护站观测到的数量超过 250 只。

2022 年，盘锦市观测到的鸟类达 300 余种。人和自然，在一次次守护、抉择、接力中，谱写了一曲曲生态的赞歌。

盐碱地"种"出大产业

盘锦属于退海平原，地势低洼，曾被称为东北的"南大荒"，这里的土地由于先天的盐碱属性，不利于作物生长，长不出好庄稼，更"种"不出大产业。

20 世纪 50 年代至 80 年代，盘锦地区逐步探索建立和完善灌排配套工程、标准化条田，通过"泡田洗盐"降低土壤耕层的盐分含量。

游巧元在盘锦生活了一辈子。他回忆那时开荒挖水田的日子，天还没亮，家家户户扛着锄头、拿着干粮去挖渠开田。寒冬腊月的时候，地都冻半米深，人们就用钎子和撬棍，连刨带撬，硬是将冻土刨成块，再一块块把冻土块运到低洼的地方。

靠着一代又一代人的奋斗，盘锦通过排盐降碱、改土培肥，探索出因地制宜的水田灌排水标准和合理的渠系布置方式，让"南大荒"变成了"米粮仓"，在盐碱地上种出了最美的稻花。

10 月初，游巧元走在田埂上，稻花香四溢，金黄的稻谷连成一片片金色的海洋，丰收在望。稻田两侧，时不时传来河蟹"沙沙沙"的爬动声或"吱吱吱"的吐泡沫声。

"今年的水稻长得好，河蟹卖得也火。"游巧元说，2022 年他承包了 500 余亩水稻，水稻亩产 1500 多斤，河蟹 40 多斤，每亩地的收益在 3000 多元。

一方稻花，富了百姓，也兴起了大产业。在盘锦稼穑农业发展有限公司加工车间内，一箱箱刚刚加工好的有机生态蟹田大米被快速打包装箱。这里，每年有 2000 多吨高品质盘锦大米，销往全国各地。

在盘锦光合蟹业有限公司的实验室里，企业负责人李晓东正带领他的科研团队进行科技攻关。1990 年起，李晓东从组建河蟹开发增殖站，到攻破河蟹人工育苗技术难关，30 多年来，他开创了"公司＋农户＋基地＋服务站"的经营模式，带动了当地上万名农户致富增收。

辽宁省盘锦市盘山县凯地农机专业合作社的农民在收割水稻（杨青／摄）

在盘山县胡家河蟹批发市场，每到河蟹收获的金秋时节，来自全国各地的数十万河蟹经销商云集于此，将大批的河蟹销往全国各地。目前，河蟹市场共有销售网点 280 家，河蟹经纪人 3500 余人，年交易量达 4 万吨以上，交易额约为 6 亿元。

目前，盘锦市在建和投产投资 500 万元以上农产品加工项目 15 个，市级以上农业产业化重点龙头企业 93 家，带动农户 17.8 万户。全市"市场牵龙头、龙头带基地、基地连农户"的产业化经营格局已形成。

乡村美起来富起来

铁锅炖鱼、鱼塘垂钓、苇塘观景……国庆假期，盘锦市大洼区赵圈河镇兴盛村内十分热闹。

"这几天我们房间全部客满。"兴盛村苇海乡舍老板薛金来兴奋地说，"兴盛村靠近红海滩，环境优美，越来越多人选择来这里休闲小憩。"

近年来，盘锦市大力推进美丽乡村建设，环境整治让乡村更宜居，产业兴旺让生活更富裕，吸引更多年轻人返乡创业就业。

走进盘锦市大洼区大堡子村，村里绿树成荫、黛瓦白墙，每家每户门前都种植着各类花草果树。除了洁净，村里的各类服务设施也十分丰富，村民广场、5G 网络、新能源车充电桩……

大堡子村村党支部书记刘磊说，前几年，村里党员干部率先行动，带领村民们，负责自家门前净化、绿化、美化，厕所、灰堆、柴草堆、杂物堆等全部进院。市里还给了资金，大规模修建污水、燃气管网，实现了供水、燃气入户。

"村里住的比城里还舒服。"刘磊说，现在村里通了燃气、自来水，随时能洗热水澡，而且超市、文化广场、澡堂、卫生室、理发店等设施样样俱全。

乡村美起来，引来了许多"大雁"回归。郭佳明 2015 年从沈阳农业大学毕业后，选择回到大堡子村创业，研究改良了碱地西红柿种植技术。

最开始，郭佳明种植碱地西红柿，支持者并不多。当地盐碱地居多，一年四季村民只能种水稻，谁都没想过还能建大棚，种经济作物。

决定创业后，他与辽宁省盐碱地利用研究所建立合作，每天起早贪黑，凌晨两三点就起来去柿子地干活，研究种植技术。

种植成功后，郭佳明又当起了致富带头人，从翻地选种到盖膜育苗，从浇水施肥到病虫害防治，每一个环节，他入户入大棚，手把手地给菜农教技术。在他的努力下，当地的碱地西红柿从低产到高产，种植面积逐渐扩大。

如今，在大堡子村，有 300 余个大棚，近 800 名村民种植碱地西红柿，2021 年村民平均收入达 3 万元。

在盘山县太平街道孙家村，大学毕业后的张爽带头种水稻养河蟹，后又借助新媒体平台，线上直播销售河蟹、大米，做起了"农田主播"。

目前，"盘锦蟹田小爽"的线上农特产品每日接单量近 100 单，每年销售河蟹 5000 余公斤。不直播时，张爽会来到田间地头和村民聊聊稻田的长势，看看河蟹个头。在张爽的帮助下，村民们的大米、河蟹、碱地柿子不出村就能卖个好价钱。

近年来，盘锦市积极搭建"双招双引"载体平台，清华大学研工部、化学系先后在盘锦市建立博士生暑期社会实践基地和研究生培养实践基地。

目前，全市累计建成产业技术研究院、科技孵化器、企业技术研发平台等创新创业载体 260 个，为盘锦产业发展提供了有力人才支撑。

（本文首发于 2022 年 12 月 22 日，总第 871 期）

海珠湿地蜕变记

文 /《瞭望东方周刊》特约撰稿钟昕彤、曾玮蕾　编辑覃柳笛

从污水横流的万亩果园，到一级保护动物栖息地，海珠湿地以十年生态保护建设探索之路，
为大都市的人居环境提升提供了一个值得借鉴的样本。

在广州市中心城区，有着总面积达 1100 公顷、全国特大城市中心规模最大、保
存最完整的生态绿核——海珠湿地。

这片湿地因"花"出圈。在这里，人们可徜徉于随季节更替变换色彩、与广州
塔遥相呼应的田园花海；可漫步在充满大自然气息的亲水栈道，与草木虫鱼一同感受、
吟唱；或是趁日落黄昏之时，驻足观看一场属于鸟儿们的狂欢盛宴。

海珠湿地不仅有花。

2022 年 9 月，在广州湿地生态保护建设主题发布会上，广州市海珠区湿地保护
管理办公室主任蔡莹表示，近两年连续发现两个全球昆虫新物种，均以"海珠"命名；
以及 9 个中国新记录物种，都是在中国首次发现并记录。

作为特大城市的广州，一直高度重视生物多样性保护工作。从污水横流的万亩
果园，到一级保护动物栖息地，海珠湿地以十年生态保护建设探索之路，为大都市
的人居环境提升提供了一个值得借鉴的样本。

破局重生

"风吹紫荆树，色与春庭暮"，每年春暖花开之时，石榴岗河两岸长达 3.2 公
里的宫粉紫荆花带，就会形成蔚为壮观的花海景观。

广州海珠湿地全景（刘大伟／摄）

在海珠湿地，随处可见鲜艳花卉。湿地一期的花海随着季节变换"主角"——万寿菊、格桑花、百日草等等，不少市民游客喜欢在此定格花海与"新中轴线三件套"，留下一张张经典合影。

让许多人意想不到的是，如今鸢飞鱼跃的海珠湿地公园，曾经是污水横流的万亩果园。这里的农业生产活动最早可追溯至东汉时期；到明清时期，海珠先民凭借地理位置优势——易于承接上游冲下的肥沃河泥，发展起较有特色的"果基鱼塘"。

时针回拨至2010年广州亚运会前夕。从2000年到2010年，随着经济发展，城市工业迅速扩张，万亩果园周边，纺织业、印染业等小微企业如雨后春笋般聚集，果园也不再是当地的主要收入来源。

在采访中，广州市海珠湿地科研宣传教育中心负责人范存祥回忆："当时的水环境、城市空气质量都不是很乐观。因此，很多农民离开了这块土地，慢慢都去城市打工。"

周边生态环境的逐步恶化，让万亩果园经历了大面积撂荒；与此同时，这块区域未来应该如何改造，被纳入城市规划议题——位于万亩果园的海珠湖地处城市中轴线上，单单发挥其作为水利设施调节周边水系的功能，已无法满足市民对它的需求和期望。

2012 年，广州决心治理和修复万亩果园。

然而，当时的万亩果园整体征地面积超过 1 万亩，涉及 8 个村、1.1 万户、3.4 万人，征地难度之大可想而知。

很快，广州决定毅然打破体制，在全国探索出一条新路——首次采用"只征不转"方式，土地收归国有，依然保留农用地性质，将万亩果园修复成一座占地 1100 公顷的城央最大湿地公园。并通过实施《广州市湿地保护规定》，专章设立海珠湿地保护特别规定，对海珠湿地实施永久性保护。

据蔡莹介绍，当时政府一次性投入 45 亿余元征地资金，共征地 1.1 万多亩，将万亩果园集体土地征收为国有。在做好充分的风险评估和基层宣传工作后，仅用 40 多天，海珠区就完成了体量如此之大的征地签约工作。这是海珠区历史上涉及面积最大、涉及人数最多的一次征地，征地过程平稳顺利。

征地后，海珠区对留用地统一进行产业规划，引导村社利用湿地良好的生态效益发展高端产业；为被征地村民购买社保，保障他们的长远生计；优先聘请村民在湿地从事果树保育、维护管理等工作。这些举措，不仅改善了周边环境，还增加了村社集体和村民的收入，实现了共赢共享。

作为全国超大城市的广州，执意放弃更大的商业开发价值，将一颗"绿心"镶嵌于城市新中轴线上。

护绿先治水

万亩果园的生态修复，首要任务在于改善水环境。

以土华涌为例，此地位于海珠区万亩果园核心区，是海珠湿地二期、三期流域的主要河涌。此前，土华涌流域河涌沿线均未实施截污，周边居民生活污水未经处理就大量排放，河床淤塞严重，造成河涌发黑发臭。

同时，大量违法建筑占据涌边堤岸，涌面也停放着大量船只，这不仅严重破坏河岸景观，而且缩窄了河涌的过流断面。水体流动困难，使河涌水体难以得到有效置换，进而影响海珠湿地二期、三期的水质。

土华涌治理的第一个大动作是实施截污工程。面对迫切的治水形势，土华涌截污支管工程被列为广州市和海珠区 2016 年重点治水任务之一，从 2015 年 10 月开工，2016 年底完成主体工程。该工程主要包括土华涌北岸东段截污工程、石榴岗河南岸沿线截污工程、土华涌沿线截污工程、东头滘涌沿线截污工程、西头涌沿线截污工程和青山围农村污水治理工程 6 个子项工程，主要内容是新建污水管（渠）5152 米，新建直立式堤岸 1866 米，新建生态堤岸 997 米，新建人工湿地 1 座。

通过污水收纳处理，各类污水不再直接排入河涌，土华涌整体水质的提升立竿见影。

此外，针对土华涌沿线原有绿化带遭到破坏、涌边景观效果不佳的问题，海珠区水务部门组织实施了土华涌沿线绿化的升级改造：营造微地形、铺设草皮、种植宫粉紫荆、打造疏林草地景观。新升级后的绿化景观，为附近居民群众提供了休闲的好环境。海珠区水务部门还采取迁移非法船只、清拆临涌违建、整治排污口等措施治理土华涌。

截污工程的完工，显著改善了土华村村民的生活，让河涌两岸重新成为市民休闲的重要场所，不少村民还划着小船去对面万亩果园照料果树、菜田。

为彻底改善整体水环境，海珠区还采用水生态修复技术，对海珠湿地实施水生态治理，水草虫螺齐上阵。主要措施有：种植常绿水下草皮、改良四季常绿矮型苦草、宫廷睡莲、大藻及羽毛藻等，营造沉水植被及景观植物系统；以食藻虫引导水下生态修复；投放萝卜螺、环棱螺、河蚌、虎斑、黑鱼、鳜鱼、青虾苗等水生动物，形成生态水质净化系统。

海珠湿地的斑嘴鸭一家

如今，这里形成了独特的复合湿地生态系统。湿地内 39 条大小河涌纵横交错，每天的潮起潮落为湿地带来了丰富的水源和能量物质，形成河流湿地、湖泊湿地、垛基果林湿地和稻田湿地等多种湿地类型，湿地资源丰富。

智慧化监测

在生态环境得到修复的基础上，海珠湿地持续采用智慧化手段监测和保护环境。在生态监测基础设施方面，海珠湿地配备固定监测站 8 座和智慧监测杆 25 处，监测项目涵盖水、气、声及生物多样性等。

"任何一个生态系统都有它合理的承受范围和物种分布，采取不同方式进行定期监测，可以发现某一类种群是否在这个生态系统可接受范围内。当外来入侵物种已繁衍到一定程度，就需要采取措施进行适当干预，以此使其回归合理水平。"范存祥说。

对于科研机构来说，网格法和样线法是他们完成日常监测最主要的手段。海珠湿地科研工作人员林志斌介绍："每个月，我们的科研团队都会用大概 1-2 天时间走样线。每次都是固定样线，这样得出来的数据才方便对比。在走样线的过程中，我们会通过望远镜或是相机对鸟类进行监测，如果发现鸟类受伤的情况，会帮它做一些简单处理，之后再交给执法科，后续由执法科通知专业人员来处理。"

在此基础上，湿地还会利用现代无人机结合传统技术进行监测。"新技术与传统技术是互补的，两者结合，会让调查整体更便捷、更准确、更快速、更全面。"林志斌说。

2020 年 1 月，海珠湿地管理启动"智慧湿地"项目建设。内容覆盖整个海珠湿地，涉及智能导赏、智能安防、科研监测、生态修复、文旅文创、科普宣教等各个方面。海珠湿地，将成为全国首个全面智慧化、特色化和国际化的国家湿地公园。

在智慧湿地建成前，湿地管理有什么难度？林志斌表示："以监测绿心湖为例，需要 6-7 人用 1 天的时间监测，分别取水样、观察鱼类、观察浮游生物等，效率不高。打造智慧湿地，能够全面对湿地公园水文、气象、空气质量、动植物变化等进行跟踪监测。通过长期监测，为有效保护湿地资源提供数据支撑，便于精准开展后续的生态修复工作。"

"十三五"期间，海珠湿地共开展生态监测项目 26 项，持续性的监测结果显示，海珠湿地生物多样性越来越丰富，环境指标逐年向好趋势明显。

"绿心"无价

广东省科学院动物研究所 2021-2022 年度昆虫监测调查报告显示，目前海珠湿地的昆虫种类为 157 科 738 种。2021 年至 2022 年，海珠湿地相继发现世界新物种"海珠斯萤叶甲"和"海珠珐轴甲"。

当谈到新物种被发现背后所蕴含的意义时，范存祥说："这不仅说明我们的监测手段先进了，也说明新物种的足迹已经扩大了。就像我们看到一只萤火虫，它背后一定还存在一定数量的同类。"

范存祥表示，海珠湿地不仅有原来的果园，还有河流、海珠湖、库塘型的小湖泊以及潮间带，丰富的生态系统交织在一起，才会形成生物的多样性。

如今，海珠湿地成为广州新中轴线南段的"鸟儿天堂"。全球候鸟迁徙线路主要有 8 条，而海珠湿地就位于我国东部和中部 2 条迁徙路线的会合地、东北亚 2 条迁徙通道的途经停歇地。站在海珠湖的观鸟长廊上，每天日暮时分，鹭鸟归巢，可见千鸟纷飞。使用长廊上的望远镜，可以"近距离"地看到鸟儿们的性状特征。

海珠湿地生态环境的提升，为大量鸟类提供重要的觅食停歇地和栖息繁衍地，尤其是海珠湖片区内丰富的鱼虾及昆虫等生物资源，成功吸引了大批野生鸟类在此

海珠湿地盛开的菖蒲和荷花（刘大伟／摄）

定居或停歇。

自 2012 年湿地建设以来，海珠湿地目前的鸟类种数从 72 种增加到 187 种，维管束植物从 294 种增加到 835 种，昆虫种类从 66 种增加到 738 种，鱼类从 36 种增加到 60 种，是全国超大城市中心区难得的鱼鸟天堂。

近年来，海珠湿地不仅成为多样生物的栖息地，也演变为汇聚发展新优势的重要城市生态空间。

在海珠湿地周边，老厂房、旧作坊转变成一座座创意艺术园区，吸引了一批创新型、高附加值企业落户。每逢周末，人们便从紧邻的创意园区划来一艘艘小船，惬意畅游海珠湖。

对于这片"绿心"的未来规划，广州市城市规划勘测设计研究院景观与旅游规划设计所所长、教授级高级工程师胡峰在广州湿地生态保护建设主题发布会上提到，广州市城市规划勘测设计研究院正在研究将海珠湿地纳入广州国家植物园体系，构建更高能级的生态系统。依托湿地，迁地保育南中国珍稀乔木，建立湿地植物"种源库"，打造生物多样性保护示范园，让海珠湿地成为中国乃至世界的生态地标。

目前，海珠湿地凭借特殊而罕见的三角洲城市湖泊与河流湿地类型，已成功申报国家长期科研基地，未来将聚合周边华南科研资源，构建海珠湿地科研生态圈，实现资源共享机制，打造湿地科研高地，形成产学研生态研究链，为探索粤港澳大湾区高密度城市群中城市生态合理利用和可持续发展模式提供技术支撑。

（本文首发于 2023 年 1 月 12 日，总第 872 期）

南昌：打造"湿地之城"

文 /《瞭望东方周刊》记者陈毓珊　编辑高雪梅

滔滔赣江穿城而过，抚河、玉带河、潦河等十余条河流纵横境内，东湖、西湖、艾溪湖、瑶湖等数百个湖泊星罗棋布，为这座"湿地之城"勾勒出"一江十河串百湖"的生态轮廓。

南昌，一座因水而生、因水而兴的城市。

2022 年 11 月 5 日，《湿地公约》第十四届缔约方大会在中国武汉和瑞士日内瓦同步开幕。作为大会焦点之一，11 月 10 日，在日内瓦分会场，《湿地公约》秘书处为 13 个国家的 25 个新晋"国际湿地城市"颁发认证证书，这代表了一座城市湿地生态保护的最高成就，来自中国的江西南昌、湖北武汉、安徽合肥等 7 座城市位列其中。

近十年来，南昌市国考断面 II 类水比例提高 38.9%；鄱阳湖南昌湖区总磷浓度降至 0.064mg/L，下降 27.3%；城区黑臭水体全部消除；2021 年赣江干流南昌段 10 个断面首次全部达到 II 类并保持稳定，实现又一历史性突破……推动经济发展"高质量"和生态环境"高颜值"协同并进，一首城市与湿地融合律动的优美协奏曲正在南昌奏响。

治山理水

南昌，襟三江而带五湖。滔滔赣江穿城而过，抚河、玉带河、潦河等十余条河流纵横境内，东湖、西湖、艾溪湖、瑶湖等数百个湖泊星罗棋布，为这座"湿地之城"

南昌市西湖区的象湖湿地公园

勾勒出"一江十河串百湖"的生态轮廓。

党的二十大报告指出,深入推进环境污染防治;统筹水资源、水环境、水生态治理,推动重要江河湖库生态保护治理,基本消除城市黑臭水体。

坐拥得天独厚的资源禀赋,南昌近年来扎实做好治山理水、显山露水文章,大力推进"河湖水系治理大提升行动",加强河湖管理保护突出问题整治,湿地生态环境得到显著改善。

"家门口的乌沙河就是看得见的变化。"家住南昌市新建区的市民刘女士,眼前这条绿洲掩映的清澈河流,曾被列为黑臭水体,以前淤泥堆积、杂草丛生,散发出恶臭,附近居民都不敢开窗通风。

2015 年,南昌市启动乌沙河流域生态综合治理,经过多年的疏浚、截污、治涝和美化工程,昔日"污"沙河蜕变为景观河。"以往这附近很难找到一个散步的好去处,如今推窗见绿,心情也舒爽了许多。"刘女士说。

"洗"去旧貌,"焕"来新生。乌沙河的生态治理只是南昌着力整治水环境的一个缩影。近年来,南昌市全面推进黑臭水体治理攻坚行动,科学制定《南昌市城市黑臭水体整治工作实施方案》《南昌市城市黑臭水体治理攻坚战实施方案》，通过实施控源截污、内源治理、河道清淤、活水循环、生态修复等工程性措施，让幸福渠幸福二支河、龙潭水渠、玉带河北支、乌沙河等10条列入全国黑臭水体整治监管平台的水域基本实现"长治久清"。

南昌市生态环境局局长陈宏文介绍，南昌市注重在以流域为单元统筹实施黑臭水体治理的同时推进沿线雨污管网改造，对黑臭水体关联水系进行整治。同时，注重发挥先进治水理念和科技手段的"化学反应"。例如，在治理西湖的过程中，项目采取政府和社会资本合作（PPP）模式操作，在湖底清淤的基础上，完善湖泊承载的海绵城市功能，结合渗水材料等技术手法，有效收集雨水并过滤再利用，从而形成碧波涟漪的湖面风光，打造城市绿肺。

打好碧水保卫战，需攻防结合。"我们不断加强日常监测预警，通过在断面上游增加监测点位，加密水质监测，紧盯自动监测站水质数据变化等，对数据超标持续三天的断面进行预警，督促责任单位开展排查整治。"南昌市生态环境局水生态环境科科长吴勇明介绍说。

通过全面推进流域生态综合治理，南昌市有效保障赣江流域水体水质与岸线环境。2022年上半年，全市11个地表水国考断面水质达标率稳定为90.9%，赣江干流10个断面首次全部达到Ⅱ类水质。

建章立制

水是湿地之魂。近年来，南昌先后投入700多亿元用于城市水体的综合治理，构建互联互通的大水系格局，织密湿地生态"保护网"。

一是治水有方向。2022年初，南昌市出台《城市水环境治理三年攻坚行动实施方案》，提出按照"规划引领，分片推进；清污分流，源头治理；管网先行，单元同步；轻重缓急，长制久清"的治理思路，明确了"2024年生活污水集中收集率达到70%、消除建成区污水直排口、污水处理率达到95%以上、建设排水系统信息化平台"等工作目标。

不久前，南昌青山湖区塘山镇的居民李宝根惊喜地发现，小区雨污分流改造工程已进入管网清淤检测阶段，一改以往排水管网布局混乱、雨水污水共管流出、管网破损渗漏等旧疾。青山湖区城市管理和综合执法局副局长陶勇辉说，对城中村排水管网历史遗留问题进行批量化整治，将大幅改善雨污水共用主管，合流排至市政

几只白鹤在南昌市高新区五星白鹤保护小区湿地中嬉戏（周密／摄）

管网或暗渠造成的环境问题。

二是治水有依据。出台《南昌市湿地保护管理办法》，明确各级政府、各部门的职责；提出湿地实行分级保护和名录保护管理，形成了"一河一策、一湖一法"的保护管理模式；率先制定《关于构建以排污许可制为核心的固定污染源监管制度体系实施方案（试行）》，完善污染防治区域联动机制和流域生态环境治理体系等"横向到边，纵向到底"的制度体系建设，为湿地生态保护提供有力支撑。

从生态系统整体性出发，南昌市加强综合治理、系统治理、源头治理，大力推进山水林田湖草修复，实施全流域生态保护，通过截污纳管、水系连通、自然岸线恢复、野生动植物栖息地恢复等措施，修复受损的湿地生态系统结构和功能。

三是治水有保障。"管发展必须管环保、管行业必须管环保、管生产必须管环保"，落实生态环境保护"党政同责、一岗双责"，南昌制定《南昌市生态环境保护责任清单》，进一步厘清政府职能部门承担的生态环境保护责任范围，建立健全符合"源头严控、过程严管、后果严惩"原则的水环境治理执纪监管制度体系，包括环境损害责任者赔偿制度、终身责任追究制度、领导干部离任审计制度、长效管护制度等，不断优化水环境治理的政策环境。

南昌市把建立健全生态文明制度体系作为推进生态文明建设的重要内容，不断汇聚各方力量，将生态文明理念融入经济社会发展各领域、全过程，"绿水青山就是金山银山"的理念已成为普遍共识。

和谐共生

站在南昌高新区鲤鱼洲红旗联圩大堤上，五星白鹤保护小区负责人周海燕看着大堤两侧两种迥然不同的景象：一侧的鄱阳湖因 2022 年持续干旱，变为大片草洲；一侧 1050 亩的白鹤保护小区内，一块块藕塘中湖水满满，许多候鸟在田间嬉戏觅食。

枯水期延长，致鄱阳湖区不少湿地出现缺水干裂现象，对候鸟越冬带来不利影响。沿湖各地的候鸟保护工作者提早采取了相应措施"为鸟留水"，上演了一个个生动鲜活的生物多样性保护故事。

"为确保五星白鹤保护小区里有水，前期鄱阳湖能灌到水时，我们提前把藕塘灌满了水。后来鄱阳湖水位持续下降，我们又在保护小区里打了 3 口电机井，以地下水来保障藕塘用水。"南昌高新区鲤鱼洲管理处党政办主任刘华龙说。

"候鸟是自然生态系统的重要组成部分，保护候鸟就是保护生态，'为鸟留水'就是给未来留下更好的生态。"刘华龙说，越来越多的候鸟聚集于此，就是湿地生态保护成效的最好见证。

如今在南昌，保护湿地的理念已经深入人心，逐渐凝聚成为社会共识。

"长嘴巴长腿的鸟儿在哪里生活？""脚上有蹼的鸟儿生活在浅水还是深水？""反嘴的鸟儿吃什么东西？"……

在南昌市绳金塔小学，一场关于湿地候鸟的科普活动受到孩子们的欢迎。江西鄱阳湖南矶湿地国家级自然保护区管理局的工作人员走进校园，向孩子们科普湿地的形成、湿地鸟类知识以及鄱阳湖湿地动植物资源的多样性，介绍鄱阳湖常见的越冬候鸟东方白鹳、灰鹤、白鹤、雁类等。

除了开展湿地科普进校园活动之外，南昌市还注重社会科普的系统性和趣味性。南昌市林业局相关负责人表示，结合湿地公园等重点区域相关规划和实际需求，通过在重点区域科学设置湿地科普宣教场所，丰富湿地科普内容，完善相关管理设施，进一步提升了省级湿地公园的科普宣教和管理能力，促进全市重点湿地区域内生态效益和社会效益的有效实现。

市民在南昌市艾溪湖湿地公园的草地上露营休憩（万象／摄）

山水融城

湿地资源禀赋优越的南昌，全市天然水域及湿地面积为 12.6 万余公顷，其中湖泊水面、河流水面共 5.1 万余公顷，湿地（内陆滩涂）7.5 万余公顷，天然水域及湿地率为 17.5%。依水添绿、沿水造景，南昌既改善城市生态大环境，也为市民打造家门口的生态画卷，湿地公园如雨后春笋般出现，"推窗见绿、出门见水"成为南昌市民美好生活的真实写照。

每当夜幕降临，赣江两岸人群熙攘。晴时，市民漫步于游步道上，谈笑风生；雨时，三两憩于凉亭，静赏烟雨朦胧。开门向翠微，转角遇见美，林木花草间，浸透着烂漫的色彩。"江边总是散步的好去处，出门见景，生活品质一下就提高了，幸福感油然而生。"南昌市民颜容君感叹道。

随着水系治理不断向纵深推进，水生态文明成果逐渐显现。赣江昌南外滩公园、鱼尾洲湿地公园、龙潭水渠公园……这些凸显城市生态特色的公园景观成为网红打卡地，如颗颗绿宝石镶嵌在南昌城内，让市民尽享静谧时光。

不仅是城市颜值不断攀升，日趋向好的湿地生态也为候鸟等生灵提供一方栖息乐土，鸟唱水吟共同为南昌山水融城描绘出靓丽的生态底色。

位于南昌城东的艾溪湖森林湿地公园是一片候鸟乐园，拥有 4.5 平方公里的水面和 2500 余亩土地。初冬时节，小天鹅悠游湖上，大雁成群飞舞，好不自在。在"落霞与孤鹜齐飞"的南昌，飞鸟自然地融入城市景色之中。

"城市不仅属于人类，也应该留有野生动物生存的空间。"艾溪湖湿地公园候鸟保护中心主任邹进莲告诉《瞭望东方周刊》，目前，艾溪湖湿地公园内生活着上百种鸟类，数量万余只，鄱阳湖有上千只越冬候鸟在这里驻足、觅食、休憩，形成了一道独特的城市生态景观。这里为市民游客提供了近距离观赏候鸟的园地，每逢节假日，越来越多的游客，尤其是小朋友们来到候鸟乐园，与这些可爱的生灵们"亲密接触"。

而今，南昌市共有江西鄱阳湖国家级自然保护区和鄱阳湖南矶湿地国家级自然保护区 2 处国际重要湿地，瑶湖、青山湖、青岚湖、军山湖 4 处省级重要湿地，并且依托城市内的湖泊河流，建立了多个集市民休闲游憩与生态保护于一体的城市水体、湿地公园，基本形成了"以湿地国家级自然保护区为基础，省级湿地公园、地方级自然保护区、重要候鸟栖息地为补充"的湿地保护体系，实现了"水清、岸绿、鸟飞、鱼跃"的城市生态新景象。

（本文首发于 2023 年 1 月 26 日，总第 873 期）

第 6 章
万物和谐

吉祥鸟，从秦岭飞向世界

文/《瞭望东方周刊》记者姜辰蓉、付瑞霞　编辑高雪梅

经过中国科学家不懈努力，朱鹮已经从孤羽 7 只发展为拥有 5000 多名成员的大家族。

"扑棱扑棱"，一只朱鹮从保护人员的手中展翅飞向天空，在人们的凝视中渐飞渐远。放飞朱鹮的场景，近年来不断出现在中国各地，甚至日本韩国。朱鹮的翅下和尾下缀有粉红色，展翅飞翔时，宛若掠过天边的云霞。民间传说，朱鹮是能带来幸福、好运的吉祥鸟。但这样的美景一度已经消失，直至 1981 年，朱鹮才重新在秦岭被发现。

40 年来，人们为了保护这种美丽的鸟类不遗余力。经过中国科学家的不懈努力，朱鹮已经从孤羽 7 只发展为拥有 5000 多名成员的大家族。在朱鹮的发现地陕西洋县，朱鹮在农民房前屋后的大树上做窝、栖息，在稻田中觅食、散步……漠漠水田朱鹭飞，从秦岭到世界，吉祥鸟再次翱翔天际。

鸟飞绝

"翩翩兮朱鹭，来泛春塘栖绿树。"这是唐代诗人张籍诗中描绘的景象。朱鹭长什么样？它在春塘、绿树中嬉戏是怎样的美景？这些问题的答案，当今人们差点无缘得见。

朱鹭就是朱鹮。这种鸟类曾广泛分布于俄罗斯远东、朝鲜半岛、日本和中国部分地区。上世纪中叶以来，由于战争、自然灾害、猎杀以及人类生产生活等的干扰

雪后铜川市耀州区山区内的野生朱鹮

和破坏，朱鹮栖息地面积不断缩小，种群数量锐减。到上世纪 80 年代初，人们普遍认为，世界上的野生朱鹮已经灭绝。

20 世纪 80 年代，45 岁的中科院动物研究所工作人员刘荫增几乎走遍了全中国，只为找寻朱鹮的身影。他和一起的专家，没有人亲眼见过朱鹮，他们只看过照片和 20 多年前制作的标本。在神州大地去找寻一种失踪了 20 多年的鸟，无异于大海捞针。

"我们到处走，走了 13 个省份 5 万公里，这一调查就是三年，历史上中国境内朱鹮的分布点基本上都走到了。"刘荫增说，"但没找到半点踪迹，那时我们只能认为，朱鹮已经不存在了。"

怀着绝望的心情，刘荫增还是本着严谨的科学态度完成了论文，并向学术委员会做了阐述报告。但他依然觉得不能就此向世界公布"朱鹮已经灭绝"的结论。"我在报告中说，对朱鹮的存在我还有一些疑问，希望学术委员会能给我一点时间，让我再做一次深入的调查。学术委员会同意了我的意见。"

这一次刘荫增来到了位于陕西南部的洋县。

存遗珠

谁也没想到，这最后一次的尝试带来了转机。

洋县北依秦岭、南靠巴山，两座山脉在这里合拢，形成了相对封闭的环境。在细细走访中，有人说见过这种鸟类，这让刘荫增非常惊喜。怀着升起的希望一路追寻来到秦岭南麓，在海拔上千米的姚家沟，几只鸟在高大郁葱的青冈树上扑打翅膀——其中还有 3 只毛茸茸的雏鸟。

乍一见到这般景象，刘荫增还不能确定这种鸟是不是朱鹮，"毕竟我只看过国外专家提供的照片，并没有亲眼见过野生朱鹮。"刘荫增说，"此前我们虽然知道朱鹮在繁殖季毛色会有变化，但没想到它会这么黑！"最终经过仔细观察、辨认，人们才最终从喙部特征确定这些鸟就是朱鹮。

"这也许就是天意，这种鸟类不该灭绝。在中国保存了最后的希望。"刘荫增感叹道，"我们还在更大的范围内进行搜寻，希望能找到更多的朱鹮。但事实证明，这就是仅存的 7 只。"三年的苦苦追寻终于有了发现，这一结果让刘荫增惊喜的同时，也忧心忡忡。这 7 只沧海遗珠究竟还有没有繁殖能力？数量如此稀少，物种还能延续下去吗？下一步该怎样进行保护？

虽然此前没有任何先例，但那时的刘荫增已经下定决心。"尽管希望微弱，也可能会有很多困难，我都一定要保护好朱鹮，让这一种群繁衍下去。"他说。

衍孤羽

在姚家沟发现的朱鹮种群被命名为"秦岭 1 号"，抢救性保护措施也立即展开。刘荫增带领洋县林业局 4 名年轻人，利用一间村民废弃的房间，建起了"秦岭 1 号"朱鹮保护站。他们守候观察，投食喂养，应急救护，一点一滴摸索、积累朱鹮保护的经验。

这是一个紧迫而又考验耐心的工作。尽管保护者们想尽一切办法降低朱鹮伤亡风险，最初几年中，成果并不明显。在 1989 年颁布的《国家重点保护野生动物名录》中，朱鹮被列为国家一级保护动物；国际自然保护联盟（IUCN）将朱鹮的濒危等级定为极危，灭绝风险极大。

但在这一时期，专家们积累了大量基础数据：成鸟在孵化过程中每天翻多少次卵；成鸟每次喂食时会分别喂给几只雏鸟各几口，朱鹮在不同温度下不同的翻巢次数……这为后续的保护工作打下了坚实的基础。

20 世纪 90 年代初，保护工作终于迎来突破——朱鹮在姚家沟成功繁育 10 窝，产卵 30 枚，出壳 20 只，出飞幼鸟 19 只。同时，专家们也总结出"就地保护野外种群、人工繁育建立人工种群"的有效保护路径。中国政府为此专门设置保护区，投入大量人力、物力。在洋县，就有朱鹮和长青两个国家级自然保护区。

长期从事朱鹮保护的专家路保忠说，最初每到繁殖季，保护人员会全天候守护每一枚卵和每一只雏鸟；并在朱鹮营巢的树干上安装刀片、挂伞形防蛇罩，以对付蛇、鼬科动物等朱鹮的天敌。为防止小朱鹮从树上跌落，还在树下挂起了巨大的保护网。

"除了野外保护，中国还开展朱鹮人工繁育研究，不断攻克技术难关。1995 年，朱鹮人工繁殖成功。随后，人工种群繁育取得突破。"陕西汉中朱鹮国家级自然保护区管理局局长张亚祖说。

任鸟飞

在人们的不懈努力下，朱鹮种群数量不断增长。随着野外朱鹮的不断增多，救治、放归也成为保护的重要手段。"当野生朱鹮由于病伤及食物缺乏丧失独立的野外生存能力时，保护人员及时进行救治饲养，使其恢复野外生存能力，再放归自然。"朱鹮保护区的高级工程师张跃明说。

陕西省汉中市洋县四郎镇田岭村的一片密林里，从远处觅食归来的朱鹮在巢里给幼鸟喂食（陶明 / 摄）

人工繁育、救治的朱鹮在放归大自然之前，还需要对飞翔能力、觅食能力、抵御天敌的能力和繁殖能力等野外生存能力进行"强化训练"。

"只有让朱鹮重新回到大自然中生活、繁殖，才能实现保护的目的。"陕西省林业局教授级高级工程师常秀云说。2007年，研究人员放飞了26只人工饲养的朱鹮，这是全球首次异地朱鹮野化放飞。

张跃明介绍，朱鹮放飞应该远离野生种群，并确保种群之间在短时间内相互独立，以防止人工种群与野生种群间传染疾病，确保人工种群在释放后自我繁衍，种群密度逐步增加。朱鹮的第一个放飞地点选择了距洋县约100公里，生态环境相似的陕西宁陕县。

随着保护措施不断完善、种群数量不断增加，朱鹮的栖息地也在不断扩大。2013年，我国首次在秦岭以北野化放飞朱鹮以来，这个种群数量持续扩大，目前在秦岭以北繁育的朱鹮已超85只。

专家为放飞的朱鹮佩戴卫星追踪器，开展跟踪监测，及时掌握放归朱鹮的生存状况，研究朱鹮野外觅食、繁殖、迁飞等规律，为恢复朱鹮长距离迁徙进行科学探索；对不适应野外生存的朱鹮个体及时救护收容。

近40年来，朱鹮栖息地向历史分布地不断扩展。"朱鹮栖息地面积，已由不足5平方公里，扩大到1.5万平方公里。"陕西省林业局局长党双忍说，"由最初发现时的陕西洋县姚家沟逐步向东亚历史分布地恢复，呈现出以秦岭为中心向四周扩散的趋势。"

自上世纪90年代起，中国多次向日本赠送朱鹮，帮助日本进行朱鹮种群的恢复。2008年，来自陕西洋县朱鹮繁育中心的朱鹮夫妇"洋洲"和"龙亭"远赴韩国，并于次年"喜得贵子"。2013年，中国再次向韩国赠送两只雄性朱鹮，用于联合繁殖研究。

目前，朱鹮栖息地集中在中国陕西、河南、浙江。日本、韩国在中国的支持和帮助下也建立了野外种群。据不完全统计，全球朱鹮种群数量已由1981年发现时的7只，扩展到现在的5000余只，其中中国境内4400只，朱鹮受威胁等级从极危降为濒危。

"一袭嫩白，柔若无骨，在稻田里踯躅是优雅的，起飞的动作是优雅的，掠过一畦畦稻田和一座座小丘飞行在天空是优雅的，重新落在田埂或树枝上的动作也是一份优雅。"在作家陈忠实的笔下，朱鹮如此美好。

如今在全球许多地方，人们都能看到这往昔难得一见的美丽身影。传说中的吉祥鸟，终于再次翱翔天际。

相伴欢

陕西洋县被誉为"朱鹮之乡"，这里俨然已成为鸟儿的乐土。朱鹮常以水田中的青蛙、昆虫、鱼虾、螃蟹等为食。春夏之交时，记者来到这里，经常能看到人们在水田中耕作，几只朱鹮就跟在不远处，蹦蹦跳跳地找泥鳅吃。

在这如画般和谐的场景背后，是这里的稻田不再使用农药、化肥。当地稻谷产量因此减少 20% 以上。"为了保护朱鹮，我们愿意。"洋县梁家村村民周淑娥说。

从 2008 年开始，中国国家林业局启动了"野生动物损害国家赔偿机制"，每年划拨 50 万元至 100 万元，为朱鹮损害"埋单"，赔偿到人。这给农户吃了一颗"定心丸"，也让他们更积极地保护这种珍稀鸟类。

在离周淑娥家几十米远的几棵大树上，一对朱鹮正在孵蛋。"三四年前，这对朱鹮在这里的树上筑巢，每年它们都会在这里产卵、养小鸟，还会在附近找食吃。"周淑娥说。在洋县，许多村子的大树上都有朱鹮筑巢。人们很少去惊扰它们。

近年来，随着"绿色、生态"理念的兴起，当地人曾经为保护朱鹮付出的努力，带来了丰厚的回报。洋县纸坊街道草坝村村民在村支书刘开昌的带领下，多年来坚持不使用农药、化肥。为增强肥质，刘开昌使用了比市场普通肥料价格高两倍的有机肥和自制的农家肥，还通过秸秆粉碎还田方式进行补肥。在病虫害防治上，安装了杀虫灯，使用自制的生物农药杀虫防害。

到 2010 年，草坝村已经建成了 100 亩有机水稻示范基地，水稻还没收割，就被外地客商以每斤高于当年市场价格 0.6 元的价格订购一空，甚至连来年的订单也送了过来。2012 年，草坝村依托优质种植基地，建成了有机大米和有机菜籽油加工厂、梨果储藏库，并成立了朱鹮湖产业公司，实现了种植、加工、销售一条龙产业链。

草坝村村民王玉灵掰着手指头给记者算了一笔账，她说家里如今种了 4 亩多水田，2 亩多的油菜花，自己和老公都在村里合作社的加工厂上班，两口子现在一年收入将近 10 万元人民币。不离土不离乡，比原来外出打工的日子过得潇洒得多。

目前，洋县已建成有机产业园区，发展有机生产企业 24 户，认证有机产品 13 类 70 种，有机产业年产值达 8.82 亿元人民币。以朱鹮牌稻米、黑米酒、红薯粉条等优势产品为代表的洋县有机品牌已畅销全国。优美的生态、人鸟相伴的独特环境，还为洋县带来了不少游客和摄影爱好者，在此基础上的旅游产业正在蓬勃兴起。

成典范

从孤羽 7 只到千鸟竞翔，中国朱鹮保护已经走过 40 年历程。40 年来，在中国各级政府的大力支持下，朱鹮从"发现"到"保护"，由"繁衍"到"复兴"，历经艰辛，度过坎坷，谱写出人类历史上拯救濒危物种的盛世华章，成为全球生态保护事业的经典范例。

随着朱鹮数量的增长，如何防范朱鹮种群"近亲繁殖"，成为研究者们面临的新课题。"目前朱鹮的基因，来源于最初的几只。基因太过单调的问题，让大家非常担心。"刘荫增说，"我们在朱鹮保护中很早就考虑到这个问题。把相近的朱鹮种群分隔开，扩大它们的栖息地，才是长远之计。"

为此，专家们呼吁，要加强对朱鹮栖息地的保护，减少农药、化肥的使用，不要乱砍滥伐，为朱鹮筑巢留一片空间。"朱鹮和其他鸟类不同，可以说历史上就是和人类相伴栖息。农耕时代，人们在稻田中翻地，翻出的小鱼、螺蛳，就是它的食物。因此，它很信任人类，非常亲人。保护好环境，就能为它们和我们创造出更好的生存环境。"

2018 年，刘荫增把家搬到了洋县。他说，秦岭的北坡叫古北界，南坡叫东洋界。朱鹮的最佳栖息地，正是在秦岭两界偏南一些，这一区域夏无酷暑、冬无严寒。"我就在洋县养老，安度晚年。"刘荫增说，"我的余生不想再和朱鹮分开。"

（本文首发于 2021 年 5 月 27 日，总第 830 期）

秦直道，豹出没

文 /《瞭望东方周刊》记者姜辰蓉、付瑞霞　编辑高雪梅

走上这段秦直道，不仅是走进了无边绿海，走入了 2000 多年的历史之中。更有可能，
是走上了一条国内豹子最多的道路。

　　四通八达的高速公路，能将我们快速、便捷、舒适地送到想去的地方，连接起
诗和远方。但你知道世界上第一条"高速公路"是哪一条，诞生于何时？它就是秦
直道，修建于 2200 多年前。这条大道横穿今天的陕西省、甘肃省和内蒙古自治区，
长 700 多公里，建成年代比西方著名的罗马大道早百余年，是举世公认的"第一条
高速公路"。

　　穿越山脊、深林、黄土、戈壁……见证了无数历史沧桑的秦直道，或人迹罕至，
或早已埋没于历史的尘埃下，但位于陕西延安子午岭山林中的秦直道却保存完好。
走上这段秦直道，不仅是走进了无边绿海，走入了 2000 多年的历史之中；也是走进
了野生"精灵们"的家园。更有可能，是走上了一条国内豹子最多的道路。

两千年前高速路

　　"道九原，直抵甘泉，乃使蒙恬通道。自九原抵甘泉，堑山堙谷，千八百里。"
这是《史记·蒙恬列传》中对秦直道简略的记载。

　　公元前 212 至公元前 210 年，秦始皇命大将蒙恬监修一条重要军事要道，南起
京都咸阳军事要地云阳林光宫（今淳化县凉武帝村），北至九原郡（今内蒙古包头
市西南孟家湾村），穿越 14 个县，700 多公里。路面最宽处约 60 米，一般亦有 20 米，

延安甘泉秦直道遗址

被称为"世界上第一条高速公路",大体南北相直,故称秦直道,民间俗称"皇上路""圣人条"。

"秦直道是秦始皇为抵御战国纷争时坐大的匈奴势力而兴筑,与秦长城一样都是具有战略意义的国防工程。"西北大学文化遗产学院院长段清波说。

史料记载,秦始皇三十二年(公元前215年),为消除边患,命大将蒙恬带兵30万北击匈奴,尽取河南地及黄河一线,设为四十四县,重置九原郡,从内地迁徙民众戍边屯田。次年,又使蒙恬渡河取高阙、阴山、北假,控制了阴山地区。之后,秦又新筑长城,西段沿用秦昭王旧长城,中段和东段则因用赵、燕长城的故址加以增葺,首启临洮,循贺兰山、阴山山脉,东抵辽东,长城东西绵延万余里。同时,秦始皇命蒙恬修筑直道,遣长子扶苏监其事。

专家称,直道与长城呈"T"形相交,加强了秦都咸阳所在的京畿关中与北方河套地区的联系,使得匈奴不敢轻易南下进犯,对维护秦国统一安定的局面具有重要的战略意义。历史上,秦直道不仅是国防大道,也是重要的经济动脉和文化走廊。秦直道的开通,便利了中原内地与河套地区的交通往来,成为内地通向北疆的大动脉。

秦直道在历史上许多著名事件中发挥过作用。凭借秦直道,秦始皇的铁甲兵可以从淳化林光宫屯兵地出发,粮食和军辎源源不断北运,三天三夜就可抵达阴山脚下,从此"胡人不敢南下牧马，士不敢弯弓而报怨"，远遁大漠戈壁深处。著名的飞将军李广、骠骑大将军卫青都曾沿秦直道进军，重创匈奴。秦直道在西汉时期也发挥了极其重要的军事作用。昭君出塞、张骞通西域、蔡文姬归汉等，都与秦直道相关。

修筑工艺精湛

神秘古老的秦直道，绵延在子午岭数百公里的主脉之上，与长城、兵马俑、阿房宫在同一时期诞生，是秦代仅次于长城的第二大军事工程。秦直道从陕西省淳化县经旬邑进入延安境内，过黄陵、富县、甘泉、志丹和安塞县进入榆林靖边县。据初步统计，直道在延安境内全长约 355 公里。延安境内秦直道均为全国重点文物保护单位，其中富县和甘泉境内的秦直道保存相对较为完整。

在延安富县的子午岭，记者踏上了这条载于史册之中的秦直道。古道藏于深林之中，幽静绵延，宛若一条平整的乡间道路。"真正的秦直道远比现在宽得多，严格来说，我们现在走上的路面，并不是秦代的秦直道。积年累月土层已经将其覆盖，真正的秦直道，应该在下面更深的位置。"当地文物保护专家说，"即便如此，2000 多年来杂草、树木依然难以在秦直道上生长，今天我们一眼就可分辨秦直道的走向。这与秦代独特、高超的修筑工艺有关。"

秦朝实行极为严酷的法律，体现在工程建造方面，每一级都有监造者，他们都要为工程质量负责，哪里出了问题就找谁的责任，出错惩戒力度极重。严苛的法度让秦直道的所有施工建造者丝毫不敢大意马虎。

研究表明，秦直道所使用的土壤必须经过烧或炒等高温处理，所以这种土里不仅水分稀少，而且没有草籽及其他有机物；建造路面时，严格要求将土方反复夯实，土壤紧致瓷实，周边的草种也很难扎根其上，所以，秦直道在 2000 年来的大多数时间主路都不长草，即便后来被废弃，也很少见植被冒出。

对秦直道的相关考古研究表明，秦直道多山地路段，尤其以山脊线作为修路的地点。修筑时，多采取"堑山堙谷，直通之"的方法。"堑山"就是将道路选址在山峰略低一点的位置，将路以上的山峰削去一部分，然后再在路下山坡填土，夯筑一段护坡，再夯出道路。"堙谷"则是在两座山峰之间的谷底填筑大量土方，夯筑以后形成路面。遇到更高的山峰，采用"之"字形盘山路的方法修路，增加路面长度减小坡度。就这样"逢山开路，遇谷填平"，秦人创造出又一个奇迹。

根据考古研究，秦人修建秦直道时，沿途还建有附属建筑，如：烽火台、宫殿、兵站、哨卡、夯土护坡、排水沟、驿站等。夯土护坡和排水沟保障了道路的稳固和干燥，使秦直道更加平坦耐用；烽火台、哨卡和驿站等，是特别为秦直道的军事功能设计的。这些设施为传递军情、抵御匈奴、巩固边防提供了便捷。

一代名将蒙恬通过秦直道率军出征，大破匈奴。他同时还是该条大道的监修者，他曾多次行走于秦直道，进行全程考察。秦直道直到唐朝、明朝时期，依然是通往边关最快的一条道路。清朝年间，秦直道才逐渐被荒废。

"梅花"绽古道

秦始皇沉睡在骊山厚厚的封土之下，曾行走于秦直道上的名将、名士们湮没在历史的尘埃中。但在穿越子午岭无边"绿海"的秦直道上，依然有着或匆匆或悠闲的身影。

杨永岗就是这样一位"古道行者"。位于中国西北的黄土高原上，子午岭是浓墨重彩的一抹绿色，这里有黄土高原稀有的天然次生林生态系统及野生动植物资源。秦直道翻山越岭，从子午岭的山脊上穿过。这条路杨永岗不知走了多少回。作为子午岭国家级自然保护区管理局的一名工作人员，他负责森林防火、巡护等工作，驻守的八面窑瞭望塔紧邻着秦直道。

通往瞭望台的泥巴路，杨永岗一度以为，现在只有他和野猪走得最多。直到2012年，瞭望台附近的摄像头拍到华北豹的视频，才彻底改变了他的认知。

子午岭国家级自然保护区管理局从2011年开始，在辖区兽类活动最频繁的八面窑、石灰沟、桦树沟等地段安装摄像机。2012年春天，在八面窑监测点首次捕捉到国家一级重点保护野生动物华北豹活动的画面。视频中，一只成年华北豹在秦直道上悠然行走，之后钻进了路旁的林子。

"现在这里生态越来越好，我也越来越不敢走这条路了。"杨永岗说。原本消失多年的华北豹，近年来越来越多，它们在路上留下的"梅花"爪印清晰可见。安装在道路旁的监控显示，华

华北豹在陕西子午岭林区漫步（视频截图）

北豹在这里"通行率"极高。它们有时拖家带口、结伴而行；有时闲庭信步，意态悠闲。

近日，北京师范大学副教授冯利民带领的科研团队发现，布设于陕西子午岭林区的红外相机记录下一只母豹"一拖三"的育儿日常。画面中，一只母豹带着三个幼崽来到这台红外相机前。专家从幼崽的外形和行为推测出它们的年龄约是 3 个月，已经从完全靠母乳生存，过渡到开始吃肉。据冯利民介绍，这是中国科学家首次通过红外相机拍摄到野生豹哺乳、食肉、休憩等育儿过程的珍贵影像。

冯利民介绍，华北豹是中国独有的金钱豹亚种，被列为国家一级保护动物，曾广泛分布在中国华北和西北地区。20 世纪后半叶，华北豹数量急剧下降。近年来，随着人类活动的减少和森林植被的增加，华北豹的生存环境得以改善，其传统栖息地陆续发现数量不等的华北豹种群或个体。

北京师范大学研究团队对子午岭的监测研究表明，陕西延安境内子午岭林区是华北豹的关键分布区。根据科学测算，这里的华北豹数量为 110 只左右，是迄今我国已知数量最大、密度最高的野生华北豹区域种群。"过去 100 年中，华北豹消失得很快。但近些年，华北豹种群有慢慢复苏的迹象。在子午岭，我们观察到华北豹一整天的育儿过程。这是非常难得的。"冯利民说。

这表明，杨永岗经常走在一条堪称国内豹子最多的路上。他也曾几次在路上远远地遇上过豹子。2021 年连着两天杨永岗在秦直道上和豹子狭路相逢。"头一天远远碰到一大一小两只豹子。我知道带崽的豹子凶得很，我僵在原地，一动不敢动，它们没理我，走回林子里去了。第二天巡护又远远碰上了一只，它从路东蹦到路西走了。"

林海多精灵

随着退耕还林、天然林保护等国家生态工程的实施，延安市生态环境实现"由黄到绿"的逆转。延安市林业局监测数据显示，"十三五"末，延安森林覆盖率达48.07%，较 1997 年增加了近 15 个百分点。

子午岭国家级自然保护区的天然次生林生态系统也得以持续恢复。如今这里植被茂密，生态良好，森林覆盖率高达 95.86%。子午岭为野生动物的生存繁衍创造了广阔空间，这里的野生动植物种群和生物多样性得到了有效保护和全面恢复。

无边"绿海"不仅成为华北豹的家园，也为众多野生动物提供了栖息之所。"除了豹子，这路上经常能看见狍子、赤狐、豹猫等，天上飞的还有金雕、黑鹳。"杨

子午岭的狍子（陕西子午岭国家级自然保护区管理局供图）

永岗说。

每一个清晨和黄昏，在瞭望台中，看林海之上，日出日落，云卷云舒，都是属于杨永岗的快乐。望着这片林子随季节变换，也是让他感到最幸福的事。夏天似绿色绒毯，秋日里五彩斑斓，冬季时苍苍莽莽，春来了则是山花烂漫。秦直道连通不同区域，加上路上平整，也没有什么威胁，所以动物们也喜欢走。扼守"交通要道"的杨永岗，迎来越来越多的"伙伴"，这让他"痛并快乐着"。

"有时候晚上，狍子会成群结队地把瞭望塔围起来，此起彼伏地叫，像搞大合唱似的。有时候，成群的飞鸟又会停留在瞭望塔上，还有野猪等也会时不时光顾。"杨永岗说。现在区域里做必要巡护时，杨永岗会扛上铁锹，一路敲打、摩擦地面，时不时高喊两嗓子。"闹出点动静，给豹子、野猪等都提个醒：我很快就走啦，不用特意露面了。"

专家认为，子午岭的变化表明，我国实施的林业工程取得了良好成效。"植被恢复快、人为干扰少、保护措施得当，让狍子这种中小型食草动物、雉鸡等鸟类得到恢复，为华北豹等食肉动物种群的恢复打下基础。监测显示，子午岭区域的整个生物多样性也在进一步恢复。"冯利民说。

研究表明，子午岭林区的华北豹种群处于增长态势。这意味着，未来将有越来越多的华北豹，漫步这条 2000 多年前的"高速公路"。

（本文首发于 2022 年 5 月 12 日，总第 855 期）

西双版纳：为象安家

文 /《瞭望东方周刊》记者王剑英　编辑高雪梅

野象谷位于西双版纳国家级自然保护区，是目前国内唯一对公众开放、可近距离观看野生亚洲象的地方，近 80 头亚洲象常在此出没。

"欢迎来到象往的地方。"在云南西双版纳高铁站的出口处，一幅大型海报上方标着的这句话，吸引了不少游客的目光。海报的主角是一头手绘亚洲象，它笑眯眯地伸着鼻子、抬起右前腿，似乎在和人们打招呼。

40 公里外，野象谷景区里树木参天，一条木栈道旁，一头小象慢悠悠甩着鼻子晃进游客视野，引得大家雀跃拍照，还有年轻姑娘迅速开启视频直播模式。59 岁的王阿姨一家十口从河南自驾游而来，进入野象谷不到十分钟，就和它不期而遇。她欢喜地说："小象憨憨的，好治愈呀！这一趟值了！"

野象谷位于西双版纳国家级自然保护区，是目前国内唯一对公众开放、可近距离观看野生亚洲象的地方，近 80 头亚洲象经常在此出没。

西双版纳被称为"大象乐园"，街头、寺庙随处可见大象元素。近年来，亚洲象已成为西双版纳的金名片。西双版纳正在着力"为象安家"。

北上南归后续

"北上南归事件为西双版纳和亚洲象保护带来的宣传效应，超过此前多年宣传效果之和。"西双版纳国家级自然保护区管护局亚洲象保护管理中心工作人员熊朝永对《瞭望东方周刊》说。

2月2日，西双版纳景洪市街头的大象雕塑（王剑英/摄）

2021年4月，15头亚洲象从西双版纳国家级自然保护区出发，一路北上，途经云南玉溪、红河、昆明3个州（市）8个县（市、区）。4个月后，在人类的帮助与引导下，北上大象开始南归，最终回到保护区，迂回里程超过1300公里。在此过程中无一象走失，无一人受伤，人象和谐相处成为中国生态文明建设的生动写照。

彼时正值联合国《生物多样性公约》缔约方大会第十五次会议（COP15）第一阶段会议于云南昆明召开前夕，大象的这趟北上南归之旅吸引了全世界目光，其国际传播范围覆盖全球190多个国家和地区，超过3000家海外媒体予以报道关注，全网阅读量达110多亿次。

2022年12月，在加拿大蒙特利尔召开的COP15第二阶段会议期间，"亚洲象"成为高频词：在高级别会议开幕式上，西双版纳青年代表张燕分享了《我与亚洲象做邻居》的故事；在"中国角"系列边会上，西双版纳国家级自然保护区管护局高级工程师沈庆仲向全球分享亚洲象保护经验；为期6天的云南展，全称为"发生亚洲象漫游故事的地方——生物多样性保护的云南实践与成果展"……

北上南归事件亦大力助推了亚洲象国家公园的创建。

我国将自然保护地按生态价值和保护强度高低依次分为3类，分别为国家公园、自然保护区和自然公园。国家公园居于主体地位，在维护国家生态安全关键区域中占首要地位。中国于 2021 年 10 月正式设立首批 5 个国家公园。

早在 2016 年，云南便有意申请创建亚洲象国家公园，为这一物种的保护做长远打算。2022 年 8 月，云南正式申请设立亚洲象国家公园，当年底，《国家公园空间布局方案》印发，全国共遴选出 49 个国家公园候选区（含正式设立的 5 个国家公园），亚洲象国家公园成为继大熊猫国家公园、东北虎豹国家公园之后，又一个以野生动物命名的国家公园候选区。

亚洲象国家公园创建区涉及云南省的普洱、西双版纳和临沧 3 个州（市），在中国，亚洲象主要分布于此三地。西双版纳为主要栖息地，分布约 300 头亚洲象，占全省总数量的 80% 左右。

西双版纳国家级自然保护区由地域上互不相连的勐养、勐仑、勐腊、尚勇、曼稿 5 个子保护区组成，由西向东分别坐落在勐海、景洪、勐腊二县一市，总面积 24.25 万公顷，约占全州面积的 13%，是我国亚洲象种群数量最多和较为集中的地区。

目前，亚洲象国家公园仍处于创建过程中，综合科学研究报告已经完成，相关方案也在编制之中。

熊朝永告诉《瞭望东方周刊》，随着亚洲象国家公园的创建，西双版纳在保护亚洲象方面的软硬件建设，尤其是人才培养方面，将更上一个台阶。

象爸爸和丛林卫士

和野象谷景区一墙之隔，有一方不对公众开放的小天地：亚洲象救护与繁育中心。入口处是一间紫外灯消毒室，熊朝永带领《瞭望东方周刊》记者在此消杀五分钟后，沿着林荫步道前行，一间彩色外墙的木屋出现在眼前，门口有手绘的四个字"爱的小屋"，内有空调、取暖灯、小床等——救助回来的幼象会先在此处接受护理与过渡，类似于儿童房。

再往前走，是一排由木头搭建的象舍，棚顶高约 4 米，四周围着一米多高的木栅栏，通风透光。几头大象站立其中，见有人来，发出"哞～"的叫声，熊朝永说这是它们在打招呼。

亚洲象救护与繁育中心是我国目前唯一以亚洲象收容、救助和繁育研究为主要任务的科研基地，也是西双版纳为象安家的重要抓手。

中心建于 2008 年，迄今已经救治了 30 头野象、繁育出 9 头小象，部分放归野外。目前共有 10 头亚洲象养护于此，年纪最大的 52 岁，最小的仅一岁半，元老级的"住

2月2日，西双版纳亚洲象救护与繁育中心（王剑英/摄）

户"已入驻逾 14 年。

这里养护着因打架受伤跌落悬崖、右眼失明的大象"昆六"；因公象发情时被象牙戳伤、做过两次妇科手术的母象"平平"；因脚部受伤感染无法跟上象群的幼象"龙龙"；因性情暴烈成为百姓生活区"车匪路霸"、需要行为纠正的大象"维吒哟"……

中心现有工作人员 20 余人，按业务划分主要分为两部分：一部分负责照料、抚育救助回来的大象，被称为"象爸爸"；一部分对丛林野象进行追踪、观察和记录，为相关研究提供科学数据，需长期穿梭于茫茫热带雨林之中，被称为"丛林卫士"。

39 岁的陈继铭是一名资深"象爸爸"。《瞭望东方周刊》见到他时是下午 4 点多钟，他身着绿色工装坐在大树下，身后是一片丛林，前方几米是通往野象谷的交通主干道。正值旅游旺季，路上车流不息。

"看，这是被野象掀断的。"陈继铭指着身旁立着的半截树干说，昨天 8 头亚洲象路过此处采食，由于树上的野果太高，便直接将碗口粗的树干推倒，留下毛刺刺的断口。

近期野象在此处活动频繁，为确保游客安全，避免人象冲突，陈继铭被临时抽调来此处值守。他早上 7 时 50 分到此，需值守到晚上 7 时游客基本散去。午饭由同事送至树下，包里装着一包烟、一瓶水、一瓶王老吉和一包咸菜丝。平日，他很重要的一项工作是领着救助中心的大象在丛林遛弯、适应野外环境，一遛就是八九个小时，天黑方归。

47 岁的岩罕陆是一名丛林卫士。他是布朗族人，皮肤黝黑，话到开心处便咧嘴大笑，露出一口大白牙，眼角皱纹挤成一朵花。

"与大象为伴，以森林为家。"岩罕陆这样形容自己的工作，他是森林武警出身，对自然有着深深的情感。

亚洲象北上南归期间，西双版纳曾派驻多名专业人士前往现场，岩罕陆是其中之一，他是地面团队成员。当无人机在空中失去象群踪迹时，地面团队需挺进丛林深处，根据脚印、粪便等信息找到大象的位置，岩罕陆经常于半夜凌晨举着手电筒跋涉于山林间。为此，他有一个月没有回家。

象进人退

让陈继铭最挂心、投入情感最多的亚洲象叫羊妞，2015 年 8 月被救助时出生仅7 天，且处于休克状态。彼时，团队还未有过救助新生幼象的经验，为此特地从泰国邀请了 5 名大象医生协助救治。

象宝宝名叫羊妞，因为它是羊年出生、羊年被救助、喝羊奶长大的小母象——为了给它喂奶，团队特地在救护中心的院里喂养了 6 只母羊。

陈继铭是奔赴救助现场的工作人员之一，也是羊妞第一任"象爸爸"。那时他自己的孩子刚满 1 岁，也正是最需父爱的时候，但他把更多的时间和精力给了这头处于生死边缘的幼象。在"爱的小屋"里，羊妞躺在棕垫与棉被上，陈继铭则睡在旁边的高低床上，24 小时陪伴看护，打针输液、清洁身体，羊奶现挤现喂……

羊妞 5 岁多才断奶，已从当年的 81 厘米高长到 1.7 米。

"象爸爸"和"丛林卫士"不是公众熟知的职业，辛苦且危险。当《瞭望东方周刊》问及"你喜欢这份工作吗"，陈继铭和岩罕陆异口同声回答："肯定喜欢，不然干不了这么久。"

两人都是自亚洲象救护与繁育中心成立就入职的老员工，和亚洲象打交道超过14 年，在他们心里，亚洲象聪明且懂得感恩，"不是家人，胜似家人"。

陈继铭喜欢这份工作，还因为"象爸爸"就像大象的白衣天使，能将一头头大象从伤病甚至死亡边缘拉回来，极有成就感。

"亚洲象数量少而珍贵，我们是国内第一个做亚洲象野外监测的团队，能干这个，这辈子值了。"岩罕陆咧嘴笑成了一朵花。

熊朝永告诉《瞭望东方周刊》，救护中心内，羊妞、龙龙、小强等数头亚洲象都是被所在象群有目的地带去人类聚集区遗弃的，在现场实施救助时，象群就在不远处观望。

"大象选择把难题交给人类，寻求我们的帮助。"熊朝永说，这是因多年来西双版纳举全州之力保护亚洲象，人与象之间建立起了深厚的信任感。

岩罕陆的老家位于西双版纳自然保护区的森林里，小时候自家地里的稻谷、香蕉、芭蕉等常被亚洲象啃食，这在当地是常态。人们习以为常，"吃了就吃了"。20世纪90年代，为了给亚洲象更充足的活动空间，岩罕陆举家外迁。

陈继铭老家在西双版纳景洪市景讷乡，他小时候没有见过亚洲象，直到2010年前后开始有亚洲象出没，随着保护力度加大，亚洲象数量增多，活动范围不断扩散。

据介绍，在20世纪80年代末，西双版纳的野生亚洲象数量约为180头，2012年增长至250余头，现已增长至300头左右，不少大象经常现身于人类聚集区。

"以前更多是大象避让人，现在更多的是人避让大象，大象的安全感越来越足。"熊朝永说，"西双版纳原来是人进象退，现在是象进人退。"

大象食堂

"要维持西双版纳地区亚洲象种群的稳定，个体数量需增至500头以上。目前300头的种群数量还处于危险边缘，需要加大保护与繁育。"西双版纳国家级自然保护区管护局科研所所长郭贤明告诉《瞭望东方周刊》。

亚洲象为什么这么珍贵？一是数量少，被列为国家一级保护动物；二是作为亚洲现存的最大陆生动物，亚洲象是森林生态链中的重要一环，被称为"行走的播种机"和"雨林工程师"。

郭贤明坦承，亚洲象北上的一个客观原因，是随着数量增多，它们需要更多的食物和空间，必须往外探索新的边界。

据介绍，一头成年亚洲象每天需摄入食物近200公斤，它们喜欢待在森林植被稀疏、靠近河流的林间。西双版纳自然保护区始建于1958年，1986年从省级保护区升级为国家级保护区，其首要保护目标是热带雨林系统，随着保护力度加大，森林覆盖率已由 1983 年的 88.9% 上升到 97%。

森林覆盖率提高，并不意味着适宜亚洲象栖息地质量的提高。亚洲象爱吃的粽叶芦、马唐草等都需要生长在开阔的环境或郁闭度低的林间。森林郁闭度提高后，因缺少光照，林下可采食的草本、藤本植物反而减少。

这一矛盾正日益受到当地政府和学界的重视，解决问题的措施之一是建设食源地，即在保护区内选取数个地块种植亚洲象喜欢的植物，面积 100 亩至 500 亩不等。

"这相当于为大象建食堂。"郭贤明说，这种方式正在探索、试验过程中，目前收到的反馈还不错，几个"大象食堂"经常有象群光顾。

如何理解为象安家？怎样才算为象安好了家？

郭贤明回答："人们常说，开门七件事：柴米油盐酱醋茶。一个家首先要满足生存需要，能吃饱、喝足、住得舒服，这是人对家的需求，实际上也是亚洲象的需求。我们在保护森林的同时，也要保护好亚洲象，未来要更好地定制出适合它们吃住行的条件。"

（本文首发于 2023 年 3 月 9 日，总第 876 期）

大熊猫国家公园:不止保护大熊猫

文/《瞭望东方周刊》记者张超群　编辑高雪梅

如果将保护大熊猫比作是在自然界中撑起了一把"保护伞",在大熊猫国家公园的"大伞"之下,万物生灵得以安然栖居。

中国的西南部,地形第一级阶梯与第二级阶梯分界线处,青藏高原与四川盆地挤压碰撞,形成了广袤的高原和迷宫似的崇山峻岭,这里高山与峡谷毗连,清泉与激流交汇,是大熊猫的主要栖息地,也是全球 36 个生物多样性热点地区之一。

我国 2021 年正式设立的大熊猫国家公园横跨岷山、邛崃山、大相岭、小相岭和秦岭五大山系,涉及四川、陕西、甘肃三省,总规划面积 2.2 万平方公里,其中四川片区 1.93 万平方公里,占公园总面积 87.7%。

在这南北和东西跨度都近 600 公里、海拔高差近 6000 米的区域内,不仅生活着全球 1864 只野生大熊猫总数中的 1340 只,还分布有川金丝猴、雪豹、羚牛和珙桐、红豆杉等超过 8000 种野生动植物。

大熊猫被认为是全球生物多样性保护的"旗舰物种",是世界自然保护的象征。如果将保护大熊猫比作是在自然界中撑起了一把"保护伞",在大熊猫国家公园的"大伞"之下,万物生灵得以安然栖居。

精灵现身

2023 年 3 月 3 日,正逢第 10 个"世界野生动植物日",大熊猫国家公园四川唐

大熊猫国家公园四川绵阳片区的红外线相机拍摄到岩羊活动的影像

家河片区，两只野生大熊猫在树上谈起了恋爱。

　　发现这一幕的是 53 岁的巡护员马文虎，他 1993 年参加工作，已经在保护一线整整工作了 30 年。当时，马文虎正在野外巡护，远处树枝上有一团白色身影，他敏锐地感觉到"这可能是一只大熊猫"。他调整望远镜焦距仔细一看，一只野生大熊猫正趴在树枝上晒太阳，另外一只也爬上树，逐渐靠近树上的大熊猫，不断将肛周腺分泌物涂抹在树枝上，并摇晃树干吸引对方的注意……

　　在大熊猫国家公园，野生动物往往是先闻其声，再见其形。行走在密林里，马文虎练就不用眼睛看，单凭耳朵听，就能识别出 100 多种鸟的绝活儿，从国家重点保护鸟类绿尾虹雉、红腹锦鸡、血雉，到常见的红嘴蓝鹊和画眉，都逃不过他的耳朵。

　　但比耳朵更灵的，是大熊猫国家公园内建立的"天空地人"一体化监测、保护体系。大熊猫夜饮雪水、金丝猴深情相拥、雪豹霸气下山、羚牛成群迁徙……都被一一记录。

　　在大熊猫国家公园设立首年里，四川利用数字化手段，综合运用卫星、无人机、红外相机、巡护员，在 663 条固定巡护线路上开展了 8 万余人次巡护，发现野生大熊猫实体 10 只和同域珍稀动物 1600 余只。布设在野外的 1736 台红外相机，拍到 724 次野生大熊猫影像和超过 10 万条其他动植物的监测信息。

在大熊猫国家公园卧龙片区，红外相机在野外连续拍摄了大量珍贵的雪豹野外照片和视频。专家据此判定，至少有 26 只雪豹生活在这里，雪豹的分布密度居全国首位。

雪豹通常在海拔 4000 米至 5700 米的林线之上和雪线之中活动，大熊猫则习惯生活在海拔 3500 米林线之下，"竹林隐士"大熊猫和"雪山之王"雪豹比邻而居，在大自然的高山寝室里，雪豹如同是睡在大熊猫上铺的兄弟。

红外照片显示，神秘的金钱豹也总是游荡于卧龙林线和雪线之间，伺机捕食水鹿和毛冠鹿。北京大学生命科学院李晟团队的研究成果显示，卧龙是中国野生大熊猫栖息地中唯一一个同时拥着雪豹、金钱豹、豺和狼四种猛兽的自然保护地。

"我们保护大熊猫不仅是为了保护这一个物种，更是保护了一个完整的生态系统。"四川省林业和草原局野生动植物保护处处长张倩说。

更多新物种也在保护中被发现。

2016 年，广元唐家河，发现哺乳动物新种扁颅鼠兔。2018 年，绵阳北川，发现昆虫新种小寨子沟刺虎天牛。2019 年，阿坝卧龙，发现植物新种巴朗山雪莲。2021 年，

一只野生大熊猫幼崽在大熊猫国家公园陕西片区陕西省佛坪县岳坝镇大古坪村攀登树木（陶明／摄）

雅安石棉，发现植物新种长芒凤仙花。

41 岁的张涛大学毕业后就在四川做自然保护工作，因观察细致，喜欢钻研，他发现并命名了小寨子沟刺虎天牛和北川驴蹄草两个动植物新物种。"十几年来，能将自己的专业知识用在保护工作中，是一件很幸福的事。"张涛说。

连通孤岛

野外调查表明，历史上由于人类活动等原因，原本广袤的大熊猫栖息地被分割成一个个"熊猫孤岛"。栖息地破碎化导致大熊猫野外种群之间的交流阻断，成为 33 个局域种群，其中 24 个种群因熊猫数量少，存在灭绝风险。

复旦大学生命科学研究学院研究员、世界自然保护联盟物种生存委员会专家王放说，尽管大熊猫保护取得了积极成效，但是大熊猫栖息地的分散、种群的割裂，会造成一些小种群内部近亲繁殖，或者因为一次自然灾害、一次疾病，就让一个小种群永远地消失。

"建立一个大熊猫走廊带，让这些'孤岛'上的熊猫，可以相互之间进行交流，是最直接、最简单的办法。"王放说。

在以自然恢复为主、人工恢复为辅理念的指导下，四川持续推进大熊猫栖息地生态修复工作。大熊猫国家公园设立后，四川恢复了 26.56 平方公里大熊猫栖息地，新建主食竹 0.37 平方公里，雅安片区历史遗留废弃矿山生态修复项目入选国家示范工程。

"土地岭大熊猫廊道今天又发现熊猫了！"2021 年 12 月 2 日，大熊猫国家公园阿坝管理分局陶伯山很兴奋。几乎同时，大熊猫国家公园德阳九顶山连接区域拍到大熊猫做肛周腺标记的影像。

在重点建设的拖乌山、泥巴山、二郎山等 7 处生态廊道，发现熊猫的频率越来越高，表明不同的野生大熊猫小种群试图通过生态廊道"串门"甚至跨种群繁衍。

在熊猫廊道附近建设的成兰铁路、九绵高速等重大工程，也采取了迂回避让措施。

"成兰铁路是国家'八纵八横'高速铁路规划网西线咽喉，穿越岷山时我们设计线路避开大熊猫栖息地，多个隧道都拐了大弯，增加了 20% 的建设量，仅榴桐寨一个隧道，建设费用就增加约 3000 万元。"设计单位中铁二院成兰铁路项目经理周跃峰说，在毗邻大熊猫国家公园九顶山片区边界的跃龙门隧道出口特地设置了声、视屏障。周跃峰介绍，一般的声音屏障高三四米，这个隧道出口处的声音屏障高 7 米，最大限度减少对动物的惊扰。

将人工繁育大熊猫放归野外复壮野生大熊猫种群，是避免小种群灭绝的另一科学尝试。我国的大熊猫保护研究机构在攻克了大熊猫发情难、配种受孕难和育幼成活难的"三难"问题后，将研究的视角聚焦到更大范围的保护工作中。

但这项工作的起步并不顺利。2006年人类首只放归野外的圈养大熊猫"祥祥"重回野外不到一年，就因与野生大熊猫争夺领地打架，受伤严重而死亡。

随着圈养大熊猫种群数量的稳定增长，科研人员2010年决定重启停滞了几年的野化放归工作。当年，中国大熊猫保护研究中心核桃坪基地主任吴代福和同事们组建了一支有15名科研人员的团队，带着精心挑选的4只大熊猫，开始了长达10多年的相关研究。他们创造性地实施"母兽带仔"技术，让一批大熊猫从出生起就跟着妈妈学习生存能力。

截至目前，我国已先后野化并放归11只人工繁育大熊猫，存活9只。其中，7只放归至有灭绝风险的小相岭山系野生种群，2只放归至岷山山系野生种群，为野生小种群复壮奠定坚实基础。

"通过补充人工繁育大熊猫来复壮野生大熊猫种群，这项工作虽然挑战很大，却意义非凡。"吴代福相信，随着更多熊猫科研人的努力，一定能够实现野生大熊猫种群的健康繁衍。

成都大熊猫繁育研究基地副主任侯蓉，自2008年起连续四届当选全国人大代表。"保护大熊猫最终的目标不是把它养成宠物或者家畜，我们的最终目标是帮助它恢复野性，让它回到野外。"侯蓉说，"国家公园保护的是完整的生态环境和野生动植物的天然栖息地，是我国保护强度、保护等级最高的自然保护地。随着我国动物保护的科研进展和自然保护理念的转变，我们的科研工作也逐渐从单一物种的小保护延伸到整个生态环境的大保护。"

履职全国人大代表以来，侯蓉提交了31件建议和10件议案，成功推动野生动物保护法、动物防疫法等多部法律的修订。2021年和2022年，她分别提出制定大熊猫国家公园管理法和国家公园管理法的立法议案。

"王国"复兴

中国建国家公园，就是希望建立人与自然和谐共生的一种新模式。

这个以大熊猫命名的生物多样性"王国"，是中国国家生态安全战略格局"两

大熊猫国家公园北川小寨子沟片区的巡护队员们，在野外巡护

屏三带"的黄土高原生态屏障——川滇生态屏障的重要组成部分，发挥着重要生态屏障作用。大熊猫国家公园四川省管理局的一份报告写道，四川片区在中低山区仍保留了许多第三纪以来的古老稀有孑遗类群植物，不仅是第三纪植物区系的"避难所"，还可能是温带植物区系分化、发展和集散的重要地区之一。

"在大熊猫主要栖息地建立国家公园，把最应该保护的地方保护起来，是建设生态文明美丽中国的标志性、战略性工程，具有极高的全球价值和深远的历史意义。"大熊猫国家公园四川省管理局专职副局长陈宗迁说。

为建好大熊猫国家公园，四川关停了片区内的 200 多个矿权，退出了百余座小水电站，实施"优栖减扰"行动，有序搬迁公园核心区居民，基本形成"人退猫进、人聚猫散"的生态新格局，化解了人与动物争环境、保护与发展争空间的客观冲突。

为了让国家公园的管理依法依规，四川印发《四川省大熊猫国家公园管理办法》，出台加强四川片区建设的意见，建立"林长＋检察长"协作机制，省高级法院设立"生态法庭"，广元、绵阳、雅安等地建立司法协作机制，天全县、平武县等地探索组建大熊猫国家公园警察大队或片区警务工作站。

人不负青山，青山定不负人。

"国家公园顾名思义是人民的公园，坚持全民公益性是重要理念之一，所以国家公园里的青山常在、绿水长流、空气常新，是最好的生态产品，也是最美的自然课堂、最有吸引力的生态体验胜地，是要对公众开放的。"国家公园研究院院长唐小平说。

大熊猫国家公园编制原生态产品建设指南后，为 11 支社区生态农产品授权特许经营使用带有防伪码的国家公园标识，产品年销售超 3000 万元。其中，平武县的中华蜂蜂蜜，在电商平台日销售达 68 万元。

人与动物和谐共生带来的生态红利，让更多人自发加入保护队伍。大熊猫国家公园内的县级管理机构与村社、居民建立起 40 多个共建共管委员会，就地选聘 1893 名国家公园巡护员。

绵阳市平武县新驿村有支"特别"的巡护队，14 名队员中 12 人曾是猎人，他们巡护的 38.8 平方公里森林曾是他们的狩猎场。队员钟俊德已经 61 岁，回想做猎人的经历，他总觉得像是欠了债，"打光了动物，那以后子孙后代，谁还认识大熊猫，谁还认识盘羊？"如今生态好了，老钟养的几十群蜜蜂每年就能带来 2 万多元收入。

荥经县熊猫森林国际探秘学校的自然教育导师刘文学，每年带领数百名青少年走进国家公园。"学生在自然教育中提升了动手能力、思考能力、看待事物的视角，他们共同保护国家公园和生态资源的环保意识也明显增强。"

自然教育、营地教育等文旅新业态成为国家公园内的村镇社区破题"两山"理论、实现产业升级的重要抓手。如今，四川已经建成省级生态文明教育基地 150 个、自然教育基地 187 个，走进森林、湿地、草原等自然保护地蔚然成风。

（本文首发于 2023 年 4 月 20 日，总第 879 期）

孙卫邦：搭建"植物 ICU"

文 /《瞭望东方周刊》记者王剑英 编辑高雪梅

18 年前，"极小种群"这一概念诞生于云南；今日，它已被写入国家"十四五"规划，
并日益受到国际关注。

3 月，云南昆明植物园里，一场以"杜鹃漫道堆锦绣、绿水青山沐春风"为主题的杜鹃花展正如火如荼，150 余种杜鹃花竞相绽放、争奇斗艳。游客纷至沓来，赏花拍照，感受春天的气息。

从杜鹃园往东步行几分钟，便来到植物园的一处独特所在：全国第一个极小种群野生植物专类园。这里养护着从各地引种而来的 70 余种植物，有"地球独子"之称的普陀鹅耳枥、经历过第四纪冰川时代的孑遗植物伯乐树等，它们的野外植株都非常稀少，承载着大自然的小众之美、独特之美。

昆明植物园主任孙卫邦平时总爱往这个专类园跑，看看谁开花了、谁结果了、谁又患病了……如同守护自家孩子。这个小园子建于 8 年前，是他的心血之作。

对于极小种群野生植物保护，孙卫邦直白解释为：为植物设置 ICU（重症监护病房），集中资源对那些"只剩一两口气"的植物予以优先抢救性保护。

18 年前，"极小种群"这一概念诞生于云南。今日，它已被写入国家"十四五"规划，并日益受到国际关注。

风光归来

昆明植物园里一栋红色小楼前，一株山茶正值盛花期，摇曳多姿。

2022 年 5 月，孙卫邦在野外考察白花芍药

　　小楼入口处挂着十多块诸如"示范基地"之类的牌子，但位于正门脸位置的只有两块："中－乌全球葱园昆明中心"（注：乌指乌兹别克斯坦）和"云南省极小种群野生植物综合保护重点实验室"（以下简称"极小种群重点实验室"）。

　　这个实验室是孙卫邦开展极小种群野生植物保护研究的平台，他兼任实验室主任，带领 10 个研究组、70 余人为这一事业奔波忙碌。他的办公室在四层，透过窗户能望见远处起伏的山峦，窗台上摆放着几盆鲜活小绿植。

　　采访刚开始，孙卫邦取出一本精装图书：《万物有灵——云南省极小种群野生植物（2021 版）珍藏邮册》，是中英文对照版，介绍了云南的 101 种极小种群野生植物，每种植物都配有 2 枚个性化邮票。

　　不久前，这本书从海外风光归来。2022 年底，联合国《生物多样性公约》第十五次缔约方大会（COP15）第二阶段会议在加拿大蒙特利尔举办，它是中国向世界宣传云南生物多样性保护的成果册，并作为国礼在大会展出。

　　"带了 50 本去展出，全被抢光了。"孙卫邦回忆，言语中透着骄傲。

　　过去两年，还有很多令他欣慰的事：

　　2021 年 3 月，国家"十四五"规划发布，"极小种群"一词首度进入国家五年规划文件；

　　2022 年 1 月，生态环境部将"极小种群野生植物"列为中国生态环境评估标准中的重要物种；

2022 年 12 月，云南省发布文件，对如何保护本省的极小种群野生植物作了十年规划；

……

现在，孙卫邦团队正同时推进数个国家级的相关重点项目，不断有年轻人作为新鲜血液加入。前有道路，后有来者。孙卫邦今年 59 岁，由于主持国家重大科技项目，会到 65 岁退休。他的心愿是，将"极小种群野生植物保护"列入国际权威组织的官方文件，比如说联合国《生物多样性公约》框架下的《全球植物保护战略》。

国家工程

"极小种群"概念出现前，在野生植物保护领域，国际上有始编于上世纪六十年代的世界自然保护联盟（IUCN）《濒危物种红色名录》，国内则有始批于 1999年的《国家重点保护野生植物名录》。上述名录认知度高，有权威性，为何还要提出"极小种群"这一新概念？

为解释"极小种群"概念的必要性，孙卫邦在纸上画了大中小三个圈，三圈各有交集：

最大的圈代表按 IUCN 体系评估的受威胁植物（含极危、濒危、易危），2017年的数据显示，我国有 3879 种高等植物为受威胁植物；

中圈代表位列 2021 年版《国家重点保护野生植物名录》的植物，约 1200 种；

小圈代表极小种群野生植物，2022 年印发的《"十四五"全国极小种群野生植物拯救保护建设方案》，列出了 100 种。

受威胁植物、国家重点保护植物数量太多，普及难度大，且国家的人力、财力、物力相对有限，若"雨露均沾"难以收到保护成效。

"推'极小种群'概念，就是为了采取强制性保护措施，选择一批最急需保护的，予以重点、优先保护。"孙卫邦说，"弄一个'植物 ICU'，趁它们还有一两口气的时候赶紧抢救——钱要用在刀刃上。"

中科院昆明植物研究所研究员、在极小种群重点实验室干了 12 年的马永鹏也打了类似的比方："就像治病救人，能救一个是一个。对我们而言，不管这人是因为普通感冒还是癌症，哪个快不行了，就优先救哪个。"

对此，北京林业大学教授张志翔认为："极小种群名录为各地植物的迁地保护

昆明植物园极小种群野生植物专类园俯瞰（陶丽丹/摄）

找到了核心目标。"

极小种群野生植物量化标准为：物种野外成熟植株数量少于5000株、种群的成熟个体少于500株的植物（注：物种一般包含多个种群）；其中，物种植株数量少于100株的植物被列为保护重中之重。

2005年，云南省提出"野生动植物极小种群保护"的理念，后来"极小种群野生植物"的概念逐渐凸显。2008年，这一概念受到国家重视。4年后的2012年，极小种群野生植物拯救保护成为一项国家工程。

新概念的国际推广也殊为不易。2012年，孙卫邦、马永鹏等人合写了一篇英文文章介绍中国极小种群野生植物保护，向保护生物学领域的主流杂志 *Biodiversity and Conservation*（注：中文翻译为《生物多样性及保护》）投稿，由于对方难以理解这一概念，经反复沟通，一年后文章才得以发表。

截至2023年3月15日，在全球重要学术信息数据库 Web of Science 上搜索"极小种群野生植物"，显示已发表相关论文939篇，其中外文872篇。

彼特·克莱恩（Peter Crane）是全球知名植物学家，曾担任英国皇家植物园邱园的主任，也是美国、德国、瑞典多国的科学院院士。他评价："保护生物学研究往往强于理论而弱于实践，中国极小种群野生植物保护计划一方面进行科学研究，一方面落实保护行动，打破了理论和实践的壁垒。"

如今，极小种群野生植物保护基本理论和实践经验已被意大利、俄罗斯、墨西哥、伊拉克等国家应用于本土植物的保护。

步入快车道

张志翔与孙卫邦因极小种群野生植物保护而结缘、相识十余年。接受《瞭望东方周刊》采访时，他用了两个词评价孙卫邦："谦逊，坚持。"

马永鹏也用了两个词评价孙卫邦："努力，坚持。"

前期压力大的时候，孙卫邦也问过自己："干嘛搞这个东西来折腾自己呢？"

在隶属于中科院昆明植物研究所的昆明植物园，孙卫邦于 2006 年成为研究员，他也是中国科学院大学的教授、博导，现带领着 10 名在读硕、博士研究生。按照正常路径，他"不折腾极小种群"照样可以有所作为。

"能坚持下来，是中国，尤其是云南受威胁植物拯救保护的紧迫感和作为植物学科研人员的责任感、使命感。"孙卫邦说，"此外，科学家要有创新精神。"

云南是中国生物多样性最丰富的地区之一，全国约有 3.8 万种高等植物，云南已经发现了 1.7 万种，被誉为"植物王国"。孙卫邦描述这里"充满了植物的气息与生机"。

但由于各种原因，云南的植物受威胁程度非常高。1999 年公布的第一批《国家重点保护野生植物名录》共有 389 种植物，其中云南分布有 154 种。孙卫邦做野外调查时，经常看到很多本地植物生存形势严峻。他心情沉重，希望做些实实在在的事，带来改变。

对基础科学研究而言，国家级资金的支持意味着受认可的程度。

在前期，孙卫邦团队未能拿下国家级重点项目支持，这让他内心始终有种名不正言不顺的感觉。2013 年，一个项目带来了一剂强心针。

这是极小种群野生植物保护研究领域的第一个国家级重点项目，由国家自然科学基金委员会和云南省人民政府联合支持，名为"极小种群野生植物高风险灭绝机制及保护有效性研究"。

"精神上和物质上都得到鼓励——那是一场及时雨。"孙卫邦说，次年，他的团队便将 80 个页码的彩版行业内部交流杂志《极小种群野生植物拯救保护通讯》办了起来。

在国家和云南省的支持下，孙卫邦和他的极小种群野生植物保护研究事业步入快车道：

2016 年，科技部批准了该领域的两个国家重大项目，其中一个花落孙卫邦团队，另一个由中国林业科学研究院负责，这是国家林业和草原局直属的国家级科研机构；

2017 年，省部级重点实验室——极小种群重点实验室获云南省批准建立，2020 年验收挂牌；

2018 年，孙卫邦团队申请的"云南省极小种群野生植物保护与利用创新团队（培育）"获批，2021 年获正式认定。

支持足了，腰杆硬了，总结极小种群十年保护成绩的专著出版了，多篇英文文章也得以在国际一流期刊发表，COP15 会议上极小种群野生植物保护话题备受关注……极小种群保护上了新台阶。

马永鹏 2011 年博士毕业进入孙卫邦团队，一步步成长为中科院昆明植物研究所的研究员、中国科学院大学博导。得知"极小种群"被写入国家"十四五"规划时，马永鹏觉得"这是水到渠成的事"。

已近耳顺之年，孙卫邦心境更加趋于平淡。他的微信背景图是山野间的一处小瀑布，头像是 Q 版孙悟空。

滇桐的花（陈智发／摄）

共同愿望

在极小种群重点实验室,马永鹏是保护园艺学与种质创新研究组的负责人,团队成员近十人。

朱红大杜鹃是马永鹏团队重点关注的物种。这是杜鹃花属、朱红大杜鹃亚组的唯一物种,花朵美丽,观赏价值高。马永鹏介绍,国外通过朱红大杜鹃和其他杜鹃品种杂交,曾获得上千个颇具观赏性的杜鹃花品种。它的故土在云南腾冲一带,但中国境内的野外植株数量已少于 500 株。

马永鹏团队通过调查、研究,认定朱红大杜鹃"属于好看又濒危的明星物种,极具发展潜力"。经过数年保护、推广,它在国内知名度和认可度日渐升高,人工繁育植株已达上千株。昆明植物园正在举办的杜鹃花展上,朱红大杜鹃作为明星物种展出,深受游客喜爱。此外,它也新列入了云南省和国家级的极小种群野生植物保护名录。

"下一步要做精准保护,探索它的利用潜能。"马永鹏说。

2022 年新修订的《云南省极小种群野生植物保护名录》共有 101 种,相比 2010 年版名录的 62 种,40 种被撤出,又新增了 79 种。

"如果某种植物已经脱离危险,就应该把'ICU'让出来,赶紧把资源分给其他亟待拯救的物种。"孙卫邦说。在规划新版名录时,他主动提出,将自己团队多年来花大力气研究和保护的华盖木、漾濞槭、滇桐等 11 种植物撤出新名单。

华盖木是云南的特有树种,也是国家一级重点保护植物,树形美观,树冠"亭亭如华盖",在地球上已生存了 1.4 亿年,目前野外植株仅发现 52 株,被称为"植物界大熊猫"。

孙卫邦对华盖木的调查研究始于 2001 年,倾注大量心血。在各方努力下,现已人工繁育了 1.5 万余株华盖木,部分回归野外,种群得以脱离生存威胁。

自"十三五"以来,云南全省实施极小种群野生植物拯救保护项目 120 多个,建成了 30 个保护小区(点)、13 个近地和迁地基地(园)、5 个物种回归实验基地,巧家五针松、华盖木、滇桐、云南金钱槭等 60 多种野生植物种群得到有效保护与恢复。

"拯救植物的感觉挺好,很有成就感。"马永鹏说。

现在,孙卫邦主要负责云南省的 11 种极小种群兰科植物的拯救保护,马永鹏主要负责 7 种极小种群杜鹃科植物。他们有个共同的愿望:十年内,通过有效保护,将云南省名录上的 101 种植物全部从名单上撤下来。

(本文首发于 2023 年 4 月 20 日,总第 879 期)

新疆有个"河狸公主"

文 /《瞭望东方周刊》记者史佳庆　编辑顾佳赟

"看到'河狸食堂'项目的种树行动推进到家门口，河狸们激动地在水里翻跟头，让我们感受到它们真的好开心。"阿勒泰地区自然保护协会创始人、会长初雯雯说。

阿勒泰地区，地处新疆北部，与俄罗斯、哈萨克斯坦、蒙古国三国接壤，地貌类型复杂多样，是雪豹、河狸、马鹿、貂熊等许多野生动物的家园。2023 年 6 月 25 日，天气晴朗。阿勒泰地区自然保护协会与新疆维吾尔自治区公安厅食品药品环境犯罪侦查局、阿勒泰地区林业和草原局等单位联合野放了两只小狐狸。

"这是我们2022 年救助的赤狐孤儿小姐妹，看到它们被放归，我又开心又不舍。"阿勒泰地区自然保护协会创始人、会长初雯雯告诉《瞭望东方周刊》，"想到它们刚被民警捡到时弱小无助的模样，眼泪就不由自主流下来。小狐狸还没我的手掌大，身上都是跳蚤、线虫和蜱虫，眼睛还没睁开，从没有看到过自己的妈妈。"

救助人员勘查现场后还原了小狐狸的悲惨身世：狐狸妈妈在外面误食了中毒的老鼠，已经毒发，但还是挣扎着"回家"，地上痕迹显示它强撑着爬行了 500 多米，直到洞口才断了气。两只小狐狸在洞口依偎在逐渐变冷的妈妈怀里，靠着妈妈剩下的一点点奶水，坚持到了被发现。

救助的初期，初雯雯几乎整夜拿着奶瓶守着它们。冬去春来，小狐狸们顺利长大成为活泼健康的姐妹花。

从 2018 年从事野生动物保护工作以来，像这样的救助与放归，初雯雯和她的伙伴们已经历了无数次……

初雯雯（左一）与同事在救助站抢救受伤河狸（阿勒泰地区自然保护协会供图）

"狲五空"

在狐狸小姐妹放归之前的 6 月 13 日，"狲五空"——一只经过了 4 个月救治的网红兔狲被成功放归。

2 月 13 日，一只饥饿的小兔狲闯入牧民家牛圈。牧民了解到兔狲是国家二级保护野生动物，立刻向阿勒泰边境管理支队富蕴县边境管理大队吐尔洪边境派出所报警。派出所接警后第一时间开展救助。

经检查发现，该兔狲感染寄生虫，还存在腹泻、肠黏膜脱落、贫血、重度营养不良等症状，健康状况极其糟糕，体重仅 1.9 公斤，远低于平均数据。正值寒冬，当地气温一般在零下二三十摄氏度，积雪很厚，综合评估该兔狲很难在野外过冬，吐尔洪边境派出所决定将其转移至阿勒泰地区自然保护协会（以下简称"协会"）进行救治。

"狲五空"幸运地成为富蕴县野生动物救助中心野放训练区的第一个用户。2021年，协会发起了"河狸方舟"公益众筹项目，目标是建设一座专业化野生动物救助中心。项目得到了富蕴县政府和全国数万名网友的支持。2022 年，在新建野生动物救助中心基础上，富蕴县又开展了陆生野生动物疫源疫病防治救助工作站建设。

"'狲五空'名字怎么来的呢？它因为雪太大了找不到吃的，就决定去捕猎牧民家的牛，小小的身体大大的梦想！结果'五进牛圈，两手空空（肚子空空）'，还被牧民逮住，'扭送'到警察那里。救助视频传到网上，笑坏了许多网友，就有了这个有趣的名字。"初雯雯说，"接纳'狲五空'的救助病房是100多万名中国自然保护者的心血凝聚，我们的兽舍目前有7个病房，每个房间都分内舍外舍，白天病号们在院子里晒太阳，晚上回到温暖的房间里恢复体力。"

从社交平台上一系列"狲五空"视频可以看到，它进了病房就把脸埋到饭盆，终于吃上了梦想中的牛肉。住院4个月，它最爱"干饭"，体重增到了3公斤多，第二大爱好是趴在台子上看雪。虽然毛绒绒仿佛小猫咪，但救助人员始终注意不与兔狲发生不必要的接触，以免影响日后放归。

观察到"狲五空"身体已经恢复后，协会立即对其进行野放训练，包括捕猎训练（使用活鼠等放入模拟野外环境中，让其自行寻找并捕猎）、隐蔽训练（在圈舍内进行环境丰容提供不同隐蔽物供其练习）、人类敏感度建立（保留野生动物与人类保持警惕距离的天性）。

放归时，"狲五空"并无丝毫留恋，瞬间从转运箱中冲出，奔向了熟悉的大自然。

常年在野外工作，初雯雯见多了野生动物的风风雨雨、生生死死，为它们能活下来并继续自由飞翔、奔跑而欣慰，也常为没有能坚持下去的小生命而落泪。"我们的工作看起来很艰苦，其实也很简单。希望能为更多关注自然保护、想参与自然保护的朋友提供经验和示范。"初雯雯感慨。

"河狸公主"

初雯雯出生于1994年。30多年前，她的父亲作为援疆研究生来到阿勒泰，从事河狸研究保护工作。从小跟随父亲在野外工作，初雯雯不仅熟悉了河狸的生活习性，也了解它们面临的生存危机。2017年，从北京林业大学毕业后，初雯雯成为中国林业出版社的编辑，工作之余，翻看自己拍过的阿勒泰野生动物的照片，她感受到了"使命的召唤"。

2018年，初雯雯辞掉北京的工作，回到阿勒泰，和两个伙伴一起创立了阿勒泰地区自然保护协会。

蒙新河狸属于河狸亚种，分布在阿勒泰地区的乌伦古河流域。观测记录显示，中国境内大约生活着600多只，全世界共900多只，属濒危物种，国家一级保护野生动物。为救助比大熊猫（野生及圈养大熊猫总数超过2000只）还稀少的蒙新河狸，初雯雯等发起了为河狸种植灌木柳恢复栖息地的公益项目——"河狸食堂",累计超过百万名网友志愿加入到这一造林行动中来,她也被网友亲切地称为"河狸公主"。

"河狸食堂"项目开始以来,蒙新河狸的种群数量增长了 20%。该项目作为国内自然保护领域公众协作人数最多的公益项目,入选了联合国"生物多样性 100+ 全球典型案例"。协会的每一次成长进步都有全国网友和志愿者的支持,大家自发形成了自然保护网友社群"河狸军团"。

据初雯雯介绍,河狸一年两次的大调查工作(夏季和冬季调查)目的是通过记录河狸生存情况、行为观测、种群分布变化、天敌情况、栖息地植被分布情况等内容,建立系统的河狸观测体系,最终形成科研成果,为自然保护工作的决策建立可靠依据。

"夏季时,乌伦古河流域大部分区域不能行车,我们要背着研究工具徒步完成调查,途中遭遇蚊虫叮咬、河谷降温、洪水阻碍都是平常事。"初雯雯说,"我们必须在保证人员安全的情况下按时完成调查工作。一次徒步过程中,负责背干粮的同事摔倒了,包里的花露水和馕混在了一起,身在野外,不吃饭就没有体力赶到下个补给点,大家一跺脚还是吃完了那顿'花露水泡馕'。牧羊犬咬住同事衣服不撒嘴;零下 48.5 摄氏度时车辆陷入雪里……这样的困难时刻很多,回忆起来都是小事,但当时都是惊心动魄。"

在河狸调查的过程中,工作人员给每个河狸家族编上号码。"这是很有意义的事,我们能看到河狸家族添丁,青年河狸另立门户。河狸的生活充满生机,也常遇到困

6 月 25 日,阿勒泰地区自然保护协会与公安、林草部门联合野放赤狐(方通简 / 摄)

难。看到'河狸食堂'项目的种树行动推进到家门口，河狸们激动地在水里翻跟头，让我们感受到它真的好开心。在这份工作中，我们是旁观者，也是守护者。"初雯雯说，"与'河狸军团'一路同行，有心酸有窘迫，也有越来越多的幸福。我始终能看到过去那些流泪的自己——五年前为了喂救助的野生动物，溜回姥姥家把冰柜搬空；在河边种树怎么都种不活，满头大包满手水泡，手疼又心疼；抱着因为没有设备救助而死去的小河狸，哭喊着'我们一定会有一个野生动物救助中心'……"

"河狸公主"初雯雯和团队扎根阿勒泰，为河狸们修巢穴、建树木"食堂"。在当地政府及全国网友支持下，种下 70 余万棵灌木柳树苗，发展 500 余名牧民成为自然保护巡护员，建成了阿尔泰山在中国境内第一所专业野生动物救助中心……最为关键的是，在初雯雯和协会伙伴的感召下，超过 100 万名中国"90 后"陆续加入到相关自然保护志愿活动中来。

2022 年，在五四青年节到来之际，共青团中央、全国青联共同颁授第 26 届"中国青年五四奖章"，全国青联委员初雯雯获得表彰。

"三鹫姥爷"

初雯雯和团队把野生动物救助故事拍摄成短视频向"河狸军团"汇报工作，这些有哭点有笑点的内容在社交平台广泛传播，带来了更多人对野生动物保护的关注。

2022 年冬天，富蕴县林业和草原局工作人员在野外发现一只秃鹫（国家一级保护野生动物），天气太冷，原本站在树上的秃鹫冻僵了，栽倒在地。

据初雯雯介绍，秃鹫春夏繁殖于蒙古国靠近新疆一侧，冬季食物匮乏时向东南或西南迁徙至越冬地，一般在 8 月中下旬到 9 月中旬就要启程南下，而本次救助对象在 12 月依然滞留在阿尔泰山，很可能是当年幼鸟或体弱掉队个体，如果没有得到救助，或短暂救助后放归，那么它很有可能在南迁途中无法穿过古尔班通古特沙漠、翻越天山山脉，成为迁徙途中死亡的一员。

初雯雯把秃鹫带回了协会。当时救助中心禽类病房还没彻底建好，她就把秃鹫安置在自己的洗手间。"它脚上满是冻疮，体重不到 6 公斤，胃里吐出来的，只有人类的垃圾，包括一堆塑料拖鞋碎片，身体弱得站不起来，整个是濒死状态。"初雯雯回忆。

因为这是初雯雯团队成功救助的第三只秃鹫，"河狸军团"网友就结合电视剧《武林外传》梗给它起名叫"三鹫姥爷"。"当时，我一拍脑袋就对网友许愿说，只要'三鹫姥爷'活下来，那我就继续单身两年。"初雯雯说。

"几个月里，我每天醒来第一件事就是看'三鹫姥爷'伤情如何，饭量有没有变化，粑粑颜色是否异常。日子一天天过去，它的胃口越来越大，肉吃得越来越多，精神头越来越好，开始变得精力旺盛，每天在笼舍里面来回蹦跶，我知道它回家的时间也即将到来。"初雯雯说。

2023 年 3 月的一个深夜，初雯雯团队趁"三鹫姥爷"睡得正香，为它戴上了电子表（北斗定位系统）并最后一次称重，9 公斤多的体重说明秃鹫已符合放归条件。

"三鹫姥爷"在一个晴朗的日子展翅而去。很快，定位器传来信息，它已经到达蒙古国境内的栖息地。"从行进轨迹看，它要在那里安家养娃了。"初雯雯说，"想到这个在中国新疆获得了救助的小生命，终于活下来并能繁衍后代，我们就感到自豪，这是中国的自然保护工作为区域生物多样性保护作出的积极贡献。"

救助"三鹫姥爷"是初雯雯第二次"许愿单身"。

2021 年 5 月，一只秃鹫被送到协会救助，它状态极糟，头抬不起来，缩成一团。"凑近一闻，它身上散发出一种熟悉的臭味，这是因误食而中毒的动物才会有的气味。中毒的猛禽最难救活，成功率比中彩票还低。"初雯雯回忆道，"但是我们没有放弃它，买药、注射、输液、观测……忙了 3 天 3 夜没怎么合眼。"

看到秃鹫站起来的一瞬，初雯雯激动地哭了。在抖音上，她对网友半开玩笑地说："我愿用单身两年，换你（秃鹫）能活下来。"治疗起了效果，很快秃鹫体力恢复，每天能吃两三公斤羊肉，甚至开始"拆家"。

初雯雯团队在社交平台上分享的野生动物保护故事，在许多人尤其是青少年的心里种下了保护自然的种子。"人和野生动物都是美丽地球上的一部分，我们必须也一定能和谐相处。为了这个目标，我会永远努力，无怨无悔。"初雯雯说。

近年来，中国一直在加强野生动物保护力度，用最严密法治、最严格执法，守护珍贵、濒危野生动。党的十八大以来，中国颁布、修订了 20 多部生物多样性相关法律法规，覆盖野生动植物和重要生态系统保护、生物安全等领域。此外，中国率先在国际上提出和实施了生态保护红线制度，初步划定的全国生态保护红线面积，不低于陆域国土面积的 25%，有力保护了珍贵、濒危物种及其栖息地。

"国家对于生态保护的重视让我们无比振奋、充满干劲，我期待着野生动物保护的中国方案能成为全世界的宝贵财富。"初雯雯说。

（本文首发于 2023 年 7 月 13 日，总第 885 期）

贰

众志成城

　　党的十八大以来，我们把生态文明建设作为关系中华民族永续发展的根本大计，开展了一系列开创性工作，决心之大、力度之大、成效之大前所未有，生态文明建设从理论到实践都发生了历史性、转折性、全局性变化，美丽中国建设迈出重大步伐。新时代生态文明建设的成就举世瞩目，成为新时代党和国家事业取得历史性成就、发生历史性变革的显著标志。

　　——2023 年 7 月 17 日至 18 日，习近平在全国生态环境保护大会上的讲话

※
第 7 章
协同治理
※

"绿肥黄瘦"内蒙古

文 /《瞭望东方周刊》记者李云平　编辑高雪梅

内蒙古自治区横跨我国东北、华北和西北地区，是我国北方面积最大、种类最全的生态功能区，生态地位极端重要，但生态环境极为脆弱。

内蒙古自治区是我国沙化土地最为集中、危害最为严重的省区之一，沙化土地面积达 6.12 亿亩，占自治区总土地面积的 34.48%，占全国沙化土地面积的 23.7%，分布于 12 个盟市的 91 个旗县（市、区）。

内蒙古土地沙化有自然因素，也有人为因素。

自然因素主要是气候干旱、风力大。内蒙古干旱和半干旱地区占全区总面积的 70%，长期干旱形成沙化土地。人为因素一是过度开垦导致土地沙化，二是牧区草场过度放牧现象严重，导致植被退化、沙化、盐渍化。此外，矿区开采、中药材滥采等也是造成土地沙化的重要原因。

内蒙古自治区横跨我国东北、华北和西北地区，是我国北方面积最大、种类最全的生态功能区，生态地位极端重要，但生态环境极为脆弱。其生态状况不仅关系全区各族群众生存和发展，还关系华北、东北、西北乃至全国生态安全。

治沙四阶段

鉴于在全国的重要生态地位，内蒙古生态建设任务繁重，近年来每年完成林业生态建设任务 1000 多万亩，占全国生态建设总任务的九分之一。

据内蒙古自治区林业和草原局治沙造林处处长张根喜介绍，内蒙古防沙治沙历程是一个锲而不舍、不断探索、与时俱进的过程。全区沙化土地治理工作大体分为

内蒙古呼伦贝尔草原生态功能区（李云平 / 摄）

四个阶段：

第一阶段从新中国成立初期至 1978 年。

新中国成立初期，内蒙古沙区范围内仅有 700 万亩天然灌木林和残次林迹地，人工林只有 15 万亩。内蒙古自治区成立不久后，处于乌兰布和沙漠边缘的磴口县、杭锦后旗和乌拉特后旗就开始有计划、有步骤地防沙治沙。

1958 年 10 月，中共中央农村工作部、国务院第七办公室、国务院科学规划委员会在呼和浩特召开西北和内蒙古各省区第一次治沙规划会议，从此揭开防沙治沙的序幕。

在国家大力帮助下，内蒙古建立了一批国有治沙站，开展飞播治沙造林试验，完成重点沙漠和沙地综合考察和治理规划编制工作。

第二阶段从 1978 年到 2000 年。

1978 年，国务院批准下达"三北"防护林体系建设工程规划，明确将风沙危害地区的防护林建设作为重点，共涉及内蒙古 12 个盟市的 83 个旗县。

1991 年，全国防沙治沙工程启动，将内蒙古乌审旗、翁牛特旗、科尔沁左翼后旗、奈曼旗、开鲁县列为全国治沙重点县，将乌审旗、翁牛特旗、额济纳旗、磴口县列为全国防沙治沙示范基地。内蒙古防沙治沙工作步入有计划、有步骤的发展时期。

第三阶段从 2000 年至 2013 年。

2000 年，国家实施西部大开发战略。2001 年，国家启动六大林业重点工程，即天然林保护工程、退耕还林工程、京津风沙源治理工程、"三北"四期防护林建设工程、速生丰产林建设工程和野生动植物及自然保护区建设工程。

内蒙古成为全国唯一的六大工程全部覆盖省区，确立了"把生态建设作为最重要的基础建设来抓，努力建设成为祖国北方最重要的生态防线"的发展战略。

第四阶段从 2013 年至今。

党的十八大以来，内蒙古紧紧围绕建设我国北方重要生态安全屏障的战略定位，坚持生态优先、绿色发展，不断转变治理思路，由建设和保护并重向更加注重保护转变，由数量和质量并进向更加注重质量转变，由党委政府主导向更加注重党委政府、部门、企业、个人齐抓共建转变，由单一的生态建设向更加注重生态建设与产业发展、治沙与治穷深度融合转变。

因地制宜、综合治理

内蒙古自治区林业和草原局局长郝影介绍，党的十八大以来，内蒙古平均每年完成沙化土地治理面积 1200 多万亩，约占全国沙化土地治理任务的 40% 以上，探索总结出了行政推动、政策促动、产业拉动、社会参与的荒漠化防治机制，走出了一条科学治理、综合治理、依法治理的路子。

在总体思路上，坚持保护与治理并重、保护优先，自然恢复与人工修复相结合、以自然恢复为主，对国家重点生态工程项目区和自然保护区和封育区、严重沙化退化和生态脆弱区、农区严格实行禁牧，对草原牧区严格实行草畜平衡制度、全面推行禁牧休牧轮牧，对沙化特别严重暂时不宜采取人工治理的地区依法实施土地封禁保护，同时通过转变沙区人民的生产生活方式来减轻林草植被的压力，使沙区生态系统得到有效保护和恢复。

在建设内容上，内蒙古坚持工程措施与生物措施相结合、人工造林种草治沙与飞播造林种草治沙及封沙育林（草）相结合，大力实施了京津风沙源治理、"三北"防护林体系建设、退耕还林、天然林资源保护、自然保护区及湿地保护建设、森林生态效益补偿、草原生态补奖等多项国家重点生态建设工程项目，实行因地制宜、综合治理。

在治理技术上，内蒙古根据防沙治沙的实际，以治沙、治水、治碱为重点，积极使用乡土植物种，科学配置防治模式；认真总结、筛选、组装配套适用的科技成果和先进技术，加大示范应用力度，不断提高覆盖面；根据立地条件、生态环境恶化程度的不同，在不同区域突出不同的治理重点，采取相应的技术模式。

如何让沙化土地治理更加可持续性？内蒙古在实施传统生态工程防沙治沙的同时，探索为沙区治理注入产业动力。通过林沙草产业快速发展，逆向拉动沙化土地治理能力不断提高，建立以林木种植、特色经济林培育、林下经济、沙生植物资源利用、野生动物繁育、生物质能源和沙漠旅游等为主的林业产业体系。

库布其"绿进沙退"

内蒙古自治区是额尔古纳河、嫩江、辽河的源头，境内分布有巴丹吉林、腾格里、乌兰布和、库布其、巴音温都尔五大沙漠和毛乌素、浑善达克、科尔沁、呼伦贝尔、乌珠穆沁五大沙地。

库布其的蒙古语意为"弓上的弦"。库布其沙漠总面积 2790 万亩，犹如一根弓弦横亘在黄河南岸的鄂尔多斯市西北部。这里年平均降雨量不足 150 毫米，蒸发量是降雨量的 20 倍，被喻为"生命禁区"的中国第七大沙漠，曾经是京津沙尘暴气候的发源地之一。

经过几代人的实践探索，地方政府、治沙企业和沙区农牧民共同努力、研发出一系列科学有效的库布其沙漠治沙技术。

在库布其沙漠深处一个名为"那日沙"的地方，一根高十多米的标尺立在沙丘上，标尺上每隔一两米悬挂一个年份标牌，每个标牌都反映了当年的沙丘高度，最高点是 2009 年，向下依次为 2012 年、2014 年、2016 年……

亿利集团治沙专家张吉树告诉本刊记者，他们采用风向数据法造林技术大幅降低沙丘高度。这项技术利用削峰填谷原理，先确定流动沙丘所在地的主风向，然后在迎风坡四分之三的高度以下种植林木，未造林的坡顶便会被大风逐渐削平，栽植林木的地得以固定。

2011 年至今，他们利用此项技术治沙 160 万亩，使库布其沙漠治理区的沙丘高度平均下降三分之一左右。

据介绍，当地按照"先易后难、由近及远、锁边切割、分区治理、整体推进"的治理思路，坚持生物措施与工程措施相结合，重点防治与区域防治相结合，研发运用容器苗造林、迎风坡造林、水气种植法、甘草平移种植、无人机飞播等治沙"黑科技"，科学有效推进库布其沙漠治理。

目前，库布其沙漠已完成修复治理 873.3 万亩，植被覆盖度由上世纪 80 年代不足 3% 提升到 53%，降水量明显增加，沙尘暴明显减少，总体趋势向好。

郝影说，库布其沙漠治理成效是内蒙古整体生态治理修复成果的缩影。在过去 5 年间，内蒙古共治理沙化土地 7197.5 万亩，占全国治理面积的 40% 以上，约等于 3 个北京的国土面积，实现了由"沙进人退"到"绿进沙退"的转变。

探索新路子

为了调动社会各类主体参与防沙治沙的积极性，内蒙古在实践中摸索出先造林后补贴、专业队造林等沙化土地治理模式，以及"四统一""五到户"的管理模式。

所谓"四统一"，即完善建设主体、经营主体、利益主体和责任主体；"五到户"指的是任务到户、产权到户、责任到户、补助到户、服务到户。

张根喜说，内蒙古依托京津风沙源治理、"三北"防护林体系建设、退耕还林还草、退牧还草、水土流失综合治理等国家重点生态建设工程，规划建设一批不同类型的防沙治沙示范基地，带动全区防沙治沙工作取得突破性进展。

例如，赤峰市翁牛特旗集中治理土地沙化危害程度较重的区域，形成百万亩综合治沙基地；锡林郭勒盟多伦县集中人、财、物，建成百万亩樟子松基地；阿拉善盟利用产业拉动建成百万亩梭梭林基地。

在加大推进防沙治沙力度的同时，内蒙古实施草原补奖机制，坚决制止和打击乱砍滥伐、乱采滥挖、超载过牧等破坏植被行为，预防土地沙化，使沙区生态系统得到有效保护和恢复。

目前，内蒙古共落实禁牧面积 4.04 亿亩、草畜平衡面积 6.16 亿亩，建成沙化土地封禁保护区 18 处、面积近 275 万亩。

同时，内蒙古把防沙治沙与发展地方经济、增加农牧民收入紧密结合，探索出多种类型的产业化防治模式，重点培育发展沙生植物种植与开发利用、特种药用植物种植与加工经营、沙漠景观旅游等产业，走出一条"行政推动、政策促动、产业拉动、典型带动"的防沙治沙新路子。

经过多年的综合治理，内蒙古森林覆盖率达 23%，草原综合植被盖度达 45%，荒漠化和沙化土地面积持续实现"双减少"。重点沙化土地治理区的生态状况明显改善，四大沙漠相对稳定，四大沙地林草盖度均有提高，部分地区呈现出"荒漠变绿洲"的景象。

（本文首发于 2021 年 9 月 16 日，总第 838 期）

海南有个国家公园

文 /《瞭望东方周刊》记者柳昌林、王军锋 编辑高雪梅

从海拔 1867 米的海南最高峰五指山，到海拔仅 45 米的吊罗山区域都总河，
在这片神秘的热带雨林里，惊喜不断显现。

10 月 12 日，《生物多样性公约》第十五次缔约方大会传来消息，海南热带雨林国家公园成为我国正式设立的首批五个国家公园之一。

世界上濒危程度最高的灵长类动物——海南长臂猿喜添新丁，GEP（生态系统生产总值）核算结果 2045.13 亿元……近期，海南热带雨林国家公园喜讯不断。

位于海南岛中南部的热带雨林国家公园，是我国 2015 年以来陆续开展的国家公园体制试点之一。试点总面积超过 4000 平方公里，涉及五指山、琼中、白沙、东方、陵水、昌江等 9 个市县，几乎囊括海南岛陆域面积的七分之一。

"世界热带雨林的重要组成部分""中国分布最集中、保存最完好、连片面积最大的热带雨林""全岛的生态制高点"……这片生态宝地不仅被冠于诸多荣誉和美誉，其生态地位亦得到国际社会的广泛认可，折射出我国生物多样性保护成效显著。

雨林惊喜多

清晨，一声悠长清脆的虫鸣，唤醒沉睡的雨林。飞起的鸟儿拍打着翅膀，树叶沙沙作响……透过薄薄的晨霭，阳光温和地洒在树梢上，蜿蜒的山涧从稀疏的树丛中流出。

随着雄性长臂猿的一声长啸，雌性长臂猿的应和此起彼伏，悦耳的雨林"二重唱"开始上演。护林员循着鸣叫奔跑起来，运气好的话，可以"追"到这些可爱的精灵。

2020 年 9 月 4 日，海南热带雨林国家公园尖峰岭和尖峰岭天池景色（蒲晓旭／摄）

五指山、鹦哥岭、猴猕岭、尖峰岭、霸王岭、黎母山、吊罗山等著名山体均在海南热带雨林国家公园范围内，被称为"海南屋脊"。南渡江、昌化江、万泉河等海南主要河流均发源于此，被誉为"海南水塔"。

初入雨林，一株株桫椤树，叶如凤尾、形若伞盖。这种被称为原始森林活化石的树木，对环境要求很苛刻，却在雨林中一条条沟谷边成片生长。

雨林中植物垂直分布明显，层叠的树叶遮天蔽日，行走其间分外凉爽。

抬眼望，十几米高处，似是一座郁郁葱葱的空中花园。一路上，高大的乔木上附生着茂盛的植物，婆娑的蕨类、洁白的华石斛、形态各异的野兰花，还有一簇簇不知名的花草，在弥漫的雨雾中摇曳着身姿、散发着清香。

不只有空中花园奇观。雨林中，还充满着高板根、根包石、植物绞杀、老茎生花、独木成林、枯木开花等特有景观。

作为全球 34 个生物多样性热点地区之一，这里也是野生动物的天堂。

桃花水母，像柔软透明的小伞般悠然浮动；小爪水獭在夜间现身河沟边的石洞与树洞间，觅食及戏耍；水鹿在杂草和腐殖质上留下巴掌大的脚印；摇摆着褐色身躯的烙铁头蛇，在草丛间慢慢爬行……

从海拔 1867 米的海南最高峰五指山，到海拔仅 45 米的吊罗山区域都总河，在这片神秘的热带雨林里，惊喜不断显现。

据初步统计，目前海南热带雨林国家公园记录到野生维管束植物 3653 种，陆栖脊椎动物 540 种。

保护路漫漫

20 世纪 50 年代初期，海南岛拥有天然林 12000 平方公里，由于过度开发，至 1979 年，锐减至 3800 平方公里。

树木被年年砍伐，雨林面积不断缩小，生物多样性锐减、水源地遭破坏，这片中国少有的热带雨林变得千疮百孔。

"我们村离保护区不到两公里，前些年有公司驻扎在村里搞开发。山上大一点的树都被砍光了，而且边砍边烧，后来稻田没法种了，村里人喝的水也快干了。"海南热带雨林国家公园管理局鹦哥岭分局护林员符永清回忆说。

狩猎情况也比较严重。雨林中野生动物很多，主要有野猪、蛇、水鹿、黄猄、鸟类等。狩猎是当地群众的主要经济活动。据记载，长臂猿、云豹、黑熊等动物曾在雨林中出没。而如今，这些珍稀野生动物难觅踪迹。

数十年来，随着各级政府的规划和努力，海南逐步建立起热带雨林保护体系，热带雨林面积逐年增长，动物种群逐年扩大，其中最有代表性的是海南长臂猿的保护。

海南长臂猿是所有长臂猿中最濒危的一种，需要茂密的森林才能繁衍，即使树冠上的狭窄缝隙也会将种群分裂为孤立的群体。此外，长臂猿高度依赖森林里多汁的果实，这意味着它们只有进入植物多样性高的森林才能生存。

然而，由于其栖息地的破坏，到 1980 年，海南长臂猿仅存 7 到 9 只生活在霸王岭一带。对于一个数量如此少的种群来说，一次狩猎或破坏其主要栖息地的事件可能就会导致种群灭绝。

为保护海南长臂猿这个海南热带雨林的旗舰物种，海南于 1980 年建立了

海南长臂猿 B 群幼猿

面积约 21.39 平方公里的霸王岭省级自然保护区。1988 年，霸王岭省级自然保护区提升为国家级自然保护区，面积扩大到 66.26 平方公里。同年，海南长臂猿被《中国野生动物保护法》列为国家一级保护动物。

1994 年，海南全面停止天然林商业性采伐，此时海南岛未受人类活动影响的原始热带雨林只占少数，且都集中在偏远、交通不便的深山里。2003 年，保护面积再次扩大至 299.80 平方公里。

数十年来，一批批昔日的伐木工转变为护林员，随着生活水平的改善，当地居民对"绿水青山就是金山银山"的理解也越来越深刻。

2019 年 1 月，中央全面深化改革委员会第六次会议审议通过《海南热带雨林国家公园体制试点方案》，试点方案按照《建立国家公园体制总体方案》要求，以热带雨林生态系统原真性和完整性保护为基础，以热带雨林资源的整体保护、系统修复和综合治理为重点，以实现国家所有、全民共享、世代传承为目标，通过理顺管理体制，创新运营机制，健全法治保障，强化监督管理，推进热带雨林科学保护和合理利用。

2021 年 10 月 12 日，海南热带雨林国家公园正式设立。

实践中创新

创新设立海南国家公园研究院、探索建立自然资源资产产权管理制度、海南省财政落实国家公园专项资金 9.5 亿元、核算生态系统生产总值……两年多来，海南热带雨林国家公园在管理体制、运行体制、生态保护、社区发展、试点保障等方面进展顺利，并摸索出一系列创新举措。

据海南热带雨林国家公园管理局公园处副处长洪小江介绍，海南已

雨林中的卷萼兜兰（姜恩宇／摄）

编制完成热带雨林国家公园生态廊道建设方案，计划将整个海南中部山区串联起来，让包括海南长臂猿在内的珍稀濒危野生动植物获得拯救性保护，拥有更广袤的栖息天地。

在海南热带雨林国家公园核心保护区边界，为监测动植物，及时发现"入侵者"并发出警报，电子围栏和实时监控设备已试点安装。2021 年 6 月，海南启动"智慧雨林"项目，以更好地监测野生动物种群分布和增长情况。

社区发展方面，园区共设置生态护林员岗位 1325 个，聘请当地脱贫户为护林员。"通过场乡共管、签订合作保护协议、生态搬迁土地置换及当地政府统一租赁等模式，实现园区内集体土地统一管理。"洪小江说。

"在白沙探索生态搬迁土地处置新模式，以生态搬迁村庄高峰村的 7600 亩集体土地与海南农垦控股白沙农场的 5480 亩国有土地进行等价置换。置换后，国有土地登记变更为集体土地，集体土地登记变更为国有土地，原土地的使用性质不变。"洪小江说，"在 10 个试点区中，我们首个明确提出 2021 年全面完成国家公园核心保护区生态搬迁任务，确保核心保护区内 2022 年无居民居住的工作目标。"

目前，海南热带雨林国家公园核心保护区全部实现封山育林。与此同时，海南完成了试点范围内人工林资源调查，计划用多种方式使经济林退出，通过补植和更新树种，进行生态系统整体性的人工辅助修复。

随着霸王岭林区两处水电项目完成清理以及小水电、矿业权等退出机制方案的制定，海南热带雨林国家公园体制试点启动以来，核心保护区再无新增开发项目或经营活动。

展示"中国案例"

密不透光的霸王岭雨林里，二三十米高的树杈上，"平平"从妈妈怀里探出毛茸茸的脑袋，不时朝四周好奇打探。

海南长臂猿社区监测队队员李文永再次见到这一幕时，翻山越岭的疲倦瞬间烟消云散。"看到它状态好，我就放心了，大伙可都牵挂着这个小家伙呢。"

"平平"是一只刚满 1 岁的海南长臂猿。2021 年，它又迎来了两个新伙伴。3 月初，海南长臂猿监测队员邹正冲、王进强等人发现，海南长臂猿 B 群和 D 群各新增一只婴猿。至此，这个全球最稀有的灵长类动物种群数量恢复至 5 群 35 只。

2021 年 9 月，在法国马赛举办的第七届世界自然保护大会上，海南长臂猿种群数量稳步恢复的"中国案例"在会议现场作为重大成果进行展示，获得多国生态专家点赞，被认为对世界其他国家具有借鉴意义。

世界自然保护联盟物种存续委员会主席罗德里格斯表示："这个发生在中国海南的生动例证给全球濒危灵长类保护带来信心和希望。"

全球荒野基金会主席万肯斯·马丁说："领导层支持地方社区，地方社区有意愿付诸行动，通过这些努力，这个物种从灭绝边缘被拯救回来了。"

海南长臂猿保护案例，也是生态多样性保护国际合作的典范。

2003 年长臂猿调查之后，关于海南长臂猿的保护行动会议首次在霸王岭召开，中外长臂猿专家、保护区工作人员和当地政府管理人员参加会议，促成了第一个由政府批准的海南长臂猿保护行动计划。

2014 年，第二次会议产生了第二个行动计划。2020 年，世界自然保护联盟主席、海南国家公园研究院理事长章新胜组织了一场线上线下结合的国际研讨会，引起国际社会对海南长臂猿的更多关注。

国内外大量科学研究对海南长臂猿保护的决策起到了指导作用，本地和国际研究人员直接参与了长臂猿生态学等关键课题的研究，如保护生物学、栖息地测绘、监测和修复研究，以及社区共管机制研究。

"海南模式的成功，是主要以自然恢复方法来实现保护的成果。我们正在探索一条新路，为很多没有条件人工繁殖的濒危物种保护提供范例经验。"章新胜说。

"海南省委省政府举全省之力创新开展国家公园体制试点，强力推进国家公园建设，组建面向全球开放的国家公园研究院，开展海南长臂猿保护研究全球联合攻关，努力为建设生态环境世界一流的自贸港打造雄厚的绿色底板，为海南人民构筑幸福的绿色家园，为子孙后代留下充盈的绿色遗产，为中国国家公园建设提供精彩的'海南范式'。"海南热带雨林国家公园管理局局长黄金城说。

可量化身价

58 岁的梁宜文在海南热带雨林工作了大半辈子，能熟练辨识出这里的 2000 多种维管植物。

"其中不少都是十分珍稀的极小种群，一些物种甚至只有在海南才能找到。"在他看来，这片我国分布最集中、保存最完好、连片面积最大的热带雨林，堪称大自然馈赠给海南、中国乃至世界的"无价之宝"。

考察队员在鹦哥岭拍摄兰花（王军锋 / 摄）

　　"五峰如指翠相连，撑起炎荒半壁天。"行走在海南热带雨林之间，满目翠绿，清新怡人。这片绿水青山究竟价值几何？

　　2045.13 亿元！ 9 月 26 日，海南热带雨林国家公园生态系统生产总值（GEP）核算成果发布，"绿水青山"有了可量化的身价。

　　作为我国首个发布 GEP 核算成果的国家公园，这一举措为"绿水青山"向"金山银山"的转化探索路径。

　　"这一'身价'并非一成不变，保护越得力，GEP 越增值。"在黄金城看来，GEP 核算让"生态账"变成了一笔清晰的"明白账"，而这正是"两山"转化的应有之义。

　　GEP 是指一定区域在一定时期内生态系统的产品与服务价值总和，是生态系统为人类福祉提供的产品和服务的经济价值总量。

　　海南热带雨林国家公园 GEP 核算体现了热带雨林特色，对热带云雾林、山地雨林、低地雨林、落叶季雨林等类型分别核算，实现了高精度的生态系统服务指标空间化，对掌握和分析 GEP 空间分布格局、监测 GEP 消长动态、制定精准化的 GEP 提升策略提供了数据基础。

　　"为生态文明建设提供了可量化标尺，对实现海南统筹发展和安全、高质量高标准建设自由贸易港、推动新发展格局等具有重要意义，也是海南全面贯彻新发展理念推动高质量发展的具体体现。"中国林业科学研究院热带林业研究所研究员李意德说。

让全民共享

海南热带雨林国家公园核心保护区内的居民，绝大多数是黎苗族同胞，曾经困守深山，生活贫困，经济发展滞后。海南积极推进雨林周边治理，通过生态搬迁、发展绿色产业等模式，开展社区共管共建，创造出一个个人与自然和谐共生的鲜活案例。

在海南热带雨林国家公园五指山片区水满乡，由于热带雨林的涵养，这里生产的茶叶品质备受青睐。近年来，在政府和企业的技术帮助下，当地茶园努力提升种植技术，茶农收入不断增加。

位于海南热带雨林国家公园霸王岭片区生态保护核心区的王下乡，是距离昌江黎族自治县县城最远的乡。良好的生态环境，给这里带来了"金饭碗"。

2020 年 9 月 2 日，海南百花岭热带雨林中拍摄的草蜥（蒲晓旭／摄）

2019 年，昌江以建设"中国第一黎乡"为目标，根据王下乡自然特色，发展生态旅游产业，打造了"黎花里"项目。昔日贫困的深山黎乡，正在实践将绿水青山变成"金山银山"。

位于鹦哥岭片区核心区的白沙黎族自治县南开乡道银村和坡告村曾经交通不便，水电、通讯、医疗等公共服务都覆盖不到。2017 年，两村实施生态移民搬迁，新村距乡镇不到 5 公里，村民们住进了二层小楼，人均分到 10 亩已开割的橡胶地，村民们还发展起禽畜养殖等产业。

白沙黎族自治县南开乡高峰村村民符洪江是发展生态农业的受益者。经过培训，他掌握了胶林套种、生态养蜂技术，拓宽了家庭经济来源。"我养了五六十箱蜂，还打算扩大规模。"符洪江说。

在海南热带雨林国家公园，生态理念深入人心，越来越多的村民已经意识到"青山就是美丽，蓝天也是幸福"。

鹦哥岭周边 200 多名村民纷纷加入护林员队伍，他们中不乏曾经的伐木工、猎人，还有刚从部队退役的年轻人。一些护林员通过长期实践和学习成了"土专家"，他们对热带雨林的动植物都有了"专业研究"基础，每年还有机会去外省交流学习。

"我们正在开展海南热带雨林国家公园自然资源统一确权登记工作，规范热带雨林国家公园特许经营活动，未来将让更多百姓共享国家公园带来的福利。"洪小江说。

（本文首发于 2021 年 10 月 28 日，总第 841 期）

"螺蛳壳"里造千园

文/《瞭望东方周刊》记者董雪、胡洁菲　编辑高雪梅

到 2025 年上海全市公园数量要从"十三五"末的 400 余座增加到 1000 座以上。

　　从迪士尼的烟花到不含隐私的疫情流调，"瓷器店里抓老鼠"成为上海精细防控的形象比喻，其实上海话里还有一句谚语与之异曲同工，叫作"螺蛳壳里做道场"，意思是利用狭窄的场地、简陋的条件做成精妙复杂的事，用来形容上海正在千方百计为民造绿的"千园工程"十分贴切。

　　面积仅 6340 平方公里，常住人口却多达 2400 余万，作为人口稠密的国际化大都市，上海一直面临生态空间缺乏的问题。回首新中国成立之初，上海人均公共绿地只有 0.132 平方米，勉强能放下"一双鞋"。

　　市中心，用好"边角料"建"口袋公园"，见缝插绿；外环线，环城绿带内外分别连接楔形绿地和生态间隔带，向环城公园带跃升；进一步向公共生态空间扩展，用绿道网络通江达海……经过几十年来的发展，上海公共绿地从人均"一双鞋"跨越式增加到 8.5 平方米的"一间房"，超过了东京、大阪等都市。

　　今年，进一步对照人民群众对优美生态环境和高品质生活的向往，上海提出全面推行"林长制"，公园城市是其中重要建设内容，到 2025 年上海全市公园数量要从"十三五"末的 400 余座增加到 1000 座以上，人均公园绿地面积达到 9.5 平方米以上。

　　公园绿地是城市吸引力、亲和力的体现，也是市民可亲近、可参与的文化空间和休闲去处。上海市绿化市容局局长邓建平说："'十四五'末，上海将基本实现

浦东新区环城绿带 100 米林带高桥段，总占地面积约 60 公顷（受访者提供）

出门 5 到 10 分钟有绿，骑车 15 分钟有景，车行 30 分钟有大型公园，给市民游客带来'生态绿洲处处有，公园城市任你游'的体验。"

城市中心"见缝插绿"

"嗬！好大的一片绿色。"初次来上海的朋友常常会发出这样的感叹。漫步在市中心，几乎每走过一个街口就是一个精致的口袋公园，再走几个街口还能遇见一个综合公园，加之道路两旁郁郁葱葱的法国梧桐，整个城市仿佛就坐落在一个大公园里。

到 2021 年底，上海市的公园总量将超过 500 座，其中 100 余座是口袋公园，为市民休闲、健身活动提供更多选择。

据悉，早在新中国成立初期百废待兴之时，上海就靠"节衣缩食"修复、改建、新建了一批公园，其中较为著名的有昔日跑马厅北部改建的人民公园，从小村落变身而来的杨浦公园、和平公园。1992 年底，上海人均公共绿地面积增长到了 1.11 平方米，略大于一张报纸。

到了本世纪初，上海的公园绿地数量开启"加速跑"，一批旧房危房密集区变身城市绿肺。2000 年，上海建成了当时内环线中心区域内最大的生态型城市公园——

总面积 140.3 公顷的世纪公园，公园的原址是一片以种植蔬菜和养殖为主的农田。同年，静安区和黄浦区两区交界处的延中绿地开建，开启上海市中心建造"都市森林"的序幕。

"如今随着城市的发展，上海的土地资源更加紧缺，特别是市中心很难再像过去一样大规模拆房建绿了。"上海市绿化管理指导站副站长石杨说，"所以我们必须盘活存量，倡导降低公园的门槛，老百姓楼底下哪怕几百平方米的街头绿地也可以改建成走得进、坐得下的小微休闲空间。"

让老百姓一出门就有公园绿地，能够停留赏景——近年来，上海市中心从大手笔建绿进入"见缝插绿"阶段，上海市绿化市容部门从 2016 年开始研究口袋公园建设，从技术、扶持政策等层面积极推进，"十三五"期间，建成、提升改造了 200 余个口袋公园。

记者注意到，这些改建自"边角料"的口袋公园虽然小，但一点也不含糊。有的是中式园林风格，有的如同街头画廊，还有的在植物上做文章，苔藓、紫藤、白玉兰等主题多样，一花一木皆是生活志趣。

以黄浦区今夏建成的"追梦园"为例，这里原是一片杂乱工地，因配合轨交修建被闲置多年，一旁是大片的石库门小区，距离周边较大绿地有七八百米。现在这里变成了老百姓家门口的公园，住在旁边石库门小区的居民推窗就能见花见绿，周边居民得空常聚在座椅上聊天赏景。

"黄浦土地资源稀缺，建筑、交通包括人口高度密集，群众对公园绿地的需求非常迫切。"上海市黄浦区副区长洪继梁说，"我们千方百计通过公共绿地、街心花园、口袋公园、立体绿化等方式，增加区域内的绿化面积覆盖率。通过持续努力，黄浦的总体绿化覆盖率超过了 19%。"

根据规划，"十四五"期间，上海将建成世博文化公园、北外滩中央公园、前湾公园等一批大型标志性公园，同时聚焦中心城公园布局盲点问题，新建、改建 300 座口袋公园，中心城区公园绿地 500 米服务半径覆盖率达到 95%。

环城绿带功能跃升

从高空俯瞰上海，可以清晰地看到，有一圈郁郁葱葱的大型绿化带沿着外环线环抱上海，宛若一条翡翠项链戴在这位东方美人优美的脖颈上，这条项链正是上海环城绿带。

2020 年 11 月 7 日，上海市静安区高楼中间的"口袋公园"（刘颖／摄）

"环城绿带正逐步实现从'环绕中心城的绿化带'到'环穿主城区的公园带'的功能跃升，创造更普惠的生态福祉，不断满足人民群众对美好生活的向往。"上海市公共绿地建设事务中心主任周华杰说。

记者采访获悉，从 1995 年至今的二十余年间，上海在外环线外侧建成了一条宽度至少 500 米、环绕整个市区的大型绿化带（即"环城绿带"）。

其间，上海市绿化部门克服了国内无同类先例，城市人口和建筑密度高、操作难度大，建设资金紧张等种种难题。当初栽下的树苗，现在已长成参天大树，较好地发挥了调节温湿度、净化大气环境等生态服务功能。

数据显示，环城绿带累计建绿 4038 公顷，使上海中心城成环成绿，其中的滨江森林公园、顾村公园、闵行体育公园等也已成为上海市民赏花观景的最佳去处。

不过，随着城市化进程加快，轨道交通的迅猛发展以及产业转型的推动，环城绿带周边增加了大量的居民区、产业园区。环城绿带原先作为城郊绿化分隔带的景观面貌单一、游憩设施缺乏等短板问题逐步显现。

经上海市绿化市容部门测算，未来距离市中心 20 公里至 30 公里的近郊绿环以内将承载约 60% 的上海居民，在环城绿带内休闲游憩将成为周边居民重要的生活方式，居民对交通便捷、景观丰富的高品质公园绿地的诉求也将越来越高。

据上海市绿化市容局总工程师朱心军介绍，升级后的"环城生态公园带"是以外环绿带为骨架，向内连接 10 片楔形绿地，向外沟通 17 条生态间隔带，联动"五个新城"环新城森林生态公园带形成紧密联系的生态网络空间。

具体来看，"环上""环内""环外""五个新城"四个区域有十余项重点工作。其中"环内"稳步推进 10 个楔形绿地建设，全面建成森兰、碧云、三林和桃浦等四个楔形绿地，加快推进北蔡、吴淞、大场、吴淞江、吴中路等五个楔形绿地规划建设，启动三岔港楔形绿地规划建设研究，结合滨江森林公园功能提升，打造吴淞口区域绿色发展示范区。

"到'十四五'末，'环上'将建成 49 座以上的城市公园。在 98 公里长的外环绿带上，平均每 2 公里就有一座城市公园，形成'长藤多瓜''串珠成链'的格局。同时，'环上'功能提升项目建设标准也已基本形成，主要包含景观提升、水体提质、硬质铺装、配套建筑、智慧公园、其他配套设施等 6 个方面的改造措施。"朱心军说。

绿道建设"通江达海"

斜阳打在极简主义的白色建筑上，蓝天映衬着远处的高楼……深秋里，骑车或漫步在徐汇滨江大道上，看黄浦江波光粼粼，梧桐树青黄掩映，不失为双休日一大惬意事。

"平时少有机会亲近大自然，在这里跑跑步、健健身，看看绿树和黄浦江，也算是从钢筋混凝土里解放了。"家住上海市徐汇区滨江小区的黄女士是一名白领，平时不是在家里，就是在写字楼间，她很珍惜看到碧水蓝天的日子。

如此"小确幸"得益于徐汇区的绿道建设工程。2019 年，上海市徐汇区正式贯通滨江 8.4 公里的绿道，根据各个道路线型各不相同，细分为 9.21 公里跑步道、8.95 公里漫步道和 8.4 公里骑行道。如今，这条与黄浦江"相伴"而行的蜿蜒绿道还串起了网红油罐艺术中心、上海摄影艺术中心、公共篮球场等，让市民休闲也多了很多选择。

绿道是指依托绿带、林带、河道等自然和人工廊道建立，具有生态保护、健康休闲和资源利用等功能的绿色线性空间。数据显示，"十三五"期间，上海市已完成绿道建设 1093 公里，黄浦江滨江绿道 45 公里核心段贯通，如此"通江达海"的公共生态空间是对传统公园的进一步补充。

根据今年 6 月印发的《关于推进上海市公园城市建设的指导意见》，"强化实施全域绿道网络"位列公园城市建设"十四五"期间三个重大建设项目之一。

把更多公共空间、绿色空间留给人民。为了贯通外环绿道，展现"生态秀带"，"十四五"期间，上海将新建市域绿道 1000 公里，其中骨干绿道 500 公里。具体包括启动实施大都市圈绿道，建设骨干绿道网络；郊区各区依托绕城森林、生态廊道等初步建成"一区一环"；主城区沿骨干河道两侧 20 米构筑连续开放的公共空间，持续推进以川杨河、淀浦河、蕴藻浜、张家浜等为骨架的滨水廊道及两岸绿道建设。

"造绿"只是提升绿色软实力的第一步，提升生态感受度和生态服务水平是上海的持续探索。

持续推进公园免费开放。共青森林公园、滨江森林公园、世纪公园今年正式加入免费开放行列。截至目前，上海市收费公园仅 14 座，免费开放的公园达 424 座；实行公园延长开放及 24 小时开放的城市公园达到 399 座；提升公园服务水平，一年约 200 场主题活动进一步丰富市民业余生活；"十四五"将进一步拓展公园绿地复合服务功能，依托大型绿地、新建公园等建设 5 个园艺花市，建成上海园林博物馆……

近年来，上海公园绿地以及郊野公园等公共开放空间深受市民游客欢迎，是大家漫步休憩的好去处。虽然 2020 年受新冠肺炎疫情影响，但是上海全年公园游客数量还是达到了 1.2 亿人次。

人民城市人民建，人民城市为人民。"公园已成为市民群众休息游憩的'后花园'。"邓建平说，"我们将坚持多措并举，做到'公园姓公'的同时，着力提升服务质量。"

（本文首发于 2021 年 12 月 9 日，总第 844 期）

浦东新区滨江森林公园，总占地面积约 120 公顷（受访者提供）

天津治海录

文 /《瞭望东方周刊》记者黄江林 编辑高雪梅

首个通过答辩、顶格资金支持、额度最高城市……这则消息振奋天津市民的同时，
也刷新了外界对天津的海洋印象。

不久前，天津海洋生态保护修复项目拿到中央财政 4 亿元"顶格"支持的消息，
刷爆了天津人的朋友圈。

首个通过答辩、顶格资金支持、额度最高城市……这则消息振奋天津市民的同时，也刷新了外界对天津的海洋印象。多年来，天津大力开展渤海综合治理、蓝色海湾整治修复工作，海岸线自然生态景观得到极大改善。不仅候鸟成群结队到来，老百姓心中天津"靠海不亲海、临海不见海"的观念也被逐渐打破。"到天津赶海"成为京津冀游客选择，亲海生态廊道吸引大量市民参观游览。

实施污染治理、恢复海洋生态、生态化改造海堤……海洋生态保护修复给天津带来了什么？从更大范围看，这一举措又将给我国漫长海岸线带来哪些变化？

4 亿元顶格支持

2021 年 10 月，在财政部、自然资源部、生态环境部等国家部委组织的 2022 年中央财政支持海洋生态保护修复项目竞评工作中，天津市申报的项目在全国范围内脱颖而出，成功获得中央财政 4 亿元资金支持，成为本轮获得资金支持额度最高的城市。

"这次选拔竞争非常激烈，全国 23 个项目申报，最终只有 16 个过关。"回忆起申报过程，天津市规划和自然资源局国土空间生态修复处副处长张士琦心情仍有些激动。

2021 年 6 月 5 日，游客在天津市滨海新区东疆港人工沙滩观看水上特技表演（赵子硕／摄）

　　虽然申报工作是在 2021 年 8 月拉开帷幕，当时财政部、自然资源部联合组织"中央财政支持海洋生态保护修复项目"申报工作，沿海各省市采取自愿申报原则，但张士琦和同事们早就开始忙碌。他从文件柜里拿出一摞厚厚的申报材料说："从 2021 年三四月份开始筹备，7 月份准备申请资料，到 9 月初完成项目申报和专家现场核验，10 月份参加视频答辩会，可以说是一路过关斩将。"

　　按照申报要求，2022 年度的项目申报城市应以改善本地区整体海洋生态系统质量、提升海洋生态系统碳汇能力为目标。其中省会城市申报的项目总投资应不低于 5 亿元、一般地级市不低于 4 亿元，项目实施期限为两年。对通过竞争性选拔的项目，中央财政按照每个省会城市奖补 4 亿元、一般地级市奖补 3 亿元安排资金，分两年下达。

　　瞄着这目标，张士琦和天津市多个部门的同事们辛苦筹备半年，在 2021 年 10 月 12 日上午迎来最终的"考试"——2022 年中央财政支持海洋生态保护修复项目竞争性评审。

　　答辩分为两部分：项目陈述和专家提问。"专家的问题非常具体。"张士琦回忆，从匹配资金保障，到海洋生态保护修复技术方法，再到污染治理现状等，一个个尖锐的问题抛来，在场的天津市相关部门的负责同志按照各自分工一一作了回答。"一开始紧张，心里没底。好在我们工作做得细，你来我往几轮问答下来，专家频频点头认可，大家的眉头才慢慢舒展。"

项目顺利通过答辩，天津拿到了最高额度资金 4 亿元的支持，成为获得资金支持额度最高的城市。

为什么是天津

沿着位于天津市滨海新区东疆港区海岸线漫步，一只面朝大海的"贝壳"、一座沿海岸线起伏的"沙丘"和一架巨大的"纸飞机"映入眼帘，这里是天津市东疆亲海公园。春回大地，海风习习，来这里游玩看海的市民络绎不绝。

这幅景象是多年前的天津市民没有想到的。天津地处海河流域最下游，紧靠渤海湾底，是京津冀及"三北"地区的海上门户，是一个实打实的沿海城市。这里不仅有连续多年跻身世界港口前十强的天津港，也有国字招牌的国家海洋博物馆、牡蛎礁国家海洋自然保护区。但在过去，天津却屡被诟病："靠海不亲海、临海不见海"。

"天津传统上有 153 公里海岸线，北起涧河区域，南到北排河区域，但由于主要是粉沙淤泥质滩涂，所以以往市民很难亲近大海。"天津市规划和自然资源局海域处副处长刘莉解释，为此，2019 年以来，天津持续推进海洋生态保护与修复，17个部门共同研究制定出台了"蓝色海湾"整治修复规划，着力进行海洋生态整治修复和合理开发利用。

经过 3 年努力，位于天津北部汉沽海域的生态修复项目硕果累累。沿海滩涂湿地区域的生物多样性不仅显著提高，沿线的自然生态和海洋灾害防护能力显著增强。3 个滨海湿地修复项目和 2 个岸线生态修复项目，打造出多个居民临海观海亲海的网红景点。

天津市规划和自然资源局相关负责人表示，这一成绩在本轮申报中成为"加分项"。在此基础上，本轮申报 2022 年中央财政支持海洋生态保护修复项目，天津再次提出了 6.678 亿元的总投资规划，主要包括七项工程：实施退养还滩 28 公顷；退养还湿 155.7 公顷；治理互花米草 57.3 公顷；海堤生态化改造 17.7 公里；湿地微生境改造 10 公顷；在 680 公顷范围内开展牡蛎礁修复，投放牡蛎礁体 34.5 万方；开展蔡家堡与大神堂两个渔港码头的环境污染治理。

天津市规划资源局相关负责人说："保护修复项目位于天津北部汉沽海域，拥有丰富的滩涂湿地资源、牡蛎礁资源，是东亚—澳大利西亚候鸟迁徙路线上重要的节点，是世界濒危物种、国家一级保护动物——遗鸥的重要越冬地，区域生态功能十分重要。"

"修复项目以自然恢复为主、人工修复为辅，根据总体目标，通过项目实施将改善周边生态环境质量，恢复淤泥质滩涂、盐沼及牡蛎礁生态系统，提升海洋生态系统服务功能，助力碳中和目标，保障生态安全。"滨海新区海洋局相关负责人介绍说，这与申报文件的精神十分契合。

记者注意到，天津修复项目中包含了一项退养还湿工程，将对约 155.7 公顷的养虾池范围内进行治理，实施养殖围堰拆除和土方整理，然后开展湿地地形塑造。这项工程预计将营造碱蓬湿地 120 公顷，提高生态系统固碳增汇能力，年固碳量预计超过 1000 吨。

海洋生态环境普遍好转

和天津一同通过竞争性评审的项目还有辽宁庄河、江苏盐城和南通、上海、广东湛江、广西北海等地的海洋生态保护修复项目。总计 16 个项目，覆盖我国黄海、渤海、东海、南海沿岸 10 个省市。

这也体现了多年来，我国开展海洋生态保护修复工作的广度和力度。

受围填海工程、入海污染物大量排放、过度捕捞、近海资源开发与密集运输等人类活动影响，以及全球气候变化、自然灾害等自然因素的共同作用，我国海洋生态环境曾经形势严峻，赤潮、绿潮等海洋生态灾害频发，滨海湿地面积缩减，海水自然净化及修复能力不断下降，自然岸线减少，海岛岛体受损以及生态系统受到威胁。

这一趋势在党的十八大以来得到扭转。2015 年，党的十八届五中全会提出"开展蓝色海湾整治行动"。随后，该整治行动被列为"十三五"规划纲要中的重大海洋工程。2016 年以来，国家支持沿海开展蓝色海湾整治行动，福建厦门、广东汕头等成为全国首批 18 个试点城市，主要实施了海岸整治修复、滨海湿地恢复和植被种植、近岸构筑物清理与清淤疏浚整治、生态廊道建设、修复受损岛体等工程。

数据显示，"十三五"期间，实施蓝色港湾整治行动、海洋保护修复工程、渤海综合治理攻坚战行动计划、红树林保护修复专项行动，全国整治修复岸线 1200 公里，滨海湿地 34.5 万亩。

受益于此，渤海海域到 2020 年，近岸海域水质优良比例达到 82.3%，比 2018 年增加 16.9 个百分点。环渤海三省一市共整治修复岸线 132 公里，37.5% 的渤海近岸海域划入海洋生态保护红线区。

依托渤海综合治理攻坚战、"蓝色海湾"整治修复规划，天津市海洋生态环境

天津南堤滨海步道公园一景（李然／摄）

质量达到近年来最好水平。

天津市生态环境局相关负责人介绍，天津 12 条入海河流，从 2017 年的"全部为劣"，改善为 2020 年的"全部消劣"。近岸海域优良水质比例达到 70.4%，比 2017 年提高 53.8 个百分点，在环渤海三省一市中改善幅度最大。

同时，天津严守海洋生态保护红线，除国家重大战略项目外，全面停止新增围填海项目审批。2018 年至 2020 年，天津全面开展岸线岸滩综合整治，滨海湿地修复面积达 531.87 公顷，整治修复岸线 4.78 公里。严格落实海洋伏季休渔制度，海洋捕捞总产量与 2015 年相比减少 25%，增殖放流各类苗种近 72 亿单位。

"如今沿海湿地内水系丰盈，植被得到恢复，吸引来的鸟类种类和数量以及珍稀鸟类的种数都大幅度增长。"刘莉表示，由于岸线景观得到改善，天津的海岸线已成为京津冀游客的亲海生态廊道，吸引大量市民参观游览，不断提升人民生活的幸福指数。

保护修复任重道远

在看到成绩的同时，由于我国在生态方面的历史欠账还比较多，问题积累多、现实矛盾也比较多，生态保护修复任务仍然艰巨。

2020 年，国家发展改革委、自然资源部联合印发《全国重要生态系统保护和修复重大工程总体规划（2021—2035 年）》，明确提到，当前存在生态保护和修复系统性不足等问题。公开资料也显示，在一些地方还存在着"一边建设一边破坏一边修复"的怪象。

在沿海地区工作的全国人大代表滕宝贵认为，以《海洋环境保护法》为主体的海洋环境保护法律法规体系还不健全，存在违法成本过低等问题。例如，在海洋大省海南，海砂盗采一度猖獗，而根据《海南省海洋环境保护规定》，对盗采海砂的一般情形处罚金额顶格 5 万元，严重情形最高处以 20 万元罚款。这与盗采行为几十上百万元的非法获益以及盗采行为导致的生态灾难十分不成比例。

同时，由于海洋生态的特殊性，海洋生态环境保护修复还是一项跨地区、跨部门、跨行业的复杂而特殊的系统工程。然而"九龙治海"的格局在一定程度上仍然存在。

为克服这一机制障碍，在渤海综合治理过程中，天津市首先打破原有工作格局，不仅成了市级指挥部，统筹推动重点任务和重大工程，还将生态保护纳入督查工作，派出督办检查组常年驻守各区，对发现的入海河流和海域污染问题督促责任区整改落实。市级生态环境、自然资源、水务、农业农村、交通、海事等部门各司其职、密切配合；建立实施湾长制，建立问题、责任和任务三个清单，最终形成了"党政同责、齐抓共管"的协同治海新格局。

此外，从国家海洋督察通报看，还有地方因为配套资金匹配不到位的问题，导致中央资助整治修复项目推进不力进展缓慢。一些业内人士坦言，目前海洋生态保护修复投入机制仍未理顺，部分地方政府过度依赖中央财政资金投入，尚未建立资金筹措长效机制，也未形成多渠道投入机制。

自然资源部第三海洋研究所专家陈克亮等人士认为，全国海洋生态修复涉及项目多，前期资金投入大、周期长。国家和地方政策文件都"鼓励建立海岸带综合治理、生态修复项目多元化投资机制"，目前社会资本参与的激励机制和模式上仍然有很大的提升空间。

记者注意到，在天津海洋生态保护修复项目通过评审后仅 1 个月后，中央财政首笔 2.5 亿元资金就下达到位。"现在项目各项前期工作已经开始。整体项目计划工期为 2 年，其中 2022 年主要开展项目准备与部分工程的实施，2023 年将完成项目验收、监测与效果评估工作。"张士琦说。

（本文首发于 2022 年 3 月 17 日，总第 851 期）

为了大河再奔涌

文 /《瞭望东方周刊》记者王剑英　编辑高雪梅

为了这条大河，从中央到地方，都付出了巨大的艰辛与努力。
这是中国探索流域治理新路径的实践之旅。

"这么多年，我们管水不见水，只能管沙子，想想真是难过……"胡玉海对《瞭望东方周刊》回忆时说，自1989年大学毕业进入北京市永定河管理处工作后，他和永定河打了33年交道，"现在有水了，真的特别美"。

"特别美"三个字，他是一字一顿地说出来的，附带着一连串开怀的笑声。

胡玉海现任永定河综合治理与生态修复领导小组办公室项目组组长，说这话时，他和本刊记者站在卢沟桥拦河闸大坝上，看着脚下奔涌的永定河，约500米宽的河面烟波浩渺，两岸绿树成荫，飞鸟蹁跹。

"20多年前，《还珠格格》拍沙漠戏正是在永定河河道里取的景。"北京市卢沟桥分洪枢纽管理所所长白建华感慨，"唱的就是那个'你是风儿我是沙'。"

几米开外，数名记者手持录音笔，围着永定河管理处副主任刘金书，听他兴致高昂地介绍："我们将进一步加大钓鱼平台、亲水平台设施的建设，增加鸟类观测平台。永定河中堤计划于年内开放，市民可以沿着亲水步道漫步，欣赏永定河河岸风光。"

这是6月13日，由北京市水务局组织的永定河春季补水媒体采访活动中的一个场景，展现的是这条大河重焕生机的巨大命运转折，以及建设者们的心绪起伏。

2022年，永定河水流将实现"连山通海"，且维持流动不少于100天。山，指的是永定河源头山西宁武县管涔山；海，指的是永定河最终奔涌而入的渤海。

永定河门城湖段

作为海河流域的最大支流，永定河有着 300 万年历史，流经山西、内蒙古、河北、北京、天津五省份，也是北京这座千年古都的"母亲河"。

为了这条大河再度奔涌，从中央到地方，都付出了巨大的艰辛与努力。这是中国探索流域治理新路径的实践之旅。

当河水不再流

"当山峰没有棱角的时候，当河水不再流，当时间停住日夜不分，当天地万物化为虚有……"曾红极一时的歌曲《当》中，河水不再流与山峰没有棱角并列，表达的是两种情形的极端罕见。

永定河曾多年没有流淌。

54 岁的马军是环保组织北京公众环境研究中心主任，他从小生活在北京市海淀区，离家不远便是永定河引水渠。小时候，他在水渠里摸鱼、抓虾，还学会了游泳。后来眼看着这条河逐渐干涸，"大部分年份，除非雨季发洪水，就没见过这条河里有流动的水"。

"河流，河流，有水才能流，流动是河的生命力，否则就成了一潭死水。"北京市环保局退休水环境专家王建对《瞭望东方周刊》说，永定河生态是他职业生涯中最重要的研究对象。

胡玉海说："水是河的魂。"

但永定河"失魂"已久。

"永定河，出西山，碧水环绕北京湾。"其实，历史上的永定河中上游地区雨量丰沛，它曾有过黑水河、浑河、无定河等名字，便和其河水浑浊、洪灾频发有关。清康熙七年（1668 年）七月，连日大雨，水流冲开永定河大堤，涌进京城。时人彭孙贻著《客舍偶闻》中记述：宣武门一带水深五尺，洪水漫过城壕，淹没桥梁，水声如雷，水势似泻。20 世纪 50 年代修建的官厅水库，是新中国建设的第一座大型水库，当时最主要目的就是解除永定河下游的洪涝灾害。

20 世纪 80 年代后，永定河流域连续干旱，水资源日益紧张。国家发改委 2017 年公布的资料显示：近十年来，永定河主要河段年均干涸 121 天，年均断流 316 天……下游平原河道 1996 年后完全断流；进入 21 世纪，河口入海水量较多年平均量锐减了97.5%。

"我们应该还永定河本来面目，让它常年自由自在地奔流不息。" 提出"北京母亲河"概念的北京地理学会副理事长朱祖希曾这样疾呼，"只有恢复它作为一条自然河流的生态状况，已经被破坏的生态环境才能得以修复。否则，其他一切都是空谈。"

将永定河逐步恢复成流动的河、绿色的河、清洁的河、安全的河，这是 2016 年底国家对于永定河治理指出的明确方向与目标。四个目标的核心是水生态，而"流动"是基础，因此被排在首位。

要流动，首先得有水。

"资源性缺水是永定河最大的特点，也是它的软肋。"永定河流域投资公司董事长孙国升告诉《瞭望东方周刊》，"国内几乎没有比永定河流域更缺水的流域了。"

永定河全长 747 公里，流经山西、内蒙古、河北、北京、天津等五省份共 51 个县市，流域面积 4.7 万平方公里。沿线的北京、天津、张家口、大同、朔州等地，自古都是人口聚集区，商业活动繁荣，生产生活需水量大。

据统计，2001 年—2014 年永定河山区平均水资源总量为 21.02 亿立方米，年均供水总量达到 20.32 亿立方米，水资源开发利用率高达 97%。

仅北京一城，一年的需水量就高达 30 亿立方米。

"截至目前，永定河流域自身的水是无法满足流域人口需求的。别说奔涌，连基本使用都不够。"孙国升说，"其必须得到国家水资源战略的支撑。"

2021 年 7 月 8 日，河北省怀来县官厅水库国家湿地公园景色

"握手"黄河长江

无水难题如何破？开源节流。

农业是永定河流域的用水大户，也是主要节水对象。在官厅水库上游用水中，农业用水占比 66%。2019 年，水利部提出，有序推动永定河流域上游农业节水 1.41 亿立方米。

孙国升介绍，2021 年农业灌溉引水量已较 2019 年减少 0.43 亿立方米，农业节水成效已初显，目前仍在大力推进中。

相比节流，开源更具分量。

一方面，从外部"调"。在国家的战略统筹下，在兄弟省市的支援下，黄河、长江联手补水永定河：

2019 年，通过山西、内蒙古交界处的万家寨水利枢纽引 1.9 亿立方米黄河水，经过 400 公里长途跋涉进入永定河，其中 1 亿立方米用于沿线自然生态，9000 万立方米到达官厅水库后再向下游河道补水——中华民族的母亲河黄河与北京的母亲河永定河实现历史性"握手"。

2021 年，通过南水北调中线工程，8636 万立方米长江水首次汇入永定河。它们从近 1300 公里外的湖北丹江口水库奔波而来，仅南水北调干渠部分，就途经铁路交叉工程 51 座、倒虹吸工程 102 座、渡槽工程 27 座、公路交叉建筑物 1237 座……这一年，永定河实现自 1995 年以来的首次全线通水。

另一方面，本流域内"筹"。5 年前，在水利部海河水利委员会统筹调度下，北京市同山西、河北、天津实施流域水资源优化配置和生态水量统一调度，官厅水库上游的多座大型水库开闸放水，补水永定河。

再生水是"开源"中颇为独特的一部分：2021 年，一条长 33.4 公里的管道从北京小红门再生水厂被敷设接入永定河，当年就为永定河生态补水 3317 万立方米。凭借北京近十年来快速提升污水处理能力，再生水已成为城市稳定的第二水源。

4 月 1 日，永定河启动 2022 年度春季生态补水；5 月 12 日 8 时，水头到达天津屈家店枢纽——永定河河道再次全线贯通。6 月 15 日，本年度春季补水完成。

刘金书介绍，本次补水，通过官厅水库及下游各水源累计向永定河平原段生态补水 2.8 亿立方米；其中，官厅水库补水 2.55 亿立方米，斋堂水库补水 437 万立方米，

2021 年 4 月 24 日，位于山西省朔州市平鲁区白堂乡的万家寨引黄工程北干线 1 号隧洞开闸放水，黄河水将经七里河注入桑干河、永定河（王飞航/摄）

小红门再生水厂补水 1105 万立方米，南水北调中线工程补水 933 万立方米。

根据海河水利委员会的调度规划，2022 年计划引 2.35 亿立方米黄河水输往官厅水库。

2017 年以来，通过不断强化流域生态水量统一调度，实现了当地水、再生水、引黄水和引江水"四水统筹"，以及官厅、册田、友谊、东榆林、洋河、镇子梁和壶流河水库"七库联调"，永定河累计获得生态补水 21.5 亿立方米。这相当于 1075 个北京昆明湖的水量。

马军说，看着多年干涸的永定河重现河水浩荡的盛况，看着沿岸市民乐享绿色生态，心里涌起一股复杂的情绪，一则欣慰，二则感慨："我们要意识到背后付出的巨大努力。永定河全线流淌非常不易，要倍加珍惜。"

朱祖希告诉《瞭望东方周刊》，永定河官厅水库以上的流域面积约占全流域面积的 80% 以上，但年均降雨量仅 400 毫米，且多集中于 7、8 月份，山高坡陡，径流流失严重。只有从全局出发，把流域外调水与流域截流结合起来，统一管理、调配水资源才是必由之路。

全流域一盘棋

为了大河再度奔涌，背后所付出的巨大艰辛，水务工作者、建设者们心中最为有数。

永定河沿线各城市经济发展水平不同，利益诉求也不尽相同，各地都十分缺水，当水资源紧缺时，难免出现矛盾冲突。

"在很长时间里，各级政府对永定河非常关注，也在持续治理，但仍改变不了局部改善、总体恶化的现象。"孙国升坦承。

许多治理工程令本地得到一时福利，但永定河河道里流动的水却越来越少，整体生态呈不断恶化之势。

破局的关键，在于树立全流域一盘棋意识，要有一个强有力的机构协调统筹。

王建对此深有体会。官厅水系水源保护领导小组办公室是成立于 1971 年的高规格水源保护机构。当年，官厅水库发生严重污染的"死鱼"事件，由中央 13 个部委和京津冀晋蒙联合组成领导小组并设办公室，核心使命是治污。王建当时就在领导小组办公室工作。

领导小组成立后，经过治理，污染势头得到遏制，到 1980 年前后官厅水库及周边水体已经接近二类水标准。但由于各种原因，领导小组及办公室于 1983 年被裁撤。

之后，永定河水质不断恶化，常年处于五类和劣五类，官厅水库也在 1997 年被迫退出城市生活饮用水系。

另一方面，从上世纪80年代开始，由于气候连年干旱，降水稀少，为截取地表径流，各地不断"圈水"，永定河中上游修了275座水库。

"流域的整体性、环境的多样性、关系的有机性和发展的持续性，这是流域管理的四个特性，不能忽视。"王建说，"一条河应该有一个整体目标，而一个强有力的机构既是实现该目标的措施，也是保证。"

在官厅水系水源保护领导小组办公室裁撤34年后，为了将永定河恢复成流动的河、绿色的河、清洁的河、安全的河，跨部门、跨地区的流域治理协调机构再度诞生。2017年3月，永定河综合治理与生态修复部省协调领导小组（以下简称为"新领导小组"）正式成立，国家发改委、水利部、国家林业局（后更名为国家林草局）、京津冀晋四省市人民政府及国家开发银行、中国交通建设集团共同参与组建。

新领导小组的使命很明确：通过制定年度工作要点、加强沟通协调、严格监督检查，破解跨省域、协调难等治理难题。

"永定河之所以能通水，能形成好的治理效果，关键是有了一体化治理的机制。"孙国升说。

职业河工

新领导小组与当年的官厅水系水源保护领导小组均为行政指挥部性质，但这次还有个新的大动作，使得中国在流域治理方面，往前迈出了新的一步：这就是2018年组建的永定河流域投资有限公司。

公司由京、津、冀、晋四省市人民政府和中国交通建设集团共同出资并主管，各方股东出资比例分别为35%、5%、15%、15%和30%，参照北京市属一级企业管理，南水北调北京办原主任孙国升为公司董事长。

"这是为了治理永定河而拉出来的一支专门队伍。"孙国升说，"说白了，我们就是永定河的职业河工。"

这支队伍的职责是，基于四省市签订的战略合作，从投资、建设、运行、管理各环节，全生命周期负责永定河生态治理，以投资主体一体化带动流域治理一体化。

目前，该公司拥有500多名员工、15个部门，并设有北京、天津、张家口、廊坊、大同、朔州6家分公司，近20家子公司和3只基金。

孙国升表示，行政指挥部能够较为有效地解决流域分割治理的问题，但因治理主

北京永定河峡谷

体虚化，无法完美解决可持续投入的问题。通过成立专门公司进行投建管运一体化，就可真正做到政府、市场两手发力，保证治理要素的长期可持续投入。

他评价："这是新中国水利工程史和流域治理史上的里程碑事件。"

原来由中央和各省市投入的治河资金，交由公司统筹管理。但财政性资金远远不够，初步测算，永定河治理所需资金的 60% 需要通过市场化手段筹集。

根据《永定河综合治理与生态修复总体方案》，各级政府安排了 78 个重点建设项目，总投资 369.8 亿元。截至 2021 年底，已开工项目 56 个，投资规模 185.7 亿元；共治理河段 668 公里、建设堤防 328 公里、疏挖河道 209 公里、建设巡河道路 222 公里。

对于新时期治河与过去的不同，王建和孙国升不约而同提到一点：当下，生态理念、生态认知高度一致。

"当年抓污染、抓生态，不像抓经济那么理直气壮、那么强有力。"王建语音中透着遗憾。

今日，绿水青山就是金山银山的生态理念，已成为全国上下高度统一的认知，这是永定河治理取得巨大成效的最深层保障。

一城一策

5月18日，卢沟桥拦河闸处，数十名水务工作者和多家媒体记者共同见证了一场壮观的开闸放水：18个闸口中，同时升起8个，最大下泄流量达每秒500立方米——这是卢沟桥拦河闸建成35年以来的最大过水量。

水流从闸口冲击而下，翻涌出白色的浪花，携带着巨大的势能，朝下游河道奔涌而去。

这次放水有一个学名：脉冲泄水试验。

北京市水资源调度管理事务中心副主任王俊文告诉《瞭望东方周刊》，在人工疏挖诱导分流的基础上，利用大流量下泄过程，冲刷河道、打通堵点、塑造河槽，进一步稳定永定河平原南段主槽形态，恢复河流的功能。

"以水开路"求"破"，以自然之力打通河流通道；"用水引路"求"立"，以自然之势重塑河流形态。这是北京在永定河治理中"用生态办法解决生态问题"的探索与实践。

自2017年至今，永定河共进行了5次生态补水、4次脉冲泄水试验，基本实现了湿河底、拉河槽、定河型、复生态的目标。

用生态办法解决生态问题，永定河沿线城市各有侧重。

2020年7月8日，天津永定新河口左岸滨海湿地生态修复项目，为迁徙鸟类提供了栖息和觅食场所

朔州市以"浚河、控污、固堤、绿岸、增水、兴业"为目标，指导推进"清河行动"；

大同市提出围绕"水清、岸绿、景美"持续开展"清河行动"；

张家口市提出"采砂、固表、整形、筑堤、覆绿、蓄水"多管齐下，在实现"清洁的河"方面收到了良好效果；

天津市提出打造"流动、绿色、清洁、安全"的人水和谐生态纽带，增强人民群众的幸福感和获得感；

······

孙国升表示，用生态的办法解决生态问题，本质是尊重水的规律，变工程治水为生态治水，"不要动不动就是钢筋混凝土工程"。

生态补水以及脉冲泄水，不仅是策略、手段，也是一门技术活儿。

由于多年断流，永定河平原段下垫面条件极差，纵断面呈锯齿状，地下水严重超采，沿线分布大大小小 10 多处砂坑。最大的砂坑容积高达 1800 万立方米，相当于 9 个昆明湖。仅北京段河道沿线，就有三座水库、三个水电站、多处大型拦河闸坝、跨河桥和穿河管线等设施，山峡段落差高达 340 米。每一次实操，都需克服

补水前与补水后的卢沟桥

2020年5月13日，市民在京原漫水桥上观看流经的永定河水。5月12日，永定河北京段时隔25年实现全线通水。自4月20日起，永定河启动大规模生态补水

重重挑战。

"以脉冲泄水试验为例，我们既要精准算水量账，保障有足够水量和强度完成试验，还要精细算成本账，充分考虑沿河人员和工程安全。每一条调度指令都是经过反复讨论和验算后形成的。"王俊文说。

刘金书介绍，本次春季补水期间，永定河管理处24小时值班值守，脉冲补水期间实行一小时一报，重要时刻、重点节点随时加报，确保精细化调度。卢沟桥机闸24小时待命，随时根据水情和指令调整闸门开度，共计调闸68次。此外，共计出动巡查12648人次，劝离涉河危险行为12533人次，清理垃圾411立方米。

人努力，天帮忙

始于1971年的官厅水系水源保护工作，是新中国第一项跨区域环境保护工程，在治污的同时，摸索出了许多有价值的经验，比如开展了全国第一个环境影响评价项目，以及全国最早的水质规划等。

47年后，永定河流域投资有限公司的成立作为我国流域治理模式的一次大胆创新，身上承担着新时期探索流域治理新路径，打造可复制、可推广的"永定河样本"的使命。

为解决永定河天津武清段项目的 60% 建设资金难题,永定河流域投资公司与天津市发改委、天津市财政局等联手开创了债券发行新模式。2021 年 10 月,为该项目定制的政府专项债券在天津正式发行,债券总额为 4.1 亿元、期限为 10 年。这是首个津外公司在津发行政府专项债券的成功案例。

一些探索已经落地,有些探索还在路上。比如,生态文明建设如何与经济价值关联、生态产品如何换回真金白银?

"永定河从干涸到流动起来,值多少钱?怎么算?经济效益谁补偿?"孙国升表示,"虽然文件规定,地方政府要购买永定河流域公司的生态服务价值,但这还在协商摸索中。现在主要是体现永定河生态的社会效益,首先得把生态建好。"

在北京房山区和大兴区交界地带的永定河河道,曾有数家高尔夫俱乐部,被称为"高尔夫一条街"。前两年,补水期间球场被淹而歇业、俱乐部遭整改的新闻备受关注。回忆多年前看到干涸河床上的高尔夫球场密集喷灌的情景,马军至今仍感到痛心:"仅剩一点能支持沿河生态的潜流,也被拿来灌溉球场草坪,这是真正的奢侈用水。"

永定河之所以多年断流,降水不足也是重要原因。自 20 世纪 80 年代以后,北京降水量明显下降。据北京市气象局的历史资料,1956—1980 年平均降水量为 629.8 毫米,1981—2000 年为 574.4 毫米,2001—2008 年仅为 434.6 毫米。

近几年,北京降水量整体提升明显,2021 年更是迎来丰水年,全市平均降水量达 924 毫米。

6 月 1 日,北京市气象局发布汛期预测:预计今年夏季(6 ~ 8 月),北京地区降水量为 450 ~ 530 毫米,比常年同期(374.9 毫米)偏多二至四成;海河流域降水量为 400 毫米左右,比常年同期偏多二成左右,永定河流域降水量偏多一至三成。

心永定,流方远——这是永定河公司宣传片的主题词。天时给力,令永定河治理圈里悄然流传着一句话:人努力,天帮忙。

(本文首发于 2022 年 7 月 21 日,总第 860 期)

黑龙江：守护"耕地中的大熊猫"

文／《瞭望东方周刊》记者王建、黄腾　编辑高雪梅

黑土地被誉为"耕地中的大熊猫"，东北黑土层厚度已由 20 世纪 50 年代的 60 至 70 厘米，下降到目前的 20 至 30 厘米。

2022 年 8 月 1 日，《中华人民共和国黑土地保护法》正式实施，这是我国首次对黑土地保护进行立法。

黑土地被誉为"耕地中的大熊猫"，是世界上最肥沃的土壤。"捏把黑土冒油花，插双筷子也发芽。"人们曾这样形容黑土地。

黑龙江省是黑土地大省，黑土地面积占全国黑土地面积的 45.7%，其中，典型黑土区耕地面积占东北典型黑土区耕地总面积的 56.1%。然而，由于黑土地多年来一直处于高强度利用状态，土地肥力长期透支，加之重用轻养、土壤侵蚀等原因，土壤有机质含量下降，生态功能退化，给我国农业可持续发展和粮食安全带来挑战。

针对黑土地退化现象，黑龙江通过采取秸秆还田、增施有机肥、深松深翻、轮作休耕、治理水土流失等多项保护措施，部分地区黑土地退化现象有所缓解，黑土地正逐步重回绿色和健康状态。

"薄""瘦""硬"

黑土形成极为缓慢，在自然条件下，形成 1 厘米厚的黑土层需要 200 年至 400 年。

《瞭望东方周刊》记者在东北松嫩平原和三江平原采访时，一些种粮大户、合作社负责人反映，部分黑土地土壤有机质呈现不断下降趋势。黑龙江省一名种粮大户当着记者的面在地上挖下去不到一锹深，下面便露出了黄土。据了解，东北黑土层

2022 年 5 月 23 日，黑龙江省海伦市前进镇光荣村已完成播种的黑土耕地（谢剑飞／摄）

厚度已由 20 世纪 50 年代的 60 至 70 厘米，下降到目前的 20 至 30 厘米。

中国科学院东北地理与农业生态研究所研究人员观测发现，东北黑土带的退化主要表现在两个方面：一是耕层土壤的有机质含量下降；二是黑土从坡上流到坡下，土壤移动造成坡耕地质量下降。

黑土地之所以"黑"，在于其覆盖着一层黑色的腐殖质，土壤中有机质含量高、土质疏松、适宜耕作，但多年的重用轻养导致有机质含量持续降低。

2017 年，国家相关部委印发的《东北黑土地保护规划纲要（2017—2030 年）》指出，近 60 年来，东北黑土地耕作层土壤有机质含量平均下降 1/3，部分地区下降 50%，辽河平原多数地区土壤有机质含量已降到 20g/kg 以下。

一些农民形象地说，现在的黑土地越来越"馋"。水土流失导致黑土层变薄，部分坡耕地已变成肥力较低的薄层黑土，有的甚至露出底层黄土，成为老百姓眼中的"破皮黄"黑土。

根据中科院 2021 年 7 月发布的《东北黑土地白皮书（2020）》，东北黑土地正面临着坡地开垦导致土壤侵蚀加剧、土壤有机质与养分元素衰减和土壤结构改变与蓄水能力下降等问题。耕地损毁，有机质含量下降，蓄水和供肥能力降低，使黑土地变"薄"、变"瘦"、变"硬"。

国家立法保护

如何建立黑土地长效保护机制？关键是依法保护。2022年6月24日，《中华人民共和国黑土地保护法》由十三届全国人大常委会第三十五次会议表决通过，8月1日起正式施行。国家专门立法保护"耕地中的大熊猫"，释放了保护耕地、惜土如金的重要信号。在世界四大黑土区中，我国是唯一在国家层面进行专门立法保护的国家。通过国家立法，以"长牙齿"的硬措施保护耕地，标志着中国黑土地保护迈入法治化、规范化轨道。

黑龙江省黑土保护利用研究院院长刘杰说，相关法律为今后依法加强黑土地保护利用指明了方向，有利于遏制黑土地退化、提升耕地地力，进一步提高中国东北地区粮食生产能力，让"中国饭碗"端得更牢。

2022年3月1日，《黑龙江省黑土地保护利用条例》（以下简称《条例》）正式实施，条例强化了黑土地保护的考核监督，严禁偷采盗挖、非法买卖等各类破坏黑土资源的行为。《条例》还确定，每年5月25日所在周设定为"黑龙江省黑土地保护周"。

今年春天，黑龙江省绥化市绥棱县九井村党支部书记蒋庆财多了一个新头衔：田长。对"遏制耕地'非农化'、打击盗采黑土、秸秆还田等制度措施"进行广泛宣传，这就是他的职责。

为保护利用好黑土，今年黑龙江在全省范围内全面推行"田长制"，建立省、市、县、乡、村和网格、户"5+2"七级田长的责任分工体系，以确保黑土地数量不减，质量提升。蒋庆财成了村里1万多亩地的村级田长。

在黑龙江省双鸭山市宝清县，"田长制"实施情况被纳入全县综合目标考核体系，对履职突出的各级田长给予奖励，对失职渎职的坚决约谈问责。

近年来，黑龙江省严格落实耕地保护党政同责要求，把耕地保护作为刚性指标实行严格考核、一票否决、终身追责，用得力措施保护每一寸耕地。

黑龙江还通过耕地质量监测为黑土"把脉"。在黑龙江省青冈县沃土丰达现代农机专业合作社的一块农田，地头有一片围起来的黑土监测区、农业气象综合监测站。"这是我们建立的耕地质量监测点。"青冈县农业农村局副局长金一鸣说，通过这些设备，能够自动监测土壤墒情、"健康"状况等。监测数据为农业部门合理利用耕地、改良土壤、培肥地力提供科学依据。

《瞭望东方周刊》记者从黑龙江省农业农村厅了解到，黑龙以2亿多亩耕地为基数，按照每10万亩耕地设置1个耕地质量监测点，统筹布设耕地质量监测点2480个。

为黑土地"增绿"

"这几年地里重新变热闹了。"北大荒集团普阳农场有限公司职工夏金龙站在地头，看着稻田里的农机说，前些年种地，农药化肥越用越多，土壤板结，地里青蛙都少见。近几年，农药和化肥越用越少，夏天地里水鸟起落，蛙鸣此起彼伏。

夏金龙今年种了 450 多亩水稻，秋收后，收购方将以每吨高于市场价 100 元的价格进行收购，"现在有 260 多亩地完成了绿色认证，绿色水稻在市场上更吃香"。

绿色种植不仅减少了对土壤的污染和土质的破坏，还改善了生态环境，让庄稼种植有了更多"新花样"。

前几天，在北大荒集团二道河农场有限公司第六管理区，螯蟹稻种养户苏忠波接待了不少商贩，他家的螯蟹被预订一空。"蟹稻共作，需要降低水田地块农药、化肥使用量，能增加土壤通透性，改善水稻根系生长环境。"苏忠波说，螃蟹的排泄物还能促进微生物繁殖，改善土壤生物活性，蟹和米两项产出，双重效益。

"我们根据测土配方土壤样本中有机质含量，给出每亩地有机肥替代化肥用量的建议。"在北大荒集团前哨农场有限公司，农业科技服务中心技术员郑乐说，每年秋收后，农场都会对土壤有机质含量等指标进行检测，检测结果将成为下一年施肥的依据。

2022 年 5 月 19 日，伊春林区肥沃的土壤（王松／摄）

2021 年，仅二道河农场有限公司所在的建三江垦区就实现有机肥替代化肥 225 万亩，土壤肥力全面提升。

在黑龙江，曾经被人们所嫌弃的"臭大粪"又成为农民心中的"稀罕物"。在养殖大县望奎县，一种粪肥资源化利用种养循环新模式正被农民追捧。

望奎县农业农村局畜牧兽医股负责人那宏宇介绍，养殖户将畜禽粪便运到所在屯的干粪池，各村将收集池内发酵后的粪便运走，将掺混作物秸秆二次发酵后，统一抛撒还田，"这种模式不仅有效改善了环境，还可以使畜禽粪便得到合理利用，增加土壤肥力，可谓一举两得"。

望奎县龙薯现代农业农民专业合作社联社生产负责人唐文学说，合作社也是种养循环模式的受益者，秋收后，用大型农机对沤好的粪肥进行集中还田，将提高耕地有机质含量和来年农作物的品质。

据了解，种养循环模式已在望奎县推行，当地投资 500 万元建设了 80 处高标准集中沤肥场，年可堆沤发酵粪肥 50 万吨，还田面积在 40 万亩以上。望奎县力争在五年内使全县耕地有机质含量平均提高 0.2 至 0.5 个百分点，化肥减量 5% 以上。

黑土保护不断夯实粮食稳产基础。目前，黑龙江全省耕地质量平均等级 3.46 等，高出东北黑土区 0.13 个等级。2021 年，黑龙江省粮食总产量 1573.54 亿斤，比上年增加 65.34 亿斤。

为黑土地"加油"

"现在种大豆，好地块亩产 300 斤问题不大，村里老人说以前产 100 斤都难。"站在自家地头，黑龙江省拜泉县上升乡团结村的邹向成望着刚播种过的耕地说，村里老人讲，五六十年前，当地水土流失十分严重，春天刮大风，夏季下大雨，一些黑土被冲进侵蚀沟。

为保护黑土耕地，人们在耕地边植树，形成林田网格来防风固土，还用柳树枝填满侵蚀沟，使其生根发芽，降低水的流速，减少土壤流失，如今拜泉县水土流失得到极大改善。

水土流失是导致黑土地退化的重要原因之一。刘杰说，以玉米秸秆覆盖为核心的保护性耕作模式，是解决黑土遭受侵蚀的有效方法。

在北大荒集团二九一农场有限公司，秸秆覆盖的黑土地，一踩一个脚印。种植户李艳海种了 1500 多亩玉米，连续 7 年通过玉米秸秆覆盖模式保护黑土地。

据二九一农场有限公司农业生产部副部长陈国建介绍，实施多年的秸秆覆盖模式不仅增加了土壤有机质，改善了土壤生物性状，一些地块有了蚯蚓，还能减少土壤被风雨侵蚀，具有明显的防止水土流失效果。

秸秆还田则有利于增加土壤有机质含量，提升地力。"这几年通过秸秆粉碎全量还田等黑土保护措施，效果确实明显，土质疏松了，产量也提高了。"站在田埂上，说起黑土地保护带来的好处，付正武打开了话匣子。

付正武是黑龙江省海伦市自新农机农民专业合作社理事长。他脚下的黑土地，位于东北松辽流域寒地黑土核心区。2018 年，海伦市被农业农村部确定为实施黑土地保护利用整建制推进试点县。付正武经营的 2000 多亩地成为试验田，采取秸秆深埋还田等方式，为黑土地"加油"，以提高有机质含量。

秋收之时，北大荒集团建三江分公司都会组织收割机配齐抛撒器，直接把粉碎成 10 厘米左右的秸秆还田，再进行 20 厘米至 22 厘米的深翻作业，翻地施尿素加速秸秆腐烂速度，补充秸秆腐烂过程中消耗的氮素。

近年来，黑龙江省根据当地土壤类型和气候条件，探索形成以秸秆翻埋还田、秸秆粉碎还田、秸秆覆盖免耕等为主的"龙江模式"和以水稻秸秆翻埋、旋耕和原茬打浆还田为主的"三江模式"。这两种模式被列为全国黑土地保护主推技术模式。

合理进行耕地轮作，有效"藏粮于地"。黑龙江省绥棱县向荣现代农机专业合作社 2021 年种了 7000 余亩玉米，2022 年轮作改种大豆。合作社负责人刘峰说，轮作有利于保护黑土地，减少病虫害，提高土壤肥力。今年，黑龙江省耕地轮作试点面积达 1500 万亩。

保护黑土地，高标准农田建设确保良田良用。在黑龙江省庆安县东禾农业高标准水稻示范基地，"方田化"的稻田规整有序，田成方，林成网，渠相通，路相连，旱能浇，涝能排……

2021 年，黑龙江省落实高标准农田建设面积 1010 万亩，总投资 128.12 亿元，比上年分别增加 156 万亩和 27.95 亿元，建设任务和投资均大幅增长。到今年底，黑龙江省将建成 1 亿亩高标准农田。

《瞭望东方周刊》记者在调查中发现，广大农民保护黑土地的积极性已明显提升，针对秸秆还田、深松整地所需资金较多等问题，刘杰建议，可充分发挥黑土地保护试点的示范带动作用，以新型经营主体为引领，调动农民保护黑土地的主动性和积极性，形成合力，久久为功，持续推进黑土地保护。

（本文首发于 2022 年 8 月 18 日，总第 862 期）

重庆：推进绿色发展，
打造"美丽经济"

文/《瞭望东方周刊》记者周凯　编辑高雪梅

重庆，地处三峡库区腹心地带，是长江上游生态屏障的最后一道关口。

重庆，地处三峡库区腹心地带，是长江上游生态屏障的最后一道关口，肩负着"保护好三峡库区和长江母亲河""在推进长江经济带绿色发展中发挥示范作用"的职责使命。

作为长江经济带"共抓大保护、不搞大开发"的提出地，重庆担起"上游责任"，深入推进污染防治攻坚战，强力实施长江生态保护修复，走深走实"产业生态化、生态产业化"之路。在迈向"山清水秀美丽之地"的征程中，巴山更青、渝水更绿，重庆正在绘就一幅生态美、百姓富、产业兴的绿色发展"山水画"。

筑牢上游生态屏障

架设在空中的管廊输送原料、中央控制室远程操控、巡检机器人查漏补缺……走进重庆长风化学工业有限公司现代化的厂区，很难想象这是一家有56年历史的老化工企业。

"老厂距离长江较近，加上设备老旧、不在园区，环境风险较高。"该公司负责人杨振宁说，为保护好长江母亲河，公司2021年7月整体搬入长寿国家级经济技术开发区，得益于开发区完善的要素配套和企业新采用的先进技术设备，不但有效管控了环境风险，2022年上半年企业工业增加值同比增长1.6倍，利润也大幅增长。

长寿区是重庆市布局较早的综合化工产业基地，浩浩长江穿城而过，由于过去

2022 年 4 月 10 日，位于重庆奉节境内的瞿塘峡景色（郝源／摄）

产业结构偏重工业、产品以基础化工原料为主，给长江生态保护带来较大压力。近年来，长寿区以长江大保护促进产业大转型，关闭、搬迁 18 家沿江化工企业，同时提出"建设具有全球影响力的新材料高地"目标，以化工原料为基础，向风险低、效益好的合成材料、硅基材料、功能性膜材料延伸产业链。数据显示，目前长江干流长寿段水质稳定在 Ⅱ 类，2022 年上半年长寿区规上工业总产值约 700 亿元，同比增长 16%。

长江、嘉陵江两江交汇，缙云山、中梁山、铜锣山、明月山四山纵列，构成了重庆独特的山水景观。同时，三峡库区腹地的区位，让重庆对长江中下游地区生态安全、饮水安全起到关键作用。长江经济带"共抓大保护、不搞大开发"提出后，重庆聚焦突出环境问题和短板，念好"山"字经、做好水文章，筑牢长江上游生态屏障，一个个像化工产业这样的生态风险"硬骨头"被啃下。

嘉陵江畔的缙云山国家级自然保护区是我国亚热带常绿阔叶林类型生态系统保持最好的区域之一，有"植物物种基因库"的美誉。因紧邻城区、多头管理、发展受限等影响，缙云山保护区内村民一度"靠山吃山"，农家乐无序粗放发展，私搭乱建、违规经营不断"蚕食"林地。

2018 年，重庆市委、市政府开展缙云山保护区环境综合整治，一方面拆除保护区内违法建筑，科学系统修复生态，一方面在全国率先探索生态搬迁，在保护区外围发展生态康养产业,实现了"保生态"与"保民生"的双赢。

涪陵区百胜镇的二次盐榨菜股份合作社一年要腌制青菜头四五百吨,但产生的约100吨废水怎么处理,曾让合作社负责人刘会很头疼。"过去多数榨菜废水直排,污染环境。现在污水管网接通了,废水排入污水处理厂集中处理,我们能增收、环境能增绿。"刘会说。

涪陵是全国知名的榨菜之乡,全区有41家榨菜生产企业,年生产能力超过60万吨,销售额约50亿元。在规模化腌制加工榨菜过程中,每年产生约200万吨的高盐废水,处理难度大、环境风险高。

涪陵区生态环境局相关负责人介绍,涪陵区加快推进榨菜废水深度处理,累计投入治理资金超过1亿元,目前全区所有榨菜生产企业均已完成处理设施技改,榨菜废水日处理能力达到1.4万多吨,确保了榨菜废水得到有效处理。

重庆实施"一区一策"精细管控和空气质量精准预报,重点控制交通、工业、扬尘和生活污染;开展提升污水收集率、污水处理率和处理达标率专项行动,2021年新改扩建11座城市污水处理厂,完成243座乡镇污水处理设施达标改造,建设改造1890公里城镇污水管网;船舶污染物接收转运处置设施基本实现全覆盖;深化川渝生态环保联建联治……

在一系列生态治理"组合拳"下,2021年,长江干流重庆段水质为优,20个监测断面水质均为Ⅱ类,74个纳入国家考核断面水质优良比例达98.6%;重庆中心城区空气质量优良天数为326天,无重度及以上污染天数;全市森林面积6742万亩,森林覆盖率54.5%。

重庆市生态环境局党组书记吴盛海说:"我们将保持力度、延伸深度、拓展广度,聚焦大气、水、土壤等关键领域,深入打好污染防治攻坚战,持续改善生态环境质量,让一江碧水、两岸青山美景永驻,进一步筑牢长江上游重要生态屏障。"

生态伤疤换新颜

在长江上游最大的江心岛——重庆广阳岛上,江风扑面、草树茂盛,湿地生机盎然。然而前些年,这个江心岛曾一度规划超过300万平方米的房地产开发量,导致局部生态被破坏。

2017年8月,重庆市叫停广阳岛"大开发"。经过疏田清湖、丰草植树等系统生态修复,现在定位为"长江风景眼、重庆生态岛"的广阳岛植被覆盖率达90%以上,岛上记录植物从生态修复前的 383 种增加到现在的 594 种，新增记录鸟类 20 种，成为名副其实的生态绿岛，入选联合国《生物多样性公约》第十五次缔约方大会生态修复典型案例。

重庆广阳岛绿色发展有限责任公司党委书记王岳说，广阳岛在生态修复中保护好"鱼场""鸟场""牧场"，融合生态、生活、生产，着力体现山水林田湖草是一个生命共同体。

深入推进污染防治攻坚战的同时，重庆市大力实施长江两岸国土绿化、三峡库区消落带治理、石漠化治理等重大工程，全力修复长江生态系统。

步道蜿蜒、绿草如茵，涪陵区长江边上的石龙山公园是当地居民的休闲好去处。"几年前这里还是漫天灰尘的磷石膏尾矿库，变化太大了。"涪陵市民王晓刚感慨地说。

这个尾矿库属于有 50 多年历史的老化工企业——中化重庆涪陵化工有限公司，过去由于紧靠长江，环保设施不完善，渗滤液漫溢入江隐患突出。2016 年 11 月，中央环保督察指出问题后，中化涪陵启动老厂区环保搬迁，对尾矿库进行生态修复和污水治理，经过 4 年努力，这一长江污染源蜕变成了江边风景线。

重庆市规划和自然资源局相关负责人介绍，2018 年，重庆中心城区"一岛两江三谷四山"区域成功申报山水林田湖草生态保护修复国家工程试点，目前国家绩效考核指标全部提前完成。

如翡翠般碧绿的水体，四周高耸的岩壁，10 余座天然湖泊像珍珠一般镶嵌在群

2022 年 6 月 4 日，游客在重庆缙云山游览（王全超 / 摄）

山峻岭之中……有着"重庆小九寨"之称的渝北区铜锣山矿山公园，吸引了不少游客前来探秘。

这里曾是重庆市最大的石灰岩矿区，2016 年以前，该矿区还是满目疮痍的废弃矿坑群。在长江经济带共抓大保护的理念指引下，当地通过消除安全隐患、植绿覆土、保护坑中水体等生态修复工程，实现了变废为宝。

自 2021 年 6 月开园迎客以来，铜锣山矿山公园已累计接待游客数十万人次。矿山关停后，外出打工多年的村民娄小梅看到生态修复的商机，返乡开了餐馆和便利店。"随着矿山公园功能的逐步完善，游客会越来越多，生意肯定会越来越好。"她说。

生态修复点多面广，仅靠财政投入，压力较大。重庆市积极探索废弃矿坑有偿填埋城市建设渣土、将部分生态受损区域修复成合格农用地后进行交易等市场化机制，撬动更多资金参与生态修复。

本刊记者从重庆市规划和自然资源局获悉，为解决三峡库区中段水土流失等问题、形成上下游协同修复效应，重庆在前期生态修复的基础上，近期开始实施三峡库区腹心地带生态保护修复，并成功申报了国家"十四五"期间第二批山水林田湖草沙一体化保护和修复工程项目，计划用 3 年时间、投资 55.38 亿元，提升三峡库区腹心地带水土保持和水源涵养能力。

绿色发展示范生

有了生态好颜值，重庆市加快生态产品价值实现，大力发展"美丽经济"，让绿水青山变成金山银山。

岛内保护生态，环岛聚集产业。广阳岛上，长江生态文明干部学院等项目正在抓紧施工；广阳岛南北长江两岸，瞄准大数据、大健康等产业的"广阳湾智创生态城"正在火热建设。未来，这里将是重庆市"生态优先、绿色发展"的先行区。

"朝辞白帝彩云间""除却巫山不是云"。重庆市有 11 个区县地处三峡库区腹心地带，这些区县的发展理念和产业结构直接关系到三峡库区水质。近些年，重庆三峡库区护生态、开"文矿"，发展脆李、脐橙、红叶、诗城等农业、文旅产业，让越来越多的群众吃上了"生态饭"。

在巫山县长江边的曲尺乡，2.1 万亩脆李树像一床绿被盖在江边起伏的山头上，一栋栋巴渝特色农房掩映在郁郁葱葱的果树之间。眼下正是脆李丰收的时节，村民们忙着采摘、包装，一辆辆运输车停满了路边，部分优质脆李还通过货运航班运往南京等大城市。

46 岁的村民张科珍捧着一颗颗脆李对记者说："今年脆李每斤能卖 20 多元，我种了约 20 亩脆李，收入有 20 多万元。"春季赏花、夏季品果，通过形成种植、冷链运输、农旅融合等全产业链，如今曲尺乡村民年人均纯收入超过 2 万元。

保护好了山水，也彰显了城市美学。华灯初上，漫步在重庆市南滨路，壮美的长江、嘉陵江在此交汇，两江四岸鳞次栉比的高楼不断变幻着特效光影，美轮美奂。

南滨路上的龙门浩老街，是重庆规模最大的历史文化老街之一，这里部分老建筑曾一度岌岌可危。经修缮，龙门浩老街再现重庆开埠文化、巴渝文化。在老街的城市记忆馆展厅，25 岁的游客王晓边看边对记者说："这里是展示城市历史文化的活化石。"

长嘉汇是重庆市倾心打造的城市会客厅。作为"网红之城""8D 魔幻之城"，近年来重庆市大力实施城市有机更新、优化城市生态、不搞大拆大建，以山城步道串联街巷、滨江、山林，并建好群众身边的社区、坡坎崖等特色公园，为市民游客提供更多近水亲山、文脉传承的公共空间，并催生了文旅产业新业态。

截至 2021 年底，重庆市利用中心城区边角地建设 109 座小而美的社区体育文化公园，绿化美化边坡崖壁等 1300 多处，累计建成各类公园 2000 多个，让市民在家门口就有小花园。

良好生态吸引了人流、物流、信息流，有力提升了重庆市综合竞争力。近年来，重庆以大数据智能化为引领，大力实施创新驱动发展战略行动计划，新能源汽车、生物医药、高端装备等绿色高端产业在这里跑出加速度。2021 年，高技术和战略性新兴制造业占重庆规上工业增加值的比例近一半。

作为重庆汽车产业的主阵地，重庆两江新区一方面克服新冠疫情影响，全力保障关键零部件供应、畅通物流通道；一方面积极抢抓汽车产业智能网联化、新能源化市场机遇，加快产业转型升级。目前，两江新区新能源汽车已覆盖纯电、增程、换电等多种模式，并呈现出量价齐升、产业迈向中高端的态势。2022 年以来，长安汽车、赛力斯等车企推出多款新能源车型，受到市场青睐。2022 年上半年，两江新区完成新能源汽车产量约 6.9 万辆、同比增长 365.7%。

强化"上游意识"、担起"上游责任"，以一域服务全局，护送一江清水向东流，重庆在坚决落实"共抓大保护、不搞大开发"中，正努力在长江经济带绿色发展中当好"示范生"。

（本文首发于 2022 年 9 月 29 日，总第 865 期）

这十年：蓝天保卫战稳步向前

文 /《瞭望东方周刊》记者倪元锦　编辑高雪梅

2022 年 1 至 8 月，京津冀的 PM2.5 累计均值历史性地达到国家二级标准。
中国已成为全球大气质量改善速度最快的国家。

2013 年开始，环保人士邹毅每天都会在固定点位拍摄北京天空，灰蒙蒙的色调占据了大部分画框。彼时的秋冬季节，京津冀及周边多个省份空气重污染橙色、红色预警不断，细颗粒物（PM2.5）浓度甚至攀升到每立方米 700 至 1000 微克。

十年间，中国城市大气污染治理取得了举世瞩目的进展。回顾 2013 年以来走过的路，中国先用三年时间，构建起全国性的空气质量监测网络，实时发布 PM2.5 等主要污染物监测数据，在此基础上，逐步提升对重污染天气的预报预警能力，保障公众知情权、健康权。

数据显示，2015 年 338 个地级以上城市全部开展空气质量新标准监测之时，环境空气质量达标城市仅 73 个，占比 21.6%；2021 年环境空气质量达标城市达 218 个，占比 64.3%。2022 年 1 至 8 月，京津冀的 PM2.5 累计均值历史性地达到国家二级标准，曾经的灰霾中心早已成为历史。

正如生态环境部部长黄润秋所言，中国已成为全球大气质量改善速度最快的国家。国际社会对中国空气污染治理成就普遍予以高度评价。

治霾力度，规模空前

过去几十年，随着中国经济快速发展和城市化快速推进，环境问题尤其是大气污染愈发凸显。治理重点从开始的消除烟尘污染，到酸雨防治，直至 PM2.5 治理。

上图为 2013 年 1 月 11 日拍 摄的北京西二环一座立交桥附近街景，下图为 2022 年 6 月 6 日拍摄的同一地段街景

处在经济转型的关口，大气污染是对高耗能产业拉动增长的警钟。经济与生态的双赢之路，道阻且难。

2011 年，北京及周边地区发生的长时间雾霾，引发社会广泛关注。同年 11 月，国务院启动 PM2.5 等污染物监测和发布。2012 年 2 月颁布的修订版《环境空气质量标准》（GB3095-2012），将 PM2.5、臭氧等六项主要污染物纳入监测和发布范围。

2013 年 9 月，国务院发布"大气十条"，以识别主要污染源并加强监管入手，以企业监管信息公开为先导，调动社会各界力量，分步骤对燃煤、工业、交通、扬尘和散煤污染源进行空前规模的治理。

各地相继出台空气污染治理地方性法规及措施，以壮士断腕的决心，强力推进 PM2.5 治理：从减少污染物排放，到严控新增高耗能、高污染行业；从大力推行清洁生产，到加快调整能源结构；从强化节能环保指标约束，到推行激励与约束并举的节能减排新机制……

2014 年 2 月，随着京津冀协同发展上升为重大国家战略以及三地相关协议的签署，环境保护合作提升到一个新高度。在大气治理领域，三地践行"责任共担、信息共享、协商统筹、联防联控"，在燃煤治理、工业减排、机动车油品升级、散乱污企业关停、执法联动、标准统一、预报预警会商等领域，有诸多实践。

此后数年，国家层面，新环保法、大气法陆续颁布施行，环保警察、污染信息公开、按日计罚、行刑相接等制度亮出利剑。对领导干部实行自然资源离任审计，建立生态环境损害责任终身追究制，加大资源消耗、环境损害、产能过剩等指标的考核权重，推动治污从"点头要干"化为"真抓实干"。

这其中，信息公开，特别是对污染源在线数据的大规模实时公开，激发了政府、企业和公众的良性互动，强化了环境监管和执法，有力推动了工业污染减排。

如果说，自下而上的公众参与是对自上而下的政府监管的有益补充。那么，2016 年起开展的大规模中央生态环保督察，则使企业环境合规表现得到进一步提升，能源结构、产业结构和交通运输结构开始调整。

中央生态环保督察是中国基于自身国情建立的创新机制，不但督企，更是督政，对省级党委和政府及其有关部门开展环保督察巡视，有力推动了地方党委政府落实保护生态环境的主体责任。

污染源自动监控等物联网监控系统，是"生态环境监督执法正面清单管理制度"中非现场监管执法的重要方式之一，是优化执法方式，提高执法效能的利器。

此外，节能量、排污权、碳排放等交易制度以及环境污染第三方治理，从初步确立到日臻完善，撬动了常态化减排的杠杆，更是培育了生态环境保护的市场化机制。

2018 年 6 月，中共中央、国务院发布《关于全面加强生态环境保护坚决打好污染防治攻坚战的意见》，要求编制实施打赢蓝天保卫战三年行动计划，进一步明显降低 PM2.5 浓度，明显减少重污染天数，明显改善大气环境质量，明显增强人民的蓝天幸福感。

数据显示，至 2020 年，全国地级以上城市优良天数比例提高到 87%，PM2.5 未达标城市占比 37.1%，较之 2015 年的 77.5% 显著下降；2020 年全国 337 个城市累计发生严重污染 345 天、重度污染 1152 天，较 2016 年严重污染 784 天、重度污染 2464 天，重污染天气大幅下降。"打赢蓝天保卫战"三年行动计划取得阶段性成效。

2020 年 9 月，中国在联合国大会上作出 2030 年前实现"碳达峰"、2060 年前实现"碳中和"的承诺，随着后续"1+N"政策体系的逐步确立，中国生态环境工作进入了"降碳为主""减污降碳协同增效"的新时期，自"十四五"开始，中国踏上"深入打好蓝天保卫战"的新征程，空气质量有望在"双碳"进程中得到更大改善。

科技引领，精细治霾

治理大气不能只靠战役式突击。在大气污染防治的精细化战斗里，科技，始终是中流砥柱。

北京市生态环境监测中心自动监测室主任景宽亲历了 2013 年系统监测 PM2.5 以来，北京的监测能力实现了"从无到有""从有到细""从细到精"的过程。

2022 年 9 月 5 日，观众在中国国际服务贸易交易会首钢园区参观（任超 / 摄）

景宽说，从前的北京，每 460 平方公里才有一个空气质量监测站，近年来，随着小型化传感器技术的发展，北京建成了 1000 余个高密度监测站点，平均每 15 平方公里就有一个监测点位，覆盖 330 余个街道乡镇，物联网、大数据、人工智能等科技手段支撑整个监测网络的日常运维、质保质控和数据分析。

景宽经历的这十年，北京不仅实现了对 PM2.5 实时浓度的监测，还开展了 PM2.5 组分实时在线监测、PM2.5 来源解析，为日常减排、区域重污染联防联控提供科学依据。

放眼全国。2013 年 1 月 1 日起，国家环境空气监测网正式运行，首批 74 个城市按空气质量新标准，开展监测并实时发布 PM2.5 等六项主要污染物的实时监测结果，以及 AQI（空气质量指数）等信息，公众可通过互联网实时查询。

2014 年，发布城市数量增至 190 个。2015 年，覆盖 338 个地级以上城市、1436 个点位的国家环境空气监测网建成，具备 PM2.5 等六项主要污染物的监测能力，并通过中国环境监测总站向社会公开空气质量监测点位逐时监测结果。

根据公众环境研究中心 9 月 21 日发布的报告《蓝天之路：十年巨变·2030 年展望》，进入"十四五"时期，前述点位拓展到 1734 个。我国已建成以城市固定站为主，综合超级站、组分站、微型站、走航车监测、遥感监测以及无人机航测的大气综合立体观测网络。此外，河北、西安、济南等地率先向社会开放乡镇点位、微站环境监测数据，济南、西安还开放了道路环境监测数据。

公众环境研究中心"蔚蓝地图"数据统计显示，2022年通过网络公开渠道，公众可获得实时空气质量监测数据的点位达9647个。

随着全国各级空气质量监测数据日趋全面和及时公开，社会各界发挥自身优势，在监测数据基础上开发产品，尤其是结合地图的可视化产品，让公众更方便地实时了解到环境空气质量，安排出行，规避风险，保护健康。

此外，这十年，预报预警与应急管理也实现了紧密联动。通过在气象条件不利、重污染即将来袭时，对污染源有针对性地"点刹"控制，实现了科研界追求的"精准应急管理"。

"提高重污染预报预警能力，开展大气污染溯源与追因研究，是满足短期应急管理和中长期降耗减排、优化能源结构的迫切需要。"中科院大气物理所研究员王自发说。

茫茫大气污染中，各类化学成分是企业还是机动车排放、是来自什么行业、是过去积累还是当日产生……对污染物进行"贴标"，再依靠"溯源、追因"等科技支持，继而实现有针对性的控制，这已非天方夜谭。

作为大气边界层物理和大气化学国家重点实验室主任，王自发向记者展示了我国科研人员自行研制的"双向嵌套多尺度空气质量模式"（NAQMPS），可用来探索大气污染物产生、输送和沉降规律，继而在气象条件不利于污染物稀释、扩散时，提前对排放源头进行"点刹"控制。

重污染天气监测预警体系系统化建设起源于2013年。2013年9月，国务院"大气十条"要求建立区域协作机制，统筹区域环境治理，建立重污染天气监测预警体系。"到2014年，京津冀、长三角、珠三角区域要完成区域、省、市级重污染天气监测预警系统建设；其他省（区、市）、副省级市、省会城市于2015年底前完成。"

在后续的环境治理过程中，地方根据应急管控需求，多次修订重污染天气应急预案。

在京津冀及周边地区。随着预案的升级迭代，应急响应精细、精准程度也越来越高。坚持提前预警的原则，让污染排放强度在累积之前就降下去，实现"应急削峰"的目标。

对重污染天气过程的提前准确预报，是重污染天气预警的基础。中国环境监测总站的全国环境空气质量预报中心，已成为涵盖国家－区域－省－市4级空气质量的预报体系。

在中国工程院院士、清华大学环境学院教授贺克斌看来，三大技术体系，即立体监测、排放清单、数字模拟，自2013年以来都有明显突破，从而大大提升了治霾实战当中的研判和决策能力。

贺克斌表示，借助污染来源识别和源解析的科技能力，可获得天上污染物的信息。科研人员在地面通过模型模拟等手段，再去研究这些化学成分的特征，是来自什么地方、什么行业，从而进行来源识别、来源解析和预报预警。

贺克斌专门提到近年来具备的"方案推演"能力，即在未来 1 年、3 年或者 5 年，通过采取某些措施，按照正常气象条件推演，能否实现预期减排效果。

"这个能力，很多城市和区域是不具备的。那时，就是定目标、做计划，先干了再说，至于完成这些计划能否实现减排目标，相关分析能力曾经是欠缺的，近些年，终于补上了这一课。"贺克斌说。

展望未来，任重道远

专家指出，当前我国生态环境保护结构性、根源性、趋势性压力总体上尚未根本缓解，重点区域、重点行业污染问题仍然突出，要实现碳达峰、碳中和任务十分艰巨。2021 年 11 月，中共中央、国务院印发《关于深入打好污染防治攻坚战的意见》，提出深入打好蓝天保卫战，加快推动绿色低碳发展。《意见》明确到 2025 年，生态环境持续改善，主要污染物排放总量持续下降，单位国内生产总值二氧化碳排放比 2020 年下降 18%，地级及以上城市细颗粒物（PM2.5）浓度下降 10%，空气质量优良天数比率达到 87.5%，全国重度及以上污染天数比率控制在 1% 以内。

清华大学地球系统科学系教授张强课题组与环境学院贺克斌院士课题组合作，在《国家科学评论》（*National Science Review*）发表题为《碳中和背景下中国 2015-2060 年 PM2.5 空气质量改善路径》的论文，指出实现碳中和目标对我国未来空气质量根本改善具有决定性作用。该研究预计，末端治理措施的减排潜力将于 2030 年基本耗尽，深度低碳能源转型措施将成为我国空气质量持续改善的动力源泉，也是我国空气质量改善的必经之路。

如果说 2013 年"大气十条"实施以来，环境保护工作主要依靠污染防治作为驱动轮，带动碳排放走向稳定。那么，从"十四五"开始，我国正走入污染防治与应对气候变化的双轮驱动。未来，碳减排的驱动轮将会愈发重要，可以预料，通过推进碳达峰带动能源结构、产业结构和交通运输结构的调整，我国空气质量将进一步得到明显改善。

（本文首发于 2022 年 10 月 13 日，总第 866 期）

万类"浙"里竞自由

文 /《瞭望东方周刊》记者方问禹　编辑高雪梅

"七山一水二分田"的浙江，山、水、林、田、湖等自然形态兼具，地理环境、独特气候孕育了众多特有和珍稀物种，造就了丰富多彩的生物世界。

被称为"植物活化石"的百山祖冷杉，近几年在浙江丽水的群山之间持续萌发幼苗，让植物学家们兴奋不已。

"七山一水二分田"的浙江，山、水、林、田、湖等自然形态兼具，地理环境、独特气候孕育了众多特有和珍稀物种，造就了丰富多彩的生物世界。

守护万物生灵

鸡形目最大科——雉科中，黄腹角雉在民间有"呆鸡"之称：爪不尖、喙不利、翅不善飞，遇见险情只是把头埋进草丛，不顾身子暴露。

这是我国独有珍禽，因雄雉腹部淡黄、头上两支淡蓝色肉质角求偶时会竖起而得名。憨憨的黄腹角雉，在野生条件下生存艰难，较易被很多肉食动物捕食。

据浙江省乌岩岭国家级自然保护区管理中心介绍，黄腹角雉曾被认为已绝迹，20 世纪 80 年代在浙江温州市泰顺县的乌岩岭被国内专家再次发现。

几代人对物种、水源接力保护，乌岩岭越来越热闹：黄腹角雉从 40 多只增加到数百只，"蝶中皇后"金斑喙凤蝶、白颈长尾雉、云豹等国家一级保护动物在此栖居。

2021 年年初，台州学院生命科学学院师生在黄岩溪进行水生生物多样性调查时，发现了 3 条中国瘰螈，此系台州首次。

中国瘰螈是国家二级保护动物，生活、繁殖对水环境要求高，被称为"水质监

7 只中华秋沙鸭在浙江省衢州市衢江区湖南镇乌溪江水域振翅起飞

测员"。上世纪末，全国多地溪流受到不同程度污染，瘰螈种群数量急剧减少，野外已非常罕见。

地处浙南山区的泰顺县，有"生物基因库"和"绿色生态博物馆"之称，是浙江省生物多样性最丰富的县之一。

近几年，泰顺境内不断发现新生物：植物新种浙南木犀、泰顺皿果草、浙闽龙头草、极度濒危物种中华穿山甲现身乌岩岭保护区内，国家一级保护野生动物小灵猫踪迹被首次发现……

泰顺到底有多少野生动植物？2020 年 7 月起，泰顺县与生态环境部南京环境科学研究所合作，在浙江全省率先开展全域范围生物多样性系统调查，并且还在乌岩岭保护区开启三年综合科学考察。

丽水市是浙江省陆域面积最大的地级市，境内 90% 以上是山地，海拔千米以上山峰有 3573 座。2022 年 11 月，丽水市政府在推进生物多样性保护工作新闻发布会上正式发布百山祖老伞、小老伞、斑环狭摇蚊、百山祖狭摇蚊、瓯江小鳔鮈 5 个新物种。

有"华东生物王国"之称的丽水，是全国陆地生物多样性保护优先区域之一。位于丽水的百山祖国家公园，生物多样性极为丰富，珍稀濒危物种集聚度极高。

百山祖冷杉是国家一级保护野生植物，是中国特有种，自然分布于丽水市庆元县境内百山祖南坡海拔 1700 米左右的狭小避风谷地，现仅存野生植株 3 株。

早在 1987 年，百山祖冷杉就被世界自然保护联盟物种生存委员会列为世界最濒危的 12 种植物之一。而近几年，丽水培育出百山祖冷杉幼苗 5000 余株，其中上千株试种成功。

皇冠上的明珠

生物多样性究竟是什么？与人类有何关联？保护的意义在哪里？受哪些因素影响？越来越多的人开始关注这些问题。

从学术上说，生物多样性是生物（动物、植物、微生物）与环境形成的生态复合体，以及与此相关的各种生态过程的总和，包括生态系统、物种和基因三个层次。

无论细菌、蠕虫、螨、蜥蜴，或者小型哺乳动物，各物种都在维持生态系统的平衡中扮演角色，其为人类提供食物、净化空气、调节气候、抑制疾病等，作用难以被其他物种所替代。

在业内人士看来，生物多样性是人与自然和谐共生的标志性内涵，是生态环境保护"皇冠上的明珠"。

这些认知是基于大量的事实。

马铃薯传入欧洲时，爱尔兰人发现其非常适合当地自然条件种植，且经济效益远大于本国的其他作物，于是迅速扩种，令其他作物种植面积锐减。1845—1846 年马铃薯晚疫病大面积暴发时，当地 3/4 的马铃薯被迅速摧毁，直接导致大饥荒，上百万人饿死，酿成史无前例的多样性受损灾难。

一个看似与人类关系不大的物种，为什么要去保护？浙江天目山国家级自然保护区管理局教授级高级工程师杨淑贞表示，从生物多样性来讲，一个物种的灭亡会

浙江钱江源国家公园体制试点区，国家一级保护动物穿山甲

黄腹角雉（雌性）栖息在浙江省泰顺县乌岩岭自然保护区（贾尚志／摄）

百山祖冷杉

导致相邻的 20 个物种的灭亡。

在人类活动影响不断加剧情况下，当今物种灭绝速度远远超出了自然灭绝的速度。据测算，人类活动引起的物种人为灭绝，是非人为灭绝速度的 100—1000 倍。

对生物多样性保护的关注持续提升，表明生态文明建设正在步入更高级的阶段。

2021 年 10 月，联合国《生物多样性公约》第十五次缔约方大会（COP15）在云南昆明举办，这对展示我国生物多样性保护成效，宣传我国生态文明建设成就具有重要意义。

浙江省生态环境厅生态处处长陈云娟表示，保护珍稀野生动植物是生物多样性保护的一部分，是公众最常见的部分，但保护生物多样性不仅是保护珍稀野生动植物，更包括保护生态系统、物种、遗传资源这三个层次独自的多样化程度，及其相互之间复杂联系的各种生态过程。

据了解，浙江生物多样性丰富，全省陆生野生脊椎动物分布有 790 种，约占全国总数的 27%；高等植物约有 6100 余种，约占全国总数的 17%，在我国东南植物区系中占有重要地位。

2021 年 2 月《国家重点保护野生动物名录》调整，浙江分布的国家一级保护野生动物增加到 54 种，国家二级保护野生动物增加到 138 种。

制度保障

2022 年 12 月 7 日至 19 日，《生物多样性公约》第十五次缔约方大会（COP15）第二阶段会议在加拿大蒙特利尔举行。会议期间，大会会场布设"中国角"，开展了 26 场边会活动。

COP15 主席、中国生态环境部部长黄润秋说，中国生物多样性保护取得了显著成效，有效保护了 90% 的陆地生态系统类型和 74% 的国家重点保护野生动植物种群，新增森林面积居世界首位，300 多种珍稀濒危野生动植物野外种群得到了很好的恢复。

浙江省生态环境厅厅长郎文荣表示，这些年浙江走出了一条在人口稠密、经济发达地区，保护生物多样性、实践"绿水青山就是金山银山"理念的新路子，生态优势正源源不断转化为经济社会发展优势，公众的获得感、幸福感不断增强。

近年来，浙江以制度为保障，多措并举推进生物多样性保护，打造生物繁衍生息的乐园。

2021 年 10 月，浙江省出台《浙江省八大水系和近岸海域生态修复与生物多样性保护行动方案（2021—2025 年）》。

安吉小鲵护卫队在龙王山仔细寻找着安吉小鲵卵袋的踪影（图片源自安吉县人民政府官网）

浙江省生态环境厅介绍，浙江将保障八大水系水生态健康作为"十四五"生态文明建设的重点任务部署推进，要求健全生态修复和保护机制，把生态保护修复和生物多样性保护作为浙江生态文明先行示范的标志性成果。

浙江省完善森林、野生动植物、湿地、自然保护区等相关的法规规章，编制实施生物多样性保护战略行动计划；开展生物多样性本底调查和年度评估；推进珍稀濒危物种资源保护和可持续利用。

2022 年 7 月，浙江高规格召开全省建设新时代美丽浙江推进大会暨生物多样性保护大会，明确美丽浙江建设和生物多样性保护重点任务。

这是浙江首次在全省范围内召开生物多样性保护大会。始于 2018 年的深化"千万工程"、2019 年的高水平推进"五水共治"，到 2021 年的推进中央生态环境保护督察整改工作，美丽浙江推进大会正是部署每个阶段新发展任务的重要抓手。

2022 年 12 月，浙江省检察院发布 10 件生物多样性保护典型案例，包括刑事案件 5 件、公益诉讼案件 5 件，保护对象涉及金雕、海龟、猫头鹰、中华秋沙鸭、古银杏、春兰等国家保护的陆生、水生野生动植物，展现了浙江省检察机关对生物多样性整体系统的司法保护模式。

人人参与

位于杭州市临安区的浙江清凉峰国家级自然保护区千顷塘保护站，巡护员章叔岩自上世纪 80 年代第一次邂逅华南梅花鹿后，就做起了影像记录监测与保护工作。

他将数十年拍摄到的野生动物影像资料制作成视频作品，通过互联网向公众进行科普宣传。越来越多的网友受其影响，参与到物种保护的自发宣传中来。

"鹰击长空，鱼翔浅底，万类霜天竞自由。"生物多样性使我们的家园充满生机，也是人类生存和发展的基础。尊重自然、顺应自然、保护自然，与自然和谐共生，离不开每一个人的努力。

2021 年 4 月—8 月，为做好对云南省西双版纳自然保护区 15 头亚洲象的护送，我国各方面出动人员 2.5 万人次。象群成功南返且人象平安，向全世界彰显了大国温情，也让数以亿计的人们接受了一堂生动的物种保护课。

在浙江，加强生物多样性保护，除了以制度干预，更长远有效的工作是引导所有人参与其中。

宁波市海曙区龙观乡是全国首个"生物多样性友好乡镇"，这里鼓励村民主动担当代言人、守护者，为生物多样性保护发声；引导青少年参与其中，让保护生物多样性的理念在孩子们心中生根发芽。

2021 年底，龙观乡与生态环境部宣教中心签订战略合作框架协议，建设"生物多样性友好乡镇"项目，有 5 万余人次参与相关活动，项目获评 2022 年全国十佳公众参与案例。

在浙江，生物多样性体验地和博物馆已经密集展开建设。

丽水市庆元坑里生物多样性体验馆落成在蔡段村坑里自然村，距离县城 15 分钟车程。生态环境部南京环境科学研究所助理研究员张文文是该馆的设计者之一，她说，山区生物多样性丰富，但缺乏生物多样性知识体验的场所，把体验地建在小山村里，能够为山区青少年和儿童提供优质的公共文化服务。

戴上悬挂于墙上的耳机，斑姬啄木鸟、环颈雉、短脚鹎、白鹡鸰等鸟类动人的叫声逐一响起，仿佛置身于森林。

这是台州市仙居生物多样性博物馆设置的"聆听自然"单元。2800 平方米的博物馆通过地质景观、动植物多样性等 5 个主要展厅，详细展示仙居的生物多样性风貌及科研成果。

据介绍，仙居国家公园自然保护区内设置了 200 多个红外相机，观察动物踪迹、记录植物生长，目的就是以生动的素材唤醒大家保护生物多样性的意识。

为保护国家一级保护动物、世界野生动物极危物种、中国特有物种——安吉小鲵的自然生境，由湖州民间爱好人士组成的安吉小鲵护卫队，长年生活在海拔1000 米的深山，使得该物种人工保育幼体的野外存活率从 20 多年前的 5% 提高到现在的 70%。

（本文首发于 2023 年 2 月 9 日，总第 874 期）

第 8 章
主动作为

厦门：市民当"湖长"

文 /《瞭望东方周刊》记者颜之宏　编辑高雪梅

2020 年 4 月，厦门启动"市民湖长"海选，探索城市共治共管、共建共享创新举措。

"湖区的保安为什么没有制止游客乱丢垃圾等不文明行为？""此前通过微信公众号反馈的问题为什么迟迟没有回应？"在一次"市民湖长专班会"上，"市民湖长"陈亚进连珠发炮，将质疑抛给厦门市筼筜湖保护中心。

和国内很多地方一样，作为一座与水有密切联系的城市，厦门也曾经历过生态环境治理的阵痛期，筼筜湖就是一个典型例子。经过 30 年综合整治，筼筜湖被赋予厦门"城市会客厅"的角色，成为厦门旅游的一张金名片。

2020 年 4 月，厦门启动"市民湖长"海选，探索城市共治共管、共建共享创新举措，进一步推动筼筜湖生态文明建设。

城市会客厅

"拍到了！拍到了！你看，刚好白鹭抓到鱼！"2020 年 9 月中的一天，一名在筼筜湖边支着"长枪短炮"的摄影爱好者抓拍到了白鹭觅食的场景，身边的同行们立马围了上去。

筼筜湖位于厦门岛西部，三面为繁华市区，一面临海，水域面积 1.6 平方公里，流域面积 37 平方公里。来到湖边休憩的人们怕是难以想象，今天这一幕幕"人在湖边走，鹭在水中立"的和谐之景，却是来之不易。

在上世纪 70 年代之前，筼筜湖被称为"筼筜港"，是一个天然的避风良港，不

厦门筼筜湖边，一只白鹭从晨练者前飞过（姜克红／摄）

少过往打鱼的船只都会选择在此避风。"筼筜渔火"更是厦门著名的"老八景"之一。

进入 70 年代，厦门开始大规模移山填海、围湖造堤，筼筜港成为内湖，水体交换动力缺失，加之城市污水直接大量入湖，湖水变黑发臭、蚊蝇滋生，湖区杂草丛生、垃圾遍地。

80 年代厦门设立经济特区，经济发展成为压倒一切的头等大事。筼筜湖周边集聚了数十家工厂，工厂将污染物排进筼筜湖，让湖水变得愈发浑浊不堪，最严重时甚至鱼虾绝迹。

"厦门为什么叫鹭岛，就是因为有白鹭在筼筜湖流域栖息，但在 80 年代中期的时候，筼筜湖的水质加速恶化，鱼虾绝迹，没有了食物来源的白鹭也从筼筜湖里消失了。"谈起过去这段"湖面鸟飞绝"的惊心画面，厦门市筼筜湖保护中心高级工程师傅迅毅的眼里写满遗憾。

1988 年，厦门市提出"依法治湖、截污处理、清淤筑岸、搞活水体、美化环境"20字方针，将筼筜湖的一期综合整治行动推向高潮。傅迅毅介绍说，一期综合整治效果显著，各部门共清淤 320 万立方米。

从 1993 年开始，厦门市政府对筼筜湖区进行二期综合整治。改造分流污水管，建设污水二厂，建成海水输送管，修筑驳岸 14 公里，修筑环湖林荫步行道 27 公里。

2000 年至 2016 年，厦门市又陆续开展了筼筜湖三期与四期综合整治。从种植红树林进行生态治理尝试，到建设 6 座跨湖人行桥及联通环湖步道，筼筜湖实现了环湖截污。前后四期综合整治，共投入资金约 11.3 亿元。

市民湖长

筼筜湖综合整治工程被联合国开发计划署评为"东亚海域污染防治和管理"示范工程，但厦门市对生态环境建设并未止步。

2018 年 3 月，厦门实行"双总河长制"，由市委书记和市长共同担任市级总河长，强化"治水"工作的党政同责。同年 9 月，筼筜湖被提升为全市唯一的市级湖泊，由分管副市长任湖长，进一步强化了党政齐抓、部门协同、市区共管的保护机制。

"在实行'双总河长制'的同时，积极调动民间力量参与到对筼筜湖生态环境的监督与保护，我们做了不少探索。"厦门市河长制办公室专职副主任康永滨说，"市民湖长"的想法由此萌生。

2020 年 4 月，厦门市多部门联合对外发布《招聘启事》，面向广大市民选聘筼筜湖"市民湖长"，实现了从"市长湖长"到"市民湖长"的完美衔接。

62 岁的陈亚进是厦门选聘的"市民湖长"之一。"我是个闲不住的人，见不得不文明和不作为的行为。"陈亚进退休前是厦门的中学英文老师，一辈子从事教书育人工作让他在管"闲事"上有了特别的方法。在前些年的鼓浪屿申遗期间，陈亚进一直在岛上从事志愿服务工作，积累了不少经验，因此在帮助市民"看好"筼筜湖这件事上信心充足。

自从被聘为"市民湖长"后，陈亚进每天都会去筼筜湖边走一走。"筼筜湖有设置规范的垂钓区，但有的人喜欢趁着夜色去禁渔区捞鱼摸虾。"为了防止偷渔者破坏筼筜湖水体生态，陈亚进凭着自己连日的蹲守观察，总结出偷渔者的作息时间表，联合相关执法部门对偷渔行为展开重点监控。

陈亚进告诉记者，自己正在着手组建"筼筜蓝志愿服务队"，未来将联合环湖党政机关和企事业单位的志愿者团队，对筼筜湖区进行全时段、无死角的志愿保护。

在筼筜湖"市民湖长"团队中，既有陈亚进这样的志愿服务行家里手，也有水利方面对口的专家学者，方翔鸣就是其中之一。

从去年 8 月开始，方翔鸣一边协同有关部门对筼筜湖水环境和水生态做更进一步的调研，一边到厦门市各图书馆查阅有关筼筜湖变迁的历史资料。"筼筜湖的变迁不仅仅是一个湖的历史，还是厦门生态环境与人文环境的变迁史，"他说，自己向有关部门提交了《筼筜湖志》编纂的工作方案，并完成了纲目设置，"期待未来一年内我们能够推动《筼筜湖志》立项，为子孙后代留下宝贵财富。"

长治久安

提升一个地区生态环境治理水平，探索建立一套严谨可行的体制机制尤为重要。

机制治湖，法治先行。1988 年至今，厦门市人大常委会、厦门市政府先后修订颁布了《筼筜湖管理办法》《厦门经济特区筼筜湖区保护办法》等法规文件，通过构建完善的法律体系，为加强湖区建设和管理提供法治保障。

高度重视湖区治理机构建设，先后成立了管理处、城监中队、管理中心，2019 年更名为"筼筜湖保护中心"后，将保护生态理念植入日常工作，建立健全园长制，将白鹭洲公园、海湾公园纳入筼筜湖区统一管理，形成"四湖六园"新格局。

治理结果令人欣慰。2019 年筼筜湖湖区水体无机氮、活性磷酸盐与 2015 年同期相比，分别大幅下降 49.3% 和 39.6%。湖区目前有游泳生物 69 种，浮游植物 5 门 48 种，底栖藻类 3 门 41 种，还有粗皮鲀、中华鲎等珍稀保护动物，筼筜湖已成为厦门市中心的城市湿地公园和白鹭保护区。

（本文首发于 2021 年 4 月 1 日，总第 826 期）

成都：探索超大城市治水之道

文 /《瞭望东方周刊》记者董小红、高搏扬　编辑高雪梅

作为常住人口超过 2000 万的超大型城市，近年来，成都市以锦江水生态治理为引擎，
正努力探索一条具有成都特色的治水新路径。

成都地处长江上游岷江、沱江流域，水系纵横，水网密集，治水历史悠久，是
一座因水而生、依水而兴、以水而荣的滨水城市。

"锦江春色来天地，玉垒浮云变古今。"锦江，是成都的母亲河，长江上游重
要的二级支流。然而随着城市化进程加快，锦江流域及主要支流曾面临污染日益加重、
水质不断恶化等困境。

治蓉兴蓉，其枢在水。作为常住人口超过 2000 万的超大型城市，近年来，成都
市以锦江水生态治理为引擎，探索出一条具有成都特色的治水新路径。

畅游锦江

锦江，干流从岷江都江堰紫坪铺水库分水至双流区黄龙溪，全长 150 公里，流
域面积 2009 平方公里。其主要断面在成都市双流区境内，于黄龙溪镇夏家沱出境，
全长约 20.9 公里，平均河宽 150 米，含江安河、鹿溪河等 17 条主要河渠，是成都市
主城区的主要生态保障。

"以前河道两边的小路破破烂烂、坑坑洼洼、杂草丛生，河水也很浑浊，河边
走一趟，鞋子就脏了。整治过后，绿化带、亲水平台、绿道让人眼前一亮。"成都
市武侯区市民李燕说，如今常带着孩子来到家附近江安河边的"宜居水岸"赏花玩水。

俯瞰成都

"我们坚持以'宜居'为主线，把绿道全线贯通，并增设新的栏杆和亲水平台，让河边成为市民悠闲亲水的好去处。"武侯区"宜居水岸"项目负责人钟俊介绍，为实现"治水清水"，采取了河道改造、生态绿化、景观节点、水环境治理、绿道修建等一系列生态修复举措。

2020 年 1 月，中央财经委员会第六次会议明确要求支持成都建设践行新发展理念的公园城市示范区。从"首提地"到"示范区"，标志着成都公园城市建设从自主探索到国家使命，从生态建设治理到生态价值创造，从城市功能品质提升到全面示范引领带动。治水则是公园城市建设的重要环节。

以公园城市建设为契机，成都治水实现从专项治理到综合治理、局部治理到流域治理的转变。

水泵抽取社区生活污水，管网运输污水到河对岸的临时净水站，经过多道污水处理工艺后，达标的清水源源不断排入临近的府河中⋯⋯在成都金牛区交大排洪渠临时净水站，每天都有 15000 立方米的黑臭浑浊生活污水"变身"成为无味透亮的清水。这是锦江水生态治理截污工作的一个生动缩影。

截至目前，成都已投资 33.76 亿元，对全市排查出的 413 条黑臭河渠实施了综合治理，共治理下河排水口 11377 个，新建污水管道 1357 公里，新建污水处理设施 369 座。

数据显示，截至 2020 年底，成都市纳入监测的地表水优良水体比例上升 27.9%，Ⅴ类和劣Ⅴ类水质断面全部消除，国、省考核断面首次全部达标，黄龙溪断面水质总体提升至Ⅲ类，水润天府盛景正在加快重现。

依水融合文旅生态，成都以天府绿道和锦江绿道建设为载体，聚焦新场景构建，推进生态价值向美学价值、经济价值、人文价值、生活价值转化，让市民感受"活水成都"的魅力。

当夜幕降临，"夜游锦江"时常刷爆成都市民的朋友圈。乘坐乌篷船从东门码头轻舟起航，可以观赏到锦江两岸以江堤为画幕、以"锦江故事卷轴"为主线，用光影勾勒出的动人故事。在碧水荡漾中，细细品味老成都的生活美学。

2020 年，成都"夜游锦江"在"十一"假期消费出行热度排名中，位居全国十大夜游城市第一。

攒指成拳

持续推进水生态治理，做好生态价值转化文章，成都"母亲河"锦江正变身为新时代的"生态河"，这背后是一系列管机制、管根本、管长远的治水新路径探索。

——重拳治水。"治水要有钱，为了可持续治水，我们专门研究规定锦江两岸 2 公里范围内，每一亩土地提取 65 万元作为治水保障经费。"成都市公园城市局副局长屈军说。

屈军介绍，为了重拳治水，成都还建立了以常务副市长挂帅，多个部门组成的市级治水专门协调小组，每月一会，专门研究解决锦江治理面临的困难和问题；每个月还要对各区市县水质断面进行考核排名，排名靠后的区市县将被约谈整改。

——智慧治水。建立"市级河长主督，县级河长主治，基层河长主管"机制，有了河长，还要有动态监管手段。为此，成都专门开发了"成都 e 河长"手机 APP，实现各级河长在线巡河、实时记录和智能管理，真正让各级河长"知河"有据、"巡河"有径、"问河"有理、"管河"有力。

2020 年，全市 7406 名河长巡河 101.59 万人次，行程约 12 万公里，发现问题 12980 个，解决问题 12893 个。

——全民治水。治水需要全社会联动，为了让更多人参与到水环境治理中，成都在全国首创将每年 3 月 1 日作为"成都环保志愿者日"，每年 3 月作为"成都环保志愿服务月"，开发了"成都环保志愿服务平台"，建立了 100 余支环保志愿者队伍。

对此，志愿者杨林深有感触，"家门口以前的脏水沟变成了'网红打卡地'，我们生活在这里，也想为环境出点力，让清水蓝天能够保持下去。"

除了"民间河长"，成都还推出"专家河长""暗访河长"。2017 年，成都市建设暗访巡查队伍，加强督查暗访。2019 年，成都武侯区首创聘请了 5 位"专家河长"。2020 年，创新制定《关于进一步健全河长制工作责任体系的意见》、河长履职 AB 岗位、河长述职评议制度，大力开展基层河长"多走一公里"行动。

"武侯区以这种方式，带领大家全民共治。有民间河长的推动，有专家河长的参与，相信通过大家共同努力，水生态环境的改善，会取得更加好的成果。"成都市武侯区水务局副局长毛伟忠说。

任重道远

记者调研了解到，当前锦江治水效果显著，但基层治理任重而道远，要实现一座城和一条河长长久久共生共赢，仍然面临多重挑战。

老旧小区雨污分流设施亟待完善。

成都市自 2002 年起开展中心城区雨污分流改造专项工作，投资约 10 亿元，对中心城区 230 余条中小街道实施雨污分流改造，24740 余户排水单元户实施了雨污分流。

"通过实施雨污分流改造工程，中心城区污水直排下河流量大幅减少，污水收集率大幅提高。"毛伟忠说，"但作为超大型城市，老旧小区建设年代久远，很多老小区雨污水管混接、错接现象较为普遍，且存在雨污水管道淤积、堵塞的现象，改造量大，工作复杂。"

记者走访发现，一些小区用户擅自修改水道，将阳台洗衣机的排水管与雨水管混用，部分生活污水直接排进了河道。某些餐馆甚至违规改造排水管，将污水直接排进河流。

"如果查到有雨污合流，我们会一个个井盖排查，直到查出污水来源，并对违规的居民用户或餐馆进行整改。"毛伟忠说，这一项工作耗费了大量人力物力，很难进行实时监管，而且事后生态修复所消耗的成本更大。

法治保障需要加强。

成都市治水机构包括市中心城区"11+2"区域供水整合领导小组、市绕城内污水治理专项行动领导小组等部门。基层一线党员干部反映，在基层治水过程中，存在部门管理过多、顶层设计缺乏统筹考量的情况，尤其是对于污染治理方面的执法权，基层还存在执法困境。

"基层水务局缺乏执法权限，发现污染情况，没有办法及时处置。有的交界地带，存在多头治理导致的监管难。"一位基层河长说。

据悉，成都市拟将上述部门整合，成立成都市供排净治一体化改革领导小组，负责统一指挥和统筹协调。但据了解，水务局作为治理牵头单位，政策具体落实方面牵扯各单位管理范畴及各方利益，工作中仍存在分工不明确、权责不统一等难题。一些方案如果牵扯基本农田、管理设施等占用、拆除工作，推进难度不小。

目前，成都市修订《成都市河道管理条例》，将《成都市城镇排水与污水处理条例》列入市人大 2021 年立法计划。在强化法规支撑的同时，成都市还鼓励"供水企业 + 物业服务企业"共管二次供水，推行绕城内排水管网及下穿隧道等设施特许经营。通过完善相关法律法规，优化治水各方的职能职责。

全社会护水意识有待提升。

从 2017 年巡河 33.33 万人次，到 2020 年巡河 101.59 万人次，河长制工作目前已在成都市全面推行。但基层河长呼吁，当前，全社会节水意识不强、用水粗放、浪费严重，水资源利用效率与国际先进水平还存在一定差距。推动全社会养成节水型的社会氛围，还需要共同积极努力。

在刚刚过去的第三十届全国城市节约用水宣传周，成都市开展节水知识互动小游戏，发放节水宣传手册、节水环保袋，通过微信、微博推送节水科普长图、视频，利用电视、报刊播放和刊发节水公益广告，以进一步增强全民节水意识，全面推进节水型社会建设。

（本文首发于 2021 年 6 月 24 日，总第 832 期）

武汉：湿地花城，快意江湖

文 /《瞭望东方周刊》记者熊琦 编辑高雪梅

"湿地之都、花漾江城"成为这座城市的新名片。

时值初冬，漫步武汉东湖之畔，水光潋滟，湖岸悠长，往来游客在火红的杉林间穿行，在湛蓝的湖水映衬之下，宛若一幅精美油画。

水清岸绿生态好，花艳树繁环境优。与过去相比，如今的武汉增添了更多绚丽的色彩，潺潺碧水与城相依，街头巷尾姹紫嫣红，一座座公园、一处处绿地点缀城市之中，"人在画中游"的美丽景象跃然眼前。

近年来，武汉坚持新建与改造并重，绿化与美化并举，山水园林路桥共建，引导全社会积极参与，通过强化湿地保护、建设花卉亮点片区、提升绿化覆盖率等一系列行动，绘就"江风湖韵、山清水秀"的山水园林新画卷。

"湿地之都、花漾江城"成为这座城市的崭新名片。

湿地之都

在武汉蔡甸区沉湖湿地自然保护区，沿着堤岸环湖而走，时值枯水期，沙洲滩涂露出水面，引来成群鸟儿觅食。偶有猛禽在这水天一色之境一展雄姿，惊起万鸟齐飞，颇为壮观。

沉湖湿地位于武汉市蔡甸区西南部、长江与汉江交汇的三角地带，总面积达11579.1公顷。因其生态系统结构完整、功能独特，是东方白鹳、白头鹤等珍稀濒危水鸟的重要停歇地和越冬区。2009年国际鸟盟将沉湖湿地列为"国际重要鸟区"；

2021 年 1 月 29 日，在武汉市天兴洲附近，水鸟成群（冯江／摄）

2013 年 10 月沉湖湿地被列入国际重要湿地名录。

"前些年因为生态退化，水鸟规模逐年缩减。2014 年，沉湖水鸟数量一度不足 3 万只，等到今年 1 月份，我们做越冬水鸟同步调查的时候，已经回升至 7.7 万只，一些比较稀罕的鸟在武汉也出现了。" 52 岁的颜军站在府河湿地的田埂上，正用双筒望远镜瞄向远方。作为武汉市观鸟协会会长，颜军不仅是这里的常客，更是近些年武汉大力开展生态环境保护的见证者之一。

作为全球内陆湿地资源最丰富的城市之一，武汉境内江河纵横、湖泊众多，拥有 165 条河流、166 个湖泊，湿地面积 16.2 万公顷，占国土面积的 18.9%，被誉为"百湖之市"。

然而，近年来由于经济建设发展，武汉湿地资源面临的开发与保护的矛盾日渐突出，围湖造田等活动使湿地面积不断缩小，调蓄功能下降；生物资源过度利用使生物多样性受损；湿地污染使水体富营养化日趋明显。

遏制湿地退化和恢复湿地成为武汉市的一项重要工作。2007 年，《武汉市湿地保护总体规划》通过，武汉开启湿地保护步伐。武汉市林业局组织专家用 3 年时间，摸清了武汉湿地的"家底"。

2010 年 3 月，武汉市在全国副省级城市中率先完成湿地立法，出台了《武汉市湿地自然保护区条例》，提出在全市湿地自然保护区实行核心区、缓冲区、实验区分区管理。此后，武汉市相继出台《武汉市湖泊保护条例》《武汉市基本生态控制线管理条例》《武汉市湿地保护修复制度实施方案》，为城市湿地保护管理提供了制度性保障。

随着武汉对湿地保护力度的加大，越来越多的鸟类来此栖息繁衍。鸟类增多，鸟与人争地的矛盾也开始显现。

为了更妥善地处理人鸟关系，2013 年 10 月，武汉又在全国率先推出湿地生态补偿机制——《武汉市湿地自然保护区生态补偿暂行办法》，每年投入 8 亿多元进行生态补偿，制定湿地自然保护区、基本生态控制线、长江跨界断面等生态补偿机制。改堵、控为疏、导，用激励机制引导农民调整种植和养殖方式。

生态文明制度建设的不断推进和完善，为武汉自然保护地建设起到了保驾护航的重要作用。数据显示，近年来，武汉已累计建成各类自然保护地 26 处，成了候鸟的重要驿站。据《2020 年武汉重点区域鸟类监测年报》统计，从 2016 年到 2020 年，武汉鸟类历史记录种类从 365 种增加至 421 种。

11 月 8 日，好消息再次传来。因为疫情延期的《湿地公约》第十四届缔约方大会将于 2022 年 11 月 21 日至 29 日在湖北武汉举办，这也是我国首次承办这个国际会议。

面对即将到来的国际生态盛会，武汉市园林和林业局局长余力军信心满满："我们将以创建国际湿地城市和办好《湿地公约》第十四届缔约方大会为契机，讲好中国武汉践行生态文明理念的故事，把武汉打造成为名副其实的世界湿地之都。"

花漾街区

"春天樱花似雪，夏天碧荷接天，秋天满城桂香，冬天寒梅绽放。"在武汉的城市留言板上，一位市民的留言引发共鸣。

徜徉武汉街头，风景四时不同。三环线两边，春、夏、秋、冬四季总有不同的花卉绽放。有的道路两边或路中间的绿化带，经常能看到绿化工人正移栽花木，在季节交替的时节为城市披上新装。武汉正成为名副其实的"新花城"。

在都阳街的平和打包厂广场，游客们正邂逅着一场秋日的花团锦簇。只见小广场两侧和中心的绿化带里，红叶石楠变成了精美花境，品种和颜色各异的花卉错落盛开。往前走，一排花箱隔出了一处花漾咖啡馆，可供游客休息……暖阳下，蜜蜂和蝴蝶被吸引来了；同样被吸引的，还有不少提前尝鲜的市民。

这是武汉亮相的第二条"花漾"街区。始建于 1905 年的平和打包厂，是武汉现存最完整的早期工业建筑，也是最早的大型钢筋混凝土建筑，承载着厚重的历史记忆。经过修葺和发掘，如今这里入驻了不少年轻、新潮的企业和工作室，咖啡店、文创书店、艺术展览等更是集聚了不少人气。

"太好看了，整体设计有一种说不出的美。细看，有好些都是我没见过的植物。"带着小朋友来打卡的冯女士欣喜地说。他们家住在附近，经常会来小广场晒太阳，才几天没来，这里就变成了一条美丽的花街。

"花漾街区"是一种新颖时尚的城市造景手法，意为"鲜花荡漾的街区"。武汉市绿化服务中心工作人员向《瞭望东方周刊》记者介绍说："历史文化和年轻时尚同时存在，是平和打包厂的独特魅力。在花漾街区的设计施工中，不仅注入了历史符号，还添加了许多年轻人喜欢的元素，希望可以用园艺之美，给城市老建筑增添活力，也能给市民带来全新的游玩体验。"

为了打造四季有花、花开不断的城市美景，武汉市园林部门加强精细化养护和管理，巧修巧剪调控花期，实现了武汉市大大小小 300 公顷的花田错序开放，百万株月季全年大多数月份都能绽放，"提档升级"了现有的城市绿化区域：2021 年，武汉市补栽了 2 万多棵大的行道树，并在道路和公园布置了 1700 多盆大型三角梅，3000 万盆应季花卉。在七一、国庆等重要节日，城市不少地段还布置大型立体花坛和创意绿雕，为节日增添喜庆氛围。

在 12 月 1 日刚刚闭幕的武汉市第 38 届金秋菊展中，江滩的百步花境让人移步换景，紫阳公园的水中菊舟韵味满满，沙湖公园的菊展充满生活气息……与往年相比，武汉菊展品种越来越丰富，展陈方式越来越新颖，花卉与市民的距离越来越近。

除了看得见的变化，看不见的"内核"也在悄然改变。"今年，全市 18 个会场共用菊花 156 万盆，其中 82 万盆为汉产菊花，超过半数为本地生产！"武汉市园林和林业局一级调研员方义欣喜地介绍。

长期以来，由于夏季高温多雨的气候影响，武汉城市花材大多是从外地购买。在城市"增花添彩"的同时，花材的供应压力也在逐年增加。

为让"花开四季"成为城市的生态名片，武汉开始大力推动花卉产业发展，打造一批花卉圃地、赏花基地；通过支持蔡甸花博汇、江夏花博园、黄陂武湖花卉科技产业园等发展壮大，建设区域花卉交易中心，形成集生产、加工、销售于一体的花卉产业链；通过举办永不落幕的家庭园艺展等，引导市民们的园艺花材购买需求，营造浓厚花城氛围，让"湿地花城"这一城市标签真正成为全民共建共享的民生福祉……

人因花而悦，花因人而盛。根据规划，未来 5 年，武汉还将建设 9 处花卉亮点片区、10 个花卉特色公园，打造 30 条花漾街区、300 个街心花园、300 公顷花田花海和 500

公里赏花绿道。"出门即公园，放眼是花海，人在景中，花为人开"的生态画卷将扮靓长江之滨的魅力武汉。

见缝播绿

"原先这里是荒地，连着臭水沟，现在焕然一新，可清爽了！"住在武汉市钢都社区的市民夏飞习惯晚饭后去附近的绿地走一走。这块狭长的绿地紧贴公路而建，景观廊桥、健身器械、露天长椅等公共设施错落分布，前来散步、锻炼的市民络绎不绝。

这是武汉市近年建成的首批"口袋公园"之一，距离武汉二七长江大桥武昌桥头不足千米，原本是武汉市罗家港西路右侧的一片荒草地，经过精心设计，建成了一处 1.15 万平方米的休闲公园。

"5 分钟的路程，遛着弯就过来了。天气晴朗的时候，来这里放风筝、跳广场舞、舞龙舞狮的人很多，热闹得很，大家都很享受有这样一个休闲锻炼的去处。"夏飞指着路边一排移栽不久的乔木说："等到春天，景色一定会更好。"

在长江另一端，武汉市江岸区，另一座占地 1684 平方米的"口袋公园"引人驻足。通过设计，水渠和市政道路夹角的三角形地块被巧妙布局，内部栽种有樱花、桂花、乌桕、香樟等植物，大小不一的"三个圈"，划分出活动、运动、休闲等功能区域。

公园落成后，周边居民赞不绝口。"下楼就是公园，太惊喜了。遛娃又有新去

2021 年 5 月 20 日，游客在武汉市东湖高新区九峰一路沿线的花田花海中游玩（李永刚/摄）

处了。"住在附近小区的胡女士每天晚上在附近散步，见证"口袋公园"给周边居民带来的便利。她说，过去这个地块一直空着，还有杂草。听说要建"口袋公园"，大家都很高兴。没想到这么快就修好了，清爽整洁，让人眼前一亮。

2020 年 9 月开始，武汉市园林和林业局、武汉市自然资源和规划局联合发起"口袋公园"创意设计征集活动，陆续拿出"巴掌"地块或"边角余料"地块，面向全社会众筹创意设计方案。

200 多个来自国内外设计机构和高校的设计团队经过激烈竞争，3 名来自华中科技大学建筑与城市规划学院的"95 后"研究生的奇思妙想脱颖而出。5 个月后，武汉首座通过众筹创意建设的"口袋公园"终于得以和市民见面。

"首次参加'口袋公园'这种设计活动，方案就被采纳，非常开心。'口袋公园'是户外空间的重要载体，体量虽小，却在大家身边，能满足老百姓推门见绿、开窗见园的需求。"主创团队之一的杨超介绍道。

"新建的每一处'口袋公园'，几乎都是'挤'出来的。"武汉市园林和林业局养护处相关负责人说。街头两侧的空隙地、小区旁边的步道、道路相交处的土坡……他和同事们对城市空间有着独特的敏感，但凡有旧城改造、违章建筑拆除等腾退的小地块，就赶紧争取，将其绿化、扮靓起来。

通过结合削减公园绿地服务盲区、改造老旧社区、建设城市亮点片区，武汉市园林部门"见缝播绿"，一点点拓展绿色空间，增加城市绿化面积。2021 年，武汉再新建"口袋公园"100 座，实现了城市绿量和城市颜值"双提升"，大大提升了市民的绿色获得感。

近五年，全市累计建成各类公园 416 个，新建绿道 1007 公里，建成区绿化覆盖率 42.07%、绿地率 37.05%，人均公园绿地面积 14.04 平方米，较 2016 年底分别提高 2.42%、2.87%、2.83 平方米。

未来，武汉还将朝着"湿地花城"目标加速迈进：全市计划五年内新建城市绿地 5000 公顷、造林绿化 10 万亩、新植树 1000 万株、新增花灌木 200 万株，至 2025 年，建设 80 个湿地类型公园、50 个小微湿地和百里长江生态廊道。

"立足新发展阶段，我们将充分发挥武汉市生态资源优势，持续推进全域增绿提质，不断加强湿地保护与修复，为市民提供更加美好的绿色生活空间，不断彰显'春樱、夏荷、秋桂、冬梅'的四季花城特色，打造'湿地花城'城市新名片。"余力军说。

（本文首发于 2021 年 12 月 23 日，总第 845 期）

南宁有绿金

文 /《瞭望东方周刊》记者覃星星　编辑高雪梅

在这里，"抬头见绿，出门赏花"，现代都市和生态景观得到完美结合。
林业等部门通过持续擦亮"绿色"名片，城市颜值稳步提升。

位于广西南宁市中心的南湖，澄碧如镜。茂密清新的水岸丛林，令人心旷神怡的亲水步道，三三两两的野鸭、白鹭自由嬉戏，共同构成一幅生态画卷，陶醉了一方游人。

作为壮乡首府，南宁是林业资源大市，发展林业的条件得天独厚。近年来，南宁市以林长制为抓手，以"建设生态文明、发展现代林业、推动林业产业科学发展"为主题，坚持生态与产业协调发展，兴林与富民同步推进，绿色发展"枝繁叶茂"。

呵护绿色"家底"

南国初夏，绿意盎然。

在南宁街头，不管是开车还是步行，人们迎着风，阵阵花香袭来；放眼望去，满目皆绿，"道"处是风景。在这里，"抬头见绿，出门赏花"，现代都市和生态景观得到完美结合。林业等部门通过持续擦亮"绿色"名片，城市颜值稳步提升。

清晨，青秀山满目苍翠，这座"城市绿肺"正在吐纳清新。经过多年发展，植物种类从数百种增加到 7300 多种，每年入园游客量从不到 10 万人次增加到超过 400 万人次。目前，青秀山已拥有数个国内之最：国内树龄最老的苏铁园、国内最大的罗汉松专类园……在未来的发展蓝图里，青秀山将成为国内独具东盟特色的植物园、国内种类最齐全的朱槿专类园等。

2021 年 5 月 13 日，广西南宁市南湖及周边建筑（陆波岸／摄）

青秀山风景区党工委书记、管委会主任张振宇介绍，通过合理的绿化配置，青秀山形成多层次、多色彩、功能多样的热带季雨林和亚热带森林景观，森林覆盖率达 98%，每立方厘米空气中负氧离子含量最高达 10 万个，为美化城市环境、净化空气、调节温度、改善气候等发挥重要作用。

南宁市林业局党组书记、局长许强初介绍，为呵护这一抹绿色，南宁市将全面推行林长制纳入经济社会发展和生态文明建设的整体布局。市委、市政府主要负责同志担任林长，并设立 5 名市级副林长；设立县、乡、村级林长共 2588 名，其他国有涉林涉草单位林长 120 名。据统计，2021 年市、县、乡级林长共巡林 1075 人次，协调解决各类涉林问题 434 起，有效保护了森林资源。

南宁市林业局林长科科长刘胜宇表示，南宁市林长办结合世界野生动植物日、世界湿地日等活动，主动深入山林和田间地头开展宣传，为推行林长制工作营造良好的舆论氛围。

"我们严厉打击各种破坏森林资源的违法犯罪行为，加强对野生动植物、古树名木、湿地保护以及林业有害生物防治等工作，牢牢管住'一把刀'，控住'一把火'，防住'一条虫'，保障森林生态安全，实现森林资源健康增长。"宾阳县自然资源局局长吴世杰说。

与此同时，南宁市积极开展国土绿化，推进全民植绿护绿。坚持造（人工造林）、封（封山育林）、退（退耕还林）、改（低效林改造）、抚（抚育管护）相结合，森林面积持续增加。每年组织开展义务植树活动，建成南宁园博园、大王滩风景区等 5 个首批广西"互联网＋义务植树"基地，年均完成全民义务植树 1000 万株以上。

其次，实施石漠化治理、珠江防护林、退耕还林三大工程，森林生态全面修复。加大对上一轮退耕地还林补助资金兑现力度，充分利用退耕还林工程林地资源，发展油茶、八角、板栗等经济林和速生丰产用材林，大力推广林农、林药、林下种植养殖等农林复合经营模式，实现林地增收林农致富。

另外，优化树种结构，森林质量逐步提升。南宁林业部门通过新造、改造、补植等方式，完成优化树种结构调整 8.2 万亩。如对大王滩、凤亭湖水库等饮用水水源保护区的桉树林进行调整更新改造，种植红锥、枫香等乡土阔叶树种，提升森林蓄水保土能力，保障饮用水水源水质和用水安全。

南宁市邕宁区不断创新打击破坏森林资源违法行为的方式方法，拓宽全民参与爱林护林渠道。得益于生态环境的改善，当地野生动植物多样性不断丰富。"2021年至今，我们接到多名热心市民关于野生动物的举报求助电话，涉及国家级或自治区级重点保护陆生野生动物，红嘴蓝鹊、池鹭、蟒蛇等共 18 只（条）。"邕宁区林业局局长农飞鹏说。

数据显示，"十三五"以来，南宁市共完成植树造林 186 万亩，占自治区下达任务的 121.6%；完成义务植树 7034.3 万株，实施林业石漠化综合治理 22.79 万亩。全市 39 个村被国家林业和草原局评定为"国家森林乡村"，3 个县城、7 个乡镇、57 个村庄分别荣获广西"森林县城""森林乡镇""森林村庄"称号。

新业态蓬勃发展

得益于生态优势，南宁市在林业发展诸多新业态中，显示出强大后劲。其中，林业总产值达 934 亿元，居广西第一。

许强初介绍，作为广西林业产业发展的"排头兵"，南宁市从林业发展特点出发，通过长中短相结合、以短养长、大中小径材兼顾，增强优质木材培育、生产和储备能力，培育发展工业原料林、大径级用材林和珍贵树种等高效多功能森林，实现了森林面积、森林蓄积、森林生态价值同步增长，形成了结构相对优化的林木资源储备体系，储存了无比宝贵的绿色财富，为林业产业发展提供了丰富的资源保障。

南宁市大力发展花化、彩化、果化、香化、美化效果突出的景观绿化苗木，积

2022年5月4日，市民在南宁市南湖边的草地上休闲（陆波岸／摄）

极培育精品绿化苗木、珍贵花木、旅游花卉小商品，开展兰花、茉莉花、金花茶、三角梅等特色花卉产业的深度开发，创建各级花卉类现代特色林业示范区，形成以茉莉花、兰花、金花茶、三角梅为龙头的"四朵金花"产业发展格局。

横州市茉莉花产量占到全国80%、世界60%；青秀区长塘镇金花茶示范区金花茶种苗繁育能力位居全国前列，收集有36个品种共3000多株的金花茶种质资源，繁育出450万株金花茶种苗，带动青秀区发展种植金花茶达6000余亩；广西亿成花王兰花基地是广西规模最大、品种最多的兰花基地，年产商品兰花70万株以上。2021年，全市花卉绿化苗木种植面积1.3万公顷、行业企业600余家、从业人员近37万人，花卉苗木产值达57.8亿元。

在南宁，林业产业园区建设稳步推进，推动林业产业转型升级。南宁武鸣林产品产业示范园、横州现代林业产业园等六大产业园区建设有条不紊推进。有关园区已纳入新一轮国土空间规划，重点引进高端绿色家居项目，加速产业集聚。

强化林业产业融合发展，突出林下经济惠民特色。南宁市林业局产业科科长罗海涛说，结合定制药园和中药材示范基地建设，南宁市积极推动林下种植草珊瑚、砂仁、金花茶、鸡血藤、牛大力等林药产业。2022年一季度，全市发展林下经济总面积133.36万亩，林下经济产值达20.80亿元，惠及林农21.79万人。其中，林下中草药种植面积 4.33 万亩，产值 0.93 亿元，惠及林农 2.3 万人。七彩七坡林下经济示范区获评为"第五批国家林下经济示范基地""广西第二批中药材示范基地"。

南宁市马山县古零镇羊山村是一个大山环绕的小山村，此前因为贫困，绝大多数村民只能外出务工。让当地村民没想到的是，因为攀岩这项运动，生态旅游跟着火起来，吸引许多村民返乡创业，山村迎来"蝶变"。

行走羊山村，小桥流水让人流连忘返。"每年 6 到 8 月，很多外国攀岩爱好者蜂拥而至，他们往往携家带口组团前来，在此停留一星期左右，一边进行攀岩、皮划艇等户外运动，一边充分感受这里的秀美风景。"村民黄俊源说。

羊山村是擦亮"绿色"名片、推进生态旅游的一个缩影。近年来，南宁市加速培育森林生态旅游产业，积极探索"康养 +"发展模式。

一方面，利用"广西森林康养基地"等"森林旅游系列基地"品牌，以及全市森林公园、湿地公园、自然保护区、国有林场的资源优势，吸收当下流行的森林康养理念，发挥森林综合功能，服务大健康需求，发展森林康养产业品牌。自 2018 年开展以来，南宁市累计获评 22 个森林旅游系列等级称号，位居广西第一。

另一方面，通过对大明山自然保护区、马山县水锦顺庄等森林景区的生态、自然、人文等旅游资源的整合开发，培育"康养 + 旅游"产品体系。如大明山自然保护区多次开展"林中散步""打太极拳"等森林康养体验活动。同时，结合"飞越大明山"户外运动大会、"环广西公路自行车世界巡回赛"等体育赛事，拓展"康养 + 体育"模式，提供多层次、多种类、高质量的森林康养服务。

助推林业"蝶变"

业内人士表示，当前南宁林业发展存在一些不足和挑战，仍需完善体制机制，以"关键少数"示范带动"绝大多数"，助力林业高质量发展。

一是林下经济项目示范效果有待加强。目前，南宁市开展林下经济项目的市场主体是一些具有一定经济实力的公司、大户或合作社，群众参与度还不高，林下经济产业实现规模化扩张仍有一段路要走。现有基地辐射带动能力有待提高。

二是生态旅游特色不鲜明，森林康养服务业态有待丰富。业内人士介绍，目前生态旅游的规模化、产业化程度不高，资金投入不足。自然公园与生态旅游产品不够丰富，在当前蓬勃发展的旅游市场和假日旅游经济中所占份额未达到理想程度。

三是林产工业项目用地仍存挑战。部分在建林业产业园区项目，存在林地变性难、土地指标落实难的问题，受城市规划和开发边界等多重因素制约，产业园区产业集聚效果受到一定限制。

受访人士表示，为更好推动林业高质量发展，下一步还需不断创新体制机制，积极探索林业一二三产深度融合，努力在生态旅游、森林康养建设的转型升级上下功夫。

——用好用活林长制平台。充分发挥林长制工作统领作用，调动各级林长、相关部门工作积极性，形成齐抓共管、共同治理的局面，解决一批依靠林业部门自身难以解决的问题，确保林长制各项工作落到实处、取得实效，以"林长制"促进"林长治"。

——持续压实生态资源保护责任。认真贯彻"用最严格制度最严密法治保护生态环境"要求，对自然生态环境特别是自然保护区、保护地严管严控，确保森林覆盖率不下降、自然保护地体系和野生动植物资源不受破坏，守住绿水青山的生态底线。

——加大森林资源培育力度，提升森林经营管理水平。营造经济和生态效益皆优的多功能兼顾的森林体系，增加森林蓄积量和碳汇储备量，提高森林生态系统服务功能。进一步完善落实林业政策机制，丰富造林主体，不断扩大森林资源。加强森林景观改造，补植补种珍贵树种、乡土树种、花化彩化树种，持续提升森林资源总量和质量。

——深入推进林业产业园区建设，拓宽林业生态旅游深度与广度。加快推进中林·南宁现代科技林业产业园、横州现代林业产业园等林业产业园区建设，重点引进一批高端绿色家居产业，打造产业集群，构建布局合理、产业多样、特色鲜明的林业产业布局。鼓励林农因地制宜发展澳洲坚果、油茶、林下中药材、花卉等产业，探索林业产业和旅游、康养的深度融合化，加大推介力度，实现产品品牌化、消费主体多元化、经营数字化的林业产业发展新路子，打造一批叫得响的森林旅游品牌。

（本文首发于 2022 年 6 月 23 日，总第 858 期）

杭州治水综合施策

文/《瞭望东方周刊》记者方问禹　编辑高雪梅

杭州是一座与水息息相关的城市。从水环境保护，到水文化涵养，再到水岸共兴，
这座天堂城市与水相依相融的灵动状态不断升华。

5 月初，西湖边 7 棵柳树被移走并换种月季花，消息引发杭州市民和网友关注，
此后这些柳树被补种。

西湖是大家的。十余年前西湖"还湖于民"留下美谈，如今"西湖还柳"再次
凸显公众对这一泓碧水的倾心热爱。

杭州是一座与水息息相关的城市。从水环境保护，到水文化涵养，再到水岸共兴，
这座天堂城市与水相依相融的灵动状态不断升华。

不止有西湖

穿越古今、闻名中外的西湖，是杭州最具识别度的风貌标签和文化载体，也为
这座城市注入了独特韵味——一座水灵灵的江南名城。

西湖汇水面积超过 21 平方千米，湖面面积约 6.38 平方千米。因为疏浚西湖有功，
白居易、苏东坡这两位大文豪，以白堤、苏堤的有形存在，千百年来让人们念念不忘。

不止有西湖。与西湖水面最短直线距离仅约 3 公里的钱塘江，是杭州的另一个
地理符号。

东南形胜，三吴都会，钱塘自古繁华。北宋词人柳永笔下的"钱塘"，曾经是
杭州城及周边区域的代名词。全长 500 多公里的钱塘江古称"浙"，又名"折江""之
江"，其下游则是流经杭州城内的最主要水道。

2022 年 4 月 12 日，杭州西湖景区（黄宗治／摄）

钱塘江大潮有着"天下第一潮"之誉，每年农历八月十八前后，众多游客涌到杭州前来一睹大潮的气势如虹。

在当代杭州，不少人把这座城市加快发展的轨迹描述为，从群山秀水、氤氲江南气息的"西湖时代"，转向高楼林立、勇立时代潮头的"钱塘江时代"。

除了湖与江，杭州城内还流淌着一条河——京杭大运河。这条始建于春秋时期，世界上里程最长、工程最大的古代运河，作为"黄金水道"的航运功能至今依旧凸显。

京杭大运河的终点是拱宸桥。"一座拱宸桥，半部杭州史"，这种说法充分说明这条水道贯穿着杭州城的古与今。

千年运河水映照下，拱宸桥两侧的京杭大运河博物馆、刀剪剑博物馆、伞博物馆、小河直街等别有韵味。沿着运河水南下，登云大桥、大关桥、江涨桥、德胜桥、潮王桥、朝晖桥等 15 座古桥各具特色，串起了杭州运河文化。

向东是大海。西湖、钱塘江、京杭大运河最终汇流在一起，经由杭州湾"喇叭口"，直奔东海。

湖、河、江、湾，从干流到支流再到河沟溪流，各种形态的水，构成了杭州地理版图中的大动脉与毛细血管。杭州市林业水利局介绍，杭州全市河道（含溪流）15411 公里，水库 633 座，蓄滞洪区 2 个，湖泊 7 个，水域面积 1228.58 平方公里。

奔流不息的钱塘江、淡妆浓抹的西子湖、如诗如画的富春江、水天相接的千岛湖……以江、河、湖、湾为标识，杭州写好水文章，涵养生态、文化、经济相辅相成的高质量发展。

知水一张图

从西南往东北方向，从淳安、建德、桐庐、富阳到中心城区，从千岛湖沿着钱塘江越淌越宽流向东海，杭州水域轮廓一目了然。

2003 年，浙江省委部署实施面向未来发展进一步发挥八个方面优势、推进八个方面举措的"八八战略"，其中提到进一步发挥浙江的生态优势，创建生态省，打造"绿色浙江"。

"生态省"建设全面开启，伴随"千村示范、万村整治"工程扎实推进，浙江乡村垃圾收集、卫生改厕、河沟清淤、面源污染整治等多管齐下，支流水质逐渐改善，大江大河水质持续提升。

2018 年，浙江省全面启动美丽河湖建设，治水、治河工作进入高质量发展阶段，2019 年这项工作被列入浙江省政府十大民生实事，建设进展受到全社会关注。

作为省会城市，杭州水域管理也持续走在前列，并在 2018 年翻开新篇章。这一年，杭州市出台《杭州市美丽河湖建设实施方案（2018-2022 年）》，全面建设安全流畅、生态健康、水清景美、人文彰显、管护高效、人水和谐的具有诗画江南韵味的美丽河湖。

杭州提出全面创建"美丽河湖"，围绕"一轴双带十湖千溪"水系格局，美丽河湖建设由点散开，连线成面。

"一轴"是由千岛湖、新安江、富春江、钱塘江等"三江一湖"组成的钱塘江唐诗之轴；"双带"是浙东运河、京杭运河、古运河等构成的江南古风黄金水带，以及苕溪等构成的乡野生态休闲水带；"十湖"包括西湖、湘湖、白马湖、千岛湖、青山湖、铜鉴湖等；"千溪"则是以寿昌江、壶源江、天目溪等为代表的中小流域。

以湖、河、江、湾为节点和框架，贯通 3701 条河道，杭州形成一张轮廓分明、纵横交错的水系网络。

知水是治水的前提。在"一轴双带十湖千溪"水系格局下，为了进一步提高分辨率、精准掌握水态，杭州市林业水利局基于信息化基础，推动数字化改革，将现有视频监控、水雨情、工程运行监测点全部纳入政务外网，接入感知设备 2985 个，实现杭州全市水域微监管。

记者了解到，目前"数智林水"的入仓数据已达 18.5 亿条，平均每日新增 80 万条，数据也与应急、城管、气象、消防等部门全面共享。

治水挽狂澜

杭州市富阳区富春江畔，曾经有三根120米高的烟囱一字排开。2019年8月，当地组织一轮全民投票，决定这些烟囱是拆还是留。

有的市民说，烟囱是工业遗存，见证了富阳产业高速增长的一段历史；更多人则反驳认为，这只是造纸工厂的残存，对富阳来说是一种负担。

富阳是我国"造纸之乡"，手工造纸历史悠久。改革开放后，富阳造纸工业高速发展，上世纪90年代建起三个造纸工业园区。一位民企负责人回忆说，效益好的时候，造纸就像印钱。

造纸为富阳带来巨大的经济效益，也给水环境带来巨大压力。有40多家造纸厂的大源镇，那些年溪水变黑发臭，鱼虾绝迹。一到夏天，沿溪两边村庄弥漫恶臭，一些村民不得不像候鸟一样迁徙。

以拆除造纸厂烟囱为标志，富阳告别旧的发展模式。当地近年先后实施多轮造纸业整治，关停淘汰造纸企业460多家。

治污效果立竿见影，如今境内富春江干流水质稳定保持在Ⅱ类，出境断面水质持续保持优秀。

关停造纸、锌化工、铜冶炼、电镀等工业，禁止非法采砂取石，关停规模化养殖场……浙江多地产业绿色转型，在"五水共治"背景下加快推进。

治污水、防洪水、排涝水、保供水、抓节水——为建设"美丽浙江"，2014年浙江省全面部署推进"五水共治"工作，以治水为突破口，通过"拆、治、归"，让越来越多的江河奔涌、湖水荡漾、溪水潺潺、岸堤景美，同时倒逼越来越多的企业走上转型升级、绿色发展道路。

如今在坊间，浙江一些干部群众依然对"五水共治"感受真切：那时候治水是"动真格"，干部工作不力就地免职；治水"力挽狂澜"，确实需要"霹雳手段"；没有"五水共治"，浙江乡村哪能吃上今天的"生态饭"……

杭州治水方略更早起步，也有着更高标准。通过推进河湖长制、规范取用水管理、创建节水型社会、加强水资源保护等多方面举措，杭州水资源管理成效显著。

2021年，杭州全市国、省、市控断面水质优良率和功能区达标率均为100%，为近年来最好。基础工程加速推进，污水零直排区创建和新建、改造污水管网总体进

京杭大运河拱宸桥

度均稳居全省前列。

2022年，杭州力争实现市控以上断面水质优良率、县级以上饮用水源水质达标率、交接断面功能区达标率、县控以上断面无劣 V 类、省控断面走航排查、县级以上饮用水源规范化建设、"污水零直排区"建设镇街运维率、乡镇级流域共治工作覆盖率、"五水共治"实践窗口区县覆盖率、"找寻查挖"专项行动问题整改率等十个方面实现 100%。

数字技术支撑杭州"智慧治水"。杭州市林业水利局介绍，杭州完善数字监测手段，推进县控以上断面自动监测全覆盖、全上云、全联网。

走进杭州市滨江区长河街道智慧管网指挥中心，巨大的管控系统驾驶舱屏幕映入眼帘，污水管网、雨水管网、前端感知设备等数据不间断刷新展示，实现"一屏通览"。

工作人员点击多类预警信息说，如果污水管网感知设备反馈的 COD 指标值持续出现低于正常水平的情况，说明该污水管网存在地表水渗入或雨水混流情况；如果雨水管网感知设备反馈的电导率指标值持续高于正常水平，则表明该雨水管中存在污水混入。

2021 年，杭州高标准推进"五水共治"各项工作，体系机制趋于成熟、各项建设高效推进，以浙江全省第一的成绩连续第三年夺得大禹鼎银鼎。

涵养"幸福河湖"

5月13日清晨，杭州西湖边被移走的7棵柳树补种完成。杭州西湖西溪景区管委会表示，西湖是大家的，有关西湖的决策更应公开透明，谨慎柔软。

此后，杭州市召开"西湖风貌和文化保护"民意恳谈会，听取专家、媒体、市民代表对进一步做好西湖风貌和文化保护工作的意见建议。

早在十余年前，杭州西湖"还湖于民"之举留下美谈。如今"西湖还柳"，再次凸显公众对于列入《世界遗产名录》的"杭州西湖文化景观"的关注与热爱。

水润杭州。对这座天堂城市而言，经济社会迈向高质量发展进程中，保护好、涵养好一方水系，是前置要求与灵魂之举。

以"水与杭州"为主题，杭州水利科普馆布有"序厅""水之利""水之治""水之苑""水之灵""水之梦"六大展区，讲述杭州多水共导、城水共生的江南水乡故事。

这里有一幅百米长卷水赋图，以富春山居图为背景，用江、河、湖、海、溪意象的名家辞赋和书法名家字体设计而成，展现杭州厚重的水文生态。

2021年，杭州市发布地方标准《幸福河湖评价标准》，提出打造"幸福河湖"应用场景，推动"美丽河湖"向"幸福河湖"迭代升级。

杭州市治水办表示，为充分挖掘杭州鲜明的"水城"特色和悠久的"水韵"文化，杭州2022年计划打造省级"美丽河湖"（幸福河湖）12个、水美乡镇13个、幸福河湖试点县1个，做精水美共富特色品牌。

2021年9月，浙江省国际水文化研究会在杭州成立。该研究会集聚水文化研究者和遗产传承人力量，形成展示"重要窗口"独特韵味、文化浙江建设成果的鲜明符号，使"浙江之水"成为承载浙江文脉、代表中华文明、体现东方智慧的金名片。

在保护中加快发展，在发展中加强保护，碧水绕城、水岸共兴。记者了解到，杭州多地还探索推进治水工程与水文化、水经济有机融合，打造各具特色的流域水文化长廊。

（本文首发于2022年8月4日，总第861期）

银川：塞上真江南

文 /《瞭望东方周刊》记者何晨阳、苏醒　编辑高雪梅

得贺兰山庇佑和黄河滋养，千里沃野和星罗棋布的湖泊湿地，让这座西北城市有着"塞上湖城"的美称。

　　山涧潺潺、林涛阵阵；城内湖光山色、相映成趣；黄河岸边，大小湿地组成一幅美丽的生态画卷……作为我国北方少有的山、河、湖、湿地、沙漠、平原等多种地形地貌兼备的城市，地处贺兰山以东、黄河流润而过的宁夏回族自治区首府银川市，兼具江南之灵秀与塞北之雄壮。得贺兰山庇佑和黄河滋养，千里沃野和星罗棋布的湖泊湿地，让这座西北城市有着"塞上湖城"的美称。

　　近年来，银川市坚持"绿水青山就是金山银山"的发展理念，积极推进黄河流域生态保护和高质量发展先行区示范市建设，统筹山水林田湖草沙系统治理，坚决打好环境问题整治、深度节水控水、生态保护修复攻坚战和绿色发展主动仗，大力开展水域生态治理，守好改善生态环境生命线，使塞上湖城的颜值更高、"气质"更佳。

保卫贺兰山生态

　　"真没想到，这里有山有水、满眼皆绿，还有一眼望不到头的葡萄园，置身其中仿佛回到了江南。"在位于贺兰山脚下的宁夏志辉源石酒庄，第一次到银川旅游的江苏游客汪敏感叹道。

　　"荒漠戈壁、飞沙走石"曾是汪敏印象中的大西北，而湿绿盈目的景象刷新了她的认知，更令她难以置信的是，眼前绿意盎然的葡萄园曾是一片废弃的矿坑。

2022 年 8 月 25 日，"城在湖中 湖在城中"的塞上湖城银川美景

被宁夏人民誉为"父亲山"的贺兰山，横亘南北的山脉削弱了西伯利亚高压冷气流，阻挡了腾格里沙漠的东侵，守护了宁夏平原的万顷良田，是宁夏、西北乃至全国的重要生态安全屏障。

然而，因有丰富的硅石、煤炭等矿产资源，自 20 世纪 50 年代开始，贺兰山里的大规模无序开采一度导致这座"父亲山"满目疮痍。随着城市建设的加速，对砂石需求量大增，贺兰山下又成为周边地区主要的砂石料来源地，"伤痕累累"的"父亲山"，更加"衣衫褴褛"。

"治病祛痛"需系统"辨证施治"。自 2016 年起，银川市以壮士断腕的决心打响了贺兰山生态保卫战，全面开展贺兰山生态环境整治修复，先后完成贺兰山自然保护区 40 处人类活动点位的整治修复和保护区外围 11 处遗留矿坑的环境治理。目前，已有近 1.4 万亩的矿坑环境得到有效治理，生态植被得以恢复。

青山重塑，生灵归来。贺兰山里野生动物的生存条件明显改善，一度难觅踪迹的雪豹、兔狲、豹猫等珍稀濒危野生动物也频繁现身。

停止对自然过度消耗的同时，一场产业绿色转型悄然启幕。

建在废弃矿坑上的志辉源石酒庄，如今成了网红打卡地，漫步酒庄，绿色生态元素随处可见：多彩石板路取材自周边冶金企业废弃的"过火石"，屋檐上的鱼鳞瓦回收自周边村民旧屋上拆下来的瓦片，餐厅的大梁取自拆迁的银川剧院，供游人休憩的椅子是用废弃橡木桶做成，歇脚处的石桌则是由上世纪的牛车轱辘改造而来……

"我们把产业发展限定在资源环境可承受范围内，选择在荒山、荒沟、荒丘、荒滩'四荒地'上种植酿酒葡萄，不占用耕地；建设智能化葡萄园发展节水灌溉，将平均亩产水耗控制在 120 立方米，不足水稻种植平均水耗的 1/8，是玉米种植平均水耗的 1/3。"宁夏志辉源石酒庄总经理袁园说。

从采砂到发展特色产业，志辉源石酒庄只是宁夏贺兰山生态修复的一个缩影。如今，一座座葡萄园在贺兰山下快速崛起，昔日风沙肆虐的荒滩、废弃的砂坑，今日变成生机盎然的绿洲，成为防风治沙、涵养水源的绿色屏障，酿酒葡萄种植、葡萄酒酿造的产业链为十余万农民的增收提供了保障。

要摆脱资源、能源依赖，真正实现绿色发展，改变"倚重倚能"的旧有产业模式尤为关键。

在位于银川经开区的宁夏共享集团股份有限公司铸造 3D 打印智能工厂，粉尘、噪声污染等传统铸造企业的顽疾难觅踪影。通过技术创新，这家传统铸造企业攻克了铸造 3D 打印材料、工艺、软件、设备及集成等技术难题，实现铸造 3D 打印产业化应用国内首创，与国外同类设备相比，成本降低约 2/3，打印效率提高约 3 倍。

通过科技创新"祛黑逐绿"，锚定绿色发展的不止共享装备。如今的银川，单晶硅棒、硅片、半导体大硅片、石墨烯三元正极材料等绿能产业，在全国乃至全球都占据一定份额，产业高质量发展的基础得以逐步夯实。

提升入黄河水质

秋日的塞上，天高云淡，草木葱茏。位于银川市兴庆区通贵乡河滩村的银川黄河湿地公园水草丰茂、波光潋滟，一只只水鸟掠过水面，人们一边呼吸着新鲜的空气，一边徜徉于花海间散步乘凉。

湿地公园紧挨着黄河，距离黄河岸边直线距离不足一公里，河滩村的名字也由此而来。

"过去可不是这样！"年逾六旬的顾金成带着孙子在公园游玩，作为土生土长的河滩村村民，在顾金成的记忆中，以前这里是寸草不生的河滩盐碱地，附近的永二干沟是银川重要的入黄排水沟，但沟里的水质一直备受村民诟病。

"以前水面都是泡沫，臭烘烘的，牲口都不肯喝，浇地，庄稼也长得不好，打

银川市海宝公园飞翔的红嘴鸥（王鹏／摄）

下的粮食都不好卖，一到村子里就能闻到一股臭味。"顾金成说。

病在水里，根在岸上。近年来，银川市以"源头治理、中段提升、末端兜底"为思路，统筹规划系统治理、岸上岸下综合整治，全市 15 座城镇污水处理厂完成提标改造，全部达到一级 A 排放标准，并通过对入黄排水沟道采取底泥清淤、水生植物种植、生物浮床等措施有效提升沟道水质，改善水环境。

源头治理是最治本的，但难以保证入黄水质的稳定，需要通过其他补充措施进行"末端兜底"。银川的方案是——建设人工湿地，通过人工湿地为银川市生产与生活废水进入黄河之前加装一个巨型"净水器"。

2018 年以来，银川建设了银川滨河水系截污净化湿地扩整连通工程，在黄河西岸建立起一个长约 49.5 公里、面积约 1.1 万亩的滨河水系，包括 3 处天然湿地和 5 处人工湿地，黄河湿地公园便是其中之一。

"我们将永二干沟等 11 条入黄排水沟串联起来，只留一个入黄口，结束了以往沟道局部治污模式，形成综合治理总开关，实现了水系湿地互联共调同净化。"银川市生态环境局水生态环境科科长曹婧说。

值得注意的是，这个巨型"净水器"中有不少科技元素。通过铺设石墨烯催化网，进一步吸附降解水体中的氨氮、总磷等污染物，同时通过科学种植芦苇、菖蒲、睡莲、荷花、水葱、梭鱼草等挺水、漂浮、沉水植物，为微生物创造栖息地，最终构建起由各类水生动物、植物、菌类、藻类等共存共生的完整湿地生态系统。

"这里水下是人工湿地，岸上则是生态公园，每天吃完晚饭，带上小孙子在这里走一走，感觉我们也过上了和城里人一样的生活。"顾金成说。

作为水环境治理的末梢，农村生活污水处理因其点多、面广、分散处理难等问题，成为生态环境整治中难啃的"硬骨头"。

在银川市金凤区良田镇园子中心村污水处理站，周边 1500 户 5400 人的日常生活污水经排污管网逐级加压运送至此统一处理，污水处理排放标准全部达到一级 A 标准，有效解决了农村生活污水排放至河湖沟的问题，进一步改善了河湖水环境质量。

系统施策使银川入黄水质有了向好变化。经污水处理厂处理过的水，通过人工湿地内水生植物的循环净化和石墨烯等设施的有效处理，水质获得明显提升。水质监测数据显示，2019 年以来，银川市入黄水体稳定达到地表水 Ⅳ 类标准，黄河干流银川段稳定在"Ⅱ类进Ⅱ类出"，主要污染物浓度明显下降，为黄河注入达标的"健康血液"。

候鸟是生态环境变化的晴雨表。"湿地面积的增加和生态环境的改善，让适合候鸟繁殖栖息的场所越来越多，很多原来不经宁夏的候鸟种群，也陆续改变了迁徙的路线，成为宁夏的旅鸟。"宁夏观鸟协会秘书长李志军说。

如今，银川滨河湿地已成为"鸟类天堂"，黄河滩地的生物多样性大幅提升。据统计，滨河水系建成后，银川全市野生鸟类种群从最初的 169 种增加到目前的 241 种，其中，国家一级保护动物 11 种，国家二级保护动物 33 种，红嘴鸥、黑鹳、白尾海雕等鸟类每年春秋两季如约而至。

重现"七十二连湖"景观

城市有水则充溢灵气。依偎在黄河之畔的银川，处处都是依托黄河水滋养的湖泊水系。很多初到银川的人，都会发出"想不到"的感叹。原本以为会是一番"大漠孤烟直"的风光，可映入眼底的却是"水光潋滟晴方好"的景色。

得黄河灌溉之利，银川自古沟渠纵横、湖泊棋布，历史上素有"七十二连湖""水抱城"之说。然而，难得的自然资源并没有引起人们足够的保护意识，曾几何时，向湖泊湿地要地、围湖造田等导致大面积湖泊湿地被人为破坏，银川的湖泊湿地数量一度锐减，湖泊群日渐萎缩消失。

湖泊湿地是银川整个生态系统的关键组成，是"塞上湖城"风貌的基本支撑，

市民在宁夏银川市海宝公园内的北塔湖畔健身休闲（王鹏／摄）

也是城市人居环境建设的重点所在。为了让"七十二连湖"的生态景观重现，多年来银川市不断加大湖泊湿地的保护与恢复力度，法规保障与工程举措并重，取得明显成效。

依法划定湿地生态保护红线；加大河湖水系监管力度，严肃查处涉河涉湖违规项目，严厉打击湿地保护区域污染湿地水体的行为；加强湿地水资源管理，实行最严格水资源管理制度，建立湖泊湿地生态补水的水权水指标长效机制，湖泊湿地年均生态补水量约 8000 万立方米……一系列举措有效保护与恢复了湿地，银川市常年监测的鸣翠湖、阅海、典农河等重要湿地，水体水质保持在Ⅳ类水之上，基本达到了河湖景观水标准。

近年来，银川还相继实施了大规模的湿地保护与恢复工程项目建设，逐步建立和形成了合理、完整的湿地保护体系。自 2009 年以来已累计投入湿地保护工程项目资金约 34.5 亿元，建成了集防洪、排水、生态、景观、旅游等多种功能于一体的典农河工程、西部水资源综合利用水系连通工程等项目，保护与恢复湿地面积 5000 多公顷，新增湿地面积 800 公顷，恢复湿地植被 300 多公顷。2018 年，银川荣获首批"国际湿地城市"称号，是当年西部地区唯一获此殊荣的城市。

2021 年起，银川市实施重要湿地保护修复工程项目，陆续在市区内多个水域节点推广湖泊湿地生物浮岛种植技术。芦苇、菖蒲、千屈菜、慈姑、水生美人蕉等水生植物不仅有效保护了黄河银川段的水生态环境，丰富了湿地生物多样性，还为市民营造了舒适宜居、风光旖旎的生态空间，让城市颜值稳步提升。

数据显示，目前银川市湿地总面积 5.31 万公顷，占市域土地总面积 7.65%，人均湿地面积 236 平方米，是全国的 6 倍。全市有自然湖泊、沼泽湿地近 200 个，其中面积在 100 公顷以上的湖泊、沼泽 20 多个。

随着湿地面积的扩大，银川形成了一道水不断流、绿不断线、景不断链的湿地生态屏障和"不是江南胜似江南"的别样景观。很多水系周边配套建设的木栈道、亲水平台、休闲步道、运动广场等，将水系景观融入城市环境，成为市民亲水近水、运动健身、休闲纳凉的好去处。

如今的银川，一城湖光半城景，城市宜居环境不断优化提升。临湖而居成为时尚，拍照"晒湖""晒蓝天"成了不少市民的日常习惯，一张张照片洋溢出老百姓身居于此的获得感、自豪感。

（本文首发于 2022 年 11 月 10 日，总第 868 期）

广州：花开四季的"美丽密码"

文 /《瞭望东方周刊》记者王瑞平　编辑高雪梅

北回归线穿过中国的地方被称为"神奇的回归绿带"，花城广州成为这条回归线上的明珠，
美丽密码则写在千年古城的万象更新中。

岁序更替，万物生长。

沿着北回归线一路向东，大部分陆地被荒漠和稀树草原所覆盖，如撒哈拉沙漠、阿拉伯大沙漠、印度塔尔大沙漠，但同在这条纬线上的广州却是另一番景象，山清水秀，花开满城。

广州四季有花，四季常绿，拥有"花城"美称。经过多年建设和发展，广州的生态家底越来越厚实，形成"森林围城、绿道穿城、绿意满城、四季花城"的绿色生态格局。

广州市林业和园林局发布的 2022 年数据显示，全市已累计建成生态景观林带728 公里，建成绿道总里程 3800 公里、碧道 1028 公里，拥有各类公园逾 1360 个。市内 40 万株主题花树迎风招展，天桥立交、绿化带上，万千花开，姹紫嫣红。推窗见绿、出门进园、街角看花，花城的"高颜值"为这座千年古城带来勃勃生机。

"花脉"传承

广州过年，花城看花。

广州人对鲜花情有独钟，逛迎春花市，是广州春节期间最有代表性的民俗活动。史料记载，广州迎春花市在南汉时就已有之，到 19 世纪中叶，花市例定在除夕前几天举行，花木涌入城市，邻里乡亲结伴"行花街"，期待来年风调雨顺，吉祥如意。

1 月 31 日，广州，紫色风铃木花朵盛放，吸引游客赏花拍照

2023 年春节前夕，广州传统花市时隔 3 年重启，承载广府年俗文化的"越秀传统西湖花市""荔湾湖公园水上花市"等街区再次迎来繁花似锦、人海如潮的景象。

对于很多"老广"来说，行过花街才叫过年。在拥有百年历史的西湖花市，市民梁集荣对《瞭望东方周刊》说："过年逛花市对广州人来说具有不可或缺的仪式感。"

岭南花卉市场是广州规模最大的花卉批发市场，这里人声鼎沸、车水马龙。岭南花卉市场经理何永介绍，2023 年春节期间，购花人流量持续增加，为了维持市场 24 小时正常运转，市场方面增加了几倍人手。据广州市市场监督管理局发布的数据，今年全市线下传统迎春花市共接待消费者约 392.5 万人次，销售额约 1.44 亿元。

千百年来，广州人对花一见倾心，喜欢种花、赏花、爱花、护花。独特的城市文化传承，也让广州城市建设以自然为美，注重把好山好水好风光融入城市面貌。

"鱼跃青池满，莺吟绿树低。"2022 年 9 月，在珠江公园的水生植物区里，再现了唐代诗人李白作品《晓晴》中描写的情景，莲花池边聚满众多摄影爱好者，争相抓拍"鱼跃莲花"的精彩瞬间。

初冬时节，当北方的枝叶在料峭的寒风中落尽，而广州天桥鲜花盛开的"彩带"总能刷屏朋友圈。在东风路、环市路、先烈路、广州大道等城市道路上，几百座人行天桥被鲜花簇拥，宛如散落在城市的空中花园。

白云山汇聚众多岭南自然生态人文景观，新建的"空中云道"犹如空中彩带贯通越秀公园、中山纪念堂、雕塑公园、麓湖公园、云台花园和白云山，一经建成便跻身网红打卡地，年接待游客超百万人次。

越秀公园湖天一色，黑天鹅、鸿雁在湖面游弋，蓝孔雀在湖心岛惬意踱步；在云台花园，汇国内外四时花卉于一园，花开各异，瑰丽多姿；在临江大道，高标准建设的缓跑径，兼有休憩、赏景等功能，成为代表城市形象的滨水景观绿带；在海心沙亚运公园，四季花海与广州塔、海心桥相伴，展示广府文化的花式浪漫；在海珠湿地，水网交织，柳绿花红，鸟飞鱼跃，演绎城央湿地公园之美……

如今，广州城市面貌的高颜值，刷新了花城美誉度，提升了国际知名度和影响力，花城美貌引来八方游客。数据显示，1 月 21 至 27 日，全市公园、景区和森林公园接待市民游客人数超过 278 万人次，较去年同比增长 69%。

科技赋能

"这就像我梦中的花园。"大年初十，第一次跟随儿子来到广州照看孙子的杨秀英老人，在海心沙亚运公园对着大片花海赞叹。她和老伴从二沙岛体育公园，沿着临江大道缓跑径，一直走到海心沙广场。"这一路都可看到绿地、鲜花和绿树，花城广州真的名副其实！"

"花城"之誉背后，有科技力量的支撑。

漫步花城，在城市公园、绿化带，市民不时可观赏到矮牵牛花，它是广州有完全自主知识产权的花卉新品种——广州 1 号。作为广州市申报的首个 F1 代草花新品种，其特点是花朵大、具芳香，而且抗病性、耐湿热等优势明显，更适合在华南地区栽培应用。

我国现已成为世界最大的花卉生产中心，但草花育种制种水平与发达国家相比差距明显，缺乏具有自主知识产权的新品种，草花市场基本上被国外种子公司的品种所垄断。

"为了打破国外垄断，我们开启了草花育种研究，主要以矮牵牛、长春花为主，进行长期自交纯化、杂交、回交等研究。"广州市林业和园林科学研究院首席专家刘国锋说，"我们推出了广东省首个杂交 F1 草花新品种广州 1 号矮牵牛，未来，我们将推出广州 2 号、3 号等。"

广州是立交桥之城。纵横交错的立交桥、高架桥、人行天桥，延展了城市交通的立体空间，但如何将灰突突的桥梁与城市生态环境融合呢？2004 年，广州市林业和园林局着手进行桥梁绿化技术攻关。

广州海珠湿地海珠湖景观

　　"桥上环境比较恶劣，种植空间小、汽车尾气大、空气质量差、夏日暴晒。我们尝试了簕杜鹃（三角梅）、马缨丹、龙船花等 12 个品种。经过 3 年观察，簕杜鹃表现较好，开始一系列技术攻关。"广州市林业和园林科学研究院总工程师刘悦明说，"反复的试验、实践，我们研发配制出了属于桥梁绿化的专用基质，开发出了适合桥上使用的自动喷淋灌溉系统。"

　　如今，刘悦明团队建立起国内最大的簕杜鹃木棉国家种质资源库，收集簕杜鹃品种超过 300 个。玫瑰红、金心双色、银边紫花等 15 种不同花色的簕杜鹃新品种上桥后，灰突突的桥梁基本上达到四季常绿、四季有花，成为广州特有的空中彩带。

　　此外，广州还建立了国内首个野牡丹国家林木种质资源库，获得国内首个野牡丹新品种，开创了国内野牡丹育种史。野牡丹品种"天骄""超群"不仅成为园林绿化的新秀，还带动了相关花卉生产企业的发展。

　　近年来，广州在植物病虫害防治上不断进步，已将树木安全性评估、古树名木保护与复壮等新技术推广至全国 8 个省以及粤港澳大湾区的 26 个城市。一系列科技创新成果为"花城广州"保驾护航，实现满城叠翠。

绣花功夫

　　"六脉皆通海，青山半入城。"写好青山绿水答卷，构建健康稳固的绿色生态基底。

截至 2021 年，广州市森林覆盖率 41.9%，森林蓄积量 2102 万立方米，建成区绿化覆盖率 40%，人均公园绿地面积 17.3 平方米。

目前，广州充分利用城市边角地、闲置地见缝插绿，以绣花功夫设计建设小而美、小而精的绿地开放空间。广州市林业和园林局党组书记、局长蔡胜表示："广州 2022 年建成 52 个高质量有特色的精品口袋公园，不但扮靓了街区，也为市民开辟出更多休闲娱乐的绿色场所。"

东山少爷公园位于广州新河浦历史文化街区内，是广州获得国际性奖项的"口袋公园"，曾获得"2020AHLA 亚洲人居景观奖""GOOD DESIGN AWARD 2021"等奖项。这个不足 1000 平方米的公园，改造时充分保留利用原有树木，通过景观的空间规划设计，营造出光影流动的休憩场所，在不同的天气和时间都有不一样的意境。

舒适休憩环境让社区居民出门像逛自家花园，外来游客也可通过到公园游览，了解街区的历史、人文文化。因其独有设计，东山少爷公园入选 2021 美学旅行指南的十个美学打卡地之一。评审团评价："当地居民在这个适合现有城市规模尺度的广场，出来交谈，并建立社区紧密的联系。这个项目通过每个人都可以在白天和黑夜放松的城市日常生活场所，教会我们幸福的价值。"

东山少爷公园只是广州众多口袋公园的一个。目前，广州共建成口袋公园约 300 个，未来将按照每 5 分钟社区生活圈至少建设 1 处口袋公园的标准，提升社区公园覆盖能力，成为广州推进老旧小区改造的点睛之笔。

近年来，广州采用绣花功夫持续推进老旧小区改造工作，通过加强政策保障，引入社会力量，完善社区服务功能，提升社区居住品质。数据显示，目前广州市已累计完成 810 个老旧小区的改造，累计改造老旧建筑 4670.4 万平方米，增设无障碍通道 100.6 千米，累计新增社区绿地和公共空间 676 个，惠及 200 多万居民。

广州西关恩宁路永庆坊，见证老广州的繁荣与新生，是广州市最完整、最长的一条骑楼街，也是最具"老西关"风情的街区，在"修旧如旧、外旧内新"的修缮保护中，这里原本破败的危房社区重焕新光彩，绿植、鲜花与青瓦白墙相得益彰。

"90 后"广州女孩刘绮麒开设的定制婚纱工作室就在永庆坊里，工作室与粤剧艺术博物馆仅一墙之隔。刘绮麒说："这里回望是浓浓的西关风情，仰望是古树参天，墙头花开花落，还可以看看粤剧粤曲展演，很符合自己的内心追求。"

广州除了通过绣花功夫还绿于民，更在"大城名园"上建设高水平的绿美广州。

2022 年 7 月 11 日，华南国家植物园在广州正式揭牌。至此，我国已设立并揭牌运行一北、一南两个国家植物园，国家植物园体系建设迈出坚实步伐。蔡胜表示："我们将利用好华南植物园升级为华南国家植物园的契机，全力推进华南国家植物园体系建设，并将持续推进海珠湿地、南沙湿地等湿地保护和生态修复，大力开展生物多样性保护工程，推动形成绿色、低碳、节俭的广州绿化高质量发展模式。"

推窗即见景，出门可进园。近年来，广州深入实施美丽宜居花城战略，积极推进珠三角国家森林城市群建设和粤港澳大湾区生态绿化城市联盟，稳步实施绿美广东行动计划、新一轮绿化广东大行动、森林城市品质提升计划、公园与道路绿化品质提升行动，让"城在林中、路在绿中、房在园中、人在景中"，成为花城广州最生动的写照。

种得满城花，四季斗芳菲。2 月的广州，宫粉紫荆、紫花、黄花风铃木等各种繁花次第开放，在中山纪念堂、越秀山上、陵园西路，广州市花红棉正含苞欲放；3 月的广州，又将映衬在"英雄花"的海洋里……从春到冬，城市各个角落，始终有花竞相绽放。

北回归线穿过中国的地方被称为"神奇的回归绿带"，地处中国南大门的广州，总是能率先感受到春的先机，花城广州也成为这条回归线上的明珠，美丽密码则写在千年古城的万象更新中。

（本文首发于 2023 年 2 月 23 日，总第 875 期）

太原：一泓清水画锦绣

文 /《瞭望东方周刊》记者马晓媛　编辑高雪梅

为重现"锦绣太原城"的盛景，一场前所未有的"救河行动"在这座城展开。

"山光凝翠，川容如画，名都自古并州。"太原的历史，与汾河写在一起。

或许早在人类尚未踏足前，这条河已经静静流淌了千万年。人类逐水而居，缘河建城，有了"太原"。依据古汉语的解释，"太原"即"大原"，古人以"太原"泛指汾河谷地的广大平原。一座城的标记，从开始就打上了河的烙印。

河系千年，山藏古今。从台骀治水"宣汾洮，障大泽，以处太原"，到汉武帝吟诵"泛楼船兮济汾河，横中流兮扬素波"，从元好问感叹"问世间，情是何物，直教生死相许"，到张颐写汾河晚渡"山衔落日千林紫，渡口归人簇如蚁"，大河滋养着这里的人们，也塑造着一座城的形与魂。

时光流转，人渐多，城愈繁，大河却水渐少，景愈凋。过度利用和污染，让汾河不堪重负，人们听到了她的叹息声。

城没有河不行。为重现"锦绣太原城"的盛景，一场前所未有的"救河行动"在这座城展开。

有河无水，有水皆污

作为黄河第二大支流，汾河起源于山西忻州，自北向南纵贯大半个省域、流经6

山西太原，汾河生态修复治理二期工程实施后

市29县区，行程700余公里，汇入黄河，是山西境内流域面积最大、流程最长的河流，也被称作山西的"母亲河"。如果从空中俯瞰，汾河就宛如一条链绳，沿河城市像一颗颗珍珠，被这条链绳一一串起，而太原城，就是这些珍珠中最闪亮的一颗。

有人说，每一座美丽的城市，都与一条伟大的河流有关。对太原来说，汾河就是这条"伟大的河流"。太原的建城史，与汾河息息相关。

传说中，早于大禹的台骀是治理汾河的英雄。《左传·昭公元年》记载："台骀宣汾、洮，障大泽，以处太原"。在他的治理下，汾河流域水患根治，人们得以在这里繁衍生息，立城建都。

在漫长的非信史时期，太原一直以泛地名的形式存在，泛指汾河中游太原盆地的广大地区。春秋时期，太原之地归属晋国，晋国六卿之一赵简子看中这里依山傍水、进退有据，在此筑起晋阳城——这也被认为是太原城的起源。

在此后的2000多年里，太原城的位置时有变动，但始终未离汾水两岸。汾河对城市发挥着越来越重要的作用。汾水灌溉两岸农田，为人们提供能量和经济来源；宽阔的汾河还是理想的航道，可以运输木材、粮食。有记载显示，从隋唐到宋元，山西出产的粮食和奇松古木，经由汾河，入黄河，溯渭河，运到长安，史称"万木下汾河"。

持续的过度利用破坏了汾河流域的生态环境。流域的森林、草原遭到大规模毁坏，水土流失加剧，汾河水量减少，流域内可调蓄水量的湖泊趋于消失。到了北宋末年，"河水涸，水运停"，以致"修楠巨梓积压数万株，无从外运"。

然而，人类对汾河的索取没有停止。随着工业时代来临，水资源过度利用，工业和生活污水肆意排放，两岸植被被大量破坏……汾河流域生态环境急剧恶化，河道几近断流，流域地下水位大幅下降，干流劣 V 类水质比例一度达到 68%。"母亲河"成了谁都不愿靠近的"臭水沟"。

"那时候汾河水量很少，河道也很窄，仅有的河水也是黄泥汤，有时候还有其他颜色的污水混入，环境也差，到处是杂草、垃圾，两岸没什么景观，河面上也没有像样的桥，家里经常能闻到臭味，连窗户都不敢开。"从小就在汾河岸边长大的刘鹏回忆。

这条曾经为城市赋予生机和活力的河，病了。

系统施策，综合治理

越来越多的人听到了汾河的叹息。在认识到生态环境破坏带来的恶果之后，人们加快了生态修复和治理的脚步。

2021 年 4 月，中共中央 国务院印发《关于新时代推动中部地区高质量发展的意见》，提出以河道生态整治和河道外两岸造林绿化为重点，建设汾河等河流生态廊道。同年 10 月，又印发《黄河流域生态保护和高质量发展规划纲要》，要求在汾渭平原区等重点区域实施山水林田湖草生态保护修复工程。

2017 年 1 月通过的《山西省汾河流域生态修复与保护条例》，首次从法律层面保障汾河流域生态修复与保护。2022 年 3 月，《山西省汾河保护条例》实施，在规划与管控、水资源管理、水污染防治、生态保护和修复等方面进一步作出明确规定。

2018 年以来，山西省委、省政府陆续出台实施《以汾河为重点的"七河"流域生态保护与修复总体方案》《关于坚决打赢汾河流域治理攻坚战的决定》《关于加快实施七河流域生态保护与修复的决定》等一系列方案措施，为汾河保护与治理打下坚实的制度基础。

一场汾河生态保护与修复治理攻坚战打响。山西坚持治山、治水、治气、治城一体推进，控污、增湿、清淤、绿岸、调水综合施治，努力使汾河逐步实现"水量丰起来、水质好起来、风光美起来"的目标。

围绕"水量丰起来"，太原大力实施调水、治水、改水、节水、保水"五策丰水"。太原市水务局局长赵生魁介绍，近年来太原持续加强生态补水调度，通过引黄工程科学合理安排闸坝下泄水量和泄流时段，2022 年共向汾河景区生态补水 3.07 亿立方米，给汾河"解渴"。同时，通过完善中水回用体系、推进农业节水灌溉、加大工业生活节水、实施关井压产和退矿保水等方式，为汾水"减负"。

围绕"水质好起来"，太原统筹推进饮用水、流域水、地下水、黑臭水、污废水"五水同治"。生态环境部门在 188 公里长的汾河太原段排查出 1374 个入河排污口，对全市污染源排放点展开监测溯源、编码登记。城管部门将全市切割为 47 个雨水系统，进行雨污混接点改造，让雨污水"各行其道"，将污水"锁在岸上"。晋阳、汾东等 6 个生活污水厂项目先后建成投运，市区基本实现污水全收集、全处理。农村生活污水处理设施及配套管网建设也在持续推进。

"2022 年汾河太原段 6 个国考断面水质优良比例达 100%，这是太原市有水质监测记录以来，国考断面首次全部达到 Ⅲ 类以上优良水体。"太原市生态环境局局长闫文斌说，代表太原市地表水环境质量主要断面之一的汾河韩武村断面，2022 年水质与 2020 年相比，主要污染物浓度氨氮从 1.17 毫克 / 升下降为 0.608 毫克 / 升，降幅 48.08%；总磷从 0.194 毫克 / 升下降为 0.177 毫克 / 升，降幅 8.85%，地表水环境质量实现里程碑意义的重大跨越。

围绕"风光美起来"，太原落实山青、水秀、河畅、岸绿、景怡"五项要求"，努力把汾河太原段打造成为城区段与农村段有机衔接、乡情野趣与人文景观交相辉映的水利长廊、景观长廊、休憩长廊、文化长廊。

一水中分，九水环绕

2021 年 9 月，随着四期工程竣工，汾河太原城区段生态修复治理工程全面完工，城区段汾河形成了一条长达 43 公里、纵贯太原南北的"绿色长廊"。

在这场持续 20 余年针对汾河干流的治理中，太原市统筹堤岸防护、堰坝重建、水系梳理、湿地打造、生态修复、景观建设、文化植入、设施配套等工程，系统治理，久久为功，给汾河带来了翻天覆地的变化。

"目前，汾河太原城区段景区总面积达 20 平方公里，其中绿地面积 8.5 平方公里，水面面积 11.5 平方公里，蓄水总量约 3000 万立方米，相当于在城市中心设置了一个中型水库，这在北方城市都是较为少见的。"太原市汾河景区管理委员会主任张平国介绍说。

据统计，建成的汾河景区共栽植各类树木花卉 230 余种，其中乔、灌木 100 余种、80 余万株，草坪、地被、花卉、水生植物 600 万平方米，布设有 40 余处文化景点。

景区内还新建了两条总长 85 公里、净宽 5 米—8 米的自行车道，人们可以边欣赏汾河流水，边骑行健身。

张平国告诉《瞭望东方周刊》，在人口密集的市区，形成如此规模的绿色生态长廊，对净化空气、调节气温、增加空气湿度，均产生了重要作用。据观测，景区夏季区域温度比市区低 3℃—4℃，相对湿度提高 10%—20%。

干流治理的同时，支流治理也在加速推进。

太原三面环山、汾水中分，源于东西两山的边山支流共有 9 条。其中，汾河以西有玉门河、虎峪河、九院沙河、冶峪河、风峪河，汾河以东有北涧河、北沙河、北排洪沟、南沙河。长期以来，由于植被破坏、污染排放等原因，"九河"成为淌黑水、散臭味的"糟心河"。

2017 年 5 月起，借助南沙河快速化改造和黑臭水体治理的生态样板工程经验，太原市开展了"九河"综合治理工程，累计投资 294 亿元，整治黑臭河渠长 126.9 公里，整治黑臭水体 21 处。工程完工后，太原市建成区基本告别黑臭水体。

在"九河"治理过程中，太原市坚持河道整治、园林绿化与管网、道路建设综合实施，在生态、民生、经济等方面产生综合效应。供电、通信、污水、雨水、供水、供热、供气、再生水等地下管线同步铺设，将城市基础设施向盲区、农村延伸，为薄弱地区创造发展条件；沿河两岸的抢险道被改建成立体化城市快速路，拓展了城市发展空间，描绘出一幅"绿水青山就是金山银山"的生动图景。

重归"幸福河"

如今，漫步汾河岸畔，人们的幸福感油然而生。远处郁郁青山环抱，脚下一汪碧水流淌，周围处处绿意盎然，各式景致不时让人眼前一亮。

城之河，正在恢复往日的生机。

鸟儿是最好的"生态试纸"。摄影发烧友胡文晋九年前开始在汾河岸边拍鸟。"那时候很少看到鸟类，印象中就白鹭一种，还是'旅鸟'，停留几天就飞走了，能抓拍到一两只都特别激动。"胡文晋说，这几年来的鸟越来越多，粗略统计不下 150 种，而且很多已经从"旅鸟"变成了"留鸟"，"把家安在了太原汾河边"。

汾河边成为市民们休闲健身的乐园。每到周末，汾河景区的篮球场、足球场、沙滩排球场里，健身爱好者跳跃追逐，挥洒汗水；岸边的步道上，人们或健步如飞，或闲庭信步；红蓝相间的自行车道上，一辆辆自行车穿梭而过；露天泳池里，水花翻飞，

候鸟在太原市汾河湿地公园觅食（杨晨光/摄）

白浪迭起；儿童游乐场中，孩子们滑滑梯、玩沙子、荡秋千，尽情嬉戏……

"现在的汾河，还是一条延续城市文脉的人文长廊。"太原市汾河景区管理委员会宣传接待科科长郭凡介绍说，太原在治理中深挖城市文化和汾河故事，在两岸打造了一系列文化景点，游客可以在岸边赏"晋侯鸟尊"领略先秦技艺，可在台邰治水壁画中一睹先贤风采，可在"汾河晚渡"追忆汾河航运的辉煌，还能在山西历史文化名人长廊里遍览三晋历史上的璀璨群星。

就连汾河上的桥也成为不少人的"打卡地"。迎泽桥、长风桥、南中环桥、祥云桥、晋阳桥……从北到南，24 座造型各异的桥梁横跨在汾河之上，或古朴厚重，或轻灵飘逸，桥上行人车辆川流不息，桥下商圈建筑各具特色。

"现在只要有朋友来，我一定会带他们来汾河边走走看看，有时还会来两次，白天看青山绿水，晚上看灯火璀璨。"太原市民刘雪梅笑着说，每一个来看过汾河的人，都会赞不绝口"没想到北方还有这样的水，这样的美"。

一城护一河，一河带一城。汾河焕然一新，让过去无人问津的河边村镇，转眼成了"香饽饽"，迎来新的发展机遇；环境优美的汾河两岸，吸引高新企业纷纷入驻，为城市转型发展注入新引擎；汾河还成为一张靓丽的城市名片，助推地处内陆的太原城走向更加开放的舞台。

"母亲河"重归"幸福河"，"锦绣太原城"盛景在望。

（本文首发于 2023 年 6 月 29 日，总第 884 期）

兰州：一座城与母亲河的故事

文 /《瞭望东方周刊》记者范培坤、马希平　编辑高雪梅

天下黄河九十九道弯，黄河干流从甘肃起一路北上，兰州城似一颗晶莹的碧玉镶嵌在"几"字弯上。

黄河，中华民族的母亲河。天下黄河九十九道弯，黄河干流从甘肃起一路北上，兰州城似一颗晶莹的碧玉镶嵌在"几"字弯上。

2019年8月21日，习近平总书记来到兰州黄河治理兰铁泵站项目点，登上观景平台，俯瞰堤坝加固防洪工程，了解当地开展黄河治理和生态保护情况。他强调，甘肃是黄河流域重要的水源涵养区和补给区，要首先担负起黄河上游生态修复、水土保持和污染防治的重任，兰州要在保持黄河水体健康方面先发力、带好头。

黄河兰州段长150.7公里，300多万人依水而生，兰州儿女对母亲河饱含赤诚之心。

治理河道、加固堤防，一项项举措让母亲河安澜。精准治污、科学治污，黄河出境断面水质持续向好，一江清水送下游。生态之路，也是发展之路，绿色转型为黄河生态保护、城市高质量发展带来机遇。

显山、露水、透绿，黄河之滨也很美。

黄河安澜，"净"水深流

黄河兰州段历史上经常河水暴涨、大水淹田。

2022年9月，国家172项节水供水重大水利工程之一的黄河甘肃段防洪治理工程竣工验收，其子项目兰州市黄河干流防洪工程完成黄河河道治理53.9公里，新建、维

2022 年 4 月 25 日，黄河兰州段景色 (张智敏/摄)

修加固堤防、护岸总长达 76.24 公里。

"2018 年至 2020 年，黄河上游连遇三个丰水年，一系列防洪工程确保了黄河安澜。"兰州市水务局副局长冯治良说。

一头连江河，一头连生活。河湖长们步履不停，加强巡护，为河负责。

汛期已至，兰州市城关区靖远路街道徐家湾社区的社区级河长杨瑷祯最近忙着巡查，确保行洪安全。此前，她摸排河道问题后，社区给河洪道加装防护网、将居民家排污口接入污水管网、清理洪道内垃圾，确保辖区内直通黄河的五条排洪道畅通无阻。

"如今，人人都是河长，人人都为河水负责。"杨瑷祯说，大家保护母亲河的意识越来越强。

精准治污，排污口是污染物排入黄河的最后关口。作为全国黄河流域 12 个入河排污口排查试点城市之一，兰州市加强黄河干、支流入河排口的排查、监测、溯源，对排污口进行"一口一策"整治。

健康的支流如同毛细血管，为黄河干流"主动脉"稳定"输血"。

位于兰州城区的雷坛河是黄河一级支流，过去，雷坛河下游人口密集、基础设施落后，污水多、垃圾多直接威胁黄河水体健康。2018 年，一场洪水冲毁了雷坛河污水管道，进一步加剧了污染。

7月19日，在兰州市城关区黄河岸边，游客观看黄河之滨百日千场音乐展演活动的演出（范培坤/摄）

2020年3月，雷坛河黑臭水体治理整改工程竣工，共安装排污管网42.18公里，日收集污水能力5000立方米。

"500多个排污口用涂塑、防腐钢管将污水引入主管道，主管道深埋河床2米之下不易冲毁。科学治污让雷坛河不再黑臭，水体达标。"兰州市七里河区水务局综合办主任侯孝强说。

作为黄河唯一穿城而过的省会城市，数百万人口的城市污水给黄河水体健康带来挑战。以雷坛河为例，污水经管网进入污水处理厂，通过科学处理，氨氮、溶解氧、氧化还原电位等排放全部实现了达标。

走近兰州七里河安宁污水处理厂，闻不到任何异味。这个污水厂采用全地埋式结构，当地下两层的3条污水处理线全力运转时，每日可处理30万吨污水。不久后，地上部分将打造为开放式景观公园。

兰州市污水处理监管中心主任何明阳介绍，2020年以来，兰州城区4座污水处理厂提升改造后，排放标准由一级B提高至一级A，每年可减排污染物1.2万吨。

"两个百分百"的成绩单，代表着近年来黄河兰州段水环境质量持续改善：黄河干支流、省控断面水质优良率100%；县级及以上集中式饮用水水源地水质达标率

100%。

"黄河干流（兰州段）各断面水质稳定保持在 II 类，今年 1 至 6 月，出境断面水质综合评价达到 I 类。"兰州市生态环境局局长王立吉介绍，通过与上下游城市建立跨界水污染联防联控机制、交叉执法检查，确保了一河净水送下游。

生态造福，河水生金

在黄河兰州段南岸的水车博览园，一轮直径 16.5 米的木质水车缓缓转动。据地方志记载，兰州建造水车的历史至少可以追溯到明朝。人们创造出不易朽、操作便捷的黄河水车，黄河水沿着叶板、水斗、木槽流入土地灌溉，这是兰州市黄河沿岸最古老的提灌工具。

沿黄流域农业灌溉发展至今，黄河水车已成为文化遗产，节水灌溉和测土配方施肥技术成为人们发展现代农业的良方。

近期，位于兰州市永登县的十万亩有机果蔬产业长廊，麒麟西瓜、食葵等作物长势喜人。这些产自黄河一级支流庄浪河流域的近 20 万吨有机果蔬将直供粤港澳大湾区、京津冀及长三角地区。

"曾经的大水漫灌不利于长远发展。"农民季代平最近忙着在永登县大同镇高岑村的瓜地里管护滴灌管道，在他看来，现在使用的滴灌、管灌、喷灌和测土配方施肥技术，可以随时调整用水量、肥料比，有效缓解了当地水资源紧缺、土壤碱性大的问题。

祖祖辈辈长在黄河湾，精打细算用好每一滴黄河水。以水定地，节水优先，兰州市在重点灌区加强农业用水管理和现代化改造，提高用水效率，年新增节水量 427.77 万立方米。

护好水、用好水，带来的是绿水青山、生态环境持续向好的整体变化。

黄河将兰州城区一分为二，黄河兰州段南北两岸的皋兰山和白塔山被称为"南北两山"。翻看 20 世纪 50 年代兰州老照片，南北两山地表裸露，甚至难以找到几棵像样的树。

曾经，市民们挑水上山植树造林，甚至冬季背冰上山埋进树坑，等待入夏融化后润泽树木。

如今，山河相融，南北两山尽显碧绿姿态。

"经过 70 多年持续绿化建设，黄河提水灌溉工程为南北两山增绿加速。兰州累计建成电力提灌工程 139 处，上水泵站 389 座，调蓄水池 751 座，敷设各类管道 3818 公里。"

兰州市林业局局长严振德介绍,南北两山绿化面积62万亩,成活各类树木1.6亿株。

生态向好,人在景中,生机无限。

四季轮回,黄河边发生着不少趣事。冬天,成群的水鸟来到黄河兰州段越冬;转暖后,沿岸的湿地公园植被丰茂,绿意盎然。市民们晨练如在"氧吧"中,傍晚两岸歌声阵阵,妙舞上演。

兰州牛肉面是刻在每个美食家味蕾上的西北味道。《兰州牛肉面大数据报告》显示,兰州市705条道路中有453条道路上开有牛肉面馆。

曾经,一些沿街牛肉面馆的剩汤、餐厨垃圾难以集中收集,门口气味难闻,易造成下水道堵塞,下雨时,残余油脂还会通过排雨口流进黄河。

如今,这个问题得到有效解决。每天,甘肃驰奈生物能源系统有限公司的餐厨垃圾车穿梭市区,50多辆车每天在主城区收集餐厨垃圾近350吨。

在甘肃驰奈的处理厂区,厨余垃圾经发酵转化后成为微生物肥、有机酸土壤调理剂、土壤修复菌剂等产品,使用后可以提升土壤肥力,让植物根茎有效吸收养分。

"科学、绿色、循环的餐厨垃圾处理模式,有效地保护了土壤和黄河水体。"甘肃驰奈生物能源系统有限公司副总经理韩杰荣说。

从浅绿走向深绿,绿色新兴产业在兰州成为带动经济发展的强劲引擎。仅在兰州高新区,就有生物医药公司200多家,在西北地区形成了有影响力的生物医药产业集群。五年来,兰州市高新技术企业数量翻了两番多,经济发展更绿色。

城河相融,风光无限

每天清晨,黄河兰州段上的20多座桥梁车流如梭。110多年前,兰州黄河铁桥的通车结束了黄河上游千百年来没有永久性桥梁的历史,让两岸的人不再用羊皮筏子、冰桥、浮桥过河。

"两山夹一河"的地形让兰州市面临土地资源紧缺的局面,而一座座桥梁横跨黄河两岸,兰州得以城河相融,成为看得见山、望得见水的"山水之城"。

走进兰州城市规划展览馆,由著名城市规划专家任震英主持编制的《兰州市城市总体规划(1954-1972)》十分醒目。规划以黄河为发展轴,构筑了跨越达30公里的大尺度"带状组团式"城市空间结构框架。

自此,兰州市历版城市规划都非常重视山城关系和城河关系。

"兰州城市发展离不开黄河。黄河兰州段水生态安全重点在山,根子在林在草,

兰州秦王川国家湿地公园

命脉在河洪道系统。"兰州市自然资源局总工程师张杰介绍，兰州城市规划始终尊重自然本底特征和山河禀赋，优化城市疏密相间、高低错落的沿黄城市天际线，显山露水，呈现"总体美"。

正如任震英所言："城市是由人、自然与建筑组成的综合环境，应有机地结合、融为一体。"

湿地灵秀、水鸟掠过。作为商业综合体快速发展的城市西移重心，兰州市黄河冲积滩区域变化翻天覆地。

兰州市七里河区马滩区域北临黄河，昔日的韭黄地、河滩地和矮乱房屋如今变为道路纵横、高楼林立、景观怡然的繁华都市。

随着兰州市主干线之一深安大道连通深安黄河大桥，以及中国首条下穿黄河的地铁——兰州轨道交通一号线开通，兰州城市中心西移速度加快，马滩区域成为城市拓展的主要区域之一。

居民出行"300 米见绿、500 米见园"，湿地、小游园、休闲公园让城市与自然相融；7.6 公里的沿黄河文化旅游带开怀迎客，黄河楼、兰州老街、甘肃简牍博物馆沿河分布，省级文化中心、体育中心也坐落在此。

6 月初，4 万名来自海内外的马拉松选手在距黄河约百米的兰州奥体中心开跑。随着跑者的脚步，目光掠过黄河风情线大景区沿线的公园、雕塑、桥梁、泵站、码头、船舶等各类景观，文体旅游让黄河之滨焕发青春活力。

在 2023 兰州马拉松线路约 1/3 处，黄河母亲雕塑伫立于黄河南岸，静静地守望城市日新月异。"看看黄河水的颜色，再看看我们的肤色，就知道雕像选用花岗岩是为了表现黄河水和炎黄子孙。"兰州黄河风情线大景区游客服务中心讲解员陈国丽说，雕像与身后的山水融为一体，向世人诉说黄河千百年来的沧桑巨变。

兰州，在黄河和历史中感受自己的绚丽多彩。除了黄土、绿山，经过多年治理，兰州已稳定退出全国十大空气重污染城市，迎来"兰州蓝"。

天空湛蓝，绿意葱茏。黄河边精致景观以点带面、串点成线，让人们深切感受到黄河之美。

市民颇有体验感的是，黄河兰州段核心区打造了 20 公里健身步道循环圈，增添了羽毛球、篮球、乒乓球等场地。"黄河边的塑胶跑道、健身步道人气很旺，大家都喜欢来这里锻炼身体。"马拉松爱好者徐世海说。

在老一辈人看来，黄河之滨生态向好来之不易。70 岁的市民汪振兴驻足在百日千场音乐展演前饶有兴致地拍短视频。他说："我给黄河边的音乐展演起名为'时令音乐会'，要像珍惜时间一样，珍惜来之不易的生态环境。"

盛夏的傍晚，黄河之滨晚风拂面，好不惬意。游客乘坐羊皮筏子、游船，感受西北城市的水域风情；食客们在茶摊把酒言欢、谈笑风生，一杯啤酒装满西北人的洒脱与爽朗。

黄河悠悠，依然朝气十足吸引年轻人亲近她。循着民谣《你好，兰州》的声音可以看到，少男少女们在黄河边拿起手机直播，用唱歌、弹吉他、吹萨克斯的方式向天南海北的网友分享黄河之滨的魅力，网友不禁点赞：黄河之滨，真美！

（本文首发于 2023 年 9 月 7 日，总第 889 期）

※

第 9 章
重点攻坚

※

战榆林："硬仗"70 年

文/《瞭望东方周刊》记者姜辰蓉、付瑞霞　编辑高雪梅

在榆林，这个千百年来的兵家必争之地，这场"硬仗"持续了 70 年。

60 多年前的一场风沙，将石光银从榆林定边刮到了 30 多里外的内蒙古黄海子。父亲不眠不休找了三天，才找到被牧民收留的儿子。一同被刮走的，还有同村的小伙伴虎娃。但 5 岁的虎娃没有石光银这么幸运，人们再也没能找到他。"生死都没见，可能就在哪块沙子下。"石光银有些哽咽。尽管他已年近古稀，风沙带来的童年伤痛，似乎仍未治愈。

毛乌素许多人，有着和石光银一样的悲伤往事。风沙逼迫，有背井离乡者，有坚守抗争者。对这里的人来说，治沙是在绝望里争夺生存的希望。"这就像打仗，为了活下去，退不得。"石光银说。

在榆林，这个千百年来的兵家必争之地，这场"硬仗"持续了 70 年。

忆岁月

毛乌素，中国四大沙地之一，位于陕西省榆林市和内蒙古鄂尔多斯市之间。沙区占到陕西省榆林市总面积的 56.1%，这曾让"榆林"之名充满了名不副实的意味，而民间别号"驼城"则相当贴切。

但历史上的毛乌素也有过"青葱岁月"。史料显示，秦汉时期毛乌素地区是气候温暖湿润的绿洲。汉顺帝永建四年（公元 129 年），汉朝尚书令虞诩在给汉顺帝上书的《议复三郡疏》载，这里"沃野千里，谷稼殷积……水草丰美，土宜产牧，

山西太原，汾河生态修复治理二期工程实施后

牛马衔尾，群羊塞道"。

"毛乌素的沙化有气候变化的因素，也与人类活动密切相关。"榆林市林业和草原局副局长王立荣说。

从秦代起，榆林便成为历代兵家必争之地，战争频繁、战火弥漫；人口增多，人们长期滥垦滥牧，加之气候逐渐干燥、生态环境愈趋恶化，北部风沙区土地沙漠化不断扩大。到北魏太和十八年（公元494年）北魏地理学家郦道元到夏州等地考察时，这里已出现了"赤沙阜""沙陵"，他在《水经注》中记载了这一情况。

"可怜无定河边骨，犹是春闺梦里人"，边塞诗中大名鼎鼎的"无定河"，就在榆林境内。无定河是一条穿越毛乌素沙地的河流，流域内植被破坏严重，因而流量不定，深浅不定，清浊无常，故此得名。

唐朝之后，毛乌素的情况更加恶化，唐长庆二年（公元822年），当地已出现"飞沙为堆，高及城堞"的情形。明万历年间（公元1573—1620年），榆林城外之山已是"四望黄沙，不产五谷"，双山堡（在今榆阳区麻黄梁镇）至宁夏之花马池（今盐池县城）"榆林卫中、西路多黄沙环拥"。到清雍正年间（公元1723—1733年），榆林城已是"风卷沙土与城平，人往往骑马自沙土上入城，城门无用之物"。

榆林当地的方志记录，在1949年前的100年间，榆林沙区已有210万亩农田、牧场被流沙吞没，剩下的145万亩农田也被沙丘包围；390万亩牧场沙化、盐渍化；

6 个县城、412 个村镇被风沙压埋。

1949 年 6 月时，榆林林草覆盖率仅有 1.8%，榆林县（今"榆林市榆阳区"）东城墙被沙湮没，形同沙海"孤岛"，流沙蔓延至城南 50 公里的鱼河峁。榆包公路全部被埋沙底，榆溪河床因流沙填充高出地面 1 米，时有决口。沙区所有河流终年浑浊，每年向黄河输沙量高达 1.9 亿吨。整个区域形成"沙进人退"的局面。

长风沙

"大漠孤烟直""大漠沙如雪" ……诗人笔下的沙漠瀚海雄壮、静美，令人神往。但对世居毛乌素的人们来说，沙海是他们逃不掉的宿命，祖祖辈辈都陷在里面。何日是尽头？

"毛乌素"是蒙古语，意为"不好的水"，荒沙地、盐碱水似乎是这里的标志。"一年一场风，从春刮到冬；井泉被沙压，房埋沙里头""山高尽秃头，滩地无树林。黄沙滚滚流，十耕九不收"……

榆林古时为边塞，境内遗存有战国秦长城遗址 312 公里、明长城遗址 1170 公里。在风沙肆虐的岁月里，雄伟的长城也有多段被黄沙掩埋。

镇北台位于榆林城北 4 公里的红山之巅，为延绥巡抚都御使涂宗浚于明万历三十五年所筑，是长城线上最为宏大的观察指挥所，有"万里长城第一台"之称。这座高台就曾差点被流沙掩埋。据当地人描述，当时的镇北台之外黄沙浩瀚难觅草木，惟台内营房附近有两棵老榆树顽强生存下来，这也是仅剩的一点"珍稀物种"。

常年不歇的风沙，也刻进毛乌素人的记忆深处。在榆林市靖边县东坑镇毛团村，已近百岁的郭成旺老人回忆说，四五十年前毛团村周边都是黄沙，有时候一场风刮过，地里的庄稼就被沙子全埋了，村里人吃饭烧柴都很困难。

年过花甲的毛团村村民王文双说："我小的时候，每年 10 月到来年 3 月就是刮风，真正是一场风刮半年。沙子到处飞，大白天遮得啥也看不见。村子周围都是沙，走上面半截腿都陷进去。"

在石光银的记忆里，过去肆虐的风沙更是犹如洪水猛兽。沙尘暴来时，狂风卷着流沙铺天盖地，冲散羊群、埋了农田，掩了水井，甚至压塌了房子。"我父亲手上我们就搬了 9 次家。到一个地方，房子建好没两年沙子就上了（房）梁了。"石光银说，"父亲就只能把东西打包放在骆驼背上，带着全家人迁到别的地方再安新家。"

石光银家搬到了十里沙，这是一处十里宽的沙丘地。风沙带给石光银的不仅是飘摇，还有穷困。"我年轻时，人们几乎都吃不饱。我吃过糠，吃过蒿子、玉米芯子，连树皮都啃过。"他说，"我从小就知道，沙子是能吃人的。"

塞翁吟

黄沙埋地又压房，这样的条件迫使一些人不得不远走他乡讨生活；但是也有许多当地人在风沙中坚守，寻找着转机。

新中国成立后的第一次全国林业会议上，明确提出了"普遍护林，重点造林"的方针。1950 年 4 月陕西省政府制定了"东自府谷大昌汉，西到定边盐场堡，营造陕北防沙林带"的规划，国家林场建设与群众造林工程同步推进。

1981 年，榆林当地政府又制定政策，提出可将"五荒地"（即荒山、荒沙、荒滩、荒坡、荒沟）划拨给社员，允许长期使用，所植林木归个人所有。几年后，榆林再次放开政策，允许承包国营和集体的荒沙、荒坡地。

"我从小就下决心一定要治沙，不叫它再吃人！"石光银说。有了政策，正值壮年的老石像打了"强心剂"，他不安分起来，他要卖骡子卖羊去种树。亲戚朋友来劝，婆姨（老婆）抱着他的腿不让卖羊。但石光银不听劝，也根本拉不住。

荒沙滩上种树，能活？这不是脑袋被驴踢了么！人们送了许多外号给石光银——"石灰锤"（当地意为"傻子"）"石疯子"……就这样，犟到底的石光银把家里的 84 只羊都卖了 3 万元钱，跟亲戚借了 1 万元，又贷款 2 万元。拿着这些钱，石光银承包了 3500 亩沙地。他也成了全国联户承包治沙的先行者。

村里还有其他 6 户人家被石光银说动，大家卖羊卖猪一共凑出 5 万元钱，和老石一起挺进毛乌素。村里不少人也去帮忙种树。300 多人甩开膀子干，结果就是树苗的成活率只有 10%。"一场风都给刮出来了，有群众泄气说不干了。"石光银说，"不管别人咋样我得干。就是死在沙窝子里我也得干下去！"

第二年，石光银专程跑到外地去请教专家，"人家说得乔木、灌木、草一起上"。石光银等人就骑着马先撒草籽，等草长起来再种灌木，最中心种乔木。树木的成活率终于达到了 80%。几年下来，黄沙里的第一片绿洲终于形成了。到 2004 年底，石光银承包的 25 万亩荒沙、碱滩得到了有效治理，造林面积达 35 万亩。

在政策支持下，有治沙之志的并非老石一人。统计显示，榆林有 44 万户农民承包"五荒地"900 多万亩，涌现出不少千亩、万亩的个人承包造林治沙大户。郭成旺也是其中的一位。

左图：1998 年 8 月，榆林市靖边县郭成旺老人带着曾孙行进在沙漠中。老人的希望是：子子孙孙植树造林，直到沙漠都变成绿洲；

右图：2022 年 5 月 22 日，99 岁的郭成旺老人（左）与孙儿郭建军抱着当年栽 下的第一棵杨树，向参观者介绍当年植树的情景（陶明／摄）

　　1985 年，已年过花甲的郭成旺承包了村子周边的 4.5 万亩沙地种树。"当时我就想种上树，挡住风沙，再给村里人弄点柴烧。"郭成旺说，"开始的那些年，风沙太大了，种下的树常常一晚上就给刮出来。"他咬着牙继续种，慢慢地树木扎下根，扛住了风沙并逐渐成林。

　　郭成旺年纪大了，他的儿子、孙子、曾孙子们接手继续种树。凭着"愚公移山"的精神，他们将 4.5 万亩黄沙变成了林区。郭成旺的大儿子郭喜和也已年过古稀，他说："我记得过去最想的就是让风沙变小，不要让我再看见那些风沙梁子。现在这些都实现了。"

　　如今的毛团村不仅再不惧风沙侵袭，还成为当地远近闻名的蔬菜基地。王文双说，由于沙漠里种上了树，风沙变小了，加上政府引导，2009 年东坑镇的蔬菜种植就成了气候，这里的蔬菜销售到广东、云南、浙江、四川等省区，还出口韩国和越南。

　　"现在我们毛团村环境好了，产业起来了。只要人勤快，蔬菜价格好，一家子每年挣个十几万、二十万还是很容易的。"王文双笑着说，"当年这里到处是沙窝窝的时候，谁能想到还有今天的日子？"

在榆林神木，张应龙的治沙基地被四周郁郁葱葱的树林拱卫着。夏日午后，林间鸟啼虫鸣，一片岁月静好。但他依然清晰地记着，28 年前初到这里时的景象——大漠风沙，日色渐昏，沙丘连着沙丘，起起伏伏延伸到天尽头。

2003 年，张应龙带着全部的 300 多万身家，一头扎进毛乌素里治沙。20 多年过去，他把 300 平方公里无人区的植被覆盖率从 3% 提高到 65%，形成 38 万亩的林草地。在榆林，70 年来这样的治沙英雄们不知凡几。

天净沙

毛乌素，地面的"治沙大军"一寸寸推进的同时，科技工作者们把目光投向了天空。如果能从空中向地面播撒绿色，治沙的脚步会不会更快些？

"20 世纪 60 年代，榆林在全国首创飞播技术。飞播并非把种子撒下去就行，地点、时间和种源都有讲究。当时没有定位系统，地面人员拿镜子或红旗站在四角，提示飞播区域。"陕西省治沙研究所副所长史社强说，经过反复试验，种源最终确定为花棒等 5 种易活灌木，600 多万亩沙地通过飞播技术得到治理。

在飞播开展之初，治沙研究所的技术人员为了研究什么植物才适合荒沙扎根，就背着铺盖到沙区蹲点，和农民们同吃、同住、同劳动，他们吃糠、套犁、种草，几年的坚持不仅筛选出合适的植物，还总结出"障壁造林""开壕栽柳"等多种治沙经验。

与飞播同期推进的是，从中国东北地区引进了樟子松，填补毛乌素沙地缺少常绿树种的空白。"经过十几年的观察，我们逐步掌握了樟子松育苗、造林的成熟技术，成活率提高到 90% 以上。"史社强说。

从一棵樟子松也没有，到如今的 130 多万亩，毛乌素发生了令人惊讶的变化。榆林市气象局数据显示，2000 年至 2020 年，沙尘天气呈现明显减少趋势。2000 年榆林市发生沙尘暴 40 天，2014 年以后几乎再也没有发生过。

随着榆林林草面积不断扩大，以史社强为代表的治沙科技工作者着手进行新的研究。"植被面积大了，但是植被种类还比较单一。我们这些年陆续引进彰武松、班克松、长白松等树种，探索不同树种的混交种植。"史社强说。这个过程需要时间和韧性，但却充满希望。

曾频繁往返于榆林和西安之间的司机李宝卫清楚记得，多年前道路两旁还是一望无际的黄沙梁，放眼望去满目苍茫，印象最深的就是成片的草方格沙障，就像有人在沙漠上绘制了巨型表格。这些草方格主要用来固定沙丘，使流沙不易被风吹起，草方格上栽种沙蒿、柠条等易于成活的沙生植物。

如今行驶在高速公路上，不仅看不到流动沙丘，连片的草方格也不见踪影，取而代之的是道路两旁延绵不断的乔木、灌木和草地。车辆行驶在绿色长廊之上，李宝卫感叹："变化太大了，哪里还看得出过去是沙漠！"

近 20 年来榆林植被覆盖卫星遥感图片，印证着这一点——整片黄色逐渐被绿意浸染。榆林也成为全国首个干旱半干旱沙区国家森林城市。治沙 70 余载，原本有着"驼城"之称的榆林，森林覆盖率从 0.9% 提高到如今的 34.8%，860 万亩流沙全部得到固定和半固定，明沙已经难觅踪影。

如今，春风吹过毛乌素，不会像过去一样带来数日成月遮天蔽日的沙尘。在这里许多地方触目所及的是蓝天、白云，以及无边的辽阔。人们穿着轻薄的春装，享受春日的阳光与惬意。全新的田野上，有着塞上风光而无风沙之苦。

"历史用 1000 年把草原、森林变成了荒漠，我们用 70 年把荒漠变成了现在的样子。"张应龙笑着说。

遍地锦

多年前，张应龙就开始了重构生态系统的尝试。他的努力吸引了来自中国科学院、西北农林科技大学等科研机构和高校的专家团队。专家们在张应龙的治沙基地开展各项研究，也为基地的实践提供科学指导。

中国科学院院士邵明安，在张应龙的基地中发现了更为可喜的现象——这里林地中出现了"固碳"的现象，这是土壤有机质含量增加、土地肥力提升的重要标志。

在樟子松的林中，一层层落下的松针铺满了地面。拨开枯枝落叶，能够看到，地面几毫米的土壤是黑色，捏上去有一定的黏性，呈现半沙半土的状态。邵明安说，这是碳被林地固定后产生的现象，这里的沙地正在出现生态好转的变化。"如果是自然修复，良性变化的过程非常缓慢，达到现在的样子可能就需要上百年。但是人工干预，加速了这个过程。"邵明安说。

2013 年开始，张应龙的林地中出现了让人兴奋的变化。"不知道哪里来的榆树种子在林地里自己长起来了，到现在有几万株。这说明这里的环境足以让种子自已生长。"随后，15 万亩的樟子松林地也带来意外的惊喜。"前几年我们发现，林地里长出了好多野蘑菇，不知道是什么品种，不敢摘也不敢吃。"张应龙说，"专家来一看，说是野生的牛肝菌、羊肚菌，而且品质特别好。数量又多，进林子随手就能摘一大捧。这可是个大产业！"

如今的十里沙早已不见黄沙，树木拱卫、土地平整，这里已是定边县的蔬菜种植、育苗基地。十多年前，石光银就已"看不上"早年间种的树林。他说，当年栽种的灌木林寿命短、经济价值小、观赏性差，老石又开始进行低产林改造，目前他栽种的以樟子松为主的优质树种已经达一百多万株。

老石成立的陕西石光银治沙集团有限公司，22 年间已发展起多个涉沙产业板块，包括千亩樟子松育苗基地、牛羊养殖场、脱毒马铃薯组培中心、蔬菜大棚等，带动周边 2000 多名村民增收致富。

"过去我恨沙漠，就想啥时候能不受这沙害。现在我却觉得沙漠是个宝，只要把沙治住了，做什么不行？"石光银说，"过去我们是躲沙、怕沙，现在是爱沙、撵沙，沙窝子里都是钱。"

近年许多外地游客专程跑来，想见识"毛乌素沙漠"，但却发现，整片的荒沙地在榆林已难觅踪影。"当年可没想到会这样，早知道就留下 100 亩沙地不治理了。"石光银一挥手，哈哈大笑。

（本文首发于 2021 年 3 月 4 日，总第 824 期）

马鞍山"祛疤"记

文/《瞭望东方周刊》记者姜刚　编辑高雪梅

钢铁给这座城市带来繁荣的同时，也带来了废弃矿山水土流失和水体污染、
长江岸线脏乱差等突出生态环境问题，成为城市发展的"伤疤"。

横跨长江两岸的安徽马鞍山，因钢设市、因钢立市。

钢铁给这座城市带来繁荣的同时，也带来了废弃矿山水土流失和水体污染、长江岸线脏乱差等突出生态环境问题，成为城市发展的"伤疤"。

近年来，马鞍山市从生态环境问题整改入手，积极推进矿山生态修复，整治"散乱污"企业，治理黑臭水体，入选全国首批 36 个 EOD（生态环境导向的开发）模式试点项目，走出一条生态效益、社会效益和经济效益多赢之路，助力实现"人民保护长江、长江造福人民"的良性循环。

"一矿一策"

边坡坡面复绿，绿植漫山遍野；玻璃栈道观景、水上漂流运动；狮子、斑马等来自世界各地的数十种动物入住……位于当涂县的安徽大青山野生动物世界，成为近年来马鞍山的网红生态旅游景点，众多游客纷至沓来。

你可能想不到，三年前，这里还是一个千疮百孔的废弃矿坑场——原国安采石场。2017 年，采石场关闭，安徽大青山野生动物世界管理有限公司以市场化方式获得该矿坑的修复治理。总投资约 1 亿元，由企业自筹，治理面积约 120 亩。2018 年 5 月

马鞍山城市风光（唐焱／摄）

开工建设，2020 年 4 月竣工。

"宁愿多花钱，也不能欠了生态账。"安徽大青山野生动物世界管理有限公司董事长林修金说，矿坑修复完成后，公司将其打造成水上乐园，并与野生动物世界有机结合，构建成集生态修复、休闲娱乐、动物观赏、动物科普于一体的综合体项目。

2020 年 5 月，大青山野生动物世界正式对外营业，为当地提供约 600 人的就业岗位，"高峰期的日客流量超过 1 万人。"林修金说。

马鞍山位于安徽东部，人口 216 万，城镇化率 71.7%，其发展经历了"先有矿后有市、先生产后生活"的过程。1953 年，因国家建设需要，恢复马鞍山钢铁厂。1956 年，国务院批准设立马鞍山市。

作为一座因钢立市的资源型城市，工业是马鞍山最深厚的底色。2020 年，三产结构为 4.5:47.8:47.7，工业化率达 38.8%，煤炭消耗总量和能源消耗总量基本上稳居全省第二位。

"资源型城市可持续发展的困局在马鞍山同样存在，粗放式发展造成的产业结构重、污染排放大等问题对城市生态环境造成的影响愈发凸显，突出体现为工业企业多、工业固废多、非法码头多、黑臭水体多、矿山采场多。"马鞍山市委常委、市委秘书长、市政府副市长方文说。

马鞍山市自然资源和规划局局长承良杰介绍，马鞍山市按照"宜林则林、宜草则草、宜耕则耕、宜建则建、宜生态则生态"的原则，根据每个矿山的类型、规模、开采方式和地理位置，实施"一矿一策"精准措施。

比如，一些废弃矿山周边生态环境较好、旅游资源丰富，该市就通过地质环境治理，恢复矿区植被和生态环境，吸引文旅综合项目，进行旅游开发。

"一些废弃矿山矿坑容量较大，我们就充分利用矿坑的巨大容纳空间，将矿坑改造成城市固废填埋场或者建筑垃圾填埋场。"承良杰说。

位于马鞍山市雨山区的丁山矿区，曾经因存在安全和环保隐患，被列为市突出环境问题整改项目之一。2018年，马鞍山市对采矿山实施关闭，并采取PPP模式推进矿区生态修复。

"我们通过边坡治理、台阶植树复绿、水沟整治等措施，初步完成了废弃矿山的生态修复治理工作。"在丁山矿区生态修复现场，马鞍山市晟沃生态修复工程有限公司总经理助理张雷说，公司利用巨大的废弃矿坑资源可有偿收纳城市建筑渣土，推动自我"造血"，实现"变废为宝"。

雨山区区长沈春霞介绍，晟沃生态修复工程有限公司采用"先治理投入、后收益补偿"的运营思路，对矿区实施生态环境综合治理。矿山生态修复于2020年3月

2013年4月19日，马鞍山凹山铁矿全貌（郭晨／摄）

启动，当年 12 月通过省级验收并销号。

宝钢资源马钢矿业南山矿凹山采场素有"马钢粮仓"的美誉，是全国八大露天铁矿之一。

"100 余年来，凹山采场共采出铁矿石 2 亿多吨。"马钢矿业南山矿副总经理洪振川告诉记者，凹山采场自 2017 年停产转入生态修复，公司加大科技投入，与浙江大学合作，攻克了高陡边坡复绿难题；与合肥工业大学合作，共建矿区水环境生态修复与水资源综合利用产学研合作基地，为凹山坑水质管理提供了重要技术支撑。

目前，凹山湖蓄水总量约 3000 万立方米，基本实现了南山矿选矿厂生产用水的循环利用和自平衡。

"十三五"期间，马鞍山市委、市政府将矿山生态修复列为重点工作，强力推动，截至 2020 年底，全市完成 64 个关闭废弃矿山生态修复治理，完成治理面积 1044 公顷，投入治理资金近 3 亿元。

"通过这些项目的实施，可以说取得了多赢效果，改善了矿山周边生态环境，对矿区周边裸露山体及边坡进行了绿化，减少了扬尘污染。"承良杰说，同时把废弃矿坑修复成生态旅游景点、工业固废填埋场等，提升了生态产品价值，有力促进了当地经济和谐可持续发展。

治理 3.0 版

马鞍山市自然资源和规划局副局长吕军强介绍，从生态修复治理的发展历程来看，马鞍山经历了三个阶段：

前期是 1.0 版，即单纯的生态修复治理，没有与市场相结合；

2018 年后是 2.0 版，即探索利用市场化方式推进矿山生态修复，治理水平得到提升；

2021 年以来是 3.0 版，按照 EOD（生态环境导向的开发）模式路径，采用"生态修复 +"治理，加大产业收益对生态环境治理的反哺力度，着力构建绿水青山转化为金山银山的政策制度体系，推动形成具有中国特色的生态文明建设新模式。

"伴随着城市发展，马鞍山市的矿山生态修复治理工作一直在路上。"吕军强说。

利用市场化方式推进矿山生态修复，方文认为，以社会资本投入为主、以"谁修复、谁受益"和政企双赢为原则，对推进矿山生态环境提升、城市"伤疤"修补和绿色转型升级具有积极作用。

记者在凹山湖西侧矿山修复项目现场看到，栽种不久的元宝枫、杜仲、山桐子等"三棵树"正茁壮成长。这三种树木属于附加值高的特种经济林树种,目前已复绿 200 多亩,种植了 2000 多株。

吕军强介绍,中化学公司在丁山矿区和凹山湖西侧试点"三棵树"一二三产融合项目,通过一产种植、二产加工、三产销售以及文旅休闲,打造全产业链的发展模式,实现自我"造血"。

2021 年,马鞍山市向山地区生态环境综合治理项目成功获批 EOD 模式试点,开启矿山生态修复治理新篇章。

位于马鞍山市主城区东部的向山镇,是慈湖河、采石河两条横贯主城区通江河流的源头,现存 9 个采矿区、3 个排土场、10 个尾矿库、11 个无主废石堆场,生态问题点多面广,涵盖土壤污染、水体污染等各类型。

由于历史久远、成因复杂,山体裸露、固废堆积等问题难以根治,一些闭坑矿山未及时进行生态修复。各类城市生产生活废弃物处置项目大都集中在向山地区,给当地生态环境带来更多压力。

对此,马鞍山市坚持问题导向,把向山地区综合整治作为创建经济社会发展全面绿色转型示范区的"一号工程",成立由市委、市政府主要负责同志任双指挥长的指挥部,组建市、区两级工作专班,按照 EOD 模式路径,采用"生态修复 +"治理。

"我们计划利用三年时间,围绕生态环境修复、人居环境改善、产业导入升级等五大方面,统筹推进重点污染治理、两河源头净流、绿色矿山提升等十大工程,以高标准修复促高颜值生态,以高颜值生态促高质量转型,以高质量转型促高品质生活。"方文说。

据统计,近年来,马鞍山市强化矿产资源整合,合理布局全市矿山企业,高效利用矿产资源,经整合(关闭)后,矿山数量从 2005 年的 300 余个减少到现在的 43 个。

修复长江生态

夕阳西下,位于马鞍山市的薛家洼生态园内,绿意浓浓,景色宜人。

一位讲解员正在给游客讲解近年来这里发生的巨变,在园内游览的张先生来自四川成都,他告诉记者:"送孩子来马鞍山读书,顺道到长江边看看,没想到这里的风景这么美,令人印象深刻。"

如今,薛家洼生态园美景如画。曾经,这里被当地老百姓戏称为"五毒俱全"。作为长江东岸的一个天然港湾,986 亩的土地上曾集中着非法码头、"散乱污"企业、畜禽养殖场、固废堆场，还聚集着 200 多条渔船。脏乱差曾是这里最真实的写照。

马鞍山横跨长江两岸，两年前，在遵循修复长江生态环境的理念下，当地政府开始对这里进行综合整治。

"我们拆除了沿线的非法码头，关停了散乱污企业，拆解了渔船，建设了沿江游道、停车场等设施。"马鞍山市雨山区委书记左年文告诉记者，"我们进行复绿工程，打造田园风光，还资源、还环境于社会，让老百姓享受到生态治理的福利。"

在长江边，新建全封闭的料场和煤场大棚，解决了粉尘外溢问题；建设深度水处理站，实现废水零排放，确保长江水质持续向好……中国宝武马钢股份公司通过系统整治原则，全力打造"绿色城市钢厂"。

过去的一年，中国宝武马钢股份公司环保投资超过 30 亿元，完成 61 个项目。其中，包括余热回收、光伏发电在内的 11 个技术节能类项目，创造经济效益超过 5800 万元。

"绿色发展是必然趋势，也是企业义不容辞的责任，骨头再硬也要'啃'。"中国宝武马钢股份公司总经理助理、能源环保部部长罗武龙告诉记者，"无论是环保资金投入或是立项数目，体量之大都是前所未有的。"

在南山大道上，70 岁的向山镇平山社区居民王广富正忙着给树木进行绿化养护。"原来这条路很狭窄，道路两旁都是小卖部、违章建筑等，环境卫生比较差。"王广富指着眼前的道路说，现在拓宽道路、拆除两旁建筑后，出行方便了，环境也变好了。

生态环境综合治理远不止于此。"今年以来，我们实施 5 条镇区主干道两侧环境整治和绿化提升，'四好'农村路和农村亮化工程，以及老旧小区改造等 16 个项目，建设游园 67 亩，大力开展农村人居环境整治工程。"向山镇党委书记任勇说。

高质量绿色发展初见成效。2018 年以来，马鞍山市累计整改各类环境问题 1 万多个，侦破环境资源类刑事案件 292 起、采取刑事强制措施 921 人，整治"散乱污"企业 719 家，拆除非法码头 153 个、船舶修造企业 34 家，关搬畜禽养殖场户 497 家，环保整改工作连续三年考核全省第 1 位。

"在生态环保工作取得积极成效的同时，马鞍山经济社会发展也保持了平稳较快的良好发展势头。"方文说，2020 年，全市 GDP 达 2186.9 亿元，同比增长 4.2%，增速居全省第 3 位；一般公共预算收入 169.5 亿元，同比增长 7.1%，增速居全省第 1 位。今年上半年，全市 GDP 达 1222 亿元，同比增长 14.6%，增速居全省第 4 位；城镇和农村居民人均可支配收入继续位居全省第 1 位。

（本文首发于 2021 年 10 月 14 日，总第 840 期）

淮北破局

文 /《瞭望东方周刊》记者姜刚、林翔、金剑　编辑高雪梅

产业转型迫在眉睫，采煤沉陷区亟待治理，城市高质量发展如何破局？

淮北地处苏鲁豫皖四省交界，是安徽省北大门，也是一座典型的煤炭资源型城市。1958 年建矿，1960 年建市，淮北累计生产原煤约 11 亿吨。作为全国 13 大煤炭生产基地之一，为国家经济建设作出重要贡献的同时，淮北也付出资源锐减、生态环境恶化等沉重代价。2009 年，淮北被国务院列为全国第二批资源枯竭型城市。

产业转型迫在眉睫，采煤沉陷区亟待治理，城市高质量发展如何破局？近年来，淮北不等不靠，主动出击，打破资源依赖的发展惯性和思维定式，在生态修复、绿色发展方面不断探索和实践，为生态文明建设提供了一个生动样本。

生态修复

走在淮北市区，仿佛置身于一半山水一半城，昔日一个个采煤矿井开采形成的沉陷区，经生态修复后"摇身一变"，如今是乾隆湖、南湖、绿金湖、碳谷湖、古乐湖、朔西湖等六大生态公园，成为市民休闲健身的好去处。

"这里曾是煤炭采挖而造成的沉陷地，房屋倒塌、道路下沉、桥梁断裂，给当地群众生产生活带来影响，成为城市的'伤疤'。"淮北市南湖公园运营管理有限公司绿金湖项目部部长周伟介绍，绿金湖经过治理后，因采煤下沉塌陷破坏的生态系统得到修复，脏乱黑臭的沉陷地已变成水清岸绿的城市中央公园。

以企业与政府共赢为目标的市场主导型治理模式，是绿金湖矿山地质环境生态

淮北采煤沉陷区治理后的绿金湖

修复项目的特色。该项目采用 PPP 融资模式，有效融资超过 22 亿元。项目治理后恢复土地 2.45 万亩，形成总蓄水库容达 3680 万立方米的城市中心水库。建成圆梦岛、连心岛等生态岛屿，为 100 余种动物和近百种植物提供栖息地，成为皖北地区重要的候鸟中转站。

2021 年 10 月，联合国《生物多样性公约》第十五次缔约方大会（COP15）在云南省昆明市召开。大会发布了中国生态修复典型案例，淮北市绿金湖矿山地质环境生态修复项目成功入选。

淮北市辖相山区、杜集区、烈山区和濉溪县，总面积 2741 平方公里，常住人口 197 万人。然而，贡献煤炭资源的同时，淮北市有 41.57 万亩土地沉陷。由于灰岩资源的无序开采，全市遗留约 123 处废弃采石宕口（点），面积达 1.37 万亩。这些问题成为民生最大的痛点。

"为高质量完成点多面广的采煤沉陷区、废弃采石宕口生态修复治理任务，单靠政府拿钱的治理模式已经很难持续，必须要创新治理手段破解生态修复难题。"淮北市委书记张永说，该市探索运用市场逻辑、资本力量，推动生态修复治理升级。

"深改湖，浅造田，不深不浅种藕莲""稳建厂，沉修路，半稳半沉栽上树"……通过复垦整地、治理造地等举措，淮北市累计投入资金 150 多亿元，综合治理沉陷地 20.6 万亩，累计搬迁压煤村庄 498 个，有效解决 20 多万失地农民的生产生活问题。

近日，记者来到淮北市烈山区泉山采石宕口，从山顶往下望：一台台挖掘机正在运送废料，景观提升工程正稳步推进，边坡平台绿化初见成效，山上新植的各式树木绿意盎然。

两年前，这里被毁山体的面积达 32 万平方米，原始植被荡然无存，乱石危岩遍布耸立，大气污染、地灾隐患等问题突出，自然生态系统遭到严重破坏，群众生产生活安全受到影响。

"这个采石宕口的治理投入大概要 2 亿元。"淮北市烈山区委常委、常务副区长李响称，如果按照以前的模式，区政府财政是无力承担的。淮北市创新市场化治理手段，将项目整体打包推向市场，创新推行"分段治理法"，发起设立 2200 万元矿山生态环境修复整治基金，确保项目推进。对治理产生的废弃土石料进行公开拍卖，将 2.3 亿多元收益反哺生态修复，有效解决资金不足难题。

"现在的生态修复治理更彻底。"作为泉山采石宕口生态修复的实施单位，徐州中国矿大岩土工程新技术发展有限公司项目总工程师杜占吉说，以前政府投入有限的资金进行修复，消险占大部分，覆绿为辅助。采用市场化模式后，一半资金用于消险、覆绿，一半用于城市公园的配套提升，将实现生态环保与经济发展双丰收。

中华环境优秀奖、国家森林城市、全国绿化模范城市……荣誉奖项纷至沓来，昔日生态"疮口"变身城市"窗口"，淮北城市形象实现了由黑灰煤城向生态美城的历史性转变。

绿色转型

"今年前 9 个月，公司的产值已经做到 16 亿元，订单接踵而来，已经排到年底了。"记者在淮北市濉溪县见到了意气风发的安徽力幕新材料科技有限公司董事长梁稳。大学毕业后，梁稳一直在外地工作。四年前，他被家乡铝基高端金属材料产业的蓬勃发展态势吸引，深入调研营商环境后，决定返乡创业。

主攻动力电池箔、高性能铝板等领域的力幕公司，2018 年一期投产，2020 年二期投产，到今年年底，预计年产值突破 20 亿元。"照这个势头，我对继续扩大经营信心十足，"梁稳说，三期项目明年 4 月份投产，届时年产值将达 30 亿元。

2009 年，淮北市被列为国家第二批资源枯竭型城市。"对于淮北来说，不转型就没有出路。"张永说，淮北完整准确全面贯彻新发展理念，立足现有产业基础和未来发展布局，重点提升"五群十链"发展水平，将其作为振兴工业的"四梁八柱"，优化营商环境，深化"双招双引"（招商引资、招才引智），狠抓传统优势产业转型升级的同时，培育发展壮大新兴产业。

"五群十链"已成为淮北干部群众耳熟能详的发展"关键词"，具体是指着力培育壮大陶铝和铝基高端金属材料、先进高分子结构材料和精细化工、绿色食品和医药健康、高端装备制造、新型建材等 5 个特色产业集群，聚焦提升陶铝新材料、铝基高端金属材料、先进高分子结构材料、绿色食品、医药健康、智能制造装备、纺织服装、锂电池、电子元器件、氢能源等 10 条产业链。

梁稳所在的公司便是铝基高端金属材料产业链的龙头企业，周边已聚集 6 家下游企业，形成抱团发展之势。截至目前，濉溪铝产业基地已形成以高强韧铝基复合材料、铝箔精深加工为主导，新能源、轨道交通等产业延伸集群，年工业产值超过150 亿元。

营商环境"优"无止境。淮北市探索实行群长、链长制，由 17 位市级领导领衔领办，负责组织推动群链"双招双引""多链融合"工作，常态化举办企业家沙龙，成立"五群十链"推进服务工作专班，让所有涉企政务服务、要素保障流程驶入"快车道"。

"这里政府部门的营商理念特别超前，干部上门服务，主动服务，到生产基地现场办公。"安徽英科医疗用品有限公司副总经理陈玉霞说。她所在的英科公司主营防护手套等产品。

因为上下游产品需求大，除了手套工厂外，英科公司还上马了原料工厂和手模

淮北濉溪经济开发区一家铝企业的生产车间（李鑫／摄）

工厂，同时带动纸箱厂等供应商一起来淮北投资。2020年新冠肺炎疫情暴发后，防护用品需求和产能提升，英科医疗的母公司全年生产防护手套突破500亿只。今年这个数字预计将达800亿只，其中淮北生产基地的产能便占到一半。

陈玉霞介绍，去年船运紧张时，海关部门主动上门联系企业，帮助协调铁路联运破解难题。疫情期间，政府干部加班加点，快速协调复工复产事宜。"我参加过3次淮北市委书记领办的企业家沙龙，政府的帮助很贴心，公司将加大在淮北的投资。"

在突出"双招双引"方面，淮北坚持招商与招才并举、引资与引智并重，绘制"五群十链"招商路线图，明确精准招商任务和责任清单，着力引进一批头部骨干企业、系统集成和配套项目。全市组建首批百个县干招商组，重点聚焦"五群十链"，在谈项目353个，签约落地项目26个，协议投资额38.7亿元。

统计数据显示，今年1月至8月，淮北市"五群"产业累计产值占全市规上工业比重的65%，同比增长16.2%；"十链"产业产值累计增长22.1%，其中锂电池、医药健康2个产业链成倍增长。

"更高质量转型发展永远在路上，我们既要顶天立地，也要铺天盖地，精准建链、补链、延链、强链，推动一条条全产业链加速形成。"张永说，"五群十链"是现在，也是未来。

共建共享

"过去棚户区道路、供排水等基础设施不完善，居住环境较差。"淮北市房产管理服务中心主任孟庆发说，通过实施棚户区改造，群众搬进了环境优美的小区，享受着专业化的物业服务，居住环境和生活品质得到改善，户均住房面积由60平方米增加到90平方米，圆了棚户区居民"小房变大房、旧房变新房"的梦想。

改造老旧小区127个、棚户区住房14.6万套，县域医共体改革积极推进，教育、文体等基本公共服务均等化水平稳步提升，有效整治黑臭水体，推深做实河(湖)长制、林长制……五年来，在淮北市，改革发展成果正更多更公平地惠及全体人民。

与此同时，淮北市统筹建设智慧城市、海绵城市、低碳城市，形成100公里大外环，打通14条城区断头路，建成城市规划展示馆和历史档案馆。新城新区建设加快推进，城市建成区面积扩展至90平方公里，常住人口城镇化率居全省第五位、皖北地区第一位。

突出协调联动，推动共建共享，城乡融合加速推进。为了集中力量补齐"三农"

领域短板，淮北加快推进乡村振兴战略实施。

太阳落了山，淮北市濉溪县刘桥镇王堰村村民王德义倒忙碌起来，精心给白玉蜗牛"做饭"，穿行于三座大棚之间，逐栏投喂、检视他的约 50 万只蜗牛宝宝。王德义是濉溪县刘桥振兴农产品专业合作社的蜗牛饲养员，3 个多月以来，最初的 3 万余只已繁衍出大小蜗牛约 50 万只，让他喜出望外。

"白玉蜗牛浑身是宝，综合利用价值高、需求量大，深度加工大有可为。"王堰村党总支书记王修设说，白玉蜗牛肉质肥嫩、营养丰富，还可加工制成化妆品原料、牲畜饲料蛋白添加剂等。待到明年春节，这些蜗牛一卖，初步估算，收入将超过 30 万元。

今年 5 月，淮北市探索开展党支部引领合作社试点工作，要求充分尊重农民意愿，出台相关实施方案，明确要点任务、规范运行等内容，特别是对于股权设置，要求以集体产权制度改革后成立的集体经济合作社作为成员单位入社，持股比例原则上不低于 20%。

王堰村是四个先行先试村之一，注册成立濉溪县刘桥振兴农产品专业合作社，主营白玉蜗牛养殖、蔬菜大棚以及规模化农业生产。

据王修设介绍，目前，全村有 60 户村民资金入股，共计 43.4 万元；58 户村民土地入股，共计 210 亩。之前承包这片地的大户，因为管理松散，效益较差甚至亏损。合作社成立后，社员们种上 150 亩地玉米和大豆，前不久迎来丰收，累计净效益达 6 万元。

打赢脱贫攻坚战，贫困村全部出列、建档立卡贫困户全部脱贫；特色小镇各具魅力，美丽乡村扩点成面，人居环境显著改善；推进村级"小微权力"网络监督平台建设；坚持党建引领、"三治融合"，推行"一杯茶调解法"，列入全国首批市域社会治理现代化试点市……五年来，淮北市注重城乡协同，融合发展。城乡居民人均可支配收入分别达 36428 元、15218 元，比 2010 年翻一番多。

站在新起点上，建设绿色转型发展示范城市、国家重要新型综合能源基地，成为淮北市更高质量转型发展的新定位。张永表示，下一步淮北市将围绕这一新定位抓落实，加快建设具有重要影响力的创新淮北、实力淮北、美丽淮北、幸福淮北、效能淮北，全面开启建设现代化美好淮北新征程。

（本文首发于 2021 年 11 月 25 日，总第 843 期）

"敢死队" 在延庆

文 /《瞭望东方周刊》记者王剑英 编辑高雪梅

这支"敢死队"的职责是统筹推进、协调解决北京冬奥会延庆赛区核心区生态修复任务。

环保工程师聂顺新和景观工程师赵瑞勇的手机里，有一个共同的微信群，它已经安静了大半年，群成员也从最高峰时的 8 人降为了 4 人。他俩一直没有退出或删除，因为它承载着一段激情岁月、一段难忘的工作记忆。

微信群的名字叫"生态修复敢死队"。其实，2019 年 5 月刚建群时，名字叫"市政标段生态修复工作群"。在连续高强度工作 4 个月后，群成员、方案设计师廖凌冰深觉压力与责任重大，遂将其改成"生态修复敢死队"。

这支"敢死队"的职责是统筹推进、协调解决北京冬奥会延庆赛区核心区生态修复任务。延庆赛区生态修复工程前后历时 6 年，是北京冬奥会建设周期最长的工程，点位最高海拔达 2198 米，共移植树木 2.5 万株，修复栽植乔灌木逾 30 万株，剥离表土 8.1 万立方米并全部回填；共计完成修复面积 214 万平方米，相当于 5 个天安门广场大小。

北京林业大学教授张志翔是延庆赛区生态修复的专家组成员，他告诉《瞭望东方周刊》："我特别点赞北京冬奥项目，在绿色、生态方面真正体现了国际理念，做得非常到位。"

组团

聂顺新出生于 1987 年，是延庆本地人，此前在一家公司从事环境监测工作；

2021 年 8 月，延庆赛区生态修复整体完工之后，从山上俯瞰，建筑与山林融为一体

2018 年 6 月通过招聘考试入职北京北控京奥建设有限公司（以下简称北控京奥），这是延庆赛区核心区的重要建设单位，隶属于国企北控集团。

聂顺新入职的部门叫"环保及可持续发展工作组"，职责之一是全程跟进延庆赛区内的生态环保工作，包括初期的技术方案、过程中的技术衔接以及最终的技术落地。

"以往的修复项目，一般不配置我这种环保工程师的岗位。"聂顺新说，但延庆赛区在工作之初，最先考虑的就是生态保护与修复。

在北京冬奥四大办奥理念"绿色、共享、开放、廉洁"中，绿色位居第一。延庆是北京西北的绿色屏障和生态绿洲，定位为首都生态涵养区，"山林场馆、生态冬奥"是延庆赛区核心区的设计理念。

此前两年，张志翔等多个团队已经对赛区进行了本底资源调查，编制了生态修复规划与技术手册。

在聂顺新来到北控京奥一年后，赵瑞勇从河北应聘进入了该公司工程部，主要负责遴选苗木，统筹三家施工单位移栽树木、回填表土等。

在工程部，赵瑞勇负责统筹赛区市政道路等相关区域的生态修复。延庆赛区共计 214 万平方米修复面积、175 个修复地块，其中的 60 万平方米、46 个地块归他总负责。修复最高峰时，赵瑞勇统筹的施工队员超过 600 人。

"市政标段生态修复工作群"便在此时诞生，除了赵瑞勇、聂顺新、廖凌冰外，还有成本工程师、监理工程师等共计 8 人，所有工作以修复施工为中心，按照各自专业视角和岗位职责，解决出现的各种问题。

作为方案设计师，廖凌冰的职责是"落图"，即依据整体的修复理念和规划，将 46 个地块具体如何修复，包括每个地块种什么树、什么草等都在设计图上一一标注。

喜好中医的聂顺新打了个比方：张志翔等专家编制的规划方案如同《黄帝内经》《伤寒论》，廖凌冰是据此开药方的医生，赵瑞勇则负责按方子抓药、熬药。

"精准修复"是赛区生态可持续发展工作的总体要求。赛区位于小海陀山，海拔落差大，地形复杂，有的区域边坡角度超过 70 度，不同地块需求不一，只能靠人工一场一测，挨个实地考察。"药方"事关"疗效"，考验着"医生"的功力，高强度的集中工作还考验着体力。廖凌冰、赵瑞勇、聂顺新曾连续几个月组团泡在山上，用脚步来回丈量每一个地块。

2019 年 9 月，当 30 岁的廖凌冰将微信群名字改为"生态修复敢死队"后，赵瑞勇说："大家深受鼓舞，更有动力往前冲了。"

赵瑞勇在小海坨山上检查树木状态

刚猛

聂顺新和赵瑞勇都看过好莱坞电影《敢死队》，史泰龙、施瓦辛格、李连杰等动作明星参演，他们身手不凡、共同作战，完成一个个看似不可能的任务。"刚猛""无畏"是主角们身上的浓浓特质。

"生态修复敢死队"也有着自己的"刚猛"和"无畏"——活儿到了自己手里时，压力再大，也豁得出去、冲得了关。

赵瑞勇觉得，自己最为刚猛、无畏的高光时刻，是在选苗那一段。

每年 10 月至来年春季，是栽树的最佳时节。选苗工作由赵瑞勇亲自出马，对将栽植到赛区修复地块的苗木进行严格选择。2019 年 9 月底，他要选定 3 万多株乔木，以便赶在最佳时间移植，而留给他完成的时间只有一周。

树苗种类已经在设计方案中定好了，赵瑞勇要做的是把好质量关，确定树苗的高度、树形、健康状态等符合相关要求，以及确保苗圃中没有外来入侵物种。

苗圃分散在北京、河北和天津。他回忆那一周，"一天得跑 700 公里，看四五个苗圃。"

早晨天亮就出发，天黑才休息，走到哪儿吃到哪儿，走到哪儿住到哪儿。苗圃大都在山区，山路崎岖陡峭，很多时候得步行至山林深处，赵瑞勇背着行囊穿梭于密林之中，每天微信步数都在 2 万到 3 万间。

"时间紧、任务重，那一周确实累，真的'扒了一层皮'。"赵瑞勇说，"但只有把苗选好了，这颗心才能放下来，才能踏踏实实回延庆。"

苗木移植后，需要巡查是否成活，尤其是能否熬过寒冬。因此，恶劣天气是敢死队成员要克服的又一个难关。冬季的小海陀山山顶区域，零下 20 多℃属于常态。有一次，赵瑞勇巡查时，车载温度计显示车外温度为零下 36℃。

电影《敢死队》带给他们的另一个关键词是"团结"：一个团队里，每个人都有自己的职责，各有擅长和分工。赵瑞勇说，"生态修复敢死队"也带给他这种深切体验，"只有团结起来，发挥各自所长，才能以最快速度把活干好，才能打胜仗——尤其是这种攻坚战。"

有一次，施工方根据设计图纸的要求，购买了一批金莲花种子，预备播撒到修复地块上。种子进入到聂顺新手里时，他发现这其实是旱金莲的种子。这种情况并不意外，同属草本植物，名字又只有一字之差——金莲花又有别名"旱地莲"——可能连卖家都以为是同一种植物。

但延庆赛区的生态修复有着严格的标准，选择的植物品种亦有讲究，背后考量既有要用原生和本地乡土物种营造近自然生态，又要考虑到不同海拔、不同气温对植物生长的影响，尤其要严格杜绝外来入侵物种，以免生态系统遭到破坏。

聂顺新立刻拍照，发到微信群里，指出问题。很快，此事得以迅速处理，疏漏被堵在了门外。他说："每一个环节都有自己的专业性，我能发现这个问题，因为我背后有一个专业的技术团队。大家取长补短，共同把好关。"

柔情

"敢死队"也有柔情。

小海陀山自然资源丰富，在山上常会遇到惊喜，哪个地段发现哪种有意思的动植物，他们会在群里分享。

有一次，聂顺新偶遇几株乳浆大戟，兴奋不已。这种草本植物并不常见，因花朵形状像猫的眼睛，又名猫眼草，有一种别致的灵秀之气。他赶紧拍照分享在群里，并特地标注地点。赵瑞勇和廖凌冰回应最快，后来特意找机会去探视了这几株精灵般的小草。

聂顺新曾找赵瑞勇借两个施工队员干一天活，赵瑞勇一听，痛快答应了。

2020 年 9 月 27 日，工作人员在北京冬奥会延庆赛区内查看植被生长情况（张晨霖／摄）

赛区里有很多核桃楸，这是一种高大的乔木。在赛区 2 号公路旁，不少原生核桃楸果实成熟后，掉落到施工区域里，种子自然萌发，钻出来嫩嫩绿绿的小苗，聂顺新看到时已近 10 厘米高了。

"如果放任不管，势必会在后续的施工中夭折。"聂顺新觉得太可惜了，核桃楸是北京市二级保护植物，树苗并不好买。

于是，他带着两名施工队员，拎上铁锹，沿着 2 号公路走了 4 公里，将沿途的核桃楸小苗移植到施工区域之外。三个大男人花了一天时间，"拯救"了 30 多棵幼苗。

"施救"之后，聂顺新仍念念不忘，十几天之后，特意去巡视了一番，发现这些幼苗长得都挺好，才松了一口气："这活没白干。"

小海陀山的四季景色风情万种，春有百花艳、夏有凉风爽、秋有千山醉、冬有瑞雪嬉。聂顺新最喜欢这里的春天，山桃、山杏、榆叶梅、丁香……漫山遍野山花烂漫，花香沁脾。赵瑞勇则最喜欢山上的秋色，大自然如同神奇的调色师，将山上红的、黄的、绿的植物颜色调和在一起，层林尽染，美不胜收。

延庆赛区的生态修复已于 2021 年 6 月底圆满完工。整体验收时，赵瑞勇站在山顶，看着云雾缭绕的小海陀山，公路、场馆、赛道与山林融为一体，看不到人为扰动的痕迹，他相当满足、自豪。"我们做的，就像为伤口进行修复，修复到看不出疤痕。"

聂顺新说，全身心扎在山上这几年，他更加感受到了大自然的伟大和个人的渺小，"人一定要有敬畏心"。话至此处，他的中医情结突然闪现："大自然提供了人类的生存环境，还孕育了那么多的植物。山上全是宝，尤其那些灌草，都是宝贵的中草药呀！"

（本文首发于 2022 年 1 月 20 日，总第 847 期）

绿染古城，大同大不同

文 /《瞭望东方周刊》记者孙亮全　编辑高雪梅

撕下"旧标签"，贴上"新名片"，擦亮历史文化名城"底色"的古都大同，
再次成为游人心中的"诗与远方"。

寒风与冷冽，打磨得大同冬天愈发天高云淡。

镶嵌在黄土高原东北边缘，地处内外长城之间、晋冀蒙三省区交界处的古都大同，2000 多年间，身份几经转变。秦汉名邑、北魏京华、辽金西京、明清重镇，数次在关键历史节点，见证甚至书写变迁。

近百年间，这个我国首批 13 个较大城市之一，经历了"因煤荣耀""因煤苦恼"的磨炼。

近年来，以"煤都"闻名的能源重化工基地，努力"脱黑向绿"，通过推进煤炭产业智能化绿色化发展，并在新能源、新材料、节能环保、高端装备制造等领域实现多点布局、多业开花，努力构建起现代新兴产业体系，绿色转型成效初显。

撕下"旧标签"，贴上"新名片"，擦亮历史文化名城"底色"的古都大同，再次成为游人心中的"诗与远方"。

实现脱黑向绿

三九的晋北，格外严寒。

在晋能控股集团塔山矿，井下采出的原煤从主井口开始，通过全封闭式的皮带栈桥被输送到大块车间、原煤仓、洗煤厂、精煤仓，再到装车外运。整个煤流过程中，目力所及，竟没有一点印象中与煤相伴的黑色。

大同城楼城墙护城河倒影

前段时间国内煤炭供应偏紧，造成各地电力供应紧缺，随着煤炭增产增供措施不断落地见效，煤炭供需形势持续好转。加力保供，为化解"燃煤之急"出力同时，在推进绿色低碳，兑现"双碳"目标承诺的背景下，大同加快能源结构调整的弦没松。

山西省委常委、大同市委书记卢东亮说，晋能控股集团的税收占大同市的 30% 左右，工业增加值占全市工业的"半壁江山"，实现传统优势产业转型升级，重点是抓煤炭，重中之重是助力晋能转型升级。

不仅地上不见煤，地下逐渐开始不见人。

坐在办公室一键启动采煤机、一键呼叫"网约车"、智能机器人自动巡检、掘进工作面远程操控、井上下 5G 网络全覆盖、实时手机视频通话……晋能控股集团正积极培育先进产能、建设智慧矿山。

目前，塔山、同忻、麻家梁 3 座矿井实现了井上下 5G 网络全覆盖，18 座矿井 27 个智能化综采工作面全部实现井下固定岗位无人值守与远程监控、各系统智能化决策和自动化协同运行，智能化装备产能已经达到 8900 万吨，预计 2022 年规模以上矿井将全部实现智能化开采。

数据显示，"十三五"期间，大同努力打造千亿级的国家清洁能源基地，将煤矿先进产能占比从不足 20% 提高到 90.7%。

加快推动煤炭产业走绿色化智能化道路，不断提高先进产能占比的同时，大同加速发展壮大具有比较优势的产业。

大同的战略性新兴产业正呈现迅猛的发展势头，2020 年增速高达 18.3%，是山西省平均增速的两倍。大同市发改委相关负责人介绍说，聚焦"六新"领域，选择已经具备一定基础和优势的装备制造、现代医药、文化旅游、大数据、新能源、新材料、通用航空、节能环保、现代物流等产业作为突破口，着力打造三大梯队。

一是打造 500 亿级梯队。争取增加陕汽、中车、重汽等企业总部在大同的投资和布局，加快推进国药大健康产业园开工建设，推动装备制造和现代医药尽快形成两个 300 亿到 500 亿级产业集群；二是打造百亿级梯队。打造文化旅游、大数据、新能源三个百亿级产业集群；三是打造准百亿级梯队。推动新材料、通用航空、节能环保、现代物流等若干个产业加快形成新的支撑。

交出空气答卷

二级以上优良天数 310 余天，空气质量优良率 86.2%；PM2.5 平均浓度 28 微克 / 立方米，同比下降 9.7%；空气质量综合指数 3.84，空气质量综合指数、优良天数排名山西省第一。

这是大同市刚刚交出的 2021 年"空气答卷"。

这种情况的出现，其实并没有多少年。

与如今的"地面不见煤，煤矿不见黑"不同，20 世纪 90 年代大同的顺口溜是"云冈大佛披黑纱，城市处处脏乱差"。

"别说是在煤矿，城市环城道路上，也是成排的运煤车辆驶过，随便一扫，就是一口袋煤面。"提起当时光景，大同市民刘志金仍心有余悸。

进入新世纪，在全国城市"污染榜"上，大同仍常年"榜上有名"。2003 年到 2005 年，大同连续 3 年进入全国污染最严重城市之列。

再加上塞北地区生态脆弱的"先天不足"，新中国成立初期，全市仅剩下残次林 38 万亩，森林覆盖率仅为 1.8%，大同的生态环境状况可想而知。

大同市生态环境局局长赫瑞说，大同只能通过持续不断健全完善生态环保制度体系，调结构、促转型，发挥环境保护的正向牵引和反向倒逼作用，改变这种积弊。

种树，接力种树，成了大同人的"传统"。即便是在煤矿废弃的矸石山，也不断被"美颜"。

经过综合治理，大同地区成庄煤业、马脊梁矿、燕子山矿等一大批煤矿的矸石山旧貌换新颜，建成了草木葱茏的矸石山公园。

数据显示，"十二五"至今，大同造林 330 余万亩，全市森林覆盖率提升到超过 20%。截至目前，大同市建成区的绿化覆盖率、绿地率、人均公园绿地面积分别达 43.17%、39.73% 和 16.48 平方米。

与此同时，通过持续向结构开刀、向排污宣战。仅在 2021 年，大同市持续推动清洁取暖改造，24 万户"煤改电"任务全部完成，全部淘汰 35 蒸吨以下 130 台燃煤锅炉，依法取缔"散乱污"企业 45 家。

"煤都"逐渐唤回了蓝天，并不断"提标"。2013 年以来，大同的空气质量连续 9 年排名山西首位，每年的优良天数保持在 300 天左右。

随着"大同蓝""大同绿"成为新名片，当地也积极再现"大同清"，实现"一汪清水向京畿"。

"作为京津冀地区水源涵养地，大同干系重大。"赫瑞说。

统筹实施治"五河"、连"五库"、延"两线"工程，加快桑干河、御河、十里河流域综合治理；推进污水处理厂新建提标扩容，强化对工业集聚区和重点涉水企业的监测监管；加大沿河企业、农村生活污水治理。

一套组合拳消除了城市黑臭水体，"净化"了水质。2021 年，大同全市 8 个国考断面水质优良比例达 50%，劣 V 类断面全部退出，两项指标全部达到省考核要求。

桑干之水出云中，一川碎石舞雄风。

如今，丰起来、美起来的桑干河水，缓缓流入下游的永定河，为京津母亲河注入了优质水源。

提升城市素质

有受访学者开玩笑称，在 2000 多年的变迁中，大同的城市地位目前处于历史"低谷"。

古往今来，大同在全国政治、军事、经济、文化等领域都曾有过辉煌。"在华北，是除北京之外独一无二的城市。"大同古城修复研究会副会长宋志强说。

平城曾作为北魏王朝的都城近百年，公元 5 世纪，人口已经超过百万，是当时中国最大的城市；辽金时期，西京大同是全国数得上的繁华都市；大明王朝，大同位列九边重镇之首，是历代代王镇守的王城。

胡服骑射、白登之围、太和改制等历史事件，云冈石窟、悬空寺、北岳恒山等自然资源、旅游景点，都让大同蜚声世界。

新中国成立以来，大同是"一五"时期全国重点建设的八大工业城市之一，甚至到20世纪八九十年代，大同的工业经济曾一度达到鼎盛。

陷入"低谷"的原因，有专家说因为煤炭。

新中国成立以来，大同累计为国家贡献优质动力煤30多亿吨和超过3000亿千瓦时电能。

但煤炭"抽水机效应"，造成了"资源诅咒"。长期靠煤发展的大同不可避免出现了"一煤独大"的"困局"，大同市人大常委会副主任王明生说，单一产业结构带来严峻的现实问题。

"比煤炭资源更珍贵的是文化。"多年来，这句话成为大同数任执政者和人民的共识。历史荣耀的足迹，给大同重振雄风带来了自信和底气。

大同是座"烟火气"十足的城市，民族融合之地的居民骨子里有一种乐观昂扬、及时行乐的洒脱。夜晚随意走在街边巷角，到处是灯火通明、熙熙攘攘的热闹景象。

山西大同，晋能天镇光伏电站300MWp光伏发电项目，工作人员安全巡检中

在特定条件下，大同在国际上有了较大名气。"从 20 世纪七八十年代到新世纪初，主要围绕外事接待，外宾来得多。"大同市文旅局副局长姜文说。

进入新世纪，国内旅游起步并蓬勃发展，大同开始系统提升"城市素质"，重新擦亮名城"金字招牌"。

2008 年，大同决心"改头换面"，提出"一轴双城"思路，以御河为轴，河西古城进行整体恢复性保护，河东新区进行现代化建设。云冈大景区、善化寺、东清真寺、代王府、鼓楼东西街、北魏明堂等保护与修复工程先后完成。

这些升级改造，加上天蓝地绿水美，重塑了大同城市形象，唤醒了古城居民的自豪感。

大同古城墙重新合龙后的第一个春节，大同市就以 7 公里多的城墙为载体，举行了古都灯会。期间有 100 万游客登临大同古城墙赏灯，逾 300 万人参与古都灯会春节文化庙会活动。

拉开架子、搭好台子，"好戏"不断在古城出现。

近年来，大同大力实施文旅振兴工程，形成了以云冈石窟、北岳恒山、古城、长城为核心景区，以云冈文化旅游节、古都灯会、成龙国际动作电影周、魏碑书法双年展为核心品牌，以大同国际美食大会等 70 余项大型活动为载体的文化旅游品牌，文旅产业的主体规模和经济效益得到持续扩大。

文旅产业已经成为大同经济增长的"新引擎"。

2021 年，大同累计接待国内游客 3646.5 万人次，实现旅游总收入 369.91 亿元，同比分别增长 9.54% 和 27.2%。

这背后是巨量的就业和消费支撑。仅以住宿为例，大同这个 310 万人的城市，就有 3000 多家住宿经营主体，提供了 5 万多间客房、10 万多张床。

输煤变"输算"

在大同市天镇县，正在加速完成地热资源勘探和开发工作。

2020 年 3 月，当地发现十几平方公里的高温高压地热田，预期或可建成全国最大的地热发电基地。目前一期试验电站已经试发电成功。

这是大同建设山西乃至华北地区最大"绿电基地"的一小环。

在大同市左云县贾家沟附近，晋能控股电力集团左云光伏电站建于采煤深陷区之上，是全国首个国家级光伏示范基地项目之一。这个电站装机容量 10 万千瓦，年平均上网电量1.8亿千瓦时。

"煤都"正加速探索向"新能源之都"迈进。大同坚持培育新动能，着力打造风电、光伏、氢能、新能源＋储能等"六大新能源产业集群"，为实现碳达峰、碳中和布局赋能。

目前大同市"风、光"新能源装机总量706万千瓦时，占全市电力装机总量近一半，占山西全省新能源装机总量的三分之一。此外，还有192万千瓦时新能源发电项目在建。

"晋北风光资源条件好，起步较早，形成了规模。"大同市发改委综合科科长郭希娟说，这带动了相关产业链在大同的布局。

在大同市装备制造产业园区，大同隆基乐叶光伏科技有限公司2GW单晶光伏组件生产基地已经建成，3GW电池片光伏全产业链项目也已签约。

对于传统火电来说，一方面上大压小，提高能效，降低能耗和排放。另一方面促进现有火电角色转变，由发电主体变成调峰调频主体，解决新能源电不稳定问题。

大同市项目推进中心主任杨生玺说，火电升级"联姻"新能源发电，打造稳定的"绿电"基地。

在灵丘县太行山脚下，秦淮环首都·太行山大数据基地四期，是目前亚洲最大的单体超大规模数据中心。除了秦淮，中联大数据、华为能源云大数据平台等一批数据中心落户，目前25万台服务器已经落户建成，25万台服务器在建。

"大同处于环京津400公里以内带宽不受限区域，土地充裕，气候寒凉，电力稳定、电价低廉，交通网络发达。"杨生玺说，发展大数据产业是将先天优势变成发展比较优势。

相关负责人说，以秦淮的14.8万台服务器为例，相关存储业务年营收7.2亿元。大数据落户带动了服务器、配电柜等生产企业落户，以及下游的标注、清洗、呼叫、培训等产业进入。

依托IDC（互联网数据中心）的集聚效应，大同正在加快形成"存储计算—设备制造—标注分析—融合应用—数据交易—安全服务—人才培养"全产业链，推动大同经济由"输煤炭""输电力"向"输数据""输算力"转变。

（本文首发于2022年2月3日，总第848期）

钦州：白海豚与大工业同在

文 /《瞭望东方周刊》记者朱丽莉　编辑高雪梅

潘文石建议，在三墩沙上建一条入海公路，明确清晰地划出一条界线，
让钦州人知道公路西边可发展工业，路的东边留给白海豚。

初春时节，暖阳当空，钦州优美的滨海风光吸引人们选择外出亲近自然。碧波荡漾的海水，翠绿的红树随风摇曳，白鹭掠过水面，海豚欢快游玩，好一幅人与自然和谐共生的美丽画卷。

钦州市地处广西南部沿海，海岸线达 562.64 公里，是北部湾经济区的海陆交通枢纽、西南地区便捷的出海通道，亦是中国面向东盟开放合作的前沿城市。多年来，当地坚持开发与保护并重，践行"绿水青山就是金山银山"的理念，经济增长和生态保护成为社会发展中不可割舍的重要部分。

中华白海豚之乡、中国大蚝之乡……是这座沿海城市靓丽的名片。

"豚"丁兴旺

农历春节前的大寒节气，出海考察的钦州市北部湾中华白海豚研究保护与生命教育中心科研人员兴奋不已。在三娘湾海域，他们拍摄到了中华白海豚与新鼠海豚同框画面，画面中它们不断追逐嬉戏，身姿优美。

"这片海域一直有这两类海豚，但过去不太能见到它们在一起，随着海洋生态环境持续向好，生活在这里的海洋生物越来越多样。"钦州三娘湾管理区管委四级调研员容家铭说。

红树林、鲜鱼活虾、白海豚……毗邻三娘湾的大风江口，生物多样性丰富，放

生活在三娘湾的中华白海豚（赵一／摄）

眼望去尽是美丽和谐的生态景象。大风江是钦州市三大河流之一，全长185公里，流域面积1927平方公里，淡水河流的注入，给三娘湾海域带来大量的海洋生物和养分，滋养着这里的万物生灵。

中华白海豚有着"海上大熊猫"之称，是国家一级保护动物。作为中华白海豚的重要栖息地，三娘湾景区吸引一批批游客前来观赏。调皮灵敏的它们，动作迅捷，时而跃出水面，一转眼又唰地钻到水下，跑得无影无踪。光滑的皮肤、圆溜溜的眼睛、柔软灵活的身躯、活泼调皮的性情，引来游客们驻足。

自2004年起，著名生物学家、北京大学生命科学学院教授潘文石，和他的科研团队扎根三娘湾，十余年如一日地出海近距离观察中华白海豚。在他们和当地政府的共同保护下，三娘湾海水水质良好，生态环境优良，白海豚在这里栖居繁衍、"豚"丁兴旺。

潘岳2009年从北京来钦州"探亲"，看到父亲潘文石一路艰辛的环保事业后，毅然加入队伍，成为一名"海上大熊猫"的守护者。不久，丈夫赵一也成了她守护白海豚路上的队友。多年来，一家两代三口人接续投入时间和精力，与其他团队成员一起保护海洋环境，科普宣传如何爱护中华白海豚。

团队长期跟踪发现，三娘湾海域目前生存的白海豚数量已从2004年的96头增加到300头至320头，主要由繁殖能力旺盛的年轻、健康个体组成，且呈缓慢稳定增长态势。近几年，团队连续发现刚出生的白海豚幼崽。

"再没有什么比见到'钦钦'又添丁更令人高兴的事了。她是三娘湾白海豚的明星，也是生命从艰难的困境中走出来的见证。"潘岳说，"钦钦"是一只受过重伤的海豚，2004 年 1 月 20 日被团队发现时，它还没有成年，被拴渔网的尼龙绳套住脖子，至今未能脱下来，背鳍残留无几。

18 年来，"钦钦"是研究团队重点观察的对象，2021 年 8 月的一次出海考察时再次遇见了它。潘岳笑着说，"钦钦"的第二个孩子在伴随她三年后，已经开始独立生活，偶遇时还发现她身边有一只年轻健壮的新个体，可能是又"恋爱"了。

潘岳对生活在三娘湾的白海豚如数家珍，哪条小海豚是新出生的，哪条海豚身体颜色发生了变化，哪条海豚有显著的体貌特征……她都清楚明了，并为收集到海豚的生长动态感到激动万分。

近年来，喜爱白海豚的人越来越多，人们纷纷亲近海洋想保护这一可爱的生灵。钦州三娘湾白海豚科普馆自 2018 年开馆以来，迎来大量前来观光和研究的人群。在这里，人们可以通过生动有趣的文字、图片、视频，深入了解中华白海豚等鲸豚类生物。

"生命在地球上只起源一次，众生纷纭、变异多端的大千世界都来自一个共同的祖先。"科普馆入口处写有这么一段话。

潘岳表示，经过 18 年不间断的努力保护，可以看到目前白海豚稳定增长的趋势，但这并不意味着它们已经脱离濒临灭绝的危险。在一个稳定的、纯自然环境下的野生种群中，可以参与繁殖的白海豚个体数量至少要达到 500 头以上，才有可能说是接近稳定了。保护钦州白海豚的路还很长，仍旧需要全社会的关注和努力。

海上长城

在钦州港三墩片区，一条 13 公里长的公路向海上延伸铺开。驾车行驶在这条蜿蜒入海的公路上，海风徐徐吹来，美景尽收眼底。南北走向的道路将海面隔开，往东看，是白海豚自由游弋的海湾，往西看，是临港产业欣欣向荣的景象。自然景观与工业文明交相辉映，让这条路收获"广西最美海上公路"的美称，吸引无数人前来"打卡"拍照。

这是一条经济发展和环境保护如何取得共赢的探索之路。

2009 年，钦州正在洽谈一个 38 亿元的项目，拟在大风江口建一个造船厂。项目的建成无疑将带来可观的就业和税收，对急需发展的钦州而言吸引力不可谓不大。

繁忙的钦州港（张晓冬／摄）

然而，大风江口到三墩沙旁方圆30里，就是中华白海豚的天然庇护所。到底能不能在此设厂搞建设？当地政府与驻扎在三娘湾的科研团队进行研究。

"肯定不行。"潘文石斩钉截铁地说，并讲解其中的利害：大风江流域及其支流，是三娘湾海域的"过滤泵"和"营养库"，一旦建厂，白海豚的生存环境就会被破坏，可能因而走向灭绝。一周之后，当地果断放弃了这个项目，和科研团队探讨如何守护好白海豚的家园，让白海豚更好地在此栖居。

潘文石建议，在三墩沙上建一条入海公路，明确清晰地划出一条界线，让钦州人知道公路西边可发展工业，路的东边留给白海豚。一分为二，又共生共长，这个建议得到当地政府的认可和采纳。

放弃38亿元大项目后，一条保护海洋精灵的"海上长城"被迅速修建，为城市发展定下格局，从此"白海豚与大工业同在"的发展理念日益深入人心。历任领导接续努力，一面尽可能地维持原始浅海湿地的原貌，保护生物多样性，一面发展临港经济，实现经济增长和自然保护协同发展。

"三墩路的建设是一个伟大的壮举。"赵一告诉记者，这条迅速填出的路，为保护白海豚划出了"生命线"，也为保护北部湾生物多样性作出了巨大贡献，不仅是经济发展的底线、红线，也是人与自然和谐相处很好的见证。

作为当地发展工业建设的主战场，钦州港规划发展过程中严守环保红线，环保措施力度超常。在项目引进过程中，坚持环保先行原则，严把项目环保准入审批关，坚决禁止污染企业进入，所有建设项目执行环保"一票否决"制度。同时，钦州港海洋部门每天对海岸线、重点排污口进行巡查并清理海漂垃圾，加强海洋环保知识宣传，增强群众的环保意识。

多年来，在"让白海豚与大工业同在"发展理念指导下，钦州积极开展海洋环境保护工作，尽最大努力维护这一片内海的生态环境，走出了一条生态保护与开发建设和谐共融、生态文明建设与经济社会建设协调推进的道路，在绿色生态健康的环境中实现长足发展。

"红树林，绿油油，不与花木争芳丘；风吹浪打见本色，大潮消退现风流。""碧海蓝天白沙滩，海豚常住好观光。此湾也是海鲜港，渔民大步奔小康。"一首首童谣，唱出了广西钦州红树林、白海豚的美好，也唱出了当地"保护碧海蓝天，让白海豚与大工业同在"的绿色发展理念。

绿色发展

翻开中国地图，西部地区最便捷的出海口一眼可见——北部湾。北部湾海岸线蜿蜒绵亘，有着"一湾相挽十一国"的独特区位优势。国务院批复的《北部湾城市群发展规划》，在环境保护方面，划定了北部湾城市群生态红线，明确了保住一泓清水是不可突破的底线和红线，对北部湾城市群生态环境提出了更高要求。

有海无港，曾是历史年表里钦州的模样。早在 1919 年，孙中山就在《建国方略》中提出了在钦州规划建设"南方第二大港"，然而构想却只是停留在纸上。随着改革开放不断深入，钦州港从无到有，于 1992 年 8 月 1 日鸣响开港第一炮，传统小渔村不断向国际大港口迈进，如今正成为西部陆海新通道的重要节点。

钦州港交通区位优势明显，资源禀赋得天独厚，吸引许多国内外商业巨头的关注。随着基础设施不断完善，一批批企业进驻，这里全年生产建设热火朝天，加上海鲜海景的吸引力，人流物流急剧增加，开发过程中环境破坏问题也随之而来，植被破坏、污水横流、白色垃圾随处可见，港区形象一度受到影响。

当地有关部门下定决心，既要金山银山，也要绿水青山，启用环境监管"网格化"管理，竭力保证海水时刻保持优质、"天蓝海碧地干净"。

近年来，钦州立足区位、港口、交通等优势，以及众多国家对外开放平台叠加优势，大力发展石化、装备制造、造纸、能源、粮油加工等临港产业，建成投产中国石油千万吨炼油、金桂林浆纸一体化、国投钦州电厂等重大项目，并引进建设一批重大产业项目，逐渐形成临港大工业集聚态势。2021年钦州石化产业园规上工业产值达到630亿元、增长69%，税收突破100亿元、增长35%，成为地方经济稳增长的重要支撑。

"生态"二字，一直是钦州当地发展的热词。在推进绿色石化产业发展中，钦州市坚持生态优先，坚决践行绿色发展理念，建立了项目准入科学评估体系，将环境保护作为重要评估指标，对发生重大环保事件的企业和列入环保负面清单的项目，一律禁止入园。自2013年起，钦州石化产业园连续9年进入中国化工园区30强，近两年均排名前20，并成为西部地区首个"绿色化工园区"创建单位。

走进产业园区的中国石油广西石化公司，可见3000多亩的厂区炼塔林立、管道纵横，处理后的工业废水流入生态监测池，欢游的小鱼和茂盛的水草成为生动的水质说明。这座千万吨炼油厂，是中国石油集团在南方建成投产的第一座现代化大炼厂，也是广西北部湾开放开发的标志性项目。

"作为海岸线上的大型炼化基地，我们的环保设施与生产设施同时建设、同时投入使用，多年来一直狠抓环保生产工艺，完善污染防控体系。"中国石油广西石化公司安全环保处高级主管张满意说。

多措并举令环保成效连年提升，2021年全厂节水节能取得良好效果，碳排放量317万吨、年碳减排45万吨，碳排放量同比降低10.81%，绿色低碳发展水平进一步提高，清洁生产达到世界一流水平。

近年来，钦州在引进国内外先进技术企业的同时，还在石化园区专门配套引进了一批全球知名的环保服务企业，包括引进法国苏伊士建设危险废物处理中心，引进荷兰孚宝建设专业化工码头仓储，引进美国普莱克斯建设大型空分装置等等。强龙头、补链条、聚集群……钦州不断改革创新，以领先的运营理念和服务能力保障石化产业绿色发展。

"我们将始终牢固树立'绿水青山就是金山银山'的理念，按照有关决策部署，坚持把新发展理念贯穿在园区规划、产业布局、招商引资、项目建设、运营管理等产业发展的全过程，大力推进石化产业高端化、智能化、绿色化，守住环保底线和安全红线，让白海豚与大工业同在一片蓝天下，为钦州深入实施'建大港、壮产业、造滨城、美乡村'四轮驱动战略作出新的更大贡献。"钦州市石化产业发展局局长杨永冲说。

海边巍然屹立的礁石，迎面扑来波光激滟的海浪。画家、诗人、商人、科研人员、摄影爱好者……越来越多人将目光聚焦到这片海。

（本文首发于2022年3月3日，总第850期）

宜兴：绿水青山算得清

文 /《瞭望东方周刊》特约撰稿许海燕　编辑陈融雪

开展 GEP 核算，是投石问新路

近日，位于江苏省的中国宜兴环保科技工业园（以下简称宜兴环科园）发布了全国首份开发区生态系统生产总值（GEP）核算分析报告。报告显示，2020 年，宜兴环科园 GEP 为 272.90 亿元。

在绿色发展理念蔚然成风的今天，GEP 不再是个新鲜概念，但开发区做 GEP 核算，宜兴环科园却是全国首个"吃螃蟹者"。作为全国唯一的以发展环保产业为特色的国家级高新技术产业开发区，宜兴环科园的绿色账本有何独特之处？开发区为何要算这笔生态账？

摸生态家底

翻看宜兴环科园的地图，这方土地有着明显的生态烙印：园区南面有宜兴国家森林公园、龙背山森林公园，中间是三氿重要湿地，往北是滆湖……这些生态环境价值几何？宜兴环科园和南京大学环境规划设计研究院团队历时 2 个多月，拿出了 GEP 核算分析报告。

核算显示，2020 年宜兴环科园生态系统生产总值共计 272.90 亿元，其中，生态物质产品价值、生态调节服务价值和人居文化服务价值分别占 9.4%、84.7% 和 5.9%。

南京大学环境规划设计研究院是此次宜兴环科园 GEP 核算的技术支撑单位。团队将生态系统价值分为三项一级指标，即生态物质产品价值、生态调节服务价值和人居

宜兴市竹海

文化服务价值，分别核算生态系统为人类提供的自然物质产品价值、生态系统改善人类生存环境的价值、人类从自然生态系统享受到的精神感受和休闲娱乐等价值。

南京大学环境规划设计研究院常务副院长吴俊锋介绍，GEP 用来核算生态系统为人类福祉和经济社会可持续发展提供的产品与服务价值的总和。与 GDP（国内生产总值）注重于人类通过生产活动新创造的价值不同，GEP 更侧重于自然生态为人类所创造的价值。比如，完全由人工搭建的游乐园，其产生的价值纳入 GDP，但不纳入 GEP；而依托自然资源的旅游业，如漂流，其产生的价值既纳入 GDP 又纳入 GEP。

如何给好空气算钱？"现有研究表明，PM2.5 浓度每增加 10 微克每立方米，呼吸系统疾病死亡风险将提高 5% 左右，如果空气质量改善，这些医疗成本就能节省下来，相当于空气改善带来的价值。"团队负责人、南京大学环境规划设计研究院绿色能源与低碳发展研究中心主任阚慧介绍。

生态调节服务价值主要包括土壤保持、涵养水源、调节气候、洪水调蓄等 7 个二级指标。翻看宜兴环科院的生态账本，可见 7 项子指标中调节气候价值占比较高。

"调节气候给人类带来的价值，主要包括植物蒸腾和水面蒸发降温增湿的价值。"阚慧表示，植物蒸腾和水面蒸发吸收太阳能，有调节气温的效果，计算价值时，可以用人类用电达到同样效果所付出的成本估算。据测算，2020 年，宜兴环科园生态系统提供的气候调节服务相当于节约电量 368 亿千瓦时。阚慧解释，园区拥有大量的林地和水域，对区域环境的气候调节作用较为明显。

投石问新路

宜兴地处太湖上游，江苏省 15 条主要入湖河流有 9 条在宜兴，是太湖治理的"前沿阵地"，环保责任重。1992 年 11 月，宜兴环科园经国务院批准成立，是我国唯一以发展环保产业为特色的国家级高新技术产业开发区，隶属无锡高新区"一区两园"中的"一园"，是当时唯一设在县级市的国家级高新区。

30 年来，园区备案亿元以上产业项目 110 个，累计培育上市公司 11 家。随着产城融合的不断推进，产业"含绿量"对宜兴环科园愈发重要。这个与环保有着深厚缘分的园区，在"而立之年"如何蹚出一条发展新路？开展 GEP 核算，是投石问新路。

"通过 GEP 核算，摸清园区生态系统的价值，有利于探索、挖掘园区经济发展新型推动力，找到园区发展的薄弱环节，实现'绿水青山'和'金山银山'价值双增长。"宜兴环科园管委会副主任、高塍镇党委书记周雪强说，开展 GEP 核算，也是落实"双碳"目标的重要抓手。

通过 GEP 核算，园区发现，在发展进程中"有些地方被忽视了"——比如，"人居文化服务价值"只占 GEP 的 5.9%。"虽然宜兴环科园生态资源丰富，但以前我们比较注重产业，对生态资源转化并不重视。"周雪强坦言，"我们的西氿湿地还处于比较原生态的状态，铜官山风景区的开发还处于 20 年前的水平。我们现在发现，可做的文章很多。"

不唯 GDP

初夏的阳光直透水底，宜兴市新街街道潼渚村的桥西河治理工程已近尾声，河畅、水清、岸绿、景美的生态画卷令人陶醉。为将污水河道变清，当地"砸"了 2000 多万元，整治完成后，水质将由劣 V 类提升到 Ⅲ 类。

"园区周边被生态红线包围，GEP 给生态系统贴上'价格标签'，让绿色园区建设、河湖治理等投入有了更系统的评价。"阚慧认为，通过核算，"无价"的生态变"有价"，能进一步推动生态保护。

"GEP 代表着发展理念的转变。"吴俊锋认为，对很多园区来说，以前只看重 GDP，在环境保护上是被动的，而从 GEP 核算的视角来看，园区发展需要更和谐，不能唯 GDP。

事实上,放眼全国,已有部分地区在探索。2019 年,浙江丽水发布全国首份村级 GEP 核算报告;2021 年,深圳对外发布全国首个完整的生态系统生产总值核算制度体系;在江苏省,南京市高淳区亦在开展 GEP 核算的基础上率先开展了 GEP 考核。

2022 年 2 月,高淳区深化作风建设、优化营商环境推动高质量发展大会上的一项举动引人关注——该区 2021 年 GEP 考核结果公布,区农业农村局等 8 家单位获评 "生态系统生产总值(GEP)工作先进单位" 称号。从出台 GEP 核算体系到启用 GDP 和 GEP 双核算、双运行、双提升工作体系,再到考核结果出炉,高淳在 GEP 领域迈出重要一步。

算好,更要用好

核算出 GEP,只是第一步。

对照 GEP 核算报告,宜兴环科园已在布局,全力推进 "生态西汜" 风貌区、铜官山风景区、"遇见·铜山" 田园综合体等重大项目建设。

据初步估算,完成铜官山景区开放运营、水污染综合治理等工作后,宜兴环科园生态系统人居文化价值较 2020 年将增加 18.8%。此外,园区还将瞄准区域特色农渔产品,提高物质产品价值;发挥高塍镇农渔产品品牌价值,不断挖潜区域螃蟹、鱼虾等品牌能力,扩大农业生产的规模效应;积极发展提升园区林、茶、果等特色产业价值。

有了 GEP 核算,宜兴环科园的产业招商也在变。

园区电脑里记录了 2022 年以来引入的重大项目:超级陶瓷电容器与智能传感器制造项目、创新药研发制造基地、超净新材料产业园、分布式光伏发电及智慧能源项目……

相关工作人员称:"现在,我们在项目招引上更加注重 '含绿量'。两个项目都想争取同一个地块,优先给谁?我们不仅要考虑项目的承诺亩均税收、投资强度等,还要考虑项目对地块 '身价' 造成的影响。为此,多个让生态价值打折扣的项目被我们拒之门外。"

尚无统一标准

经济发展不能以牺牲自然环境为代价,这已成共识,但放眼全国,推动绿色发

2022 年 5 月 4 日，市民们在宜兴市东氿公园参加露营活动

展所需的评价体系尚无统一标准。

"目前的评价体系主要以水、土、气等单一要素为监测对象，不能全面反映生态系统及其提供各类服务的变化。GEP 核算相对全面，是一种积极探索，但在实践中仍处于起步阶段。"中科院南京地理与湖泊研究所流域资源与生态环境研究室主任李恒鹏认为，对生态产品价值测算涉及多个学科，相对复杂。

据了解，现有的核算大多采用参数化方法，难以客观准确反映当地生态系统的实际情况。比如森林生态系统，不同水热条件下固碳能力不同；生态系水质净化机制复杂，评估方法的准确性和通用性还需进一步提升……

如果核算结果用于生态产品价值实现，需要考虑的因素更多。比如水权交易，用水方往往希望价格采用现行水资源费标准，供水则更多倾向于计算保护水源的各类投入，如生态建设投入、环境治理投入和机会成本等。"两种观点都有合理性，但两种计算结果可能差别较大。"李恒鹏说。

总之，用好 GEP 这根绿色指挥棒，需完善相应的监测体系，并建立统一的评价标准和指南。

（本文首发于 2022 年 7 月 8 日，总第 859 期）

宜昌：长江水清，江豚逐浪

文 /《瞭望东方周刊》记者简宏妮　编辑高雪梅

以前只有在 7 月份出现的江豚，如今在宜昌江段长期安顿下来，葛洲坝下游水域全年可见。

随着天气转暖，湖北宜昌长江葛洲坝下游水域的江豚逐渐活跃起来，它们在水中嬉戏、觅食，形成一幅"江豚吹浪立，沙鸟得鱼闲"的生态画卷。

宜昌位于湖北省西南部，地处长江中上游接合处，古称夷陵，因"水至此而夷、山至此而陵"得名，清朝时取"宜于昌盛"之意改称"宜昌"。长江干流在此流经232 公里，占湖北省长江干流岸线总长的近 1/4。宜昌既是三峡工程和葛洲坝工程所在地，也是长江三峡咽喉枢纽和生态屏障。

保护长江不是宜昌的"选择题"，而是"必答题"。曾几何时，长江的过度开发让江豚陷入极度濒危的窘境。为了实现人与自然和谐共生，宜昌坚持把保护修复长江生态环境摆在压倒性位置。据宜昌市园林部门监测，以前只有在 7 月份出现的江豚，如今在宜昌江段长期安顿下来，葛洲坝下游水域全年可见——它们是长江的公民，它们是长江生态改善的见证者。

破解"化工围江"

"江豚逐浪"再现，对于宜昌的摄影爱好者杨河来说，是近年来不时出现的惊喜。杨河不仅拍到了一度从人们视野中消失的江豚路过宜昌江段的踪迹，还拍到了不同场景下嬉戏的江豚。

此情此景，得益于长江的水质和生态改善，也是长江保护成果的直观呈现。

长江宜昌段江豚逐浪（王耿／摄）

宜昌是长江流域最大的磷矿基地，已探明储量占全国的 15%、湖北省的 50% 以上。依托着丰富的磷矿资源和水运优势，磷化工企业以及与磷化工上、中、下游产业链相关的化工企业沿江勃然而兴，列岸成阵。这些产业，一度贡献了宜昌市 1/3 的工业产值，创造了大量的税收和就业机会，却也使得宜昌逐渐陷入"化工围江"的困境。

2016 年最高峰时，长江宜昌段 200 多公里岸线上，分布着化工企业 130 多家、化工管道 1020 公里以上，最近的化工企业距离长江不足 100 米。

宜昌田田化工有限责任公司位于点军区艾家镇，距长江干流仅百米。2017 年底，这家有着 47 年历史的化工厂正式停产，随后，300 多套生产装置被陆续拆除。

湖北三宁化工股份有限公司（简称"三宁化工"）是宜昌化工行业的龙头企业之一，在关闭部分沿江生产设施后，公司主体在姚家港化工产业园区实施就地改造升级。2018 年，三宁化工投资 100 亿元建设 60 万吨乙二醇项目，实现产品由传统化肥向精细化工和高端复合肥转变。

自 2017 年起，宜昌高标准建设宜都化工园、枝江姚家港化工园两个专业园区，3 年安排 5 亿元专项资金，支持符合环保、安全标准的化工企业搬迁入园。

在枝江，宜昌聚龙环保科技有限公司整合 3 家同行企业资金主动转型，并入驻姚家港化工园。转型后的公司产能由原来 3 万吨扩大到 22 万吨，销售范围从宜昌扩展到长江流域，成为全省最大的水处理剂生产企业，凭借铁盐反应釜等 10 余项专利入列国家高新技术企业。

近年来，宜昌打响了化工产业的转型之战，提出"关改搬转"四剂药方：关停一些粗放生产的化工厂，安排企业职工转岗培训；改造升级，让化工企业向精细化、高端化转型；支持符合环保、安全标准的化工企业搬迁到其他工业园区，远离长江干流；整合同类企业，提质增效，避免"村村点火、处处冒烟"的无序发展。

2019 年，宜昌破解"化工围江"的典型经验做法被国务院通报表彰，并在沿江 11 个省市推广。从新发展理念出发，宜昌人清醒地认识到，绿色发展不在于要不要发展化工，而在于发展什么样的化工。

杨河回忆，从 2019 年 10 月开始，他陆续拍到江豚在不同场景戏水逐浪的情景，如今已有两群江豚在长江宜昌段定居。2022 年 9 月，宜昌市生态环境局局长高杰在宜昌市政府新闻办举办的发布会上介绍，江豚在宜昌段安居的数目，由 2015 年的 5 头增加到 23 头。

产业"增绿"

"兴发新材料产业园 2022 年一年创造的产值、利润和税收，同 4 年前相比，都翻了番，开发的高科技黑磷制品每克价格可达到 5000 元，实现了产品从论吨卖到论克卖。"兴发集团党委书记李国璋表示，虽然兴发经历了阵痛，但以破解"化工围江"为契机，绿色转型催生了高质量发展新动能。过去几年，兴发集团累计投入近 60 亿元推动企业绿色转型升级。

在国家级"绿色工厂"安琪酵母股份有限公司，2022 年投入研发资金约 7.8 亿元，为智能制造、绿色发展提供充足动力源。围绕升级绿色环保设备、做精环保工艺细节、优化环保工艺组合、废气废水治理等方面，安琪公司以技术创新赋能绿色发展，全年实施技改项目 360 个，技改投入 1.8 亿元，其中直接减碳项目有 24 个，投资超 2000 万元，持续提升智能制造、绿色环保、本质安全水平。

2022 年 11 月 26 日，宜昌市发改委党组成员、副主任黄毅在第二届长江经济带高质量发展论坛上表示，宜昌锚定绿色、循环、低碳发展方向，不断提升优势主导产业的含金量、含新量、含绿量。

2022 年，宜昌新材料、生物医药产业双双入选全省战略性新兴产业集群。宁德时代邦普、欣旺达东风、楚能新能源、山东海科等重点项目加快建设，邦普循环一期、天赐材料等项目建成投产，新能源电池全产业链加快实现闭环。

宜昌 2022 年签约的 21 个百亿级项目，涵盖新能源电池、生物医药、清洁能源等多个新兴产业领域，仅绿色化工和清洁能源项目，就占了 16 个。

2023 年新年伊始，宜昌首个百亿级招商项目、总投资 105 亿元的铜化集团新能源新材料一体化项目，于 1 月 5 日正式签约。

到 2025 年，宜昌磷酸铁锂电池产能预计将达到 200GWh（亿瓦时），占全国市场需求的 1/4 以上；配套的正极材料磷酸铁锂产能将达到 90 万吨，占全国市场的60% 以上。

这些重大百亿级项目的落户，释放出一个强烈信号："端化工碗、吃化工饭"的宜昌，正系统性重塑产业格局，让发展与美丽共生共赢。

"从宜昌发展实践来看，发展和保护从来都是统一的，而不是对立的。"全国人大代表、宜昌市市长马泽江说，离开发展谈保护，必然是缘木求鱼；离开保护搞发展，注定会竭泽而渔。宜昌既要以第一力度抓好高质量发展这个首要任务，又要在生态保护上动真格、出实招、求实效，促进人与自然和谐共生。

宜昌胭脂坝成为鸟类栖息地（王耿／摄）

治水有方

长江治理，岸上的问题要解决，水里的问题也要解决。

宜昌傍水而居，因水而兴。宜昌的快速发展，离不开对长江水系的开发利用。雄浑的长江、美丽的清江，哺育了两岸人民，润泽着这片土地。然而，得之于水的宜昌也曾失之于水。一段时间内，长江不宁、清江不清、黄柏泛黄、香溪不香……水的优势变成了治理的痛点和难点。

治水先治渔。让养鱼者收网，捕鱼者上岸，"十年禁捕"难在渔民安置。

宜昌市宜都市白水港村老渔民刘泽奎曾为养老问题发愁，禁捕之后老两口每月能拿到3000多元的养老金。"现在，我们每天在江边绿道散散步、广场上跳跳舞。"刘泽奎说。像刘泽奎这样收网上岸的渔民，宜昌全市共有3678名。在政策扶持下，他们中有就业意愿的，100%实现再就业。

网箱养鱼是农民致富的重要产业，却是污染水质的重要源头。

上世纪末，清江库区水产养殖快速发展，高峰时期江面遍布4万多养殖网箱，面积达86万平方米。"一眼望去全是网箱，江面上漂浮的不是垃圾就是死鱼。"宜都市高坝洲镇青林寺村村民鲁志国回忆说。

为根治"清江不清"的顽疾，2016年6月，宜都启动网箱拆除工作，全面禁止网箱养鱼。同时规划建设现代渔业产业园，推进"鲟鱼上岸""拆网箱不拆产业"。

治水须治航。管住船舶污染，发展绿色航运也是治水的关键。宜昌是三峡大坝所在地，每年有约6万艘次船舶、50万人次船员、200万人次游客需在此待闸或转运，船舶垃圾、生活污水、含油污水如何科学接收转运及处置，也一度成为考验。

为了治水，宜昌完成长江、清江1973个入河排污口监测、溯源，并"一口一策"推进整治；长江干支流船舶污染物水上接收转运处置全覆盖；实施最严"禁渔令"；增加投资4亿元，让两座长江大桥一跨过江，给"水中大熊猫"中华鲟让路。

马泽江日前接受采访时谈及长江变化，直言长江变"清"了。监测数据显示，长江宜昌段水质稳定达到Ⅱ类标准，出境断面总磷浓度较2017年下降57%。环境空气质量优良天数达到311天，比2017年增加53天。2022年，宜昌获评"国家生态文明建设示范区"。

宜人之城

"到江边去走走。"如今已成为宜昌人的口头禅，也是宜昌的生态底气。

宜昌较好地尊崇了自然基座和山形水势，"一半山水一半城"的城市风貌为人城相融、城景共融奠定了生态本底。

过去 5 年，宜昌累计拆除取缔沿江码头 216 个、采砂场 134 家；全域生态复绿 5.27 万亩，修复长江岸线 97.6 公里、支流岸线 196 公里。

宜昌段 232 公里生态廊道、滨江公园等一批新晋网红"打卡点"成为市民休闲、健身好去处。上游到下游、从水里到岸上，全域复绿，绿色与生命、生态、生活紧密相连。

2022 年 5 月 28 日，8 公里长的宜昌长江岸线整治修复项目正式建成开放，昔日码头厂房变身绿地广场。现在从葛洲坝往下滨江绿色廊道全部贯通，焕然一新的长江岸线与滨江公园自然顺接，形成绵延 50 里的城市滨江绿廊。

"这里的江滩真的不一般！"游客盛远感叹。他走过很多长江沿岸城市，宜昌半山半水、又绿又美别具一格。

以绿色生态方式守护好长江岸线，宜昌人对长江母亲河献出了珍重与爱护，母亲河也对宜昌人给予了生态馈赠。山水相接、两岸翠绿，山清水秀城宜人的画卷徐徐展开。

2022 年 9 月，中共宜昌市委七届三次全体会议提出，到 2035 年，基本建成长江大保护典范城市。

2022 年 10 月 28 日，《宜昌市人民代表大会常务委员会关于加强生物多样性协同保护的决定》表决通过，这是全省首部关于生物多样性保护的法规性决定，率先在国内生物多样性保护领域探索跨区域协同立法。

2023 年 1 月 4 日召开的宜昌市七届人大二次会议出台措施，为宜昌建设长江大保护典范城市提供司法服务和保障，做实长江生态司法保护，积极助力长江大保护。

李白眼中的宜昌，"山随平野尽，江入大荒流"；欧阳修眼中的宜昌，"水至此而夷，山至此而陵"；郭沫若眼中的宜昌，"峡尽天开朝日出，山平水阔大城浮"。

世界眼中的长江大保护典范城市是什么模样？是山水辉映、蓝绿交织、人城相融，更是江豚逐浪、人水和谐、永远年轻。

（本文首发于 2023 年 4 月 6 日，总第 878 期）

叁

久久为功

　　希望全社会行动起来，做绿水青山就是金山银山理念的积极传播者和模范践行者，身体力行、久久为功，为共建清洁美丽世界作出更大贡献。

　　——2023 年 8 月 15 日，习近平在首个全国生态日到来之际作出的重要指示

第 10 章
湿地保护，北京新实践

北京湿地：城、殇、变

文 /《瞭望东方周刊》记者王剑英　编辑高雪梅

从湿地之城到湿地之殇，再到今日的用心守护、寸土必争，其背后是环保、生态理念的变化，
也是人与自然之间从进退失据到和谐共生的缩影。

跟人类历史长河中的许多名城一样，北京城的发展也是择水而建、依水而兴。

《湿地北京》记载：北京城址曾多次调整，但都以某处湿地为其中心。金中都时有西湖（现莲花池），元大都时有积水潭和北海，明清时期紫禁城有北、中、南三海。

明代时，北京遍布湖沼、坑塘，湿地率（湿地面积占国土面积的比率）约为33%。到1950年，湿地率仍有15.28%。

20世纪下半叶以来，随着人口增加、城市化进程加快，多种因素叠加影响，北京湿地面积锐减。据统计，1950年至2009年，60年间，北京湿地缩减率达79.5%。

在2009~2013年第二次全国湿地资源调查结果中，全国湿地率为5.58%，北京湿地率仅为2.86%，远低于全国平均水平。

遏制湿地退化和恢复湿地成为北京市的一项重要工作。2013年，《北京市湿地保护条例》正式实施，被称为史上最严格湿地保护管理制度，每年9月的第三个星期日被定为"北京湿地日"。

2018年北京市新一轮湿地资源调查结果显示：400平方米以上湿地总面积5.87万公顷，占全市国土面积的3.6%。与2008年的5.14万公顷相比，面积净增14.2%。湿地植物种类增加53种，震旦鸦雀、青头潜鸭、白尾海雕等珍稀濒危鸟类在湿地相继发现。

北京故宫水域

2020 年 2 月，北京市园林绿化局晒出成绩单："十三五"以来，北京累计恢复建设湿地 8921 公顷，建设大尺度森林湿地 8600 公顷，形成万亩以上大尺度森林湿地 10 余处；湿地保护体系初步形成，湿地保护率纳入政府绿色发展评价指标体系。

湿地为北京近 50% 的植物种类、76% 的野生动物种类提供了生长栖息环境，北京成为世界生物多样性最丰富的首都之一。

从湿地之城到湿地之殇，再到今日的用心守护、寸土必争，其背后是环保、生态理念的变化，也是人与自然之间从进退失据到和谐共生的缩影。

水乡之城

亿万年前，北京境内湿地遍布于平原和山谷地带，其面积达到了 8400 平方公里左右，约占整个北京面积的 50%——这是崔丽娟在其著作《湿地北京》中给出的结论。崔丽娟现任国家林业和草原局（以下简称国家林草局）湿地研究中心主任、中国林业科学研究院副院长，是中国最早一批湿地研究博士。

这一结论依据地质学、地貌学、水文学和土壤学等知识，利用地理信息系统技术，结合北京地形和地貌，借助于潮土分布和河道分布情况推演得出。

以地理位置而言，北京北部以燕山山地与内蒙古高原接壤，西部以太行山与山西高原毗连，东北部与松辽大平原相通，东南部距渤海约 150 公里，南部与黄淮海平原连片，境内五大水系贯穿全市，古人言："幽州之地，左环沧海，右拥太行，北枕居庸，南襟河济，诚天府之国"。

由于湿地大面积发育并存在，北京曾被称为"苦海幽州湿地城"。

"湿地是生命的摇篮，是历史文明的源头，是人类文化传承的载体。湿地蕴含的水是万物生灵的源泉，是城市赖以存在和发展的根本条件和基础。"崔丽娟对《瞭望东方周刊》如此表述。

早在燕赵时期，借助洪、冲积平原上的永定河沿岸芦苇湿地及其水上交通的便利，北京已成为重要的人类聚居地与该区域的重要交通门户。

"春湖落日水拖蓝，天影楼台上下涵。十里青山行画里，双飞百鸟似江南。"明代才子文徵明在《暮沿湖堤而归》中，描绘了一幅充满水乡韵味的动人画卷，诗中"似江南"之地正是北京。

明末《帝京景物略》这样记载"海淀"："水所聚曰淀，高梁桥西北十里，平地出泉焉……为十余奠潴。北曰北海淀，南曰南海淀，或曰巴沟水也。"据侯仁之先生的观点，淀即湖，所谓海淀，指此处淀大如海的意思。

清代《日下旧闻考》则记载："淀，泊属，浅泉也。今京师有南（海）淀、北（海）淀，近畿则有方淀、三角淀、大淀、小淀……凡九十九淀。"北京及其近郊以"淀"为名的水面如此众多，可见当年湿地范围之广。

北京的"胡同"之名兴于元代，源自蒙古语的"水井"。清代《京师坊巷志稿》载，当时北京内城有井 701 眼，外城 557 眼，共计 1258 眼。如今北京带"井"字的地名还有很多，如三眼井胡同、甘井胡同、七井胡同，最广为人知者当推王府井。

历史资料表明：北京曾经是一个河湖纵横、清泉四溢、湿地遍布、禽鸟翔集的水乡。

锐减之殇

但很长时间内，北京湿地面积不断锐减，城内湿地成殇。

据崔丽娟团队的研究，1950 年到 2009 年的 60 年间，北京湿地面积从 25.68 万公顷降为 5.26 万公顷，湿地缩减率达 79.5%。其中比重最大的沼泽湿地从 21.59 万公顷降为 1.60 万公顷，缩减率达 92.6%。

另有一些可供参考的数据：

1962 年北京郊区有苇塘面积 1 万公顷左右，1990 年已不足 500 公顷。

1980 年全市水田种植面积 5.30 万公顷，2000 年降为 1.58 万公顷，到 2008 年仅为 0.22 万公顷，28 年间减少 95.8%。

原因何在？天时方面，气候干旱、水资源匮乏影响深远。

大气降水是天然水的重要来源。自上世纪 80 年代以后，北京降水量明显下降。据北京市气象局的历史资料，1956–1980 年平均降水量为 629.8 毫米，1981–2000 年为 574.4 毫米，2001–2008 年仅为 434.6 毫米。

值得欣喜的是，近年来，北京降水量有所提升，2016 年至 2019 年的年均降水量分别为 680.6 毫米、620.6 毫米、575.5 毫米和 511.1 毫米。

人口的增加、城市化的加快更是不容忽视的因素。

解放前夕，北京市区人口约 200 万，1980 年中共中央书记处要求"今后北京人口任何时候都不要超过 1000 万"，但终未能拽住这座城市人口增长的步伐——1000 万的红线在 6 年后的 1986 年便被突破，2011 年突破 2000 万，2019 年的最新数据为 2153.6 万。

1978 年北京的城镇化率为 55%，40 年后的 2018 年为 86.5%。

城市的急剧扩张与开发需占用大量土地，高密集的人类活动带来激增的用水需求，挤占湿地用水。同时，生产的快速发展带来污染，也导致湿地面积减少、功能衰退，进而造成生物物种减少，甚至受到灭绝威胁。

2020 年 6 月 1 日，市民在北京温榆河垂钓

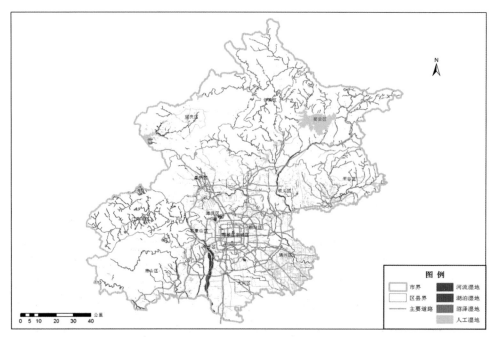

2018 北京市湿地分布图（北京市园林绿化局供图）

金线蛙曾是北京常见的两栖类动物，20 世纪 80 年代初，首都师范大学生命科学学院教授高武从海淀的农民那里收购实验用的青蛙，有一次农民们送来一百多只，竟全是金线蛙。但到 90 年代中后期，他在温榆河调查时已经找不到这种蛙类。

2004 年，高武在接受媒体采访时曾痛心不已："不久前我们在圆明园大水法遗址南边的水塘子里发现了一只，恐怕这是北京最后一个有金线蛙存活的地方了。不要说金线蛙，就连老百姓特别熟悉的癞蛤蟆，这几年都很难看到了。"

"大自然毕竟不是一头不用吃草、却永远可以让人挤奶的牛！北京的大地，可以用她的乳汁抚育从山顶洞人到 2008 年奥运会的文明，但长久地过度奉献，毕竟会使她衰老、枯竭。"在 2002 年 6 月的世界环境日之际，自然之友创始人梁从诫先生撰文《最后的湿地》，呼吁保护位于顺义区的汉石桥湿地不要被过度商业开发、保护北京脆弱的生态环境。

在文章结尾，他这样发问："人们能不能像要求自然那样地来要求自己：崇尚朴素节俭，要求得更少，却创造得更多？今天已经可以隐约可见自然的底线，而作为'人'，我们的潜力又发挥了多少？"

抢救行动

湿地缩减、退化引起人们的重视和关注，科学家、民间环保人士在为湿地奔走，政府部门也在采取各种措施欲力挽狂澜。

在经历 60 年代向湿地要粮食、80 年代向湿地要工厂、90 年代向湿地要楼房的一系列演变后，2000 年成为北京湿地保护的分水岭。

首先，需要摸清家底。北京市第一次湿地资源调查启动于 1997 年，历时 3 年。至今北京共进行了 3 次调查，其中有两次为全国第一、第二次湿地调查之北京湿地资源调查。

调查的细致程度在不断提高：第一次起调面积为不低于 100 公顷，第二次起调面积国家要求不低于 8 公顷，北京在实际操作中以 1 公顷为标准，2018 年的调查为不低于 400 平方米。

一系列与湿地相关的行动计划、标准规范及规章制度陆续颁布。自 2001 年发布《北京市湿地保护行动计划》后，十年内北京出台重要文件近 10 个。

2013 年《北京市湿地保护条例》正式实施，在北京湿地保护历程中留下了浓墨重彩的一笔，被视为在首都园林绿化发展中具有里程碑式的重要意义，被称为史上最严格的湿地保护管理制度。

"以时间早晚而言，在北京之前已经有二十余个省或市进行了地方立法，黑龙江 2004 年就迈出了这一步，但《北京市湿地保护条例》不出则已，一出就非常先进，我认为它是北京所有湿地保护行动中最值得其他省市学习借鉴的。"崔丽娟这样评价，"甚至 2016 年国务院发布的《湿地保护修复制度方案》也借鉴了北京，值得骄傲。"

占补平衡、零净损失、前置审批——崔丽娟称其为《北京市湿地保护条例》中先进理念的代表。

所谓占补平衡，即要占用湿地就先补回相应面积的湿地，占用多少就补多少，这样便能保障湿地面积总量不再减少，即零净损失。

建设用地审批流程涉及国土、交通、环境等诸多环节，"前置审批"即将湿地管理部门的审批意见放在其他环节之前。

"相当于加了一道锁，而且这道锁是非常难开的。"崔丽娟说，为了推动这一条写进条例，起草者付出了很多辛苦。

这道锁有多难打开？条例第 27 条这样规定：建设单位因特殊原因需占用列入名录的湿地，在办理规划审批手续前，需经湿地所在地区人民政府、市湿地保护部门、

2020 年 7 月 4 日，北京，温榆河公园

市湿地保护联席会议、市人民政府四道环节的同意，否则规划行政部门不予办理规划审批手续。

联席会议的具体操作为：通过论证会、听证会等形式，广泛听取专家和公众意见后，对占用湿地申请提出处理意见，提交市湿地保护联席会议研究。

在北京市园林绿化局野生动植物和湿地保护处副处长黄三祥看来，从立法初衷来说，程序设置得如此详细、繁复，就是让想占用湿地的人和单位知难而退，"仅仅是通过湿地保护联席会议，就很费工夫和时间。整个一套程序走下来，可能得两三年。就是想告诉大家，能不占就别占了，因为北京的湿地资源太珍贵了。"

条例还确定，对于破坏湿地造成严重后果的，最高处以 50 万元罚款。

"目前北京湿地退化减少的趋势已经得到了扭转，正处于从逐步提升到保持稳定的阶段。"黄三祥对《瞭望东方周刊》表示。

机构之变

黄三祥所在的"野生动植物和湿地保护处"在 2019 年 4 月之前叫"野生动植物处"，处室名称调整，是为了顺应上级主管部门国家林草局的机构变化。

2018 年，国家林草局正式设立湿地管理司，编制 18 人，湿地管理机构从原来的事业单位变为了国家司局。

国家层面的湿地保护管理机构经过三次改革：上世纪 90 年代，在原国家林业局野生动植物保护司设置了临时处室，承担湿地保护的国际履约工作；2007 年原国家林业局湿地保护管理中心正式成立，加挂中华人民共和国国际湿地公约履约办公室的牌子，性质属于参公管理的事业单位；而这次的调整标志着湿地保护管理成为国家行政管理的一项职责。

几乎同时发生的，还有一个重大变化：湿地即将告别"黑户"局面，拥有"身份证"。

据湿地管理司副司长鲍达明介绍，虽然我国已进行了两次全国湿地资源调查，但没有一亩登记在"湿地"这一名称之下，而是登记在林地、草地甚至荒地等地类中。这意味着，湿地不是一个正式地类，相当于"黑户"，导致在土地利用开发中，即便湿地遭破坏，原林业部门作为湿地主管部门却难以执法。

2017 年，湿地首次纳入《土地利用现状分类》，2018 年《第三次全国国土调查工作分类》明确设立湿地为一级地类，下设红树林地、森林沼泽、灌丛沼泽、沼泽草地、盐田、沿海滩涂、内陆滩涂、沼泽地等 8 个二级地类。

正处于收尾阶段的"国土三调"将改变湿地"黑户"的局面，按照新的土地分类，未来每块湿地的具体位置、边界范围都将明确，湿地有了"身份证"。

除了政府机构的变化，北京的科研机构也在为湿地保护贡献力量。

2007 年，首都师范大学成立北京湿地研究中心，该中心先后承担了"北京湿地生物多样性保护技术""北京湿地资源综合评价研究"等重要课题项目，并出版了《北京湿地生态演变研究》《湿地知识与科技探索活动》等多本专著。

2011 年，北京市园林绿化局和中国林科院联合成立北京湿地中心，通过项目合作，重点解决退化湿地恢复中的关键技术难点。湿地中心还为北京湿地管理相关文件、湿地管理地方标准、甚至立法的出台和解读等，提供强有力的技术支持。

它们的出现，对提高政府部门依法、科学、民主决策水平，发挥首都科研力量雄厚、人才集中、智力密集和国际交往中心等优势具有重要意义。

湿地公园

2005 年，位于海淀区的翠湖湿地迎来蝶变时刻，成为北京第一个国家级的城市湿地公园。这里距离颐和园不到 20 公里，面积约半个颐和园大小，是北京市区内的一颗湿地明珠。

"湿地秋夏皆绿妆，跌宕芦苇鸟深藏；小舟轻漾惊白鹭，菱叶浮水见鱼翔。"这是对翠湖湿地风光的真实写照。它也是京城离市中心最近的国家级城市湿地公园，被称为"中关村的后花园""海淀绿心"。

这里本是海淀区为发展农村经济，以上庄水库为依托开发的旅游项目"翠湖水乡"。2003 年，打出"翠湖湿地"概念，命名为"北京翠湖湿地公园"。自此，介于自然保护区与传统公园之间的"湿地公园"，作为抢救湿地的新形式在北京正式亮相。

"湿地公园建设是将湿地保护与综合利用协调发展的新型模式，是湿地保护体系的重要组成部分，具有良好的生态效应和多重社会效应。"崔丽娟说。

在北京市园林绿化局的官方文件中，称其为"当前形势下我市维护和扩大湿地保护面积最直接而行之有效的途径之一"。

翠湖湿地挂牌国家级城市湿地公园之后，北京湿地公园建设迎来新阶段。次年，位于延庆区的野鸭湖湿地成为国家湿地公园试点，2013 年正式挂牌。

西海与后海、前海并称为什刹海，距离天安门直线距离不到 5 公里，是 700 多年前就已经存在的古老水域，相比于热闹繁华的前海、后海，西海一带因为商家少、游人少，景色更为清幽。

西城区园林部门对这片自然水域进行了绿化景观提升，并打通步道堵点、增加人文景观。2018 年，占地 10.9 公顷的西海湿地公园落成开放。自此，北京核心城区有了第一处湿地公园。

黄三祥介绍，在当下北京的湿地保护体系中，湿地自然保护区是基础，湿地公园为主体，湿地保护小区则为补充。北京现已拥有翠湖、野鸭湖和长沟泉水 3 个国家级湿地公园，以及长子营、琉璃庙、汤河口等 8 个市级湿地公园，总面积 2500 余公顷，相当于 8 个颐和园大小。湿地自然保护区 6 处共 2.11 万公顷，湿地保护小区 10 处共 1400 公顷。

有限制的开放是湿地公园尤其是国家级湿地公园与普通公园的重要区别。

"限时限流的开放形式不被市民理解，这是翠湖湿地游客服务工作目前面临的一个难点。"翠湖湿地公园管理处工作人员王博宇告诉《瞭望东方周刊》。

这里仅每年 4 月至 10 月的周一、三、六对外开放，开放日预约入园限流 300 人，对外开放面积不到总面积的三分之一。有网友戏称，翠湖湿地公园是北京年度客流量最小的公园。

"翠湖湿地能够取得一定的生态保护成绩，是多年来坚持遵循生态保育原则的结果，这里是人工修复湿地，生态环境仍在改善之中，接待游客能力有限。"王博宇解释。

严格的保护对生态的影响显著，公园里的 PM2.5 值仅是城区的 20%，负氧离子的浓度却是城区的 2 ~ 3 倍。截至 2020 年 4 月，这里观测到的原生、栽植植物累计达 444 种，累计观测到鸟类 233 种（含以往迁徙过境鸟类），此两项指标比十年前分别提升了 56% 和 64%。

但王博宇也坦承，相比其他的湿地公园，翠湖湿地的人流限制、园内配套设施缺乏对其影响力和科普宣教作用都产生了一定限制，"目前正在努力补齐这个短板，尤其希望能建设一个综合场馆，集中展示湿地文化，更好地进行讲解、科普。"

黄三祥认为，湿地公园建设的初衷是保护优先、合理利用，"翠湖仍处于生态保育期，现在有限开放是为了将来更好地开放。"

借鉴西溪

王博宇理想中的综合场馆在现实中有个标杆：杭州西溪国家湿地公园里的中国湿地博物馆。

这是我国首个以湿地为主题，融收藏、研究、展示、教育、宣传、娱乐为一体的大众化国家级专业博物馆，开放于 2009 年。

王博宇曾去西溪湿地交流考察，其文化衍生品的挖掘之深令他印象深刻，他说西溪的队伍结构、湿地博物馆的技术支撑在其中发挥了很大作用。

对于西溪，王博宇不吝褒扬："人气很旺，影响力很强。"

它占地面积 1150 公顷，约 4 个颐和园大小，位处杭州

图例
■ 湿地

亿万年前北京湿地分布推测图（图片源自崔丽娟《湿地北京》）

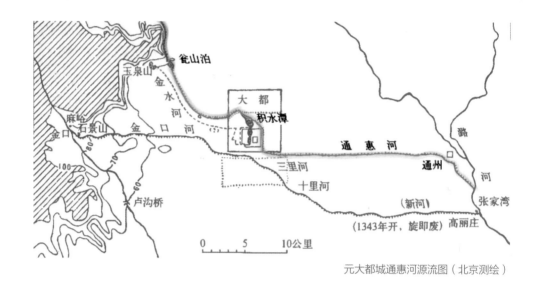

元大都城通惠河源流图（北京测绘）

市区，距离西湖不到 5 公里，疫情下的 2020 年五一假期，其游客预约量在杭州 4A 级以上收费景区中，排名第一。

《瞭望东方周刊》走访的北京几家湿地公园的管理者，都提到了西溪湿地，并表达了作为同行的关注以及不同程度的点赞。

2005 年它成为我国首个国家级湿地公园，身上还贴着多个金字招牌：国家 5A 级旅游景区、国家生态旅游示范区、中国最美湿地……集城市湿地、农耕湿地、文化湿地于一体，尤以几千年历史的柿基鱼塘、桑基鱼塘为基础的农耕湿地生态系统最为独特，现已成为杭州乃至浙江的生态、旅游金名片。

黄三祥说："西溪能够通过开发利用维持湿地的正常运转，还能保持湿地生态系统功能不降，非常不容易，科普宣教也很有独特性，这方面值得北京乃至全国的湿地学习。"

崔丽娟是最早参与西溪湿地公园相关工作的专家。她对西溪最为称赞的是其按功能分区和分区施策的管理方式，"它把农耕湿地生态系统真正保护起来了，某些大面积的重要区域真的不进人，或者极少进人，所以能一直维持着良好的风貌。如果说今天为你开一条路，明天为他开一条路，今天进来 20 个人，明天进来 100 个人，15 年过去不可能有今天这个样子。"

她说，确立湿地公园制度时，明确提出来要分区管理，但刚开始很多湿地公园做得并不到位，而西溪严格按照要求去做了，目前的结果对其他湿地公园亦是个借鉴。

正在火热建设中的温榆河公园是北京着力打造的城市森林湿地公园，目标是成为京城生态文明的经典之作、精品之作，据称，其借鉴了西溪的某些建设理念。它跨越朝阳、顺义、昌平三区，规划面积 3000 公顷，是西溪的 2.6 倍，其中湿地面积 500 公顷，建成后将成为北京最大绿肺。

6 月 8 日上午，北京市委书记蔡奇到朝阳区就温榆河公园规划建设调查研究。他强调，要深入贯彻习近平生态文明思想，坚持"生态、生活、生机"内涵理念，确保示范区如期开园，打造新时代首都生态文明建设的"金名片"。

温榆河公园示范区计划于 2020 年 9 月 1 日实现对市民开放，2030 年园区全部建成。

国际重要湿地

"野鸭湖正在积极争取国际重要湿地的认证，希望推动这件事尽早落地。"北京野鸭湖国家湿地公园管理处副主任刘雪梅对《瞭望东方周刊》表示，"2021 年，第十四届《湿地公约》缔约方大会在武汉举办，这是它首次来到中国，对野鸭湖来说是一个很好的契机。"

在野鸭湖湿地的发展历程上，其级别已经实现数次飞跃。1997 年，它成为县级自然保护区，2000 年升级为市级自然保护区，2006 年成为国家级湿地公园试点，2013 年正式挂牌。每一次升级都带领它走向了新的阶段。

刘雪梅介绍，成为国家级湿地公园试点，为野鸭湖带来了更加科学、规范的管理，而且资金支持有了质的飞跃，"几十倍的差距。我们的工资从自收自支、差额拨款变为全额拨款。"

现在，它渴望一个国际级的头衔，"这会为野鸭湖带来更多国际合作的机会。"

1992 年，中国加入国际《湿地公约》，《湿地公约》第 2 条规定，每个缔约方必须把本国至少 1 块湿地纳入《国际重要湿地名录》，且被纳入的湿地必须符合标准。当年中国指定了黑龙江扎龙国家级自然保护区、青海湖国家级自然保护区等 6 块湿地为国际重要湿地。

至 2019 年底，中国的国际重要湿地已达 57 处，其中内地 56 处、香港 1 处。内地 56 处分布在 21 个省（自治区、直辖市），其中黑龙江 9 处，位居第一，广东、云南、湖北、甘肃均达 4 处。西溪湿地于 2009 年列入国际重要湿地名录。

但北京至今没有一处国际重要湿地。

国际重要湿地有较严格的评估系统，包括面积、功能、水鸟数量等，王博宇曾

略带遗憾地表示"翠湖湿地暂时还不满足申请资质"。黄三祥说："北京最具备条件的是野鸭湖和密云水库。"

对于野鸭湖的申请热情，崔丽娟则表现出了作为科学家的冷静和克制，"拿野鸭湖去申报一点问题都没有。但我认为，贴不贴国际级的标签不是最重要的，踏踏实实保护好比什么都重要。只要保护好了，对国际鸟类迁飞有意义，对生物有重要意义，它就是有国际意义。"

她的克制还有别的原因："此前有些地方申报国际重要湿地是为了镀金，随之而来的就是旅游、开发、抬高周边地价。多往前走十步、一百步去想，这样对湿地本身是好是坏？"

申报需要由政府主导、国家出面，黄三祥表示："园林绿化局会按照国家统一部署，逐步推进此事，但野鸭湖目前还在优化边界范围，应需等其边界稳定下来。"

"作为首都，北京的国际关注度更高，申报国际重要湿地会更谨慎，这件事需要天时地利人和。"他说。

任重道远

"北京市城市湿地面积每增加1000公顷、湿地二类与三类水质的占比每增加1%、

北京翠湖国家城市湿地公园

湿地动植物种类每增 10 种、湿地植被覆盖率每增加 1%，北京市居民平均边际支付意愿分别为每年 23.254 元、17.266 元、5.559 元和 9.041 元。

如果湿地修复的目标要求在现状基础上使动植物种类增加 200 种，其他三个湿地属性的水平都上升 10%，那么，北京市居民对湿地修复的平均支付意愿为每年 490.52 元，修复的湿地总价值为 106.59 亿元，占北京市 2016 年 GDP 的 0.428%。"

以上结论来自 2018 年的北京市社会科学基金资助项目——"城镇化背景下北京城市湿地生态补偿机制研究"。可以简单理解为：北京市民普遍愿意为湿地从自己口袋里掏出真金白银。

而这距离上世纪 90 年代人们更希望从湿地索取，获得真金白银，仅 30 余年。从中可一窥这些年来北京湿地建设之成就，以及人们生态意识、湿地意识之提升。

4 月 27 日，北京市生态环境局发布《2019 年北京市生态环境状况公报》：2019 年，全市生态环境状况指数（EI）为 69.7，比上年提高 1.9%，连续五年持续改善。首都功能核心区生态环境状况指数比上年提高 13.3%，城市副中心提高 3.8%，生态涵养区稳定保持优良的生态环境。结论是："生态环境状况良好，生态文明示范创建取得新进展。"

在湿地规划方面，北京将构建"一核—三横—四纵"的湿地建设总体布局。同时，遵循宜林则林、宜湿则湿、林水相依的原则，将湿地恢复与建设任务纳入北京新一

西海湿地公园

轮百万亩造林绿化行动中。

　　具体来看，"一核"指城市湿地核；"三横"指妫水河—官厅水库湿地带、翠湖—温榆河湿地带、凉水河湿地带；"四纵"指大清河湿地带、永定河湿地带、北运河湿地带、潮白河湿地带。截止到目前，新一轮百万亩造林绿化任务已完成过半，具有首都特色的湿地网络体系正逐步建成。

　　2019年，北京市园林绿化局通过遥感监测技术对市级湿地进行监管，及时发现、制止、处置涉及侵占湿地、违规违章建设等行为，共发现疑似点位148个，已全部完成外业核实。

　　作为湿地系统的一线从业者，刘雪梅和黄三祥都表达了湿地目前面临"资金力度与保护需求仍存在较大差距"这一观点。

　　黄三祥还表示，北京的区、乡镇（街道）均未设置专门的湿地保护管理机构，基层政府的湿地保护责任需要进一步压实；园林绿化、水务、农业农村三个湿地保护行业主管部门的协作机制仍有待健全。

　　"湿地保护整体趋势向好，但促进人与自然和谐共生仍然任重而道远。"他这样总结。

（本文首发于 2020 年 7 月 23 日，总第 808 期）

水从哪里来

文 /《瞭望东方周刊》记者王剑英　编辑高雪梅

在水资源缺乏的北京，居民饮用水尚需大量依靠从南方调度的天然水。
那么，湿地之水从哪来？

6 月中旬，京城已经感受到了夏日的热情。偌大的奥林匹克森林公园成为市民休闲纳凉的好去处，大面积的湖泊、湿地，为人们带来阵阵凉爽。这里的水来自哪里？

2018 年，北京市 400 平方米以上湿地总面积达 5.87 万公顷；"十三五"时期，湿地建设的目标任务为恢复湿地 8000 公顷、新增湿地 3000 公顷。

湿地"保湿"需要大量的水，与 2017 年相比，2018 年北京湿地补水量增长了 27%。但作为水资源缺乏的城市，北京河道、湖泊的自然补水能力萎缩，居民饮用水尚需大量依靠从南方调度的天然水。

那么，湿地之水从哪来？

近九成为再生水

"再生水是北京湿地的主要补给水源。"北京市园林绿化局野生动植物和湿地保护处副处长黄三祥告诉《瞭望东方周刊》。

据他介绍，2018 年北京湿地总补水量为 12.45 亿立方米，其中再生水占比高达 85.9%，达 10.7 亿立方米。

这是个什么概念？以昆明湖 200 万立方米为参照，相当于 535 个昆明湖的水量；按 2000 万人口计算，北京城平均每天消耗的自来水量约为 190 万立方米，10.7 亿立

俯瞰槐房再生水厂

方米可供其使用 1 年半。

在补水的各类型湿地中，河湖湿地具有压倒性分量：2018 年河湖湿地补水量为 11.2 亿立方米，其中再生水为 9.7 亿立方米，占比 86.6%。目前全市利用再生水的河流湿地有 56 条，如清河、温榆河、萧太后河等，湖泊湿地有 14 个，如奥林匹克森林公园、南海子、圆明园等。

"通过水务、园林绿化部门的不断努力，河湖湿地的健康可持续发展已基本得到保障。"黄三祥说。

"北京境内共有 425 条河流，尤其在主城区里的河流，如果没有再生水的补充，在非汛期基本都是断流的。"北京市水务局相关负责人告诉《瞭望东方周刊》。

2012 年，再生水作为重要参数出现在北京市园林绿化局发布的《北京市湿地公园发展规划（2011-2020）》（以下简称《规划》）中。

《规划》出台前，北京市园林绿化局对市内 42 块重要湿地进行调查，根据湿地公园规划中的各种要素，估算出其最小生态需水量和适宜生态需水量，结果发现，所在区域现有水源资源量能满足适宜生态需水量的湿地仅为 11 块，不到三成；通州台湖湿地、平谷王辛庄湿地、大兴杨各庄湿地 3 块湿地无法满足最小生态需水量。

幸运的是，北京的再生水建设正处于快速发展期，为湿地建设提供了强大助力。

据《规划》前期调研团队测算，2010 年北京再生水供给量达 11.4 亿立方米，使用量为 6.8 亿立方米，仍有 4.6 亿立方米的水量剩余。因此，"从水资源可利用角度上看，本规划是可行的。"

翠湖国家城市湿地公园紧挨海淀区上庄水库，所在区域是北运河、温榆河的源头，具有天然过境水源补给优势，但据公园管理处工作人员王博宇介绍，近几年来，再生水补水已占翠湖湿地总补水量的三分之一，约为每年 30 万～50 万立方米，这些水来自附近的翠湖再生水厂。

位处大兴区的南海子湿地有着 240 公倾的水面，在 6 环内位居第一，日蒸发量约 6 万立方米。

"自 2010 年开放，除了极少量天然降水，公园建设用水均来自几公里外的小红门再生水厂。"南海子湿地公园副园长郭伟告诉本刊记者。

日前，跨越朝阳、顺义、昌平三区的温榆河公园里的湿地已开展补水工作，确保示范区于今年开放，这里的湿地也将全部使用再生水。

"再生水对北京恢复增加湿地面积、维护湿地的自然生态属性具有重要意义。"黄三祥说。

水厂就在湿地下

2016 年 10 月，位于丰台区的槐房再生水厂的亮相让北京市民颇觉新奇：它藏身于一片湿地之下。

近日，本刊记者走访了这家颇具声名的亚洲规模最大全地下再生水厂：大门右侧灰白色墙面上是蓝色"槐房再生水厂"几个大字，门卫室是水泥灰骨架加玻璃幕墙，透着一股工业风；一入大门，是掩映在绿草丛中的白色大字"一亩泉湿地"，田园气息扑面而来，其身后是大片绿油油的植物、蜿蜒的木栈道，水面上睡莲盛开，天空飞鸟掠过，粉蝶在花丛飞舞。

据了解，槐房再生水厂紧邻小龙河发源地，该发源地名一亩泉，因有 23 处泉眼、面积约一亩而得名。曾经，一亩泉河水清澈，为湿地景观，但一度变得污浊、干涸，美景不再。现在这里湿地景观重现，以水为线，以花草为针，水厂之上绣出了鸟语花香，市民可预约入厂游览。

在 18 公顷的湿地之下，是三层的现代化再生水厂，其日处理污水能力达 60 万立方米，全年满负荷运转可将 2 亿立方米的污水转化为可利用的再生水；净化后的再生水，每天有一部分用于湿地补水，大部分则进入管线排入河道，供市政杂用、环境用水等，并改善下游凉水河的生态水环境。

槐房再生水厂服务面积137平方公里，覆盖丰台区、海淀区及石景山区。它的出现，大幅缓解了北京西南地区的污水处理压力，改变了西南地区的水生态——但其建设并非一帆风顺。

2013年，槐房再生水厂选址于南四环公益西桥附近，并不被周边市民接受，理由是"污水处理厂就像一个大公共厕所，厕所必须要有，但不能建在我们家门口"。为了让居民消除疑虑，了解再生水厂的功能和建成后的样子，当时还组织市民代表到外埠参观建设于湿地下的再生水厂范例，大家一看，确实"没有臭味有景色"，工程得以实施。

槐房再生水厂规划建设的大背景是2013年北京针对污水治理的第一个"三年行动方案"，该计划以提升污水处理设施能力为重点；2019年第三个"三年行动方案"发布，要求到2022年底，全市污水处理率达到97%以上，其中，中心城区达到99.7%，北京城市副中心建成区基本实现污水全收集、全处理。

据北京市水务局提供的数据：2013年至2019年底，北京新建再生水厂68座，升级改造污水处理厂26座，建设规模超前十年总和。全市污水处理能力由2012年的每日398万立方米提高到672万立方米，提升了70%。

"目前北京基本解决了城镇地区污水处理能力不足问题，再生水成为我市稳定可靠的第二水源。"北京市水务局相关负责人这样表示。

未来三年，北京计划升级扩建污水处理厂12座，新建再生水厂11座，新增污水处理能力每日50万立方米，重点弥补城镇地区雨污分流、污水收集和处理设施的短板。

重塑水韵京华

作为北京再生水厂界的"新秀"，槐房再生水厂具备生产高标准再生水的能力，其制胜法宝是一种看着像面条的新型过滤膜丝，膜丝上布满了直径20纳米小孔，污水处理厂加入这个程序后，可以将水中绝大部分的细菌、病毒过滤掉，直接将水质提高一个等级。

在槐房再生水厂的一张桌子上，摆着4管水样，依次为污水、膜产水、再生水和自来水。污水浑浊且发黑，再生水的色度则已经相当清澈，和自来水相比，肉眼

游客在北京圆明园遗址公园乘船赏荷（李欣／摄）

几乎看不出差别。

"出水标准达到地表四类水，这一进步，对于河湖生态水质有重大作用。" 槐房再生水厂相关负责人表示。

这种过滤膜由槐房再生水厂所在的北京市排水集团自主研发。北排集团起源于1976 年北京成立的中国第一个污水研究所，目前运营 11 座大型污水处理和再生水处理厂，每年可生产约 12 亿立方米的高品质再生水；其历程亦是中国在水污染控制和水环境治理方面发展的缩影。

污水处理过程会产生大量污泥，它含有大量有机质及多种植物营养元素，肥效特征类似有机肥，因此经处理后的污泥便成为了有机营养土，可进行土地生态修复，改善生态环境。

在北排集团内部的分类上，槐房再生水厂属于生态型再生水厂的代表，和此前的传统二级处理厂相比，生态水厂可有效节约土地资源，较彻底地去除碳氮磷，实现再生水回用、污泥无害化资源化，且环境友好。

但更高级的类型——未来再生水厂已在设想、规划中。

"围绕再生水厂，建设、打造新型资源回收中心、城市花园、公共活动中心、运动健身中心、公共洗车中心、新型水源厂、新型肥料厂、新型能源厂，以及湿地公园和花卉市场——将是未来的方向。"槐房再生水厂负责人这样介绍，"技术体系将使再生水重塑水韵京华成为可能，帮助实现水循环的梦想，助力北京成为国际一流宜居城市。"

再生水靠谱吗

什么是再生水？它是城市污水经过再生水厂的多道工序处理后，达到使用标准的水。

目前北京再生水标准大致相当于地表水的四类水，优于《城镇污水处理厂污染物排放标准》中的一级 A 标准，可与人体接触，可广泛用于工业生产、河道环境等。普通污水处理厂对水的处理以排放为目标，再生水厂则以水的回收利用为目的。

再生水和天然水相比，它是否会对湿地植物、动物产生不良影响？

圆明园里的现状可以解答这个问题。

自 2007 年开始，圆明园里的景观用水全部来自 7 公里外的清河再生水厂，这里超过三分之一都是水面，每年需补水近 900 万立方米。每到盛夏，超过千亩的大荷塘、总共 200 多种荷花竞相开放，都靠再生水滋养。此外，由于这里的再生水入园后便不再外排，缺乏流动性，容易暴发水华现象。

经多道工序处理后，浑浊发黑的污水变为清澈的再生水。

6月2日，槐房再生水厂的地下空间（高雪梅／摄）

据圆明园管理处生态科的王沛然介绍，和自来水相比，再生水氮磷含量偏高，确实更容易导致水体富营养化。

解决方案是：构建包括微生物、动植物在内的完整湿地生态系统；定期投放苦草、眼子菜、金鱼藻等沉水植物以及各种微生物、水生动物。"各方处于动态平衡时，水体就能清澈健康。"王沛然说。

经过多年的水生态修复，近年来圆明园里的好消息接踵而至。2019 年，工作人员在这里看到消失多年的鳑鲏鱼、金线蛙的身影。鳑鲏鱼、金线蛙都是北京的"土著"物种，对生态环境要求极高，甚至有"水质监测器"的美誉，多年前由于水域变少、变脏，曾一度消失。它们的再度回归是对这里水环境、生态环境质量提升的最好证明。

北京市水务局发布的 2020 年 4 月水质监测结果显示，圆明园湖水水质为三类水，三类水的适用范围为集中式生活饮用水地表水源地二级保护区、渔业水域及游泳区。

北京将再生水纳入全市年度水资源配置计划中进行统一调配，始于 2003 年。

在北京市水务局每年发布的《北京市水资源公报》的数据变化中，可以一窥再生水发展迅猛之势。

在全市供水结构中：

2004 年，再生水首次出现在公报中，但仍与雨水绑定；具体为：雨水及再生水为 2.04 亿立方米，占总量 6%；

2008 年是个重要节点，当年再生水占比 17%，首次超过地表水供水，成为北京市第二大水源；

2018 年的最新数据为：总供水量为 39.3 亿立方米，再生水 10.8 亿立方米，占比 27%。

与之相应的则是污水处理率的大幅提升：2004 年，公报中首提污水处理量和处理率，当年处理率为 36.7%；2009 年达到 80%；2018 年的最新数据为：全市污水排放总量为 20.4 亿立方米，污水处理率 93.4%；城六区污水处理率达 99.0%。

再生水和南水北调供水的大幅增加，缓解了北京地下水过度开采的压力。

2018 年，北京地下水供水量已从 2004 年的 26.8 亿立方米减少为 16.2 亿立方米，在供水总量中的占比从 77% 降为 41%。地下水得以涵养，反过来亦对包括湿地在内的自然生态起到积极反哺作用。

（本文首发于 2020 年 7 月 23 日，总第 808 期）

南海子"变奏曲"

文 /《瞭望东方周刊》记者王剑英　编辑高雪梅

"我们公园有着 240 公顷的水面，六环内独一份儿。"

"请问，这边是不是有片'海'？在哪里？"一名游客前来问路。

"您哪，前面第一个路口右拐，直走就看到啦。"南海子湿地公园副园长郭伟热情地向游客指点方向。

游客用"海"而不是"湖"的表述，这让郭伟非常愉快。

"我们公园有着 240 公顷的水面，六环内独一份儿。"他颇为骄傲地说。可参考的数据是，北海公园的水域为 39 公顷，圆明园水域为 140 公顷。

问路的游客也许并不知道，他来看"海"的这个湿地公园，十多年前是个垃圾遍地、污水横流、人们捂鼻皱眉绕着走的地方；而再往前的近千年间，又曾是皇家贵族纵马驰骋、飞鹰逐鹿的恢弘猎苑。

当下，它正在创建北京市级湿地公园，"南海子变奏曲"奏响新的乐章。

帝王狩猎场

从天安门向南约 20 公里，紧挨南五环之处，南海子湿地公园坐落于此。

来到南门入口处，映入眼帘的是一座大气、威风凛凛的古制牌楼，四柱三间三楼式，朱红柱子、黄色琉璃瓦，尽显皇家风范。正中三个鎏金大字"南海子"乃乾隆皇帝御笔亲题，牌楼与门口的广场构成朱雀迎宾景观。因大兴地处京南，属传统

北京南海子湿地公园麋鹿苑

文化的朱雀位，朱雀既是守护南城的神灵，也是热情好客的象征。

郭伟站在牌楼下，等待前来探访南城湿地公园的《瞭望东方周刊》记者。

"咱们公园是目前北京城区内最大的一块绿地，801 公顷，近 3 个颐和园那么大呢。"郭伟边走边介绍，但这块大绿地和它自己的鼎盛时期相比，绝对是"小巫见大巫"。

南海子，清代称南苑，曾是辽、金、元、明、清五代皇家猎场，元、明、清三代皇家苑囿；曾与紫禁城、西郊三山五园并称北京三大皇权中心。至于猎场和苑囿有什么区别，他的解释很直白："苑囿有围墙，猎场没有。"

明朝永乐年间圈定的南海子范围，面积达 21600 公顷，是北京老城区的 3 倍。"南囿秋风"是明燕京十景之一。

这里位处永定河冲积扇前沿，永定河摆动的余脉构成一条条地下水溢出带，地表形成多处涌泉湖沼，被称为"海子"。

它曾是一片广衍膏腴、天润地泽的湿地，生态系统非常完好，动植物资源丰富。明《北都赋》记载："……泽渚川汇，若大湖瀛海，渺弥而相属。其中则有奇花异果，嘉树甘木，禽兽鱼鳖，丰殖繁育。" 清代词人纳兰性德曾感慨："缥缈蓬山应似此，不知何处白云乡。"

女贞、契丹、蒙古、满族等北方少数民族喜鹰猎而善骑射，狩猎是其生活的重要组成部分，南海子正是理想之所。

元代称这里为"下马飞放泊"，所谓"飞放"，即"冬春之交，天子亲幸近郊，纵鹰隼搏击以为游豫之度"；"下马"则是说距离很近，下马就到的意思。

当时每年冬春之交，会有成千上万的天鹅飞临这里觅食、休息，它们成为元代帝王在此狩猎的主要对象，而且往往所获甚厚，帝王一高兴，便"大张筵会以为庆，数宿而返"。

明永乐帝迁都北京后，每年都会在南海子举行巡幸狩猎和演武活动，并在这里大兴土木，修建御道、行宫。

清康熙帝曾在 57 年中驾临南海子 159 次，其中举行围猎 127 次，并 12 次在晾鹰台举行阅武之典。

乾隆时期，南海子的"行围狩猎""演武阅兵""别苑理政""驻跸临憩"等皇家苑囿的主要功能被利用到极致，乾隆帝曾为南海子御制诗文 400 余首，对饮鹿池岸边的两株古柳就曾赋诗 7 首。

现今北京南城的"大红门""小红门""旧宫"等地名，都是当年皇家苑囿的入口或建筑的遗址旧称。

垃圾场变身

时光飞逝，社会变革，帝王将相已成历史烟云。2010 年前后，南海子地区迎来新时代的一场巨变。

北京南部区域发展曾相对缓慢，为推动其发展，北京出台城南行动计划，自 2010 年开始实施 103 个涉及基础设施、产业功能的重点项目；3 年后，第二阶段城南行动计划发布，规划了公共服务、基础设施、生态环境、产业发展等 232 项重大项目。

2008 年奥运会的召开，令绿色发展理念逐渐深入人心，北京生态建设力度空前。南海子湿地公园建设成为城南行动计划中生态领域的头号工程。

彼时的南海子地区，既是北京低端加工厂、商贩聚集之所，各类单位及小企业多达 500 多家，流动人口超过 10 万，拥挤而混乱。

这里还是城市生活垃圾和建筑垃圾的集中填埋之处，一度废水横流、垃圾成山，周边空气、土壤和地下水受到严重污染。路人掩鼻绕道而走，避之唯恐不及。

原来灵动的"海子"变成了垃圾堆，填埋垃圾最深处达 36 米，相当于 12 层居民楼之高，当时挖出来的垃圾总量达到 2400 万立方米。

奥林匹克森林公园里的仰山是利用鸟巢等周边场馆建设以及公园挖湖产生的土

北京南海子地区曾经污水横流、垃圾遍地

方堆筑完成，填方总量 500 万立方米，夯土高度 48 米；这意味着，南海子挖出的垃圾可以堆出 5 个仰山。

郭伟就在此时进入南海子建设系统，他接受任务第一次来时很吃惊，"脏乱差"是这里留给他的第一印象。

"当时真没想到能建设得像今天这么好。"郭伟感慨。他开着公园管护车领着本刊记者"巡视"，一路经过牡丹园、芍药园、月季园、百草园等，花花草草们精气神十足，似乎在向我们致意，颇有点当年帝王演武阅兵的感觉。

为了建设公园，这里不仅处理了垃圾场，还挪走了 34 个村，涉及 3 个镇、20 多万人。原来分散在 800 公顷范围内的人被集中安置在了 100 公顷区域内，从以前脏乱差的环境搬进了宽敞明亮的楼房，家门口就是大片的湿地公园，可以休闲健身娱乐，政府还优先安置其工作。

郭伟形容当地人的生活反差，"就跟天上掉馅饼一样，"他半开玩笑地说，"这种好事怎么没砸到我头上呢？"

他感慨，这里的人赶上了好时候，国家有钱了，又下决心花大力气建设生态环境，"国力强大，盛世建园嘛！"

2018 年 9 月，北京市发改委发布消息称，两个阶段的城南行动计划总投资约 6860 亿元，南部地区全社会固定资产投资年均增长 9.6%，高出全市平均水平 2.1 个百分点，行动计划令南部地区发展短板得到有效改善，城市功能进一步优化提升。同时，新一轮行动计划发布，北京南部地区发展将迎来"全面提速"。

南城生态明珠

经过整体生态整治、景观再造，南海子脱胎换骨，变成了鸟语花香、水清林茂的湿地公园，成为南城的一颗生态明珠，与北部的奥林匹克森林公园遥相呼应。

它是北京中心城区、亦庄新城和大兴新城之间重要的生态隔离区，监测发现，园区内气温常年比相邻的亦庄地区低 3 至 5 摄氏度。

大面积的水面上，既无游船，也无建筑，视野清新通畅；湖岸烟柳林立，丛丛黄鸢尾为湖水戴上"花环"，芦苇随波摇曳，水鸟俏生生地立在浅滩，透着股江南水乡的气质。

当天鹅妈妈带着两只小天鹅从我们头顶空中飞过，一度让人恍惚，这是在 2000 万人口的大都市城区么？

郭伟是北京人，以前家住繁华地带朝阳区亮马桥，由于南城建设越来越好，2016 年举家搬到了公园附近。他大学毕业本想当刑侦警察，因为视力问题与其擦肩而过，没想到后来当上了"园丁"，一周上 6 天班，守着公园里优美的环境，他自得其乐，"和当警察是完全不同的世界，想想确实很喜欢现在的工作，每天心情特别好。"同学聚会时，别人都称赞他状态好，显年轻，他乐："那是大自然给予的力量。"

公园建设之后，野生鸟类逐渐光临，种类不断增多，这让此前只认识麻雀、乌鸦、喜鹊的郭伟惊喜不已，"哎哟！怎么还有长这样的鸟啊，都没见过，就跟动物园似的，太有意思了！"

现在，他随口就能说出一大串鸟名：黑水鸡、绿头鸭、白鹭、白鹳、鹏鹏、凤头鹏鹏……

公园里观测到的夏季野生鸟类有 50 余种，隶属于 13 目 23 科，其中受保护鸟类 46 种。和野鸭湖、翠湖两个国家级湿地公园的 200 多种鸟类相比，50 余种算不上多，但作为一个年仅 10 岁且从垃圾场上建立起来的新公园，可算成绩优良。

在南海子湿地公园中心位置，有一处独特所在"麋鹿苑"。麋鹿俗称"四不像"，是典型的湿地物种，为华夏特有的珍稀动物，封建时代被视为皇权的象征，仅供皇

市民在北京南海子湿地公园的花丛中自拍

家狩猎。

清初，中国仅有的两百多头麋鹿都被圈养在南海子皇家苑囿。清末战乱，它们在中国土地上消失。

1985 年，麋鹿从海外重回故土，占地 60 公顷的麋鹿苑由此而来。经过精心繁育，现有 200 多头麋鹿在此栖息，苑内还引进了豚鹿、梅花鹿、白唇鹿、马鹿、水鹿等多种鹿科动物。南海子逐渐恢复其特有的风貌。

游客素质的变化给郭伟留下了深刻印象：公园刚建成时，园内很多观赏花草会被人折走甚至挖走，"现在真的好多了。环境优美了，人的心灵也变美了，这是一种潜移默化。"

南海子湿地公园全年免费开放，这里离市中心约半小时车程，目前年客流量约 150 万人次，和圆明园的 1200 万人次相比，只称得上"小弟"级别。但郭伟觉得，随着公园建设越来越好，知名度会越来越高，它会受到更多的关注与青睐。

"再涵养上 20 年，这个园子的价值将难以估量。"郭伟说。

（本文首发于 2020 年 7 月 23 日，总第 808 期）

小微湿地：社区之宝

文 /《瞭望东方周刊》记者王剑英　编辑高雪梅

这里是北辰中心花园里的一块小微湿地，也是北京的第一块小微湿地，地盘虽不大，
其亮相却堪称北京绿化界的一个标志性事件。

"快看，野鸭夫妇回家了。"一名女孩惊喜喊道。

众人纷纷抬头，只见两只灰色的野鸭扑扇着翅膀，从空中划过一道优美的弧线，
降落在不远处的芦苇池中，无视周围人群发出的惊叹，自顾自地戏水觅食，神情间
透着一股憨意。

它们并非人工繁殖饲养，是真正的野生鸟类，但并不怕人，因为它们是这一方
绿色小天地的主人，2019年就在这安家落户。

这里是北辰中心花园里的一块小微湿地，也是北京的第一块小微湿地，地盘虽
不大，其亮相却堪称北京绿化界的一个标志性事件。

青蛙、野鸭、黄鼠狼都来了

北辰中心花园面积52000平方米，是一块老牌绿地，为服务于1990年的亚运会
而建设，园内有一棵邓小平栽植的白皮松，现已枝繁叶茂。

这里位处北四环奥运功能区，寸土寸金；站在花园里环顾，四周均被高楼环绕，
国际会议中心、酒店公寓、购物中心、大型居民区阻隔了远处的天空，令视野局限
在花园头顶的区域；对周边高楼里的人而言，这方公共绿色空间弥足珍贵。

小微湿地是这里的一个"园中园"，面积仅4100平方米，比半个标准足球场稍

北京北辰中心花园小微湿地

大一点，位于花园中南部，由园内的一处低洼旱溪改造而来。此处原本景观欠佳，溪底鹅卵石裸露在外，甚至黄土可见。

如今旧貌换新颜，变成了一处溪水潺潺、荷花亭亭、芦苇摇曳、鸟鸣蝶舞的生态小空间，也是花园里唯一一处有水面的所在。

它的建设启动于 2018 年，正式亮相于 2019 年夏天，不久之后，晚上来此遛弯纳凉的市民惊喜地听到了蛙鸣声："家门口好多年没听见过青蛙叫了，感觉真是亲切。"

一对野鸭夫妇也看上了这里，在此安家落户，筑了巢，下了蛋，还孵出来 9 个野鸭宝宝，一家 11 口在荷花池、芦苇丛中嬉戏觅食的场景常常引得游人驻足，小朋友们尤为欢欣雀跃。

冬季到来，野鸭一家迁徙去了温暖的南方，2020 年春天，工作人员惊喜发现野鸭夫妇回到了这里，并且又孵下了 10 个蛋。

5 月初，《瞭望东方周刊》记者来到这里时，发现野鸭巢被细心做了隐蔽措施，人行过道靠近水池的一侧还放置了临时护栏。工作人员告诉记者，近期发现了黄鼠狼的踪迹，为保护正处于孵化期的野鸭一家子，特意采取的安全措施。

"自然界真是神奇，完全不需要给这些动物发什么微信定位，只要条件合适，都能自己找到地方。"一位同行的工作人员这样打趣。

观察湿地品质，一个重要标准是生态链条的丰富性，植物、昆虫、鱼类、两栖类、爬行类到鸟类和哺乳类，逐步提高。这块小微湿地建成时，工作人员投放了 10 斤小鱼和一些锦鲤作为生态基底，后来，蜻蜓、蝴蝶、青蛙自动出现了，野鸭的到来是生物多样性的重要指标，而刺猬和黄鼠狼的出现更令人惊喜。

北京市园林绿化局野生动植物和湿地保护处副处长黄三祥对其评价是"算挺好的了"。不过他也充满了新的期待："能再来些鸳鸯等珍稀鸟类就更好了"。

"小微湿地就像城市里面生物的一个踏脚石。"中国林业科学研究院副院长、湿地专家崔丽娟打了个形象的比方，"就像我们在一片泥潭里，需要踩着一块一块的石头才能往前行走。"

她说，在大城市里不可能建立完全连通的生物廊道，但如果相隔很远才有一个落脚点，它们的生存会遭遇困境，"这种轻便的、踏脚石型的生态建设，有意义且可行，为城里的小动物们尤其是极大量的两栖类和昆虫提供了好的栖息环境，称得上是个庇护所。"

人气聚集地

这里带着点郊外的野意，动物喜欢，人亦喜欢。

本刊记者在中心花园里走了一圈，发现这个仅占花园面积 8% 的园中园，其人气超过 92% 区域的人气之和：围着这一泓清水，有小朋友在跳绳，中年男子打太极，大爷带着孙子遛弯，几位穿保安服的男子斜靠长廊柱在养神……

一位阿姨从附近的安慧里小区过来，步行需 10 余分钟，她说小微湿地开放后，她便放弃了去小区广场绿地的习惯，改为每日来这里散步透气；她最喜欢在芦苇池边看游鱼，金色的锦鲤、灰青色的叫不上名字的小鱼儿在水中游弋，"一待就能待上一两小时。"

夏康是这块小微湿地的主设计师，很巧家就在附近，现在他每周都会带孩子来一次，亲近自然兼生态教育，"远一点可以去郊区的野鸭湖湿地公园，中一点可以去奥林匹克森林公园，都是不同尺度的，但家附近有这么一个小的，抬脚就能到，就变成一种日常了。"

在崔丽娟看来，小微湿地是在城市化加速、城市人口不断聚集的大背景下，大都市中心城区里人与自然和解的一种好方式。

经济的发展令身处高楼的人们对青山绿水的需求日益强烈，可土地资源有限，水资源也有限，市中心里建设大面积的湿地越来越不现实，而小微湿地可利用现有的池塘、沟渠、集水坑等来建设。

"它的意义不在于说喊一喊口号，说城市湿地面积增加了多少——100 个小微湿地加起来对湿地率能有多大贡献呢，可能 0.1% 都不到。它是实实在在提供生态效益，提升生活品质，多亲近湿地对人这个物种的发育都会特别好。"崔丽娟说。

"让城里孩子在家门口听到蛙声、看到蝌蚪，每次想到这个，我都会忍不住激动兴奋。"崔丽娟对这个项目由衷点赞。

崔丽娟出生于吉林白城，那里有着向海和莫莫格两个国家级自然保护区，她自小看着家乡的绿草连天、碧水游鱼、雁飞鹤舞长大，深知大自然对于孩子身心健康的意义；在郊区考察、工作时，她常看到家长带着孩子在郊外水边看蝌蚪，孩子的欢快之情令她印象深刻，"亲近自然是人的本性，就像呼吸一样，因为人就是从自然里走出来的。"

"希望通过营造小微湿地，给孩子带来更多童年乐趣，也给成年人提供一种乡愁记忆。"黄三祥说。

北辰中心花园小微湿地

五脏俱全

"方案反复修改了十几次。"黄三祥说,因为一开始的方案"园林化痕迹太明显"。

夏康来自北京景观园林设计有限公司,所学专业是风景园林,从业16年,以前接手过不少街心公园、乡村公园案例。但这个项目对于生态的需求超乎夏康的预料,"委托方和我们公司领导都在反复强调,既要营造丰富的生境,植物配置也一定要丰富,尤其食源和蜜源植物必不可少。"

什么是小微湿地?水池边树立的一块牌子上这样写着:"小微湿地是依据昆虫、鱼类、两栖和爬行类以及鸟类等湿地动植物生存所需的栖息地条件,构建结构完整并具有一定自我维持能力的小型湿地生态系统。"

为小微湿地项目把"生态关"的,是来自中国林科院、北京林业大学里若干位研究湿地、研究野生动物的教授级专家。

"生态为主、兼顾景观,小湿地、大生态"的设计原则在夏康的思路中不断被强化。

麻雀虽小,五脏俱全——最终这里营造出了乔木林、灌丛、浅滩、生境岛、深水区等多样化生境,种植的蜜源类、浆果类、坚果类植物高达20余种,如元宝枫、旱柳、白皮松、海棠、山桃、山楂、金银木等,可在不同季节为昆虫和小动物们提供食物来源。

芦苇、荷花、菖蒲是园林设计中常用的水生植物,但这次,在湿地专家的建议下,菹草与金鱼藻等沉水植物被种植于水底,用于构建"食藻虫——水下森林"共生生态,既可产生更多氧气,又可为鱼类、涉禽类提供丰富的栖息环境。

水池驳岸也一改以往常用的平整式、硬朗式设计,采用了自然过渡式和洞穴式,为蛙类提供了更理想的栖息环境。

夏康说,同样是小面积的绿化区块,口袋公园、街心公园更多考虑市民的休闲功能,因此绿植与座椅是其首要的设计考量因素,小微湿地的独特性在于生态系统的构建,这是绿化理念的进步,也是生活品质的进步。

"生态的核心就是生物多样性,它有更大的包容性,不单是为人服务,而是各种生物和谐共生。"夏康说,比如大草坪能为人的活动提供很多功能,但小动物们并不那么喜欢,因为生境太单一。

在黄三祥的印象里,以前大家提到生态与生物多样性,第一反应都在郊区野外,生态学领域的专家似乎更多活跃在郊野,城市绿地则更讲究景观设计之美、雕琢之美,"但这种理念在不断融合,现在提倡人与自然和谐共生,小微湿地就是在将自然的生态融入城市中来。"

夏康以绿化行业技术人员的视角进行了解读："大学里，园林专业先入为主的是如何造园，追求'虽由人作、宛自天开'的景观效果；林学院先入为主的是生态。如果只追求生态，会过于野性，和人产生距离感，与周边环境不协调；只追求景观美，难免忽视生态功能，将二者结合起来才能产生更好的效果。我个人认为，北京市将园林局与林业局组建为园林绿化局，较好地解决了这个问题。"

北京市海拔高差超过 2000 米，地形地貌复杂，生境类型多样，是世界上生物多样性最丰富的大都市之一。据调查，现在北京湿地内共有湿地植物 70 科 369 种，野生动物共 36 科 202 种。

标杆效应

"既然动物喜欢，人也喜欢，中心花园的面积也够大，为什么不把它做大一些呢？"本刊记者问。

黄三祥解释，这是北京市的第一块小微湿地，肩负着为北京未来小微湿地建设示范和引领的责任，各方因素都经过仔细考量与斟酌。据介绍，2020 年北京市的湿地建设与恢复工作，小微湿地是重要切入点；对于十四五时期的湿地初步规划是每年恢复建设 600 公顷，新增湿地将以小微湿地为主。

广义的小微湿地，其面积在 80000 平方米以下，但北京市土地资源有限，力推的是 10000 平方米以下的小微湿地建设，摸底情况显示，全市 10000 平方米以下的现状小微湿地有 5000 余处，可因地制宜进行改造提升。

这里选择的是北辰中心花园里的一处低洼地，原有的生态基底良好，拥有水源，引水、蓄水、维护便捷，黄三祥评价为"因势利导"。

"如果在广州建小微湿地，首要考虑的应是生态系统的稳定性，但在缺水的北京，首要考虑的一定是水的持续性。"崔丽娟强调，这事看着简单，要做好不简单，"如果随便找块地挖个坑、放点水，不可能种沉水植物——过几天水就干了。"

夏康做了调研与计算：这里平均水深 0.6 米，储水量约为 480 立方米，汇水面积为 0.8 公顷，水面蒸发量每天约 6 毫米，每天损失水量约 4.5 立方米，旱季可以从中水管道或者绿地浇灌地表径流补水，雨季采用收集雨水补充，多余雨水净化处理后可以用于浇灌或者排入市政管网，在汛期也能满足该区域雨水的收集容量。

选择此处的另一个原因是，这里地理位置优越，交通便利，国际会议中心、高端酒店和大型居民区环绕，拥有良好的窗口示范效应。据悉，项目组踏查、比选了城区及昌平、延庆、顺义、房山、通州的 20 余个地块，综合各方因素最终圈定此处。

"放别地儿也照样建，但搁这儿产生的社会效应、宣教作用成几何倍数放大了。"夏康说各方对这个位置都非常满意。

它确实起到了典范先锋的作用，亮相之后，媒体纷纷予以关注，环保社团组织如自然之友、山水自然保护中心的成员慕名而来，许多园林景观从业者也来这里观摩，收到的反馈令黄三祥和夏康相当欣慰，"大家一致给予了好评，并将其视为某种风向标性质的事件。"

北京市各区园林系统均派代表来现场观摩，亲身感受小微湿地的魅力，理念因此得以升级，回去后都在结合本区实际情况，推动小微湿地建设。到 2025 年，北京将建设 50 处以上的小微湿地；地方标准《小微湿地建设技术规程》正在紧锣密鼓编制之中。位于怀柔的第二块小微湿地已在建设之中，这是结合乡村振兴和美丽乡村建设的郊区小微湿地示范项目。

据悉，小微湿地保护修复已列入 2018 年北京市政府办公厅印发的《北京市湿地保护修复工作方案》，目前，正计划纳入正在编制的"十四五"规划中。

近年来，我国积极开展小微湿地保护管理研究工作，加大小微湿地保护与修复力度，充分发挥小微湿地的生态功能，取得显著成效。2018 年 10 月，《湿地公约》第十三届缔约方大会在阿联酋迪拜举行，大会通过了中国加入公约 26 年来首次提出的《小微湿地保护与管理》决议草案。

"湿地虽小微，意义却重大。" 国家湿地科学技术专家委员会副秘书长、北京林业大学自然保护区学院副院长张明祥如此评价。

（本文首发于 2020 年 7 月 23 日，总第 808 期）

要保护，不要"保护性破坏"

——专访国家林草局湿地研究中心主任、中国林科院副院长崔丽娟

文 /《瞭望东方周刊》记者王剑英　编辑高雪梅

究竟应怎样建设、保护湿地？我国湿地建设与保护经历了怎样的过程？又面临哪些困境与问题？

作为自然生态系统的重要组成部分，湿地近年来日益受到关注与重视，湿地建设与保护迎来新一轮热潮。

究竟应怎样建设、保护湿地？我国湿地建设与保护经历了怎样的过程？又面临哪些困境与问题？老百姓如何从自身做起，呵护好身边珍贵的湿地资源？

日前，国家林草局湿地研究中心主任、中国林科院副院长崔丽娟接受《瞭望东方周刊》专访，对此进行了解读与分享。

保护需要紧箍咒

《瞭望东方周刊》：回顾中国湿地建设与保护历程，你认为有哪些重要节点？

崔丽娟：首先，应该是 1992 年中国加入国际《湿地公约》。在那之前咱们的科研领域、管理领域并没有"湿地"这个词，我们使用的类似的概念是沼泽、滩涂、泥炭地。

湿地是从英文 wetland 直译过来的，当我们接受这个概念的时候，发现其内涵和外延很大，比如我们以前从来没有把人工湿地纳入到湿地概念里面，但是在国际上，湿地包括人工水库、水渠、水稻田甚至污水处理厂等。

湿地在国际上真正产生影响、被广泛接受，也是从《湿地公约》开始，该公约

4月1日，浙江杭州西溪湿地风光（翁忻旸/摄）

1971年提出，1972年签订，1975年正式生效。

第二个节点是2004年，我国第一次以国务院名义发布了《关于加强湿地保护管理的通知》；紧接着，国家林业局作为湿地牵头管理部门，第一次召开了全国湿地管理工作会议，各省林业系统的厅局长都参加了这个大会。相当于向全国发出了号召，要加强湿地保护。

第三个具有里程碑性质的节点是2016年，国务院发布了《湿地保护修复制度方案》，我个人把它称为中国历史上最严厉的湿地管理制度。

它明确提出，谁破坏、谁担责，如果找不到责任人，就向当地政府追责；第一次在国家层面明确了湿地的"占补平衡"原则，不管是个人、企业、还是政府，破坏多少就要补多少；提到了要整体保护、全面保护，而不是选择性保护，且实行总量管控，到2020年全国湿地面积不低于8亿亩。

以前国家层面也曾发布过一些文件，但《湿地保护修复制度方案》发布之后，大家都对湿地真正紧张起来了。

《瞭望东方周刊》：相当于有了一个紧箍咒？

崔丽娟：紧箍咒我都觉得说轻了。

《瞭望东方周刊》：下一步呢？

崔丽娟：我个人期待的第四个里程碑，是在国家层面正式立法，出台《中国湿地保护条例》。这件事的推进快 20 年了，现在看到一点曙光了。

《瞭望东方周刊》：为什么这么难？

崔丽娟：因为湿地作为自然资源的独立分类在中国出现本来就比较晚，且涉及很多行业、很多部门，需要花很大力气去协调、沟通，达成一致。

金山银山该这么算

《瞭望东方周刊》：从湿地研究者的角度，你如何理解"绿水青山就是金山银山"？

崔丽娟：这句话讲得特别好，我发自内心地赞同，而且这句话能挖掘出非常多的内涵。

1997 年，研究论文《全球生态系统服务与自然资本的价值》刊出，据其研究估算，全球生态系统每年提供的环境服务功能约为 33.3 万亿美元，约等于全球 GNP（国民生产总值）的 1.8 倍。

其中，湿地生态系统提供的环境服务功能相当于 4.9 万亿美元，占比 14.7%，占全球自然资源总值的 45%，而其面积之和仅占地球陆地面积的 6%。

2002 年联合国环境署的研究数据表明，一公顷湿地生态系统每年创造的价值高达 1.4 万美元，是热带雨林的 7 倍，是农田生态系统的 160 倍。

2000 年，中国农业科学院研究估算，中国生态系统总价值为 7.8 万亿元人民币。其中，陆地生态系统年价值为 5.6 万亿元，海洋生态系统年价值为 2.2 万亿元，湿地生态系统年价值为 2.7 万亿元，占比超过三分之一。

我的博士论文做的就是湿地价值评价研究。1997-2000 年，我以黑龙江的扎龙自然保护区为研究对象，估算它值多少钱，得出的结论是每年 167 亿元。当时很多人质疑，这块地怎么会值这么多钱呢？

《瞭望东方周刊》：这数据是怎么得出来的呢？

崔丽娟：就是把湿地生态系统功能价值换算成人民币，比如它涵养水源值多少钱，它降温增湿值多少钱，保护丹顶鹤值多少钱，净化污水值多少钱……你用别的方式做这些事要花多少钱，就是一个参考值，最后得出整个湿地一年值多少钱。

从湿地研究者的视角，绿水青山就是金山银山，可以这样解读。一块水、一座山，好好算一下它的功能，它真的是金山，真的是银山——真的非常值钱的！

曾经有人说，他认为的绿水青山就是金山银山，意思是可以拿来搞开发，卖地、开矿、挖山、伐木、采砂，直接换钱。这完全误解了中央的意思，当时我就反驳了。

《瞭望东方周刊》：地球的三大生态系统中，森林被誉为地球之肺，海洋被誉为地球之心，湿地被誉为地球之肾。湿地这么重要，这么值钱，为什么最晚被大家所认知和重视？

崔丽娟： 以前人们对自然的认知有限，湿地大都是人迹罕至的地方，你想红军长征过草地，那些地方能有多少人烟？ 在过去，许多湿地对人类来说很危险、进不去，肯定就不了解，不了解就会恐惧，然后更加回避，

在西方国家曾有一种说法"湿地是受诅咒的地方"，把一些不好的东西和它联系起来了。很长时间里，森林、海洋和人类活动的关联度更强，在森林里面人们去打猎、伐木、采集，在海洋里捕鱼、航海探索新大陆等，人们可以直接向森林、海洋索取的东西似乎更多一些。

但随着人们对湿地的了解越多，越发现它的重要。地球上生活的绝大多数生物，包括人类，生存和繁衍都离不开湿地。湿地覆盖地球表面仅有6%，却为地球上20%的已知物种提供了生存环境，它能保持水源、净化水质、蓄洪防旱、调节气候、美化环境和维护生物多样性……功能不可替代，而且湿地还有许多未知的功能服务着人类。

在相当长的历史时期里，人类曾经全面依赖湿地维持生存，北非尼罗河流域湿地、南亚恒河流域湿地、西亚两河流域湿地和东亚黄河流域湿地分别成为埃及文明、美索不达米亚文明、印度文明和中华文明等世界著名文明的发祥地。

保护不能变成破坏

《瞭望东方周刊》：现在大家已经意识到湿地的重要，国内对湿地的关注也越来越高了。

崔丽娟：对。整体而言，现在全国对湿地的重视程度、保护意识提升到了前所未有的高水平上，尤其是今年习近平总书记的杭州西溪湿地之行，再次凸显了湿地的重要性，掀起了一股认识湿地、保护湿地的热潮。全国范围内强烈意识到湿地的重要性，这是非常值得高兴的。接下来就是要思考怎么去做了。

《瞭望东方周刊》：听你的语气，似乎在忧虑些什么？

崔丽娟（左二）给中学生讲解湿地知识

崔丽娟：大家这么重视湿地，我确实喜忧参半。重视好不好？好！但很容易头脑一热，"呼"的一下，就都走到湿地里去了，各种各样的工程上来了，批很多钱，在湿地里搞各种建设——这绝不是好事。

实际上湿地保护与恢复应该慢慢地、细细地、悄悄地、永远不断地来做。湿地就存在那里，对待它最好的方式是，不去干扰它、不去破坏它，给它需要的，不给它不要的。

它本来在那里待得很好，你非要今天建个坝修条路、明天立个碑建个游廊、后天再弄个保护站、大后天再建几个房子，美其名曰把它保护起来，这是保护吗？我最担心的就是这种"保护性破坏"。

咱们国家发展太不平衡了，各地的资源禀赋也不一样，认识水平也千差万别，作为决策者的政府相关部门尤其需要引起注意，因地制宜、科学决策。

《瞭望东方周刊》：建湿地要考虑哪些因素？要花很多钱么？

崔丽娟：其实真正的生态恢复不需要多少钱，生态恢复需要时间和技术，更多地是让自然生态系统自我修复，它有这种能力，但是要采取正确的技术和方法来辅助。

建设湿地要选择在有条件、有资源的地方，湿地要能自我维持、能长久存在，才有建设的意义。地形地势，汇水面积，水的流入、蒸发等等都需要考量，专业性很强，因此专家的参与很重要，需要经过系统、专业的前期评估，绝对不能领导一拍板就建了。

有个地方想建湿地，请我去看，我看完哭笑不得，那地底下都是岩洞，水都存不住、都跑了，没法建。

如果有人告诉我，一亩湿地每年要投入几十万元，他肯定在骗人，这钱不知道干什么去了。有的地方本来很干旱荒凉，人们把底下打上水泥然后把水引进来，每年买水维持这块"湿地"，那肯定要花钱，而且花大钱了，这种湿地就不应该建。

我希望湿地越多越好，但不是所有地方都适合建湿地，有资源才能建、才该建。那种高价养起来的、输血式的湿地不是真正的湿地。人不能靠输血活着，湿地同样也不能。

《瞭望东方周刊》：现在大城市里土地资源紧张，增加了建设湿地的难度，你有什么好的建议？

崔丽娟：确实如此，比如在北京，现在要大幅增加湿地面积确实很难。但只要用心，总能找到一些湿地资源，还能和城市发展结合得很好。

比如，2012 年北京曾经遭遇"7·21"特大暴雨，导致许多立交桥下淹水严重，甚至出现事故。后来的解决方案是在桥下地底修建水泥池。

其实，在我看来，这些地方地势低洼，能够自然汇水，特适合建自然湿地来解决淹水问题，平常可作为绿地，大雨来了，水可以通过湿地下渗、储蓄，蓄洪本就是湿地的基本功能。

所以，更重要的是有湿地意识，其次是用智慧和技术把工程做到位。

2018 年 4 月 26 日，白鹤群在吉林省白城市镇赉县的莫莫格湿地翔集（王昊飞 / 摄）

敬而远之

《瞭望东方周刊》：对城市管理者，你还有什么话要说？

崔丽娟：城市的管理者一定要有前瞻的眼光，要在资源的保护与经济发展中取得平衡；全球范围来看，资源是稀有的，资源保护应放在首位；虽然经济发展了，但如果自然资源没有了，后续发展就只能是空话。

如果你的城市有好的湿地资源，赶快保护起来。这样才能给当地民众带来长久的福祉与利益。

《瞭望东方周刊》：对于当地民众来说呢？

崔丽娟：老百姓呢，应该从我做起，从身边的事情做起。提高认识，尤其是正确的、科学的认识很重要。政府怎么说，最后不还是得靠老百姓来做吗？

《瞭望东方周刊》：在你看来，怎样的认识和做法才是科学的？

崔丽娟：比如不让进去的湿地就不进，观鸟的时候离远一点。网上有些视频让我真是生气，为了拍鸟，把树给踹一下，把鸟惊飞，甚至把鸟抓到手里拍照。如果别人把你绑起来，摸摸你的头发，掰掰你的眼睛，给你拍张照，过几天又把你放了，你好受么？

特别想呼吁，在鸟儿它们孵卵的时候能不能不去拍它、不去打搅它？你生孩子的时候希望被人围着拍么？

走近湿地，但和它保持距离，这是真正的爱，距离产生美。

我个人不提倡大规模的观鸟活动。

《瞭望东方周刊》：公众不走近就不了解，不了解就不会重视，怎么平衡保护和利用的矛盾呢？

崔丽娟：湿地可以进人，人跟湿地一直是相融相生的。但我强调的是，湿地中进人应该有条件：有些区域不应该进，有些时间不应该进。

不同的湿地是不一样的。比如北京的野鸭湖，大家都知道它是公园，公园强调旅游、休闲，但是其实它很早就是市级自然保护区，保护区的第一职责是保护，管理很严格。

每年的 11 月和 4 月，会有极大量迁飞的鸟在这里停歇，这个期间人是应该给鸟让路的。一年 12 个月，10 个月鸟儿给人让路，这两个月人给鸟让路怎么就不可以呢？

对于湿地公园来说，为什么叫它湿地公园，不叫它公园呢。景山公园、中山公园和翠湖湿地公园、野鸭湖湿地公园，肯定是有区别的。湿地公园中，在某些区域、

2023 年 7 月 29 日，内蒙古免渡河国家湿地公园景色

某些时间是需要控制人流量的。湿地，需要人和资源协调和共存的。

我们有次去某个自然保护区考察，陪同的工作人员说这里有 2000 多只鸟，一定要把鸟轰起来让我们看。我说不看了，我知道它们在那里。对方也不好意思了，说那就不往前走了。如果连这种尊重和保护的意识都没有，别说你是自然保护者。

如果宣传到位了，老百姓是能理解的。现在大家的意识还不够，鸟和人之间，到底谁进谁退、什么时候进什么时候退，应该要有科学依据的。

人跟湿地应该互有进退，互相理解、互相和解，相融、相携，才能走得远。如果人的意识都非常高了，湿地的进入，什么门槛都不用设，大家都会自觉保护。期待这样的时刻早日到来。

未来会更好

《瞭望东方周刊》：作为中国最早一批湿地博士，从你的自身经历来看，中国湿地研究和保护发生了哪些变化？

游人在颐和园耕织图旁的湖里观赏黑天鹅

崔丽娟：上世纪 50 年代末，东北师范大学地理系成立了沼泽研究所，中科院长春地理所成立了沼泽研究室，我在这两家先后读的本科和硕士、博士，国内最早就是这两家机构开展湿地研究，当时叫沼泽研究，或泥炭研究，到 80 年代陆续有些高校，比如华东师范大学、中山大学等也开展了相关研究。

湿地研究真正热起来，应该在 2000 年以后，期间有很多人转专业过来研究湿地，比如学林业的、沙漠的，甚至法律的、数学的。近些年来，湿地学的硕士多起来了，科班出身搞湿地的人多了，机构也多起来了，大部分综合性大学都有湿地专业了。

2009 年，中国林科院成立了中国湿地研究所，我是创始所长，这是国内第一个国家级的专门从事湿地研究的机构，刚成立的时候只有我一个人，现在是 48 个人。

现在国内对湿地的研究越来越深、越来越细了。原来湿地对我们来说，像一个灰箱，我们知道它进去了什么，出来了什么，但箱子里面是怎样的不知道。现在呢，大家就集中研究箱子里面发生了什么，过程到底是怎样的。

早些年我们去申报项目经常被质疑，湿地研究什么？很多人都不太明白；现在各类研究的申报途径基本上都健全了。

《瞭望东方周刊》：为湿地奔走这么多年，你最期待看到的是什么样的景象？

崔丽娟：我特别希望看到，城市里不断有这样的地方出现：那里有水、有青草、有花香，有蝴蝶在飞、蜻蜓在飞，有蛙鸣、有鸟……在城市郊区有大片这样的地方，市区里可以小一点，这样城市才真正会有一个"肾"，才真正宜人、宜居。

《瞭望东方周刊》：湿地的主人是谁？

崔丽娟：是湿地里的生物，包括动植物和微生物。人是湿地的客人，因为湿地不是为人而存在的，人不可能居住到湿地里。城市生态系统的主人，那肯定是人。

《瞭望东方周刊》：在湿地保护与建设方面，国际上对中国的关注与评价如何？

崔丽娟：客观的说，有赞赏，也有担忧。

每一次中国有大的湿地保护行动，国际社会都给予了非常大的赞许。

比如，1994 年将"湿地保护与合理利用"项目纳入《中国 21 世纪议程》优先项目计划，2000 年发布《中国湿地保护行动计划》，2005 年国务院批准了《全国湿地保护工程实施规划》，2013 年再度发布《中国湿地保护行动计划》……

2022 年 11 月 1 日，游客在北京野鸭湖国家湿地公园内游览

2002 年中国新增了 14 块国际重要湿地，当时世界自然基金会向中国颁发了荣誉证书，称其为"献给地球的礼物"。

此外，中国许多省、直辖市进行了地方性的湿地立法，2016 年在国家层面提出湿地占补平衡原则，以及小微湿地的推出，都得到了国际社会的点赞。

他们也很关注中国湿地鸟类的状态。比如，"鸟类熊猫"遗鸥原本大量聚集在内蒙古鄂尔多斯的高原湿地泊江海子，因为生态受到污染破坏，它们远走他乡，飞去了陕西红碱淖湿地，在鄂尔多斯消失了十余年；陕西很缺水，也有些污染水体排进湿地，导致遗鸥又从红碱淖飞去了河北坝上。之前看到报道说鄂尔多斯开始有遗鸥回归，说明生态逐渐得到修复了。

还有诸如鄱阳湖建坝等重大和湿地生态相关的事件，国际社会也都保持了相当的关注度。

《瞭望东方周刊》：当下国际上有哪些先进的理念和方式可以借鉴呢？

崔丽娟：湿地银行是我特别想引入的一种理念和方式，它尤其适合那些开发建设多、湿地少、经济发达的大城市。

其基本思路是将湿地按某种方式换算为信用值，政府部门、企业或者个人都可以往湿地银行里存储湿地，也可以花钱购买信用值；开发建设需要占用湿地时，需要先审核该信用值，这样既保证湿地面积总量不会减少，也提高了湿地补偿效率。

（本文首发于 2020 年 7 月 23 日，总第 808 期）

第 11 章
北京：迈向生物多样性之都

葳蕤北京 生机盎然

文 /《瞭望东方周刊》记者王剑英　编辑高雪梅

2020 年，北京共发现了多少新记录物种？ 70 种，其中的 11 种大型真菌和 1 种昆虫为中国新记录物种。

生物多样性指生物的多样化，是地球上所有的动物、植物、微生物和其赖以生存的生态环境的总和。近年来，北京在生物多样性保护方面持续发力，打造了人与自然和谐共生的新局面。

2020 年，北京共发现了多少新记录物种？

70 种，其中 11 种大型真菌和 1 种昆虫为中国新记录物种。

北京目前实地记录到的物种一共有多少？

5086 种。

北京有多少种自然和半自然生态系统群系？

82 种，包括森林、灌丛、草丛、草甸与草原、湿地等类型。

北京有确切记录的鸟类占全国鸟类物种的比例是多少？

超过三分之一，在北方城市中独一无二。

这是北京市 2020 年启动生物多样性调查，于 2021 年 5 月份公布的阶段性成果，也是这座城市生物多样性的缩影。

从栖息地到保护地

2019 年，中共中央办公厅、国务院办公厅印发《关于建立以国家公园为主体的

北京国家体育场

自然保护地体系的指导意见》。文件提出，建立自然保护地体系，确保生物多样性得到系统性保护，提升生态产品供给能力，维护国家生态安全。就在同年，北京市园林绿化局成立了一个新部门——自然保护地管理处，全市的生物多样性保护工作都归口该处室统筹。

自然保护地是生态建设的核心载体和生物多样性最富集的区域，也是联合国《生物多样性公约》中明确要求重点关注的领域，包括国家公园、自然保护区和自然公园三种类型。

"在野生动植物栖息地中，自然保护地是'白菜芯'，是北京市最重要、最精华的自然生态空间。"自然保护地管理处工作人员张鹏骞告诉《瞭望东方周刊》。

截至 2019 年，我国已建立各类自然保护地逾 1.18 万个，覆盖了中国 90% 的自然生态系统类型、85% 的国家重点保护动物和 86% 的国家重点保护植物种类。

目前，北京市有自然保护地 79 处，总面积超过 36.8 万公顷。北京的 2500 余种动植物，绝大多数都分布于自然保护地。它们为首都生态安全、生物多样性保护发挥了重要作用。

"作为拥有 2000 多万常住人口的超大城市，以及承载全国政治中心、文化中心、国际交往中心、科技创新中心四大核心功能的首都，划出这么大面积来保护自然生

左："北京无喙兰"在密云区雾灵山自然保护区首次被发现（图片源自：密云区融媒体中心） 右：丁香叶忍冬

态真不容易，这是多年来生态建设不断积累的成果。"张鹏骞说。

就全球而言，与其他国家的首都及国际化大都市相比，北京是世界上生物多样性最为丰富的城市之一。

北京已记录的鸟类品种超过 500 种，在二十国集团（G20）国家的首都中排名第二。这里还拥有国家重点保护野生动物 81 种、市重点保护野生动物 222 种，国家重点保护野生植物 3 种、市重点保护野生植物 80 种。

按照部署，北京市园林绿化局正在牵头对全市自然保护地进行整合优化，进一步优化生态空间，打通生态廊道。

打通生态廊道意义重大，对野生动物而言是件大好事，不仅可扩大栖息空间，迁徙流动也更为安全便捷。张鹏骞和同事私下曾半开玩笑地探讨，"南边通州区的一只兔子该如何安全地到北边的延庆区呢——现在还不行，但可以作为未来工作的目标"。

近年来，由于生态环境持续向好，多个濒危、珍稀物种在北京的自然保护地被发现。

2017 年，北京无喙兰首次被发现。在位于西北部的玉渡山自然保护区，这是一种兰科新物种，也是全国 1600 余种兰科植物中唯一以"北京"命名的兰花。同年，消失了 60 年的扇羽阴地蕨也现身松山自然保护区。

2020 年，北京无喙兰在雾灵山自然保护区又被发现，这是该物种在北京东北部的首个记录。

2021 年，尖帽草在云蒙山国家森林公园附近被发现，这是马钱科植物首次在北京被发现，北京植物区系因此增加了一个新记录科。

从种植树木到营造森林

北京生态建设成绩之所以令人瞩目，两轮百万亩造林工程功不可没。

"通过两轮百万亩造林，从整体上把北京的生态格局调整过来了。"北京市园林绿化局生态修复处副处长杨浩告诉本刊记者，"这为生物多样性保护奠定了绿色基础。"

两轮百万亩造林分别启动于 2012 年和 2018 年。截至 2020 年底，全市林地总面积占市域面积的 67.41%，全市森林覆盖率已达 44.4%，形成万亩以上绿色斑块 30 处、千亩以上绿色斑块 240 处。

2021 年，北京计划新增造林绿化面积 16 万亩，其中 15 万亩属于新一轮百万亩造林，该工程将于 2022 年完成。

随着百万亩造林工程的持续，北京对生物多样性保护的认识不断深化，理念不断进步。尤其是近两年来，"高质量"成为北京园林绿化工作的高频词——在北京市园林绿化局局长邓乃平 2020 年全市园林绿化工作会议上的讲话中，"高质量"一词出现了 19 次。

对新一轮百万亩造林而言，"高质量"可更直白地理解为，要从过去的"种植树木"变为"营造森林"。

此前，限于历史条件，植树造林主要是"种树 + 养护"，确保成活率，能"绿起来"是首要目标，一定程度上存在林分结构单一、绿而不活的问题。绿而不活的极端表现就是：有林无鸟、有鸟无水、有水无鱼。

近年来的百万亩造林工程，开始更加注重营造"近自然"的森林生态系统，许多操作都有技术标准。比如生态林：纯林面积不宜超过 1 公顷，每 6.7 公顷应不少于 8 种乔木树；每 6.7 公顷应设置 1–2 处动物食源筑巢场所，每个场所内应选择 5 种以上果实丰富的乔灌木，以及 5 种以上结籽丰富的草本植物。同时，根据不同地域、不同地形对植物品种的选择亦有章可循。

保育小区是建设生物多样性的另一重要手段。具体要求为：每1000亩平原林里建设一处保育小区，用加减法调整结构，令生态系统内的能量流动更为舒畅。

"减法"主要是将过密、单一的树木疏伐、移植。

"加法"则是增加灌木和草本植物，丰富林地结构；补植食源、蜜源植物，在不同季节为动物提供食物；用树枝、土块堆成隐蔽之所；营造小微湿地和水塘，方便动物饮水、洗澡；放置人工鸟巢和"昆虫旅馆"……

保育小区因此也被称为"动物乐园"，越来越多的小动物重返森林，林间变得更加生动热闹。

据统计，截至2020年10月，北京市生态林里共建设保育小区466处，种植蜜源植物28万余株，建设小微湿地412处、本杰士堆1442处，悬挂人工鸟巢3167处。

杨浩表示，从"绿起来"到"活起来"是习近平生态文明思想在京华大地上深入实践的结果，是优质生态产品、优美生态环境"两优"供给不断提升的标志和延伸。

从"为树让路"到绿色格局

古树名木是北京生态系统中的独特群体，也是本地生物多样性的亮丽名片。在修建国道时意外发现古树群，怎么办？北京的做法是：为树绕道。

绿背苍鹭在北京

在门头沟区清水镇，109 国道新线高速公路正在火热施工中，但其施工图和最初的规划图大有不同。

2020 年底，村民在清水镇齐家庄 109 国道修建路段意外发现古树群，门头沟区政府获悉此事后，立即组织相关部门和专家对古树群进行勘测。

12 月 1 日，专家认定，该路段 61 株侧柏中，有 37 株为古树，其中 9 株为一级古树，28 株为二级，最大胸径达 1.24 米。短短两天后，各相关单位碰头召开协调会，结论是"对这些柏树必须全部保护，高速公路绕道避让"。

很快，设计图纸被推倒重来，施工方案被调整：路线向北侧偏移，由整体式路基方案改为分离式隧道下穿方案。

古树群得以保全。

而绕路的代价是：新增 290 米的双向隧道一座，增加红线用地 1.83 亩，造价增加约 1.5 亿元。为减少对古树生长环境的扰动，修建隧道时，弃用爆破技术，而采取人工加机械开挖的手段。为确保不影响古树根系，隧道横向距离古树树冠投影不得少于 5 米——可谓"思虑周到"。

市民程绍德致信媒体，就此事点赞："古树名木是前人和大自然留给我们的无价之宝，一旦遭到破坏就无法恢复。修路规划可以改，而古树砍了就会永远失去。门头沟区的做法实属明智之举，值得称道。"

作为全世界保存古树名木最多的大都市，北京目前共有 4 万多棵树龄超过 100 年的古树，最年长的是位于密云的一棵古侧柏，名为"九搂十八杈"，据推断有 3500 年树龄。

美国前国务卿基辛格曾多次参观天坛，念念不忘那里的古树群，他感慨道："美国可以复制出天坛的建筑，但无法复制这里的参天古柏。"

除了为古树让路，通州副中心建设思路的"与众不同"，亦是北京重视生态的生动写照。

"先把绿色格局奠定好，形成绿色生态骨架，之后再填充其他部分，最后人融入其中。"张鹏骞解释说，即先建城市绿心，再建办公区。

通州副中心的城市绿色空间格局为"一心、一环、两带、两区"。"一心"为城市绿心森林公园，"一环"为环城绿色休闲游憩环，"两带"即东、西部两条生态绿带，"两区"即城市副中心与亦庄、顺义之间的大型区域生态廊道控制区。这里将成为蓝绿交织的森林城市，抬眼见绿荫、侧耳闻鸟鸣。

天坛古树

"这是城市建设理念的进步。"张鹏骞说。

新理念带来的效果如何？

2021 年 4 月，通州区生态环境局副局长徐晓云向媒体透露，"十三五"时期，该区生态环境状况指数已从 54.0 上升到 62.5，改善幅度全市第一。

从"鸟课"到自然观察节

"像星星一样多的鸟儿都是谁？

它们从哪儿来？到哪儿去？穿什么？吃什么？

它们怎么安家、生娃、养育后代？

它们如何度过酷暑与严寒？"

这是北京某自然学校 2021 年秋季"鸟课"的招募语。该系列课程始于 6 年前，最早只有"鸟课"和"植物课"，自 2020 年开始，又增加了"虫课"和"石头课"，受到越来越多的市民尤其是亲子家庭的喜爱。课程的目的是，通过持续观察、探索、记录自然，获得美好感受和内心滋养，体会生命的智慧和节奏，理解万事万物的相互联系。

"每株植物，小花、小草、大树，都有独特的长相、姿态，每株植物都有生老病死，不要以为只有人类会说话！"一名小朋友在植物课上写下这样的笔记。

在北京市园林绿化局宣传中心副主任胡淼看来，这是北京生态文明理念进步的体现，"当下北京最时髦的暑期活动就是带孩子去参加生态学院，从小培养孩子对生物多样性的认知，爱护自然。官方组织此类公众自然教育活动时，报名名额几乎都是秒光"。

自然观察节是近两年来北京市官方力推的品牌活动。2019 年，该活动在微博发起的"自然北京"话题总点击量达 700 余万。此外，每年的"爱鸟周""北京湿地日"等活动颇具影响力，受众覆盖面越来越广，公众对生物多样性保护的认知度日益提高。

胡淼表示："生物多样性的保护仅靠几个主管部门或者社会组织去推动，力量是有限的，还得让老百姓拿它当回事，才能真正做下来。"

他也坦承，在全社会推进生物多样性保护的热情不断提高的同时，仍然面临一些问题。

生态学专家在检查生物多样性保育小区时，发现有的小区和预期效果"存在差距"。比如，小区选址本应注重隐蔽性，有些却靠近路边；一些土堆（本杰士堆）、

2019 年 10 月 26 日，一名小朋友在观察池塘里的水生植物。当日，2019 北京自然观察节在北京海淀公园开幕（陶希夷 / 摄）

人工鸟巢与林子的融合度不高，有孤零零之感，甚至画蛇添足垒起石头窝……这也说明政府和专家在顶层设计方面力度虽然很大，但落实到一线时，对理念的领会和执行在个别区域还是会出现偏差的现象。

2020年，北京将全市划分为212个网格，对部分网格生态系统多样性以及哺乳动物、鸟类、两栖类、鱼类、昆虫、藻类等物种多样性开展全面调查，计划利用3至5年时间，形成本市生物多样性系列调查报告。2021年6月5日，《北京市生态涵养区生态保护和绿色发展条例》正式实施，其中明确提出：建立健全生态涵养区生物多样性保护制度。

"保护生物多样性是久久为功的过程。未来，我们将不断强化、推进这项工作，确保一张蓝图干到底。"胡淼说。

（本文首发于2021年10月14日，总第840期）

双河大街 1 号喜与忧

文 /《瞭望东方周刊》记者王剑英　编辑高雪梅

刘醴君看过太多的伤残、伤病动物。许多本可在空中翱翔的鸟儿、在山野中奔跑的野兽，现在只能静静蹲在笼舍的角落，偶尔望向外面的天空，神情落寞。这时，他总不愿与它们的眼神对视。

在北京市顺义区双河大街 1 号，有一处野生动物聚集之所。大至几百斤的野猪、四五米长的蟒蛇，小至刚出壳的雏鸟和乌龟幼崽……这里有鸟类、哺乳类、两栖爬行类动物笼舍 100 余间，日常存栏动物 300 多种、1000 多只，俨然一座小型动物园。

这里不是动物园，而是野生动物的一方庇护所——北京市野生动物救护中心（以下简称为救护中心），一家公益性事业单位。

送至这里的野生动物，或有外伤，或有疾病，有些甚至奄奄一息。来到这里后，经过隔离、体检、观察、治疗、饲喂等多道流程，在恢复健康、达到标准之后，会送到野外科学放归。

救护中心因北京申办奥运会引入国际先进理念和做法而诞生，至今已走过 16 个年头。这里 24 小时值班，年均救护动物约 4000 只。50 余名员工堪称动物"守护神"，他们中有身怀绝技的麻醉高手，有医术高超的大夫，有细心周到的饲养员……在这个占地 16 公顷的院子里，人和动物相遇，也和自己的内心对话，上演着一幕幕的喜与忧。

"暗器"高手

一只猕猴被关在笼子里，龇牙瞪眼地盯着笼子外的男子，不时使劲晃动栏杆，显示出未被驯化的野性。

一只秃鹫接受北京市野生动物救护中心的救助后，被成功放归野外（何建勇／摄）

　　男子神情专注，手持一根长管逗弄猕猴，当猕猴转身时，瞅准时机，将管口凑至嘴边一吹，一支麻醉针管射出，正中猕猴臀部。几分钟后，刚才还颇具攻击性的猕猴便进入瘫软状态，被抬至楼下的野生动物救护车上。

　　这幕颇似武侠片中暗器高手大展身手的场景，发生在海淀区某户居民家中。主人是一对60来岁的夫妻，猕猴是他们养的一只宠物，因属于非法饲养，被举报后由北京市园林绿化局罚没，交给救护中心接收和救助。

　　对猕猴实施麻醉的男子叫谢海生，是来自双河大街1号的救护员，也是这里屈指可数的吹管高手之一。他告诉本刊记者："麻醉针要尽量扎四肢和臀部，不要扎到肚子，否则容易损伤内脏。"

　　谢海生出生于1976年，来到救护中心已11年，开着救护车奔波于一线是他的日常工作。

　　2015年，接收一条扬子鳄的经历令他颇为难忘。那头鳄鱼体长1.5米，重约90斤，被非法饲养于大兴区某大型饭店的水族缸里，供食客观赏。扬子鳄性情凶猛、力气大，且皮质坚硬，无法使用麻醉针管，只能用专业套环将嘴套住，再下水捕捉。

　　谢海生记得，那次他和同伴费了九牛二虎之力，花了一个多小时才将鳄鱼弄上车。

　　进入救护中心并存活下来的野生动物，大致有以下出路：恢复正常、适合野外放归的，会及时放归野外；无法放归的，部分会转移到动物园等地进行科普宣教；另有少部分如残疾或失去野外生存能力的，便在饲养区长期饲养。

用救护科科长史洋的话来说，"救护中心兼具救护和收容两大功能"。

那头扬子鳄从小被人工饲养，已失去野外生存能力，至今仍在"两爬馆"里受到精心照料。夏季天热时，还可在模仿自然环境的露天水池里泡澡、晒太阳。谢海生常去看望这位"老朋友"，它能在这里安享晚年，也算不错的，这令他颇觉欣慰。

2020 年夏天的一次救护经历，让他遗憾又心疼。

那是在西城区某学校操场上，一只黄鼠狼误入刚铺上橡胶与油漆的新跑道。由于是暑期，又是晚上，第二天才被人发现。谢海生赶至现场时，只见黄鼠狼被粘在跑道上，因挣扎而全身裹满胶与漆，皮肤甚至鼻腔和口腔都被腐蚀严重，叫声凄惨。

"这一夜它是怎么熬过来的啊！"谢海生心疼不已。待送至救护中心时，同事们也震惊了，都默默期待奇迹出现。

但奇迹最终并没有出现，黄鼠狼未能救活。

城市建设发展越来越快，黄鼠狼、刺猬等已成为城市常见野生动物。谢海生说，人类生活对其影响很大，市民在进行各种活动时，要多考虑它们的存在和需求。

救死扶伤

从海淀被解救回来的猕猴首先被送至隔离笼舍观察与检查。隔离区 50 米外，是一所天蓝色屋顶的房子，里面有很多小房间：X 光室、无影灯手术室、病毒室、化验室……这是双河大街 1 号"救死扶伤"之处，也是动物医生刘醴君的地盘——动物医院，共有三名临床医生，一名实验室医生。

刘醴君觉得猕猴没大问题，只是有点皮肤病。他最近的工作重心在一只白肩雕上。

见到白肩雕的第一刻，刘醴君心情沉重，雕的两只脚掌全部感染溃烂，令人触目惊心。

挑战随之而来：白肩雕是濒危、稀有鸟类，这是救护中心 16 年来第一次接收到伤病白肩雕；而且它患的是禽掌炎——对猛禽而言，是足以致命的顽疾、重疾。

"我燃起了斗志！就像见到难题，一定要把它解出来。"刘醴君说。

给白肩雕戴上氧气罩，全身麻醉，消毒，切除腐烂组织，包扎，敷药，裹棉球……第一次手术足足进行了 40 分钟。后来，有只脚掌病情一度反复，又做了二次手术，目前正处于恢复状态。刘醴君估计，半个月后就能将其转到疗养区，也许再过不久就能放归野外了。

在他看来，自己对白肩雕还远称不上"救命恩人"，但对十年前救治过的一只猕猴，刘醴君觉得可以算得上。

那只猴子是一名市民在小区垃圾桶里捡到的，送到刘醴君面前时，已经昏迷不醒，浑身散发着恶臭，臀部溃烂且爬着蛆虫，身体僵硬得像一块木头，连指关节和嘴唇都无法动弹——这是破伤风感染后中毒的典型症状。

清理、输液、上药等救治手段齐上，三天之后，刘醴君惊喜听到猴子喉咙里发出了"咯、咯"的声音。同事们轮流陪在它身边精心看护，像救治、陪伴孩子一样，看着它紧闭双眼的面庞，抚着它的头，希望它能够好起来。

一个礼拜后，猴子硬邦邦的肌肉变得软和了；两个月后，又能上蹿下跳了。

"每次遇到这种挑战，又成功治好了，成就感极强。"刘醴君说，"就好比艺术家创作出一件自己特别满意的作品，那种快感别人无法体会。"

刘醴君出生于1984年，从北京农学院动物医学专业毕业后，曾在某医药公司做过两年技术员，每天换三身连体无菌服，整天和试管打交道，感觉冷冰冰、没意思。来到双河大街1号以后，一次次把动物从死亡边缘拉回来，再放归野外。他说："我真正体会到了学医的乐趣，让我觉得工作特别有斗志，有奔头。"

刘醴君本就有一种明朗的阳光气质，说这话时，眼睛更是亮晶晶的。

但不是每次救治都能如愿。他来到这里工作十年，经手的动物有上万只，很多时候也不得不看着它们在痛苦中慢慢闭上眼睛，无奈且压抑。

数据积累

刘醴君和史洋是同事，也是惺惺相惜的朋友。

史洋是双河大街1号的元老，2005年中心筹建之时，他便进驻于此，先后在监测科、宣传科、救护科任职，一路见证了这里的成长与发展。他现在是救护科科长，手下有十几名工作人员。

史洋硕士毕业于北京林业大学野生动植物保护与利用专业，在各种动物中，他对鸟情有独钟，曾经历过狂热的观鸟阶段，是这个院子里公认的"识鸟达人"。

史洋喜欢鹦鹉，他发现救护中心里有不少关在笼子里的鹦鹉，平日里总是一副慢悠悠的姿态。后来当他跑到云南的林子里观鸟，看到野生鹦鹉时，瞬间颠覆原有印象——它们不仅灵活，且飞行速度极快。

"鸟在笼子里和在野外是完全不同的状态。"他感慨，"大自然才是它们应该待的地方。"

史洋印象最深刻的两次接收救治案例都和鸟有关。2007 年，他跟着救护车去怀柔区接收一批被罚没的百灵鸟幼鸟，足有 3000 余只，被装在扁扁的、分成一格一格的木头笼子里，将一辆金杯面包车塞得满满当当，小鸟凄惨的叫声令他至今不忘。两年后，他又经手了一批执法部门罚没的山雀幼鸟，600 来只。两批幼鸟的死亡率都不低。

"那几年，北京的非法鸟贩子猖獗。"史洋说，"这些年打击力度大了，市民的保护意识也提高了，这种数量巨大的案例少了很多。"

2016 年，救护中心和英国鸟类基金会合作了北京大杜鹃项目，为 5 只大杜鹃戴上追踪仪。卫星定位显示，大杜鹃从北京出发，可以飞越 1.2 万公里，跨越印度洋，最后抵达非洲大陆东部过冬。

史洋对项目成果颇为骄傲——此前没人知道这种常见的鸟儿每年飞走之后，到底去了哪里。他说，中心可利用在野生动物资源方面的优势，积极和各类机构合作，积累各种基础数据。

身为双河大街 1 号里的骨干，他一直在思考野生动物救护的整体发展。在中国乃至全世界，这个行业面临着大量空白与未知，缺少基础数据，需要从业者一步步探索。

刘醴君对此深有体会。他虽是动物医学科班出身，但学校教的主要是针对家禽家畜，极少涉及野生动物救治。刘醴君经手的动物种类已近 300 种，比如白肩雕的病例十年难遇，"给它注射药物的适宜剂量是多少？哪有现成的书本知识呢？谁又能告诉你呢？只能靠自己灵活掌握，慢慢探索"。

当然，挑战即机遇，这意味着他们正站在行业的前沿，正在为后来者开拓全新领地。

2020 年，救护中心开始建设动物救护管理系统，将各种救护信息数据化，共计 20 多个指标，如第一救护地点、伤病情况、用药情况等，目前已积累了 3000 余条数据。史洋期待，几年之后有足够的数据底本进行分析，比如某个种群在哪个季节、哪个地区容易受到何种伤病，继而有针对性地采取措施，如同医院以预防为主、治疗为辅。

"这比被动地去救护动物个体要好得多。"史洋说。

城市姿态

刘醴君曾为一条缅甸蟒做过手术，它被发现于通州区的一条大街上。X光片显示它的某节脊椎错位了，导致身体的后半截呈瘫痪状态。几番救治之后，蟒活了下来，但脊椎再也无法复原，成了一条"残障"蟒。

刘醴君判断："它是被人为打伤的。"

那只垃圾桶里奄奄一息的猕猴，虽然捡回了一条命，但刘醴君说它见到人就有一股恨意，龇牙咧嘴、眼神凶狠，"大概率是受过主人的虐待又遭扔弃"，后来大家给它起了个名字叫"感恩的心"。

还有那只白肩雕。只有被人类饲养过的猛禽才会得禽掌炎，因为关在笼子里被迫长时间站立于栖架，得不到足够的运动，产生各种应激、焦虑。

刘醴君看过太多的伤残、伤病动物。许多本应在空中翱翔的鸟儿、在山野中奔跑的野兽，现在只能静静蹲在笼舍的角落，偶尔望向外面的天空，神情落寞。这时，他总不愿与它们的眼神对视，内心却不自觉发出声音："人类亏欠动物太多、太多。我们所做的一切，不过是尽量在还债与补偿而已。"

史洋说，这份工作带给他两种明显的认知变化。一是那些庄园范儿的绿地——修剪整齐的草坪、造型美丽的树木，既无杂草也无动物——他已经越看越"不顺眼"了。他觉得荒野范儿更有生命力，"正确的生态审美应该是，要学会从动物的角度出发

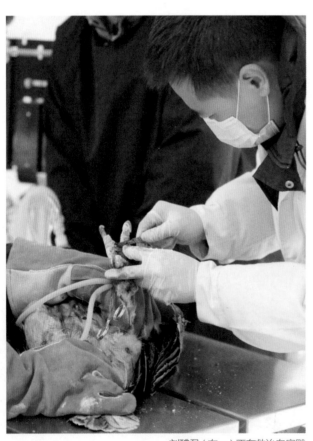

刘醴君（右一）正在救治白肩雕

思考问题，而不仅是人类角度"。

另一个变化是，他发现知道得越多，未知的就更多。这让他不自觉生出对大自然深深的敬畏，深感个体和人类的渺小。

2021 年初，一只秋沙鸭的故事在北京广为传播：市民反映某公园冰面上困有一只中华秋沙鸭，这是濒危鸟类，有"鸟中大熊猫"之称。救护人员赶到现场发现，这是一只与中华秋沙鸭长相相似的普通秋沙鸭。由于冰面危险，还请来了消防员，搭放消防梯爬过冰面才救下这只鸭子。

网民热议，到底要不要花这么大力气去救一只普通的鸭子？双河大街 1 号的回应是：不管濒危不濒危，都要救！这是救护中心的职责所在。生命平等，每一种都值得去爱护。

"十三五"期间，双河大街 1 号累计救护各类野生动物 237 种、19451 只（头）；接收执法罚没野生动物 98 种、16830 只（头）；共放归 131 种、14482 只（头）。成绩不错！

史洋和刘醴君坦承，整体而言，保护栖息地、保护自然环境对野生动物的保护效果更强大，"那是可以保护物种的"。

双河大街 1 号价值独特。第一，对野生动物个体来说，它们很需要；第二，这是一座城市的姿态与表率，对市民生态理念提升有巨大引领作用。

"主流力量肯定是靠保护自然环境。将军排兵布阵，作为小兵，我们自会尽己所能、奋勇向前冲。"刘醴君说。

（本文首发于 2021 年 10 月 14 日，总第 840 期）

世界"最孤单"的葡萄

文 /《瞭望东方周刊》记者王剑英　编辑高雪梅

这个种群名叫"百花山葡萄"，它是北京特有的极小种群植物。

"松山下冰雹了！有鸽子蛋那么大！"看到微信群里同事晒出的照片——车顶被冰雹砸出坑、庄稼被打得落花流水，王丹心里猛然一惊："那些葡萄苗不会有事吧？好不容易培育出来的这么点苗子，要打没了怎么办？"

王丹是北京松山国家级自然保护区的工作人员，松山位于北京北部的延庆区，此刻她正在松山 100 公里外出差办事。第二天刚到保护区，她就一溜小跑来到山坡上，看到葡萄苗安好时，顿时松了一口气，像个老妈子似的念叨："还好，你们比我想的坚强多了。"

这些葡萄苗让她如此挂心，不仅因为她已倾注了 6 年的心血，更因为这是一个葡萄种群大部分的血脉所在。这个种群名叫"百花山葡萄"，它是北京特有的极小种群植物。

"独苗"找到"家人"

百花山葡萄曾经是世界上最孤单的葡萄。

1984 年，百花山葡萄第一株野生个体在北京西部门头沟区 109 国道旁被发现，发现者为北京林业大学的老师路端正。其叶片呈掌状深裂或全裂，形态独特，与其他葡萄种类差异明显。1993 年，这一物种正式被命名发表。

百花山葡萄

此后多年，人们一直未能找到这株葡萄的兄弟姐妹。而该植株由于靠近马路，时常遭到人为干扰，无法开花结果，它因而成为全世界被发现的唯一个体，孤单地延续着种群的血脉。

直到 32 年后的 2016 年，北京林业大学沐先运博士在野外多次"刷山"后，在北京西部的百花山国家级自然保护区一条山沟里，发现了第二株野生个体——"独苗"终于找到了"家人"。

2018 年，有专家称，从数量上比较，百花山葡萄比大熊猫濒危 1000 多倍。按照国际自然保护联盟的红色名录评估体系，该物种所处等级为"极危"，离"灭绝"仅一步之遥。

为了让这个家族繁衍、扩大，北京市园林绿化部门和相关科研单位没少操心费力。

百花山葡萄的人工繁育计划启动于 2010 年。但直到 2017 年，才有重磅好消息从延庆区的松山保护区传出：4 年前种植在这里的两株组培繁殖幼苗开花、结果了！

喜讯引发北京生物学界一片沸腾。2019 年，松山保护区管理处与北京林业大学合作，对其进行种子繁育，40 株百花山葡萄的种子实生幼苗被种植在保护区内，受到精心照顾。

组培即组织培养，为无性繁殖方式，和母体同属第一代。种子繁殖则为有性繁殖，繁育出的是第二代百花山葡萄——109国道旁那株野生个体有了孩子，家族再度壮大。

王丹负责照看的，便是那两株组培苗和40株二代苗。王丹是2015年毕业于中国林科院生态学专业博士研究生，进入松山保护区接手的第一个重要任务便是"伺候"那两株组培苗，是百花山葡萄在松山扩繁项目的负责人。

"那会儿天天盼着它开花结果，整整盼了三个开花季，才终于看到有黄绿色的、小小的花朵盛开。"王丹回忆。

种植时只有40余厘米的小苗，现已长至2米左右，攀上了葡萄架。它们位于保护区内海拔约700米的一处向阳小山坡上，这里地势平缓、土壤肥沃，能接受到充足的阳光。当年为了找到适合它生长的环境，科研人员几乎跑遍了松山，提取了数百个土壤样本进行化验分析，最后才确定这一地点。

二代苗则被安置在距离"妈妈"约1000米外的坡地上，大部分已长至五六十厘米，高的已近1米。

王丹对组培苗这几年的挂果情况熟记于心：2017年、2018年虽然开花结果，但挂果率很低；2019年达到高峰，挂果9串；2020年和2021年均挂果7串。二代苗则还不知何年才能开花结果。

8月11日，王丹又去看了看，葡萄果实已经绿中透了红，再有一个月就能采摘、收籽了。

但她对去年和今年的收成并不是很满意，希望能加快扩繁的脚步，让这个家族更加"苗丁兴旺"。

2020年7月的一条消息让她颇觉欣慰，在新版《国家重点保护野生植物名录（征求意见稿）》中，百花山葡萄被列为国家一级保护植物。此次公布的《名录》共收录468种和25类野生植物，其中一级仅有53种和2类。

抢救极小种群

百花山葡萄是北京市近年来对极小种群野生植物抢救性保护的典型案例。

极小种群野生植物是一个比较新的概念，始于2005年，由云南省率先提出。它特指种群数量少、生境狭窄、受人类干扰严重、随时面临灭绝危险的野生植物。7年后，国家林业局将极小种群野生植物保护作为一项国家工程加以推动，首批确定了120种植物列入名录，其中近32%的物种濒临灭绝。

北京市园林绿化资源保护中心主任黄三祥说："简单来讲，极小种群就是'个十百千物种'，个体规模没有超过'万'数的。"

百花山葡萄之外，北京典型的极小种群野生植物还有北京无喙兰、北京水毛茛、丁香叶忍冬、大花杓兰、轮叶贝母、槭叶铁线莲等。

黄三祥告诉本刊记者，对极小种群野生植物的保育拯救已列为北京市园林绿化"十四五"行动计划的一项重要工作，共有 10 个物种被列入重点保育拯救名单。

保护极小种群野生植物，意义何在？

地球生物圈是一个生命共同体。现存物种都是亿万年演化而来的宝贵遗产，任何物种的消失，都会降低生命共同体的稳定性。有研究表明，一种植物通常与 10-30 种其他生物共存，一种植物灭绝会导致 10-30 种生物的生存危机。

另外，极小种群植物具有重要的生态、科学、文化、经济方面的价值，对重要植物资源可持续利用意义重大。

"一个物种可决定一个国家的经济命脉，一个基因可以影响一个民族的兴衰。"遗传学专家、国家最高科学技术奖获得者李振声院士曾这样表述。

一个典型的例子是，袁隆平的杂交水稻能培育成功，海南几株野生水稻的基因功不可没。

再如，新西兰凭借从我国带走的野生猕猴桃种质资源，选育优良品种，现已成为猕猴桃产业的全球霸主。

虽然，某些极小种群野生植物的种质资源价值目前尚不清楚，但一旦挖掘出来，就能被创新利用，服务于社会经济发展。

作为经济类植物，葡萄果实是广受欢迎的水果，亦可酿酒或制成果脯，根和藤可药用，具有极高的经济价值。因此，我国野生葡萄植物资源的保护和开发对促进世界葡萄产业发展具有重要作用。

王丹告诉本刊记者，百花山葡萄的果实小而酸涩，本身并不适合做水果，"但保留住原始基因，就可创造出无限可能"。

"向太空借能量"

"一开始真没想到，扩繁会这么难。"王丹说，2020 年团队再次尝试用一些百花山葡萄的种子进行催发，但未能成功。此外，北京林业大学团队一直在进行中的组培扩繁也仍有波折——同样的培养基配方，每次的收效并不相同。

"现在，对百花山葡萄的扩繁还处于摸索阶段，需要搞清楚它的致濒机理。"

黄三祥说，"这个物种仍处于抢救阶段。"

极小种群的野外植株为什么会那么少？

除人类过度采挖以及生物环境遭到破坏等外在因素，内在原因大都是种群在长期演化过程中出现了繁育障碍。扩繁即找到这种障碍，再有针对性地突破它。

大花杓兰也是松山保护区内重点保护的极小种群植物，王丹团队花两年时间，通过野外蹲点的方式，搞清楚了导致其濒危的主要原因：没有合适的虫媒授粉。大花杓兰的花型特殊，且不产蜜，无法为虫儿提供劳动回馈。团队观察显示，开花期共有22种虫子落在花朵上，但只有一种能进入花房沾上花粉。因此，人工授粉便是其扩繁的关键所在。

门头沟百花山保护区里的两棵一代野生植株是极珍贵的母体资源。109国道旁的植株自2018年开始升级保护措施，受到铁架网的保护，经过两年休养生息，已开花结果。工作人员说："监测差不多有10年了，头一次看见它开花。"

一代母体既然在门头沟的百花山，为何现在扩繁的大部分植株都在延庆的松山？

"因为不能把鸡蛋放在同一个篮子里。"黄三祥解释。

他说，野生植物保护有三种方式：

原地保护，即保护原有的野生植株个体，并保护它的原生环境；

近地保护，即在原生环境邻近区域选择相似的生境，栽植、培育植株个体；

迁地保护，即将物种迁出原地，另寻合适场地予以保护和培育。

葡萄苗从百花山到松山，属于迁地保护。

2021年，因缘巧合之下，王丹团队得以尝试一种当今世界农业领域中最尖端的科技手段——航天育种。30粒最饱满的葡萄种子搭载航天器飞上了太空。

"向太空借能量。"王丹笑称。

航天育种指利用太空极端环境如宇宙磁场、高能离子辐射、微重力等的诱变作用，使种子产生变异，再返回地面培育作物。2021年翱翔太空的神舟十二号载人飞船上，便携带了兰花、黄精等种子。

这种方式取得过不错的成效。一批蝴蝶兰果荚曾于2013年搭乘神舟十号在太空遨游15天，经过7年选育，一批优良单株呈现出花苞多、花径大、抗病性强、养护周期短等特点，2021年在连云港惊艳亮相，将作为高端商品花卉的主打品种推向海内外市场。

但据统计，一般种子在太空中的突变率仅在0.05%-0.5%之间，且无法控制种子

百花山葡萄繁育实践：图 1. 种子萌发　图 2. 种子实生苗野外回归（沐先运 / 供图）

的变异方向。

30 粒葡萄种子将在太空遨游半年后重返地球，王丹期待，太空能量的加持能为葡萄扩繁带来突破。

建设智慧保护区

在松山两株组培苗旁边，架设着一台专属物候相机，24 小时监测温度、湿度等物候条件。二代苗所在的坡地也设置了摄像头和红外相机。

注重科技手段是松山在保护生物多样性方面的显著特点。这里是北京重要的物种基因库，共有维管束植物 824 种、脊椎动物 178 种、鸟类 120 种、昆虫 856 种。近年来，北京市园林绿化局大力开展生物多样性调查监测工作，积累监测数据，松山保护区是重要承载点。

2018 年，松山开始建设智慧保护区。至今，保护区内已布设红外相机 222 台，相机分布率达 52%，2020 年共回收 20 余万张照片及视频，有效率达 23%。对生态系统的监测指标涵盖空气、温度、湿度、风速、净辐射等 52 项。下一步，将通过智慧管理平台挖掘数据价值，为后续保护提供更科学的指导。

科技之外，人力并重。

这里每天都有穿着迷彩服的护林员在山上巡视，他们对各个重要地块上的重要物种状况了如指掌，如同呵护自家后辈的成长。

王丹对百花山葡萄的观察笔记已经持续了 6 年。在 2021 年的记事本上，她这样写道："4 月下旬，松山气温回暖，百花山葡萄的混合芽开始分化发育成花和叶；5

月上旬，植株生出大量叶片，花序也逐步伸长，小花蕾逐渐膨大……"

2020年5月，为了给位于高海拔山脊上的几株杓兰人工授粉，王丹和同事来回走了8个小时，途中又遭雨淋，回来时大家一身泥水，狼狈却兴奋。

黄三祥坦言，北京极小种群保护尚在起步阶段，目前正着力摸清家底、采取针对性开创性抢救措施促进种群复壮。

整体而言，我国对野生植物的保护滞后于对动物的保护。典型例证是，《中华人民共和国野生动物保护法》通过于1988年，而《中华人民共和国野生植物保护条例》通过于1996年，且前者的效力等级高于后者。

2020年4月，一则消息令北京诸多生态专家愤怒：北京郊区十余株长势粗壮的槭叶铁线莲被盗挖，被带到上海某小区。槭叶铁线莲是北京重要的极小种群植物，也是市一级保护植物，开花期尤为美丽。

盗挖者也许并不知道，他在北京山崖上挖走的这些野花如此珍贵稀有，也许更不知道它只能长在石灰岩的岩石缝中，带回去根本无法养活。据悉，事件发生后，园林绿化部门市、区迅速联动，进一步加强野外资源的巡查保护，并出台措施加大处罚力度。

公众认知有限：这是目前极小种群野生植物保护的主要困难。因此，科普宣教任重道远。

沐先运说，一个物种是通过千百万年在大自然中不断"斗争"才形成的，它拥有着独特的"智慧""才能"和"社会网络"。物种就如大厦的一块块基石，如果被逐个挪开，终将引发毁灭性灾难。极小种群植物就像那些出现了裂缝的砖块，修复、加固它们，才能让生物圈大厦稳固、让所有生物有安身之所。

（本文首发于2021年10月14日，总第840期）

奥森公园实践

文 /《瞭望东方周刊》记者王剑英　编辑高雪梅

北京进行了多年绿化建设，城市"绿起来"的同时，大家逐渐意识到，绿地还需要"活起来"。

　　盛夏，在北京奥林匹克森林公园里的一处湿地里，柳条飘拂，知了长鸣，芦苇摇曳，荷花争艳，彰显着这个季节独有的热烈。

　　"呀！黄花狸藻！"谭羚迪看着近岸处豆粒大小的黄花，兴奋不已，拿出手机一气连拍，"以前很少在城市湿地看到这种植物。"一只既像蜻蜓又似蝴蝶的昆虫飞过，她又轻嚷起来："黑丽翅蜻！"

　　一旁，王军被睡莲丛里探出头的一只绿头鸭吸引，它憨憨萌萌自在玩水，对两米远外的人们动静毫不在意，一副"我是主人我怕谁"的神情。王军念叨，睡莲密了点，明年春天该清理了。

　　水面下游来几条细长的小鱼儿，身体呈半透明色，眼睛极亮。谭羚迪当起解说员："这是青鳉，它们吃浮在水面上的食物，眼球总朝上看，人从上往下看时，就会觉得它的眼睛特别明亮。"

　　王军感慨："这么小的地盘里，俨然一个大世界。"

　　53 岁的王军是奥林匹克森林公园园林工程部主任，29 岁的谭羚迪是山水自然保护中心的工作人员。2019 年，两人因一个生物多样性保护的项目结缘，共同推动、见证了这个园子里的诸多变化。

北京奥林匹克森林公园，百亩葵花园小葵初放，品种多花色新奇，是赏花拍照的好去处

绿地"活起来"

项目名字叫"自然北京"，全称为"北京城市生物多样性恢复与公众自然教育示范"，是北京市在生物多样性保护方面的拳头项目，建设代表性示范区是其中的重要板块。

山水自然保护中心是该项目的参与方之一。这是一家中国本土的民间自然保护机构，成立于2007年，致力于推动中国生物多样性保护的进程和主流化，创始人为北京大学生命科学学院教授吕植。

全市被选为示范区的共有8处：奥林匹克森林公园、天坛公园、圆明园、城市绿心、温榆河、百花山、京西林场和野鸭湖。它们覆盖范围从市中心到城郊区，包括城区、山区、平原和湿地4种类型。目的是在这些区域进行调查分析，开展生物多样性提升改造工程，为同类型地区的多样性恢复提供样板。

北京进行了多年的绿化建设，在城市"绿起来"的同时，大家逐渐意识到，绿地还需要"活起来"——需要更丰富的动植物，让生物链更完整，能量才能流动起来，充满活力。

在王军看来，奥林匹克森林公园能成为示范区的原因是"这是北京最大的城市生态园林"——被钢筋水泥包围，离市民很近；生态系统由人为打造，湖为人工开挖，山由挖湖的土堆成，灌溉、补水均为再生水；相比市内小公园，这里面积够大，足以施展拳脚。

谭羚迪自小喜爱动植物。2009 年，她从福建考入北京大学就读时，曾第一时间前往慕名已久的奥林匹克森林公园参观游览，重点是看植物和鸟。十年后，有机会深度参与奥林匹克森林公园的生物多样性示范建设，她甚为雀跃。

"那会儿没觉得奥林匹克森林公园有多特别，刚开园一年，感觉还没长开。"谭羚迪说，"这几年变化非常大，和别的城市公园比起来，生物多样性确实更丰富。"

王军是北京人，2006 年奥林匹克森林公园建设之初便进驻于此，对公园十多年来的建设和演变过程了然于胸，"我也很喜欢动物，但真正系统地接触、学习生物多样性相关内容，比如本杰士堆、生机岛、动植物生境等概念，还真是因为示范区建设"。

王军介绍，截至目前，奥林匹克森林公园内观测到的鸟类达 307 种，占全市鸟类数量的一半以上，另有乔灌木 280 种、地被植物和水生植物百余种。其中不乏北京市重点保护动植物。

采访当日，自然之友野鸟会的成员慧东也在现场，她颇为骄傲地告诉本刊记者，在这里发现了世界极危昆虫低斑蜻，"濒危等级比大熊猫还高两级"。

芦苇割不割

山水自然保护中心在给奥林匹克森林公园出具的提升改造建议书中，列举了多条具体措施，比如枯落物的处理、灌丛驿站打造、湿地植被管理等。其中，"轮割芦苇"一项，不论过程还是成效，都令王军和谭羚迪津津乐道。

园内有两大片芦苇区，面积共达 8 公顷，是备受欢迎的拍照打卡地。芦苇耐盐、耐涝、抗倒伏，能净化水质，兼具很好的观赏性，是营造湿地生境最常见的挺水植物。

枯黄的芦苇易燃，芦苇丛一旦着火，会迅速形成火海。北京冬季干燥，防火是市内公园须考虑的重中之重。奥林匹克中心区是北京的"门脸"地带，要求更为严格。王军说，北京市对奥林匹克森林公园的要求是"园内不得冒烟"。

奥林匹克森林公园以往的做法是，待冬季芦苇完全枯干之后，一次性割除。结果是园方收到来自各方的建议乃至投诉：很多鸟类依赖芦苇丛筑巢繁殖或者越冬，全部割除对它们影响太大了。

因为示范区建设项目，谭羚迪团队和王军团队得以面对面沟通，从各自角度列举芦苇割与不割的利与害，并最终达成解决方案——分三次轮割：

11 月底，在与道路相接之处，割除一圈 5 米 -6 米宽的芦苇，形成防火带。中间位置的则保留，既保持景观，小鸟也可以温暖过冬；

次年 3 月底，在新芦苇长出来之前，将剩余旧芦苇割除。此时，夏季利用芦苇筑巢繁殖的鸟类还未到达，这是一个空窗期。必须割除的原因是，奥林匹克森林公园的水为再生水，芦苇在净化水质时吸收、涵养了大量氮磷等物质，割除有利于保持水质；

"五一"之前，新芦苇出水，长势已见雏形，此时再针对性地割掉一部分。原因是芦苇生长能力强，易侵占其他湿地植物的空间，需进行人为控制。

待 6 月 -7 月，夏季鸟儿大量筑巢繁殖时，新芦苇已经长得郁郁葱葱，正是它们理想的家园。

其实，还有一个小岛上的芦苇拥有特殊待遇——全年不割，任其自我演替，这是为极少数有需求的鸟类保留的空间。2020 年的观测显示，珍稀鸟类、被誉为"鸟中大熊猫"的震旦鸦雀在岛上过冬，令众人欢欣不已。

"之前大家的出发点不同，不能说谁对谁错。但终极目的是一致的。"王军说，她很庆幸这个项目得到谭羚迪团队专业生态知识的支持，最终形成令各方都满意的方案。"不然，我们哪知道哪些小鸟是几月份繁殖呢？"

说这话的时候，她看向那一大片芦苇荡，几只小鸭子在木栈道上一扭一扭地走过来，十多只背着剪刀尾的家燕从空中掠过，苇丛深处传来"布谷布谷"和"呱呱唧"的声音，王军说那是大杜鹃和东方大苇莺的叫声，它们正在上演自然界"鸠占鹊巢"的家庭伦理剧。

一碗水端平

"我现在要学会当端碗大师，水要端平，不能洒了。"王军打趣说，"这两年一直在跟小谭团队学习，不同的动植物都喜欢些什么，讨厌些什么。"

"精细化管理。"谭羚迪补充，"每一个环节都得考虑。"

对于这块湿地里的鸟儿，王军已经深知它们的喜好：鸳鸯喜欢在开阔水面畅游，苍鹭喜欢在浅滩嬉戏，东方大苇莺则喜欢在芦苇丛里筑巢觅食……

湿地建设之初，岸边种植了许多旱柳，多年自然演替下来，生长迅速的旱柳侵占滩涂面积，令依赖滩涂的鹭类、秧鸡类等水鸟颇为"闹心"。在谭羚迪团队的建议下，奥林匹克森林公园清理了部分自然萌发的小旱柳。

"哪个都不能偏心，都要把日子过好。哪个过得差一点了，就得想办法给匀一匀。"王军说，"小心翼翼地维持多样性。"

在这个人工打造的园子里，需要尽量模仿、呈现并维护多种自然生态系统，如湖、山、河流、湿地、林地等，使适应不同生境的动植物都能愉快地找到安家之所，让各方取得某种平衡，王军说"这叫和谐"。

在奥林匹克森林公园，设置了几处本杰士堆。本杰士堆是北京进行生物多样性恢复的一个重要工具，是打造生物多样性保育小区的标配，至今全市已建设有 1400 余处。

它由从事动物园园林管理的赫尔曼·本杰士和海因里希·本杰士兄弟发明，故得名本杰士堆。具体做法是，在"V"形土坑上堆放石块和树枝，土坑内填充掺有蔓生植物种子的土壤。石块和树枝可为小型野生动物提供庇护所，增强安全感，还能保护植物的根不被啃食，持续为食草动物提供新鲜食物。

很多地方的本杰士堆都收到了良好的效果，红外相机拍到不同种类的小动物在此出没。但奥林匹克森林公园里搭建的本杰士堆更像展示品——园里有足够多的自然灌丛堆，小动物们更愿意待在自然庇护所里。

用王军的话来说："有白米饭吃，为啥要喝棒渣粥呢？" 但设置仍有必要。因为奥林匹克森林公园处于北京生态科普的前沿阵地，其本质上是城市公园，需要为人服务。这里一年的游客量超过 1200 万，和圆明园相当。王军将奥林匹克森林公园视为"人和自然、人和生态之间的桥梁与纽带"。

市民来到这里，通过竖立的科普牌以及志愿者的讲解，可以了解本杰士堆的理念和作用，提升生态保护意识。

"对于奥林匹克森林公园的小动物们而言，也许不需要本杰士堆，但是人需要，它承载着科普、示范作用。"王军说，"在这里，人与自然之间也需要取得平衡——这是另一碗水，也得端平。"

公众引导

在这个空间里，人和自然产生大量交互，理念的激荡在所难免。

在一处木栈道旁，两个四五岁的小孩追赶几只绿头鸭玩耍，王军上前劝阻："小朋友，不要追赶鸭子，远远地看着就可以了，离得太近，会吓到它们的。"

北京奥森公园百亩波斯菊花开正艳，形成色彩缤纷的美丽花海，让前来游玩的孩子们仿佛置身于童话世界

在奥林匹克森林公园，这样的对话经常上演。另一个类似的场景是投喂鸟类。

"投喂会打破鸟儿原有的生活节律，而且面包等食品一般含有盐分、防腐剂等，会加重动物肠胃负担，因此不鼓励这种行为。"王军解释。

此类行为并无主观恶意，这关乎市民整体生态理念的提升。

当然，也有不少场景令王军感欣慰。她曾带小学一年级1个班的小朋友在奥林匹克森林公园上自然课，孩子们趴在草地上，专注听她讲蒲公英如何从花朵变成种子、又撑着小伞飞走，兴奋不已。

王军说，以前大家逛公园，习惯性关注哪片桃花开得美、哪里的红叶漂亮，可以拍照留念，或者找块草坪，扎上帐篷休憩聊天，"其实，公园还可以这样沉浸式观察、欣赏、乐在其中——这是一种更高级的享受，我们有责任对公众进行引导"。

事实上，近年来北京的生态理念和实践的变化相当迅速。王军回忆，以前的公园讲究有整齐的草坪和漂亮的鲜花、树木，而奥林匹克森林公园在设计之初，很多理念都走在北京公园建设的前列，如大量采用乡土树种，利用野生花卉组合、原生地被等，今日已被其他公园广泛采用。

现在，这里正在进行生物多样性示范区的建设，为同类型公园提供样板。王军听说，有的公园即将试行"10%自然带"：划出一块保护区，完全不被人为干预，令其自然演替。即便对她这位老园林人而言，也俨然是个新事物。

奥林匹克森林公园里不得不提的一处所在是生态廊道。

北五环路将奥林匹克森林公园分割为南北两园，一条长 270 米的生态桥架设在五环路上空，覆土深度达 1.8 米，种植大量乔灌木，为小型哺乳动物和昆虫搭建迁徙通道，保护公园的生物多样性。桥宽从 61 米到 110 米不等，中央设 6 米宽的道路，供行人和车辆通过。监测发现，刺猬、黄鼠狼等小型哺乳动物确实会利用这条生态廊道。

北京市园林绿化局生态修复处副处长朱建刚曾参与"自然北京"项目，他告诉本刊记者，在北京大力推行生态修复和生物多样性保护的大背景下，园林绿化局正在密切关注"生态休闲廊道"理念，除应用在单个公园外，是否可以应用在城市建设中？将各主要绿色开放空间用城市绿道或森林步道相连，不仅供人骑行、步行，也可以作为动物迁徙的通道，这将大大提高城市生态系统的完整性和连通性。

"要想生态系统真正'活起来'，那么'连起来'必不可少。" 朱建刚介绍，在这方面，新加坡已经有成功实践，用园林绿化来带动整个城市的重新梳理与规划——当然，这需要多个部门之间统筹规划，不仅仅是园林绿化一个部门可以破解的题目。

王军说："任何项目都有结束的一天，但不会结束的是理念和认知的进步，可以持续提升建设和管理水平。"

（本文首发于 2021 年 10 月 14 日，总第 840 期）

维系共同体需要"惠益分享"

——专访北京林业大学教授张志翔

文/《瞭望东方周刊》记者王剑英　编辑高雪梅

生物多样性包括生态系统多样性、物种多样性和遗传多样性三个由大到小的层面。

近年来，"绿水青山就是金山银山"的生态理念已被国人普遍接受，蓝天保卫战、碧水保卫战、净土保卫战等在各地如火如荼开展，中国的生态文明建设不断取得新进展。

联合国《生物多样性公约》第十五次缔约方大会（COP15）计划于2021年10月和2022年上半年分两阶段在云南昆明举行，这是该公约自1992年通过后，首次在中国举办缔约方大会。它代表了国际社会对中国生物多样性保护成就的认可。《生物多样性公约》认为，必须利用生态系统、物种和基因造福人类，但应该以不导致生物多样性长期下降的方式和速度来进行。

加强生物多样性保护，是生态文明建设的重要内容。生物多样性到底有哪些内涵？北京在生物多样性保护方面，有哪些理念值得借鉴？哪些方面还有待提升？

近日，《瞭望东方周刊》专访了北京林业大学教授张志翔，他就此话题进行了分享。

厘清概念

《瞭望东方周刊》：在生态文明领域，"绿水青山就是金山银山"理念已被广泛接受，但大众对生物多样性似乎还未充分理解，生物多样性具体是指什么？

张志翔：生态文明建设属于政策和理念层面，在实践中，我们需要理解、厘清以下概念：

首先是自然环境。它既包括山、水、空气、土壤等非生命环境，相当于底子，

2021 年 5 月 21 日，沙画：国际生物多样性日 (缴园园 / 作)

就像容器一样；也包括生态环境，它涉及生命、生物资源因素，需要把动物、植物、微生物、昆虫、人等往"容器"里加进去。

"绿水青山就是金山银山"中的"绿水青山"，强调的是生态。比如"绿水"里应该有鱼虾在自由游弋，不能是没有生物的一潭死水。"青山"里也应该有鸟在飞，有兽在跑。

其次要理解生物多样性。它包括生态系统多样性、物种多样性和遗传多样性三个由大到小的层面。

生态系统多样性指森林、草原、湿地等由多物种组成的结构合理、生态功能强大的各种系统；物种多样性指生物种类的丰富程度，如杨树、柳树就属于不同的物种；遗传多样性指同一物种在基因层面的多样性，比如一只母猫生下一窝小猫，它们毛色不同，就是因为基因不一样。

从基因的角度来说，一个物种可能会拯救一个国家的经济。袁隆平院士在做水稻杂交育种时，一个最大的突破口就是发现了雄性不育的野生水稻，它提供了非常优良的基因，再不断选育培育，才有后面的很多优良品种。

生物多样性越丰富，环境就越美好。

《瞭望东方周刊》：此次 COP15 的主题是"生态文明：共建地球生命共同体"，你如何理解这一主题？

张志翔：世界已经成为"地球村"，地球本身就是一个生命共同体。比如，澳大利亚丛林大火的烟雾可以飘到南美洲的智利。城市建设把很多动物的自然栖息地破坏掉了，比如黄鼠狼、刺猬等，使其慢慢从野生动物变成了城市动物，如果它们携带了某种传染病毒，人类也无法避免，人畜共患的现象就会出现。

所以，不能用分裂的眼光看待地球生态。假如你治理、我不治理，你保护、我不保护，或者把人和其他生物对立开来，过分强调人的重要性，最终受影响的还是人类自己。

共建地球生命共同体，除了保护、建设生态环境，"惠益分享"理念也应予以重视。它的意思是要公平、公正地分享遗传资源利用的惠益，直白地说就是，你用了我的生物遗传资源，因此赚到了钱、获得了利益，你要自动自觉地把利益分给我一部分。

生物遗传资源是国家战略资源，是生物产业的物质基础。由于各国遗传资源禀赋存在巨大差异，有的国家往往打着生物勘探的旗号，未经批准和许可，从别国收集、获取遗传资源，研究和开发出创新型药品、保健品、化妆品等生物产品，再借助知识产权制度垄断市场、技术和商业利润，损害了原产国的利益。

"惠益分享"是维系一个共同体的关键，也是《生物多样性公约》的三大核心目标之一，呼吁、强调很多年了，但目前做得远远不够。

精准施工

《瞭望东方周刊》：在生物多样性保护方面，北京有哪些理念和做法值得借鉴？

张志翔：首先，北京的主管部门非常重视生态文明建设，近年来在各项大工程里都贯穿了生物多样性理念。比如，北京门头沟修建109国道，高速公路为古柏群绕道，这种理念和做法就值得推崇。

其次，北京市民的生态素养相对较高，且在不断提升，民间志愿者力量强大，有自觉、自发保护的意愿和行动。

有一个很好的例子：密云水库是北京的重要饮用水源地，从涵养水源的角度出发，周边最好都种上树。原来也确实种了很多树，一直种到了湖边。但密云水库边缘的滩涂湿地是大量迁徙候鸟的栖息地，如果都种树了，它们怎么办？老百姓和志愿者发现了这个问题，积极向北京市政府提交建议，政府很快组织专家考察，及时纠正了这种做法。现在，水库周边保留了一些湿地与耕地，鸟儿有了栖息的环境和食物。

凡是有这方面的呼吁，北京市政府的反应速度都很快，及时依靠科研力量进行处理，政府和民间有很好的互动，民间的保护热情得到体现、得到呵护。这方面北京给全国作了表率，我对此印象深刻。

《瞭望东方周刊》：近期，你主要参与了哪些相关项目？

张志翔：我近期主要参与了"2022 年北京冬奥会延庆赛区生态修复"和"北京乡土植物资源的利用"两个项目。

我特别点赞北京冬奥项目，在绿色、生态方面真正体现了国际理念，做得非常到位。延庆赛区在建设过程中，对于生态环境采取"避让、减缓、重建、补偿"的原则：能绕开的尽量绕开，将破坏降至最低程度；实在避让不了的就"重建"，破坏多少面积就补建多少面积；通过其他方式对当地进行"补偿"。

建设过程中的"精准施工"也值得称道、值得借鉴——用多少面积，施多大工。以前国内普遍的做法、包括现在一些地方的做法是，把施工区域尽量多腾出来，挖掘机的"大铲子"几下就把一片林子给"铲掉"了，但工程实际真正用上的只是其中一小部分面积。我称之为野蛮施工。其根源是管理者缺乏这方面的思考和理念，以眼前的经济利益为重。

精准施工虽然慢，但是保护了周围的环境。自然界的森林都是经过几十甚至几百年才长成的，即便事后补植，能补成原样么？"一铲子"下去，可能 100 年都恢复不了。

做工程项目的人往往考虑如何抢工期、节省成本，即便能省下几千万上亿元，

2021 年 5 月 22 日，小朋友在北京朝阳大悦城"阅世界，悦自然"主题快闪活动中观赏摄影作品（陶希夷／摄）

从生态价值、生态功能各方面折算，往往就不只是上亿元的事了。

《瞭望东方周刊》：乡土植物利用方面如何体现生物多样性呢？

张志翔：要保护生物多样性，发挥生态功能，需要建造"近自然"生态。乡土植物经过长期的自然淘汰和选择，能很好地适应当地的气候和环境，易成活，维护成本低，利于改善当地环境。国槐、毛白杨、玉兰、油松等都是北京典型的乡土树种。

以前的城市绿化中，梧桐用得很多，因为它长得快，又便宜，从绿化和美观的角度而言，确实性价比较高。但其实梧桐是外来树种，而且是典型的花粉污染源植物，会使人群花粉过敏。类似的例子还有圆柏，北京以前曾种植大量圆柏，圆柏雄株的花粉也对人群造成了严重的过敏困扰。

生物多样性在应用层面，需要合理、正确、健康。在这么大的一个城市中，植物对市民身心健康有怎样的影响？如何改造？都是要考虑的。

近几年，北京越来越重视这类问题。现在的绿化工程，比如留白增绿、环京绿化带、新一轮百万亩造林等，都在强调乡土树种的利用。北京的择树标准有个十字口诀"乡土、长寿、抗逆、食源、美观"，乡土排在第一位。这是我们落实多样性的一种举措。

但小区绿化种什么树，往往由小区的设计、建设单位说了算，设计人员往往没有意识到乡土树种对生态环境建设的意义，政府对这方面的监管应该再加强一些。

提升之道

《瞭望东方周刊》：哪些方面还有待提升？

张志翔：首先，在极小种群野生植物的保护方面，北京已经针对百花山葡萄和丁香叶忍冬等进行了许多工作。但整体而言，相较于昆明，北京的步伐显得稍微慢了一些，在资金支持和项目推动上，稍微弱了一点，力度可以再大一些。

其次，对外来入侵植物的关注度也有待提升。目前，北京杀伤力最强的入侵植物是豚草，这是世界知名的致敏植物。意大利苍耳也被大量发现。外来入侵物种因为缺乏本地天敌，繁殖迅速，可以迅速占领空间，会对当地乡土植物产生严重影响。物种入侵是导致全球生物多样性下降的几大直接因素之一。北京在这方面的研究还不够深入，应对措施还不强。

第三，为了防火，北京惯常做法是在公园里、在林子里不断清扫落叶，枯落物清理得很干净。但没有腐殖层，土壤不肥沃，怎么能长出郁郁葱葱的森林呢？防火当然很重要，但应该多想想其他办法，比如精细化管理，人多的地方应该清理，有些地方就没必要。这是个系统工程，涉及城市管理，也涉及市民素质。如果大家理念都提升了，不在公园里抽烟，不乱扔烟头，是不是就少有火灾了？

就全国而言，党的十八大以来，我们越来越重视生态，但此前积累的那种为经济而不顾环境的惯性还在往前冲，尤其在基层更为明显，如何一层层、一级级真正落实生态理念、压实生态责任，这是目前我们面临的一个问题。

《瞭望东方周刊》：你曾在德国留学，德国在生物多样性保护方面有哪些让你印象深刻的地方？

张志翔：柏林、巴黎、伦敦等欧洲大城市我都去过。这些大城市里有几十年甚至上百年的森林，那些森林不仅"绿"，而且很"活"。

留学德国时，在办公室里，在各级林业部门的办公楼里，都挂有重点保护植物图谱。宣传也非常到位，在各种宣传栏里、甚至车身广告里，都能看到这些植物图片，孩子们从小就接触这些知识。在北京的车身广告里，你能看到保护植物的介绍图吗？

国家针对野生动植物、自然保护区出台了相关的法律法规，但国内很多人并不清楚身边哪些是保护植物、保护动物。比如，在百花山自然保护区里游玩，看到一束野花随手就采，玩蔫了一扔，也许采的是国家级保护野生植物大花杓兰，采摘它是犯法的！

我感觉，北京在科普宣传方面还可以再用力一些。老百姓应该从身边做起，保护好身边的每一种花花草草。

《瞭望东方周刊》：COP15 这场国际盛会首次来到中国，你对此有何期待？

张志翔：COP15 来到中国，这是国际社会对我国生物多样性保护成效的一种肯定。

希望借由这次大会，借鉴国际的先进经验，结合我们的实际和经验，大力推动、提升我国生物多样性保护的意识、策略、措施等，把"绿水青山就是金山银山"领会得更深，实践得更好。

我尤其期待的是推动人才培养。目前，我国在生物多样性保护方面，搞科学研究的人很少，人才培养非常不足。现在高校相关专业里，只有"野生动物保护与利用"有研究生培养，而这个专业全国大部分高校都没有开设，几乎都在林学院。北京林业大学算是专业院校里的排头兵，但在野生动物保护、自然保护区管理这方面，每年招收的学生也就三四十名。专业方面应该有很强大的队伍，培训也应该加强。

（本文首发于 2021 年 10 月 14 日，总第 840 期）

北京之变

文 /《瞭望东方周刊》记者王剑英　编辑高雪梅

将北京建设成为一座"生物多样性之都"，是唐瑞近三年来的重要提议。

2021 年是唐瑞（Terry Townshend）旅居北京的第 12 年。他已将自己视为一名北京市民。

唐瑞来自英国，是国际知名的环境保护专家。2010 年，他受邀来到北京，帮助研究制定气候变化立法相关事宜，此后便与这座城市结下不解之缘，每年数月居住于此。现在他是多家环保组织的顾问，仍致力于气候变化问题，但重心越来越转向野生动植物保护。

在北京，唐瑞创建了"北京观鸟（Birding Beijing）"网站，并在网站上推出《北京常见鸟类指南》《北京哺乳动物指南》《北京爬行动物指南》，供圈内人士交流。他还协助促成了北京雨燕项目和北京大杜鹃项目，为雨燕和大杜鹃戴上追踪定位仪，追踪出这两种鸟类令人惊叹的迁徙路线。

将北京建设成为一座"生物多样性之都"，是唐瑞近三年来的重要提议。这个提议与北京大力推进生态文明建设同频共振，受到了北京市政府的高度关注。

天时地利人和

唐瑞自小喜欢观鸟，已有 45 年"观鸟龄"，拥有听音辨鸟技能。2010 年，他刚来北京时，人们发现他喜欢看鸟，最常见的反应是："你为什么在北京观鸟？北京

2020 年 12 月 6 日，天鹅在北京市怀柔区怀柔水库的冰面上起飞（杨文斌／摄）

没什么鸟啊？"

慢慢探索之后，唐瑞发现事实并非如此："北京是个观鸟的好地方，尤其春秋两季，是全球一流的观鸟胜地。"

北京是东亚—澳大利西亚候鸟迁徙通道上的重要节点。每年秋天，数以百万计的鸟儿从西伯利亚繁殖地迁徙到中国、东南亚，甚至远至澳大利亚、新西兰和非洲；次年春天，它们开始返程。北京就像这条鸟类高速公路上的五星级服务站，山林、湿地和公园等为它们提供了食物和栖息之所。

"北京已记录了超过 500 种鸟类，在二十国集团（G20）国家的首都中排名第二，超过伦敦、巴黎、柏林、华盛顿、堪培拉等，仅次于巴西利亚。"唐瑞告诉本刊记者，"我本人观察记录到了其中的 425 种。"

北京雨燕是他极喜爱的鸟儿，这是世界上唯一以"北京"命名的鸟类。7 年前，北京的鸟类学家、爱鸟志愿者和欧洲鸟类追踪高手联手，为颐和园廓如亭的雨燕佩戴迷你定位仪，追踪其迁徙轨迹。人们惊讶发现，这种体重只有约 40 克的鸟儿，每年迁徙往返距离达 2.6 万公里，途经 19 个国家和地区，"伟大而令人难以置信"。

这里不仅是鸟类的天堂，唐瑞还发现："几乎没有哪座首都能像北京一样有如此多的野猫出没，甚至发现了阿穆尔豹猫的身影。这里的蜻蜓超过 60 种，比整个英国种类还多……"

"北京有着强大的生物多样性基础。"唐瑞评价。

这样的基础有着天时地利。

北京地处太行山、燕山向华北平原的过渡地带，海拔高差超过2000米，地形地貌复杂，分布着永定河、潮白河、大清河等五大水系；在气候上，它处于我国暖温带向中温带的过渡，形成了丰富多样的生境类型，为不同环境的野生动植物的栖息繁衍创造了条件。

天时地利之外，人和因素也日渐凸显。

近年来，北京在推进生态文明建设方面举措频出，力度极大。

2017年，"保护和修复自然生态系统，维护生物多样性，提升生态系统服务"被明确写入《北京城市总体规划（2016年—2035年）》中。新中国成立后，北京曾在不同时期发布过多个版本的城市规划，在这一版中，"生物多样性"一词首次出现。2018年划定的生态保护红线面积达4290平方公里，占市域总面积的26.1%。

"当下，年轻一代在选择工作地和居住地时，生态环境的好坏、野生动物的丰富程度已成为越来越重要的标准。"唐瑞说，"如果北京能够维持和培育这种生物多样性，将吸引到全球更多优秀的人才，也将更好地提升其全球形象。"

一张保险单

唐瑞坦言，目前，在全球语境下，保护生物多样性面临重重危机与挑战。

"我们正面临世界上最严重的物种大灭绝时期，物种流失速度是自然状况下的100到1000倍。两栖动物和哺乳动物差不多消失了58%。这种生物多样性的丧失不仅令人悲伤，也给人类的繁荣带来了巨大风险。"2020年11月，在一场名为"生物多样性与气候变化"的论坛上，唐瑞语重心长地讲述。

联合国《生物多样性公约》秘书处2020年9月发布的第五版《全球生物多样性展望》指出："人类在留给后代的遗产问题上正处于一个十字路口。生物多样性正以前所未有的速度丧失，而造成其减少的各种压力在加剧。"

在唐瑞看来，整体而言，全球现行的政治经济系统并没有很好地考虑自然生态的重要性，"每一天在全世界很多地方，政策的制定者总认为，大自然带来的好处是免费的；从经济的角度，保护大自然可能不会有收益，损害大自然也没有受到惩罚"。

事实上，经济发展和生态环境息息相关。唐瑞现为智库机构"保尔森研究所"

的专家顾问，该研究所的一份报告指出，未来十年，全球需要投入 7000 亿美元来恢复被人类破坏的自然界。如果我们失去传粉的蜜蜂和其他昆虫，全球经济将每年损失 2000 多亿美元，因为全球约 30% 的农作物依赖虫媒授粉。

"既然保护生物多样性这么重要，为什么我们不团结起来做得更好呢？"唐瑞反问道。

他打了个比方：人们常购买保险以补偿生活中的风险，保护自然、保护生物多样性就像是全球应对自然界潜在风险的一张保险单，"保护自然，就是保护我们自己"。

多年观察下来，他也看到了北京许多亟待提升的地方。比如：过去植树时使用了很多同一年龄的同一树种，森林结构的单一不利于生物多样性；为了防火，地表植被经常被清除并覆盖塑料网，切断了迁徙鸟类的重要食物来源——植物的种子，塑料微粒则会带来土壤污染；尽管过去十年来相关法律法规不断完善，但是以获取观赏鸟和野味为目的的盗猎活动依旧存在……

此外，一个不容回避的问题是，北京作为首都以及常住人口超过 2000 万的国际大都市，经济社会的高速发展必然需要消耗、占用大量自然资源，在人与自然、城市发展与生物多样性之间如何取得平衡？

在唐瑞看来，关键在于理念的提升并贯彻于行动，在经济发展和环境健康之间取得平衡。这种自然价值观应在各级政府、企业和社会群体的工作中得以贯彻实施。

环境觉醒

在北京的工作中，唐瑞和北京市园林绿化局有不少交流与互动。2018 年 11 月，他向园林绿化局提交了一份名为《野化北京——重建北京生物多样性之都》的报告，建议将北京建设为世界知名的"生物多样性之都"。

为什么选择这个时间节点？

"过去几年来中国发生了'环境觉醒'。"唐瑞解释，"中国正在进入一个新时代，习近平主席非常重视生态文明，中国正从经济增长转向高质量增长，年轻人的环保意识也日益增强——这是个好时机。"

一个重要事件是：2016 年底，中国成功申办联合国《生物多样性公约》第十五次缔约方大会（COP15）。这是一场级别高、规模大的国际盛会，北京是中国最初的四个办会备选城市之一，2019 年初确定为昆明。这是该公约自 1992 年通过后，首次来到中国举办缔约方大会，代表了国际社会对中国保护生物多样性成效的认可。

在报告中，唐瑞列举了北京的生物多样性表现、面临的威胁和全球语境下的机遇等，并提出了具体的措施建议，如让首都的公园保持10%自然带、提升密云水库的管理、在六环外打造一条"野生环路"、票选北京市鸟等。

其中，"公园保持10%自然带"建议得到北京市政府的高度关注，北京市主要领导批示园林绿化局"在有条件的地方进行探索"。

所谓"10%自然带"，即在公园里预留10%左右的面积，任由植物自由生长、不被砍伐，树叶自然凋落化为泥土，野生动植物在此可不被打扰、自在繁衍生息、自然演替。

现在的普遍现象是，城市公园更像一个个精心雕刻的艺术品，缺少些大自然的原始气息。

它脱胎于国际上一个正流行的概念"再野化（rewilding）"，指特定区域中荒野程度的提升过程，尤其强调提升生态系统韧性和维持生物多样性。

此前多年，北京的生物多样性保护工作一直在延续，理念也在实践中不断提升。市园林绿化局自然保护地管理处副处长冯达告诉本刊记者，十年来，北京的生态保护工作经历了以下重要节点：

2012年，启动第一轮百万亩造林工程，目标是让城市"绿起来"；

2013年，开始"增彩延绿"，让绿色延期，并大量补植彩叶树种，目标是"美起来"；

2018年，启动"自然北京"项目，目标是让绿地"活起来"。

唐瑞的报告令"生物多样性之都"这一提法首次正式进入官方视野，冯达评价其对北京的生物多样性保护工作具有积极意义。

2019年，北京市园林绿化局正式聘请唐瑞为北京城市生物多样性保护国际专家团队成员，唐瑞随后又引荐了英国湿地和鸟类保护专家蒂姆阿泼顿（Tim Appleton）来京，为这项工作建言献策。

冯达介绍，"公园保持10%自然带"已被列入北京市园林绿化局2021年工作安排，相关的建设规范等已在研究制定中，位于大兴区的南海子麋鹿苑成为首个被选定的示范区。

树立榜样

北京林业大学教授张志翔听闻"将北京建设为生物多样性之都"这一提议之后，甚为欣喜："这个想法完全可以实现。北京具备基础条件，也采取了很多措施，成

唐瑞在北京

效显著。"

目前，官方尚未将"生物多样性之都"明确列入相关规则，冯达强调："提升生物多样性是北京的一项重要工作，我们将全力以赴予以推进，有关方面正在共同制定北京生物多样性保护规划。"

COP15 将在云南昆明召开，唐瑞曾六赴云南，探访过香格里拉、大理、西双版纳等生物多样性丰富的地方，对当地保护濒危物种的成果印象深刻。他将参加COP15，期待大会能产生一个新的国际协议，来解决生物多样性的丧失困境，"这将成为向前迈出的重要一步"。

他同时强调，仅有协议是不够的，所有国家必须采取实际行动——"按照目前的物种流失速度，到 2050 年，我们将失去地球上所有物种的 50%，集体改变这一轨迹至关重要"。

对于北京，他的期待是：作为主办国的首都，可以通过在会上宣布一个将生物多样性作为核心愿景的宣言，来为其他城市树立榜样。

2020 年 9 月，习近平主席在联合国生物多样性峰会上指出：我们要以自然之道，养万物之生，从保护自然中寻找发展机遇，实现生态环境保护和经济高质量发展双赢。

中国传统文化中有许多提及人与自然和谐相处的内容，如道法自然、天人合一等。

唐瑞说，他理解的生态文明概念正是这些文化信仰的现代体现。

生物多样性之都应是什么样子？

唐瑞的回答是：它是一座现代化的繁荣城市，不仅拥有丰富的自然生境系统和动植物资源等，还须将自然和生物多样性与社会经济发展并列为城市规划的核心因素。

他对"自然"一词的描述是："自然是地球上最伟大的表演，自然是美、是创新、是灵感和生活中一切美好事物的最佳来源。"

5月，北京市生态环境局发布的《2020年北京市生态环境状况公报》显示：2020年全市PM2.5年平均浓度值为38微克/立方米，首次进入"30+"；空气质量达标天数为276天，全年未出现严重污染日；全市生态环境状况级别为"良"，连续六年持续改善；生态涵养区稳定保持优良的生态环境。

十年前，当唐瑞询问人们对北京的印象时，"污染"一词的提及率颇高。"如果十年后，当我询问同样的问题时，得到最多的回答是'绿色''自然'或'生物多样性'，岂不是很棒？"

（本文首发于2021年10月14日，总第840期）

※

第 12 章
国家公园，非凡十年

※

绿色华章，大美家园

文/《瞭望东方周刊》记者王剑英　编辑高雪梅

中国实行国家公园体制，目的是保持自然生态系统的原真性和完整性，保护生物多样性，
保护生态安全屏障，给子孙后代留下珍贵的自然资产。

"国家公园建设成果成为十年林草工作的最大亮点，也成为我国建设生态文明和美丽中国最亮丽的名片。" 9月19日，中共中央宣传部举行"中国这十年"系列主题新闻发布会，聚焦新时代自然资源事业的发展与成就，国家林业和草原局副局长李春良在会上表示。

中国实行国家公园体制，目的是保持自然生态系统的原真性和完整性，保护生物多样性，保护生态安全屏障，给子孙后代留下珍贵的自然资产。这是中国推进自然生态保护、建设美丽中国、促进人与自然和谐共生的一项重要举措。

"当下，我国国家公园建设正在稳妥有序推进当中。"国家公园研究院院长唐小平告诉《瞭望东方周刊》，"下一步的关键词是高质量建设。"

填补空缺

"中国正在积极谋划建设全世界最大国家公园体系的方案和路径，积极推进新一批国家公园设立的前期工作。"唐小平表示。

第一批5个国家公园分别为三江源、大熊猫、东北虎豹、海南热带雨林、武夷山国家公园，范围涉及青海、四川、吉林、海南、福建等10个省区，其保护面积达23万平方公里，约占我国陆地面积的2.4%，涵盖近30%的陆域国家重点保护野生动植物种类。

南山国家公园体制试点区，鹭群在空中飞舞

国家公园是我国自然生态系统中最重要、自然景观最独特、自然遗产最精华、生物多样性最富集的区域，其首要功能是保护重要自然生态系统的原真性、完整性，同时兼具科研、教育、游憩等综合功能。生态保护第一、国家代表性、全民公益性是国家公园的三大理念。

我国将自然保护地按生态价值和保护强度高低依次分为三类，分别为国家公园、自然保护区和自然公园。国家公园居于主体地位，在维护国家生态安全关键区域中占首要地位，在保护最珍贵、最重要生物多样性集中分布区中占主导地位。

此前，中国在保护自然方面曾有着各种探索与实践，如设立自然保护区、风景名胜区、地质公园、森林公园、湿地公园等，但有的偏重于保护物种，有的偏重于保护某一类自然系统。

"国家公园的出现，填补了我国在保护大尺度生态系统和生态过程方面的空缺。"清华大学国家公园研究院院长、建筑学院景观学系主任杨锐告诉《瞭望东方周刊》。

三江源国家公园是"大尺度"的典型例证，它地处青藏高原腹地，是长江、黄河、澜沧江的发源地，这里山脉逶迤，雪原广袤，河流湖泊众多，总面积达 19.07 万平方公里。

据悉，"国家公园空间布局方案"正在研究、编制当中，将于近期发布。方案中遴选出 50 个左右的国家公园候选区，总面积约占国土陆域面积的 10%，将保护中国最具代表性的生态系统和 80% 以上的国家重点保护野生动植物物种及其栖息地。

"'国家公园空间布局方案'是按照建立全世界保护规模最大、自然生态地理特征最多样、保护价值最高的国家公园体系要求编制的。"李春良表示。

后发优势

"当下，我国的国家公园体系已初步成形，管理体制已基本建立，在事权划分、资金、法律、技术方法和社区治理各方面都有所进展。"杨锐告诉本刊记者，"这意味着，我们用 9 年多时间，走了很多国家几十甚至上百年才走完的道路。"

世界上第一个国家公园是美国的黄石国家公园，设立于 1872 年，全球有 200 多个国家或地区都建立了国家公园。

相比之下，我国在这方面起步虽晚，但后发优势明显。2013 年，中国首次提出建立国家公园体制，从国家层面正式启动国家公园建设。此后，这项工作得到迅速推进：

2015 年，启动三江源等 10 个国家公园体制试点；

2018 年，国家公园管理局正式挂牌，标志着自然保护地领域"多头管理"的问题得到解决；

2021 年，第一批 5 个国家公园正式设立。

杨锐介绍，进行体制试点，是希望找到国家公园建设存在的深层次问题、困难和体制机制障碍，有针对性地解决这些问题，提高自然保护地的保护效率和系统性。正式设立之后，重心就转为国家公园到底该如何治理。

他特意强调是"治理"而非"管理"，因为管理强调自上而下，治理则包括自上而下和自下而上，是双向概念。国家公园的建设与保护需要不同利益相关方参与，需要将社区百姓的生计纳入考量，需要为全民提供生态体验与自然教育的机会。

在国家公园的各类治理问题中，社区治理是重点，也是难点。

"国家公园建设成功与否，衡量标准就是社区治理成功与否。"杨锐表示，"因为，动植物不需要太多干预，最重要的是把'人'安顿好。"在此前《国家公园法（草案）》立法征求专家意见期间，杨锐建议在该法中设立"社区治理"的专门章节。

在这方面，三江源国家公园创造性地建立了生态管护员制度：在每一户牧民家中，设立一个生态公益岗位，即一户一岗。生态管护员持证上岗，领取国家工资，每人每月 1800 元，年收入 2.16 万元。目前，这里共有 1.72 万名生态管护员，守护着这片绿水青山。

上位法的出台是国家公园建设中备受关注的大事、要事。

2017 年 8 月，《三江源国家公园条例（试行）》实施，这是我国第一个由地方立法的国家公园法规，为国家层面开展国家公园立法探索了路子、积累了经验。

5 年后的 2022 年 9 月，由国家林草局起草的《国家公园法（草案）》已完成面向社会公众公开征求意见环节，立法进程明显加快。

成效显著

"首批设立的国家公园生态保护成效显著。"李春良说。

青海三江源地区是长江、黄河、澜沧江的源头，素有"中华水塔"之誉，是中国乃至世界生态安全屏障极为重要的组成部分。

10 月，三江源国家公园管理局发布《三江源国家公园体制试点公报暨非凡十年》，晒出成绩单：三江源区水源涵养量年均增幅 6% 以上，草地覆盖率、产草量分别比十年前提高了 11%、30% 以上；野生动物种群明显增多，藏羚羊由 20 世纪 80 年代的不足 2 万只恢复到 7 万多只，过去难得一见的雪豹、金钱豹、欧亚水獭频频亮相；三

大熊猫国家公园甘肃白水江片区的红外相机拍摄到的野生大熊猫活动画面

江源头碧波荡漾，重现千湖美景，"中华水塔"更加坚固丰沛。

三江源国家公园管理局副局长田俊量介绍，经过国家公园建设，青海省的水资源总量明显增加，每年向中下游稳定输送 600 亿立方米二类以上的优质水，湿地面积跃居全国首位。

9 月，国家林业和草原局发布的消息显示，大熊猫国家公园将原分属 73 个自然保护地、13 个局域种群的大熊猫栖息地连成一片，全国野生大熊猫总数量的 72% 得到了有效保护；东北虎豹国家公园畅通了野生动物迁徙的通道，东北虎的数量达到了 50 只以上，东北豹的数量达到了 60 只以上；海南热带雨林国家公园雨林生态系统的功能逐步得到恢复，近两年，新增了 3 只海南长臂猿，海南长臂猿的野外种群数量达到了 5 群 36 只；武夷山国家公园近三年新发现物种达到了 14 个。

10 月 12 日，在中国首批国家公园设立一周年之际，中国国家公园主题曲 MV《最珍贵的你》同步上线，歌词这样写道："……你在绿水青山间，烟波浩渺水潺潺；顺应人民意愿，世代传承共建；绿色的华章，大美我家园……"

李春良表示："国家公园建设是国之大者，功在当代、利在千秋，需要我们这些参与者持续用力、久久为功，更需要全社会的支持和帮助。让我们共同努力，建设好我们的国家公园，给子孙后代留下珍贵的自然资产，为建设人与自然和谐共生的现代化中国贡献力量。"

（本文首发于 2022 年 10 月 27 日，总第 867 期）

虎啸山林，豹走青川

文 /《瞭望东方周刊》记者张建、邵美琦　编辑高雪梅

虎豹公园内野生东北虎、东北豹数量已由 2017 年的 27 只、42 只，分别增至目前的 50 只以上、60 只以上，虎豹种群呈现出明显向我国内陆扩散的趋势。

2021 年 10 月 12 日，我国首批 5 个国家公园名单正式公布，纵跨吉林和黑龙江两省的东北虎豹国家公园（下称虎豹公园）名列其中。虎豹公园规划面积约 1.4 万平方公里，黑龙江省占公园总面积的 32％，吉林省占 68％，这里是我国东北虎、东北豹历史天然分布区以及唯一具有野生定居种群和繁殖家族的地区。

虎豹公园正式设立以来，国家林业和草原局与吉林省、黑龙江省政府充分利用联席会议机制平台，形成了齐抓共管的工作合力，共同推进虎豹公园在生态保护、勘界立标、科研监测、矛盾调处、自然宣教等方面取得了阶段性成果，人虎关系更加和谐。

最新数据显示，虎豹公园内野生东北虎、东北豹数量已由 2017 年的 27 只、42 只，分别增至目前的 50 只以上、60 只以上，虎豹种群呈现出明显向我国内陆扩散的趋势。

作为我国东北虎、东北豹种群数量最多、活动最频繁的定居和繁育区域，虎豹公园不仅在全球范围内承担起了保护东北虎豹的生态责任，并且在解决人虎矛盾和自然资源资产管理体制创新等方面进行了有效探索，为全球珍稀濒危野生动物保护积攒了宝贵经验。

偶遇"大猫"

随着东北虎豹保护力度的加大，东北虎豹近年来频现东北地区的吉林和黑龙江，

吉林珲春国家级自然保护区红外线照相机拍摄到的野生东北虎

一些还出现在虎豹公园外围，并呈现向内陆扩散的趋势。它们的出现，几乎每次都能引发外界关注，虎啸山林已经成为常态。

2022年4月9日晚，吉林珲春出入境边防检查站工作人员在珲春口岸执勤点视频巡查期间，发现了一只野生东北虎在边境线徘徊。监控视频显示，这只野生东北虎体态丰盈，在边境线上驻足，东张西望，足足逗留了十多秒钟。专家表示，在这个区域有长期定居的东北虎，包括雄虎、雌虎。

2022年1月20日，黑龙江伊春一位市民在路上与野生东北虎不期而遇，东北虎看到车辆后跑进树林，趴在雪中与人对视。近两年，偶遇东北虎已经不算是奇闻，但网友们还是能从拍摄画面中找到乐趣，形容其为"大猫"。

2021年4月23日，黑龙江省密山市白鱼湾镇临湖村有群众报警，一名村民被老虎咬伤，幸运的是虎口脱险，被送往医院治疗，"老虎一掌击碎玻璃"的画面在互联网大量传播。有关部门经过持续追踪，最终通过麻醉方式控制了这只东北虎。随后，黑龙江将其命名为"完达山1号"，并成功放归山林。此后，"完达山1号"多次在吉林和黑龙江现身。

东北虎是现存体重最大的肉食性猫科动物，曾广泛分布在我国东北。上个世纪，由于森林采伐过度，食物链中断，野生东北虎种群急速萎缩。中俄美三国在 1998 年一次联合调查中，仅发现少量东北虎的痕迹，判断当时在我国境内仅存 12 到 16 只东北虎。随着天然林保护工程实施、自然保护区建立，特别是吉林、黑龙江两省 20 世纪 90 年代中期以来实施全面禁猎，森林得到休养生息。

国家林业和草原局东北虎豹监测与研究中心副主任、北京师范大学副教授冯利民表示，随着国家公园体制试点开展，虎豹公园内的野生动物种群增长迅速，包括东北虎、东北豹、棕熊、野生梅花鹿等众多珍稀濒危物种呈现增长态势，生态系统和生物多样性保护恢复形势喜人。

重建家园

虎豹保护对全球来说是一个艰巨的任务。2010 年，包括我国在内的全球 13 个老虎分布国家和地区一致决定将老虎从灭绝边缘拯救回来，定下了力争到 2022 年全球老虎数量翻番的目标。

近 10 年来，我国采取诸多实际行动推动人与虎豹和谐共生，其中，虎豹公园的建设，毫无疑问对东北虎豹的保护和繁衍生息起到了巨大的推动作用。如今，我国已率先兑现承诺。

2005 年，一支来自北京师范大学的科研队伍钻进东北林海，开展长达 10 年的东北虎豹监测工作。他们发现，在我国努力下，东北虎种群虽有了明显增长，但依然面临"孤岛"困境。

该科研团队曾在 2014 年追踪一只年轻的雄虎，这只虎从俄罗斯进入我国境内，奔走 300 多公里后，定居在张广才岭南麓，然而几年过去仍是"单身"。

制定我国虎豹种群恢复计划，这是一个宏大工程。在 2015 年全国两会上，东北虎豹保护现状引起党中央重视。为了帮助虎豹迁移和稳定繁殖，吉林省曾放弃了一条高速公路的建设，并让一条高铁线路改道。2016 年 12 月 5 日，《东北虎豹国家公园体制试点方案》正式审议通过，我国划出横跨吉林、黑龙江两省超过 1.4 万平方公里的区域，为虎豹重建家园。

"这是东北虎命运的转折点。"冯利民说。

虎豹公园先行先试，从全局角度寻求新的治理之道，在多套方案里基本明确实行三级垂直管理，即管理局、分局、保护站，由中央直接管理。统筹治理，捋顺职能，虎豹公园同步开展多项措施,工矿产业退出、控制人为活动增量、实施森林植被修复……

2021 年 10 月 1 日，东北虎豹国家公园

　　虎豹繁衍生息，需要良好的栖息环境。虎豹公园管理局综合处处长陈晓才介绍，目前已识别出 5 处虎豹扩散通道。试点以来，吉林、黑龙江两省共修复培育 400 公顷顶级森林群落，林下栽植红松 2000 公顷，修建野生动物通道 3 处，关闭退出矿山企业 19 家。林（参）地清收还林 2243 公顷，矿山生态修复 621 公顷，生态修复面积 741 公顷，野生动物栖息环境得到进一步改善。

　　为了更加高效地保护虎豹，虎豹公园打造了"天地空一体化监测系统"，末端是分布园内的上万个智能红外相机，不仅可以联网完成高清图像和视频实时回传，还能做到"虎脸识别"，以及土壤、水质等生态因子的采集回传。东北虎一家组团"春游"、东北豹约会"谈恋爱"、东北虎逐鹿惊险时刻……智能监测系统不时传回东北虎豹活动的精彩画面，受到海内外广泛关注。

共存共生

　　与大熊猫、藏羚羊等野生动物不同，虎豹公园保护的是旗舰物种东北虎、东北豹，尤其东北虎是"森林之王"，如何实现人虎和谐、人豹和谐共处，是必须解决的问题。

　　从吉林珲春市区出发，沿着山路向东走 70 多公里，就会来到春化镇官道沟村。

路边山林中的一块"老虎出没"的警示牌格外醒目。村民曲双喜指着村口不远的地方，回忆当年在那里被老虎扑翻在地的情景，依然心有余悸。

2006 年，吉林省政府实施了《吉林省重点保护陆生野生动物造成人身财产损害补偿办法》，对野生动物造成人畜伤害或财产损失的，政府给予补偿。

2021 年底，虎豹公园管理局在吉林省汪清县举行野生动物造成损害补偿保险签约仪式，虎豹局汪清县局完成发放补偿金额 70 万元。据了解，虎豹公园首批发放 2020 至 2021 年度国家政府性补偿资金共计 710 万元，涉及虎豹公园区域内 2 万多相关群众。同时，与安华农业保险股份有限公司吉林省分公司开展合作，使野生动物损害补偿实现"双保险"。

随着虎豹公园的建立，园区内的野生动植物得到有效保护，野生东北虎豹及其他野生动物频繁现身。为充分保障虎豹公园区域内群众的合法权益，有效缓解野生动物保护和林区群众生产生活之间的矛盾，虎豹公园积极谋划和推进野生动物造成损失、损害补偿工作，从 2020 年 1 月 1 日起，实现全域野生动物造成损害补偿赔付 100%，并于 2022 年全面引入商业保险机制。

根据合作协议，双方将强化农业保险对虎豹公园区域内野生动物造成损失补偿和野外巡护人员伤害赔偿的支撑，共同开展保险产品创新、技术与服务模式创新，推出涵盖人身损害、家畜家禽损失、农作物损害、经济作物损害及造成损害的野生动物种类的专属产品。同时，开通三日、七日、十日快速理赔通道，开辟重点客户快速理赔绿色通道，加快赔案处理速度。

"现在，我们不担心了，地要是被野猪拱了，牛要是被虎豹吃了，都有国家补偿。"官道沟村村民陈立敏说。

共存还需要共生。"虎进人退"，意味着居住在此的居民们要放弃林下种植、放牧等"靠山吃山"的生产生活方式。吉林黄泥河国家级自然保护区位于延边朝鲜族自治州敦化市西北部，于 2012 年晋升为国家级自然保护区，保护区内现有东北虎、紫貂和金雕等国家重点保护野生动物。

万忠武是吉林黄泥河国家级自然保护区的一名巡护员，他曾经是当地知名的猎人，在国家明令禁止狩猎后，他转变身份成为巡护员，与巡护队其他队员一起，全年无休地守护着山林。在虎豹公园，和万忠武有一样经历的巡护员还有很多。

万忠武说，过去山里套子多，下套子的人也不少，现在已经很少见到了。大家经过这些年的宣传和清山清套行动，保护意识都提高了。

虎豹公园规划设置了1万多个公益岗位，让居民转型从事森林管护、资源监测等工作。虎豹公园管理局相关数据显示，国家公园成立之前，有33%的东北虎幼崽能存活至成年，到现在，至少超过50%的东北虎幼崽能存活至成年，而且虎豹公园里超过一半的区域，有东北虎稳定的活动。

2020年，虎豹公园管理局发布了《人虎冲突应对社区指南》，以指导保护工作者和社区群众用科学的方法降低人虎冲突，在保护野生东北虎豹的同时，全力保障人民群众的生命财产安全。

国际合作

2022年7月，总投资3.13亿元的珲春市东北虎豹科普教育及资源展示设施项目开工，目前正在紧张建设中。珲春市城投集团项目发展部副部长何霖说，项目建成后，将成为东北虎豹科普教育基地、国际学术研究交流基地、生态旅游打卡地和城市新地标，是东北虎豹国家公园向世界展示优越生态资源的一张亮丽名片，也将成为向国内外展示珲春人与自然和谐共生的重要窗口。

虎豹保护，国际合作交流非常重要。近年来，我国虎豹公园与俄罗斯豹地国家

2022年2月23日，东北虎豹国家公园巡护员王俊江、黄幸运、郎辉和徐衍春（从左至右）调试监测相机（张楠/摄）

公园实现互访，正式建立了虎豹跨国界保护的战略合作伙伴关系。双方将在虎豹跨境活动研究、中俄联合监测、科学研究数据共享、技术经验交流、民间代表团互访等方面开展深入合作。

"稀有猫科动物早就有跨境行为，中俄合作有助于野生东北虎、东北豹及其猎物的种群稳定。"俄罗斯豹地国家公园管理局局长维克多·弗拉基米罗维奇说。

与此同时，虎豹公园管理局一直与驻华国际组织保持着紧密的联系。在虎豹公园、世界自然基金会等组织下，中俄两国巡护员还进行了多轮实战竞赛。几年前，在珲春做巡护员的赵岩曾率领队伍在东北虎栖息地巡护员竞技赛中战胜俄罗斯的巡护员。赵岩说："疫情过后，我还要跟俄罗斯的同行们较量一下！"

世界自然基金会全球老虎生存计划负责人斯图尔特·查普曼认为，在全球野生虎保护领域，最非凡和令人兴奋的进展之一，可能就是自 2010 年——中国上一个虎年以来，中国政府承诺恢复东北地区的野生老虎数量。

"对我来说，最大的亮点是中国在其东北地区建立了世界上最大的老虎保护区。面积超过 100 万公顷，这是对老虎保护的一个非凡承诺。在监测期间，野生虎数量随着时间的推移而增加，这表明中国野生虎栖息地保护工作得到了很大提升。"查普曼说。

（本文首发于 2022 年 10 月 27 日，总第 867 期）

武夷山：园绿茶更香

文 /《瞭望东方周刊》记者王成　编辑高雪梅

金秋时节，《瞭望东方周刊》记者在福建省南平武夷山市、建阳区、光泽县走访，
感受到国家公园为闽北大地发展注入的蓬勃动力。

2021 年 10 月 12 日，我国正式设立首批五个国家公园，横跨福建、江西两省的武夷山国家公园赫然在列，这块集生态宝库、瑰丽风景、文化名山于一身的传奇之地，翻开了新的历史篇章。

金秋时节，《瞭望东方周刊》记者在福建省南平武夷山市、建阳区、光泽县走访，感受到国家公园为闽北大地发展注入的蓬勃动力。自 2015 年启动国家公园体制试点以来，特别是近一年来，武夷山国家公园以最严管控呵护美好生态，推动"绿水青山"转化成"金山银山"，一幅幅人与自然和谐共生的画卷徐徐展开，生态保护、绿色发展、民生改善相统一的美好愿景正逐步变成现实。

亮眼成绩单

在建阳区黄坑镇坳头村村口，伫立着五株树龄约 500 年的参天大柳杉，被村民称作"五柳关"。茶马古道兴起时，这里是武夷茶通往江西河口的重要关口，记录着武夷人靠山吃山、以茶为生的悠久历史。

前些年，随着武夷岩茶在市场上走俏，"种十亩田，不如种一亩茶"的说法不胫而走，"山上毁林种茶、山下违建加工"一度十分突出。

当地干部坦言："一亩茶山收益数万元甚至数十万元的不在少数，受高额利润驱使，毁林种茶屡禁不止，导致水土流失、生态破坏，也影响了茶树生长环境，降

2021 年 5 月 17 日，群山环抱、云雾缭绕的福建武夷山国家公园腹地桐木村景观（姜克红／摄）

低了茶叶品质。"

试点国家公园建设以来，茶山整治成为摆在武夷山人面前的一道"必答题"。武夷山市掀起茶山整治专项行动，林业、生态环境、检察院等与武夷山国家公园管理局通力配合，持续恢复被破坏的森林植被体系。截至 2022 年 9 月底，共整治茶山 3 万余亩，其中国家公园范围内 8000 余亩。

作为武夷岩茶主产区的星村镇，共有茶企近 1600 家，茶产业年产值约 8 亿元。该镇党委书记曾智敏说："打响茶山整治'持久战'，对 2008 年以后新增的违规茶山全部拆除，全镇 2018 年以来整治茶山超过万亩，对违法行为保持'零容忍'。"

"坚持保护优先，以最严管控呵护最好生态。"武夷山国家公园管理局生态保护部负责人廖传平说，将国家公园划分为核心保护区和一般控制区，实行差别化分区管控。对核心保护区实行最严格保护，原则上只对科学研究、考察、监测等活动进行开放；一般控制区则严格禁止开发性、生产性建设活动，仅允许对生态功能不造成破坏、符合管控要求的有限人为活动。

实现天地空一体化监管，向大数据要生态效益。在武夷山国家公园智慧管理中心，大屏幕上实时显示着生物资源、林业有害生物、森林覆盖率等信息。

武夷山国家公园科研监测中心主任张惠光介绍，运用卫星遥感监测技术、无人机技术、智能视频监控系统，能够及时掌握国家公园森林火情、松材线虫病、环境容量预警等情况，实现动态监管。

"网格化"管理，织密防护网。武夷山国家公园管理局执法支队副支队长吕兆平说，将国家公园范围划分为98个网格，管护员、护林员、哨卡工作人员各司其职，加强山水林田湖草全要素、全天候巡查监管。

本刊记者随桐木执法中队护林员钟高旺巡山，他厚厚的背包里装满了干粮、应急包等物品，腰后用绳子别着一把柴刀，不时打开手机上的"巡山助手"App上传巡山实况。

"发现山林毁坏、松材线虫病、火灾隐患等情况，都需要拍照或录像上传，遇到紧急情况还可以通过App与后台连线。"钟高旺说，"每个月至少要巡山12次，每次短则4公里，长则超过8公里。"

据统计，一年来，武夷山国家公园共组织巡护9200余人次、巡护里程2.9万公里，查处破坏生态资源案件24起、处罚24人。

试点建设国家公园以来，武夷山国家公园生态保护交出了一份亮眼的成绩单，重要生态系统、自然遗迹、自然景观、生物多样性得到系统性保护。

一系列新物种被发现：武夷山卷柏、璞云舟蛾、雨神角蟾、福建天麻、武夷凤仙花、武夷山对叶兰……

一组组数据见证着生态持续向好：记录到国家重点保护野生植物30余种；森林植被加快恢复，覆盖率达96.72%。

推进"三茶"统筹发展

国家公园不能建成无人区，也不是隔离区。"我们主张'用10%面积的发展，换取90%面积的保护'。"武夷山国家公园管理局副局长陈威说，"着力构建绿色高质量发展管理模式，打造与绿水青山相得益彰的绿色产业体系。"

走进武夷山深处的嘉叶山舍，一场清新的山雨过后，幽静的青石板步道铺满落叶，素雅白墙的新式建筑独具韵味，在负氧离子"爆表"的空气中做深呼吸，馥郁茶香沁人心脾。

登高眺望山舍不远处的生态茶园，茶农正在躬身劳作，一垄垄茶树郁郁葱葱，与蓝天、白云、溪流相互映衬，一列列国家公园的宣传彩旗迎风招展，宛若一幅山水、人文相得益彰的油彩画。

"以生态茶园模式产出的茶产品，已逐渐在市场上占有一席之地，山舍则用以展示武夷山茶文化，成为茶旅融合的载体，国家公园的金名片和武夷岩茶的品质优势得以融合。"福莲嘉叶负责人何世安说。

生态茶园模式，即茶树间套种大豆、油菜，利用大豆的生物固氮效果作为"绿肥"，油菜开花后就地回田，补给土壤磷和钾，从而保住土壤养分，提高茶叶品质。

"曾经因为茶山出现土壤酸化，导致茶叶口感不佳、市场反应差，生态茶园推广后，这一问题得到极大改观。"星村镇黄村村党支部书记祝旻说，"全村已有3000 多亩茶山采用生态茶园模式，虽然茶产量比原先下降约三成，但茶品质提升明显，市场价格也较以往翻倍，实现茶农增收和生态改善的双赢。"

由零星试验到连片推广，在如今的武夷山国家公园，"头戴帽、腰系带、脚穿鞋"的生态茶园，正成为越来越多茶农的自觉选择。

武夷山市委书记杨青建介绍，2021 年 8 月启动全域生态茶园建设，按照"十四五"期间设定的目标，到 2025 年全市将基本建成近 15 万亩高标准生态茶园。

武夷山市的实践探索，是南平市推进茶文化、茶产业、茶科技统筹发展，推动茶产业全产业链融合的缩影。截至今年 9 月底，南平市已建成绿色生态茶园 39.9 万亩，打造绿色生态茶园示范基地 30 个，茶产业全产业链产值达到 350 亿元，成为乡村振兴的重要支撑。

"双世遗"加持国家公园金字招牌，武夷山从一张旅游名片成为全民共享的生

2022 年 5 月 10 日，福建省武夷山市桐木村工人在采茶（姜克红／摄）

态品牌。刚刚过去的国庆小长假，武夷山旅游市场强劲复苏、逆势上扬。

统计显示，今年"十一"假期，武夷山累计接待游客 23.22 万人次，较 2021 年同期增长 209.6%，较 2019 年同期增长 12.83%。

探索生态补偿机制，让"社会得绿、林农得利"，有效破解林农增收与生态保护之间的矛盾。

星村镇程墩村的 14 名村民，在 2022 年上半年拿到了一笔总共 5 万多元的收入，这源自他们与国家公园管理局签订的毛竹林地役权管理合同。

针对毛竹林实施的地役权管理，是武夷山国家公园首创。实施地役权管理，即毛竹林的林地、林木权属不变，国家公园获得经营管理权，林农不得开展采伐竹材、采挖竹笋等经营活动，每年每亩补贴 118 元。截至 2022 年 9 月底，国家公园范围内已有 4.5 万亩毛竹林实施地役权管理，共拨付补偿款 531.9 万元。

包括地役权管理在内，武夷山国家公园共设定生态公益林补偿、天然商品乔木林停伐管护补助、林权所有者补偿等 11 项生态补偿内容。其中，对园区内生态公益林按每年每亩 32 元的标准进行补偿，比园区外多 9 元。

桐木村党支部书记王坤武说："一系列创新机制让资源变资产，村民最多每年可以领取近 4000 元补偿款。"

据统计，通过生态补偿，村民可分享国家公园红利，国家公园范围内的桐木、坳头两个行政村人均收入较 2016 年明显增加，分别比周边村高 5100 元和 7000 元。

政策红利惠及社区

2022 年 2 月，一场以"关注森林·探秘武夷"为主题的生态科考在光泽县寨里镇举办，专家学者深入国家公园腹地，调查国家公园生态监测、生物多样性及垂直带谱分布状况。"这既有利于我们摸清国家公园的生态家底，更能进一步引导全社会共同关注、关心、推进国家公园建设。"张惠光说。

通过生态科考、科普展示馆建设、科普进校园等活动，"保护第一、全民共享、世代传承"的国家公园理念日渐深入人心。本刊记者走访中发现，社区群众对国家公园的认同感、归属感不断增强，绿色、低碳、循环的生产生活方式逐步形成，一幅幅人与自然和谐共生的美好画卷徐徐展开。

一场秋雨过后，桐木村口的一座旧石桥旁，三只猴子旁若无人地觅食，像是这里的老住户。有村民调侃说："大家不时会在山林里看到蛇、野猪，还有村民家里闯进了熊，攒了一季的蜂蜜被一扫而空。"

在与大自然漫长的交往史中，武夷山人一如既往地尊重自然、顺应自然、保护自然。当地干部形象地说："以武夷山国家公园为中心划三个圈，最里面是猴子住的，中间是游客玩的，最外围才是当地人住的。"

地处武夷山国家公园核心区的寨里镇大洲村村民小组积极响应国家公园生态移民搬迁工程，11 户 49 人全部搬迁"下山"，拆除区域全部完成造林绿化，复绿率达100%，展现出为生态保护"退避三舍"的慷慨。

与此同时，武夷山国家公园建设所释放的发展和政策红利，也为社区治理、产业发展提供了有力支撑。

陈威介绍，2017 年至今年 6 月，中央及省级财政累计投入武夷山国家公园体制试点建设资金约 21.7 亿元，为地方发展注入了强劲动力。

在黄坑镇，由国家公园管理局出资 60 万元完成坳头村景观提升工程，配合推进星桐公路改造提升工程建设，安排人居环境保护补助资金200万元，社区人居环境为之一新。

国家公园还鼓励村民参与特许经营、资源保护、旅游服务，公开择优招聘生态管护员、绿地管护员，引导社区居民参与国家公园建设，并在参与中获益。

武夷山永生茶业公司副总经理方舟说："公司 2018 年起投身生态茶园改造，第一片示范基地位于九曲溪上游，面积 1000 多亩，其中 200 多亩套种珍贵阔叶树，国家公园为公司免费提供了苗木。"

福建农林大学校长兰思仁说："武夷山国家公园后续建设的重点，在于坚持生态优先原则，推进产业升级与转型，更好缓解生态保护与社区发展、就业之间的矛盾，探索保护地可持续发展的新模式。"

对标新任务、新要求，南平市启动建设"环武夷山国家公园保护发展带"，通过实施生态环境保护、历史文化遗产保护、基础设施提升、文旅融合发展、乡村振兴示范等五大行动，在更好保护基础上，打造系统集成推动生态文明治理体系建设的"试验田"和"先行区"。

"平生饱识佳山水，直作东南第一看。"宋人喻良能曾这样赞美武夷山。

时至今日，巍峨的大王峰脚下，九曲溪上棹歌阵阵，竹海随风荡起绿色的波浪。朝着"文化与自然遗产世代传承、人与自然和谐共生的典范"目标，国家公园建设正让武夷山这颗明珠更加耀眼！

（本文首发于 2022 年 10 月 27 日，总第 867 期）

保护中华祖脉

文 /《瞭望东方周刊》记者姜辰蓉、付瑞霞　编辑高雪梅

秦岭山脉，与欧洲的阿尔卑斯山、北美洲的落基山一起，
被世界公认为三大具有生物地理分界意义的山脉。

秦岭和合南北、泽被天下，是我国的中央水塔，是中华民族的祖脉和中华文化的重要象征。地跨青、甘、陕、豫、鄂、川、渝六省一市的秦岭山脉，与欧洲的阿尔卑斯山、北美洲的落基山一起，被世界公认为三大具有生物地理分界意义的山脉。保护好秦岭生态环境，对确保中华民族长盛不衰、实现"两个一百年"奋斗目标、实现可持续发展具有十分重大而深远的意义。

秦岭主体在陕西境内，多年来陕西致力于秦岭国家公园创建，希望以此为契机对这座重要山脉进行整体性保护。2021 年 10 月，国家林业和草原局（国家公园管理局）正式批复《秦岭国家公园创建方案》。自此，秦岭保护进入新阶段。

巍巍大秦岭

秦岭山脉东西长约 1600 公里，陕西段涉及 6 市 39 个县，总面积 5.82 万平方公里，占陕西省域面积的 28.31%。

秦岭平均海拔 1200 米以上，主峰太白山海拔 3771.2 米，具有明显的自然景观垂直分异特征，水量充沛，秦岭水资源年储量达 220 多亿立方米，为汉江、丹江、嘉陵江和渭河支流黑河、石头河等河流发源地，是国家南水北调中线工程重要水源涵养区，承担了南水北调中线工程 70% 的输水量。

秦岭处于中国版图的正中央，北连黄土高原、南接四川盆地，森林覆盖率达

秦岭西安至宁陕段秋景（刘潇／摄）

80% 以上，大熊猫、金丝猴、羚牛、朱鹮并称"秦岭四宝"。这是一座特殊的山脉，是中国南北气候的分界线，也是我国古人类和古文化的重要发祥地之一。

山脉保护开先河

据陕西省森林资源管理局介绍，秦岭是陕西生态保护的首要阵地。

1965 年，在秦岭主峰太白山，建立了陕西省第一个自然保护区——太白山国家级自然保护区，这也是中国第一批国家级自然保护区之一。由此，秦岭海拔最高、生态功能最完整的生态空间率先进入了保护地体系。目前，秦岭范围已建成各类自然保护地 118 个，占总面积 1/4 以上。

1999 年以来，陕西开启恢复与重建秦岭生态的进程，全面停止天然林商品性采伐，秦岭生态保护进入全面修复模式。2007 年，陕西为秦岭立法，实施《陕西省秦岭生态环境保护条例》。

作为我国重要的生态安全屏障，历史上秦岭森林资源曾被过度利用。"靠山吃山"的老路，曾经让秦岭很"受伤"。乱搭乱建、乱砍乱伐、乱采乱挖、乱排乱放、乱捕乱猎，种种乱象丛生之下，山何以堪？现实的教训，给所有人上了一场"生态课"。其中，最让世人震惊的，是秦岭北麓违建别墅问题，最终西安境内共依法拆除 1185 栋违建别墅。

深刻汲取违建别墅事件教训，秦岭迎来了生态环境全面整治和最严格的保护措施。2017年，陕西省人大常委会修订通过了《陕西省秦岭生态环境保护条例》；2019年、2020年，陕西省政府分别印发《秦岭生态环境保护行动方案》《秦岭生态环境保护总体规划》等；2021年，陕西省发改委印发《秦岭重点保护区、一般保护区产业准入清单（试行）》。

同时，国家林业和草原局制定《陕西秦岭生态保护修复三年行动方案》，陕西省林业局制定实施《秦岭生态空间治理十大行动》《陕西省生态空间治理十大创新行动》，秦岭所在地各级政府，配套建立了制度规范和相应的组织机构。

在由乱到治过程中，"生态优先、绿色发展"理念逐步深入人心。

创建国家公园

近年来，陕西在秦岭区域实施一系列生态修复工程，持续开展植树增绿行动。根据国土"三调"数据，秦岭陕西范围森林覆盖率达到80%以上，林地、草原、湿地等生态空间面积占89%以上。同时，陕西统筹山水林田湖草沙综合治理，在秦岭区域累计治理小流域207条，对耕地实施坡改梯7万多亩，治理水土流失面积7131平方公里。常态化开展全域遥感监管，做到水土流失动态监测全覆盖，实现水土流失面积和强度"双下降"。

目前，保护区内违法违规开发活动等威胁生态保护因素得到有效遏制，生态系统和重要物种栖息地保持稳定。陕西"秦岭四宝"中，秦岭大熊猫种群野外种群由多年前的273只增加到345只，栖息地面积540多万亩。羚牛和金丝猴数量也持续增长，分别达到4000只和5000只。有着"东方宝石"之称的朱鹮，更是由1981年的7只发展到目前的7000余只。

地方和群众生态保护意识显著提高。为保护秦岭生态，陕西佛坪县陆续关停12家小水电和几十家矿产企业，这些企业中有的规模超亿元。"壮士断腕，肯定有阵痛。"佛坪县委书记李志刚说，"但当好秦岭生态卫士，保证一泓清水永续北上是我们的使命。"

根据秦岭保护要求，许多工矿企业被永久关闭，部分采矿权被要求退出。金堆城钼业股份有限公司副总经理马骁介绍，公司为此损失矿石超过1亿吨，矿山服务年限减少了25年，综合损失45亿元，"可保护秦岭是国之大者，我们绝无二话"。

在生态保护的前提下，秦岭地区各县区持续探索适合自身的发展路径。全境处于秦岭之中的商洛市，今年4月和中科院合作发布"商洛市生态产品价值和碳汇评

陕西省汉中市洋县朱鹮生态园（刘潇／摄）

估平台”，探索秦岭生态价值的“可度量”“可查询”。

陕西林业部门负责人表示，秦岭陕西段涵盖 5.82 万平方公里的国土，是一个非常复杂的生态空间，涉及 6 市 39 县，包括自然保护区、风景名胜区、地质公园、森林公园、湿地公园等保护单元 500 多处，还有基本农田、耕地、水电站、采矿，分属林业、水利、文物等多个部门，出现多头管理、条块分割的现象。因此，为了对秦岭进行整体性保护，陕西着力创建秦岭国家公园。

“国家公园实行‘一园一牌一套机构’、统一管理，打破了保护地之间的藩篱，连通野生动物栖息地，拓宽生态廊道，大大消减因为行政区划、生态岛屿化造成的条块分割局面，统筹协调，实行特许经营。这必将为秦岭带来更科学、更完备的保护。”陕西省林业调查规划院副院长葛安新说。

自 2013 年 11 月党的十八届三中全会提出“建立国家公园体制”以来，先后有 9 位全国人大代表和政协委员分别就“秦岭国家公园建设”向全国两会提交议案、提案或建议。与此同时，一些政府部门、社会团体、大学与科研机构以及社会人士也纷纷撰文，以不同形式表达对建设秦岭国家公园的浓厚兴趣和极大关切。

2019 年，在国家林业和草原局（国家公园管理局）的组织下，首支秦岭国家公园国家考察队进入太白山实地考察，并形成调研报告。

2021 年 10 月，国家林业和草原局（国家公园管理局）正式批复《秦岭国家公园创建方案》。2021年11月，陕西省政府印发通知，成立陕西省建设秦岭国家公园工作领导小组，由省长任组长，22个省级相关部门和6个相关设区市主要负责人任组员，协同推进秦岭国家公园创建工作。

整体保护，突出特点

《秦岭国家公园创建方案》得到批复，引发了各界关注。

葛安新介绍，国家公园的核心保护区内，原则上禁止人为活动，实行最严格的生态保护和管理。在核心保护区内的原住居民将会纳入有序搬迁规划，对暂时不能搬迁的，可以设立过渡期，允许开展必要的、基本的生产活动，但应明确边界范围、活动形式和规模，不能再扩大发展。而一般控制区则允许对生态功能不造成破坏的有限人为活动，原住居民在不扩大现有建设用地和耕地规模的前提下，保留适量种植面积、适度放牧、捕捞和养殖。

国家公园范围内的耕地也要做出相应调整。"秦岭国家公园规划范围既包括原有的自然保护地，也包括一部分非自然保护地。处于原有自然保护地内的耕地、永久基本农田，将按保护地整合优化相关规定执行；处于国家公园之内、原自然保护地以外的永久基本农田，国家公园进行区划时原则上不予划入。处于核心保护区的耕地，原则上予以退出。"葛安新说，"暂时无法退出的耕地，与原住居民一样，可以设立过渡期，过渡期内不得扩大原耕种面积规模。处于一般控制区的耕地，考虑到居民生活的需要，允许非资源损伤的适量种植面积。"

秦岭国家公园创建区位于秦岭陕西段核心区域，范围沿秦岭山系主梁，东至渭南白云山，西至陕甘省界马家沟，南至汉中市勉县长塆梁，北至华阴索家窑。按照相关规定，秦岭国家公园正式设立后，核心保护区原则上只对科学研究、考察、监测等活动开放，一般控制区将规划一定范围，根据环境容量合理确定访客承载数量，通过预约制度对公众开放。

葛安新表示，秦岭国家公园设立后，秦岭将迎来更严格、更科学的保护。《陕西省秦岭生态环境保护条例》的核心区面积0.81万平方公里，占秦岭范围面积的13.92%。国家公园对核心保护区面积的要求是占比不低于国家公园总面积的50%。所以，秦岭国家公园的核心保护区不仅包括了条例的核心保护区，还包括条例的重点保护区，甚至极少量的一般控制区，核心保护区将进一步扩大。

（本文首发于2022年10月27日，总第867期）

特许经营，昂赛试验

文 /《瞭望东方周刊》记者王剑英　编辑高雪梅

国家公园特许经营项目是指在园内开展的公众服务，目前仍处于小规模试点探索阶段。
昂赛自然体验项目是其中颇受关注的"早鸟"。

服务一场自然体验的收入，45% 接待向导拿，45% 纳入社区基金，余下 10% 用于本地生态保护——这是三江源国家公园内昂赛乡雪豹自然体验项目（以下简称昂赛自然体验项目）的收入分配模式，也是我国首批国家公园特许经营试点项目之一。

国家公园特许经营项目是指在园内开展的公众服务，它一方面引领大众亲近自然，激发保护自然的热情，继而反馈生态保护；另一方面，为当地居民增加经济收入，实现绿水青山到金山银山的转化。目前，该项目仍处于小规模试点探索阶段。

昂赛自然体验项目是其中颇受关注的"早鸟"。它以青海省玉树藏族自治州杂多县昂赛乡境内的优质自然生态，尤其是"雪山之王"雪豹的独特资源为支点，引入当地牧民参与，借力公益组织山水自然保护中心的技术支撑，走出了一条特色之路。

日前，《瞭望东方周刊》采访了该项目的体验者、牧民向导、策划设计者以及相关专家，受访者分享了各自的感想、实践与思考。以下是他们的讲述。

美好相遇

我叫鞠宇，在北京工作，一直很喜欢大自然。2022 年暑期，我和丈夫、9 岁的儿子自驾游 16 天。其中，4 天 3 晚是参加昂赛自然体验项目。这个项目需要提前通过"大猫谷"网站预约。

桑周是我们的接待向导，一名本地藏族小伙子，汉语相当好，他开车到玉树城

昂赛风光（山水自然保护中心／供图）

里接我们。他家在海拔 4200 米的山腰上，客房是集装箱改装的，干净整洁；他太太在山上的牧场放牧，每天骑着摩托车回来给我们做饭，饭食有荤有素有水果，奶茶随便喝。

每天一大早，我们带上望远镜、相机，由桑周开车，去不同的山谷、垭口转悠，看各种野生动植物，晚上才回来。遇到雪豹这种事得靠运气，我们并不强求。

和拟楼斗菜的美好相遇是我此行的一大收获。做攻略时，我在《三江源国家公园自然图鉴》书里看过照片，这是一种精灵般的高山植物，花朵是浪漫的紫色，7 月正是花期，但在三江源转悠好几天都没有发现它的身影。

有一天经过某个拐弯处，似乎有丛紫色一闪而过，当时因为肚子疼，没有叫桑周停车。晚饭后，我自己遛达着往回找，拐了七八个弯还没找到，便打算回去了，突然听到有鸟叫，下意识抬头看了一眼——只见一株拟楼斗菜长在岩石上，花开得正艳，太令人惊喜了！我手足并用，爬上去拍了照。

我儿子最欣喜的是亲眼见到了雄性马麝。这是一种神奇的食草动物，非常害羞，长着长长尖尖的两颗上犬齿，我和儿子此前看到它的照片时，哈哈大笑，"取笑"它该怎么吃草呢？

在山坡上偶遇雄马麝时，它扭头侧脸看着我们。望远镜里那两颗长长的牙齿是那么清晰，儿子当时可开心了："哇！它真的长成这样子！太不可思议了！"

我丈夫印象最深的则是拍藏狐时遇到惊险一幕。藏狐妈妈带着 4 个宝宝住在一家牧场边上，我们在离它洞口十几米处停下来拍照，桑周趴在地上，用一个长筒相机拍。突然，牧场主人带着两只大狗过来了，藏狐妈妈"嗖"的一声跑了。

原来，牧场主人觉得我们形迹可疑，以为我们要抓小藏狐。那两只大狗特别凶，我们吓了一跳，桑周赶紧用藏语解释，对方知道是误会后，不好意思地走开了。但我觉得特别好，说明当地民众的动物保护意识非常强。

昂赛的环境真好，我从未见过那么干净的山和水，放眼所及，看不到塑料袋、烟头、饮料瓶。当地有很多像蒙古包一样的垃圾站，美观又干净。一想到自己在城里有时候连垃圾分类都做得不够到位，我就很惭愧。

这 4 天 3 晚我们共花费了 6700 元：向导费每天 1000 元，食宿费每人每天 300 元，性价比挺高。如果下次再去，希望能深入山里面走走看看，如果能亲身体验一下安装或检测红外相机就更好了。

体验结束后，我填了一份反馈单，给向导打了满分 10 分，项目总体评价打了 9 分。要说还有什么建议，主要是预约流程有些繁琐，预约入口应该再多一些，服务菜单可以再丰富些。

把活儿干好了

我叫桑周，今年 28 岁，家住昂赛乡日清村大峡谷内，是昂赛自然体验项目的一名接待向导。这个项目一共有 22 个向导，其中 7 个在我们村。

我的祖辈都住在这里，以放牧为生，现在整个村子都被划入三江源国家公园。

政府很支持这个项目。2020 年，我家领到了一个 42 平方米的集装箱，收拾、布置好后提供给客人住。因为来这里的体验者越来越多，为了改善接待条件，政府还投入资金为每个向导家庭盖木屋，面积约 80 平方米。目前，昂赛乡已建好 5 个，有客厅、洗澡室、厕所，男女可以分开住。集装箱只有一个大空间，我很期待我家的木屋建成，客人来时优先住，平常可以自己使用。

政府提供了那么多支持，对我们只有一个要求：把接待这活儿干好！

为了当好向导，我花一个月时间考了驾照，还把家里的面包车升级成 SUV。客人不喜欢喝这边的河水，因为矿物质多、有咸味，我特地在家门口打了井，花了

3200 元。

山水自然保护中心对我们帮助很大，每年提供三四次培训，帮我们提升接待水平，还帮助大家学习汉语，他们很专业，态度也很好。他们的工作站设在邻村，常驻有五六人，我们经常互相串门，关系很好。

第一次接待后，客人给山水自然保护中心反馈厕所的问题，这边厕所的条件跟城里差距很大。在山水自然保护中心的建议下，我把自家厕所条件也改善了。

大多数客人都是冲着雪豹来的。有时候运气不好，没能看到雪豹，作为向导，我心里很不好受，觉得客人大老远跑过来，没能帮他们达成心愿，很有压力。他们反而会安慰我，说没关系。

客人希望体验游牧民族的生活，尤其喜欢穿着我家的藏服拍照，他们还喜欢挤牛奶。我家养了 74 头牦牛，山上有几千亩的牧场，平常都是妻子在打理。

当向导 4 年，我一共接待了 11 拨客人共 31 个人，他们最长待了一星期，最短也有 4 天，我个人的收入约为 2.8 万元。我还有一份工作，当三江源国家公园的生态管护员，一年收入是 2.16 万元。

我很感谢这个项目给家里带来的变化。再过两三年，为了孩子上学，我们会搬到城里住，即便如此，我还是愿意继续做这份工作。

尝试新模式

我叫赵翔，是山水自然保护中心昂赛自然体验项目的负责人。

山水自然保护中心是从事生物多样性研究和保护的公益组织，2007 年进驻三江源地区，2010 年开始做雪豹研究和保护。2015 年，三江源国家公园开始体制试点，这是件大事，作为一家自然保护机构，我们希望能参与到国家公园建设中来。

国家公园里生态保护第一，但也需要提供好的生态产品，满足人们的游憩需求，所以自然体验这事很重要。它区别于传统景区旅游的自然体验，应该讲述科学的、生态的故事，能够重塑人们对于自然的感情。此外，本地牧民是三江源地区的保护主体，还得考虑如何让他们参与进来。

因此，我们和地方政府、当地社区一起开发了昂赛自然体验项目，2018 年正式启动，并拿到了首批国家公园特许经营的授权。

在这个项目里，山水自然保护中心只提供技术支持，不参与商业运营、不分钱，还投入了不少经费，项目主体是当地的牧民合作社。

我们主要做了这些事：进行生态监测与科学研究，比如这里有多少只雪豹，它们怎么生活，什么时候最可能出现；设计了自然体验路线；为社区和向导提供系列培训等。团队核心成员 20 余人，参与的志愿者有 100 多人。

三江源国家公园管理局以及地方政府给予自然体验项目很多支持，比如提供集装箱、建木屋。此外，政府在媒体上表态支持，对于项目开展是非常大的助力。

至 2021 年底，该项目接待了来自世界各地的 177 支自然体验团队，共计 453 人次，为昂赛乡社区带来 176.8 万元的总收益。其中，社区公共基金 97.3 万元，22 名向导的家庭户均增收 3.61 万元。公共基金将用于昂赛乡全体牧民的医疗保险购买、困难家庭的补助和野生动物救助等。

95% 的体验者都给出了非常积极的反馈，也有人提出具体建议，比如厕所问题。来自向导的反馈也很积极，他们很自豪能被选上，和体验者的互动又进一步提升了自信，物质上和精神上都有收获，都觉得未来更可期。

至于一次只有一名体验者，导致向导收入不高的问题，我们已经在研究解决方案：首先建议体验者组团预约；如果同期预约者足够多，建议随机拼团；当然，这些无法强求。我们还可调整、优化后端分配机制，未来可视情况对向导收入比例作一些提升。

在这个项目里，山水自然保护中心承担的社会职责是创新，我们想探索、示范一种可能性：在国家公园建设里，把当地社区和民众作为经营、运营和收益的全面主体，提供好的生态产品。过去的自然保护地旅游项目模式，大都是以企业或政府为主体，社区很少被作为主体纳入。

将来的国家公园，肯定会有各种模式。昂赛模式不一定能被完全复制，因为各地客观条件不一样，但它所倡导的社区力量参与的理念，是可以被广泛接纳、应用的。

这个项目越来越受到各方重视，发展速度越来越快，我反而有些担心。人越来越多，是否会干扰到生态系统？配套设施能否跟上？一个村庄一天接待 50 人还行，同时来 500 人怎么办，厕所就是个很大的问题……将来商业力量如果介入越来越多，可能会对生态保护产生不利影响，这需要引起注意。

三江源生态能保护得这么好，是因为这里传统文化中对于山和水的敬畏。除了提升管理水平，未来这里必须要加强跨学科的科学监测和研究工作，评估人类活动对于生态系统的影响，以及当地人的态度变化。千万不要因为发展旅游而忘记了保护生态的第一职责。

做好规范

我叫杨锐，是清华大学国家公园研究院院长，我们院由国家发展和改革委员会、清华大学共同发起成立，定位为国家公园和自然保护地领域的高端专业智库。昂赛自然体验项目是我比较关注的特许经营探索项目之一。

整体而言，这个项目是在国家公园里对于生态体验、自然教育的一种有益尝试。它很好地实践了以保护生态为前提，没有因此建设道路、旅馆、广场等破坏生态的设施。此外，当地牧民得到实实在在的好处，牧民们世世代代在这里生活，让他们过上越来越好的生活，本身就是国家公园建设的目标之一。

国家公园三大理念中的生态保护第一和全民公益性，在这个项目中都得到落实。

山水自然保护中心不以盈利为目的，他们的负责人曾告诉我，等将来牧民的经营、管理能力提升之后，会将项目完全转移到牧民手中，也就是完全本地化。通过一个外来组织一定阶段的帮助，牧民们将这些自然保护、自然体验、自然教育的知识完全转化成自己的能力，实现整个社区的受益，确实是值得点赞的。

特许经营是当下国家公园建设探讨的一个重要方面，已有多个试点项目在展开。如海南热带雨林国家公园，探索包括服务设施类、销售商品类、生态体验等共九大类近50种；武夷山国家公园将九曲溪竹筏游览、环保观光车等纳入特许经营范围，实行目录管理等。

眼下，要给特许经营做好规范。我总结了四个原则：

一是一定要坚持生态保护第一和最严格的保护，把特许经营项目对自然生态环境和人文遗产的影响降到最低。

二是社区优先受益权和优先经营权应得到保障，做到这一点，社区治理和社区共管就可变成最大亮点。

三是为保障国家公园的全民公益性和普惠性，要防止特许经营变成垄断经营，防止特许经营变成为少数人服务的楼堂会所。

四是整个决策过程要保持公开、公平、透明和可追溯。

（本文首发于 2022 年 10 月 27 日，总第 867 期）

为了人民福祉而保护

——专访国家公园研究院院长唐小平

文 /《瞭望东方周刊》记者王剑英　编辑高雪梅

以国家公园为主体的自然保护地建设，其中一个基本原则就是生态为民、科学利用，
这不是为了保护而保护，是为了人民福祉而保护。

中国实行国家公园体制，目的是保持自然生态系统的原真性和完整性，保护生物多样性，保护生态安全屏障，给子孙后代留下珍贵的自然资产。生态保护第一、国家代表性、全民公益性是国家公园三大理念。

这是一项长期而艰巨的任务，必须持之以恒，久久为功。

自 2021 年 10 月第一批 5 个国家公园正式设立以来，国家公园建设这一年进行了怎样的探索与实践？取得了怎样的成绩？对于发展中出现的挑战，有何破解良策？

日前，国家公园研究院院长唐小平接受《瞭望东方周刊》专访，进行了相关分享。研究院由国家林业和草原局、中国科学院联合成立。

稳妥有序

《瞭望东方周刊》：站在第一批国家公园设立一周年的节点上，如果用一个词来描述国家公园建设的整体状态，你会用哪个词？

唐小平：我会用"稳妥有序"。

我们稳步推进第一批国家公园的建设管理，从政策、制度、标准等各个基础方面，推进它们的高质量建设。国家林业和草原局下发多个文件，并会商 5 个国家公园相

2022 年 4 月 21 日，游人乘坐竹筏在福建省武夷山国家公园九曲溪上游览

关省分别召开局省联席推进工作会议，就重大问题交换意见，就主要任务提出明确要求，形成共识。同时，积极谋划建设全世界最大国家公园体系的方案和路径，积极推进新一批国家公园设立的前期工作。

《瞭望东方周刊》：国家林业和草原局（国家公园管理局）作为主管机构，这一年的工作重点是什么？

唐小平：从大面上来说，主要开展了如下工作：

一是推动国家公园的勘界立标。就是在边界上设立标志，让老百姓知道国家公园的边界范围在哪儿。以前只是在图纸上划范围，没有落到地块上。现在这项工作基本上完成，有一些正在组织核实、验收。

二是组织编制各国家公园的总体规划。规划制定了近十年内的管理目标、主要任务和工作重点等。现在 5 个国家公园的总体规划已经基本编制完成，正在优化过程中，很快就会印发实施。

三是加强生态保护力度。2022 年中央财政对国家公园建设投入了 42 亿元，比2021 年翻了一番。资金重点用在生态保护方面，如建设天空地一体化监测体系等。

在各方推动下，5 个国家公园生态改善效果明显。

《瞭望东方周刊》：第二批国家公园建设有何进展？

唐小平：我国要建设全世界最大的国家公园体系，我们正在做全国的国家公园空间布局方案，也就是国家公园发展的总体规划。今后中国大致有多少国家公园、在什么地方建、建多大规模，方案里有一个顶层设计。待国务院批复以后，相关的省区市就会按照方案进行申请、创建国家公园的工作。

今后，国家公园的正式设立将有一个"申请—创建—成效评估—设立—审查—上报审批"的过程，只要通过评估，成熟一个，设立一个。

新一批的重点是在事关国家生态安全的几个关键区。比如，青藏高原地区有 3 个国家公园正在创建中；黄河流域的黄河口、长江流域的秦岭、西北部干旱地区的卡拉麦里等，这些地方基本上都完成了创建任务，有一些已经通过了评估验收。

现在国家公园的整体原则还是稳妥有序，未来 3 到 5 年，国家公园建设的关键词是高质量。成熟一个，设立一个；设立一个，高质量建成一个。

探索与成绩

《瞭望东方周刊》：5 个国家公园各自特质明显，在一年的探索中，各自成绩如何？

唐小平：东北虎豹国家公园针对东北虎、东北豹的迁徙做了大量工作。许多以前因为林下种植、养殖项目拉的铁丝网，被大量清理，使野生动物的迁徙更加通畅。东北虎、东北豹从边境线往内陆扩散的速度明显加快，吉林珲春市几乎山山有虎豹活动。

此外，开发建设给保护让路，园区 200 多个矿权被关停处理。为此，地方政府下了很大决心。

大熊猫国家公园是在原有 73 个保护地基础上整合形成的，以前分头管理、片段化管理、交叉重叠管理现象非常明显。现在基本上实现了统一保护、统一管理，这是它最大的变化。这里以前建设了许多水库、道路、旅游区等基础设施，使得大熊猫被分隔成 13 个相对独立的局域种群，有的种群数量只有三四只，一年来加强各区域间的廊道建设，效果显著。

四川省对园区内的 200 多个矿权进行了关停处理，近百座小水电退出，还有百余座小水电明后年会逐步分类处置。

三江源国家公园重点围绕生态保护开展工作。这里是高海拔地区，受电力和通信设施限制，很多生态情况并没有摸清楚。一年来通过加大监测力度，引入先进技术，效果显著。比如，监测方舱车进驻到了长江源头的各拉丹东冰川脚下，监测结果通过卫星传输，坐在家里就能看到长江源头的第一滴水是怎么形成的。

海南热带雨林国家公园重点对执法进行了探索。由于"国家公园法"还未出台，这里正在探索将地方政府和国家公园管理机构的力量结合起来，委托森林公安承担综合执法功能，形成了比较好的模式。

武夷山国家公园这一年探索的重点是：如何将旅游与国家公园的全民共享理念结合得更紧密。国家公园提倡自然教育、自然游憩性质的旅游，而不是走马观花的大众旅游。武夷山以前旅游业发展得很好，一年来对一些旅游项目进行了规范，进一步引导大家往自然教育、生态体验发展，社区特许经营也是一种正在探索的生态旅游模式。

武夷山是重要茶叶产区，这里曾开垦了不少茶山，影响了生态。国家公园设立以后，滥开垦的势头得到控制，对违法开垦的茶山进行了清退。园区拿出少量优质土地建设生态茶园，提高茶叶产品附加值，在这方面下了很大的功夫。

发展和规范

《瞭望东方周刊》：一年间，针对5个国家公园在建设过程中暂时出现的问题，有何解决思路？

唐小平：第一批国家公园设立以后，还存在一个建设管理的空档期。相关体制机制都需要时间去探索和建立。

在机构方面，已经有4个国家公园上报了机构设置方案，正在审批程序过程之中。

立法方面，最近《国家公园法》的立法进程明显加快，征求意见稿已经在网上公开了，据我了解，反响非常热烈，受关注度非常高。

执法方面，大家都在探索。比如，大熊猫国家公园在四川天全县探索了地方政府派驻、进行生态环境综合执法的模式，武夷山国家公园实行了国家公园综合执法大队模式，海南雨林国家公园探索依托森林公安建立综合执法体系。每个国家公园情况不一样，但我们希望能建立一个统一规范的执法体系。

生态补偿方面，财政部、国家林业和草原局（国家公园管理局）9月正式发布了《关于推进国家公园建设若干财政政策的意见》，其中对生态补偿作了进一步规定。

所以，如出现困难挑战，都是暂时的，未来可期。

《瞭望东方周刊》：国家公园特许经营近来很受关注，未来应如何发展和规范？

唐小平：在国际上，特许经营是对自然保护地进行资源利用、管理的普遍做法，也是非常成功的做法。

特许经营是什么？就是把管理权与经营权分开，国家公园主管部门不直接参与经营，只提出生态环保的要求与约束，企业或个人在满足要求的情况下，去争取经营的机会。整个经营活动要受到主管部门的监管，如果不符合生态要求，可以令其整改或退出。

这种制度设计，恰恰就是为了杜绝既当裁判员又当运动员的那种问题。在推进特许经营的时候，主管部门是比较慎重的。

目前特许经营还需要试点。

比如，公共服务本应由主管部门提供，能搞特许经营吗？是只有经营性项目才可以搞吗？哪些才属于经营性项目？谁来特许？定价机制怎么形成？特许以后，收入应该如何处置？

这些都需要在实践中逐步摸索和规范。有一些经营性项目，设施投入大、周期长，需要的合约时间就长。如果在这些规范还没有研究好的情况下就把合同签了，可能会造成一些后遗症。所以还是先搞一些短周期的、投入不大、易管理的小项目做试点，往前走，过程中发现问题，随时调整解决，再慢慢推广。

全民公益性

《瞭望东方周刊》：全民公益性是国家公园建设的三大理念之一，五大公园分别做了哪些事，去实践这一理念？

唐小平：全民公益性主要体现在，要让大家能够走进自然、亲近自然，享受我们生态保护的成果，从生态旅游、自然教育等方面来激发大家保护自然的热情。

这方面，5 个国家公园的起点不一样，具体实践情况也很不同。

武夷山国家公园此前在旅游管理方面有很多经验，如何将原来的大众旅游与生态旅游结合起来，使其内容更丰富，他们这方面有很多探索。

其他 4 个国家公园以前主要以保护为主。比如，东北虎豹国家公园基本就没有开展过旅游类活动。三江源国家公园在青海的昂赛乡、黄河源探索了一些自然教育、自然游憩类的、相对高端的旅游项目。

这方面还得有一个过程。

《瞭望东方周刊》：全民公益性强调为全民服务，普通人能够为国家公园的建设做点什么？

唐小平：可以做很多事情。

一是可以做一些志愿、公益的活动，支持国家公园的建设。现在应该把志愿者制度建立起来，比如什么情况下需要志愿者参与？志愿者是不是要进行培训、管理？

二是每个人可以对国家公园的建设管理提出意见和建议，以及监督。现在互联网这么发达，发个朋友圈、微博或者短视频，都能起到很好的作用。

最简单的方式就是捐钱、捐物。我们正在探索能否成立国家公园基金，这样大家捐赠就有了一个渠道，将来这些钱干了什么事，也有反馈机制。

《瞭望东方周刊》：国家公园所在省、市、县的政府，还可以从哪些方面着力，助力国家公园建设？

唐小平：目前，除东北虎豹国家公园，另外4个都是委托省级政府管理，他们要成立专门的管理机构，建立规范的管理队伍，每年要有一定的资金投入，要进行监测、监督和考核等等，这方面都是地方政府的主体责任。

实际上，市、县级地方政府，主要负责国家公园范围里面的社会管理和社会服务，因为还有居民在公园里面，包括国民经济发展、社会公众服务、基础设施建设，甚至防灾、减灾等，都是地方政府的责任。他们应该把国家公园范围里面的公共服务体系和公园外一体化考虑，实现公共服务均等化。

市、县级地方政府还可以和国家公园管理机构联合起来做很多事情。将来参与自然体验的游客会越来越多，国家公园外面需要提供食宿保障，双方可以联合起来打造入口社区。其中访客中心、宣教监测设施可以由国家公园管理方主导建设，其他的服务型设施比如交通、食宿、物流等则由地方政府主导建设，这样也能带动地方经济的发展。

中国特色

《瞭望东方周刊》：相比国外，我国的国家公园建设起步较晚，但中国特色明显，主要表现在何处？

唐小平：国家公园不是一个新鲜事物，在国际上已经有一百多年历史了。建设有中国特色的国家公园体制，我理解这个特色主要表现在以下方面：

第一，功能定位更加强调生态保护功能。在国家公园的三大理念中，"生态保

游客在湖北省神农架国家公园大九湖游览（杜华举／摄）

护第一"排第一位。国家公园是生态保护措施，重点是要保护自然生态系统的完整性、原真性，保护生物多样性。

美国当年提出建立国家公园，主要是为了给民众提供一个到自然里面去旅游的场所，因此在初期，美国把大量道路、宾馆等设施都修到了公园里面。但是回过头来看，进去的人越多、越深入，对生态的破坏、干扰也会越大。美国在为国家公园做百年总结的时候，也发现了这个问题：国家公园不强调保护，一味搞旅游开发是不行的，是不可持续的。

中国吸取了国外的这些经验、教训，可以少走很多弯路。从建设开始，我们就把保护放在第一位，只有保护好了，才能可持续地进行全民共享。

到目前为止，世界自然保护联盟对国家公园的定位是，将保护生态系统与提供游憩活动视为并列目标，而中国的国家公园首要目标就是生态保护。这是中外最大的不同。

第二，中国更加强调人与自然的和谐。在美国、加拿大、澳大利亚等国，荒野区域很多，很容易找到无人区或者人口少的地方建国家公园。中国人口多是基本国情，即使在三江源这类高海拔地区，照样有牧民放牧；大熊猫国家公园设立的时候，一些人口较集中的地方没有划入到国家公园范围里面，即便如此，目前仍有逾十万居民生活在国家公园里。

中国建国家公园，强调生态保护离不开人的问题，不可能因为保护就不考虑他们的生存问题。我们希望建立人与自然和谐共生的一种新模式。

大熊猫国家公园今年有一个很好的尝试，即国家公园原生态产品认证。国家公园里的茶叶、水果、蜂蜜等产品，允许其贴大熊猫国家公园的牌子。这样上述产品在市场上会更受关注，价格也会更高一些。2022 年已经有 6 家企业的 20 多种产品获得了认证。

绿水青山就是金山银山。生态产品的价值，必须要有转化途径。以国家公园为主体的自然保护地建设，其中一个基本原则就是生态为民、科学利用。这不是为了保护而保护，是为了人民福祉而保护。

（本文首发于 2022 年 10 月 27 日，总第 867 期）

第 13 章
高质量建设森林"四库"

中国林产业，迈向高质量

文/《瞭望东方周刊》记者王剑英　编辑高雪梅

"发展林业产业，向森林要效益，回归到最本质的一句话就是：绿水青山就是金山银山。"

　　7月5日，广西壮族自治区印发《广西万亿林业产业三年行动方案（2023—2025年）》，提出到2025年，广西林业产业总产值力争达到1.3万亿元。

　　数据显示，过去十年，广西林业实现跨越式发展，林业产业总产值从2012年的2194亿元增加到2021年的8487亿元，年均增长16.2%。

　　在广东，油茶、竹木、药材已成为林业经济的三大主力，林间种菜、菌、茶、花、药，林下养蜂、禽，林中发展森林旅游、森林康养……一座多元立体式"绿色金库"呼之欲出。2021年全省林业产业总产值达8607亿元。

　　两广地区是我国林业产业蓬勃发展态势的缩影。森林这座宝库，不仅提供生态服务功能，还衍生出林业一二三产业，涵盖范围广、产业链条长，催生了巨大的经济效益。我国林业产业已迈入高质量发展阶段。

　　国家林业和草原局改革发展司相关负责人告诉《瞭望东方周刊》，林业产业是规模最大的绿色经济体，肩负着生态惠民、绿色富民的重大使命。

　　"发展林业产业，向森林要效益，回归到最本质的一句话就是：绿水青山就是金山银山。"北京林业大学生物科学与技术学院教授张柏林告诉《瞭望东方周刊》。

产业兴旺

　　《2022年中国国土绿化状况公报》显示，我国拥有森林面积2.31亿公顷，森林

2022 年 7 月 8 日，广西姑婆山自治区级自然保护区一角（曹祎铭／摄）

覆盖率达 24.02%。目前，中国森林资源面积居世界第五位，人工林面积多年来稳居世界首位。2010 至 2020 年间，全球新增森林面积的一半以上来自中国。

家底丰厚，产业兴旺，数据喜人。

国家林草局改革发展司相关负责人介绍，我国是世界上林业产业发展最快的国家，也是林产品生产、贸易、消费第一大国，在经历了十几年年均两位数的高速增长期后，我国已形成经济林、木材加工及木竹制品制造、森林旅游康养、林下经济四个年产值超过万亿元的支柱产业。

2022 年，全国林业产业总产值 8.04 万亿元，是 2012 年的 2 倍多。全国经济林产品年产量超过 2 亿吨，种植、采集和加工产值超过 2.2 万亿元，核桃、油茶、板栗、枣、苹果、柑橘等主要经济林面积和产量均居世界首位。

产业规模稳步增长，产业结构也在不断优化。2012 年，林业一二三产的产值结构为 35:53:12，到 2021 年优化为 31:45:24。

我国已连续 18 年成为世界林产品贸易第一大国，2022 年林产品进出口贸易额超过 1910 亿美元，是 2012 年的约 1.5 倍。木浆、原木、锯材进口量和木制家具、人造板、地板出口量均居世界首位，对国际林产品市场的影响力持续提升。

林业产业是我国战略性新兴产业发展的重点之一，在七大战略性新兴产业中，与生物产业、节能环保、高端装备制造、新能源和新材料等五个领域密切相关。

据国家林草局改革发展司相关负责人介绍，当前我国林业产业发展特点表现为"四个转向"：

由做大转向做优，市场主体持续壮大。产业链、供应链、价值链加快延伸融合，规模以上企业不断涌现，企业市场竞争能力和抗风险能力持续增强。目前，全国共有国家林业重点龙头企业 677 个、国家林业产业示范园区 75 个、林特类中国特色农产品优势区 37 个、国家林下经济示范基地 649 个、国家森林康养基地 96 个。

由分散转向集聚，产业集中度持续提高。林业产业区域化和专业化特征日趋明显，中东部、两广地区成为人造板生产中心，东北地区成为森林食品和森林药材主产区，东南沿海成为花卉产业和家具制造业主要基地，西北地区成为经济林产品生产基地，西南地区成为森林旅游密集区。

由制造转向智造，创新能力明显增强。进入新时代，林业产业由最初以采伐和木材加工为主的森林工业，向智能化、高端化、多样化发展。

由单赢转向共赢，就业增收与生态保护双促进。林业产业的持续快速发展，助推了地方经济，创造了大量就业机会，成为偏远地区人口就业增收的重要途径，也有力推进了当地生态建设。全国直接从事林业产业的就业人口达 6000 万。

打造"四库"

2022 年 3 月 30 日，习近平总书记在参加首都义务植树活动时指出："森林是水库、钱库、粮库，现在应该再加上一个'碳库'。"

"四库"表述，精辟而形象地阐明了森林在国家生态安全和人类经济社会可持续发展中的基础性、战略性地位与作用。

中国民间有一句俗语："山上多栽树，等于修水库。"

统计数据显示，每平方公里的森林可贮存 5—10 吨水。下雨天，茂密森林的树冠能截留 15%—40% 的降水量。

中国工程院院士、国际木材科学院院士蒋剑春认为：森林是钱库，主要是指森林可以向人类持续提供多种产品，包括木材、能源物质、动植物林副产品、化工医药资源等，这一切构成了"绿色 GDP"的核心内容。重视森林，就是重视经济社会可持续发展。

作天然"粮库"，从粮油、水果到香料、野菜，森林为人们提供着源源不断的食物资源。"向森林要食物"是近两年林业产业领域的热词。据《中国林业和草原统计年鉴 2021》，我国各类可食用林产品总量达 20334.36 万吨，占 2021 年全国粮食总产量的 29.78%，且增产扩产潜力大于水稻、玉米、小麦三大主粮。

大力发展木本粮油是向森林要食物的重要途径。

2021 年我国木本粮油产量为 2253.76 万吨，占全国粮油生产总量的 3.13%，呈现逐年稳定上涨趋势。其中，木本油料总产量为 992.82 万吨，较 2013 年增加近 4.4 倍，年平均增长率为 23.36%。

油茶、榛子、核桃、仁用杏、油橄榄是我国重点发展的五大木本油料树种。其中，油茶是主力军，按照《加快油茶产业发展三年行动方案（2023—2025 年）》，到 2025 年，全国油茶种植面积确保达到 9000 万亩以上、茶油产能达到 200 万吨。

目前，我国食用油依赖进口。发展木本油料产业，既可以避免粮油争地的矛盾，又可以大幅改善我国食用植物油自给能力不足的现状。有测算表明，200 万吨山茶油，若以同等大豆油产量计算，需要超过 1000 多万吨的大豆原料。

实现 "碳达峰、碳中和" 是我国积极应对全球气候变化的庄严承诺，也是统筹经济社会发展与生态文明建设的重大战略。森林作为陆地生态系统主体，有着强大的碳汇功能和作用，已成为实现 "双碳" 目标的重要路径。

《第九次全国森林资源连续清查报告》显示，我国森林年涵养水量 6289.50 亿立方米、年固土量 87.48 亿吨、年滞尘量 61.58 亿吨、年吸收大气污染物量 0.40 亿吨、年释氧量 10.29 亿吨。

科技赋能

在 2023 年全国林草科技周上，各类林草 "黑科技" 纷纷亮相。通过应用人工智能、大数据和机器视觉等先进技术，可实现对森林中的病虫害进行智能识别和定位，精确喷洒农药，减少浪费和对环境的不良影响。利用激光扫描三维重建技术，可以高精度地获取森林地形、树木生长状态等信息，为林业规划和资源管理提供重要的数据支持。

在 "最后一公里" 的种植基地，帮助种植户提高收入，科技同样发挥着重要作用。

江西省于都县仙下乡富坑村钟继红夫妻承包了百亩油茶种植基地，2020 年油茶鲜果亩产量为 260 公斤，2021、2022 年连续两年突破 500 公斤，油茶树成为钟继红家的致富树。

以上这些得益于江西不断健全省、市、县三级林业科技推广系统，统一油茶种植技术标准，在全省培养大批基层技术骨干和乡土专家，搭建起专家与林农之间的在线交流平台，打通油茶科技推广服务的 "最后一公里"。

83 岁的老人李秀雄一家和工人走在四川省荣县东兴镇长兴林场油茶林（江宏景／摄）

张柏林表示，在林业资源转换为林业产品、林业食品过程中，技术发挥着重要作用。"比如，油茶产业最需要解决的问题有三个：栽培上提高油茶结果量，存储上提高茶油保质期，口感上拓展茶油接受度。目前，油茶在北方的接受度还远不及南方。这些都需要技术来解决。'藏技于林'具有巨大发展空间与重要的战略意义。"

享有"林业广交会"之称的中国义乌国际森林产品博览会，至今已举办 15 届。自创办以来，累计吸引 40 多个国家和地区的 2 万余家企业参展，实现成交额超 540 亿元，在开拓林产品市场、推进林业产业国际化、服务"一带一路"建设等方面发挥着重要作用。林业行业的重量级活动和展会还有中国农民丰收节经济林节庆活动、中国新疆特色林果产品博览会、中国·合肥苗木花卉交易大会等。

高质量发展是当前各行各业的关键词，具体到林业产业，国家林草局改革发展司相关负责人表示，要加快转型升级，着力提质增效，推动新时代林业产业高质量发展。以实现生态美、产业兴、百姓富为根本目标，做精一产、做强二产、做大三产，促进产业深度融合，扩大优质产品有效供给，努力构建传统产业生态化、特色产业规模化、新兴产业高端化的现代林业产业体系。

（本文首发于 2023 年 8 月 10 日，总第 887 期）

伊春：激活林下经济

文 /《瞭望东方周刊》记者王春雨、杨喆、金地 编辑高雪梅

整个伊春犹如一座巨大的"水库"、一座厚重的"钱库"、
一座丰硕的"粮库"和一座优质的"碳库"。

红松高耸，溪流清冽。被誉为祖国"祖母绿"的小兴安岭，夏日里翠色愈足。

黑龙江省伊春市，一座坐落在小兴安岭腹地深处的城市，曾以采伐森林为主业。2013 年，伊春市全面停止天然林商业性采伐。在曾经"一木独大"的老林区，人们放下斧锯，在森林下寻找转型发展出路。

林区经济转型发展怎么样？林区生态保护怎么样？林场职工生活怎么样？ 2016 年 5 月 23 日，习近平总书记在黑龙江省伊春市考察调研时提出了"林区三问"。

近年来，伊春牢记嘱托，激活林下经济，培育壮大生态旅游、森林食品等优势特色产业，大力发展生态经济，奋力走出一条林下经济绿色发展之路。

人和心，总有一个在伊春

7 月 4 日，伊春市创造出一项"最低值"，刷爆了不少人的朋友圈。当日，中国环境监测总站发布的空气质量数据显示，5 时时段的伊春市空气质量指数为 9，创历史最低值。

这项"最低值"，值得伊春人骄傲。这意味着，在彼时的全国城市空气质量排名中，伊春市排名第一。

作为林业城市，绿水青山是伊春最大的财富，发展绿色生态产业是伊春最大的优势。全市有 400 万公顷大森林、702 条清澈见底的河流，大森林中生长着 110 多种

珍贵树种，孕育涵养 1390 多种植物，整个伊春犹如一座巨大的"水库"、一座厚重的"钱库"、一座丰硕的"粮库"和一座优质的"碳库"。

林海莽莽，溪水潺潺。森林里，游客掬起一捧溪水，"好凉呀""好清呀"的赞叹不绝于耳。伊春小兴安岭的原始生态景观，正为各地游客献上来自大自然的馈赠，绿水青山间的"清凉"游正"热"。

"我们很喜欢这里的自然景观，空气也很好。"在汤旺河林海奇石风景区，来自深圳的张女士特地带孩子来感受原始森林的魅力，"希望这里一直能把生态保护好。"

汤旺河林海奇石风景区位于伊春市汤旺县域内，是伊春市唯一的 5A 级景区。景区内生物多样性丰富，云杉、冷杉等珍贵树种多达 110 余种，植被覆盖率达 99.8%。

"目前平均每天入园游客 2000 人左右，预计过几天可以达到 4000 人。"汤旺河林海奇石风景区总经理刘树良说，"我们这里做旅游产业，注重做'减法'，不对自然景观有过多的改变，用原生态风貌去吸引人。"

在汽车营地享受恬静时光，在蓝莓采摘园进行亲子互动，在上甘岭溪水露营地亲近自然……伊春全力打造"森林里的家"，丰富旅游产业业态，让游客"听着蛙鸣入睡，伴着鸟叫醒来"。

"我们坚持人与自然和谐共生，像保护眼睛一样保护生态环境，在坚持节约优先、保护优先的基础上，合理进行规划利用，给自然生态留下休养生息的时间和空

2023 年 7 月 12 日，汤旺河林海奇石风景区景色（杨喆／摄）

间。"汤旺河林海奇石风景区副经理高淑艳说。

伊春市文化广电和旅游局局长王巍介绍,依托丰富的森林、冰雪、空气等特色旅游资源,伊春把森林生态旅游业作为高质量绿色转型发展的主业加以推进,通过开发特色旅游产品、打造新业态,强化宣传推介、拓展多元客源市场,促进产业融合发展等多点发力,努力营造"人和心,总有一个在伊春"的更新、更优旅游体验,打造中国生态康养旅游目的地。

2023 年 6 月 18 日,一列"林都号"旅游专列载着 200 多名乘客,驶离哈尔滨站,驶向"林都"伊春。乘客透过车窗,享受着穿越林海的美好体验。

在列车上,每个包厢都有一对一的"管家"提供服务,中西餐厅、茶室、图书室、游乐室等设施一应俱全。

黑龙江伊春森工集团有限责任公司(以下简称伊春森工集团)工作人员介绍,"林都号"列车行驶的部分线路,曾有运送木材的功能。随着林区全面停伐,货运基本停止,客运列车也所剩无几,而"林都号"的开行则让这些线路焕发了"新生"。

"近年来,我们大力实施'旅游 +'战略,不断推动区域资源有机整合和产业深度融合,积极开发森林休闲、养生、度假等复合型项目,打造了适合不同客源层的旅游产品。"王巍说。

良好生态催生旅游产业的火热。王巍介绍,2023 年 1 至 6 月,伊春市共接待游客 498.1 万人次,同比增长 29.5%;实现旅游收入 35.6 亿元,同比增长 32.4%。

打造践行大食物观"先行地"

盛夏时节,在群山环绕下的伊春森工友好蓝莓产业园,蓝莓已成熟。这里的人们,习惯从植株上采下蓝莓,便直接放入口中品食。

"我们既不用化肥也不用农药,好山好水无污染,这里的蓝莓可以直接吃。"伊春森工集团友好林业局公司蓝莓产业园区管理办公室副主任张兴宇摘下一把蓝莓说。

近年来,依托小兴安岭的浩瀚林海,伊春市放大农林一体、绿色有机优势,构建多元化食物供给体系,让更多的"森林热量""森林蛋白"从林间走向餐桌,打造践行大食物观"先行地"。

伊春市政府部门工作人员介绍,伊春市山野菜、山野果、野生药材总贮藏量分别达到 84 万吨、41 万吨、200 多万吨,年采集量约 13.1 万吨。"伊春蓝莓"已入选国家首批地标保护与发展典型案例和黑龙江地理标志保护工程,品牌价值达 16.5 亿元。

2023年5月20日，伊春森工集团红松种苗繁育基地（张涛／摄）

"以前我们这里老百姓都自己采婆婆丁（即蒲公英）啥的泡水喝，我们也没想到有一天这些山野菜还可以成为产业。"伊春森工集团新青林业局公司松林林场分公司党支部书记李勇说。

在新青林业局公司松林生态茶文化园，一进门就可闻到阵阵茶香，工作人员正将刺五加茶分拣到一个个小罐内。通过与福建省武夷山市的茶叶研究机构合作，小兴安岭的刺五加、暴马丁香、蒲公英等特产与武夷山大红袍制茶工艺相结合，形成了特色生态茶品牌。

坚果、浆果、药材、山野菜……曾经不太起眼的林下物产，如今正在给人们带来更丰富的回报。目前，伊春市建有浆果、坚果、山野菜、食用菌等特色种植基地180个，红松等人工坚果林达到29.3万亩，蓝莓组培等小浆果达到3万亩，老山芹等山野菜达到8万亩，黑木耳等食用菌达到2.8亿袋。

过去，伊春的林下产品以"原字号"居多，初级产品多，产业链条短，附加值相对不高。现在，伊春正加快发展林下产品精深加工，"脱胎换骨"的林下产品正满足人们的更多需求。

在伊春菁桦生物科技有限公司，车间里工作人员正在紧张生产。一瓶瓶桦树汁打包装箱，将销往全国各地。

打开一瓶桦树汁，入口清新，风味独特。"作为一种新奇特产品，近年来我们从零做起，不断拓展市场，加强人们对产品的认知，现在产品的复购率能达到60%。"伊春菁桦生物科技有限公司总经理张琦说。

伊春市林业和草原局一级调研员吕永春介绍，伊春市桦树资源丰富，白桦林总面积 24.87 万公顷，胸径 18 厘米以上的约 1.19 亿株。推算桦树汁年总储量在 324 万吨至 540 万吨，按照保护资源原则和 3 年轮采要求，年实际允采量达 50 万吨。

截至 2023 年，伊春市森林食品产业链上企业 39 户，规模以上森林食品加工企业 8 户，规模以上森林食品加工企业全年完成产值 2.79 亿元，同比增长 6.9%。

以改革创新引领高质量发展

近年来，伊春市不断加快改革步伐，推动创新发展，为林下经济高质量发展扫清障碍，让老林区焕发青春活力。

曾几何时，作为我国开发最早的重点国有林区，原有僵化的管理体制与林下经济的发展不相适应。2018 年 10 月，黑龙江伊春森工集团有限责任公司挂牌成立，伊春林区半个多世纪的"政企合一"体制宣告结束，基本实现了政企、政事、事企、管办"四分开"。近 5 年来，伊春市不断巩固改革成果，让改革红利更好惠及林下经济发展。

"我们不断巩固国有林区改革成果，接续推进国企改革三年行动，进一步建立健全现代企业制度和市场化经营机制。"伊春森工集团董事长助理冯玉胜说，企业先后建立集团党委和"两会一层"议事规则等管理制度 50 多项，企业治理效能和内生动力不断提升。

深化与国家开发银行绿色金融合作及兴安岭生态银行建设行动、建立中国绿色碳汇基金会伊春专项基金、完成黑龙江省首例森林碳汇签约……近年来，伊春森工集团积极探索新的林下经济发展路径，一系列成就彰显着改革红利的释放。

近年来，伊春市加快实施创新驱动发展，推动林下经济"提质升级"。走进位于伊春市南岔县的林宝药业集团，包括刺五加产品在内的各类药品产品琳琅满目。企业负责人介绍，目前，林宝药业集团已形成了北药种植、中间体提取、新药开发的独立运行体系。

"作为一家高新技术企业，我们特别注重研发的力量，我们形成了 10 个剂型、206 个药品品种，另有中药配方颗粒品种 401 个。"林宝药业集团行政办主任王秀艳说，企业还与中科院上海药物研究所和黑龙江中医药大学等科研院校合作，共同开发中药资源，解决种植及生产的技术问题。

坚持以数字化转型助推林下经济高质量发展，伊春市工信、财政、金融服务等部门联合制定出台了《伊春市支持企业技术改造政策实施细则》等12个政策性实施细则，加大对企业科技创新的支持力度，鼓励企业对接大专院校、科研院所和龙头企业的科技优势和创新资源，通过自主研发、购买专利、委托研发、吸引人才等方式，加大对科技成果产业化项目的投资，为林下经济转型发展插上科技翅膀。

"伊春市有好的生态环境，也有好的营商环境，这些都是吸引我们在这里投资发展的因素。"黑龙江北货郎森林食品有限公司总经理杜帛霖说。

2014年，杜帛霖从哈尔滨来到伊春创业，在曾经的人造板厂旧址上，成立了一家食用菌产销一体化公司。如今，企业带动当地三个合作社约800户农户种植食用菌，年产值达6500万元。

为扶持骨干企业发展，伊春市各级部门以开展包联企业（项目）"敲门行动"为抓手，主动为企业送政策、解难题，切实打通惠企利民政策落实"最后一公里"，持续为企业提信心、稳增长，助力转型发展。

林下经济的快速发展，为林区居民带来了实实在在的"真金白银"。"以前我开货车拉木材，现在开观光车拉游客。"今年58岁的方厚杰曾是林场货车司机，起早贪黑拉木材曾是他的生活"主旋律"。如今作为汤旺河林海奇石风景区的观光车司机，方厚杰每月收入增加1000多元。

据了解，当前伊春市林下经济发展还面临着发展规模相对较小、林业基础设施落后、人才队伍薄弱等问题。下一步，伊春将在提质增效森林食品产业、做强做大特色种养产业、持续壮大森林食药产业、深耕森林康养文旅产业等方面下功夫，让林下经济进一步发展壮大。

伊春市委书记隋洪波说，伊春市将围绕答好"林区三问"新答卷，站在人与自然和谐共生的高度谋划转型发展，加力培育壮大生态旅游、森林食品、林木加工等优势特色产业，早日让老林区焕发青春活力。

（本文首发于2023年8月10日，总第887期）

淳安：在林海中挖出"第二个千岛湖"

文 /《瞭望东方周刊》记者王剑英　编辑高雪梅

作为浙江省林业大县的淳安，林业一产的年产值不到 17 亿元，与"湖""水"相比，
"山""林"文章拥有巨大想象和发挥空间。

作为浙江省林业大县的淳安，林业一产的年产值不到 17 亿元，与"湖""水"相比，
"山""林"文章拥有巨大想象和发挥空间。

淳安以湖闻名中外，千岛湖如同聚宝盆，助力该县打造出水饮料和全域旅游两
大百亿级产业。

这里不仅有一湖秀水，还有满目青山。淳安现有森林 520 万亩，森林蓄积量 2895
万立方米，森林覆盖率达 77.88%（含湖面）。千岛湖风景区是国家 5A 级旅游景区，
亦是 1986 年创建的国家森林公园，森林覆盖率达 82.50%，拥有维管束植物超过 1800 种。

森林康养是浙江林业第一大产业，2021 年全省森林康养产值 2348 亿元，市值
100 亿元以上的企业有 9 个。但作为浙江省林业大县的淳安，林业一产的年产值不到
17 亿元，与"湖""水"相比，"山""林"文章拥有巨大想象和发挥空间。

4 月 23 日，浙江省杭州市淳安县召开林业共富试点县暨国储林项目建设推进大
会，标志着该县国家储备林强村富民"一号工程"正式启动，淳安自此从"以湖兴
县"单轮驱动，迈向"以湖兴县、以山富民"双轮驱动，立志在百万亩林海中挖出"第
二个千岛湖"。

螺蛳壳里做道场

近日，千岛湖龙川湾景区总经理助理胡卫波正计划采购一款最新的负氧离子监

千岛湖龙川湾景区

测设备。仪器可实时监测环境中的负氧离子含量，并显示在 LED 屏上。负氧离子被称为空气维生素，有利于身心健康。

"把 LED 屏安装在景区入口处，游客一来就能看到实时数据，比导游一次一次口头介绍来得方便，也更有信服度。"胡卫波告诉《瞭望东方周刊》，龙川湾景区的负氧离子含量高达 6.2 万个 / 立方厘米，是景区的一大亮点。

龙川湾景区位于千岛湖西南角，是淳安县森林康养的先行者，2020 年成为首批国家森林康养基地。其面积 606 公顷，大小岛屿环绕错落，森林覆盖率达 96%，保存着千岛湖区域最为完整的常绿阔叶林和针阔混交林，现有各类林木 80 余种，获评"浙江最美森林"。

龙川湾景区此前曾主打"知青怀旧牌"，自 2020 年后，森林康养成为新的发力点。

走过水面浮桥来到一座小岛上，再沿一条长着苔藓的石板路步行两分钟，在山林掩映间，一间小木屋出现在《瞭望东方周刊》记者眼前。小木屋"半悬空"于几棵大树的枝干和数个木桩上，两棵树穿过小屋地板和天花板向上生长，屋内配有卧室、露台和卫生间，还有一个大浴缸。客人刚退房离去，服务生正在收拾房间。

胡卫波介绍，这是为助力游客极致体验森林环境而打造的树屋，共有两处，不少人慕名前来体验。"清晨听鸟鸣，白天听蝉鸣，晚上听蛙鸣。"

2021 年 8 月，龙川湾景区与中国林学会森林疗养分会、中国林业科学研究院林业科技信息研究所共同组织了一场为期三天两晚的医学实证活动：招募 35 名老年高血压患者，随机分成两组，分别入住杭州市区酒店和龙川湾森林康养基地，数据对比显示，龙川湾森林环境的森林浴可明显降低高血压患者的收缩压、提高血氧饱和度，改善受试者的心率变异及其情绪。

亲子游是近年的大趋势，如何留住孩子们的脚步，让他们在郊野森林中停留更久？龙川湾景区打出一张"运动牌"：在风景极佳的"芒花漾"湿地处，设置了十余款针对青少年的运动游乐项目，如丛林穿越、攀爬、360 度旋转自行车、720 度沉浸式太空馆等。

"效果不错。小朋友能待住，家长才能待住。"胡卫波介绍，景区希望能上马更多体验性项目，丰富景区业态，让游客停留得更久。

淳安是生态大县，也是浙江省唯一的特别生态功能区，全县 62.5% 的国土面积都位于生态红线之内，可规划建设空间仅占 7%，且高度碎片化。龙川湾景区里的水和树，也被严格保护。

如何解题？浙江给淳安开出"一县一策"方案，即在生态保护前提下，点状开发利用。所谓点状开发，意思是在能开发的地方开发，集约开发，多层次开发。

"对龙川湾而言，就是要在螺蛳壳里做道场。"胡卫波说。

芒花漾游乐区将迎来新项目：单直滑梯、音乐五件套、网红拓展桥三款设备已列入购置清单，和此前设备一样，都属于无动力设备，安装和使用对环境造成的影响均降至最低。以"森林 +"为主线，景区还打造了一批"森林 + 疗养""森林 +食疗""森林 + 医学"等康养产品，将森林康养定位为"未来龙川湾景区最具潜力和前景的产业之一"。

在淳安，还有大下姜文旅会客厅、胡家坪云顶桃源等项目，和龙川湾一样，在点状供地政策之下得到量身定制的解题方案，如群星散落般点亮着这片绿水青山。

小镇康养经

和龙川湾景区的路径有所不同，在千岛湖东北角的临岐镇，这里的森林康养围绕本地中药材特色做文章。

临岐是浙江省森林特色小镇，森林覆盖率达 90% 以上，常年郁郁葱葱、山水相依。它也是浙江省中药材之乡，境内有常用中药材近 400 种，其盛产的山茱萸、覆盆子、前胡、黄精、重楼、三叶青，被称为"淳六味"道地药材。

民宿"东篱菊"位于临岐镇五庄村，左右是葱翠青山，前临碧绿千岛湖水，有本草楼、望湖楼两栋共14个房间。上海客人陆女士在本草楼住了两晚后，决定带着孙女住满一个月。她告诉《瞭望东方周刊》，原因有三点：一是房间住得舒服；二是此处空气很好，"路旁的树叶每天都是干净的"；三是厨师手艺好，一道太子参竹荪鸡汤连喝了三天。

东篱菊负责人胡泽峰是一名"95后"，此时正忙着招呼新进店的客人，给每位客人端上一杯热腾腾的黄精茶。店内售卖黄精蜜饯、黄精茶片和黄精芝麻丸三种本地特产伴手礼，当日黄精茶片已经售罄，正在补货；陆女士购买了几罐黄精蜜饯，准备带回去跟亲朋好友分享。

晋代葛洪所著《抱朴子》中记载黄精："昔人以本品得坤土之气，获天地之精，故名。"黄精喜阴湿，适合种植于树木之下，临岐有大片的山林适合黄精生长。目前，全镇林下黄精种植面积超过4000亩，覆盖16个行政村。

"东篱菊主打养生药膳牌。"胡泽峰告诉《瞭望东方周刊》，"所谓康养，药膳会让大家觉得离健康又近了一点。"

围绕本地中药材，餐厅开发了30余道药膳菜品，如天麻鱼头、椒盐黄精、覆盆子南瓜丸等。5月，东篱菊餐厅主厨方军参加2023千岛湖养生膳食文化节，以一道"黄精花酿山珍"入选十佳。

吃和住只是东篱菊业务的一部分，这里还拓展出研学板块，主题亦非常聚焦：中药材。

距离东篱菊5公里处，坐落着中国千岛湖中医药博物馆，紧挨着李时珍广场，集中医药实物与史料展示、互动体验、科普教育于一体，是临岐镇推广中医文化的一项重要工程。7公里外，是占地200余亩的淳六味百草园基地，种植了覆盆子、黄精、八月瓜、豆腐柴等药食两用的中药材30余种。

依托这些基础配套设施，东篱菊设计了一日研学安排，主要包括：入住民宿，品尝药膳；入百草园基地巡山识药，亲手种一盆中药植物带回家；参观中医药博物馆，手工制作防虫香包；采摘豆腐柴的叶子、制作本地传统美食"神仙豆腐"等。此外，针对不同客户群体的需求，还推出多日游高端定制路线，涉及周边的瑶山天坪、九咆界景区、左口漂流和水果采摘等项目。

"要把周边的好资源都串起来，光靠民宿自己单打独斗，就是一潭死水，活不起来的。"胡泽峰说。

东篱菊由淳安县国有企业杭州千岛湖淳六味农业发展有限公司投资 600 多万元建设，属于特色精品民宿，它还承担着另一个使命：打造样板间，对当地民宿起到示范引领作用。目前，五庄村已经建设了多家精品民宿，深受江浙沪等地游客的青睐。

淳安县文化和广电旅游体育局全域旅游与经济运行科科长李群告诉《瞭望东方周刊》，全县共有 1100 家民宿，其中浙江省等级民宿 13 家，相对于精品民宿而言，许多由民众自建、改装的民宿因体验度较差，在市场竞争中面临困境。为此，淳安正在探索新模式：一是引入企业打造精品民宿对周边进行示范引领；二是从单一民宿向民宿聚落发展。"要借力好山、好水、好空气，把淳安的民宿做精做强。"

再无"意难平"

"长久以来，满目青山曾是淳安人致富最大的'意难平'。"淳安县林业局党委委员、总工程师鲁志鸿告诉《瞭望东方周刊》，"这一片片山林本就应该是生态林、产业林、风景林、共富林。"

放在浙江省林业产业发展，尤其是森林康养如火如荼的大背景下，这种"意难平"更为凸显。

浙江省"七山一水两分田"，森林覆盖率 61.15%，居全国前列。2021 年浙江省林业产业总产值 6064 亿元，近 5 年年均增长率达 7.70%，是我国林业产业发展的优等生。

2019 年，浙江省出台《关于加快推进森林康养产业发展的意见》，提出：经过 4—7 年的努力，成为国际知名的森林康养目的地和森林康养大省。至今，已培育出省级森林康养基地 75 个，举办了八届浙江省森林康养节。全省共有 50 多万人直接从事森林康养经营活动，带动社会就业 200 万人，带动其他产业产值近 1000 亿元，重点地区农户增收 40% 以上来自森林康养产业。

淳安是浙江省山区 26 县之一，这里"八山半田分半水"，林地面积、公益林面积和森林蓄积量均居全省第一，但相对于千岛湖这个聚宝盆，茂密的森林远没有成为摇钱树，究其原因，林产业基础设施薄弱、产业链条偏短、融合层次较低、要素活力不足等是主要掣肘。

2023 年 4 月启动的国储林项目，为淳安包括森林康养在内的林业产业发展带来强大动力。

所谓国储林，是指为保障国家木材安全，满足经济社会发展和人民美好生活对

2023 年 7 月 3 日，绿水青山环绕的浙江省淳安县下姜村（翁忻旸 / 摄）

优质生态产品的需要，在自然条件适宜地区，通过人工林集约栽培、现有林改培、抚育及补植补造等措施，营造和培育的工业原料林、乡土树种、珍稀树种和大径级用材林等多功能森林。

淳安的国储林建设被称为"国储林建设 4.0 版本"，特点在于"营造林工程建设 + 一二三产融合发展 + 林业碳汇开发交易"。其中，"一二三产全产业链"体系表现尤为突出，如临岐的东篱菊民宿，就是以背后的"淳六味"农业发展公司为依托，将一产的中药种植、二产的加工制作和三产的森林康养连成产业链，带动全链条多方面发展。

据了解，淳安县国储林项目预期获得政策性金融贷款 100 亿元，加上自筹资金 31.7 亿元，总投资 131.7 亿元，规划建设期为 2022 年至 2035 年。这些资金将用于林业生态保护修复、基础设施、产业发展等领域，既可为国"储材"，又可为民"生财"。首批 5 亿元贷款已于 5 月 30 日到位，第一笔支出 1718 万元已用于县内 33.41 万亩山林流转。

"淳安国储林项目将聚焦山林资源，进行营造林工程、林下经济、配套产业等多方面建设。森林康养是其中的一个子板块，预期到 2035 年，全县建成森林康养精品基地 5 个以上。"鲁志鸿告诉《瞭望东方周刊》。

根据测算，该项目通过对 103 万亩森林进行培育改造，将精准提高森林质量，并增加森林蓄积量 1200 万立方米、森林年蓄水量 820 万立方米，减少水土流失 82 万吨以上，全面提升生态系统多样性、稳定性、持续性。此外，通过林相改造，"七彩千岛""湖上植物园"将成为淳安旅游新的亮点。

淳安的整体生态环境也为其发展森林康养提供了极佳的助力。2022 年，千岛湖出境断面水质持续保持一类、为近十年来最好，35 条主要入湖溪流水质优秀率达 100%，县域环境空气质量优良率达 98.4%，PM2.5 年均浓度 18 微克 / 立方米，生态环境公众满意度列全省 90 个县（市、区）第 1 位。

今朝青山上，再无意难平。淳安期待，随着国储林项目建设的推进，书写出"以湖兴县、以山富民"的全新篇章。

（本文首发于 2023 年 8 月 10 日，总第 887 期）

中国竹，千亿大产业

文 /《瞭望东方周刊》记者王剑英　编辑高雪梅

我国竹类资源、面积、蓄积量均居世界第一，也是全球竹产业规模最大、
竹制品生产最多和贸易量第一大国。

中国是世界上最早认识、培育和利用竹子的国家，关于竹的确切记载可追溯至新石器时期。在距今约 6000 年左右的仰韶文化遗址出土的陶器上，发现了竹的象形符号。中国文人将竹视为四君子之一、岁寒三友之一，有正直、脱俗之意境。

宋代文学家苏东坡曾言："食者竹笋，庇者竹瓦，载者竹筏，爨者竹薪，衣者竹皮，书者竹纸，履者竹鞋，真可谓一日不可无此君也耶。"又言："宁可食无肉，不可居无竹。"

据 2019 年发布的第九次全国森林资源清查结果，我国竹林面积 641.2 万公顷，占林地面积的 1.98%，占森林面积的 2.94%。中国林学会竹子分会理事长蓝晓光表示，我国竹类资源、面积、蓄积量均居世界第一，也是全球竹产业规模最大、竹制品生产最多和贸易量第一大国。

我国竹产业横跨一二三产业，品类众多。2021 年，竹产业产值接近 3818 亿元，竹产品进出口贸易总额 22 亿美元，占世界竹产品贸易总额的 60% 以上，预计到 2035 年产值超过 1 万亿元，约占林业产业的 10%。

7 月 7 日，2023 上海国际竹产业博览会（以下简称为竹博会）落下帷幕。本届竹博会集结了 300 余家行业供应商，展出 1000 余种竹产品，涵盖竹建筑、竹家具、竹日用品、竹食品、竹工艺品、竹机械等六大展区，数十个头部品牌入驻。

"发展竹产业，一定要主攻第二产业，把竹加工搞起来，再去带动一产、促进

贵州省级非物质文化遗产"赤水竹编"传承人杨昌芹在竹林中砍伐制作竹编所需的竹子

第三产业。"中国林科院首席科学家、国家竹产业研究院院长于文吉告诉《瞭望东方周刊》。

以竹代塑

竹博会期间,在由中国林学会主办的2023上海国际竹产业发展学术研讨会上,"以竹代塑"成为高频词。

联合国环境规划署数据显示,人类每年生产的塑料超过 4 亿吨,其中约有上千万吨塑料垃圾流入海洋。日益严重的塑料污染威胁着人类健康,全球超过 140 个国家明确了禁塑、限塑政策。

竹子是世界上生长最快的植物之一,长到 20 米高仅需约 60 天,是理想的可再生纤维来源。竹子韧性好、种植便捷,又可降解,具有替代塑料的天然优势。

2022 年 11 月,中国政府与国际竹藤组织共同发起"以竹代塑"倡议,受到全球关注。国际竹藤组织(INBAR)成立于 1997 年,是第一个总部设在中国的政府间国际组织,也是全球唯一一家专门致力于竹藤可持续发展的国际机构,现拥有 50 个成员国和 4 个观察员国。

2023 年 6 月 5 日是第 50 个世界环境日,全球主题为"减塑捡塑",呼吁全世界为抗击塑料污染制定解决方案。

"以竹代塑应走政府主导的模式，引导建设产业集群、搞产业园区。新能源汽车产业经过国家数年培育后实现爆发式增长，希望将来以竹代塑也能达到这样的成果。"于文吉表示，"竹子不可能完全替代塑料，但能替代10%，产值规模就不得了。"

四川省宜宾市兴文县委书记陈良云介绍了该县抢占以竹代塑风口的创新实践。

兴文县是中国方竹、巨黄竹之乡，拥有集中连片竹林52万亩。在全球禁塑、限塑大背景下，兴文县着力打造"以竹代塑"县域样板地，其中一个重要抓手就是打造兴文创新竹日用品交易中心。这是目前全国最专业、全面的竹日用品交易中心之一，产品涵盖酒店、餐饮、长途客运、家居4大系列的近万种竹制品，同步配套网上商城。

"通过搭建平台，打通销售渠道，将更多生产型企业吸引到兴文，然后再拉动第一产业。"陈良云介绍，"对兴文来说，以竹代塑这条路势在必行。"

竹居城市

在竹博会展厅，一个名为"竹庐"的开放式竹建筑吸引了众多观展者拍照，十几名观众在其竹台阶上席地而坐、聊天休息，一丛翠竹为空间带来盎然生机，氛围轻松惬意。

"这一场景可以复制到很多地方，如城市广场、乡村广场，或者旅游景区的休憩区。"该建筑的设计师甘泉告诉《瞭望东方周刊》，竹庐长15米、宽6米、高4.5米，以468根原竹构建，由10名工人花费25个小时搭建而成，并获得了本届竹博会优质产品评选银奖。

该展位的参展商境道竹构工坊是一家始创于2008年的高端竹结构企业。工坊工作人员表示，人们越来越喜欢接触自然，竹建筑因其生态质感颇受景区、民宿的欢迎，多数项目都为定制。

位于杭州邦博科技展位的竹建筑也人气甚旺。这是一个颇具禅意的居住空间，围墙、庭院、门窗、屋顶、家具都用竹材料打造。有观众饶有兴致地在竹榻榻米上盘腿而坐，请同伴拍照。

中国将竹子用于建筑历史悠久。周朝时，竹子便用于皇家园林建设。周文王"筑灵台、修灵沼、建灵囿"时即采用竹子作为材料。汉武帝时，能工巧匠用竹子建造了甘泉宫的祠宫，因以竹作之，故名竹宫。在盛产竹子的南方，竹楼是寻常百姓家的房舍，有傣族人家至今依然保持着"多起竹楼，傍水而居"的习惯。目前，四川成都远洋太古里漫广场的"撇捺之间"、江苏盐城九龙口景区的风雨轩、贵州桐梓县柏芷山国际度假公园接待中心等均为定制竹建筑案例。

竹子收缩量小，弹性、韧性非常强，有"植物钢铁"之美称，可大量用于原竹建筑。此外，现代工艺将竹材高温高压后，处理成竹基纤维复合材料，因具有高强度、高环保、难燃、耐腐、使用寿命长等特点，故名为"竹钢"，可大量用于建筑之中。

据于文吉介绍，他带领的研究团队对 22 个竹种进行了大规模生产实验，均能够制造出性能优良的高性能重组材料，其强重比优于钢材。目前，浙江省已经在公路交通护栏领域大规模运用竹钢。"用竹钢代替传统钢结构，将是未来以竹代钢的重点发展方向。"

宜宾国际竹产品交易中心是业界极具知名度与口碑的竹建筑。亮相于 2021 年的这一建筑，主体竹拱横跨 60 米、高度 23 米，建设难度极大，由设计师邵长专主持建设。

邵长专是"竹居城市"概念的提出者，他认为，在城市公共建筑领域，竹子可拥有自己的位置，助力打造独特的城市形象。

因地制宜

第九次全国森林资源清查数据显示，我国竹资源中，材用竹林占比最大达 36%，其次为笋材两用竹林、生态公益竹林和纸浆竹林，分别占比 24%、19% 和 14%。笋用竹林和风景竹林占分别为

7 月 5 日，上海国际竹产业博览会上的竹建筑"竹庐"吸引了不少观展者在此休息（甘泉/摄）

2022年9月3日，北京，中国国际服务贸易交易会环境服务专题展区，观众参观竹缠绕复合材料管廊（韩旭／摄）

6%和1%。

由于各地气候、土壤等自然条件不同，我国竹资源分布具有明显的区域性，浙江、江西、福建、广东、四川为竹资源大省。

因地制宜、与时俱进、推动高质量发展已成为各地的共同目标。浙江省湖州市安吉县是我国著名竹乡，竹林总面积超百万亩，曾经以全国1.8%的立竹量，创造了全国20%的竹业总产值。但随着我国经济社会的转型升级，传统"砍竹子、卖竹子"收益逐年下降，安吉毛竹林荒弃面积一度达到18万亩。

如今，安吉改换思路，紧抓碳汇契机，把生态资源变成生态资本，从"卖竹子"转向"卖碳汇"。2021年，全国首个县级竹林碳汇收储交易平台在安吉成立，打通竹林碳汇从生产到收储、交易的渠道。"碳汇"这个新鲜词也开始出现在了安吉人的生活里。

据测算，一亩毛竹每年能够吸收二氧化碳24.5吨左右，将这些碳汇卖出，竹林里的空气就变成了真金白银。目前，一吨碳汇在国内市场的价格在50元以上。预计到2026年年底，全县竹产业总产值将突破250亿元。

竹工机械是安吉选择的另一条赛道，这里集聚了全国一半左右的竹工机械及配件生产制造企业,形成了竹工机械、竹刀具、竹机配件加工等较为完整的竹工机械产业链,直接从业人员 3000 余人。7 月 1 日,中国林业机械协会授予安吉"中国竹工机械创新之都"称号。

同为竹资源大县,四川省乐山市沐川县将竹浆纸产业作为重点突破赛道,以生态工业挑大梁。

四川省制浆造纸产业特色优势明显,竹浆产能占全国 70%。聚焦一根竹,围绕"竹浆纸"开发,沐川县积极培育龙头企业泰盛集团永丰基地进行示范带动,推动制浆造纸主导产业绿色转型、延链、强链。2022 年,泰盛集团永丰基地共实现产值近 30 亿元,竹浆纸一体化势头强劲;一年多来,又投资 30 亿元进行全产业链技改扩能,建设多个竹浆纸项目,带动沐川县加速迈进百亿级竹产业强县行列。

广东省肇庆市广宁县坐拥 108 万亩竹林,景区翠竹绵延浩如烟海,有"广宁竹海天下翠"美誉。该县主打竹生态牌,深挖竹旅游、竹文化内涵,建设以竹生态科普、竹林徒步、竹林康养、竹林民宿等为代表内容的竹林旅游区。

在广宁县的竹海大观景区内,空气负氧离子最高可达 9.8 万个 / 立方厘米,获评广东省森林康养基地;景区内打造了 800 多平方米的竹生态艺术馆,并引种了 100 多种竹子,形成 1.2 公里长的万竹碧道。

竹产业发展潜力巨大,面临的挑战亦不容轻视。

蓝晓光告诉《瞭望东方周刊》,目前竹产业发展面临以下突出问题:

一是竹子行业装备的机械化、自动化、智能化水平低,尤其在竹材的采伐和竹笋的采收方面,产业竞争力弱;二是设立创新研发中心的大企业少,设计和工艺缺乏高科技,产品同质化竞争严重,创新能力不强;三是由于人口老龄化严重,竹林经营正面临劳动力不足危机。

于文吉认为,当前我国竹产业领域具有全球竞争力、掌握产业主导权的领军企业太少,规模、品牌力和产业聚集效应不强。

"目前,行业内最大的企业仅为十亿级,期待十年之内,能有百亿级企业出现。"于文吉说。

（中国林学会高级工程师李彦对本文亦有贡献）

（本文首发于 2023 年 8 月 10 日,总第 887 期）

"经营好绿色的城市，不会吃亏"

——专访中国林业科学研究院副院长陈幸良

文 /《瞭望东方周刊》记者王剑英　编辑高雪梅

营造良好的生态看上去是在大把花钱，其实经济回报也很巨大，关键在于找到盈利点、盈利模式。
要善于将绿水青山转化为金山银山。

2022 年，全国林业产业总产值 8.04 万亿元，是 2012 年的 2 倍多，预计到 2025 年林草产业总产值将达到 9 万亿元，基本形成比较完备的现代林草产业体系。

林业资源大省广西、广东的目标是：到 2025 年，全省区林业产业总产值分别达到 1.3 万亿元和 1 万亿元。浙江，正稳步打造"森林碳汇、一村万树、名山带富、未来林场、竹业振兴、千村万元、机械强林、数字林业"八大标志性成果，走出一条与共同富裕同频共振的现代林业发展之路。湖南，林业产业总产值从 2011 年的 1150 亿元增长至 2022 年 5540 亿元，全省正着力打造油茶、花木、竹木、森林旅游与康养、林下经济五大千亿级产业……

林业产业是绿色产业，也是富民产业，潜力巨大。林业资源丰厚的城市都在紧抓机遇，铆足干劲"点绿成金"。

发展林业产业需要注意些什么？各地有哪些好的模式？政府、企业界和学术界该如何助力？未来的大趋势是什么？日前，中国林业科学研究院副院长陈幸良接受《瞭望东方周刊》专访，就上述话题进行了分享。

质与量

《瞭望东方周刊》：十年来，我国林业产业取得了很大进步，产值规模显著提升。

2022 年 7 月 13 日，市民在贵阳市长坡岭国家级森林公园里健身（杨文斌 / 摄）

量很足，质如何?

陈幸良：我国的林业产业产值很高、量很大，但从质的提升来看，还"一直在路上"，科技含量、资源利用效率等还需要不断提升。

《瞭望东方周刊》：如何理解林业资源利用效率?

陈幸良：就是要把林业资源全面充分利用。比如木材，过去我们主要是把树干加工成板材。这几年，枝杈、边角料、树叶等剩余物也逐步利用起来了，粉碎后可以做纤维板、菌棒等，还可以做成生物质能源，再转化为热能、电能等，全树利用水平得到很大的提高。

在林产品的附加值方面，也有很大提升空间。最典型的是药用植物的利用，我们的加工水平和国外差距较大。比如：红豆杉是第四纪冰川时期孑遗植物，从它身上能够提炼出抗癌物质"紫杉醇"，做成药物后价格很高。但提炼、纯化对技术、设备的要求很高，目前我们只能挣到很少的初加工利润，眼睁睁看着大头被国外挣走。外国企业从中国购买大量原料，精深加工成药品再进入中国市场，我们还得花大价钱购买。

产业发展水平需要科技创新引领，这是目前我们最薄弱的环节。

有了创新，就有新技术、新工艺、新产品，就能不断引领整个产业往前提升。一旦突破，带来的效益是指数级增长。

国家要加强对我国独特的生物资源的利用研究，加强种质资源保护和利用。比如油茶，除了加工成食用油外，多种精深加工产品也大有前途。在红豆杉家族里，就有我国特有的树种"中国红豆杉"。我国林下多种生物资源是发展林业新兴产业的基础。

《瞭望东方周刊》：未来林业产业发展如何着力？

陈幸良：可以分产业来谈。

一产方面，要推动机械化，降低人工成本。因为人力资源越来越宝贵，人工成本越来越高，随着我国人口老龄化、城市化进程加快，农村年轻劳动力越来越少，只有大力推动机械化作业，提高种植产业效率，才有出路。

二产方面，要提升现代化水平，推动信息化、智能化、绿色化发展。比如，刨花板是传统的林业加工产业，但浙江德清有一家叫兔宝宝的龙头企业，实现了用机器人智能化精准作业，偌大的车间里几乎看不到工人，大幅提升了加工的效益和质量。

三产方面，要不断创新模式、创新业态。比如自然教育、月捐养树、森林碳汇等，都是很好的新业态。5年前，森林康养也属于新业态，随着国家大力扶持和人们对自然、健康的重视，现在已经发展成为千亿级产业了。

鼓与推

《瞭望东方周刊》：和其他产业相比，林业产业有何特点？

陈幸良：林业产业是有益于人类可持续发展的绿色产业，是受到国家和社会支持的产业，符合社会经济发展的大趋势。它跟生态密切关联，生态当中有产业，产业当中有生态。比如砍掉一棵树，树木的碳汇功能随之消失。

从经济学角度，林业产业有着明显的"正外部性"属性。一片树林种下去，不仅可以为经营者带来收益，它还能固碳释氧、改善生态，让其他人受益。按照经济学的逻辑，受益者应该给予经营者一定的补偿；否则，就会降低社会对种树的兴趣，该产业就会萎缩。

与之相对应的属性叫"负外部性"。比如办水泥厂，生产过程会造成空气污染，周边居民的衣服更容易脏，肺部容易受伤害，洗衣服、治病都得额外花钱，但水泥厂并不承担这些成本。

所以，政府要通过其他手段，如对树林的经营者给予补贴，提高水泥厂的征税比例，应用经济学中的科斯手段和庇古税，加以平衡。

现在很多地方都设立了生态涵养区，这些区域要大面积种树，按照以前的思路，在这些地方盖工厂、楼房不是能获得更多的经济收益吗？ 2002 年，中国开始启动生态补偿试点，后来逐步发展起来，这是开创性的举措。

《瞭望东方周刊》：近年来，我国为鼓励、引导、推动林业产业发展出台了哪些重要政策？

陈幸良：党的十八大以来，中央启动了新一轮退耕还林。林业被纳入"一带一路"倡议、京津冀协同发展、长江经济带发展、维护国家生态安全、脱贫攻坚等国家战略，列入需要重点扶持的基础领域。党的十八届五中全会更是明确要求，开展大规模国土绿化行动，加强林业重点工程建设，推进荒漠化、石漠化综合治理，实施濒危野生动植物抢救性保护工程，支持森林城市建设。

国家层面下发了多个文件，引导、推动林业产业发展：

2015 年，中共中央、国务院发布了《国有林场改革方案》和《国有林区改革指导意见》，这是党的十八大后首个由中央发布的林业方面的重要文件，一方面明确了国有林场的生态功能定位；另一方面，要求着力改善林场林区基础设施和生产生活条件，积极发展替代产业，优化产业结构。

每年的中央一号文件，都有关于加强林业产业的内容。

2019 年，国家林草局、民政部、国家卫生健康委员会、国家中医药管理局联合印发《关于促进森林康养产业发展的意见》，提出向社会提供多层次、多种类、高质量的森林康养服务，极大助推了森林康养产业的发展。

2020 年，国家发改委、国家林草局等十部委联合发布《关于科学利用林地资源，促进木本粮油和林下经济高质量发展的意见》，全面推动木本粮油和林下经济产业的高质量发展。

国家有关部委也在相关领域出台了与林相关的政策措施。

《瞭望东方周刊》：要实现林业高质量发展，有哪些"坑"需要特别注意？

陈幸良：发展产业要遵循市场经济原则与规律，政府和市场各自找好定位，不能够眉毛胡子一把抓。

要完善社会主义市场经济体制，让市场在资源配置中起决定性作用，让市场这只看不见的手来调控。要让经营者得到相应的市场回报，才能激发更多的主动性，促进产业发展。

政府有自己的职责，要善于把握、把控宏观，善于把林业产业的公益部分做好，要发现市场运行过程的问题，及时引导、及时调控，做好产前、产中、产后的服务，政府服务得越到位，市场就发育得越好，产业就越兴旺。

要有长远性、预见性、系统性，让产业健康可持续，避免大起大落，少走弯路。

过去这方面我们做得不好的时候，造成要么产品过剩、产业无序，要么效率低下、资源浪费，应尽量避免。

双赢

《瞭望东方周刊》：守住绿水青山与激活金山银山如何实现双赢？

陈幸良：很多城市将绿色生态作为城市发展的底色，确确实实尝到了甜头。重视绿水青山，不仅带来了看不见的生态效益，也带来了看得见的经济社会效益。

首先，城市的形象变得越来越美，更加宜居，这样就会吸引更多的投资者来投资、兴业，高质量的人力资源、科技资源等也随之进来，城市的整体品质得到了提升。

其次，一个城市改善森林、湿地、园林设施，并不是纯投入，还能带来产出，培育新兴产业，助力产业升级。比如，建设植物园、森林公园可以带来观光游憩、自然教育、康养产业的发展，新产业、新业态、新模式就出现了。

2022年5月27日，工作人员在贵州大学省部共建公共大数据国家重点实验室介绍农业大数据平台（欧东衢/摄）

营造良好的生态看上去是在大把花钱，其实经济回报也很巨大，关键在于找到盈利点、盈利模式。要善于将绿水青山转化为金山银山。

我常说一句话：经营好绿色的城市，不会吃亏。

《瞭望东方周刊》：有没有典型的城市案例？

陈幸良：好的城市案例还真不少。

北京是大城市的典型。2012 年，北京的平原地区森林覆盖率只有 14.85%，后来进行了两轮百万亩造林工程和各种绿化工程，到现在森林覆盖率提升到 44.8%，这种投入是巨大的。

但这给北京带来了诸多好处：一方面提升了北京作为国际大都市的吸引力和口碑，聚集了越来越多的高质量投资者、创业者，有更多人来旅游、消费，也产生了新的业态；另一方面，居民幸福感不断提升，这又转化为生产生活的积极性与创造性。可以说，北京的绿色投入稳赚不赔。

浙江安吉县是小城市的典型。安吉的森林覆盖率达 70%，其中有 50% 以上是竹林。安吉围绕竹子做各种文章，一二三产业全链条开发，除了竹加工、竹生态旅游，现在又在大力推进以竹代塑、林业碳汇这些新业态。它一年的竹产业总产值超过 200 亿元，从业人员近 3 万人，以全国 1.8% 的立竹量，创造了全国近 10% 的竹业总产值。一根竹子挑起了百亿级富民产业。

建言

《瞭望东方周刊》：关于林业产业发展，你对城市的管理者有何建言？

陈幸良：首先要持续强化生态优先、绿色发展理念，坚持高质量发展。要将森林、湿地等生态系统视为城市里有生命的基础设施。如果管理者缺少这种理念，这个城市的 GDP 再高，也会问题频出。

其次，要遵循自然规律，讲究科学性，不能依据管理者个人喜好做决定。

第三，既然建设了这些有生命的基础设施，就要经营好它，最大限度发挥它的生态功能、经济功能、社会功能，让它为城市居民和人类社会提供服务，带来更多的惠益。

浙江有个持续了多年的项目叫"一亩山、万元钱"，是很好的案例。在山林里，摸索出木本粮油生态高效经营、笋用竹林丰产培育、林下复合经营、花卉苗木精品化栽培、山地水果轻简高效栽培等富民模式，尽可能地挖掘林业潜能。这种理念和做法是很先进的。

《瞭望东方周刊》：产业发展离不开企业的投资、运营，对于企业界，你有什么建议？

陈幸良：第一，要增强对林业产业投入的信心。生态文明建设纳入了国家"五位一体"总体布局，全社会绿色理念不断在增强，国家对绿色产业的扶持政策肯定会越来越好，林业产业是有巨大前景的。

第二，林业产业有前景，但周期长、见效慢。企业家要掌握产业特点，研究政府的扶持政策，最大化发挥产业和政策优势。

第三，林业产业跟农业、农村、农民"三农"紧密相关，大多数时候要跟村镇、农民打交道，所以要接地气，要沉下心来了解、体恤农民的意愿和现实需求，获得农民的支持。这个领域的优秀企业家，都具有这样的特质。

《瞭望东方周刊》：对学术界的建议呢？

陈幸良：第一，学术界的首要任务，是提升科技创新能力，要用新技术、新产品、新工艺不断引领林业产业的转型升级。

第二，要把论文写在大地上，到田间地头去了解生产技术的现实难题，再去想办法破解难题，要把好的研究成果应用于生产实践，让科技生根开花结果。

第三，要注重这个行业的高层科技人才和基层实用技术人才的培养。前者主要肩负科技创新使命，后者主要负责给基层农民做培训、做辅导。

第四，要多和地方领导、行业主管领导、企业家对接、沟通，为决策提供好技术咨询服务，转化学术成果，推动林业发展。

（本文首发于 2023 年 8 月 10 日，总第 887 期）

第 14 章
"双碳" 承诺

碳中和，谨防"灰犀牛""黑天鹅"

文 / 王志轩　编辑高雪梅

在能源供给转型中，防止大概率且影响巨大"灰犀牛"事件及小概率高风险的"黑天鹅"事件，
也是实现"30-60 目标"的应有之义。

2020 年 9 月 22 日及 12 月 12 日，习近平主席两次向全世界宣布：中国将提高国家自主贡献力度，采取更加有力的政策和措施，力争 2030 年前二氧化碳排放达到峰值，努力争取 2060 年前实现碳中和。

据此，到 2030 年，中国单位国内生产总值二氧化碳排放将比 2005 年下降 65% 以上，非化石能源占一次能源消费比重将达到 25% 左右，森林蓄积量将比 2005 年增加 60 亿立方米，风电、太阳能发电总装机容量将达到 12 亿千瓦以上（以下简称"30-60 目标"）。

能源安全是关系国家经济社会发展的全局性、战略性问题。习近平总书记指出："国民经济要正常运转，必须增强防灾备灾意识。天有不测风云，人有旦夕祸福。要大力加强防灾备灾体系和能力建设，舍得花钱，舍得下功夫，宁肯十防九空，有些领域要做好应对百年一遇灾害的准备。"

毫无疑问，在能源供给转型中，防止大概率且影响巨大"灰犀牛"事件及小概率高风险的"黑天鹅"事件，也是实现"30-60 目标"的应有之义。

风险不容忽视

以往的能源安全风险，一方面体现在自然灾害、国际金融危机、地缘政治、国

张家口市宣化县中电投新能源基地发电场（杨世尧／摄）

际政治经济形势、国内经济和产业结构调整等影响上，尤其是对外依存度较高的石油和天然气能源供给上。

另一方面，安全风险主要来自技术风险，尤其是电力系统的安全稳定风险，包括电源与电网不协调，电网不够坚强，以及来自生产运行操作误差等。

由于我国政府、行业、企业对煤炭、石油、燃气、电力等能源供应中安全风险防范和能源价格波动的安全风险防范高度重视，有系统性应对措施，总体效果显著，使得我国没有出现大的电力安全问题。

在"30—60 目标"下，由于可再生能源将大规模、大比例进入能源电力系统，能源安全问题的性质将发生着新的重大变化。

新能源大规模应用后，全国能源自主供给比例加大，可逐步减轻由能源对外依存度大带来的各种风险。就局部而言，也会降低一些地区在传统能源配置方式下能源借给不足的风险。

但是，另一种风险却不容忽视。

这种风险主要由两类情况构成，第一类情况是大概率事件造成的风险，即"灰犀牛"事件。风电、光伏等新能源发电的波动性、不稳定性、随机性对电力系统安全稳定造成的影响。

第二类情况是由小概率自然现象引起的能源安全大风险，即"黑天鹅"事件。如大面积、持续性长时间的阴天、雨天、静风天对光伏、风电为主体的电力系统造成重大电力断供风险。

认识有待提高

对"灰犀牛"事件，电力行业尤其是电网方面已有高度认知，且对策研究较多，但仍处于破解难题阶段。

而对"黑天鹅"事件，各方面的认识还远远不够，国家体制性、战略性的对应也亟待加强。对未来可再生能源发电占比到底多大，不同专家的看法分歧很大。一些专家认为可接近百分百，而有些专家认为化石能源发电仍将占较大比例，这种分歧很大程度也反映出对新的能源安全风险认知的不同。

传统电力不足造成的严重缺电主要是制约经济发展，对于大比例可再生能源发电来说，"黑天鹅"事件虽然是小概率事件，但一旦发生破坏性很大，对经济社会和日常生活将带来灾难性风险。

对"黑天鹅"事件认识不足的原因，主要有四个方面：

一是传统的能源安全风险防范与传统的能源电力发展模式相匹配。

二是由于可再生能源发电虽然过去十年发展速度很快，但占比仍然不大，装机占比约20%，但电量占比不到10%，电力系统仍然是一个以煤电为主体的电力系统，煤电发挥着兜底保障作用。

三是虽然发生了"黑天鹅"事件的自然条件，但并没有造成大大的影响。尽管在一些地区，已如利剑高悬，但全社会并没有意识到"黑天鹅"的逼近。

四是决策者、电力系统、新能源企业等不同主体，对这种风险性质的认识仍停留在技术层面，认为是电力系统甚至是电网的技术性问题。但对于大面积、长时间天气原因造成的新的能源电力安全风险，仅靠电力系统、电网企业不可能独立防范。

要深刻认识"黑天鹅"事件是以大面积供应短缺为主要特征与电网安全稳定相叠加的复合型风险，这种风险是自然规律引起的，不以人的意愿而转移。

这种风险发生的频率如何，只要简单查阅有关信息资料就可以做出直观判断。

如2019年3月份中国天气网信息称，"去年12月以来，武汉、长沙、合肥、南昌等地，日照时数为近60年来最少"，"贵阳、杭州、武汉、长沙、合肥、南昌10天里有8至9日天阳光难觅，南京、上海在7天左右"。

2020 年 7 月 17 日，在位于江苏镇江世业洲，因洪水包围，积水已将漫致变压器台架，供电公司电力工人随即赶到现场跳入渍江水中，验电，隔离，拉开高压保险，成功断电，保护了人民群众的生命财产安全

政策作用不可替代

《中华人民共和国可再生能源法》颁布的十多年间，在大力推进以风电、光伏为主体的可再生能源发展方面，我国积累了丰富的政策经验。扶持政策直接引导了我国新能源发展达到世界第一，技术水平总体进入世界第一梯队。

与此同时，发展中也积累了一些矛盾和问题。

如新能源发展中的补贴拖欠问题，煤电灵活改造的投资回收机制问题，储能价值的体现问题，机组安全备用的政策落实问题，能源转型成本的分摊机制等。这些都是能源转型中遇到的新情况，产生的新问题，也是"学费"的一部分。

面对"30-60 目标"，如何在实现目标的过程中守住能源电力安全的底线，政策的作用不可替代。总体来看，我们还处在能源电力转型的初期，政策设计要针对这时期的特点，政策的根子上要正，导向要明，具有一定灵活性，好钢要使在刀刃上。

首先，要明确政府和市场主体在保障能源电力安全中的责任。责任是政策的"靶心"，只有责任明确才能精准施策。

其次，完善以能源商品属性为导向的电价政策。"30-60 目标"实现过程，必然也是以电价为引导能源电力转型过程。历史表明，中国电力改革史就是一部电价改革史，电价顺则电力发展顺利，反之亦然。

再次，要深入研究在能源电力转型和风险防范中电网的作用，出台相关政策。"30-60目标"对于电网的作用应当重新评估，电网格局应当重新布局。

最后，关于"十四五"规划中的政策定位。十四五规划的重点应当是提出指导思想和基本原则、与目标相一致的指标体系、划定关键要素的底线和边界（如风险防范）、在边界内给出规划指标的预期性数量范围、明确国家（政府）支持的重大科技迎新项目和示范项目、提出政策框架甚至具体政策。

"天不言而四时行，地不语而百物生"。在积极推动能源电力转型过程中，不能违背能源电力转型的客观规律，一方面要对"30-60目标"充满信心，对未来的技术发展充满信心；另一方也要系统考虑，脚踏实地，做好能源电力转型中的"灰犀牛""黑天鹅"事件的防范。

（作者为中国电力企业联合会专职副理事长）

（本文首发于 2021 年 1 月 7 日，总第 820 期）

深圳"双碳"先手棋

文 /《瞭望东方周刊》记者王丰　编辑高雪梅

"深圳 GEP 核算体系探索对城市生态管理具有极大的推广应用意义,具有示范性和可复制性,
并获联合国、世界银行、亚洲开发银行等国际组织普遍认可。"

"二氧化碳排放力争于 2030 年前达到峰值,努力争取 2060 年前实现碳中和。"
这是中国向世界作出的承诺。在此背景下,我国各地积极制定、落实相关行动方案,
作为中国特色社会主义先行示范区的深圳也在积极行动。

深圳市市长覃伟中日前表示,深圳要以先行示范的标准率先实现碳达峰,并以
碳达峰、碳中和倒逼生产生活方式的转变,推动产业、能源、交通运输、用地等的
结构调整,促进经济社会发展全面绿色转型。

目前,深圳实现"双碳"目标有哪些优势、问题和挑战,未来如何下好这步"先
手棋",记者进行了走访。

深圳特色

全市建成各类公园超 1200 个,森林覆盖率超 40%;率先实现公交车 100% 纯
电动化,新能源汽车推广数量居全球城市前列;每年消纳西电东送清洁电力超
400 亿度……

碳达峰背后的绿色发展不是抽象概念,而是产业结构、能源结构、生产生活方
式等的多维提升。

"出门杨贵妃,回去包青天",谈起过去开手动挡汽油公交车司机脸色的经历,
深圳巴士集团三八红旗车队大巴驾驶员刘银燕用了一个形象的比喻。有数据显示,

2020年1月7日，深圳大沙河两岸，高科技企业云集，生态环境优美（梁旭/摄）

深圳市机动车每公里道路的车辆密度约750辆，居全国前列，机动车已成为深圳大气污染的主要来源。

2007年进入深圳巴士集团工作的刘银燕开了八年手动挡汽油公交车，直到2015年公司开始更换纯电动公交车，她成为第一批司机。"电动公交环保，轻便，再也不会灰头土脸了。"刘银燕笑着说。

2017年，深圳率先实现专营公交车100%纯电动化，2018年底成为全球推广应用纯电动巡游车规模最大的城市，连续五年成为全球新能源电动货车保有量最大的城市。截至2020年，深圳私家车电动化渗透率已达到25%左右，网约车全面实现电动化。

"机动车辆的纯电动化对深圳的绿色低碳发展具有重要意义。深圳全市纯电动公交车辆较柴油车每年减少二氧化碳排量达135.3万吨，氮氧化物、非甲烷碳氢、颗粒物等污染物排量431.6吨。"深圳市交通运输委员会相关负责人介绍说。

交通领域的纯电动化只是深圳探索低碳发展的缩影。

早在2010年，深圳就成为全国首批低碳试点城市和碳排放权交易试点城市之一；2018年，又成为国家可持续发展议程创新示范区。面对土地空间、能源、水资源等资源紧约束时，深圳综合运用智慧国土、清洁能源、新能源汽车、建筑节能等技术，提高资源高效利用能力和水平。

在实施大气污染系统治理工程过程中，深圳综合运用 SCR 脱硝催化技术、VOCS 净化技术、汽车尾气催化净化等技术，推广纯电动泥头车 4200 辆，电厂排放达到世界先进水平，船舶岸电使用率居全国首位。

在建筑领域，深圳积极打造"绿色建筑之都"，目前累计有绿色建筑评价标识项目超 1300 个，建筑面积超 1.3 亿平方米，是全国绿色建筑建设规模和密度最大的城市之一。

低碳不是压缩，而是意味着更高质量的发展。近年来，深圳全面实施产业结构升级，构建起富有生命力的现代产业体系。

2020 年，深圳实现地区生产总值 27670.24 亿元，由新一代信息技术、高端装备制造、绿色低碳等构成的战略性新兴产业增加值合计 10272.72 亿元，占地区生产总值比重 37.1%。仅绿色低碳产业增加值就达 1227.04 亿元，增长 6.2%。

与此同时，深圳形成了以清洁能源为主的能源结构。记者从南方电网深圳供电局获悉，截至 2020 年底，核电、气电等清洁电源装机容量占全市总装机容量的 77%，高出全国平均水平约 25 个百分点。

如今，深圳生产生活的各个方面都烙上了低碳的印记。

近 5 年的监测数据表明，深圳单位 GDP 能耗和碳排放强度已降至全国平均水平的三分之一和五分之一，碳减排和大气污染治理产生了显著的协同效果。人口增长和工厂扩产驱动碳排放增长，但产业结构升级和能源效率提高，抵消了大部分的碳排放增长，深圳特色的低碳发展模式初步形成。

先行示范

深圳市生态环境局局长李水生介绍，虽然深圳市具有较好的低碳基础，但也面临产业结构和能源结构优化的空间有限，内部挖潜减排的难度较大，新增能源消费需求大，短期内难以实现能源消费增长与碳排放脱钩等困难。

下一步，深圳将高标准编制好应对气候变化专项规划和碳达峰行动方案，强化统筹，重点推进能源、工业、建筑、交通等领域低碳化发展。

——不断优化能源结构。深圳将高质量发展清洁低碳能源，严格控制煤炭消费，提高清洁能源发电装机容量，发展可再生能源。

深圳市罗湖区华景园的邱女士家，2016 年装上光伏发电设备，从她家的阳台上，可以看到 30 多块太阳能电池板整齐地排列在屋顶，约有 70 平方米。"以前电费最

2021年3月21日，志愿者在深圳大鹏金沙湾海域海底扶植珊瑚（毛思倩／摄）

多的两个月，要交 2000 多元。现在算上发电补贴，以及剩余电量卖给供电局，用电几乎不用花什么钱。"邱女士说。

对邱女士和很多人来说，投资光伏发电设备的初衷，不仅是节约用电，更是以实际行动支持低碳生活方式。截至 2020 年 12 月 31 日，深圳分布式光伏发电总装机 208.223069 兆瓦，除了 300 多户居民，还有 208 家企业主动加入到这一环保行动的行列来。

记者从南方电网深圳供电局获悉，展望"十四五"，该局将大力支持新能源开发，推动新能源与电网统一规划，推动生物质能、光伏、核电等清洁能源发展，加强深汕海上风电送深可行性研究，积极参与岭澳核电三期扩建前期工作，做好大型清洁电力送深规划研究工作。

"预计到 2025 年，深圳非化石能源电量占比 47.6%，清洁电源装机占比 85%。"深圳供电局相关负责人说。

——不断优化产业结构。今年 3 月，作为全球领先的物流与能源装备及解决方案供应商，总部位于深圳的中集集团发布了"中集集团 2021—2023 年战略规划"，把国家"双碳"目标作为最重要的环境背景，去探索未来中集产业的发展机会。

比如，中集旗下运载科技公司大力发展"循环租赁包装"，以"钢制或塑料"等材质大量替代传统一次性木质托盘。粗略计算，仅 2020 年一年，这种新型包装就减少了对 3000 多亩森林资源的消耗。

中集的努力,只是深圳众多企业不断优化产业结构的代表。

李水生介绍,未来深圳将进一步强化工业降碳减排,推进工业节能提效和制造业优化升级,加强高耗能行业能耗管控,建设绿色数据中心;大力发展绿色低碳交通,推进多层次城市轨道网络融合发展,全面推广新能源汽车,规划建设充电、加氢等配套设施;全面深化建筑绿色节能,提高新建建筑的星级标准,扩大装配式建筑应用规模,加快推进既有公共建筑及居民建筑改造。

——健全碳排放权交易机制。深圳将大力推进近零碳排放示范工程建设,推动气候投融资机制改革取得实质性成效,力争尽早实现碳排放达峰。

6 月 5 日,深圳排放权交易所联合腾讯公司、深圳巴士集团、深圳机场集团等 9 家单位发起成立深圳碳普惠联盟。所谓碳普惠,是指针对小微企业、社区家庭和个人的节能减碳行为,进行具体量化和赋予一定价值,并建立起以商业激励、政策鼓励和核证减排量交易相结合的正向引导机制。

具体来说,深圳碳普惠将对公众公共出行、节水节电、使用可再生能源、开展绿色消费等生活中的低碳行为进行记录,依据低碳行为方法学计算产生的碳减排量。

低碳行为产生的碳普惠减排量,将由碳市场企业购买用于碳市场履约,或各类单位机构、个人、大型活动举办方购买用于碳抵消和碳中和,再将交易收益回馈给开展低碳行为的公众,以实现惠及全民。

创新机制

深圳在扎实推进生态环境治理体系和治理能力现代化的同时,积极推进生态文明体制机制创新,为"双碳"目标的实现提供制度保障。

近日,深圳大鹏新区推出全国首个《海洋碳汇核算指南》,该指南重点筛选出红树林、盐沼泽、贝类、藻类等 7 个可交易碳汇类型及 11 项碳汇指标,选取 17 项排放因子,通过明确数据来源与途径、构建质量控制指引、确定统一报告形式,切实提高海洋碳汇核算的可实施性。

深圳排放权交易所总经理刘洋表示,《海洋碳汇核算指南》出台体现了生态产品的价值,同时兼具环境效益和经济效益。"有了依据和标准,市相关部门才能核发减排量,管控企业才能进行交易,最终交给市场。"刘洋说。

GEP 核算也是深圳为实现碳达峰、碳中和的重要实践。

GEP 叫做生态系统生产总值，是衡量一个地区在一定时间内，生态系统为人类福祉和经济社会可持续发展提供的最终产品与服务价值的总和，包括物质产品价值、调节服务价值和文化服务价值三部分。

早在 2014 年，深圳就以盐田区为试点，在国内率先开展城市 GEP 核算。之后，深圳至少有 8 个区开展了 GEP 核算的探索。

摸清生态家底，是 GEP 核算的重要数据来源。"从 2017 年起，深圳综合采用遥感、地面调查、模型分析等方法，完成了全市 891 个植物样地、9 万余个植被斑块、150 条动物样线、50 个河流水生态样点的实地调查。"深圳市生态环境局副局长张亚立说。

2020 年 8 月，深圳市上线全球首个 GEP 自动核算平台。平台设计了部门数据报送、一键自动计算、任意范围圈图核算、结果展示分析等功能模块，可以实现数据在线填报和核算结果的一键生成，极大提高了核算效率和准确性。

2020 年 10 月，深圳市统计局批准实施了 GEP 核算统计报表制度（2019 年度），将 200 余项核算数据分解为生态系统监测、环境与气象监测、社会经济活动与定价、地理信息 4 类数据，全面规范了数据来源和填报要求，这也是全国首份正式批准施行的 GEP 核算统计报表。

2021 年 3 月 23 日，深圳推出 GEP 核算"1+3"制度体系，包括一个统领、一项标准、一套报表、一个平台，该体系可一键计算生态系统生产总值，为绿水青山估价。

GEP 核算体系有效弥补了 GDP 核算未能衡量自然资源消耗和生态环境破坏的缺陷，将无价的生态系统各类功能"有价化"来核算"生态账"，为 GDP 勒上生态指数的缰绳，有助于形成以 GDP 增长为目标、以 GEP 增长为底线的政绩观，是推动高质量增长的重要手段，也让人们更加直观地认识生态系统的价值。

"深圳 GEP 核算体系探索对城市生态管理具有极大的推广应用意义，具有示范性和可复制性，并获联合国、世界银行、亚洲开发银行等国际组织普遍认可。"中国科学院生态环境研究中心主任欧阳志云评价说。

近年来，在率先实行党政领导班子和领导干部生态文明建设考核制度的基础上，一大批引领全国的生态文明建设制度创新举措在深圳加快落地。

目前，深圳生态环境领域的改革正不断向纵深推进，不断完善的生态环境治理体系使生态环境治理能力显著增强，成为深圳实现人与自然和谐共生、可持续发展的"指挥棒"和"助推器"。

（本文首发于 2021 年 8 月 5 日，总第 835 期）

碳交易中心落户上海有深意

文/《瞭望东方周刊》记者何欣荣、王默玲　编辑高雪梅

这个冠之以"上海碳"之名的价格，就像是卷轴的绳结，一经解开，
一幅绿色低碳的画卷从上海开始徐徐铺展……

日前，全国碳排放权交易市场正式启动，交易中心设在上海。从"上海金"到"上海油"，"上海价格"的新成员——"上海碳"正式亮相。

中国的碳排放权交易市场一经启动，将成为全球覆盖温室气体排放量规模最大的碳市场。起步就是规模最大，亮相便引全球瞩目，这个冠之以"上海碳"之名的价格，就像是卷轴的绳结，一经解开，一幅绿色低碳的画卷从上海开始徐徐铺展……

上线首日开门红

首日开盘价 48 元/吨，最高价 52.80 元/吨。首日成交量 410.40 万吨，成交额逾 2.1 亿元，成交均价 51.23 元/吨——从价格走势看，全国碳市场上线首日实现了开门红。

建设全国碳排放权交易市场，是利用市场机制控制和减少温室气体排放，推动绿色低碳发展的一项重大制度创新。政府通过相应机制发放给企业碳排放配额，一旦企业的实际排放超过其拥有的配额，为了完成履约，企业就需要在碳交易市场购买其他市场主体的配额。

中国石油、中国石化、华能集团、华电集团、申能集团等多家企业的交易员参与了全国碳市场首日交易。来自申能集团的凌璟就是其中之一，"碳排放配额作为全国碳市场的交易标的物，交易操作和股票比较接近，有企业挂单卖配额，我们就去摘单买配额。"

上海环境能源交易所

"从首日交易情况看，全国碳市场整体成交较为活跃。"来自华电集团碳资产运营公司的交易员张壮说，随着碳定价机制的不断完善，中国碳市场有望成长为年交易额超过千亿元人民币的大市场，为全社会的减碳行动提供价格信号以及资金支持。

从增强人民币在黄金定价中话语权的"上海金"，到中国参与国际原油定价体系重要一步的"上海油"，再到全新亮相的"上海碳"。让人不禁想问：为何又双叒叕落户在上海？

"土壤深厚！"上海市生态环境局局长程鹏几乎是不假思索地回答道，上海金融要素齐全，金融业务创新活跃，金融基础设施完备，金融人才资源聚集，金融监管体系成熟。"把全国碳交易中心设在上海，不仅可以借力上海成熟的金融环境和丰富的金融资源，更能够借助自贸区先行先试的优势与人民币国际化进程相契合，大力提升上海的全球资源配置功能和国际金融中心地位。"

中国人民银行副行长刘桂平表示，过去十多年来上海已经构建了一套制度清晰、管理有序、减排有效的碳交易体系，碳基金、碳质押、碳配额远期等创新产品有序发展。全国碳市场交易中心落户上海，将与上海国际金融中心建设形成良性互动，增强碳市场价格发现能力，提高上海在全球碳市场定价中的地位。

绿色转型"可见"

交易大厅里跳动的数字，用纯理性的方式告诉企业：看，节能减排、绿色转型刻不容缓。若把视角拉到一座城市的高度，就会发现，相比理性，衡量绿色转型"获得感"的标尺往往都是感性的。

"可见"一块水晶般的天空。上海目前已经进行了第八轮"环保三年行动计划"，这一与居民生活环境息息相关的计划成效几何？一大块水晶般的天空或许是最好的回答。上海在 2017 年底全面取消分散燃煤基础上，全面完成中小燃气（油）锅炉的提标改造，燃煤电厂全面实现超低排放。

身在上海，极目往东，中国首个海上风电项目——上海东海大桥两侧的海上风电场正在为城市吹来"绿电之风"；离长江入海口不远，被海外媒体称作是"世界上最清洁的电厂"——上海外高桥第三发电厂，不断降低发电能耗；城市西翼，国网上海电力 1000 千伏特高压练塘变电站，西部地区清洁的光电与风电正沿着这条"大动脉"源源不断地输送到上海……"清洁电的比例一年比一年高"，是上海交出的答卷。

"可闻"一片清新的空气。在今年初上海举行的市政府新闻发布会上，有一组数据格外亮眼：上海 2020 年 PM2.5 年均浓度为每立方米 32 微克，比 2017 年下降 11.1%，比"十三五"规划国家下达给上海的目标任务低了 10 微克。

不仅满分答题，甚至还做对了附加题的背后，是上海看得见的努力：这些年来一直在坚持实施钢铁石化等重点行业领域减污降碳行动，工业领域推进绿色制造，建筑领域提升节能标准，交通领域加快形成绿色低碳运输方式。据了解，2020 年上海新增推广新能源汽车 12.1 万辆，累计推广 42.4 万辆，总规模位居全国第一、全球前列。

"可感"一抹生机盎然的绿意。家门口转转，便能发现一个令人惊喜的小花园，四时之花皆不同。驱车城市郊野，一座座充满野性美的郊野公园，为上海串起一条绿色环廊。若要悠闲漫步，"一江一河"正是好去处，曾经的"工业锈带"变成了如今的"生活秀带"。

以前人均绿地面积只有一张报纸那么大，到现在是每人一间房那么大。上海正逐渐让绿色成为城市发展最动人的底色、成为人民城市最温暖的亮色。

低碳科技探索

全国碳市场是实现碳达峰、碳中和的重要手段。但从全球发展趋势来看，绿色

2021 年 7 月 16 日，全国碳市场上线交易启动仪式暨中国碳交易市场论坛在上海环境能源交易所举行（程思琪／摄）

低碳科技是推动碳中和的最重要的动力。

随着经济社会发展，城市用能越来越多似乎是个"不可逆"的过程，唯一的解决办法就是发更多的电吗？

"把每一度电都用在刀刃上"，应对城市用能不断扩张的现实问题，这是上海给出的"绿色"解题思路。前不久闭幕的 2021 世界人工智能大会上，国家电网上海电力公司展示了一座"虚拟电厂"，它利用人工智能大脑发出指令，以数据为"燃料"、用商业楼宇当"机组"、靠物联网当"机房"，在无形中产出了实实在在的绿色电能。

想象一下，当城市用电出现高峰的时候，其实还有不少商业楼宇内有暂时不用的空调主机、无人搭乘的电梯、暂时停运的车库照明等，把电网中许多分散的电力负荷整合起来，聚沙成塔，变成具有一定规模的、可控制的负荷资源，通过这座"看不见的电厂"，既能"削峰填谷"调配电力资源，又能助力节能减碳。

国网上海电力工作人员介绍，这座"虚拟电厂"背后依靠的就是人工智能大脑对用户数据的计算，在此前的一次行动中，不到两天时间，"虚拟电厂"就累计调节 56.2 万千瓦的电网负荷，减少碳排放约 336 吨。

除了供应端的"黑科技"，在用户端，越来越多的企业也选择上海作为其绿色低碳转型的探索实践地。

施耐德电气在中国建立了 12 个"零碳工厂",其中有 6 个都在上海:工厂通过光伏发电等方式,增加清洁能源发电占比;通过自动化与智能制造技术,提高生产效率与灵活性,减少浪费;使用可生物降解的绿色环保材料,践行循环经济……企业还定下自己的"双碳"目标,公司运营层面要在 2025 年实现碳中和,2030 年实现净零碳排放。

前不久,上海市科委发布了一份 2021 年度"科技创新行动计划"的申报指南,其中一个专项主题就是科技支撑碳达峰、碳中和。这也是全国范围内率先启动科技支撑引领碳达峰、碳中和目标实现的低碳科技攻关布局。未来,期待有更多的"黑科技"涌现,助力"双碳"步伐跨步向前。

全民减碳进行时

政府引导、市场激励、企业响应,除此之外,公众参与也是关键一环。

"让每个居民成为减碳的参与者而非旁观者。"在近期上海浦东新区举行的环保大讲堂上,生态环境部宣传教育中心主任贾峰发出呼吁。

以自己的骑行故事为例,贾峰认为应该大力倡导全民绿色出行。在活动现场,他算了一笔账:过去一年,他骑行 300 余天、累计骑行 6000 多公里,成功减碳约 1 吨。

贾峰表示,这种绿色、便利、低投入、见效快的出行方式,应有相应的政策激励,可参考欧洲国家推行的自行车政策,对购车、骑车行为给予补贴、奖励。同时,建议各大城市建设、完善和管理好自行车道路,提高骑行者的安全感和便利性。

据了解,为了在全社会推动形成绿色低碳的生活方式,提升公众碳减排的意识,上海正在紧锣密鼓地筹备上海"碳普惠"工作,把包括绿色出行、简约包装、垃圾分类等在内的各种低碳行为,所减少的二氧化碳排放量核算出来,变成每个人账户里的"碳积分",再通过对接上海碳交易市场、各个商业消费平台,让公众通过低碳行为实实在在获得实惠。

"我们生活中的点点滴滴都能为实现碳达峰、碳中和的大目标提供巨大的推动力量。"程鹏说,"'双碳'工作的这'最后一公里'恐怕还需要每一个人的低碳足迹来填满。"

(本文首发于 2021 年 8 月 19 日,总第 836 期)

低碳生活应是美好生活

文 / 潘斌　编辑覃柳笛

碳达峰和碳中和目标愿景，需要落实到城市治理的基本单元——社区。

最近，从东北三省到东南沿海，拉闸限电时有发生，这和煤价高位运行、电煤紧缺，用电供需紧张有直接关联，也是个别地方"运动式减碳"所导致的结果。过去几年，各地为了完成能耗以及碳减排指标，严控煤炭使用，不断压降碳排放强度较高的产能。

实际上，碳达峰和碳中和目标愿景，需要落实到城市治理的基本单元——社区。低碳社区可以灵活地利用当地自然资源条件禀赋，实现绿色清洁能源供给，还可以通过智慧城市管理手段，提升能源利用效率，减少能源消耗。

更为重要的是，这将形成一种具有公信力、公共影响力的低碳文化，更深地影响个体，使人们在生活中减少碳足迹，最终传导至产业链和供应链，促使整个经济循环系统朝低碳化方向发展。

零碳还是低碳？

联合国政府间气候变化专门委员会在"全球升温 1.5℃特别报告"中指出，当前全球平均温度相比工业革命前的水平已经上升了 1℃，很可能在 2030-2052 年之间达到温升 1.5℃。全球温升 1.5℃时，高温热浪将增加，暖季将延长，而冷季将缩短，多年冻土、冰川和冰盖将加速融化。

气候变化的紧迫性意味着，即便生活领域碳排放相对较少，对个人碳足迹的测度、控制也刻不容缓。低碳社区是开展这项工作的重要抓手之一。

目前，低碳社区还是一种新事物。社会知名度较高的低碳社区多持先锋姿态，拒斥工业文明，尝试回归自然、简单的生活方式。对它们来说，"低碳"还不够彻底，"零碳"更能标示他们的决心与志气。

国际上，著名的零碳社区有英国伦敦 BedZED 零碳社区，瑞典斯德哥尔摩的哈马小区等等。BedZED 社区体现了设计者整体的、节约的构思——水、电都来自于自身装置，所有居民都不用交水电费；尽可能采用机械而非电动设施，连屋顶的天窗都是机械操控。设计者试图打造一个自我循环、自给自足的小区。

相比 BedZED 只有几十户的规模，阿拉伯联合酋长国阿布扎比市的新市镇 MasdarCity（马斯达尔市），则是个名副其实的小城，面积 6.4 平方公里，堪称大手笔的零碳社区试验。其不仅以"零碳"城市作为造镇目标，还提出"零废弃物""零车辆"等发展目标。

国内城市如上海也在探索、布局零碳社区。上海电气在崇明三星镇建设了一个小型光伏社区，屋顶布设光伏板，再辅以离网储能系统，就地生产、消纳清洁能源电力，将能源"生产者"与"消费者"两种身份合二为一。

未来，上海还将在崇明东滩建一座生态城，有望实现八成固体废弃物循环利用，将通过风能、生物能和太阳能光伏直接获取热能和电力。

浙江省衢州市龙游县詹家镇芝溪家园小区屋顶上的光伏发电装置（徐昱 / 摄）

不过，在笔者看来，零碳社区固然能起到示范带动作用，却未必便于大面积推广。

首先，零碳具有某种压迫性，似乎要求人们将欲望降到最低，过一种最简单淳朴的生活。但现代社会的主流，终归不是要回归原始田园生活，而是要通过现代化技术手段，在减碳的同时，更好地满足人们对美好生活的向往。

其次，我国居民生活水准还有很大提升空间，许多生活领域的碳排放不可避免。电力能源不可能一朝一夕完成零碳化，但居民生活质量的改善却要"只争朝夕"。例如，目前民用电梯、暖气都涉及碳排放。值得一提的是，目前，我们的居民生活用电只占工业用电七分之一，而美国由于去工业化，居民生活用电量远超工业。

融合与想象

低碳并不必然要求清心寡欲。低碳生活有阶段和程度之分，有圣徒式的零碳英雄，也有无法拒绝牛排美味的低碳达人。只要一个人是通过自主性选择去降低他生活中的碳排放，那他就是低碳践行者。

因此，低碳社区要具有包容性、普适性，不是去挑战和颠覆，而是去融合已有的生活方式。

河北省安平县一家热力公司员工入户测量室内地暖温度（李晓果/摄）

打个比方，一个人在自家屋顶装上光伏板，在买菜时坚持使用环保购物袋，但同时对燃油车仍抱有情感，他的生活选择是可以被包容、被理解的。就像不能因为比尔·盖茨拥有私人飞机、大游艇、大别墅，就忽略他在更广泛生活领域的低碳努力，比如他崇尚吃人造肉，在私人飞机上加注绿色燃油。

包容性的低碳社区建设，首先不能背离人们对美好生活的追求。东南亚小国家不丹，很早就实现了碳达峰，而且是以一种"自然"的方式实现的：人的需求减少了，对工业化产品消耗少了，自然就达峰了。不丹也被称为幸福指数最高的国家之一。

但很明显，不丹的路径无法在我国复制。我们无法忽视摩登城市的 B 面——老旧小区里住着许许多多等着安装电梯的年长者；很多害怕寒冷的人希望下一个冬天能装上地暖……低碳社区还要想方设法满足这类需求。

包容还意味着多元化以及想象力。特别是在当前这个阶段，新能源技术纷繁复杂，突破性、爆发性、革命性技术尚未显现，我们更要尝试多种方案、多种选项。有些人宁愿忍受堵车也要开车上下班，就要研发新能源车，并且提供尽可能多的充电桩；有些人有里程焦虑，就要研发混合动力车。

很多城市在低碳建设上提供了令人意想不到的"选项"。例如，为改善"亚洲第一大社区"回龙观的居民出行，北京开设了一条全长 6.5 公里的自行车"高速路"，这条"高速路"全程没有红绿灯，骑行途中完全不需要"刹一脚"，并且"装备"了各种人性化的服务设施。

当大部分人在地铁上摩肩接踵时，都市"骑士"们自由欢快地行驶在宽阔的自行车高速路上，格外悠然惬意。

从科技到人文

低碳社区建设，依托于科技的进展。

打造以社区为单元的高科技绿色能源循环系统，是重中之重。未来，城市需继续在社区层面，探索构建低碳的能源体系，在人均能源消费量可能上升的情况下，通过减少能源系统中的碳排放来实现减碳的目标。

近来，光伏建筑一体化技术和储能技术都得到较大提升，社区范围内的光伏发电和离网储能系统，将更加经济、更加便利。日本正在探讨从 2025 年起，强制要求所有新建住宅在屋顶加装光伏发电设备，我国 676 座县城已经获批整县屋顶分布式光伏项目试点。

在低碳社区的规划、建设、运营、管理过程中，也将植入更多的硬科技，人工智能技术尤为重要。例如，新加坡和香港在对社区进行规划时，就已经在考虑建筑形态以及排布方式对于构建社区微气候环境的影响。但这涉及极其复杂的计算推演，有赖于人工智能领域的算力、算法突破，从而计算出最佳的、最低碳的建设方案。

随着国内人工智能科技在各个领域的深入应用，未来更多国内城市也将会在规划和建设阶段引入人工智能，助力低碳社区建设。

科技自发明以来，总是在不同的场景之间迁移，最后往往是无心插柳柳成荫。正如移动互联网诞生以来，不仅孕育了快捷支付，减少了大量的纸币流通，还催生了共享单车，解决了"最后一公里"的难题，使得人们倾向于更为低碳的出行方式。

这，恐怕是创立 BedZED 零碳社区的英国低碳先锋们怎么也想不到的。

当然，低碳社区的内涵不仅在于硬件环境，还在于人文氛围。城市管理者要参与到社区美好生活的人文构建当中，才能让低碳生活从潮流变为主流。

目前，低碳更多还只是一种由达人引领的潮流生活。举个例子，在欧洲，有瑞士人发明了一种新奇又简单的"低碳"煮鸡蛋方法：在水沸腾后立即关掉电源，利用余热把鸡蛋煮熟，从而节省一半的电能。一个如此简单的煮鸡蛋过程，被贴上了低碳标签之后，迅速流行开来，引来社交媒体上人人争相效仿。

还有时装界流行的自然简洁风。国际一线品牌的设计师们开始拒斥过度打磨的材质，转而选择那些可再生的天然有机材质，比如贝壳、海螺。低碳成为了一种时尚元素。

由达人们引领的各种"低碳行为"，更像是一场又一场行为艺术，很难成为普通人的生活方式。

如果低碳只是一种潮流，意味着它在被人们拥抱的同时，也可能会像一阵风一样逝去。唯有在普通人的意识中扎根，低碳生活才能从"潮流"变为"主流"。

（作者系上海发展战略研究所助理研究员）

（本文首发于 2021 年 10 月 28 日，总第 841 期）

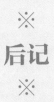

后记

陈幸良

　　山河壮丽千里入画，青山绿水无限生机。理想的人居环境，是一幅天人合一的山水画，是"行到水穷处，坐看云起时"的"万物与我为一"的和美胜景，它早已沉淀于中国人的内心深处。当读到《绿水青山看东方》书稿中的一篇篇文章时，我仿佛置身于《千里江山图》的创作现场，欣赏着画师正在描绘一幅幅人与自然和谐的青绿山水长卷，画面中的绵亘山峰、苍松修竹、巉岩飞泉，水榭楼台、瓦房茅舍，渔翁野渡映入眼帘，呈现出独有的东方神韵……

　　这幅"青绿山水"长卷，就是新时代亿万人民在以习近平同志为核心的党中央领导下，携手同心，奋力拼搏，努力建设人与自然和谐共生现代化的史诗，犹如绘就一幅雄浑壮阔、气势磅礴的《千里江山图》。

　　党的十八大以来，以习近平同志为核心的党中央从中华民族永续发展的高度出发，深刻把握生态文明建设在新时代中国特色社会主义事业中的重要地位和战略意义，大力推动生态文明建设，创造性地提出一系列富有中国特色、体现时代精神、引领人类文明发展进步的新理念新思想新战略，形成了习近平生态文明思想，指引着亿万人民开启了"千里江山"上的生态文明大会战，成为全球一道美丽的风景线。

　　《绿水青山看东方》聚焦党的十八大以来中国生态文明建设实践，采写编录了80篇生动的报道和访谈，集中展现了亿万人民在党的领导下开展生态文明建设的宏伟实践，记叙了一个个生动的故事，报道了基层一线工作人员的感人事迹，凝炼了党政领导、科技工作者、企业经营人员等对中国生态文明建设的思考和灼见，是观察和了解十年来中国生态文明建设的一扇窗口，是感知中国绿色发展未来走向的航向标。

　　建设生态文明，关系世界，关乎人类未来。20世纪以来，全球气候变化、生物多样性丧失、资源能源危机等严重威胁人类的可持续发展安全。"面对生态环境挑战，人类是一荣俱荣、一损俱损的命运共同体，没有哪个国家能独善其身。"作为一个拥有14亿多人口的大国，中国义无反顾地承担起全球生态文明建设的重要责任，秉持人类命运共同体理念，同舟共济、共同努力，构筑尊崇自然、绿色发展的生态体系，坚持共谋全球生态文明建设之路，积极应对气候变化，保护生物多样性，成为全球生态文明建设的重要参与者、贡献者、引领者，为实现全球可持续发展、建设清洁美丽世界贡献中国智慧和中国方案，对世界可持续发展作出了巨大贡献。中国建设生态文明的诸多成功实践，为国际社会提供了具有借鉴意义的宝贵经验。

党的十八大以来，一系列根本性、开创性、长远性的绿色发展措施扎实推进。持之以恒植树造林种草，加强荒漠化综合防治，深入推进"三北"等重点生态工程建设，绿色版图不断延伸。新时代十年来，全国累计造林10.2亿亩，森林覆盖率达到24.02%，人工林保存面积达到13.14亿亩，稳居世界第一。重点治理区实现从"沙进人退"到"绿进沙退"的历史性转变，截至2019年的10年间，我国荒漠化、沙化土地面积分别净减少5万平方公里、4.33万平方公里，实现"双缩减"。我国正在建设世界最大的国家公园体系。《国家公园空间布局方案》遴选出49个国家公园候选区，总面积约110万平方公里。全部建成后，将成为世界上公园面积最大的国家。第一批国家公园交出亮眼"成绩单"：三江源国家公园实现了长江、黄河、澜沧江源头的整体保护；大熊猫国家公园打通了13个大熊猫区域的种群生态廊道，保护了70%以上的野生大熊猫；武夷山国家公园新发现雨神角蟾等多个新物种。河长制、湖长制、林长制全面建立，一条条江河、一个个湖泊、一片片森林和草原有了专属守护者。我国积极推动《巴黎协定》的签署、生效、实施，宣布2030年前实现二氧化碳排放达到峰值、2060年前实现碳中和。

这部书收录的报道，展现的是中国生态文明建设的一个缩影。它们或从一个侧面，或从一个地区，或从一个领域，描述和揭示了中国生态文明建设的"进行时"。我们从中不难得出若干深刻启示：

——建设生态文明，必须坚持"绿水青山就是金山银山"的核心理念。习近平总书记强调："绿水青山既是自然财富、生态财富，又是社会财富、经济财富。"浙江安吉等地的实践证明，经济发展不能以破坏生态为代价，生态本身就是经济，保护生态就是发展生产力。坚定不移保护绿水青山，努力把绿水青山蕴含的生态产品价值转化为金山银山，让良好生态环境成为经济社会持续健康发展的支撑点，促进经济发展和环境保护双赢。

——建设生态文明，必须坚持人与自然和谐共生的思想。这一思想根植于中华优秀传统生态文化，传承"天人合一""道法自然""取之有度"等生态智慧和文化传统。中国式现代化具有许多重要特征，其中之一就是我国现代化是人与自然和谐共生的现代化，注重同步推进物质文明建设和生态文明建设。要敬畏自然、尊重自然、顺应自然、保护自然，坚持节约资源和保护环境的基本国策，坚持节约优先、保护优先、自然恢复为主的方针，充分体现中华文化和中国精神的时代精华。

——建设生态文明，必须将生态环境作为最普惠的民生福祉。"良好的生态环境是最公平的公共产品，是最普惠的民生福祉。"加强生态文明建设是人民群众追求高品质生活的共识和呼声。要解决好人民群众反映强烈的突出环境问题，提供更多优质生态产品，让人民过上高品质生活。要坚持生态惠民、生态利民、生态为民，把解决突出生态环境问题作为民生优先领域。建设天更蓝、山更绿、水更清、环境更优美的美丽中国。着力建设健康宜居的美丽家园，不断提升人民群众生态环境获得感、幸福感、安全感。

——建设生态文明，必须坚持统筹山水林田湖草沙系统治理。山水林田湖草沙通过能量流动与物质循环相互联系、相互影响，形成相对独立又彼此依存的关系，共同维持着生态系统正常运行。统筹山水林田湖草沙系统治理，深刻揭示了生态系统的整体性、系统性及其内在发展规律，为全方位、全地域、全过程开展生态文明建设提供了方法论指导。要从系统工程和全局角度寻求新的治理之道，更加注重综合治理、系统治理、源头治理，实施好生态保护修复工程，加大生态系统保护力度，提升生态系统稳定性和可持续性。

——建设生态文明，必须坚持把建设美丽中国转化为全体人民的自觉行动。"生态文明是人民群众共同参与共同建设共同享有的事业。"每个人都是生态环境的保护者、建设者、受益者，没有哪个人是旁观者、局外人、批评家，谁也不能只说不做、置身事外。要建立健全以生态价值观念为准则的生态文化体系，牢固树立社会主义生态文明观，倡导简约适度、绿色低碳的生活方式。加强生态文明宣传教育，把建设美丽中国转化为每一个人的自觉行动。

"无山不绿，有水皆清，四时花香，万壑鸟鸣。替河山装成锦绣，把国土绘成丹青。"这是新中国首任林垦部长梁希早在 70 多年前为祖国山河描绘的一幅美景。如今，这个美好的愿景正在逐步变成现实。新征程上，我们携手同心，不懈奋斗，久久为功，一定能成功实现我们伟大的目标。

（陈幸良，中国林业科学研究院副院长、中国林学会副理事长、研究员）